鐵觀音大典

Tieguanyin dadian

张家坤 主编

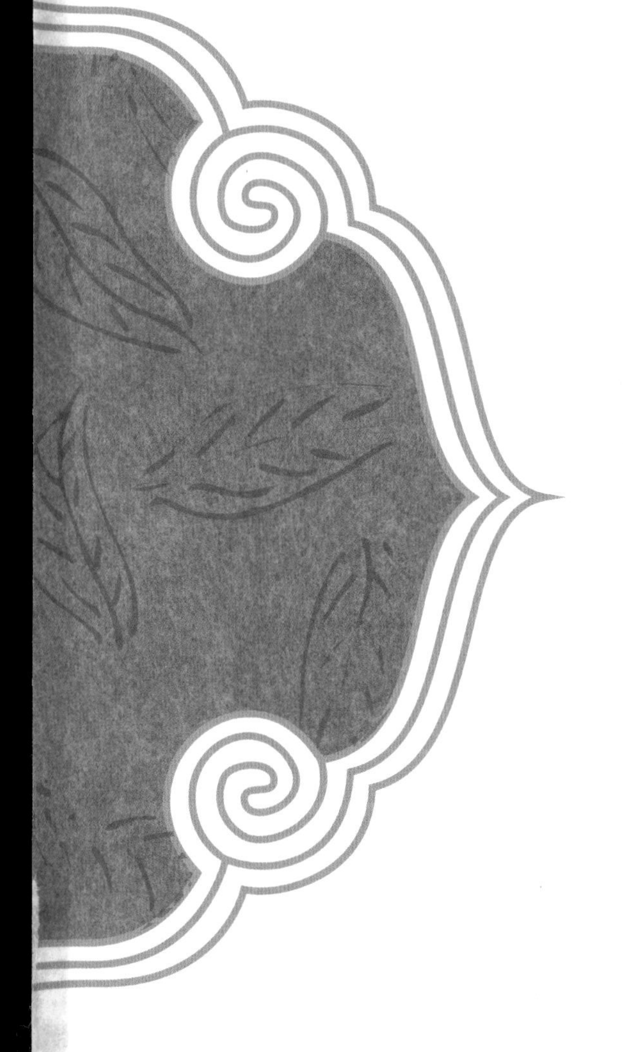

海峡出版发行集团
THE STRAITS PUBLISHING & DISTRIBUTING GROUP
福建美术出版社

图书在版编目(CIP)数据

铁观音大典 / 张家坤主编. -- 福州 : 福建美术出版社，2010.12
ISBN 978-7-5393-2460-9

Ⅰ. ①铁… Ⅱ. ①张… Ⅲ. ①茶—文化—福建省 Ⅳ. ①TS971

中国版本图书馆CIP数据核字(2010)第252911号

铁观音大典

主　　编:张家坤
出版发行：海峡出版发行集团
　　　　　福建美术出版社
社　　址：福州市东水路76号16层
邮　　编：350001
服务热线：0591-87620820（发行部）　87533718（总编办）
印　　刷：福州德安彩色印刷有限公司
经　　销：福建新华发行（集团）有限公司
开　　本：889×1194mm　1/16
印　　张：35
版　　次：2010年12月第1版
印　　次：2010年12月第1版第1次印刷
书　　号：ISBN 978-7-5393-2460-9
定　　价：480.00元

《铁观音大典》编委会

茶的宣言（代序）

卢展工

茶业是绿色产业，茶叶是和谐象征。福建茶的发展、创新，风行世界，最需要全社会的共同关注，全力支持。

茶与福建的联系与生俱来，永续不断。闽是茶的发祥之地，茶是闽的吉祥之宝。茶给福建展现出一道道亮丽的风景线：茶之乡，美；茶之祖，亲；茶之道，深；茶之缘，广；茶之韵，浓；茶之链，长；茶之用，多。

福建不可一日无茶。茶系民生，开门七件事，茶在其中，它把益智和健康带给福建人和海内外爱茶之人；茶是产业，铁观音、大红袍等各种品牌蜚声天下，茶业的生机和活力，为福建经济又好又快发展作出长足贡献；茶有文化，几千年茶史薪火相传，蔚成文明茶风，催助着福建人形成勤劳、善良、聪明、好客的品格；茶连社会，共饮一壶茶，让人们心安勿躁，化戾气为和气。以茶会友，其乐融融，有助于提高社会品质，提升人生境界。

茶缘相传是我们与台湾难得的又一缘。当年福建人穿越海峡，开山辟地，披荆斩棘，让乌龙茶飘香宝岛，成为两岸血脉相连的历史见证和情感纽带。改革开放以来，台湾茶商到八闽投资兴业，以新的理念和方式经营茶叶，效益显著，前景看好。同时，福建茶叶也行销台湾。

国运昌盛茶道兴，一杯清茶话太平。更喜海峡飘茶香，团圆不忘茶传情。

前　言

改革开放以来，地处海峡西岸的福建，在经济上迅速崛起，创造了诸多奇迹。安溪铁观音的发展，则是最引人注目的奇迹之一。

安溪铁观音从清初乾隆年间发现和流传，迄今已有300年的历史了。然而，从20世纪初铁观音首次获巴拿马世博会金奖起，一百多年间，铁观音虽然不断地获得国内外奖项，成为中国名优茶之一，却始终只是一株仅供少数人欣赏的奇花异草。直到20世纪90年代之前，铁观音还远没有西湖龙井、碧螺春等名优绿茶广为人知；也不如茉莉花茶和大红袍著名；知道的人少，品饮的人就更少，市场销售自然也就很难打开局面。改革开放初期的1985年；全县的工农业总产值仅2.26亿元，农民人均年收入仅270元；铁观音在安溪经济上所占的比重极小，并没有给安溪人带来实际的经济效益。20世纪90年代后，铁观音开始有了较大发展，1998年，安溪茶叶总产量1.25万吨，行业总产值将近3亿元；到2006年，安溪茶业已经创下全国产茶县诸多第一：约50万亩的茶园，全国第一；年 5 万吨的产量，全国第一；茶叶平均价为全国第一；茶业受益人口、茶农年人均收入，全国第一；安溪铁观音首摘全国茶叶类“中国驰名商标”，全国第一。涉茶产业销售产值达到45亿，也是全国第一。在安溪的经济总量中，涉茶产业所创造的价值占据了半壁江山；全县一百多万人口中，80%涉茶；涉茶人口中的80%，依靠茶业谋生、致富；10年前，安溪茶贱伤农，农民人均收入仅3345元；10年后，安溪因茶致富，80万安溪人从中受益。2006年，安溪农民人均纯收入5781元，其中茶叶收入3100元，占53.6%。茶业经济成了安溪举足轻重的民生产业。铁观音终于从一株深山里的小苗，成长为一片顶天立地的树林。

在中国茶业经济中，安溪铁观音所占的分量也呈越来越重的趋势。根据有关资料，21世纪以来，中国茶业市场上，作为福建特种茶的乌龙茶，销售比重已经超过20%，其中铁观音是大头。历史上，乌龙茶的国内主销区局限在闽粤沿海；如今这种状况已经从根本上得到改变。铁观音不仅在传统主销区占据主导地位，同时也迅速占领了长江流域和北方的许多地区。外销市场上，原来主销区是日本和东南亚一带，如今则扩大到了欧美和俄罗斯地区。铁观音在中国茶叶外销总量中所占的比例，也呈不断攀升的趋势。

铁观音的崛起，同时产生了一系列辐射效应。首先，带动了周边地区的茶业经济。在安溪茶业发展的影响下，闽南地区也开始努力发展茶业，一些县市的茶业经济成了支柱产业，如华安县，仅仙都乡一个，茶业产值就超过1亿人民币；南靖县的茶业产值也达到3个亿。而在泉州地区，不仅县县种茶，更令人吃惊的是茶庄茶楼遍地开花。有关部门作过粗略统计，聚集在泉州湾地区的茶庄茶楼已超过3万家。不仅闽南地区，福建的所有县市，只要有条件的，几乎都在发展茶业。一方面，是诸如闽北闽

“观音铁韵”匾（张家坤题）

东的传统产茶区，茶业经济迅速发展，一些传统名优茶如大红袍、正山小种、建瓯水仙、坦洋工夫、白毫银针等产量产值不断提高；另一方面是茶庄茶楼也越开越多，茶楼已成了一个新的休闲娱乐热点，从而又带动了相关产业的发展。福建成了名副其实的茶业大省。

其次，推动了茶业科技的发展。一方面是安溪铁观音的种植和制作中，发明和运用了许多当代新的科学技术，如“短穗扦插”、“空调做青”、“真空小包装”等；另一方面，催生了一些现代化的茶企业，如安溪的八马集团、铁观音集团等，这些企业不仅规模大，更重要的俱有较强的科技创新研发能力。它们的发展，不仅直接提升了铁观音产品的科技含量，同时也在茶业科技的推广运用上起到了良好的“龙头”作用。

第三，推动了中国茶文化的发展。中国茶文化具有悠久的历史，包括雅和俗两方面的内容。所谓的雅，主要是在皇宫贵族和士大夫阶层流行的茶艺茶道；所谓的俗，主要是普通百姓间流行的茶俗；高雅茶文化基本上是上层社会的专门消费。最典型的例子就是宋代上层阶级时尚的龙凤团茶文化。尽管享受高雅茶文化的人只是社会中的极少数，然而在茶文化的发展中，高雅茶文化却一直占据主流地位，起着积极的主导作用。明代以后，龙凤团茶虽然湮没了，“功夫茶”却又诞生了。根据有关专家研究，明清间流行于闽、粤沿海的功夫茶，原本于宋代宫廷茶艺。功夫茶的指导思想、冲泡方法、选用原料等，从某种意义上来说，是中国传统高雅茶文化的代表。铁观音从一开始就是功夫茶的主要原料之一，与功夫茶浑然一体。随着铁观音的扩张与流行，功夫茶也走出了闽粤沿海，成为北京、上海等许多地区的新时尚。今天的中国城市中，凡有茶庄，必有铁观音；凡有茶楼，必泡功夫茶。而在都市流行功夫茶的现象背后，则是高雅茶文化对中国人生活方式潜移默化的

美丽茶园

村姑采茶

影响。铁观音在提升当代中国人的素质、建设精神文明中，起到了积极的作用。

简单回顾铁观音的这一历程，可以说，真正发展不过近二十多年间的事，而崛起，则是近10年间的事。这其中原因何在，有何秘密？

铁观音的崛起，首先要得益于中国改革开放的政策和环境。铁观音诞生后，经历了中国的三个时代：清朝、中华民国、中华人民共和国。而在这时代更替中，又有好几次大的社会动荡：太平天国起义，辛亥革命，北伐战争，土地革命，抗日战争，解放战争。1949年新中国成立后，本可以集中精力进行经济建设的，然而由于不断地进行所谓的“阶级斗争”，最后爆发长达十年之久的“文化大革命”，整个中国社会陷入一片混乱，经济上濒临崩溃边缘。在这种社会环境下，人民的基本生活条件都得不到保障，铁观音再好，哪还有可能发展？幸运的是，从20世纪80年代后开始，中国终于结束动乱，步入正常发展轨道。随着改革开放的不断深入，中国经济持续高速发展，人民生活水平逐步提高，不再为了填饱肚子而整天发愁，有可能在闲暇之余追求更高的物质和精神享受了。正是在这样的社会大背景下，中国的茶业才有可能发展。

铁观音的崛起，关键则在于政府的主导作用。改革开放以来，历届安溪县委、县政府领导深入茶乡，调查研究，访贫问苦；走出县门，参观考察，谋划良策。从而，确立实施“茶业富民”发展战略的目标，把茶业作为安溪县的民生产业和支柱产业，列为全县农民脱贫致富的“一号工程”。尤其是20世纪90年代末以来，根据国内外茶叶市场的变化，安溪县委、县政府在安溪茶业发展中，正确处理好“变与不变”的关系。“不变”的是，始终把“茶业”当做富民牌来打，一以贯之实施“茶业富民”发展战略；“变”的是，根据茶业发展的不同阶段，适时提出不同的发展思路，采取不同的发展措施，推动安溪茶业不断发展进步，引领国内茶业界新潮流。提出并实施茶业发展“三步走”发展思路，即第一步“创名牌，拓市场”；第二步“保名牌，抓质量”；第三步“建市场，组集团”。2006年，当安溪茶叶摘取中国茶界首枚“中国驰名商标”，成为外商最喜爱的中国农产品品牌时，尤猛军又代表县委、县政府向全体茶农茶商发出号召，树立“安溪铁观音·和谐健康新生活”全新兴茶理念，新理念涵盖“生态、健康、文化、品牌、素质”五大工程，成为全国茶业界落实科学发展观的先声。实践证明，市委、市政府的发展思路，为安溪铁观音的发展指明了正确方向。

铁观音的崛起，最根本的则在于人民的勤劳与智慧。安溪地处海峡西岸的山区。历史上的安溪，虽然山清水秀，百姓却不富。直到20世纪80年代初，安溪还是闽南地区的国家贫困县之一。尽管如此，人民却并没有因此而放弃追求，靠自己的骨头长肉，总是不断地拼搏，力图改变自己的命运。多年来，安溪人冒着生命危险漂洋过海谋求生存发展。改革开放后，一旦有了机会，安溪人立即紧紧抓住不放。一些成功的茶商，都有过挑着担子走街串巷卖铁观音的经历；成千上万的安溪人，就像当年漂洋过海一样，大胆地从山里走出去，南下北上，将铁观音撒到全国的每一个角落。据统计，目前在全国各地经营茶业的安溪人超过10万。在这期间，许多人经历过风餐露宿，许多人承受过亏本失败，然而，这些始终没有磨灭安溪人的信心和追求，始终没有停止前进的脚步。安溪人不仅吃苦耐劳，也很有智慧。他们非常善于根据市场情况进行创新发明。在传统基础上改进的，融乌龙茶与绿茶优点为一体的清香型铁观音，就是他们得以成功的优势产品。而这种产品，又是多项茶业新科技综合运用的结果。而茶叶销售中的“试茶”法，则吸引了许多消费者，拉近了人与人之间的距离，赢得了他们的信任。

铁观音崛起的一个重要因素还在于近年来兴起的“茶文化”热。茶是公认的世界三大饮料之一。中国既是茶的故乡，也是茶叶消费国，民间有“开门七件事，柴米油盐酱醋茶”的传统，唐、宋时因统治者的喜好推崇，饮茶成为一种时尚，因而形成了极为深厚的茶文化积淀。然而，改革开放之前，茶在它的故乡，更多的是作为出口创汇之物而存在。广大人民群众温饱问题都不能解决，哪有空暇饮茶、品茶。20世纪80年代是改革开放的初期阶段，大多数人忙于填补长期贫穷造成的生理和心理饥饿，暂时也还没有心境坐下来悠闲地喝茶。到了90年代后期，经过近20年的改革开放，国力大大增强，人民生活水平大大提高，一般的人

茶园

福源壶

特别是城市居民，已经到了温饱而有节余的程度。一部分人则率先达到有车有房的富裕程度。人们不再满足于有酒有鱼肉而逐渐转向寻求一种更为精致优雅、健康文明的生活了。于是，在古代原本只在上层社会中流行的茶文化，便开始“热”起来。其首要标志就是城市中雨后春笋般出现的茶庄、茶楼。茶庄以及茶叶专门市场是卖茶叶的，茶楼则是以茶为媒介的交际休闲娱乐的场所；此外，每年各地大张旗鼓进行的大规模“茶博会”，越来越多的茶著、茶杂志、茶网站，以及以茶为题材的文艺作品，也是茶文化热的重要标志。而在这些标志现象的背后，则是人们对茶叶需求量的不断攀升，以及认知程度的不断提高。正是鉴于这种情况，许多专家预言，21世纪将是“茶的世纪”，“乌龙的世纪”。所以，在某种意义上，铁观音的崛起与茶文化的不断升温，不仅是一个互动的过程，同时也成了我国社会从温饱型变为小康型的重要标志。

综上所述，铁观音的崛起，天时、地利、人和，三者缺一不可。认真思考这一过程，总结其中经验教训，不仅对今后安溪铁观音的发展有重大意义，同时也对其他茶类发展有着重要的借鉴作用。有充分的理由相信，随着中国改革开放的进一步深入，人民生活水平的进一步提高，铁观音这支茶苑奇葩将会开放得更加灿烂，福建茶业将会更加兴盛。

吃茶碑

目　录

第一章　品种与产品

第二章　历史起源

第三章　环境分布

第四章　繁育栽培

第五章　制作工艺

第六章　包装贮藏

第七章　茶具茶室

第八章　冲泡技艺

第九章　鉴赏审评

第十章　保健养生

第十一章　销售推广

第十二章　人文礼俗

第十三章　茶道精神

第十四章　古今茶人

第十五章　艺文论著

第十六章　附　录

第一章

品种与产品

PIN ZHONG YU CHAN PIN

茶树品种

我国茶树品种极为丰富。据不完全的估计，至少超过千种。由于分布地域广泛，各地气候与地理状况各异，经长年演化与人工培育，不同品种间存在着较大的差异。

从植株外形来看，有的属于大乔木型，这种茶树在西南特别是云南比较常见。目前所发现的位于勐海的最大茶树王，树高三十多米，胸径一米多。有的属中乔木型，这种茶树在广东潮州茶山较多，乌岽村的宋种茶，树高近10米，胸径近0.5米；安溪发现的野生茶树也有高达数米，胸径二十多厘米的。不过，更多的品种属小乔木或灌木型，一般植株高不超过2米，根径仅数10厘米。

从茶树叶片外形来看，也呈现出相当大的差异性。唐代大诗人李白曾做过一首谢友人赠茶的诗，茶名就叫“仙人掌茶”，据考证，这种茶是产于四川的大叶种茶，叶片大如人的巴掌，与今天云南所产的野生大叶种茶类似。潮州乌岽村的凤凰水仙茶，叶片也有长达10厘米的。不过，大多数的茶树叶片，均在5厘米左右，外形呈卵状，有的边缘有较大锯齿，有的则无。

除了以上这些差异外，不同品种茶树嫩芽颜色也有不同，大体有紫、青、白三种，紫芽种的代表品种有铁观音母种、大红袍等；白芽种的代表品种有安吉白茶、白鸡冠等；而大多数的品种则是青芽种，有的叶芽披有茸毛，有的则无。不过，无论茶芽何种颜色，待成熟后，便一律变成有腊质感的深绿色。

一般来说，野生茶树树型较为高大，多为乔木类，其中又有两

原始铁观音

千家寨茶树王

安溪剑斗山上野生茶树

种类型，一类是自然状态的野生品种，另一类原为人工种植，后来某种原因抛荒，无人管理，变成野生了。人工培育品种树型较矮小，多为灌木型。野生茶树性状不够稳定；而人工培育品种性状则较为稳定，具有较强的良种优势。

不同茶树品种树型、叶片等外形上的差异，以及茶青内质成分含量不同。所以，不同茶树品种适合制作哪类茶，是有讲究的。有的品种适合制作绿茶，此类品种以小叶种居多；有的适合制作黑茶，此类茶最典型的是云南大叶种茶；有的适合制作乌龙茶，此类最著名的有铁观音、水仙等；有的则两者皆宜，典型品种有梅占等。什么品种适合制作哪类茶，这是茶农以及茶业科技工作者通过长期的实践总结出来的。从今天的情况来看，因为野生茶树资源越来越少，各地茶区的茶树品种基本上都是人工培育的品种。因此，适应制作哪类产品，一般来说是比较固定的。

茶树嫩芽，俗称“茶青”。将采下的茶青，按一定的质量标准和程序，经过人工加工，最后制作而成的产品，称为成品茶。产品的含义与品种不同，属于商品学的概念。一般来说，市场上见到都是这类茶。人们日常冲泡饮用的，也都是这类茶。茶叶产品的名称，有的与茶树一致，如铁观音；有的则与茶树不一致。

我国的茶树产品（成品茶），根据制作工艺的不同，分为绿（绿茶）、红（红茶）、青（乌龙茶）、黑（后发酵茶）、白（白茶）、黄（黄茶）五大类，以及再加工类（花茶，药茶等）。

茶叶产品分类

西湖龙井

洞庭碧螺春

中国的茶叶产品，按加工方法分类，共有七大类。

白　茶

白茶为不发酵晒青茶。最大特点是冲泡后白叶（白毫）白汤，有明显的青甜味。

绿　茶

绿茶为不发酵茶。外形有片状，针状，螺旋状等，冲泡后的最大特点是绿叶绿汤，最典型的香气是绿豆香（豆花香）。极少数有花香，如碧螺春。

红　茶

红茶为全发酵茶。外形有芽针状与碎切状两种，最大特点是冲泡后红叶红汤；典型的香气是类玫瑰花香，正山小种红茶则有特殊的桂圆汤香味。

黄　茶

黄茶为微发酵茶，外形如绿茶，冲泡后最大特点是黄叶黄汤。

福建茶叶分类 THE CATEGORIES OF FUJIAN TEA	类别	品种	
	白茶 White Tea	银针白毫 Silver tip Pekoe	
		白牡丹 Pai-Mu-Tan	
		贡眉 Gong-mei	
		寿眉 Shou-mei	
		新工艺白茶 New Technical White Tea	
	绿茶 Green Tea	烘青绿茶 Fire Dried Green Tea	
		炒青绿茶 Pan Fired Green Tea	
	红茶 Black Tea	正山小种 Lapsang Sonchong	白琳工夫 Paklam Congou
		工夫红茶 Congou Black Tea	坦洋工夫 Panyong Congou
		红碎茶 Broken Black Tea	政和工夫 Ching Wo Congou
	乌龙茶 Oolong Tea	武夷岩茶 Wuyi Roek Tea	
		闽北水仙 Shui-Xian（North Fujian）	
		闽北乌龙 Oolong（North Fujian）	
		闽南色种 Se-Zhong（South Fujian）	
		闽南水仙 Shui-Xian（South Fujian）	
		安溪铁观音 Anxi Tieh-kwan-yin	
		永春香橼（永春佛手） Yong Chun Xiang Yuan	
	花茶 Scented Tea	茉莉花茶 Jasmine Tea	
		玉兰花茶 Magnolia Tea	
		柚子花茶 Pomelo Flower Tea	
		玳玳花茶 Dai-Dai Tea	
		珠兰花茶 Zhu-Lan Tea	
		玫瑰花茶 Rose Tea	
		桂花乌龙茶 Sweet Osmanthus Oolong Tea	
		大花乌龙茶 Cape-Jasmine Oolong Tea	

青　茶

青茶为半发酵茶，又称乌龙茶。最大特点是冲泡后红叶绿镶边，花香果香明显。

黑　茶

黑茶为后发酵茶。有散茶与紧压饼茶两大类，冲泡后黑叶黑汤——实际是深红带黑，无花香，有明显的陈香味。

再加工茶

再加工茶为利用各类茶再次深加工而成，种类极多。

铁观音茶树品种与产品特征

铁观音是闽南茶树的代表品种。系多年生灌木型，中叶类，迟芽种。植株可达2米。不过，一般茶园里的植株多在1米以下，枝条斜出，叶形椭圆，叶缘齿疏，叶肉肥厚，叶色深绿，叶脉呈明显肋骨状，腊质感强。嫩芽初绽时呈淡紫色，故又名红心观音、红样观音。

叶脉肋骨状，叶肉似壮汉凸起的肌肉块；嫩芽呈淡紫色；是典型的铁观音特征。

经过二百多年的培育与筛选，尤其是20世纪80年代，安溪茶农大面积推广短穗扦插的无性繁殖技术后，铁观音已为国家级优良茶树品种。今天的铁观音，除了原始品种外，还有青心铁观音、白心铁观音等数个变异种。青心铁观音，白心铁观音树型叶片外观与典型铁观音没有大的差异，主要的区别是嫩芽的颜色。青心呈淡绿色，白心呈淡黄色。青心铁观音适应性强，栽培容易，但是较难制作出高档产品；白心铁观音产品香气强烈，茶汤较淡。

除此外，近年来还出现一些人工杂交种，较著名的是“茗科一号”，以铁观音和黄金桂为母本杂交培育而成，故又称黄观音。还有以铁观音与金萱杂交培育而成的金观音；等等。形成了

黄山毛峰

祁门红茶

太平猴魁

冻顶乌龙

六安瓜片

铁观音茶树

一个铁观音系列品种。这些品种，各有优势，在闽南红壤丘陵区得到大面积推广。除此，邻近的闽中、闽西、闽北、广东潮汕地区也有引种；台湾种植也较多，是台湾乌龙的主要品种之一。

一般来说，用铁观音茶树嫩芽为原料制作的产品，也称铁观音。但因产地不同，往往在茶名前冠以地名，如祥华铁观音、感德铁观音、西坪铁观音、仙都铁观音等。而在外省，最常见的就是冠以安溪地名的铁观音。安溪铁观音，因为近年来的崛起和流行，几乎成了福建乌龙的代名词。事实上，就铁观音来说，一般人也都以安溪铁观音为正宗，安溪铁观音无论在质量和数量上，可说都是独占鳌头，因此而成为中国“驰名品牌”，并取得国家地理标志保护产品。

目前市场上常见的铁观音产品，主要是清香型铁观音。清香型铁观音干茶外形呈卷曲状（有的呈颗粒状，前几年较多，近年来则少见），俗称“青蛙腿”“蜻蜓头”，色泽蛙绿或砂绿，油亮润泽。冲泡后绿叶清汤，茶汤色泽接近绿茶而又花香清幽。叶底边缘破碎。

红心铁观音茶树

野生茶树

君山银针

精品铁观音

普通铁观音

铁观音毛茶

清香型铁观音

是20世纪90年代后发展起来的新工艺铁观音；所谓的新工艺，只是相对于传统的工艺而言，就基本的制作程序来说，新工艺与传统工艺并无大的不同，区别的地方在于降低茶青发酵度，和焙火温度次数，以及甩去红边，以保持绿叶清汤的特点。

浓香型铁观音

以传统工艺制作的铁观音，一般称为浓香型铁观音。浓香型铁观音干茶外形呈卷曲状，如青蛙腿或蜻蜓头，色泽乌褐，油润感强。冲泡后茶汤金黄或淡黄，花香较淡但滋味更醇。叶底青绿，有明显的红边。浓香型铁观音出口量较多，但这两年来国内市场也逐渐多了起来。

除此以外，近年来还开发出了韵香型、陈年型与保健型三大系列产品。

韵香型铁观音

产品特征介于清香型与浓香型之间。

陈年型铁观音

即陈放若干年份的产品，其中又分自然陈放型与复焙型。市场上常见的多为复焙型。干茶外观乌黑油亮，颗粒较细小，冲泡后有一股焦火味，茶汤深褐，滋味醇厚。自然陈放型是传统型铁观音经一定时间陈放，有几年的甚至几十年的。一般来说干茶外形大体上保持原状，颜色深而不黑，冲泡后茶汤呈深黄，有一股类似旧木箱的陈香。

保健型铁观音

属再加工茶，在铁观音中增加一些具有保健养生作用的中草药，如人参、枸杞、冬蜜等，经调和制作而成。干茶色泽较深，有明显的药味。口感不如其他产品，但强化了某种保健功能。

铁观音产品的外包装则五花八门，琳琅满目。最常见的是7克重的真空小包装，纸质或塑质，多用彩印。如此小包装，一来是适合于冲泡，一包刚好一泡；二来也是表示档次，以适应新的精致消费潮流。

安溪色种

在安溪，除了铁观音外，还有黄旦、本山、毛蟹、大叶乌龙、梅占等数十个茶树品种，统统称为安溪色种。而其中的黄旦、本山、毛蟹，习惯上与铁观音一起合称安溪四大当家品种。

本山毛茶

黄金桂干茶

毛蟹干茶

黄金桂茶树

黄 旦

又名黄金桂。原产于安溪虎邱镇。传说当年该镇有位林姓青年，迎娶西坪镇姑娘王惔。当地风俗，男女成婚时要“对月换花”，女方要从娘家带青（植物苗）。王姑娘便从娘家带了一棵早发芽的野生茶苗。王姑娘过门后，将此苗种到自家山上，经过细心培植，成为远近闻名的优良茶种。另一种说法是，当年虎邱镇农民魏珍，路过北溪天边岭时，看到路旁有棵芽叶金黄的奇异茶树，心中一动，折下枝条带回家插在盆中。待长大时，将其嫩芽采下制成干茶，居然奇香扑鼻，毛茶外形和观音也很像，吸引得四邻纷纷前来品赏，赞为真是“透天香”。

黄金桂的最大特点，一是赶早。在闽南乌龙中，每年最早上市，几乎与明前绿茶同时。二是香高。香气类似桂花，清幽细长，个性明显。

本 山

本山茶原产于安溪县西坪镇尧阳村。树形叶片和铁观音有点相似，有观音弟弟之称，适应性强，产品的香与水都不错，品质较优。如果是毛茶，本山的茶梗细而长，由于做工的原因，本山茶梗会出现“肉断皮不断的”现象，产生茶梗一节一节的，很像竹子的杆，因此，本山茶梗有“竹子节”的俗称。

毛 蟹

毛蟹原产于安溪县福美大邱仑。叶片锯齿尖锐，叶背和叶芽毫毛较多，形似蟹脚，故名。易种植，抗旱力强，因此得到广泛种植。毛蟹产品冲泡后清香带甜，品种特征较明显。

除此外，还有大叶乌龙、梅占等，因栽培数量较少，故从略介绍。

本山茶树

毛蟹茶树

铁观音再加工产品

铁观音再加工产品是指将铁观音产品与其他食用原料混合制作而成的新型产品。品类极为繁多，大体上可分为如下几种：

一、食用类

茶饮料

20世纪70年代末源于日本，而后传入中国内地和台湾、韩国等地。采用成品茶（红茶、绿茶、乌龙茶等），用一定量的热水提取，再经过滤，添加抗氧化剂，然后进行装罐（或装瓶、装复合纸袋）、封口、灭菌而制成。开启后即可饮用。以铁观音成品茶为原料制成的称为铁观音茶水。有高糖、低糖和无糖之分。

袋泡茶

将铁观音干茶置于绵质过滤纸所做成小袋中，一般一袋为5-7克。饮用时连袋放入杯中，再冲进沸水，稍为浸泡即可品饮。袋泡茶简单方便，适合宾馆、办公室使用。

华祥苑礼盒

速溶茶

又称“萃取茶”、“茶精”，20世纪40年代始创于英国，此后在美国、西德、印度、斯里兰卡、日本等国相继生产，我国自70年代开始生产。速溶茶由选材、处理、萃取、转化、净化、转溶、浓缩、干燥（调香）等工序加工而成。产品有纯茶味的和添加果香味的速溶茶。纯茶味的有速溶红茶和速溶绿茶；添加果香味的有柠檬红茶、速溶红果茶、速溶茉莉花茶、速溶姜茶等。其品质特点为；外形呈颗粒状，易吸潮，冲泡后无茶渣，香味不及普通茶浓醇。

茶　点

这一类产品主要是将铁观音干茶细粉，或者浸出浓茶汤，作为调料，掺入食品中制作而成的糕点、蜜饯、月饼类食品。特点上既保留了原来食品的基本风味，又有明显的铁观音香气。

铁观音金桔酥

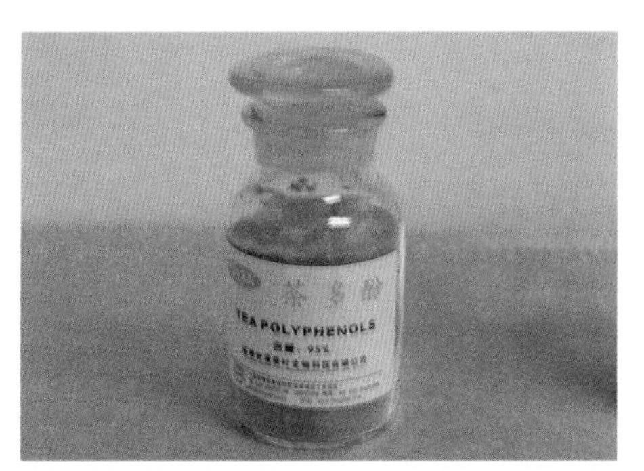

茶多酚

茶枕

茶　酒

一种是将铁观音直接投入酒中浸泡；另一种是以铁观音为调料，加入酒曲酿造而成。前者较为常见。风味独特。后者制作技术尚未成熟。

花　茶

将铁观音产品，加入芬香类花草，窨制而成。常见的有玫瑰铁观音，茉莉铁观音等。

二、保健类

药　茶

将多种中药与铁观音茶混合一起，经加工制作成具有治疗作用的药茶。比较著名的是“万应茶”“四时茶”之类，对感冒中暑、肠胃不适、痢疾水泻、尿滞便秘等有一定疗效。

茶　枕

近年来出现的新产品。以干茶（包括铁观音）为枕芯原料，制成的枕头。有安神健脑、预防中风感冒的功效。

三、配料类

茶　菜

以铁观音茶为调料，烧煮而成的菜肴。种类较多，风味也较为独特。

茶　粉

以铁观音为原料，磨成细粉，用作食物调料；或直接冲泡饮用，如日本的抹茶。

除上述加工产品外，还有以铁观音茶为原料，从中提取精华物质，如茶多酚、儿茶素等。

总而言之，铁观音加工产品种类极为丰富，尽管目前国内开发研究尚处于初级阶段，许多技术尚未致臻成熟，但是随着社会进步与科技发展，铁观音再加工产品肯定有着极为广阔的前景。

【相关知识】

◇闽南乌龙◇

泛指产于福建南部安溪、南安，晋江、惠安、同安、永春、平和、漳州、莆田等县市的各种乌龙茶。采制技术与铁观音基本相似，所以产品的干茶外形与色泽，以及冲泡后的茶汤，基本风格也都类似。面积产量较多的有：

白芽奇兰

产于福建漳州市第一峰的大芹山一带，由白芽奇兰品种茶树的嫩梢采制而成，是平和县的传统名茶。相传于清乾隆年间，在平和大芹山下的崎岭乡彭溪“水井”边长出一株奇特的茶树，因其长出的芽梢黄绿略带乳白，有白色细茸毛。制成茶后有奇特的“兰花”香味，故名“白芽奇兰”。该品种育芽能力强，新梢生长速度较快，属中偏早芽种。产量较高。白芽奇兰属乌龙茶的高香品种，外形紧结匀整，色泽砂绿带翠油润；内质香气清高浓长，兰花清香显露；滋味醇厚，鲜爽回甘；汤色清澈杏黄，叶底肥软明亮。干嗅茶香明显，冲泡之后以独特的浓长兰花香而著称，入口醇厚回甘，咽后齿颊留香。产品多次获福建省名茶称号，畅销闽、粤、港、澳、台及东南亚等地侨区。

永春佛手

又名香橼。主产于福建省永春县，佛手原产于安溪金榜乡骑虎岩，据1937年福安茶业改良场技师庄灿彰的《安溪茶业调查》：“相传20年前，安溪第四区骑虎岩上一和尚，取柑橘类之香圆（香橼的俗称）作砧木，接茶穗于砧上而得此种，是否可靠，极是疑问。”佛手于1919年传入永春，经压条繁殖，种植面积不断扩大，远销东南亚各国。近年来，永春佛手多次被评为优质产品奖。

佛手的叶形与芸香料的香橼柑的叶片相似，大而近圆，质薄，因此加工方法与铁观音稍有区别，品质特点也不一样。永春佛手条索紧结、肥壮、卷曲呈状，色泽砂绿乌润，内质香气高锐具独特的果香。汤色橙黄清澈，滋味醇厚回甘，叶底黄绿软亮。

漳平水仙茶饼

又名“纸包茶”。产于福建漳平市。原产地为双洋镇中村，从闽北建阳一带引进。基本工艺与水仙茶一样。特殊工艺在于模压造型及烘焙技术。造型为用一木板制成的木模；烘焙采用“先高后低”使水分逐步散发，以防裂口的低温慢烘法。成茶外形扁平四方，宽约6厘米，高约1厘米，重约20克左右；色泽乌褐油润，内质香气高纯，汤色深褐似茶油，滋味醇厚，叶底黄亮，红边明显。

品种名称	原产地	树型	树姿	叶类	叶形	叶色	一芽三叶百芽重	芽叶茸毛	芽期	产量(克)
梅占	安溪县	小乔木	直立	中叶	长椭圆	深绿	103.0	较少	中生	200以上
毛蟹	安溪县	灌木	半开张	中叶	椭圆	深绿	68.5	多	中生	200以上
铁观音	安溪县	灌木	开张	中叶	椭圆	深绿	60.5	较少	晚生	100以上
黄旦	安溪县	小乔木	较直立	中叶	椭圆或倒披针	黄绿	112.0	较少	早生	150左右
水仙	建阳	小乔木	半开张	大叶	长椭圆或椭圆	深绿	44.0	多	晚生	150以上
本山	安溪县	灌木	开张	中叶	椭圆或长椭圆	绿	75.0	少	中生	100以上
大叶乌龙	安溪县	灌木	开张	中叶	椭圆或倒卵圆	深绿	86.0	少	中生	53以上
八仙茶	诏安	小乔木	半开张	大叶	长椭圆	黄绿		少	特早生	200以上
肉桂	武夷山	灌木	半开张	中叶	长椭圆	深绿	53.0	少	晚生	150以上
佛手	安溪县	灌木	开张	大叶	长卵圆	绿或黄绿	147.0	较少	中生	150以上
凤圆春	安溪县	灌木	半开张	中叶	椭圆	深绿	148.8	少	晚生	130以上
杏仁茶	安溪县	灌木	半开张	中叶	椭圆	深绿	139.6	少	晚生	150以上

漳州水仙饼

八仙芽

水仙茶饼由于采制严格，品质优良，外形别具一格，携带方便，易于保存，从1981年起先后五次获福建省优质奖，列为福建省名茶之一，畅销闽西各地及广东、厦门一带，并进入中国港澳、日本等地市场。

诏安八仙

八仙茶原产诏安。20世纪60年代在诏安县西潭乡八仙山下茶场通过省级品种鉴定，故名八仙茶。该茶系早芽种，性状稳定。香气高锐，个性独特。冲泡后风格韵味接近广东乌龙茶。

◇闽北乌龙◇

泛指产于闽北的乌龙茶。主要产区在武夷山和建瓯。产于武夷山的统称武夷岩茶，其中又有多个品类。闽北乌龙的风格与闽南乌龙不同，素有“南香北水”的说法。一般来说，闽北乌龙在制法上与闽南乌龙基本相似，但发酵度更重，最典型的是“三红七绿”，火功也较高，故干茶外观呈条索状，乌黑油润。冲泡后常先有焦糖香，随后才有花香。茶汤颜色较深，金黄或橙红。滋味特别醇厚。岩茶则具有独特的“岩韵”。

名　丛

名丛一般是指那些自然品质优异，具有独特风格的茶树单丛。是从大量菜茶品种中经过长期选育而形成的。武夷岩茶最早四大名丛是：大红袍、铁罗汉、水金龟、白鸡冠。

大红袍成为单独品种后，便将半天鹞递补，仍是四大名丛。但是前不久看到一份资料，说现在岩茶已有十大名丛，除了前述外，还有白牡丹、金桂、金锁匙、北斗、白瑞香等。一般来说，名丛茶树在外形状态上各有明显特点，但在产品内质特征上，差别不是很大。不像水仙、肉桂那样，个性强劲，一闻就知。这或许是直到今天，名丛面积产量都较少的缘故。

大红袍

武夷岩茶中最著名的产品。

大红袍茶树系武夷山原生茶种。现在公认的原种茶树在景区九龙窠。

大红袍来历也有两种传说。“御封说”：传说某日有个皇后娘娘肚腹胀闷，御医束手。太子出宫寻药到武夷山，得到此棵茶树的叶子。带回后煎汤，治好了皇后的病。皇帝大喜，便封此茶树为“大红袍”。“状元说”：传说某日有个读书人进京赶考，途经武夷山天心寺时突患肠腹病。住持便将此茶冲泡了让读书人喝，立时病愈。读书人后来中了状元，为了报恩，回乡时便将状元红袍披到茶树上，因此得名。真实可靠的茶名，则是九龙窠石壁上茶树旁的摩崖石刻，“大红袍，1927年吴石仙”。吴石仙系当时崇安县长。根据武夷山老茶人说，该茶原名“奇丹”，系天心寺庙产。吴石仙到寺时，住持以此茶相待。吴喝了感觉极佳，问起来，住持便又带他去九龙窠看茶树。因见其芽叶紫红，便改名大红袍。

据民国时《蒋叔南游记》记载，除了九龙窠，天游岩、珠帘洞等处也有大红袍。不过，产量极少，因此价格昂贵。自20世纪八十年代以来，随着武夷山茶业的发展，大红袍无性繁殖成功，种植面积逐年增加。目前已成为武夷岩茶的一个主要品种。

以大红袍茶树嫩梢为原料制作的产品也称“大红袍”。大红袍产品有两种，一种是以单一大红袍茶青为原料制成；一种是以大红袍主要原料，掺入其他岩茶产品拼配而成。大红袍产品既有武夷岩茶香高味醇的共同特征，又有自身的风格特点，经久耐泡，香气有变化，汤色有层次，岩韵明显。为许多茶客所喜爱。已在为武夷岩茶的代名词。

肉　桂

肉桂又名玉桂，为武夷原生树种。由于品质优异，性状稳定。在多次国家级名优茶评比中，均获金奖。故成为武夷岩茶的主要品种之一。

肉桂茶为灌木型中叶类，晚生种。产品香气相当奇异，一些专家将其形容为“桂皮香”、“姜辛香”或者“菖蒲香”。肉桂茶的香气不仅奇特，而且相当高锐。冲泡后细细闻之，便会感到热气茵蕴中那股辛香，缕缕不绝地直往脑门里钻，不觉中使人精神为之一振。有的极品肉桂，每一道汤水的香型都有变化，相当迷人。正因为肉桂的香气特别强劲，胜过其他品种岩茶，所以又有人形容肉桂的香“霸气十足”。

肉桂茶汤甘、鲜、滑、爽。有时初入口时会有轻微苦涩，但回甘快，而且留韵长久，回味无穷。

大红袍

武夷水仙

以原产于建阳小湖的水仙种茶树嫩梢为原料制成。历史上武夷水仙曾有岩水仙、洲水仙、外山水仙之分，其中以岩水仙品质最佳。品质特征为：条索肥壮紧结，叶端折匀扭曲如蜻蜓，色泽油润，并具“三节色”（头部呈浅黄色、中部呈乌色、尾部呈浅红色）、“蛤蟆背”的特征；内质香气浓郁清长，岩韵显，味醇厚，具有爽口回甘的特色，汤色浓艳，呈橙红色，叶底肥嫩明净，绿叶红边。与肉桂相比，水仙的茶汤更为醇厚，故民间有“香不过肉桂，醇不过水仙”的说法。武夷水仙现分特级、一级、二级、三级至四级五个等级。产品畅销全国及东南亚各国。

铁罗汉

原产于慧苑岩鬼洞。枝条粗壮，叶片厚实，深绿如铁。移栽别处制成干茶，效果特异，于是逐渐传播。清乾隆四十六年（1781），惠安施集泉茶庄主人施大成，到武夷山选购茶叶，发现此茶后，不惜重金收购。面市后，因其优异品质，大受欢迎。

水金龟

原长于天心岩。一日洪水将此茶连根冲到牛栏坑。附近人上山发现此茶，在山凹处砌了一个石围坡，堆土培根，因此成活。此茶树型墩实，枝干纵横如龟背纹路，叶片油绿肥厚，形似金龟，因此取名为水金龟。用它制成茶叶，香浓汤醇，别有韵味。

武夷山铁观音

白鸡冠

白鸡冠

此茶最早见于明代。一说原产蛇洞，一说原产慧苑岩。最大的特征就是茶叶嫩芽呈浅黄或象牙白，远远望去，树丛如同白鸡公，因而得名。白鸡冠成品干茶，色泽较一般岩茶浅淡。冲泡后的茶汤，香气清幽，岩韵含蓄，具有与一般岩茶所不同的淡泊风格。

奇　种

奇种茶，由武夷“菜茶”所制而成。

“菜茶”，是武夷茶农对武夷山有性繁殖茶树群体品种的俗称。意思是这些茶就像门前门后所种的青菜一样普通，只供日常

梅占

大叶乌龙茶

饮用。菜茶的来源，一是武夷山当地野生茶树，二是从浙江乌龙岭等外地引进的品种，与当地野生种杂交而成。可以制作乌龙茶，也可制作红茶和绿茶。

菜茶品种则很多很杂，武夷茶史上所载的数百个茶品名，绝大部分都是这种茶。有人曾将其分为九个不同类型：菜茶代表类，小圆叶类，瓜子叶类，长叶类，小长叶类，水仙类，阔叶类，圆叶类，苦瓜类。菜茶之所以有那么多品种，有那么多的名称，一来是武夷山的自然环境使然。就具体茶树生长的环境来说，各有各的特殊小环境，因而形成“一岩一茶”的奇特状况。即使原先同一品种的茶树，由于小环境的差异，就会产生品种变异。二来是茶主们出于商业目的，争相斗奇，互造珍秘的结果。武夷山茶名，宋元时并不复杂，数种而已，无非是龙团、蜡面、粟粒之类。明以后则逐日增多，同时变得花俏起来。紫笋，灵芽，仙萼，白露，雨前，等等。待到了清朝，就泛滥了。什么雪梅、红梅、小杨梅、素心兰、白桃仁、过山龙、白龙、吊金钟、老君眉、瓜子金，五花八门。到民国，就更是数不胜数。除了茶树名称，还有一些茶主为了吸引招来顾客，在包装时也竞取花名。据有关资料记载，仅慧岩一岩，就有花名八百余种。

虽说菜茶品种驳杂，但用以制成的成品干茶，基本品质特征差别并不大。无非是有的香气更浓郁一些，有的滋味更醇一些。为了解决消费者对五花八门品名无所适从状况，地方政府于2004年对武夷岩茶的品名与质量标准作出强制性执行规定。除了大红袍、水仙、肉桂、名丛，其他品种统统归称奇种。

闽北水仙

闽北水仙茶，原产于与武夷山相隔数十里的建阳县小湖乡岩叉山。

水仙品质优异，适应性强，栽培容易，在一定区域的不同环境中均能保持稳定性状，茶农戏称为“懒水仙”。因此成为闽北乌龙茶的最主要最大量的品种之一。水仙属于小乔木型大叶类，发芽较晚，一般要到清明后才能开采。水仙茶的成品干茶，外观条索特别粗大，呈油亮蛙皮青或者乌褐色。匀整，碎末很少。有一股很幽很柔的水仙花或兰花香，有的则有乳香。香气中带有清甜味。沸水冲泡之后，香味更为明显和悠长。水仙产品的最大优点是茶汤滋味醇厚。

市场上常见的闽北水仙有两种。一武夷水仙；二是建瓯水仙。以昔日北苑茶产地建瓯为主产地。据民国《建瓯县志》卷二五："水仙茶，质美而味厚，叶微大，色最鲜，得山川清椒之气。查水仙茶出禾义里大湖之大山坪，其地又有岩叉山，山上有祝桃仙洞。西嵝厂某甲业茶，樵采于山，偶到洞前，得一木，似茶而香，遂移栽园中，及长采下，用造茶法制之，果奇香为诸茶冠。但开花不结子,初用插木法，所传甚难，后因墙崩将茶压倒，发根，始悟压茶之法。获大发达，流传各县。西嵝厂之茶母至今犹存，固一奇也。制法多端，近人所刊行《茶务改良真传》可资考证。出产以大湖为最，而今大湖牌号数十，推黄茂荣为第一（湿包法改为干包法）。由其制法精良，得之自然，而辅以人力也。"

建瓯水仙又有建瓯水仙、南路水仙、炭焙水仙等产品。

◇广东乌龙◇

泛指产于广东的乌龙茶。主产区在潮安、饶平、焦岭等县。

广东乌龙总的品质特征为：外形条索卷曲较细较直，色泽油绿带翠。内质香气清高持久，汤色浅黄清澈，滋味醇厚爽口，叶底青绿微红边。有独特的类似花蜜的"山韵"。以产于其石古坪的品质最佳。与其它乌龙茶相比，更具有"三耐"［耐冲泡、耐贮藏、耐火（低温烘焙时间比一般乌龙茶长4小时以上）］。

凤凰单枞

凤凰单枞是从凤凰水仙的茶树品种植株中选育出来的优良单株单独栽培、单独采制而成。凤凰单枞只在春茶采制，夏、秋茶采制浪菜或水仙，品质次于单枞。凤凰单枞的鲜叶一般在下午2-4时采摘，利用夜间手工制青、晾青、做青、炒青、揉捻、复炒、复揉、烘培等工序加工而成。外形条索紧结挺直，色带褐似鳝皮色，油润有光；内质香气清高幽深，具天然的花香，汤色橙黄清澈明亮，沿碗壁呈金黄色彩边，滋味浓爽，润喉回甘，叶底边缘朱红，叶腹黄亮。19世纪中叶即誉满国际茶叶市场，1982年在商业部全国名茶评比会上被评为全国名茶，1986年再度被评为全国名茶。凤凰单枞因香气滋味的差异，可分为黄枝香、芝兰香、桃仁香、玉桂香、通天香等品名，品质各具特色。

凤凰水仙

由凤凰水仙品种茶树的嫩梢采制而成。凤凰水仙为有性群体种，小乔木型，叶型大，呈长椭圆形，色泽绿，有油光，先端多突尖，叶尖下垂，略似乌嘴。因此，古时凤凰水仙茶称为"乌嘴茶"。1956年才被定名为凤凰水仙。凤凰水仙与同是由凤凰水仙品种采制而成的凤凰单枞和凤凰浪菜相比，采摘原料较为成熟，采制稍为粗放，品质也稍次。

宋　种

单丛干茶

岭头单丛

岭头单丛源出自广东饶平县岭头村，因此得名。芽叶色泽黄绿，又称白叶单丛，属小乔木型，中叶类，特早生种。

1961年，岭头村民许木溜等，在该村海拔1032米的双髻娘山，选育一株特早发芽、芽叶黄绿的茶树，经连续三年对这株茶树单独采制，形成稳定性状，具有独特风格。随后在饶平广为种植，2002年定为国家级茶树良种。成为广东乌龙茶区的主栽品种。

台湾乌龙

◇台湾乌龙◇

台湾所产乌龙茶的总称。主要产地为台北、桃园、新竹、苗栗、宜兰等县市。为台湾最早生产的茶类。台湾乌龙茶的茶苗、栽培技术和采制方法都是在清嘉庆年间从福建传入的。台湾适制乌龙茶的茶树品种有：青心乌龙、青心大冇、硬梗红心、白毛猴、铁观音、大叶乌龙、三义枝蓝、红心乌龙、红心大冇、黄心乌龙等。鲜叶采摘比福建、广东的乌龙茶细嫩，带有芽毫。台湾乌龙茶一年采摘四次，即春、夏、秋、冬茶，其中以春茶、秋茶及早期冬茶品质较佳。

文山包种

文山包种

又名“清茶”。发酵程度最轻（在15-25%之间）的清香型乌龙茶。产干台北县文山地区及南港、木栅等地。19世纪70年代由福建安溪人王义程仿武夷岩茶制法在台北文山创制。茶叶制成后用方形福建毛边纸两张，内外衬叠。将茶叶四两包成长方形，外包盖上商号及茶名印章，因而得名。包种茶所用的鲜叶多选自青心乌龙品种，此外还有台2号（又名金萱）、武夷水仙、铁观音、台茶13号、台茶5号等等。品质待征为：条索紧结呈条形状，整齐，墨绿有油光；内质香气纯正细长持久，有自然花香，滋味甘醇，滑活，鲜爽回韵强，汤色蜜绿或蜜黄色，清澈明亮。发醇程度最轻。

冻顶乌龙

产于台湾省的南投县、云林县、嘉义县等地。相传清咸丰五年（1855）台湾台南县有一青年从武夷山引入适制乌龙茶苗植于冻顶山，并加以精心培育，单独采制成茶品，故名冻顶乌龙。冻顶乌龙采制方法基本同包种茶，但在揉捻解块后增加复炒复揉，然后初焙复焙，品质特征为：条索自然弯曲成半球形。整齐紧结，白霜显露，色泽翠绿鲜艳有油光；内质干茶具强烈芳香，冲泡后清香明显，带自然花香或果香；汤色蜜黄、金黄，清澈而鲜亮；滋味浓醇甘润，富活性，回韵强；叶底嫩有芽，发酵程度重于文山包种。

木栅铁观音

发酵程度重于冻顶乌龙茶，也称浓香乌龙，是台湾乌龙茶的典型代表。产于台湾台北市木栅区。相传清光绪年间（1875-1908）有张氏兄弟从安溪引入纯种铁观音，在木栅漳湖区种植成功。由铁观音品种茶树的嫩梢采制而成。采摘标准为采一芽二三叶，制作方法基本同冻顶乌龙，但其做青程度重，并经反复焙揉使外形呈球形状。品质特征为：外形紧结卷曲成颗粒状，白霜显露，色泽褐色油润；内质香气浓且持久，滋味浓厚，收敛性强，汤色呈琥珀色，明亮艳丽。台湾铁观音与安溪铁观音无论在外形还是内质，风格都有较大的区别。

【延伸阅读】

茶树品种

茶树品种指具有一定的经济价值和相对稳定的遗传特性，在生物学、形态学和经济性状上相对一致，在一定地区和一定的栽培条件下，其产量、品质和适应性等方面符合生产需要的栽培茶树群体。

品种具有五个方面的特点：1. 属于经济上的类别。在野生型茶树中，只有类型而没有品种之分。最早茶树品种的形成，是人们根据自己的需要，挑选野生茶树进行栽培，经过长期的培育和选择而产生的。所以它是属经济上的类别，而不是植物分类上的类别。2. 是茶叶生产中重要的生产资料。优良的茶树品种必须具备高产、优质、稳产和抗性强等优点，受到茶农和消费者欢迎，生产上广为种植。如果不符合生产上的要求，就没有直接利用价值，不能作为生产资料，也不能称为品种。3. 其适应性有一定的地区性，并要求一定的栽培方法。4. 其利用具有时间性。每一个地区，随着经济、自然和栽培条件的变化，原有的品种便不能适应，所以要不断培育接班品种。5. 其特征性具有相对一致性。

茶树类型

1. 茶树育种原始材料的分类单位。茶树育种中为了合理利用茶树种质资源，把茶树育种的原始材料分为野生类型的原始材料、种植类型的原始材料和人工创造类型的原始材料。种植类型的原始材料又分为本地原始材料和外地原始材料。人工创造类型的原始材料是指应用杂交、选择及人工诱变等手段获得的单株、品系等。2. 茶树植物学分类的一个单位。即在变种下按某生态或形态再分若干类型。例如武夷变种中分为早芽类型、中芽类型和迟芽类型。3. 有性繁殖茶树品种中根据形态差异划分的集团。如龙井种中的长叶类型、圆叶类型、瓜子类型利紫芽类型等，尤以长叶类型为优，产量高，制茶品种优异。

近年岩茶

七十年代老岩茶

茶树性状茶树生理学特性、形态特征以及经济价值特性的总称。是遗传与环境相互作用的结果。产量、品质、抗逆性和春茶萌发期等是茶树品种鉴定的主要性状。茶树生理学特性和形态特征与产量、品质、抗逆性等具有相关性，是茶树育种早期选择阶段鉴定的参考依据。

野生茶树类型

又名“野生型茶树”。是自然界非人工栽培的自然生长茶树的总称。野生型茶树在一定的自然条件下通过自然繁殖而生存，多数不经过人为的修剪和采摘，树体比较高大。通过自然条件的长期选择，野生型茶树比一般栽培型茶树具有较强的抗逆性。野生型茶树的某些优良性状可以通过驯化加以利用，也可以通过杂交方法结合到栽培型茶树中去加以利用。但野生型茶树往往带有某些不良性状，如产量或品质方面的缺陷。因此，野生型茶树一般作为育种的原始材料或茶树起源及演化研究的材料。

灌木型茶树类型

成年茶树从地面根顶部分枝，各分枝粗度相当，无明显主干。此类茶树分枝能力强，枝条稠密；但顶端生长优势弱，树冠低矮，树姿呈披张状。灌木型茶树一般抗寒力强，适用范围广，是中国江南、江北茶区生产上栽培最多的茶树类型。

乔木型茶树类型

乔木型茶树树体高大，具有粗大的主杆，主轴明显，分枝部位高，分枝稀疏，树姿直立。这类茶树多为野生型自然生长茶树。如云南澜沧大茶树，高26.5米，树幅9.1米，树干直径60厘米；云南勐海巴达大茶树高32.1米，树幅8.8米，主杆直径100.3厘米。

小乔木型茶树类型

又称半乔木型茶树。这类茶树分枝部位较低，但仍有明显可辨的主杆，植株高度中等。乔木型茶树通过人工栽培加以修剪整枝和采摘，茶树顶端生长优势受到明显抑制，分枝部位降低，亦呈小乔木型株型，如云南大叶种、福建水仙、政和大白茶等。

早芽品种茶树类别

又称“早芽品种”，简称“早生种”或“早芽种”。指茶树越冬芽萌发时间早、春茶开采期早的茶树品种。在茶树品种分类上，指新梢一芽三叶期所需的活动积温小于400摄氏度的茶树品种。如福鼎大白茶、乌牛早等。

中芽品种茶树类别

又名“中生品种”，简称“中芽种”或“中生种”。指越冬芽萌发期中春茶开采期介于早生品种与迟主品种之间的茶树品种。又称“中芽品种”，简称“中生种”或“中芽种”。在茶树品种分类上，指新梢一芽三叶期所需的活动积温为400-500摄氏度的茶树品种，如浙农12和翠峰等。

迟芽品种茶树类别

简称“晚生种”或“迟芽种”，又称“迟芽品种”。指越冬芽萌发期迟、春茶开采时间晚的茶树品种。在茶树品种分类上，指春梢一芽三叶期所需活动积温大于500摄氏度的茶树品种，如政和大白茶、福建水仙等。

茶叶命名

茶叶命名是茶叶分类的重要程序之一。我国茶树品种资源丰富，品种适制性也很广，有的品种适制一种茶类，有的品种适制二、三种以上的茶类。一种茶叶必须有一个名称以为标志。命名与分类可以联系一起，如功夫红茶，前者是命名，后者是分类；又如白毫银针，前者是分类，后者是命名。茶叶命名通常都带有描述性的。

茶叶命名的依据，除以形状、色香味和茶树品种等不同外，还有以生产地区、采摘时期和技术措施以及销路等等不同，而命名也不同。

茶名以形容形状的为多，如瓜片、雀舌、毛尖、紫笋、珍眉等。

茶名形容色、香、味的也很多，如敬亭绿雪，形容其色泽；舒城小兰花是指其香气；江华苦茶是指其滋味。

各地的茶名冠以地名的也很普遍，如西湖龙井、武夷岩茶、安化松针、信阳毛尖、黄山毛峰等等。

以采摘时期不同而命名，古今亦有，如云南的春尖，安溪的秋香、冬片等。

以制茶技术不同而命名，如炒青、烘青、蒸青、窨化茶等。

大坪茶园

铁观音茶果

以茶树不同而命名的，如乌龙、水仙、毛蟹等。

乌龙茶类茶树育种的核心种质——铁观音

安溪是孕育乌龙茶优良品种的摇篮地，铁观音是世界最早的无性系品种。

安溪茶树种质资源丰富，境内曾发现蓝田大茶树、企山野茶、福顶山野茶、剑斗野茶、朝天山种、萍州苦茶、福前苦茶等野生茶树种质资源。特异种质有奇曲、霄绮、白牡丹等。清雍正三年（1725年前后），安溪县农民魏荫在其故乡——西坪松林头（今松岩村）发现并以压枝法繁育成功“铁观音”。压枝繁育法是一种无性繁育方法，只有无性系品种才有可能使用这种方法。这一时间比其他国家早了近200年，日本著名民间茶树育种家杉山彦三郎在上世纪初才育成了日本最早的无性系品种——八重穗（1903年）、薮北（1908年）、小屋西、六郎等。而印度、斯里兰卡、印度尼西亚等国在上世纪40年代才开始推广无性系品种。无性系品种的发展和推广改变了世界茶树种植业的面貌，推动了现代化茶园的建立，并为茶园机械化提供树冠条件。

19世纪下半叶，安溪茶农林氏利用带二三叶芽的茶树插穗进行扦插获得成功。扦插繁殖技术的成功对加速茶叶良种的繁殖、推广起到了重要作用。

1985年全国农作物品种审定委员会认定为国家级优良品种。在安溪，除了铁观音，还有黄棪、本山、毛蟹、梅占、大叶乌龙、佛手等优良品种。这些品种已在乌龙茶产区大面积栽培，铁观音、毛蟹、黄棪的种植面积居全省前十位。

20世纪90年代初，安溪县茶科所的叶锦凤先生对安溪乌龙茶种质资源进行了调查。结果证明安溪乌龙茶种质资源相当丰富。计有：

铁观音系列：铁观音、早观音、白观音、金面观音、圆叶观音、白样观音、红英（红影）、白芽观音、竹叶观音、薄叶观音、土观音。

本山系列：本山、福前1号、福顶山2号。

黄棪系列：黄棪（黄旦）、圆叶黄棪、科山种、科旦。

毛蟹系列：毛蟹、白毛猴、福前2号。

乌龙系列：大叶乌龙、软枝乌龙、慢乌龙、红骨乌龙、慢种。

奇兰系列：慢奇兰、白奇兰、黄奇兰、竹叶奇兰、金面奇兰、早奇兰、青心奇兰、青心子。

墨香系列：墨香、圆叶、赤叶。

苦茶系列：苦茶、窄叶苦茶、安溪白茶。

竖种系列：竖种、乞丐种、杏仁茶。

其他：梅占、佛手（香橼种）、安溪肉桂、大红、桃仁、木瓜、菜葱、白牡丹、皱面吉、箫绮、祥奇、清明茶、碎米茶等。

据有关资料，我国新育成的乌龙茶品种的亲本大多来源于安溪茶树种质资源，20世纪40年代末，台湾茶业改良场开创了乌龙茶新品种的选育工作。至20世纪60年代末以来，分别以青心大有、大叶乌龙、红心大有、硬枝红心、黄柑以及台农系列品种为亲本，从其人工杂交和天然杂交后代中选育出台茶系列17个新品种。上世纪70年代末以来，福建以铁观音和黄棪为亲本，从其天然杂交和人工杂交后代创新选育出金观音（茗科1号）、黄观音、黄奇、春兰、瑞香、金牡丹和凤圆春等10个乌龙茶新品种，占全国和省级乌龙茶新品种总数的52.6%，铁观音和黄棪已成为乌龙茶类茶树育种的核心种质。

（叶乃兴）

安溪铁观音品质形成的生化原理初探

安溪铁观音以其香高味醇、冲泡七次有余香的特殊风格饮誉中外，铁观音品质的形成，近年来引起了国内外许多学者的兴趣，做过不少研究。本文试图用笔者现行的一点知识，结合一些学者的研究成果，探讨铁观音品质形成的生化原理，旨在对铁观音品质形成的实质获得进一步的认识。

安溪铁观音的鲜叶原料

铁观音品质的形成，取决于鲜叶原料的质量和制茶工艺技术条件的正常发挥，其中鲜叶原料是形成铁观音品质的基础。采摘自铁观音茶树的鲜叶原料，其成熟度是有一定要求的，一般采摘顶叶小开面至中开面驻芽二、三叶，尤以驻芽三叶为优。严学成从细胞学的角度出发，指出适制乌龙茶的成熟叶片中，叶绿体形成特殊的形态，并且可以产生前质体，认为这或许与乌龙茶的特殊风味有一定关系。具有一定成熟度的鲜叶，多酚类、氨基酸的含量少些，而醚浸出物、类胡萝卜素、可溶性糖等的含量较多。铁观音产品对多酚类物质的要求并不很多，含量太多反而易带苦涩味。鲜叶中醚浸出物的多少可以认为是芳香物质多少的标志，成熟叶子中醚浸出物较多对形成铁观音高香品质在物质基础方面是一个重要因素。采摘偏嫩、偏老均不能适应铁观音品质的形成和初制工艺的要求。采摘偏嫩，鲜叶中多酚类、儿茶素、咖啡碱含量偏高，而具有花香的芳香物质、糖类、醚浸出物含量偏低，成茶条索虽然嫩结，但香低、味苦涩且带有青气，铁观音外形、内质应有的特殊风韵难以表现出来。采摘偏劳，鲜叶中的有效物

新梢不同叶位主要化学成份的含量（%）

成分	多酚类	儿茶素	氨基酸	茶氨酸	咖啡碱	类胡萝卜素	B–胡萝卜素	醚浸出物	还原糖
第一叶	22.6	14.7	43.11	1.83	3.78	0.025	0.0062	46.98	0.46
第二叶	18.3	12.4	32.92		3.64	0.036	0.0067	27.90	1.34
第三叶	16.23	12.0	02.34	1.20	3.19	0.041	0.00802	11.35	2.39
第四叶	14.65	10.5	1.95	1.10	2.62		0.01086	11.43	2.56

（资料来源：程启坤等）

质基础较差，儿茶素总量、氨基酸、咖啡碱、水溶性果胶物质含量偏低，而纤维素含量高，则成茶外形粗松，色泽枯燥，滋味淡薄，香气低短，品质较差。

安溪铁观音品质的形成

铁观音属半发酵茶类，其品质既不同于不发酵茶类（绿茶），也不同于全发酵茶类（红茶），有其自己独特的色香味，这种特有的品质风格是如何形成的呢？

一、色泽品质的形成

茶叶的色泽包括干茶色泽、茶汤色泽和叶底色泽三个方面。色泽是鲜叶内含物质在制茶过程中发生不同程度的降解、氧化、聚合、缩合等生化变化的总反映。铁观音色泽的形成是以多酚类物质的酶促或非酶促氧化以及叶绿素的降解为主要物质基础的。

铁观音鲜叶中含有多种色素物质，主要有叶绿素、类胡萝卜素、花黄素、花青素和叶黄素等。同时，鲜叶中还含有多种色素源物质，主要有多酚类、儿茶素、氨基酸、糖类等。做青过程，由于鲜叶中水分的逐渐丧失，细胞膜透性的增强和部分叶缘细胞的破损。多酚类物质发生酶性氧化，形成不同层次的氧化产物——橙黄色的茶黄素、棕红色的茶红素和暗褐色的茶褐素。这些氧化产物属水溶性色素，但它们在初制过程中部分与蛋白质结合成不溶性物质，因此，在茶叶冲泡后一部分溶解于水中呈现出金黄明亮的汤色，另一部分则继续沉积于叶底。由于做青过程中叶心、叶缘以及叶片基部(俗称叶蒂)多酚类物质氧化程度不一，从而表现出明显的青蒂绿腹红镶边出现象。叶绿素在做青、杀青、

毛蟹芽叶

青、长时间包揉与烘烤过程中，大多数已通过酶性或非酶性途径发生降解，形成脱镁叶绿酸酯。水溶性花黄素部分产生氧化，产物为橙黄或棕红。花青素类变化不大。以上这些呈色物质以及叶黄素、胡萝卜素等物质颜色综合形成了铁观音外形、叶底和茶汤的色泽。

二、香气品质的形成

近十几年来，人们对乌龙茶的香气成分进行了较为系统的探讨，迄今为止，在乌龙茶类中检出的香气成分已达162种，这些香气物质中以醇类、酮类、酯类、醛类和碳水化合物为主，分别占香气成分的21%、14.2%、14.2%、10.5%和13.%。在铁观音中检出的香气成分达97种，其中醇类、酮类、酯类、醛类、碳水化合物分别占香气成分的25.8%、14.4%、13.3%、12.2%和18.5%。铁观音的香气成分，一部分来自鲜叶，一部分是在做青期间酶促反应的结果，还有一部分则是烘焙、复火等工序中热效应引起的物化反应而形成的。

前人的大量研究资料表明，萜烯类芳香物质的形成是乌龙茶香气形成的主要途径。橙花叔醇、吲哚、紫罗酮，a一萜品醇、2一苯乙醇、茉莉内酯等香气成分在铁观音香气成分含量中占主导地位，尤以橙花叔醇、吲哚更为突出。

三、滋味品质的形成

铁观音的滋味是一种多味的协调综合体。有可溶性糖的甜味，儿茶素及其氧化产物的涩味、醇厚感，氨基酸的鲜爽味，嘌呤碱的苦味等。在这个味的综合体系中，各种呈味物质之间，存在着味的对比、消杀、变调和阻碍等作用，使得铁观音的滋味既不同于绿茶也不同于红茶，形成自己独特的醇厚、鲜爽、甘喉，并具有“音韵”的滋味风格。

铁观音这种独特的滋味风格，主要是在做青工序中形成的。做青过程，随着水分的部分蒸发和叶细胞的破损，鲜叶内含物质发生一系列氧化、水解、聚合、缩合等作用，苦涩味的儿茶素含量减少，具甜味的可溶性糖、可溶性果胶含量增加，鲜甜味的茶氨酸、谷氨酸、天门冬氨酸等氨基酸含量增加，苦味的嘌呤碱含量有所减少。

做青的生化变化与品质的形成

铁观音毛茶的初制。一般包括晒青、凉青、摇青、杀青、初揉、初烘、包揉、复烘、复包揉、烘干十个工序，并且通常把晒青（日光萎凋）、凉青、摇青三个工序合并统称为做青。

做青过程，长达十多个小时，这是形成铁观音独特色、香、味的关键工序，辅之以特有的包揉塑形工序，使铁观音风味形质兼优，独具一格。

铁观音做青阶段，前期晒青中日光的作用，后期摇青中摩擦力的作用以及摇青阶段“动”、“静”相间交替的技术措施促使叶片、茎脉间水分的重新分布，“退青”与“还阳”现象交叉出现，叶子内部发生了一系列有利于

陈年闽南乌龙毛茶

色种芽

黄金桂叶子

铁观音品质形成的变化，主要有：

一、酶活性的提高

做青过程，由于叶子的部分失水和细胞液浓度的增加以及酸性变化，使叶子中酶的活性大大增强，氧化酶类、水解酶类、转化酶类，如多酚氧化酶、过氧化物酶、脂肪氧化酶、过氧化氢裂解酶、醇脱氢酶、蛋白酶、淀粉酶、原果胶酶、糖苷酶等酶类的活性提高，从而为内含物质的氧化、水解、转化等提供了必要条件。

二、多酚类的氧化

随着叶片水分的蒸发，细胞的渗透性和细胞汁浓度提同，摇青过程叶片与叶片之间，叶片与机具之间相互摩擦，叶缘细胞破损，在多酚氧化酶的催化下，多酚类化合物尤其是儿茶素的酶促氧化加强，形成了一系列的氧化产物，如茶黄素、茶红素。同时，苦涩味的酯型儿茶素含量减少。此外，还由于儿茶素的氧化还原作用，促进了部分香气成分的形成与积累。

三、芳香物质的形成

做青是铁观音香气形成的重要阶段，做青的工艺特点是形成铁观音醚浸出物或芳香油含量比其他茶类高的重要原因。做青过程中，低沸点的青草气成分得以挥发和转化，高沸点的花、果香成分显露出来，同时，伴随着内含物质一系列变化，新的芳香物质大量形成。王汉生的研究认为，做青中形成香气成分的可能途径主要有：①氨基酸的氧化形成挥发性醛类；②胡萝卜素的氧化分解形成多种花香成分；③脂肪酸的氧化形成芳香醛或醇类；④醇类的氧化形成清香或果香的酸类或醛类；⑤低级有机酸与醇类的酯化形成果香酯类化合物；⑥糖苷及一些高分子有机化合物的水解游离出部分芳香物质成分，等等。

四、糖、蛋白质的水解

在各种酶类的分别作用下，蛋白质和肽类物质部分水解为氨基酸，多糖部分水解为双糖、单糖，原果胶物质部分水解为水溶性果胶，等等。上述水解产物，都是铁观音品质的有效成分，对增强茶汤滋味，香气和汤色均有良好的作用。

五、色素物质的变化

叶绿素在叶绿素酶催化下形成脱植基叶绿素，在酸性条件下进一步变成脱镁叶绿酸酯；或者叶绿素先脱镁，形成脱镁叶绿素，再变成脱镁叶酸酯。花黄素部分被氧化，形成橙黄色或棕红色产物。做青过程中叶子颜色由深绿变为浅绿以至黄绿，这是由于叶绿素受到一定程度的破坏，少量的儿茶素氧化产物、花黄素及其氧化产物、花青素、叶黄素和胡萝卜素等物质综合反应的结果。

结语

1. 一定成熟度的鲜叶原料是形成铁观音独特风味的物质基础。

2. 铁观音色泽的形成是以多酚类化合物的酶促或非酶促氧化以及叶绿素的降解为主要物质基础的。

3. 萜烯类芳香物质的形成是铁观音香气形成的主要途径，橙花叔醇、吲哚等香气成分在铁观音香气中占主导地位。

4. 铁观音鲜爽、醇厚、甘喉、具观音韵的滋味风格是多种呈味物质之间相互协调的最终体现。

5. 铁观音特有的做青工序是形成铁观音独特风味的关键工序。

（蔡建明）

安溪铁观音代表团赴意大利参加全球地理标志保护研讨会纪实

经福建省工商局和国家工商总局推荐，应世界知识产权组织（WIPO）邀请，2005年6月26日-29日，安溪县委原副书记、县茶业管理委员会主任陈水潮、安溪县茶叶协会原顾问王文礼、安溪县茶叶协会原副秘书长吴倩一行作为安溪铁观音原产地的代表，赴意大利帕尔玛参加"全球地理标志保护研讨会"。

6月27日上午9时30分，研讨会在帕尔玛商会欧瑞厅开幕。来自世界知识产权组织、联合国粮农组织、国际商标协会、国际地理标志委员会，意大利外交部、生产促进部，帕尔玛当地政府、商会的官员和有关方面负责人，以及中国、美国、法国、德国、哥伦比亚、澳大利亚、墨西哥、印度、牙买加、丹麦、西班牙、瑞典等55个国家和地区的代表二百多人出席会议。世界知识产权组织副总干事佩瑞特、意大利生产促进部副部长科塔、意大利外交部副部长贝塔米奥、帕尔玛市市长乌波迪、帕尔玛商会会长赞拉瑞等先后在开幕式上致词。

开幕式后，紧接着进行"地理标志保护最新进展"专题讨论。世界知识产权组织商标、工业设计与地理标志法律部执行主任霍伯特、世界贸易组织知识产权部高级顾问瓦斯查、国际酒业组织（OIV）总干事卡斯特路斯、国际贸易发展中心蒙多萨先后发言。

27日下午3时，研讨会的议题进入"从食品角度探讨地理标志保护"专题讨论阶段。帕尔玛干酪协会代表、帕尔玛火腿协会代表、哥伦比亚咖啡协会代表、澳大利亚酒业协会代表先后在会上发言。轮到安溪铁观音代表团发言时，在主持人的隆重介绍下，安溪县茶叶协会原副秘书长吴倩走上发言席，打开事先准备好的幻灯片，开始了题为《安溪铁观音——来自中国大地的奉献》的主题发言。大屏幕上首先出现的是安溪县城的全景图，一水环城、两岸青翠，美丽的山城如诗如画地展现在与会代表面前，听众席上发出了阵阵赞叹。吴倩首先向参会代表介绍了中国五千年的茶文化、安溪铁观音的神奇传说和独特品质，一下子就引起了与会代表的浓厚兴趣。接着，吴倩结合大屏幕上的画面，从地理环境、气候条件、采摘要求、制作工艺和审评方法等方面对安溪铁观音进行了详细的介绍，使与会代表对安溪铁观音有了比较全方位的认识。最后，吴倩介绍了安溪人民保护安溪铁观音的各种有效措施，并诚邀与会代表到安溪做客。由于会前经过各级工商行政管理部门领导的精心指导，加上准备工作比较充分，安溪铁观音代表团的发言有理有据、图文并茂、十分精彩，像一块磁石，牢牢吸引着与会者。当演讲结束时，全场响起热烈而持久的掌声。哥伦比亚代表桑波主动和吴倩握手祝贺，连声说："祝贺你们，太精彩了！"

参加国际地理标志保护研讨会

安溪铁观音代表团发言结束后，研讨会的议题进入"从非食品角度探讨地理标志保护"专题讨论阶段。而后，与会代表开始提问。来自加拿大、新西兰等国的代表对干酪、火腿等提出了不同意见。与此形成鲜明对比的是，安溪铁观音无可置疑地获得了与会代表的认可，成为研讨会上唯一没有争议的地理标志。

休会后，安溪铁观音代表团立刻成为全场关注的焦点。其他国家和地区的代表争相向陈水潮等表示祝贺，并一起合影留念。不少国家和地区的代表向陈水潮表达了他们渴望拥有一泡地道的安溪铁观音茶叶的愿望。当陈水潮走上讲台宣布向所有的与会代表赠送安溪铁观音茶叶时，全场再次响起热烈的掌声。世界知识产权组织商标、工业设计与地理标志法律部执行主任霍伯特、世界知识产权组织中小企业部副主任萨尔瓦多走到陈水潮身边，祝贺安溪铁观音取得的巨大成功。陈水潮向霍伯特和萨尔瓦多赠送了安溪铁观音茶叶，并委托他们将安溪铁观音茶叶转赠给他们的同事。拿到这份珍贵的礼物，霍伯特和萨尔瓦多喜形于色，和陈水潮交流起了安溪铁观音茶叶的冲泡方式和鉴评方式。

6月27日晚上7时，东道主在帕尔玛歌剧院举行晚宴，招待来自世界各地的与会者。也许是安溪铁观音的神奇魅力和代表团成员的出色表现，晚宴上，安溪铁观音代表团特别是陈水潮副书记再次成为焦点人物。世界知识产权组织和帕尔玛当地政府官员，以及其他国家和地区的代表纷纷举杯祝贺安溪铁观音成为唯一没有争议的地理标志。马其顿商标局副局长首先和陈水潮干杯，祝贺安溪铁观音取得的成功。这位副局长告诉陈水潮，她一直很向往中国，这一次非常幸运，能有机会和安溪铁观音这样的极品名茶近距离接触，但遗憾的是，下午的会议她临时有事未能出席，因

外宾夸茶

此错过了聆听安溪铁观音的介绍，没有获得代表团赠送的安溪铁观音茶叶。末了，她问陈水潮能否再补赠她几泡铁观音茶叶。看着有点遗憾的女副局长，陈水潮从随身的包里取出一小袋安溪铁观音茶叶，慷慨地赠送给她。随后，捷克工商局的代表也举杯向陈水潮祝贺。这位代表是位年轻的女士，曾经在中国居住了一年多，对安溪铁观音早有耳闻，还曾在中国购买铁观音茶叶回国和朋友分享。可是，她困惑地说："为什么我泡的铁观音茶叶是苦的？"陈水潮问道："你是怎么冲泡的？""放在茶壶里，沸水浸泡十分钟。""那可不行，安溪铁观音茶叶有自己独特的冲泡方式，你浸泡的时间太长，肯定会产生苦涩的味道。""正确的冲泡方法应该是：第一道程序，用开水烫壶烫杯；第二道程序，放入与茶壶相适应的茶叶数量（1克茶叶：约14克水）；第三道程序，即冲即倒，不喝，属于加温；第四道程序，再冲开水，并刮掉壶中表层的漂浮物；第五道程序，在壶中或杯中浸泡60-90秒；第六道程序，掀起杯盖细闻香气；第七道程序，将壶中的茶汤均匀地分配到小杯中；第八道程序，请亲朋好友共同品尝滋味。"捷克代表兴奋地说："太好了，明天我就要用正确的方法冲泡安溪铁观音茶叶，谢谢您！"更有趣的是，当陈水潮去餐台取食物时，也有与会代表不失时机地向他请教安溪铁观音茶叶的冲泡方法；一位代表甚至略带抱怨地说他拿到的安溪铁观音茶叶

太少。陈水潮又在晚宴现场向部分与会代表赠送了一些安溪铁观音茶叶。

27日晚上9时，晚宴结束之后，与会的中国国家工商总局有关领导、中华人民共和国驻意大利使馆经济商务参赞处郭韶伟和安溪铁观音代表团成员就会议情况进行了交流和总结。有关领导充分肯定了安溪铁观音在研讨会上取得的巨大成功，称赞安溪铁观音作为中国的唯一代表，参加“全球地理标志研讨会”，为国家争了光，赢得了荣誉。

6月28日-29日，研讨会还进行了“当前的地理标志注册管理机制”、“商标、地理标志与无注册商品”、“跨国注册：退出机制下的权利与义务”、“地理标志的未来发展方向”等专题讨论，并组织与会代表参观了帕尔玛干酪与帕尔玛火腿的生产基地。

安溪铁观音在此次“全球地理标志保护研讨会”上，无可争议地证明了知名地理标志产品的地位，并用自身魅力征服了全体与会代表。安溪铁观音作为中国唯一代表参加“全球地理标志保护研讨会”，标志着安溪茶产业在国内和国际上产业地位的提升，标志着安溪铁观音开始跃上世界知名地理标志产品的“高地”，是安溪铁观音和百万茶乡人民的荣誉，对安溪茶产业持续健康发展必将产生重大而深远的影响。

安溪搜茶全攻略

又快到一年一度的安溪铁观音春茶上市的季节。每年5月，来自全国各地的茶商都会蜂拥而至，而近几年，在收茶大军中还有一群人显得极为特别，他们都是单纯的茶客，千里迢迢来到茶乡，只求能找到一些能让自己心动的好茶，人称之为茶叶“搜”客。

安溪县有24个乡镇产茶，所产茶叶全部都叫“安溪铁观音”，但往往同一产区的不同山头，甚至同一山头不同高度的茶园，所产茶叶也会有所区别。因此，对于一个真正搜茶者来说，如何才能在较短的茶季里“走对路”、“买对茶”？本书编者走访了几位常年亲自去安溪搜茶的茶客，整理出一篇安溪搜茶全攻略，在铁观音春茶即将上市之际，助搜茶者一臂之力。

“搜”茶时间

“搜”茶自然要正当茶季，快到茶季时要密切关注春茶上市期间天气的变化。安溪铁观音春茶上市时间在夏至前后，太早香气不够。秋茶在寒露前后，太早味道太涩，外安溪较内安溪高山地区早。尤以西坪、祥华、感德、长坑等地为佳。一个茶季持续时间在半个月左右，搜茶者最好在夏至和寒露前五天左右就到安溪，提前在茶农间试茶，想搜到好茶者则需要做好在安溪长时间“蹲点”的准备。

“搜”茶地点

安溪产茶区众多，以西坪、祥华和感德三地所产的茶叶最为茶商、茶客们所称道。其中西坪好茶最有代表性的茶区有北山和南山两个区域。北山区域有龙坩村、龙坪村、白坪村；南山区域有辽阳村、上尧村和辽山村。而祥华乡有代表性的茶区有祥地村、祥华村、石狮村、豆坑村、福新村和高山村。公认为最具感德特色的村庄是槐植3村及红佑村、下村、下埕、下中3个村和岐阳村。

“搜”茶方式

一、速战速决型

在安溪，每逢春茶和秋茶收茶的季节，无论哪个产茶乡镇都会在乡镇街道两旁，或者宽敞的广场上，自发地形成一个小型的茶叶交易市场。以感德槐植村为例，村里一条长达两三百米的茶叶街成了茶季里一道独特的风景，茶农茶商们把茶叶汇集到一起进行集中交易，搜茶者也可以在这里租赁一个摊位，自然会有茶叶送上门来任你品尝和挑选。

此种类型的搜茶方式适合那些没有太多时间深入茶农家的搜茶者，在茶叶一条街上可以在最短的时间内接触到最多的茶叶，而且价格自然也便

本山

宜。但速战速决也注定不能搜到真正的好茶，交易市场上的茶叶大多以中低档茶为主，好茶只在茶农家中有，需要搜茶者更多的耐心和毅力。

二、广撒网型

安溪几乎家家户户都在做茶，其中自然也是藏龙卧虎，不乏制茶高手。因此除了在茶叶市场上搜茶，愿意花时间，想搜到真正好品质茶叶的茶客们一般都会深入茶区里的农户家。

作为茶客来说，搜茶的唯一目的就是能找到一种自己最喜欢的茶，因此广撒网，先了解各家茶农制茶的特点是最关键的。茶农们根据自己茶青和工艺的差别，制茶的时间也略有不同，茶客们可以根据茶农们制茶时间安排轮流在农户家试茶，可以反复品尝，知道找到一款自己喜欢的茶为止。

三、点对点型

如果说广撒网的方式适合搜茶新手的话，那么点对点的搜茶方式则属于已经有搜茶经验的老茶客们。经历了几次搜茶之后，他们不仅熟悉各茶区茶叶的不同品质，也对常去的茶区里各农户制茶的特色了如指掌。于是每到茶季，他们不再四处奔波在农户家，而是根据自己的喜好，有针对性地选择几家进行“蹲点”。更有资深的老茶客会把自己的喜好和需要告诉茶农，由茶农通过工艺上的调整制作出符合茶客需要的茶叶。

“搜”茶技巧

一、好茶是跟踪出来的

即使是再资深的茶客，或是再熟悉茶农，跟踪制茶的每个步骤都是搜茶中不可缺少的。即使是同一个做茶师傅，加工同一拨茶青，不同一批的茶叶滋味也会完全不同。而且今年出了好茶，明年同一个茶农的茶青，同一个师傅做，就未必就出得了好茶。所以茶客们别太相信经验论，只有对制茶的每个环节一丝不苟，才能找到你需要的好茶。

二、“快”和“准”

好茶人人都想要，但好茶也总是数量有限，因此通过敏锐的嗅觉判断好茶，及早将它收入囊中也是茶客必备的本领之一，也是跟踪制茶过程的目的所在。从看茶青的质量开始，到炒出茶青，茶客们要马上对最后茶叶的品质有一个准确的判断，果断地下定金，真的做到“快”和“准”。

三、勿迷信“正日”才能收到好茶

“正日”指的是春茶的夏至收茶日和秋茶的白露收茶日，有说法是这一天采茶制茶的茶叶品质会比前后几天更好，因此这一天的茶价也会有明显的提高，有些不法茶商则会利用茶价上的差别，囤积前几天的茶叶以期在这一天卖出高价。请相信价格高的茶叶不一定好茶，好茶也不一定都是高价。正所谓只选对的，不选贵的。

四、弄清茶青来源

茶青质量的好坏直接决定了成茶品质的好坏，因此除了跟踪制茶时观察茶青质量以外，弄清茶青来源也非常重要。现在有不少茶农只种茶不制茶，或是只制茶不种茶。不了解茶青做不出好茶，不了解制茶工艺也种不出好茶青，两者是相辅相成的。

采青

裕泰茶庄

长和茶庄

五、友情提示

对于许多茶客来说，搜茶的过程其实也是一次茶乡旅行的过程，除了搜茶技巧以外，还有许多细节是不可忽视的，不然可能不仅搜不到好茶，更会让一次茶乡游变得狼狈不堪。

1. 在茶农家试茶，一般都是品毛茶，即没有挑拣过的茶叶。毛茶的苦涩感较重，因此试茶前要先挑拣出一两泡净茶进行冲泡，品尝时也最好不要像平时喝茶那样一口口地全喝进去，浅尝即可。否则每天喝几十道茶，容易“醉茶”，也可随身携带糖果，可缓解茶醉时的不适感。

2. 茶季期间，安溪各乡镇交通甚是繁忙，主要茶产区都人满为患，须做好塞车、停车难的心理准备。最好是事先详细研究好线路，夜间行车到村里住下，避开白天人车高峰。白天徒步到茶农家收茶。

3. 做好防寒保暖、忌感冒。虽然春、秋茶季都不是在寒冷的季节，但安溪地处山区，且内、外安溪温差很大，外地茶客们一定要多关注天气变化，千万不能感冒，一感冒就什么味道都尝不出来了，身处茶乡却闻不到茶香是人生何等憾事啊。

六、搜茶人手记

第一次收茶是在2001年，纯粹是因为喜欢喝茶，就很想去了解一下茶到底是怎么做出来的，所以就不远千里地开车到了安溪感德。到了那第一感觉挺失望的，完全没有想象中收茶热闹的繁忙景象。和茶农了解才知道原来是去晚了，夏至前后五天是茶季，当时已经是夏至后的第十天了。无奈中，我只好看到哪个茶农家有茶就跑到哪家喝茶，喝着喝着，我们和茶农之间渐渐熟络起来，在他们热情地介绍下，我不仅了解了制茶的每一道工序，以及工艺不同给茶叶品质上带来的差异，还收到了一些好茶，回来和福州市场上的茶叶一比，品质好了很多。

有了一次成功的收茶经历，以后每年两个茶季，我都会邀上两三个志同道合的朋友去安溪收茶。和几个茶农熟络并认可了他们的茶叶之后，每次都会直奔他们家，一家家地喝过去，有时候还会通宵等新茶出炉。当地的茶农也很热情，即使是第一次打交道的茶农，他们都会不厌其烦地和我聊茶，即使最后没有交易成功，但仅这个过程就已经让我收获很多了。

很多没有亲自去收过茶的茶友经常问我，亲自去安溪收回来的茶叶和在福州市场上的茶叶比，品质会不会更好，价格会不会更低。我想说的是亲自去收茶的目的更多的是在于找到一款自己喜欢的茶，至于它是不是最上乘的好茶并不重要。至于价格，说实话，如果把去安溪的来回路费、油费和几天的开销算在内，亲自去收茶的成本不比在福州买便宜，还要花去很多时间和精力。但经历过收茶的茶客一定都会怀念徜徉在茶香间的惬意，怀念随处都能遍尝好茶的快乐，其实收茶享受的就是这个过程而已。

七、后记

虽然文章收罗了许多搜好茶的经验之谈，但几位受访茶客都强调亲自去搜茶的目的除了希望能找到自己喜欢的茶以外，更多的是从这个过程中收获更多关于茶的知识，享受“搜”中的乐趣。不要太多考虑其中的成本、价格，去搜茶其实是一次体验茶香的旅行，一次茶叶的盛会。

（赵娴）

神遇安溪铁观音陈茶

喝乌龙茶要抢新，春天的铁观音，清香型的，橙黄透亮，鲜爽回甘！而绿茶抢新更是登峰造极，所谓“早采三天是个宝，晚摘三日是颗草”，就是“抢鲜”争分夺秒的汗水淌出的农谚！我向来也是一匹抢鲜的快马，每年春季都南征北讨地甩银子，谁叫我对茶如此痴情！

不过也有人爱陈茶，瞧瞧“普洱茶一族”，干仓湿仓，生茶熟茶，藏着掖着，从展示“文革”时期的毛主席语录茶饼一直到拍卖鲁迅先生家藏的茶砖，搜肠刮肚，越老价越高，越老味越醇！这好比我们泉州的“老范志”万应神曲，一种闽南百姓家喻户晓的块状药茶，在包装上赫然就要“越久越妙”的字样，常常可以见到蛀虫连药带纸，蛀出圈圈点点，可视为“越妙”可圈可点的标志。据称，“老范志万应神曲”系清雍正十一年（1733）由名医吴亦飞秘方炮制而成，取范仲淹“不为良相，当为良医”之志命名。神曲以谷物、豆类为主要原料，配入五十多种中药材，经多道工序精制而成。其处方与生产工艺有其独到之处，具有调胃健脾，消积和化湿等功能。我小时候喜将其放在鼻子前嗅闻，一享药茶的清苦之香。回忆着从小对万应神曲的亲身体验与好感，我也多少对“越老越妙”的普洱茶陈茶饼产生兴趣，多次到厦门旅游局官方定点的特汇旅游广场“今麦普茶行”参与茶友的品饮小聚。事实上普洱茶陈茶饼的保健与药用效果，多少与神曲有相似之处，尽管普洱茶藏身茶行，而万应神曲世居药房，但友朋从远方来不亦乐乎，我想它俩是有些许亲缘关系，兴许三百年前还是一家子呢。

普通铁观音

七十年代老观音

当我早“今麦普茶行”再一次领略了系列普洱茶地道的云南勐海风情，感受着普洱茶陈茶九州劲吹的雄风，发现此风居然也悄然浸染了八闽的乌龙茶，尽管闽南民间也有铁观音的陈茶可以保健治病的传闻与实践，但事秘面窄，始终没有浮上台面。久藏可以使茶的理化指标产生微妙的变化，这方面普洱茶早有一整套刻意保藏的方法与实践，而老乌龙茶常常是因为意外的留存而结出“奇葩”，因此后者越发有可而遇不可求的机缘与神秘！日前我居然喝到了1964年的铁观音陈茶，此刻回味起来，还如同梦境一般。我可以很负责任地告诉各位，铁观音陈茶的风味与口感比普洱茶熟饼更好！

那天我到厦门市茶叶进出口公司参加茶叶学会的研讨，该公司是厦门最早的国有企业之一，乌龙茶就是它出口的主要产品，该公司中青年的茶叶管理和技术骨干，大多来自铁观音的故乡——安溪。公司的办公大楼连同茶叶加工厂、茶叶仓库连成一片极为壮观的“乌龙茶王国”，王国的美妙不仅仅是“茶叶大厦”的奇伟雄峻，最令人倾倒的是整个王国的领地连同它的周遭都沉浮在茶叶烘焙的熏香里！下了15路公交车，朝着公司的方向走，越走越香，让人赴会的心情也如浴春风！

会议中间的休息时间，本来是要安排观赏安溪茶艺表演的，不巧兼职的茶艺队员另有急事，于是一双神秘的命运之手，悄然安排了我与陈茶的幽会！我独自一人在厂区四溢的茶香中漫步，那飘飘然的感觉真是神妙无比。但在茶叶公司忙碌的茶友们就没有我这样的敏感与福气，天天如此，早已闻香不香。鬼使神差，我漫步来到了评茶室，这是评茶师工作的地方，专门人工品评茶叶的质量，我曾参观过一回，写有《探访评茶室》的散文，文中津津有味地描述了评茶师“含茶”的工作，其实“含茶”仅仅评的是茶汤的滋味，我发现评茶师还有好几环察言观色验明正身的工序：审看干茶细紧乌润的外形，洞察汤色清净透亮的光泽，嗅闻鲜锐持久的茶香，打量柔润开张的叶底不偏不倚，力避一叶障目，从而打出每一茶样的综合得分。评茶师身后的木架上面，密密麻麻全是装茶样的小铁罐，每罐的胸前都悬着一张白色的标签，记录着罐内茶样被检查的年份，一如我们研究所资料室旧杂志的合订本。我发现最早的是1964年的，天啊，1964年老汉我还是厦门东沃小学的少先队员呢，于是就情不自禁在心里与茶样套起了近乎，没准当年某辆从身边摇晃着驶过的解放牌大卡车装的就是你哟，1964年的铁观音乌龙茶！

评茶师热情招呼我喝他们正在品评的茶汤，这可是茶样学会理事难得的特权，可我不为所动，痴痴地一直望着木架子上1964年的茶样罐，明知故问：“那真的是1964年的吗？”对茶样习以为常的评茶师答道：“那当然了！想喝吗？”“这可以喝吗？”我的反问里可能同时包含着两个意思，这么久远的陈茶卫生吗，保存了这么久的茶样允许待客吗？“陈茶别有滋味的。”评茶师边说就边起身去取那个高高在上的茶样铁罐……

进而发生的事就如梦似幻了，此时回味起来似乎有点电影雾蒙蒙的镜头，

魏荫茶庄

而且是慢动作，当然还有特写：黑巴巴的茶叶泡出的茶汤居然汤色隐隐发亮，像对着雕花吊灯的红葡萄酒一样！哦，你这42岁芳龄的陈茶样，一身熟透的褐红，我轻轻含了你一口，唇齿之间仿佛没有乌龙茶应有的原味，而一种馥郁的陈香却严严实实地漫过了所有的味蕾，如果非得用文字来表达那难以言状的神妙，那么它有三分老范志神曲的清苦，七分普洱茶老饼的浓醇，一团和气悄悄滑过我的喉头，进而一下浸润了我几乎所有的感官！

陈茶，陈茶，1964年的铁观音陈茶，你让我如痴如醉！安溪啊安溪，我建议在你大力发展铁观音新茶的时候，不妨多留个心眼，给铁观音陈茶发展进行可行性的研究，并留下相应的发展仓储，这一是因为当今茶客的品饮习性并不是一成不变的，茶客对铁观音的口感和性味的需求有多元化的发展苗条或趋势。二是随着中国老龄化社会的到来，老年人口比重的不断加大，其中部分老人对陈茶有特别的情感与需求。

（郑启五）

冷香斋茶论

茶有九德

清、香、甘、和、空、俭、时、仁、真。

清：可以清心。名茶多出产于深山幽谷中，外形清秀，香味清幽，最具有大自然的清明灵秀之气，最能清人心神。

香：如兰斯馨。茶有真香，香气悠远深长，起人幽思，极品茶还应具有兰花般高雅的香气。

甘：苦尽甘来。茶有真味，滋味甘淡清醇，小苦而微甘，耐人品味。

和：中气平和。茶的香、味以“和”为贵，饮茶后应有一种“平和”之气润泽于五脏六腑间，久不能去，谓之和。

空：“五蕴”皆空。茶的香、味又以鲜活、空灵为贵，饮茶后不留不滞，就叫做空。

俭：饮而有节。茶不可多饮，不可过饮；茶品及茶具不可过求奢侈，总以节俭为茶人美德。

时：知时而动。采之以时，造之以时，投之以时，瀹之以时，饮之以时。茶之时义大矣。

仁：生仁爱心。茶德仁，自抽芽、展叶、采摘、揉碾、发酵、烘焙到成茶，要经历一个漫长而艰难的过程。这是对苦难的升华，也是对道德的升华，所谓“杀身成仁”，茶之谓也。仁者“爱茶”，唯有仁人志士才能体会出茶的仁德，并生仁爱之心。

真：得天地真情。茶有真香真味，香气清幽，滋味甘淡，能使人领略到大自然的清明空灵之意，不仅能澄心净虑，更能品饮出天地真情，人间真情，甚至悟出茶中“至道”，是为真。

其中“俭”字与《茶经》相符，也最能体现茶以及茶人的品德修养；仁德，是茶九德的核心。

茶有九香

茶之香：香有清浊，有沉浮，有短长，有阴阳，有出世入世之分，有婉约粗放之别。今略分为：浓香、甜香、幽香清香。

浓香如姚黄魏紫，如太真浴罢，香气馥郁。

甜香如月下秋桂，如豆蔻梢头二月初，其情最娇。

幽香如空谷幽兰，如潇湘馆里黛玉抚琴，其韵独高。

清香如夏荷初露，如西子晓妆，清芬袭人。

浓香、甜香、幽香、清香都有婉约粗放之别，婉约则香气幽雅深长，粗放则粗疏短浅，茶香以婉约为贵，粗放为贱。

茶有九香：清、幽、甘、柔、浓、烈、逸、冷、真。

干茶有香，摇茶有香，润（洗）茶有香，瀹茶有香，注茶有香，瓯（壶）盖有香，盏底留香，茶汤有香，茶汤凉后有余香。

干茶香清，摇茶香嫩，润茶香幽，瀹茶香柔，注茶香逸，茶汤香真，凉后香冷，瓯（壶）盖香甘，盏底香浓。一茶而得九香，最能益茶德，最能见人品，最能发茶真性，也最能起人

魏荫石雕像

幽思。

茶有八难

一造，二别，三器，四火，五水，六投，七瀹，八饮。

采焙不精，非造也；辨形认色，非别也；镂金刻玉，非器也；幽暗无明，非火也；粗老浊重，非水也；不知茶时，非投也；不谙茶理，非瀹也；吸香啜味，非饮也。

茶有七情

喜、爱、哀、幽、寂、淡、真。

喜：使人心情愉悦。

爱：茶德仁，使人生仁爱之情。

哀：起人哀思，但“哀而不伤”。

幽：发人幽情。

寂：使人生空寂之情。

淡：使人有淡泊之志。

真：发人真情。

茶有六味

味有甘苦，有轻重，有厚薄，有老嫩软硬之别，有滑利艰涩之辨。

对六味的要求：入口轻，触舌软，过喉嫩，口角滑，留舌厚，后味甘。

茶有六味：轻、甘、滑、嫩、软、厚。

轻：入口轻扬，过舌即空。

甘：后味回甘。

滑：口感滑爽。

嫩：无粗老之感。

软：无生硬之感。

厚：无淡薄之感。

茶有五性

清、洁、和、长、兴。

清：形神俱清。

洁：品质高洁。

和：温和脾胃，润泽五脏。

长：长养精神，益气生津。

兴：提神醒脑，养生益智。

茶有四气

论气："气"指茶人饮茶后驻留在五脏六腑及口吻喉舌之间的气息，这种气息以平和、持久、甘香为极致，不但能益人体真气，而且能长养其浩然正气，故君子无故不撤茶器，用以养气育德也。

茶有四气：生气、灵气、正气、义气。

生气：饮茶后有股清新生动的茶气充盈于茶人胸腹之间，这既是大自然的生气，也是生命体的生气，更是茶人心胸中孕育的生气。唯此生气，天地得以清，生命得以动，心情得以宁静，生气之时义大矣；

灵气：茶气不仅要生动，更要鲜活，有流动的感觉，称之为灵气；

正气：茶气不偏不倚，平和中庸，称之为正气。孟子曰：吾善养吾浩然之气，所养者，正气也；

义气：茶气不仅要平和，更要有一种慷慨激昂的义气在，这不仅是对茶的要求，更是对茶人的要求。生气，一般饮茶者可得，灵气，对茶觉悟者可得，正气，修身养德者可得，唯有义气，非胸次坦然、思兼济天下者不可得。

茶有十八功效

茶十八功效：生津、和胃、消食、明目、养气、益智、美容、减肥、利尿、通便、清热、解毒、消炎、防癌、抗辐射、降血压、防治心血管疾病、延年益寿。

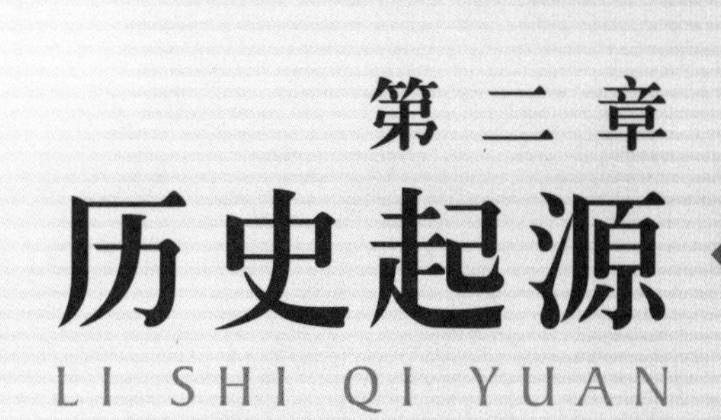

第二章

历史起源

LI SHI QI YUAN

龙凤团茶兴衰

中国茶的历史可以追溯到5000多年前。根据我国汉代植物学专著《神农本草经》，最早的专门茶书唐代陆羽所著《茶经》，以及有关典籍记载，茶的发明者是当时南方部落的大首领神农氏。茶被发现后，在相当长一段落时间里，一直作为一种解毒治病的草药流传。福建由于开发较迟，相对来说茶的历史也较短。根据目前掌握的资料，福建最早关于茶的文字记载，是1600多年前南安县莲花峰的摩崖石刻“莲花茶襟”。其后，在《茶经》中，也提到“茶生岭南福州，建州（今闽北建瓯）”。

唐代福建虽然有茶，并不十分出名，产量也不多。但是随着社会的发展，人们对茶的性质与功用了解的越来越清楚，茶也从治病草药渐渐演变成一种保健养生的饮料。在陆羽生活的时代，就整个中国的茶业来说，已经发展得相当成熟。吃茶已经相当普遍而成为上层社会的一种时尚了。陕西扶风县法门寺地宫出土的唐代宫廷茶具便是有力证明。这一风气极大地刺激了福建茶的发展。五代十国时期，闽国朝廷将原本属于私人的建安北郊（今福建建瓯东峰一带）茶园，收为王家所有，名为北苑。委派专门官员管理。南唐灭闽后，因袭旧制。自此北苑便一直作为宫廷茶园逐步发展。到

宋代北苑茶事碑

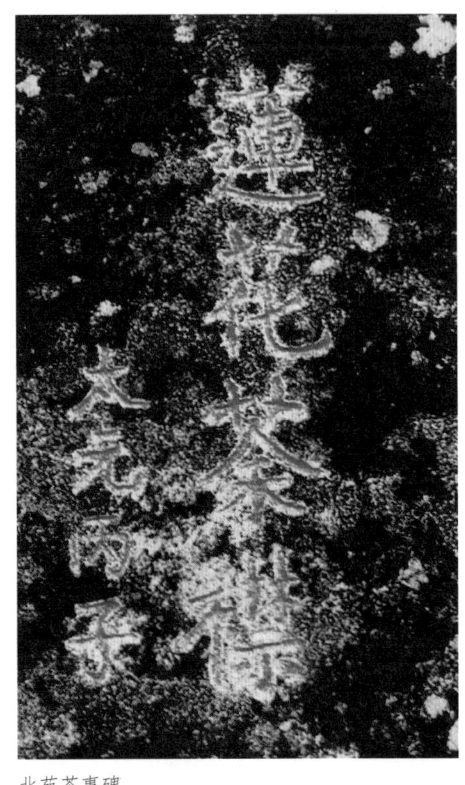

北苑茶事碑

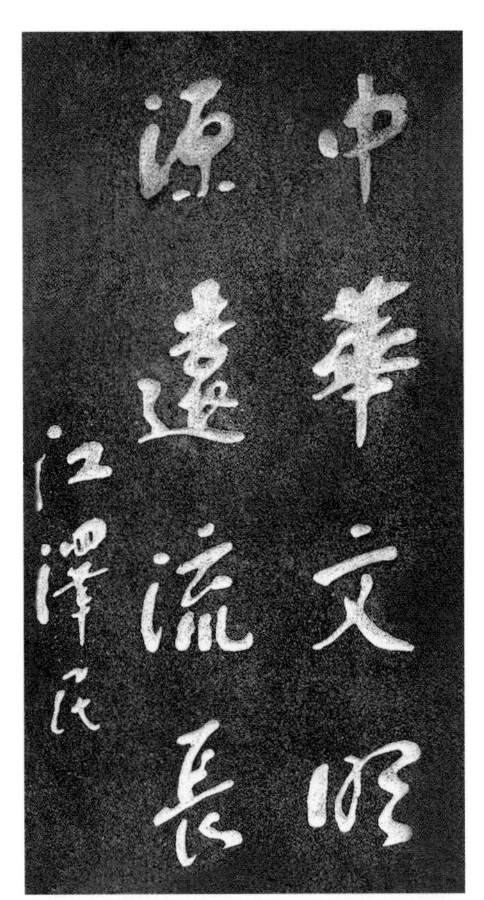

中华文明碑

莲花峰

宋代时，北苑茶达到巅峰，北苑所属官焙遍及“建溪百里”，即沿建溪两岸北至武夷山，南至延平廖地的范围。

唐、宋时的茶，与后来的乌龙茶有些不同。根据《茶经》所记，那时的茶，以外形分有四类：粗茶，散茶，末茶，饼茶。北苑生产的贡茶，就是一种蒸青茶饼。以茶的用途来分，主要有三类：贡茶，官茶，私茶。贡茶专门用于进贡皇帝享用。官茶则是官方专营的茶，主要用来与西北少数民族换马，最有名的就是云南普洱茶，一种后发酵的紧压茶，当然，也有一些散茶。至于私茶，主要是老百姓自己生产自己饮用的粗茶，其中也有一部分用于补充官茶的不足。不过那时官方对民间私茶的生产和销售，控制的非常严格，据史书中的记载，当时茶的生产销售，与盐一样，是官方垄断的。如果未经允许而进行生产销售，与走私盐铁同样论罪。

北苑贡茶的制作十分精细。一般是采用早春极嫩茶芽，于天晴黎明日出前开始采摘，到午后便停采，稍摊晾后置于备好的模具中热蒸至恰当，轻压去黄水，然后放竹笼上，炭火烘焙，干燥。最后用绵纸包裹，以蜡密封。

因为北苑贡茶压制时模具上有龙凤图案（一说是在包装纸上印有图案），所以又称“龙凤团茶”。

团茶饮用时也十分讲究，需要许多专门的茶具，特别推崇金、银器。还有一整套复杂的冲泡程序。充分体现了宋代宫廷贵族与士大夫的休闲趣味。正因为龙凤团茶的制作与冲泡过分奢侈繁琐，宋亡后，元代朝廷虽然仍将其作为贡茶，并在武夷山新建了御茶园，但是随着其它地方茶业的发展，产量与地位则大不如前了。又因为官府索要太多，茶农负担太重，御茶园甚至出现了几次抛荒现象。所以，到了明初，太祖朱元璋干脆下令罢造龙凤团茶，而以散茶代之。团茶的制法与冲泡方法也就随之消失了。

故宫藏宋代龙凤团茶

虽然龙凤团茶不生产了，但中国的茶业仍在发展。一方面是云南茶马古道上普洱茶仍在川流不息；另方面诸如龙井，碧螺春之类的绿茶开始崛起；而在原来生产龙凤团茶的武夷山地区，则出现了一种既不同于绿茶，又不同于普洱茶的发酵茶，这就是被西方人统称为武夷茶的红茶与乌龙茶。

红茶是全发酵茶，特征是红叶红汤；乌龙茶是半发酵茶，特征是叶底“三红七绿”，汤色比红茶稍浅。关于红茶与乌龙茶哪一种更早出现，茶界尚有争议，但有一点可以肯定的是，红茶与乌龙茶在产地与制法上有着密不可分的关系。根据有关资料，早期的乌龙茶，发酵度与焙火度都很高，几乎接近红茶；只是到了后来，才慢慢出现发酵度和焙火度都较轻，其汤色呈金黄、淡黄的乌龙茶，近年来甚至出现绿叶绿汤

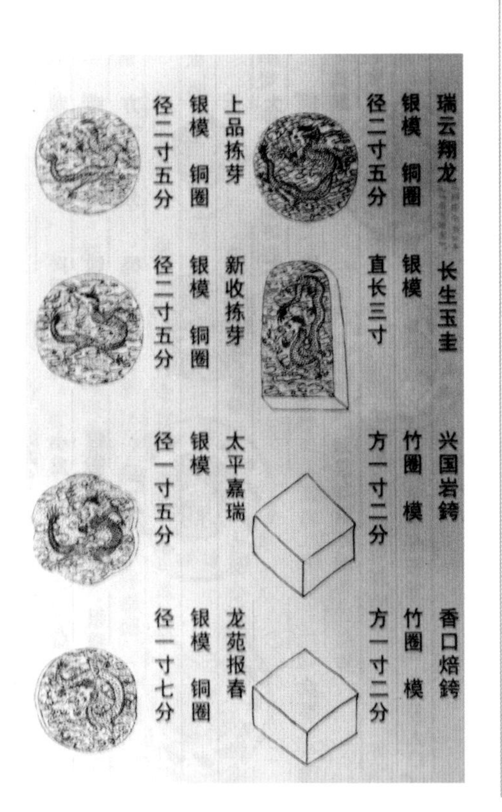

今日北苑茶园

接近绿茶的乌龙茶。

尽管乌龙茶的生产制作与龙凤团茶以及其它茶类有所不同，但是不可否认的是，在它之前1000年的龙凤团茶，为它的横空出世奠定了不可或缺的基础。宋代龙凤团茶不仅是中国茶史发展上的第一个巅峰，而且对后来茶史产生了极其深远的影响。这不仅是在栽培、制作工艺，以及冲泡品饮技艺方面，而且还在文化和茶道思想方面，其标志就是以宋徽宗赵佶所著的《大观茶论》为代表的一大批专门茶著，以及苏东坡、陆游等一大批文人所作的数以千计的茶诗词。这种现象，既是空前的，也是后来封建社会任何时期都没有出现过的。

乌龙茶的出现

乌龙茶的发明者

在福建乌龙茶产区，有着一些乌龙茶的发明传说。

闽南民间传说。从前，在安溪有个茶农，同时也是打猎能手，姓苏名龙，因他长得黝黑健壮，乡亲们都叫他“乌龙”。一年春天，乌龙腰挂茶篓，身背猎枪上山采茶。采到中午，一头山獐突然从身边溜过，乌龙举枪射击，正中山獐。不料负伤的山獐

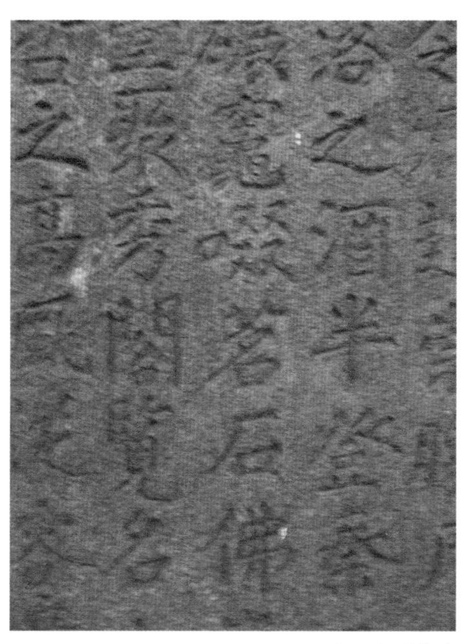

九日山啜茗碑

清水岩宋代杏仁茶

没有倒下，拼命逃向山中。乌龙紧追不舍，跑了很长的路才终于捕获了猎物，等他把山獐背到家时，已是掌灯时分。乌龙和全家人忙于宰杀、烧煮野味。直到第二天清晨，这才记起制茶之事，忙着炒制昨天采回的“茶青”。没有想到，放置了一夜的鲜叶，变的镶满红边，并散发出阵阵花香。乌龙满心疑惑，试着将茶叶照原来方法炒制，想不到做好后味道格外香醇。不由大喜，经过细心琢磨与反复试验，逐步形成萎凋、摇青、杀青、烘焙等一整套工序，制出了品质优异的茶类新品——乌龙茶。后人为了纪念苏龙，便将这种茶称为“乌龙”茶。

闽北民间传说一。从前，武夷山有个名叫杨太白的茶农，一天到一座很高的山峰上，采了满满一筐茶青，下山半路上突觉困倦，情不自禁靠在树边睡着了。等他醒来时，太阳已经偏西。拿起竹筐一看，里边新鲜茶青全部蔫软下来粘在一起了。太白见状，有点慌张，急忙用手去翻动，这一翻，竟冒出了一股以往从未闻到过的花香气。太白将这茶青带回家，放在火塘边去吃饭。等他吃过饭后再来看这茶青，虽说被火烤的乌黑，却越来越香。太白见此情况。灵机一动，第二天又上山采了许多茶青，故意不停翻动，果然又发出了奇香。从此以后，太白便用这种方法制茶，竟做出一种与绿茶不同而又特别香醇的茶，从此这种茶就流传开了。

闽北民间传说二。某一个时期，闽北农民起义，朝廷派了许多兵来镇压。经过一番血战后，一些起义军退入武夷山中，官兵随之进山围剿。起义军虽说人少，但凭着地理熟悉，四处游击，逼的官兵整天疲于奔命。一日，跑到一户茶农家里，恰好茶农刚采下一堆茶青。官兵累的不上气不接下气，不管三七二十一，一屁股躺在茶青堆上，呼噜噜睡了起来。茶农敢怒不敢言，直等到傍晚，官兵醒来走掉。再去看那堆茶，茶青边缘全变红了。用手

双乳峰

闽南茶庄主墓志铭

翻一翻，竟然发出一股前所未闻的香气。茶农喜出望外。将这堆茶青炒制成茶，泡出来的茶汤竟比原先的炒青茶要香醇的多。从此，茶农便将采下的茶青故意成堆翻滚，经过不断改进，终于创造出了乌龙茶。

民间传说不能作为正式的依据，但也不是空穴来风。乌龙茶的发明者，当然不可能是实有的杨太白或苏龙其人。但有一点可以肯定：发明者不是某个人的单独创造。应该是某个人偶然发现搁置一段时间后的茶青会发生花香，经过适当炒焙后，居然产生更为醇厚的特别味道，随后便有许多人试用这种方法制茶，逐步形成完整的乌龙茶制法。

乌龙茶的出现时间

最早有关乌龙茶的文字记录，是清初僧人释超全（1627-1712年）的《武夷茶歌》和《安溪茶歌》。茶歌中“近时制法重清漳，漳芽漳片标名异；如梅斯馥兰斯馨，大抵焙时候香气，鼎中笼上炉火温，心闲手敏工夫细。”，“溪茶遂仿岩茶样，先炒后焙不争差。”等句，虽然没有详细的制作过程，但已可以看出与以往制法大不同的“先炒后焙”的“近时制法”了。而用如此方法制出来的茶，会散发出如兰花梅花一样的香气。而绿茶，一般是不会有这样花香的。只有经半发酵且炒焙后才会有花香。这不分明是乌龙茶了吗？

更加明确详细的乌龙茶制法记录，则是迟于释超全几十年的崇安县令陆廷灿。陆于1717年任崇安县令，其后根据其在任上的考察研究，写出在中国茶史上极有影响的《续茶经》一书。《续茶经》引述王草堂关于乌龙茶制法的文字：“茶采而摊，摊而摝（摇动），香气发即炒，过时不及皆不可；既炒既焙，复拣去老叶及枝蒂，使之一色，焙之烈其气，汰之以存精力。乃盛于篓，乃鬻于市。”可见当时武夷山乌龙茶制法已经相当成熟，而

宋刘松年 · 撵茶图

宋赵佶 · 茶会图

宋·韩熙载夜宴图

且也开始大批销售了。这种情况，清代诗人周亮工的《闽茶曲》可佐证：“雨前虽好但嫌新，火气难除唇莫近；藏的深红三倍价，家家卖弄隔年陈。”

细细分析，这些文字中记载的乌龙茶制法与其它茶类制法的不同之处，一在于半发酵；二在于多次焙火。而这两种工艺的历史，几乎都可以追溯到宋代的龙凤团茶的制法。根据宋徽宗的《大观茶论》，北苑贡茶采摘的都是细芽，又要十分小心，速度就很慢，所以早在唐时就有诗句“远远上层崖，布日春风暖；盈筐白日斜，”（皇甫冉）；宋人又有“终朝采撷不盈筐”（范仲淹斗茶歌），“采取枝头雀舌，带露和烟捣研，结就紫云堆，轻动黄金碾；”（白玉蟾咏茶）。据此，庄晚芳先生分析说“采得一筐的鲜叶，要经过一天的时间，茶叶在筐里摇荡积压，到晚上才能开始蒸制，这种原料在无形中发生了部分红变，究其实质已属于半发酵了。”由此可见，唐宋时北苑茶采制时就有半发酵现象了，尽管不是有意识的，却完全有可能为后来的发酵工艺提供经验教训。

多次焙火法，在制作团茶时就已相当成熟。《大观茶论》中记：“要当新芽初生即焙，以去其水陆风湿之气”，然后“置焙篓，以逼散焙中润气”，“然后列茶于其中，尽展角焙之，末可蒙蔽，候火通彻复之。”这就是说，先初焙干燥，然后再复焙；炭焙的温度则“虽甚热而但能燥茶皮肤而已。内之湿润末尽，则复蒸（日曷）矣。“如此终年，再焙色常如新。”陆廷灿在《续茶经》中引述《北苑别录》所记火焙法，“如是者三，而后宿一火，到翌日，遂过烟焙之；”“凡火之数多寡，皆视其厚薄；之厚者，有十火到十五火；”这种长时间低温反复烘焙茶饼的方法，在明初朱元璋罢武夷御茶园后，很快便被应用到散茶制作上来。应该说，这就是乌龙茶独特烘焙方法的源头。

乌龙茶源于龙凤团茶的另一有力佐证，是明末清初流行于闽粤台一带的工夫茶茶艺与龙凤团茶茶艺的相通之处。根据《茶经》《大观茶论》，《茶具图赞》，以及近年来法门寺等地出土的唐宋宫廷茶具来看，龙凤团茶的茶艺，正如宋徽宗所言。“品第之胜，烹点之妙，莫不咸造之极。”。而工夫茶茶艺，据最早记载工夫茶史籍清代俞蛟“潮嘉风月记”，“工夫茶，烹治之法。本诸陆子《茶经》而器具更为精致”，前者是点茶法，后者是瀹茶法，尽管两者在具体方法上有所不同，指导思想上却有许多一脉相承之处。如果从更广阔的历史文化角度来看，闽粤间流行的工夫茶艺，可以说是宋代宫廷茶艺在民间的遗存与流传。

根据以上的一些证据，乌龙茶的缘源与出现年代就很清楚了：源于北宋，成于明末，兴于清中。

乌龙茶的发明地点

乌龙茶发源地究竟是闽南还是闽北？

一部分专家的意见，认为乌龙茶的发源地是闽北武夷山。此说证据相当多。这不仅因为有前述的释超全，王草堂，王廷灿，周亮工，袁枚等名人关于武夷岩茶的文字记录，同时与工夫茶艺出现以来，在相当长久的时间里一直以武夷岩茶为首选原料有关。此外，也与上世纪三、四十年代起吴觉农，庄晚芳，陈椽，张天福等当代茶学专家以武夷山为茶叶研究基地有关。而在事实上，武夷茶的生产制作与文化积淀，确实相当深厚。直到上世纪八十年代初，武夷岩茶仍然雄居于四大乌龙之首。以至于有泡工夫茶“茗必武夷”之说。

近年来，一些专家提出了不同观点，认为乌龙茶发源地应该在闽南。具体理由有三点：

一、释超全的两首茶诗中，非常明确地说，武夷岩茶制法是从“清漳”而来，清指清源山，（一说指清溪）；漳即漳州，与泉州同属闽南，均是工夫茶流行地区和历史上的产茶区。武夷岩茶为什么要用“清漳”制法呢？

清源山是福建最早的产茶区之一。明末时，清源茶与武夷茶等齐名，为当时福建可与全国名茶争衡角胜者。清光绪三十年（1904），以“宋树”为品牌的清源茶，参加美国人在菲律宾举办的嘉年华会，获金质奖章。而据《漳州府志》所记，明代正德、嘉兴年间，漳州生产的“漳芽”、“漳片”被列为贡品，每年均须进贡数百斤。明末清初，龙溪县龙山、平和县大峰山、南靖县雅山、长泰县天柱山等地所产茶叶品质尤佳。说明明代漳州已有比较高的茶叶制作技术了。释超全是闽南同安人。在到武夷天心寺之前，曾做过郑成功幕僚，并且身怀高超的工夫茶冲泡技艺，他的说法当有充分依据。而武夷岩茶向有制法以寺庙为宗的说法，天心寺即是著名大红袍的祖庭。寺庙不仅种茶，而且善泡茶。这一点又有袁枚《随园食单》的武夷茶论为证。袁枚所到之庙，寺僧争相以茶献之，“杯小如胡桃，壶小如香如香橼”。武夷山寺庙中的工夫茶艺，是在释超全到武夷山之后才发展起来。与释超全同时入武夷寺庙的，还有不少不愿与清朝合作的闽南明朝遗民。其中当有一些也会泡工夫茶和制茶。而工夫茶艺，本就与乌龙茶相生相依。闽南原本产茶，既流行工夫茶，也就有可能生

清源山茶事碑

漳州老街茶庄

产乌龙茶。当然，早期的乌龙茶制法，可能还不够完善。但不可否认，正是在这样的基础上，武夷山岩茶制法才能得到进一步的发展。

二、武夷山制作乌龙茶的茶师，绝大部分是闽南人。这一点，有武夷山县志及天心岩村民的族谱记录可证。今天武夷山天心村的村民，多是当年闽南人后裔。当年这些闽南人为何要跑到武夷山去？一部分原因与释超全一样；另一部分则与明代实行海禁有很大关系。据天心村“老再公茶业”李福崽提供的李氏族谱，李氏祖先是清溪（今安溪）人，移居武夷山的时间是在明朝中期，原因是当时连年倭乱，朝廷实施海禁，加大税捐，使得“以海为田”的闽南人难以为生，不得不四处流散。而当时的武夷山相对来说比较太平，于是就有一部分闽南人跑到了武夷山周边地区如上饶等地谋生；到明末海禁开放时，随着海上对外贸易的发展，武夷山茶业开始复苏。为此寺庙需要一些茶工。李福崽的父辈就是在这种背景下，从上饶跑到天心寺去投奔老乡帮寺庙做茶的。

三、乌龙茶的主销地区在闽粤沿海。据《崇安县新志》，”武夷岩茶多销于厦门、晋江、潮阳、汕头及南洋各岛。其用途不仅待客，且以之作医疗之良剂。”闽粤沿海人世代以海为田，出海捕渔，出洋谋生成俗。海上生活极为艰难，常常出现许多疾病。最大的问题就长期缺少蔬菜，多食海鲜。海鲜性腥寒，多食肠胃难当；缺少蔬菜则易得坏血病。而茶对这些海上疾患有极好的预防与治疗作用。所以，许多闽南人出海时都要带一些茶叶随时饮用。绿茶性苦寒不能解海鲜之寒，又不易保藏色香味。于是便有人想出将茶用炭火多次烘焙，使其既适宜保藏又变温和的办法。经过一段时间的摸索完善，终于诞生了一种既便于保存又更适合肠胃的新茶，这就是乌龙茶的雏形。据英国人加文·孟席斯《中国发现中国》一书所记，早在明初郑和下西洋时，船员们知道饮用“片状或块状的绿乌龙和红茶”。至今闽粤台沿海的许多地区，依然习惯于饮用传统的重发酵高焙火乌龙茶，依然保留着出海出门带陈年乌龙茶以及陶罐烤茶的习俗。

综上所述，可以得出这样一个结论：乌龙茶（制法）萌芽于建瓯，形成于闽南，完善于武夷山。

至于乌龙茶名的由来，有的说是民

清溪李氏族譜舊序
草木之秀茂者必出於沃壤川流之不竭者必
出於長源世家大族慶澤洋溢綿綿接緒者由
乎祖宗積德之厚而然也世姓彌昌宗支以盛
苟無譜牒以紀之則尊卑失序子孫視爲途人
者有矣豈不孤祖宗之德乎是譜牒不可以不
修也寻一日出納之暇偶故人李君森泉之清
溪人也以武功授巡檢謁寻而告森辟居山野
累厄兵燹而正統戊辰尤甚煨爐之餘幸存家

武夷山李氏族谱

间传说中发明者“苏龙”的谐音；有的说是茶形似乌龙而名；还有人说以产地而名；这些说法都有一定道理，但是都没有可考的文字依据。倒是武夷山巩志先生的由龙凤团茶之名而来说更有一些道理。考之有关北苑茶史籍，以龙为名者比比皆是：万寿龙、无疆寿龙，瑞云祥龙，小龙，大龙，……（熊藩，宣和北苑贡茶录）。密云龙，云龙，等等。既然有此前例，与龙凤团茶有着千丝万缕关系的乌龙茶，以龙为名，以示高贵，也在情理之中。只是为了与北苑茶有所区别，便根据干茶色泽而叫乌龙。当然，这只是推论而已。

乌龙茶的传播

乌龙茶的制法和产品，在武夷山成熟完善后，开始向外传播。大致的路线是：先向南，与闽南所产乌龙茶一起，向西扩大到广东潮汕地区，向东则经海上丝路传到台湾、东南亚以及欧美诸国。与此同时，又与红茶一起，通过山西茶商，向北传播到西北及中原地区，直至蒙古俄罗斯等地。

清初僧人释超全所作的《武夷茶歌》和《安溪茶歌》，不仅记录了乌龙茶制法，同时也记载了乌龙茶的传播途径，因为武夷山所产乌龙茶品质优良，风味特殊，一时大受闽粤台市场欢迎。成为工夫茶的主要茶品。如泉州施集泉茶庄经销的武夷名丛铁罗汉，一度成为名牌。经营茶叶成为一种极为有利可图的产业。吸引更多的人趋之如骛。为了与施集泉茶庄这样的大茶商争夺市

百年乌龙碑

台湾茶园

场，一些茶商另辟蹊径，就地取材发展乌龙茶。“溪茶遂仿岩茶样，先炒后焙不争差”，安溪的乌龙茶，完全有可能是在这时受到刺激，而有了一个较大的发展。这一点，在清朝出版的《泉州府志》《漳州府志》以及《武夷山志》中均有记载。

随着乌龙茶制法与产品的传播，一些茶树品种也通过同样路线得到传播。最典型的例子就是水仙和青心乌龙。水仙原产于建阳水吉，后在武夷山和建瓯大面积栽种，随后又被引进到闽南和潮州；青心乌龙原产于建瓯东峰，后亦向南传播，直到台湾。

泉州海事博物馆

潮汕地区与漳州只有一山之隔，民风民俗与闽南非常相近，茶俗也很类似，乌龙茶在闽南一出现，肯定会以极快的速度传到潮汕。事实上，处于闽粤交界处的云霄，从明末起逐步成为乌龙茶的交易中心。据有关史籍记载，潮州的乌龙茶，也就是此时以闽南乌龙茶同样的方式发展起来。潮州茶的历史可以追溯到宋代以前，据说南宋皇帝赵昺为北方金人所迫，向南流亡路过潮安凤凰山，途中口渴，侍从便从路边摘下一种似鸟嘴的叶片献给赵昺，赵嚼了之后满口生津。随后又用来煎汤饮用，滋味独特，生津解渴。从此潮安广为栽培此树，并名之“宋种”。当然，这位宋朝皇帝当时喝的肯定不是乌龙茶。根据晚清潮籍学者翁辉东《潮州茶经》所载，清时“潮人所嗜，在产区则武夷、安溪；在品种则奇种，铁观音。”其后的许多地方典籍中，都有潮人嗜饮“建茶”的记载。潮人不仅嗜茶，而且善茶，因此发展了独特的潮州工夫茶艺。正是在这样的氛围中，一些茶人受到启示，开始自制乌龙茶。鲜叶原料，一方面采自当地原生的茶树，如“宋种”；另方面，也引进福建优良茶树品种。经过一百多年的发展，形成了凤凰单丛独树一帜的风格韵味。

台湾乌龙的传播，情况与广东乌龙类似。台湾原只有一些自生自灭的野生茶。直到十九世纪初叶，才有人从福建引种和制作乌龙茶。一般的说法是，清道光21年（1855），台湾谷乡初乡村秀才林凤池，前往福建应试，中了举人。林凤池衣锦还乡时，到武夷山游玩，遇天心寺主持以茶相待。林凤池喝了茶后大为赞叹。随后便向主持要了数十株乌龙茶苗，带回台湾故乡。其中12株由冻顶山的林三显栽植成功。所制成产品称为冻顶乌龙。

但是根据台湾历史学家连横《台湾通史》的记载，台湾引进福建乌龙茶的时间要比传说的更早。清嘉庆年间（1835），一个名叫柯朝的人，从福建武夷山引进茶苗。种在鲫鱼坑（今台北瑞芳镇），因为长势良好，随即广为栽培，这批茶种，长势最好的是在淡水的石碇和文山二堡。经专家考证，连横所言的武夷山茶种，其实是产于建瓯东峰（原北苑）的矮脚乌龙，是台湾“青心乌龙”的母树。柯朝之后不久，又有安溪人王义程，以青心乌龙为主要原料，制成名为“包种茶”的乌龙茶。柯朝引种的乌龙茶产品，开始时只销本地，道光年间开始运往福州销售，获利不错。于是经营茶叶的人便慢慢多了起来。所谓的林凤池引种乌龙茶苗，很可能也是受柯朝影响。与此同时，外国人也纷纷染指。同治四年，在台湾的英国商人德克派人到福建安溪引进茶种，广为种植，制作成品后外销海外，因其品质足可以福建乌龙相比美，深受南洋诸国消费者欢迎，于是又吸引了许多闽南和潮汕的商人前往经营茶叶。这期间，由于受市场影响，台湾乌龙茶又出现重发酵味浓醇的膨风茶新品。到清光绪年间，又有台湾人张乃妙从安溪引进铁观音茶，种在木栅樟湖山。产品名为木栅铁观音。台湾茶业一时大兴。

经过300年的发展，到上世纪中叶，基本形成闽北，闽南、广东、台湾四大乌龙并列的格局。在此基础上，又逐渐向东南亚，日本，以及欧美传播。但除了东南亚国家引种少数乌龙茶外，其它地方基本上是只喝不种。近年来，随着大陆的改革开放，以安溪铁观音为代表的乌龙茶重又开始向北方传播，上海、北京、济南、太原、西安等城市，乌龙茶逐渐成为时尚饮料。一些地方也开始试制乌龙茶，出现“第五种乌龙”，从而进一步促进了乌龙茶的发展。

台湾茶园

铁观音的发现和发展

铁观音是制作乌龙茶的优良茶树品种，其产品是闽南乌龙茶的代表产品。在安溪县。有“魏源”与“王源”两种发现传说。

魏源说认为，铁观音茶系安溪尧阳松岩村茶农魏荫（1703-1775年）发现。清雍正初年，西坪尧阳松林头（今西坪镇松岩村）有位茶农魏荫，勤于种茶，又信奉观音。每曰晨昏必在观音佛前敬奉清茶一杯，从不间断。有一天晚上，魏荫梦见自己荷锄出门，行至一溪涧边，在石缝中发现一株茶树，枝壮叶茂，芬芳诱人。魏荫正想探身采摘，突然一阵狗吠声，把梦扰醒。第二天清晨，魏荫循梦中途径寻觅，果然在村旁打石坑的石隙间，发现一株如梦中所见的茶树。叶肉肥厚，嫩芽紫红，异于它种。魏荫喜出望外，将茶树移植在家中的一口破铁鼎里，悉心培育。后用压枝繁殖出一批茶树，适时采制，果然香韵非凡。于是视为家珍，密藏罐中。逢到贵客临门，才取出冲泡品评。饮过此茶的人，无不赞绝。

铁鼎种观音（魏月德）

西坪松岩村

1. 魏荫出世

2. 虔诚之心

3. 成家立业

4. 成家立业

5. 依梦巡茶

6. 丝线串茶

7. 茶青炒制

8. 手揉，烘干

9. 奇茗雅韵

10. 压苗繁殖

11. 铁鼎种茶

12. 众议茶名

一天，有位塾师饮了此茶，便惊奇地问：“这是什么好茶？”魏荫就把梦中所遇和移植经过详告。并说此茶是在岩石中发现，岩石威武胜似罗汉，移植后又种在铁鼎中，想称它为“铁罗汉”。垫师听后摇头道：“此茶乃观音托梦所获，还是称‘铁观音’才雅！”魏荫听后，连声叫好。铁观音于是得名并扬名四乡。

王源说则认为，铁观音茶系安溪西坪南岩读书人王士让（1687-1745年）发现。安溪西坪尧阳南岩（今西坪镇南岩村），有位仕人王士让，平时喜欢收集奇花异草，曾筑书房于南山之麓，名为“南轩”。乾隆元年（1736）春，士让告假回家，常与亲朋好友聚于南轩。一日，见层石荒园间有株茶树紫芽绿叶。异于它种，遂移植南轩之圃。精心培育管理后，枝叶茂盛，采制成茶后，韵味超凡：泡饮时，香馥味醇，沁人肺腑。乾隆六年（1741），士让奉召赴京，在拜谒礼部侍郎方苞时，以此茶馈赠。方苞品尝后大为

西坪王士让记念坊

魏说母树

赞赏，遂转献内廷。乾隆饮后十分喜欢，召见王士让询问。士让禀告此茶发现始末。乾隆细察此茶后，认为此茶乌润结实，沉重似“铁”，味香形美，犹如“观音”，于是赐名为“铁观音”。随后便名声大振。

铁观音究竟是魏荫还是王士让发现？正史上无明确记载，能依据的只是上述的民间传说。根据传说来分析，可以肯定的是：

一、铁观音发现的时间在十八世纪初（1720-1741）。魏荫与王士让两人生活的年代也大致相同，都在清初（十八世纪上叶）。王士让比魏荫大15岁。此时，乌龙茶已经有了几十年的发展，无论种植还是制作技术都已相当成熟。

二、铁观音发现的地点在西坪的某个山上。松岩村与南岩村相距不过十数里，根据专家们对松岩铁观音母树与南岩铁观音母树的研究，两树均属同一品种。

三、由此推理，比较合乎逻辑的解释是：可能是魏荫先发现并栽培了铁观音，因为他是种茶的，实践经验比较丰富，更有机会发现一棵与众不同的茶树。但毕竟长居在深山里，与外界交往极少；而王士让呢，很可能是在回乡时的某个偶然场合，发现家乡居然还有这么好的茶，于是带到朝廷，分送给亲友，这才使铁观音为世人所知，从此逐渐流传开来。

发现一词，顾名思义，就是发与现两者的结合。发指开发，发掘，将原先隐藏着的东西寻找出来；现指显露，显现，显示；经过寻找发掘，原先隐藏着东西显现了出来。前者是开端，后者是结果。没有开端就没有结果，但开端未必都有结果；而没有结果的开端等于没有开端；“杨家有女初长成，养在深闺无人

王说母树

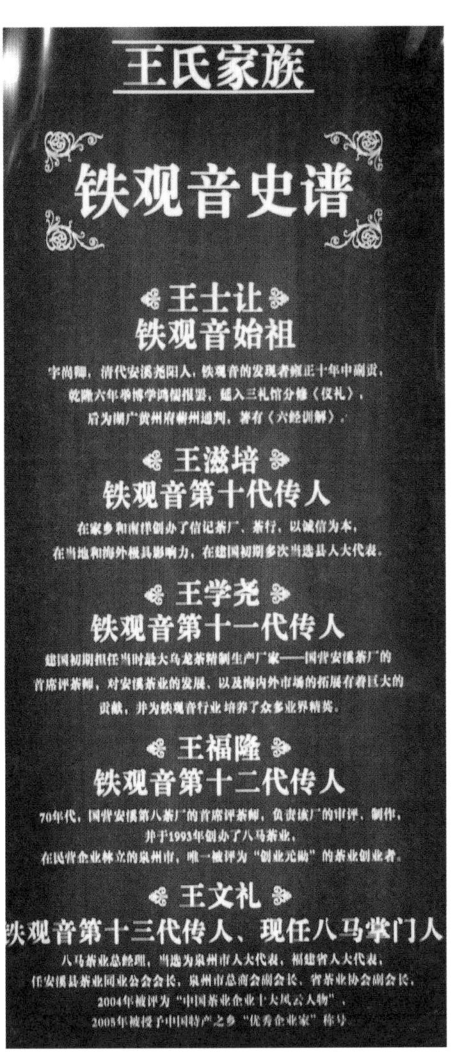

王氏传人

识”“一朝选在君王侧，六宫粉黛无颜色；”铁观音的发现也是如此。魏荫的作用是“发”，王士让的作用是“现”。所以，魏荫与王士让两者都是铁观音的发现者，只是发现过程中的作用不同而已。

至于为何起名“铁观音”，事实上也别有原因。清初时，闽南一带流行的主要是武夷名丛，名声最大的是“铁罗汉”。安溪茶为了与武夷茶争夺市场，完全有可能从“铁罗汉”茶名得到启发，将西坪的茶取名“铁观音”，以便另树一帜。而根据清末文人柴萼《梵天庐从录》一书所记，武夷山也曾有名为铁观音的茶，可惜未记来历究竟。但无论如何，两者之间肯定有着某种缘源关系。

安溪铁观音一为世人所知而进入茶叶市场，即因其独特的香醇韵味而得到消费者的器重。在许多国际国内的茶叶评比中获得奖项。据现有的资料，铁观音茶获的最早国际奖项是，1803年的巴拿马国际博览会荣誉金奖。随后在法国巴黎，以及台湾的茶王赛中亦多次获奖。解放后，铁观音在国内所获奖项则更多，到了1982年，首次被有关部门评为中国十大名茶之一。

尽管如此，在相当长的时间里，安溪的铁观音生产并无多大发展。据新版的安溪县志统计，解放初全县茶园面积不过数千亩。解放后虽有一些发展，直到二十世纪六十年代的文革前，也不过数万亩。面积既少，产量亦有限。最高年景不过几千吨而已。

十年文革动乱期间，安溪茶业几乎陷于崩溃。铁观音也几乎销声匿迹。安溪茶业的真正发展，则是在文革结束后开始，据一些老同志回忆，他们印象最深的1982年的一次全县三级扩干会。在那次会上，当时的县委县府领导，专门强调了抓好茶业生产，大力发展铁观音。极大地鼓舞了全县干部和茶农的信心。随后，

清朝闽南第一茶木匾

手工茶坊

西坪尧阳村

在县委县府的主导下，安溪上上下下掀起了一股茶业热。许多地方努力恢复旧茶园，大力开发新茶园。据统计，在短短数年内，安溪全县茶园激增数倍，突破了十万亩大关。然而，由于当时思想解放还不够彻底，还处在半计划经济状态，国家对茶叶也还没有完全放开，安溪生产的铁观音仍然由国家茶叶部门统购统销，所生产的茶叶也以外销为主。从总体来说销量有限，价格也较低。

安溪茶叶大楼

铁观音的真正大发展，是从九十年代中期开始。1995年，国家开放了国内茶叶市场，允许茶农茶商在国内自主销售茶叶。安溪县抓住这一机遇，及时鼓励茶农进入流通领域。当时的西坪乡政府，为鼓励茶农卖茶，还出台了一个政策：凡西坪茶农能在外地开设一家茶店，凭营业执照奖励人民币2000元。随后，各个乡镇效仿这一做法，在短短时间里，成千上万的安溪人走出家门，将茶店开遍全国各地。到1998年，国家改革茶叶外贸体制，完全开放茶叶市场，一些安溪茶商获得了直接出口权，安溪茶业进入了突飞猛进时期。

根据有关部门数字统计，截至2006年，安溪全县茶园面积已达50万亩；年产茶5万吨；涉茶产业产值将近50个亿。这些数字，均属全国第一。安溪因此被评为“中国乌龙茶名茶之乡”；铁观音荣获中国第一个茶叶类“中国驰名商标”，并代表福建茶业界参加国际地理保护标志研讨会。而更重要的是，因为茶业的兴盛，安溪的茶业受益人口，茶农人均收入，都达到全国第一。

安溪铁观音，经历了将近300年的风风雨雨，终于从一棵小树长成了安溪经济和中国茶业的参天大树。

武夷山茶农李氏兄弟

【相关知识】

神农氏

传说中上古时期中国南方的部落大头领。南方气候温暖，多为红壤，所以后人又称其为炎帝。他与北方的部落大头领黄帝轩辕氏一起，同为华夏民族的祖先。神农氏对后人的最大贡献是发明农业和医药。神农氏之时，人们依靠采集野果和渔猎为生，而随着部落人口的不断增加，自然采集与渔猎越来越困难。与此同时，疾病和瘟疫也很多。神农氏为了解决这两个难题。竭尽才智与精力，经历千辛万险，到处寻找和尝试。汉代成书的《神农本草经》有“尝百草，日遇七十二毒，遇茶而解之。”的记载。

北苑茶艺（双球茶楼表演）

炎帝像

北苑茶

五代北宋贡茶，因产于北苑而名。根据宋代吴曾《能改斋漫录》所记：“李氏都于建业，其苑在此，故得称北苑。水心有清辉殿，张洎称清辉殿学上。别置一殿于内，谓之澄心堂，故李氏有澄心堂纸。其曰北苑茶者，是犹澄心堂纸耳。李氏集有翰林学士陈乔作《北苑侍宴赋诗序》曰：‘北苑，皇居之胜概也，……

安溪茶叶大观园

以二序观之，因知李氏有北苑，而建州造挺茶又始之，因此取名，殆无可疑。”李氏即五代时南唐国君。南唐都城在建康（今江苏南京），城北面有禁苑，建茶上贡始于南唐李氏，因此将建州贡茶命名为北苑茶。

北苑的具体地点在今福建建瓯市东峰凤凰山下东溪畔。东峰焙前村林垅山有摩崖石刻，为北宋柯适《北苑御焙记》所作：“建州东凤凰山，厥植唯茶，太平兴国初，始为御焙，岁贡龙凤。上柬、东宫、西幽、湖南、新会、北溪属三十二焙多有署暨亭榭。中曰御茶堂，后坎泉甘，字之曰御泉，前引二泉，曰龙凤池。庆历戊子仲春朔柯适记。”实际上，凤凰山一带只是北苑茶的中心制作地，据宋代丁谓《茶录》记载，当时建溪一带官私之焙有1336之多，其中官焙32。所产茶统统称为北苑茶。

北苑茶事的详细情况有宋代熊藩《宣和北苑贡茶录》及赵汝砺《北苑别录》所记。宋徽宗赵佶也以北苑贡茶为主要题材写了《大观茶论》。

龙凤团茶

宋代贡茶名。产于福建建州。因成品系圆团状茶饼，表面饰有龙、凤花饰而得名。简称龙凤或龙凤茶。有大小龙凤之别。宋人关于龙凤茶资料极多；熊藩《宣和北苑贡恭录》记述注引最详。“太平兴国初，特置龙凤模，遣使即北苑造团茶，以别庶饮，龙凤团茶盖始于此。（注引杨亿《谈苑》：“龙茶，以供乘舆及赐执政、亲王、公主，其余贵族、学士、将帅皆得凤茶。”）庆历中，蔡君谟漕闽，创造小龙团以进，被旨仍岁贡之。（注引蔡襄《北苑造茶诗・自序》：“其年改造上品龙茶，二十八片，才一斤。尤极精妙。”又注引欧阳修《归田录》云：“茶之品莫贵于龙凤，谓之小团，凡二十［八］饼，重一斤，其价，值金二两，然金可有而茶不可得。自小团出，而龙凤遂为次矣。”）“元丰年间，有旨造密云龙，其品又加于小团之上；绍圣间，改为瑞云翔龙。”蔡绦《铁围山从谈》卷六曰：“龙焙又号官焙，始但有龙、凤大团二品而已，仁庙朝，伯父君谟名知茶，因进小龙团，为时珍贵，因有大团、小团之别。”叶梦得《石林燕语》卷八也云：“建州岁贡大龙

宋・斗茶图

凤团茶各二斤，以八饼为斤。仁宗时，蔡君谟知建州，始别择茶之精者为小龙团十斤以献，斤为十饼（按：此又误，应为二十八片）……自是遂为定额。”吴曾《能改斋漫录》卷一五《建茶》云：“建茶务，仁宋初岁造小龙、小凤各三十斤，大龙、大凤各三百斤。”由此可见龙凤团茶是大龙、大凤、小龙、小凤四个品种的合称。大龙凤创于丁谓，小龙凤则创于蔡囊，故苏轼《荔枝叹》诗云：“前丁后蔡相笼加。”

龙凤团茶是皇室专享用品，偶尔才用于赏赐大臣。《宋史·后妃传》载：“旧赐大臣茶，有龙凤饰，［刘］太后曰：‘此岂人臣可得？’命有司别进入香京挺以赐之。”

龙凤团茶又有入香、不入香两类。赵汝砺《北苑别录·纲次》中有详细记载。

建　茶

唐宋时产于建州（疆域大约相当于今天的闽北，府治在福建建瓯）茶叶的总称。建茶出现于晚唐，为当时建州刺史常衮所首创。唐杨晔《膳夫经手录》记：“建州大团，状类紫笋，又若今之大胶片，每轴十斤余。”宋张舜民《画墁录》：“有唐茶品，以阳羡为上供，建溪北苑未著也。贞元中，常衮为建州刺史，始蒸而焙之，谓研膏茶。”经过五代十国，到北宋时达到巅峰，成为最主要的贡茶。建茶以品质优良而著称。宋代杨亿《杨文公谈苑·建州蜡茶》记：“建州，陆羽《茶经》尚未知之，但言福建等十二州未详，往往得之，其味极佳。”宋代罗拯《建茶》诗：“自昔称吴蜀，芳鲜尚未真，于今盛闽粤，冠绝始无伦。”宋李心传《建炎以来朝野杂记·甲

刘松年博古图

集》卷一四《建茶》："建茶岁产九十五万斤，其为团銙者，号腊茶，久为人所贵，旧制岁贡片茶二十一万六千斤。"又有《舆地纪胜》卷一二九引周绛《茶苑总录》佚文云："天下之茶建为最，建之北苑又为最。"这些记载均说明宋时建茶之盛极一时。

溪茶

安溪茶的简称。溪茶之称，最早见于释超全的《安溪茶歌》：溪茶遂仿岩茶样。

铁观音历年获得国内外奖项

1803年，获巴拿马国际博鉴会荣誉金奖。

1916年，在台湾总督署举行的茶业评奖活动中，"万寿桃"牌铁观音获一等奖。

賞狀

王西

萬壽桃

右者特選前記名茶品質優良謹備金牌壹個呈上賞與祈即笑納是荷

昭和六年十月十五日

臺北天馨茶莊王笋敲贈

赏状

1945年新加坡评奖中获得金牌的有福建安溪的"泰山峰铁观音"乌龙茶。

1950年泰国评奖中获得特等奖的有：福建安溪的"碧天峰铁观音"乌龙茶。

1986年10月获得在法国巴黎举办的1986年国际美食旅游协会金桂奖的有：

铁观音国家金奖

福建厦门的"新芽牌乌龙茶铁观音"。

1982年3月商业部在福建省崇安县召开的全国花茶、乌龙茶优质产品评比会议上，福建安溪茶厂的"特级铁观音"、"特级黄金桂"被评为优质产品。

1982年6月商业部在湖南长沙召开的全国名茶评比会上被评为全国名茶的有：福建安溪的"铁观音"。

1982年获得国家经委授予国家金质奖的有：福建安溪的"凤山牌特级铁观音"。

1982年评为商业部优质产品的有：福建的"特级黄金桂"。

1985年6月在江苏乌龙茶是福建安溪的"黄金桂"，获得农牧渔业部1985年度优质产品奖。

1986年5月商业部在福建福州召开的名茶评选会上评为全国名茶的有：福建安溪的"铁观音"、"黄金桂"。

延伸阅读

"茶"字演变

在古代史料中，茶的名称很多。在公元前2世纪，西汉司马相如的《凡将篇》中提到的"荈诧"就是茶，西汉末年，在扬雄的《方言》中，称茶为“蔎”；汉代《神农本草经》中，称之为“荼草”或“选”，东汉的《桐君录》（撰人不详）中谓之“瓜芦木”；南朝宋山谦之的《吴兴记》中称为“荈”；唐陆羽在《茶经》中，也提到“其名，一曰茶，二曰槚，三曰蔎，四曰茗，五曰荈”。总之，在陆羽撰写《茶经》中，对茶的提法不下10余种，其中用得最多、最普遍的是荼。由于茶事的发展，指茶的“荼”字使用越来越多，就有了区别的必要，于是从一字多义的“荼”字中，衍生出“茶”字。陆羽在写《茶经》（758年左右）时，将“荼”字减少一划，改写为“茶”。从此，在古今茶学书中，茶字的形、音、义也就固定下来了。

在中国茶学史上，一般认为在唐代中期（约公元8世纪）以前，“茶”写成“荼”，读作“tu”。据查，“荼”字最早见之于《诗经》，在《诗·邶风·谷风》中记有：“谁谓荼苦？其甘如荠”；《诗·豳风·七月》中记有：“采荼、薪樗，食我农夫。”但对《诗经》中的荼，有人认为指的是茶，也有人认为指的是“苦菜”，至今看法不一，难以统一。开始以“荼”字明确表示有“茶”字意义的，乃是我国最早的一部字书——《尔雅》（约公元前2世纪秦汉间成书），其中记有：“槚，苦荼”。东晋郭璞在《尔雅注》中认为这指的就是常见的普通茶树，它“树小如栀子。冬生（意为常绿）叶，可煮作羹饮。今呼早来者为荼，晚取者为茗”。而将“荼”字改写成“茶”字的，按南宋魏了翁在《邛州先茶记》所述，乃是受了唐代陆羽《茶经》和卢仝《茶歌》的影响所致。明代杨慎的《丹铅杂录》和清代顾炎武的《唐韵正》也持相同看法。但实际上更早，陆羽《茶经》提出：茶字，“其字，或从草，或从木，或草木并。”注中指出：“从草，当作茶，其字出《开元文字音义》；从木，当作搽，其字出《本草》；草木并，作荼，其字出《尔雅》。”明确表示，茶字出自唐玄宗（712–755年）撰的《开元文字音义》。不过，从今人看来，一个新文字刚出现之际，免不了有一个新老交替使用的时期。有鉴于此，清代学者顾炎武考证后认为，茶字的形、音、义的确立，应在中唐以后。他在《唐韵正》中写道：“愚游泰山岱岳，观览后碑题名，见大历十四年（779）刻荼药字，贞元十四年（798）刻荼宴字，皆作荼……其时字体尚未变。至会昌元年（841）柳公权书《玄秘塔碑钻》大中九年（855）裴休书《圭峰禅师碑》茶毗字，仅减此一划，则此字变于中唐以下也。”而陆羽在撰写世界上第一部茶著《茶经》时，在流传着茶的众多称呼的情况下，统一改写成茶字，这不能不说是陆羽的一个重大贡献。从此，茶字的字形、字音和字义一直沿用至今。

当然，这只是说，从先秦开始到唐代以前，茶字的字音、字形和字义尚未定型而已，其实，早在汉代就出现了茶字字形。在有关汉代官私印章的分韵著录《汉印分韵合编》中，有荼字七钮，字形如下：

其中，最后两个荼字的字形显然已向茶字形演变了。从读音来看，也有将荼字读成与茶字音相近似的。如现在湖南省的茶陵，西汉时曾是茶陵侯刘沂的领地，俗称荼王城，是当时长沙国十三个属县之一，称荼陵县。在《汉书·地理志》中，荼陵的荼，颜师古注为：音弋奢反，又音丈加反。所以，在《邛州先茶记》中说颜师古的注是：“虽已传人茶音，而未敢辄易字文”。也有人认为将荼改成茶字，并读成现在的茶音，

茶事图（元代）

始于南朝梁代（502−557）以后（见清顾炎武《求古录》）。但从古代和现代专家学者的研究结果来看，大都认为中唐以前表示“茶”的是“荼”字，虽然，在那时已在个别场合，或见有茶字的字形，或读有茶字的字音，但作为一个完整的茶字，字形、字音和字义三者同时被确定下来，乃是中唐以后的事。

通过茶字的演变与确立，它从一个侧面告诉人们：“茶”字的形、音、义，最早是由中国确立的，至今已成了世界各国人民对茶的称谓，只是按各国语种对茶的音译而已。

（资料来源：三醉斋）

建茶沧桑

建茶之名，最早见于唐代茶圣陆羽的《茶经》，有“生福州、建州……；往往得之，其味极佳。”之语。而最早直接称“建茶”的，可能要数唐李虚已的《建茶呈使君学士》一诗。建州位于福建北部，汉末设建安郡，唐、宋设建州府，辖建安、瓯宁、崇安、建阳、浦城、松溪、政和七县。由此可见，建茶，实际是以产地为名，泛指产于建州、建安一带的茶。又因建州境内有建溪流经，同时也指产于建溪一带的茶。

尽管如此，在不同历史时期，建茶的具体涵义还是有所不同。

一、建州有茶的历史，也与中国茶的历史一样，可以追溯到很远。然而，真正有意识的制茶并著名于世，是在唐代后期。据胡仔的《苕溪渔隐丛话》所记，唐朝时，市场上所看重的是蜀茶，而建茶，绝少有贵者。“至江南李氏（南唐）时，渐见贵；始有团圈之制，而造作之精，经丁谓晋公始大备。自建茶出，天下所产，皆不复可数。”

这段话虽简略，至少有二点值得注意。一是说，建茶到南唐时才为人珍重；二是说，其时建茶是一种用“团圈”压制的茶饼。事实上，这种建州团茶，制作的时间还要更早，据《建宁府

北苑茶园

武夷山大王峰

志》，创始人应是唐贞元年间（785-804）的建州刺史常衮。是他教会当地茶农制作蒸青团茶，“始蒸焙而研之，谓之研膏茶；其后稍为饼样……。”尽管如此，早期团茶产品，数量与质量上都极有限，所以未为世人所知，且未成为贡茶，是可以理解的。常衮任建州刺史期间，正是茶圣陆羽写作《茶经》同时，陆书不第“建安之品”，也是情有可原。

几十年后，情况有了变化，建茶开始进入上层社会。据明嘉靖《建宁府志》所记，五代“（闽国）龙启年间，有里人张（廷）晖，以所居北苑地宜茶，悉谕之官，由是始有北苑之名。”张廷晖的详细事迹，今已无确切文字可考。唯一可以推测的就是，他在当时是个拥有北苑方圆数十里茶山的地主，而且生产的茶质量相当不错。至于张廷晖为什么要将自己的私家茶园全部捐给闽王小朝廷？民间传说是因为当时闽王好茶，而且特别喜欢张的北苑茶，于是不断来索取，张不堪其扰，干脆将茶园捐了。闽王因此大喜，封了个“阁门使”的小官给他，依旧让他管理茶园。北苑茶园成为官家御茶园后，靠着朝廷的支持，不仅在制作工艺上得到很大提高。同时也成为闽王的御用赐品，渐为更多的世人所知。张廷晖逝世后，后人

德化屈斗宫龙窑

北苑凤凰山

为了纪念他，在凤凰山建了个“张三公祠”，成为一方茶农崇拜的“茶神”。

不过，真正使建茶走向闽北，享誉于世的，则是宋代的“前丁后蔡”。前丁，指丁谓。咸平初（998）任福建漕运使。曾数次到建安视察茶事，并督促制茶。而他对建茶的贡献，主要是首次制造出工艺精细的“龙凤团茶”；据《画墁录》所记，当时“不过四十饼，专拟上供；虽近臣之家，徒闻而未尝见。”后蔡指蔡襄。蔡于丁之后42年，庆历初，任福建路转运使，在丁谓的基础上，进一步造出小龙凤团茶。“其品绝精，谓之小团。几二十饼重一斤，其价值金二两。然金可有而茶不可得，每因南郊斋，中书、枢密院各赐一饼，四人分之。官人往往缕金花其上，盖其贵重如此。”

丁谓，蔡襄不仅亲自督造龙凤团茶，而且还亲自撰写茶学专著。丁谓有《建安茶录》，蔡襄有《茶录》。犹其是蔡的《茶录》，是陆羽之后最重要，最有影响的茶学专著。丁、蔡之所以如此热衷茶事，跟当时的皇帝有很大关系。可以说，在整个两宋时期，皇帝们都是爱茶者。这种爱好，很自然地影响和推动了上层社会的时尚风气。其中也不乏供茶来巴结上司，抬高身价的趋势附炎之徒。然而不管怎样，在丁、蔡之后，不仅建茶得到极大发展，同时也出现了许多茶学专著。仅论述建茶的，就有宋子安的《东溪试茶录》，黄儒的《品茶要录》，刘异的《北苑拾遗》，吕惠卿的《建安茶记》。熊藩的《宣和北苑贡茶录》，等等。其中最重要的是徽宗皇帝赵佶也亲自撰写的《大观茶论》。可以说是集建安茶事之大成，详细纪录了建茶的历史与产地种植造冲泡品饮的全过程，标志着当时中国茶文化的最高成就。

在茶文化专著不断出现的同时，建茶制作工艺也不断发展。熙宁年间（1071），当时福建转运使贾青督造出比小龙团更为精致的“密云龙”。密云龙也是二十饼一斤，分成好几个等级，并以不同包装来区别。上供皇帝的“玉食”，用黄盖包装；分赐给大臣的，用绯色包装。到了绍圣年间，皇帝下诏将密云龙改称“瑞云翔龙”，把龙凤团茶的制作工艺推向了最颠峰。根据史料记载，瑞云翔龙分为细色茶五纲四十三品。第一纲叫试新，常用来做斗茶；第二纲叫贡新，是最早的贡品；第三纲有十六个品种，有龙团胜雪，万寿龙芽等；第四纲有十六个品种，有瑞云翔龙，万春银芽等；第五纲有十二个品种，有太平嘉瑞，龙苑报春等。这五纲细色茶一制成，便速派专人飞骑急驰，直送京师。其气派几可与唐玄宗时飞骑送荔枝相比。

二、两宋时期的建茶龙凤团茶，在制作工艺上相当复杂讲究。根据当时的茶学著作所记，可以归纳成如下几道基本程序：采摘、拣剔、蒸薰、研碾，压制，烘焙，包装。而每一道工序都有特殊要求。如采摘时，必须选择早春初发的极细嫩芽，用指甲迅速掐断，剔除外叶，仅留嫩心，用清泉水渍润“濯芽”。蒸芽时，甑下水要非常洁净，沸腾后再将茶上甑；蒸时要恰恰到好处，不能不熟，不熟会有青气，过熟则色黄味淡。烘焙时最要讲究。焙笼下的炭火温度要恰恰相反好体温，以手放上去感到温暖为度。绝不能太高，否则就会将茶焙黑，使茶带有烟味。焙完后还要出汤，即出焙后要迅速用扇子扇去热气，茶团面才会光润新鲜。不同品种，焙火次数也不同，一般要十二次，有的多达十五次。

正因为选料苛严，制作又费时耗工，所以这种御用团茶的产量一直很低。开初时仅有四十饼，慢慢的才发展到几百饼。据《元丰九域志》，原建安上贡团茶一年为八百二十斤，至元符年间，以片计约一万八千片。按二十饼一斤算，约二千三百五十斤。尽管如此，民间的团茶产量倒很高。元丰年间，建茶岁出已不下三百万斤。这种情况，从一个角度说明，宋时茶风之盛。

龙凤团茶不仅制作工艺精细，冲泡品饮也很讲究，犹其是因为长期在宫廷士大夫中流行，形成了一整套完整的茶艺。龙凤团茶是以点茶法冲泡的。所以第一道茶艺就是要将茶饼碾成细粉。先用特制的绵纸包裹好，放在木帖上，用木棰敲碎。然后放入用金或银制的碾子里碾细，再用绢做的小罗里过筛。然后将筛好的细茶粉用小匙舀入茶碗，先用烧开的泉水，轻点若干，调成浓糊状；再用沸水，高注而下，注水时，需用一根叫茶筅的捧子，不断的反复搅拌，动作要如打蛋花那样，直到击打出白色的细沫，这才停止。品饮时，不能端起就喝，而是要先辨别茶汤的色泽优劣，再以鼻子细闻茶汤的香气，最后才慢慢品尝茶的滋味。

茶艺繁琐，所需的器具也很讲究。不仅茶具种类多，据宋代

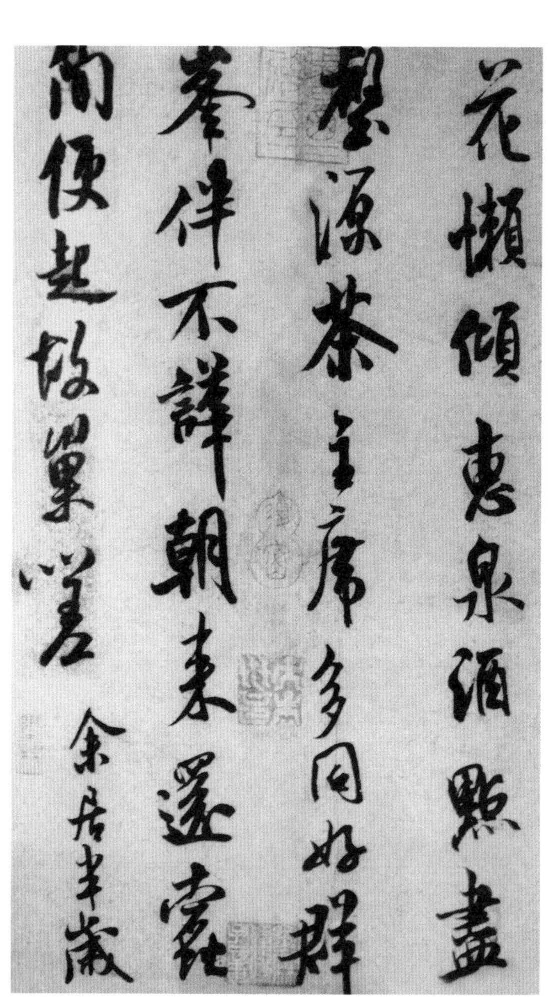

苏轼茶书二

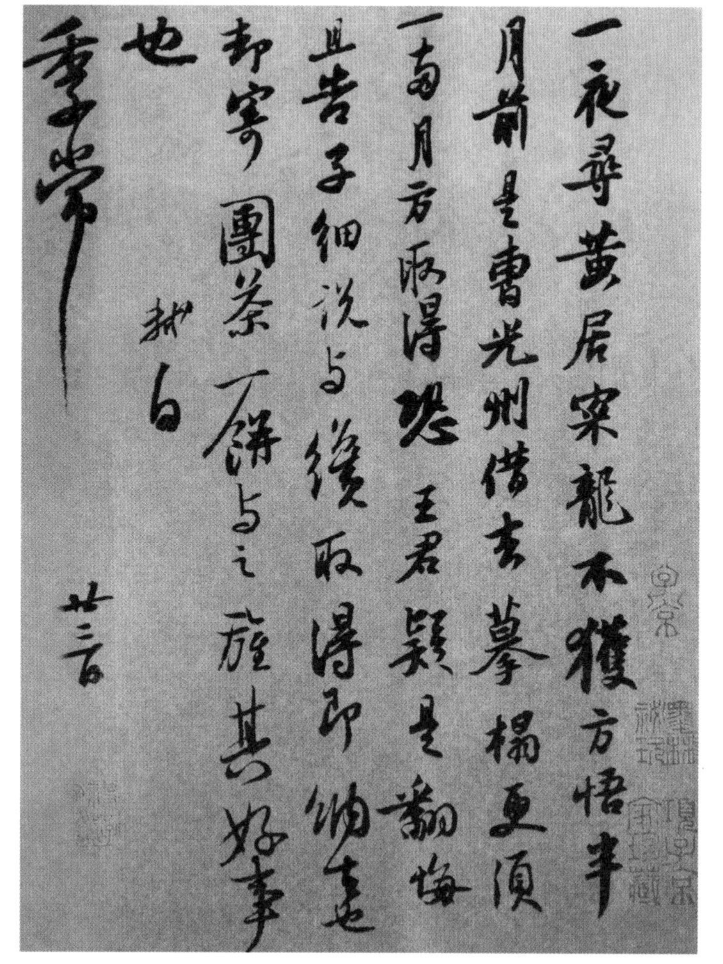

苏东坡茶帖

审安老人著《茶具图赞》所录，共有主要茶具十二种。每种都需特定的材料。敲茶饼的帖与棰，必须是木质的；碾茶的碾子，必需是金或银的，绝对不可以用铁的。筛茶的罗子，必须是蚕丝做的，以桐木圈边；注水用的瓶子，必须要用银或玉的，至少也要细白瓷的。至于茶碗呢，由于龙凤团茶冲泡出来的茶汤色白，为了便于辨别，就要用黑瓷来衬托茶汤颜色。经过一番选择，最后确定以建州所产的一种黑瓷“兔毫盏”为最佳。兔毫盏外形如同倒扣的竹笠，口大底小，碗壁极厚，易于保温。而最大的奇特处在于它的黑釉中，夹杂有类似兔毫的细白纹。有的还有类似油滴，日晕的七彩斑纹。那就更加珍贵了。

元成宗大德年（1297），朝廷在武夷山四曲溪设御茶园，自此建茶生产中心便移至武夷山。由于武夷山的特殊地理气候环境，所产茶质量胜于北苑茶，又因武夷山系道家名胜，常有名流隐士逗留其间，于是武夷茶名声日渐远播。不过，因为武夷山在行政区划上隶属建州，所以许多人仍然将武夷茶称作建茶。明初洪武年间（1391），朝廷罢武夷御茶园。其后在相当一段时间里，包括武夷茶在内的建茶，进入低潮。茶工四散，茶园荒废。其后尽管民间仍有人在继续生产团茶，仅是苟延而已。到明末，改为生产红茶和乌龙茶，建茶才出现新的局面。

龙凤团茶之所以衰落，最根本的原因就是，它不是一种大众消费的商品，而只是供少数统治者享受的奢侈品。“食不厌精”的制作与冲泡工艺，使得茶比金贵，不仅茶农不胜重负；而且也无法进入市场。一旦统治者的王朝崩溃，也就必然随之消亡。其次的重要原因是，任何一种时尚的流行，都不能离开它所处的社会背景。如果说，龙凤团茶是封建王朝士大夫贵族的宠物，那么，到了明清时期，随着中国社会的发展，资本主义出现萌芽，当新的统治者对它不再感受兴趣时，就再也无法生存，而让位于新的茶种了。

三、明初罢御茶园后，建茶进入一个相对沉寂的时期。尽管如此，寻找新的出路的工作，仍在一些好茶者中进行。团茶的制作与冲泡都极繁琐，能否生产一种制作与冲泡都较简便的茶呢？改团为散，无疑是最好的选择。于是，有人开始引进外地的“松萝”制茶法，变蒸青团茶为炒青散茶。虽说武夷山一带所产炒青散茶质量不差。由于其时浙江、江苏、安徽等地绿茶开始流行，建茶作为绿茶并无特别优势，一时间并不景气。所以很快就改为生产红茶和乌龙茶。

武夷山所产乌龙茶，多在景区的悬崖峭壁处，所以便有人将其称为“岩茶”。武夷岩茶的特殊风味，一出现就受到许多茶客的欢迎，名声大振，销量大增。由于武夷山景区地域所限，产量有限。有人便将乌龙茶制法引向山外。武夷山周边地区，纷纷大量生产乌龙茶。北苑所在建瓯县的乌龙茶，就是在这一时期发展起来的。自此后，建茶进入一个新的历史时期。

此时的建茶，生产中心复又转移至建瓯，建瓯所产茶又成为

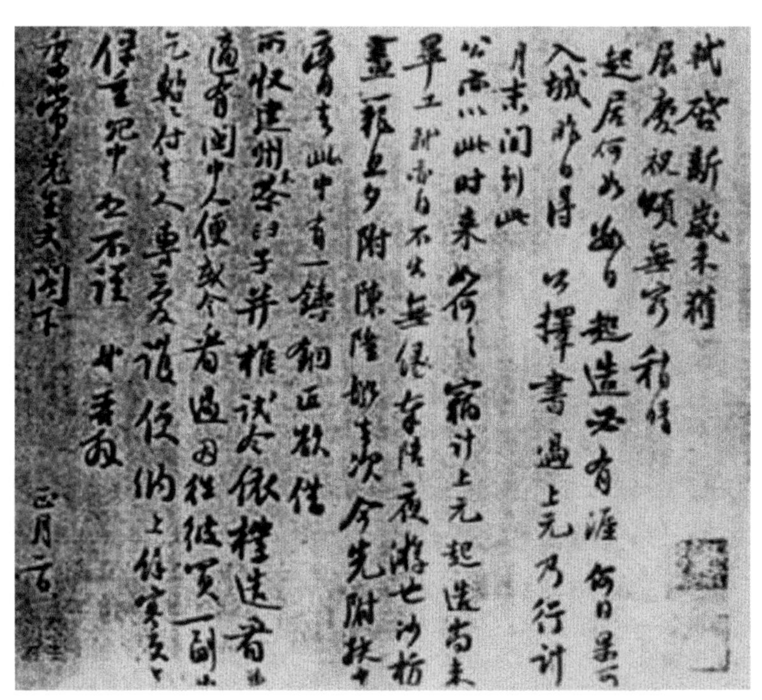

苏轼茶书一

正山小种碑

建茶的代表。在市场上享有很高的声誉。根据民国建瓯县志记载，宣统二年，南洋第一次劝业会上，金圃、泉圃、同芳星诸茶号，均获优奖。民国三年，巴拿马赛会上，詹金圃茶号得一等奖，杨端圃、李泉丰茶号获二等奖。最辉煌时期，全县茶坊有上千处，每处作坊工人十数至上百人。仅凤凰山一地，所出茶以千数百万计，产量大大超过宋代北苑全盛时。1877年，仅俄罗斯商人从建宁府运往福州口岸出口的乌龙砖茶就达35050担。这些茶坊，大都是本地人开设，也有外地甚至俄商开设。因茶而获利者无处不在。这种盛况，一直延续到二十世纪七十年代。此后，因为改革开放，随着武夷山旅游事业的发展，武夷岩茶重新焕发异彩。以其特有的“岩韵”而成为闽北乌龙茶的代表。武夷岩茶知名度越来越高，而建瓯虽然仍在大量生产乌龙茶，建茶之名，反倒逐渐湮没了。

建瓯乌龙茶的主要品种是水仙与乌龙。水仙茶原出于建州义禾里（今建阳大湖），岩叉山祝仙洞。有茶农偶然经过此地，看见一棵树，叶片特别厚大，气味似茶而香，因此移栽回家，以当时制茶法制茶，香气滋味胜过一般茶，于是大喜。因为此树只开花不结籽，开初无法繁殖。后来栽种处土墙倒塌，压在茶树上，不久居然发出新枝。茶农因此悟出扦插法。于是大为流传。由于水仙茶品种遗传性状稳定，适应性广，最适合制作乌龙茶，所以直到今天，仍然是闽北乌龙茶的当家品种。根据其产地，有闽北水仙，南路水仙，北苑水仙等品名。其中以建瓯茶厂（今凯捷公司）生产的闽北水仙最为著名，曾多次获国优、部优、省优产品荣誉称号。

今天的建茶，虽然不复再有昔日的

泉州渔港

辉煌，作为一种历史名茶，其对中国茶文化的发展影响是无与伦比的。以宋代龙凤团茶为代表的建茶，标志着中国古代茶文化发展的最高峰。它不仅在制作工艺上开了后来蒸青绿茶与紧压茶的先河；在冲泡上也是后来工夫茶茶艺的鼻祖。而以蔡襄，赵佶等人为代表的宋代茶学专著，以及苏东坡等人关于建茶的诗文中所体现的茶道思想，则同样深刻地影响了中国茶文化的发展。所以，研究建茶的历史与发展，无论从任何角度来说，都是极有意义的。

建茶沧桑

近年来在国际茶叶市场上掀起了“乌龙茶热”，对乌龙茶的历史一番研究，还是有意义的。乌龙作为一种茶名包含三种茶类：绿茶、红茶，青茶，这在历史上是罕见的。研究它对茶业发展史是个补充。

乌龙作茶名最早出现在北宋十一世纪，刘弇写的《龙云集》中有这么一段话，“今日第茶者，取壑源为止。至如日注、实峰，冈坑，双港、乌龙摧荡、顾渚，双井，鸦山，摄麓、天柱之产。虽雀舌枪旗号品中胜绝，殆不得与壑源方驾而驰也”。这里乌龙指的是产地山名，因为古代名茶都是以产茶地名命名的。这里所列十一种名茶的名称都是地名。查《中国古今地名大辞典》（1931年5月初版）中有关乌龙的地方，刘弁所说的乌龙茶产地是浙江建德县乌龙山（后改称仁安山）。乌龙茶品质与绍兴日注、长兴顾源、修水双井，宣城鸦山等均属幼嫩的蒸青绿茶。故可称它为绿乌龙。十九世纪末，婺源和屯溪加工中也曾经有过乌龙花色，这可是近代绿乌龙。为什么这样命名，看来与当时国际茶叶市场上“乌龙茶热”有关。距北宋中期八百年后的十九世纪，再次出现了乌龙茶名。施鸿保《闽杂记》（1857年）中记载：“近来则尚沙县所出一种乌龙。谓在名种之上，若雀舌莲心之类。”根据该文介绍，建茶品名甚多，吾乡俗则但称曰武夷。闽俗亦惟有花香小种、名种之分而已，名种最上，小种次之，花香又次之”这就是说沙县乌龙茶比武夷茶中最优的花色名种”还要高级，为一芽一叶制成。因之沙县乌龙不可能是“绿叶镶红边”的现在青茶类。究竟它是哪类茶呢？据柴萼在《梵天庐丛录》（1925年）中提到：“红茶中最佳之乌龙，即武夷山所产”。徐珂《可言》（1942年）中也说：“武夷山产红茶，世以武夷茶称之”。蒋希召的《蒋叔南游记第一集》（1921年）中说：“武夷乌龙品质与武夷水仙不同，‘水仙叶大，味清香，乌龙叶细色黑，味浓涩’”。《清稗类钞》也说：“西人视乌龙为珍品，即吾国之红茶也。”欧美称之为Red Oolong Tea即红乌龙。因此，可以认为施鸿保所说的乌龙茶乃是红乌龙“茶印”的高档花色。十九世纪乌龙茶不仅是武夷红茶中的“最佳”者，在其它地方也是这样。如叶瑞延在《莼浦随笔》（1888年）中说；“红龙”起自道光季年（1850），江西估客收茶义宁洲，因进尚，教红茶做法。茶只一种，大约雨前为头春，名乌龙，肄生者为子茶，夏季为禾花，又日荷花，最后为秋露”。江西商人把谷雨前最嫩的红茶，叫做乌龙。与施鸿保《闽杂记》所说的沙县乌龙茶的嫩度“若雀舌莲心之类”是一致的。到本世纪三十年代前，江西修水仍生产乌龙红茶。如俞海清编著、吴觉农校阅的《江西之茶业》（上海商品检验局932年口月印行），中说：“修水制茶以红茶为大宗，（这里指的是工夫红茶的大路货）间有少数乌龙及绿茶”。这里说的乌龙为红乌龙。据其所介绍的乌龙茶制法与红茶制法相近似。现将其乌龙制法录予后：

“其晾青、揉捻等法与制红茶相同，唯经搓揉后置室内或室外俟其略干，以竹筛去碎末，入锅炒之，名为过红锅。法以铁锅两口，并置一灶间，其一锅烧热，一锅则不烧热，茶叶筛后，先人热锅，以双手翻炒，约三、四分钟，即移八冷锅，另一人乘茶叶尚柬冷却时，以双手按于锅上揉之，俟荣汁外浸，即交揉茶二人复揉。盾置匾内，以手抛散，复摊于罩上阴千数小时后，以日光晒之，至六七成干即出售。”

十九世纪的红乌龙，在欧美茶叶市场上主要作为提高红茶香味的拼配料，没有单独零售。如威廉·乌克斯《茶叶全书》记载：“用台湾乌龙茶10-20%与大吉岭茶拼和，可得极美好之调和。（下册179页）。在英国的红幕中”拼入少许乌龙茶，在芬芳及香烈方面亦有显著之利益，此于上等茶叶为尤然”。（下册35页）。还有一种“适合软性水的适口拼和茶，其配合的主要成份为上等锡兰碎白毫及浓厚的杜尔斯白毫，更加上最优良之台湾

船模

沉船瓷碗

乌龙茶以增香气”。（《全书》下册3页）。在《茶叶全书》中介绍类似的事例很多。红乌龙何时消亡，唐永基等在《福建之茶》中说：“沙县昔时亦产乌龙，近已绝迹。（29页）。该书是1936年写成初稿，1941年正式出版。因此，沙县的红乌龙很可能是在1930年前就已“绝迹”。俞海清说江西修水制红乌龙也是1930年前的事。1934年福建省政府统计处的福建茶之种类及产地资料中，就把乌龙归到青茶类。在这之前，中央财政部贸易委员会曾规定全国茶叶统一名称，其中闽茶类之分类系统，也是把乌龙茶划人青茶类。（唐永基、魏德端《福建之茶》18-20页）。因此可以说1930年以后的乌龙属青茶类，称之为青乌龙。但是青乌龙不会在红乌尤“绝迹”之后才开始，两者有个共存过渡时期。宋朝的乌龙是以产地命名，而十九世纪的乌龙茶是与乌龙茶树品种相关连的，有乌龙茶树品种才有乌尤茶。

茶事浮雕柱

一般认为乌龙茶树品种的发现距今已有一百多年历史。庄灿彰在《安溪茶业之调查》（1937年）中说：“软枝乌龙相传百余年前，有安溪人姓苏名龙，移植予建瓯，该地茶农认为优良品种，因而繁殖栽培。”同期的还有1936年脱稿，1941年出版的唐永基、魏德端《福建之茶》中说：“闽北青茶中尚有乌龙一种，相传百余年前，有安溪人姓苏名龙者，移植安溪茶种于建宁府，繁殖甚广，及其死后，乃名曰乌龙”说法基本相同。乌龙茶树品种产生于十九世纪初，是由苏龙转音而来，并且是在苏龙死后闽北茶农给命名的，以资纪念。乌龙茶作为红茶的一种花色，其发展速度是惊人的，很快就替代了武夷红茶，在国际茶市上享有盛名。究其原因，主要是红乌龙的品质较武夷红茶优。福建《建瓯县志》评价说：“乌龙叶厚而色浓，味香而远”。它的优越品质，获得各方好评，好茶好价，收益大，移植乌龙品种和仿制红乌龙递增。福建乌龙茶从红乌龙改制成青乌龙之后，品质大不如青茶的“后起之秀的铁观音、黄旦、毛蟹、梅占等”，如1934-1939年间安溪几种青茶的最高毛茶山价（单位元／市斤）分别是：乌龙0.8，奇兰1.00，梅占1.80，水仙2.00，铁观音3.50，佛手3.60。（唐永基等《福建之茶》）。青乌龙价格最低，佛手价格最高，两者相差数倍。而后，福建省安溪县茶叶公司李启厚又对安溪七个品种的青茶花色的品质同行评比，铁观音品质最好，其它六个品种花色的香气均比青乌龙优。青乌龙的收购价也最低，现在安溪茶站再也难收购到青乌龙了。现今乌龙茶作为青茶类的商品茶类名称，它包括铁观音、肉桂、武夷岩茶等等青茶类中的最佳者，正在国际茶叶市场上欣欣向荣，中国青茶类的特别风味和生理功能刚被世界上发达国家消费者所了解，形成了“乌龙茶热”，乌龙茶类的品种花色将不断更新，“乌龙茶热”将会越烧越旺。

（安徽农大：陈以义）

中华茶文化的传播

中国茶文化渊源流长，它随着茶饮的普及扩展，不断地浸润着人们美好的心灵。随着历史的脚步，中华茶文化由内而外，由近及远地不断传播于中华大地各族人民，并披泽海外，闻名于世。

茶花

茶马古道与茶文化传播

在茶叶历史上，茶叶文化由内地向边疆各族的传播，主要是由于两个特定的茶政内容而发生的，这就是“榷茶”和“茶马互市”（也称茶马交易）。“榷茶”的意思，就是茶叶专卖，这是一项政府对茶叶买卖的专控制度。“榷茶”，最早起于唐代。到了宋初，由于国用欠丰，极需增加茶税收入，其次，也为革除唐朝以来茶叶自由经营收取税制的积弊，便开始逐步推出了榷茶制度和边茶的茶马互市两项重要的国策。

一、茶马交易

茶马交易，最初见于唐代。但未成定制。就是在宋朝初年，内地向边疆少数民族购买马匹，主要还是用铜钱。但是这些地区的牧民则将卖马的铜钱渐渐用来铸造兵器。因此，宋朝政府从国家安全和货币尊严考虑，在太平兴国八年，正式禁止以铜钱买马，改用布帛、茶叶、药材等来进行物物交换，为了使边贸有序进行，还专门设立了茶马司，茶马司的职责是“掌榷茶之利，以佐邦用；凡市马于四夷，率以茶易之。”（《宋史·职官志》）

在茶马互市的政策确立之后，宋朝于今晋、陕、甘、川等地广开马市大量换取吐蕃、回纥、党项等族的优良马匹，用以保卫

西园雅集图

边疆。到南宋时，茶马互市的机构，相对固定为四川五场、甘肃三场八个地方。四川五场主要用来与西南少数民族交易，甘肃三场均用来与西北少数民族交易。元朝不缺马匹，因而边茶主要以银两和土货交易。到了明代初年，茶马互市再度恢复，一直沿用到清代中期，才渐渐废止。

二、茶入吐蕃

茶入吐蕃的最早记载是在唐代。唐代对吐蕃影响汉族政权的因素一直非常重视，因为与吐蕃的关系如何，直接影响到丝绸之路的正常贸易，包括长安到西域的路线，及由四川到云南直至境外的路线和区域。因为这些路线和区域都在吐蕃的控制和影响之下。

唐代的文成公主进藏，就是出于安边的目的，于此同时，也将当时先进的物质文明带到了那片苍古的高原。据《西藏日记》记载，文成公主随带物品中就有茶叶和茶种，吐蕃的饮茶习俗也因此得到推广和发展。到了中唐的时候，朝廷使节到吐蕃时，看到当地首领家中已有不少诸如寿州、舒州、顾渚等地的名茶。中唐以后，茶马交易使吐蕃与中原的关系更为密切。

三、茶入回纥

回纥是唐代西北地区的一个游牧少数民族，唐代时，回纥的商业活动能力很强，长期在长安的就有上千人，回纥与唐的关系较为平和，唐宪宗把女儿太和公主嫁到回纥，玄宗又封裴罗为怀仁可汗。《新唐书·陆羽传》中载："羽嗜茶，著经三篇，言茶之源、之法、之具尤备，天下益知饮茶矣……其后尚茶成风，时回纥入朝始驱马市茶"。回纥将马匹换来的茶叶等，除了饮用外，还用一部分茶叶与土耳其等阿拉伯国家进行交易，从中获取可观的利润。

四、茶入西夏和辽

西夏王国建立于宋初，成为西北地区一支强大的势力。西夏国的少数民族主要是由羌族的一支发展而成的党项族。宋朝初期，向党项族购买马匹，是以铜钱支付，而党项族则利用铜钱来铸造兵器，这对宋朝来讲无疑具有潜在的威胁性，因此，在太平兴国八年（983）宋朝就用茶叶等物品来与之作物物交易。

至1038年，西夏元昊称帝，不久便发动了对宋战争，双方损失巨大，不得已而重新修和。但宋王朝的政策软弱，有妥协之意。元昊虽向宋称臣，但宋送给夏的岁币茶叶等，则大大增加，赠茶由原来的数千斤，上涨到数万斤乃至数十万斤之多。

北宋时期，在与西夏周旋的同时，宋朝还要应付东北的契丹国的侵犯。916年阿保机称帝，建契丹国后，以武力夺得幽云十六州，继而改国号称辽。辽军的侵略野心不断扩大，1044年，突进到澶州城下，宋朝急忙组织阻击，双方均未取得战果，对峙不久，双方议和，这就是历史上有名的“澶渊之盟”。议和结果是，辽撤兵，宋供岁币入辽，银10万两，绢20万匹。此后，双方在边境地区开展贸易，宋朝用丝织品、稻米、茶叶等换取辽的羊、马、骆驼等。

五、茶入金

1115年，女真族完颜阿骨打称帝，改名旻，国号大金。1125年10月，下诏攻宋。1126年金兵逼至黄河北岸，同年闰十一月，京师被攻破，金提出苛刻议和条件，宋钦宗入金营求和，金又迫使宋徽宋皇子、贵妃等赴金营。最后掠虏徽、钦二宗及后妃宗室等北撤，北宋自此结束。

金朝以武力不断胁迫宋朝的同时，也不断地从宋人那里取得饮茶之法，而且饮茶之风日甚一日。茶饮地位不断提高，如《松漠记闻》载，女真人婚嫁时，酒宴之后，“富者遍建茗，留上客数人啜之，或以粗者煮乳酪”。同时，汉族饮茶文化在金朝文人中的影响也很深，如党怀英所作的《青玉案》词中，对茶文化的内蕴有很准确的把握。

中华茶文化向外传播简述

中华茶文化因其特定的内涵，具有很强的民族性，而越具有民族性的文化，也越具有世界性。中华茶文化在不断丰富发展的过程中，也不断地向周边国家传播，不断地影响着这些国家的饮食文化。

一、茶入朝鲜半岛

朝鲜半岛在四世纪至七世纪中叶，是高句丽、百济和新罗三国鼎立时代，据传六世纪中叶，已有植茶，其茶种是由华严宗智异禅师在朝鲜建华严寺时传入至7世纪初饮茶之风已扁及全朝鲜。后来，新罗在唐朝的帮助下，逐渐统一了全国。

在南北朝和隋唐时期，中国与济、新罗的往来比较频繁，经济和文化的交流关系也比较密切。特别是新罗，在唐

松下琴茶图

朝有通使往来一百二十次以上，是与唐通使来往最多的邻国之一。新罗人在唐朝主要学习佛典、佛法，研究唐代的典章，有的人还在唐朝做官。因而，唐代的饮茶习俗对他来说应是很亲近的。

新罗的使节大廉，在唐文宗太和后期，将茶籽带回国内，种于智异山下的华岩寺周围，朝鲜的种茶历史由此开始。朝鲜《三国本纪》卷十，《新罗本纪》兴德王三年云："入唐回使大廉，持茶种子来，王使植地理山。茶自善德王时有之，至于此盛焉"。

至宋代时，新罗人也学习宋代的烹茶技艺。新罗在参考吸取中国茶文化的同时，还建立了自己的一套茶礼。

这套茶礼包括：一、吉礼时敬茶；二、齿礼时敬茶；三、宾礼时敬茶；四、嘉时敬茶。

其中宾礼时敬茶最为典型。高丽时代迎接使臣的宾礼仪式共有五种。迎接宋、辽、金、元的使臣，其地点在乾德殿阁里举行，国王在东朝南，使臣在西朝东接茶，或国王在东朝西，使臣在西朝东接茶，有时，由国王亲自敬茶。

高丽时代，新罗茶礼的程度和内容，与宋代的宫廷茶宴茶礼有不少相通之处。

二、茶入日本

中国的茶与茶文化，对日本的影响最为深刻，尤其是对日本茶道的发生发展，有着十分紧密的渊源关系。茶道是日本茶文化中最具典型性的一个内容，而日本茶道的发祥，与中国文化的熏陶戚戚相关。

中国茶及茶文化传入日本，主要是以浙江为通道，并以佛教传播为途径而实现的。浙江名刹大寺有天台山国清寺、天目山径山寺、宁波阿育王寺、天童寺等。其中天台山国清寺是天台宗的发源地，径山寺是临济宗的发源地。并且，浙江地处东南沿海，是唐、宋、元各代重要的进出口岸。自唐代至元代，日本遣使和学问僧络绎不绝，来到浙江各佛教胜地修行求学，回国时，不仅带去了茶的种植知识、煮泡技艺，还带去了中国传统的茶道精神，使茶道在日本发扬光大，并形成具有日本民族特色的艺术形式和精神内涵。中国茶叶文化，在很大程度上是依靠浙江的佛教

生态农业

闽南灵山寺

对日本的影响和日本遣使、学问僧在浙江的游历。在这些遣唐使和学问僧中，与茶叶文化的传播有较直接关系的主要是都永忠和最澄。

都永忠在兴仁宝龟八年（唐代宗大历十二年，公元777年），随着唐使到了中国，在唐朝生活了二十多年，后与最澄等一起回国。都永忠平生好茶，当弘仁元年（唐宪宗元和十年，公元815年）四月，嵯峨天皇行幸近江滋贺的韩琦，经过梵释寺时，作为该寺大僧的都永忠，亲手煮茶进献，天皇则赐之以御冠。同年六月，嵯峨天皇便命畿内，近江、丹波、播磨等地种茶，作为每年的贡品。后来，茶叶逐渐成为宫廷之物，深受皇室宠爱，并逐步向民间普及。

传播中国茶文化的另一个重要人物是日僧最澄。最澄到浙江后，便登上天台山，随从道邃行满学习天台宗，又到越州龙兴寺从顺晓学习密宗，永贞元年（805年）八月与都永忠等一起从明州起程归国。从浙江天台山带去了茶种，据《日本社神道秘记》记载最澄从中国传去茶种后，植于日吉神社旁（现日吉茶园）。最澄在将茶种引入日本的同时，也将茶饮引入了宫廷，得到了天皇的重视，具有与都永忠同样的功绩。

最澄之前，天台山与天台宗僧人也多有赴日传教者如天宝十三年（754）的鉴真等，他们带去的不仅是天台派的教义，而且也有科学技术和生活习俗，饮茶之道无疑也是其中之一。

南宋时期，是中国茶道外传的重要阶段。日僧荣西曾两次来华。荣西第一次入宋，回国时除带了天台新章疏30余部60卷，还带回了茶籽，种植于佐贺县肥前背振山、拇尾山一带。荣西第二次入宋是日本文治三年（宋孝宗淳熙十四年，公元1187年）四月，日本建久二年（宋光宗绍熙二年，公元1191年）七月，荣西回到长崎，嗣后便在京都修建了建仁寺，在镰仓修建了圣福寺，并在寺院中种植茶树，大力宣传禅教和茶饮。

在此期间，中国宋代的茶具精品——天目茶碗、青瓷茶碗也由浙江开始相继传入日本。在日本茶道中，天目茶碗占有非常重要的地位。日本喝茶之初到创立茶礼的东山时代，所用只限于天目茶碗，后来，因茶道的普及，一般所用茶碗为朝鲜和日本的仿制品，而天目茶碗益显珍贵，只限于“台天目点茶法”和其它一些比较庄重的场合，如贵客临门或向神佛献茶等。

具有日本民族特色的茶道，是由奈良称名寺和尚村田珠光（1425−1502年），将平民聚合饮茶的集会“茶寄合”与贵族茶会“茶数寄”合二为一形成的禅宗点茶法。自珠光完成了茶道的建立后，千利休（1522−1591年）继续发扬光大，提炼出“和、敬、清、寂”茶道四规，而取得“天下茶匠”的地位。从此以后，日本茶道流派纷呈，各具特色，但“和、敬、清、寂”四规和待人接物的“七则”，仍然是茶道的主要精神。整个日本茶道艺术，无不体现出与佛教的息息相通，至今仍然散发着中国唐宋时代的文化气息，保留着浙江天台山、径山等地的佛家饮茶遗风。

三、茶入俄国

中国茶叶最早传入俄国，据传是在公元六世纪时，由回族人运销至中亚细亚。到元代，蒙古人远征俄国，中国文明随之传入，到了明朝，中国茶叶开始大量进入俄国。

至清代雍正五年（1727）中俄签订互市条约，以恰克图为中心开展陆路通商贸易，茶叶就是其中主要的商品，其输出方式是将茶叶用马驮到天津，然后再用骆驼运到恰克图。

1883年后，俄国多次引进中国茶籽，试图栽培茶树，1884年，索洛沃佐夫从汉口运去茶苗12000株和成箱的茶籽，在查瓦克——巴统附近开辟一小茶园，从事茶树栽培和制茶。

1888年，俄人波波夫来华，访问宁波一家茶厂，回国时，聘去了以刘峻周为首的茶叶技工10名，同时购买了不少茶籽和茶苗。后来刘峻周等，在高加索、巴统开始工作，历经了3年时间，种植了80公顷茶树，并建立了一座小型茶厂。1896年，刘峻周等人合同期满，回国前，波波夫要托刘峻周再招聘技工，产菜购茶苗茶籽。1897年，刘峻周又带领12名技工携带家眷往俄国，1990年在阿札里亚种植茶树150公顷，并建立了茶叶加工厂。

刘峻周于1893年应聘赴俄，到1924年返回家乡，三十年时间，对苏俄茶叶事业的发展作出了很大贡献。苏联历史学家们曾为此撰专文以示纪念。

第三章

环境分布

HUAN JING FEN BU

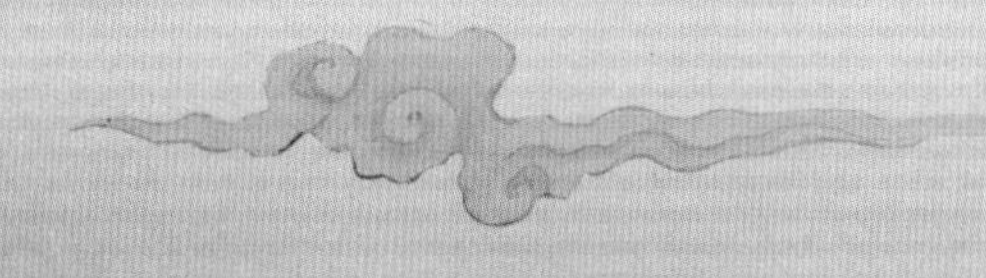

安溪概况

安溪县地处闽南金三角（厦、漳、泉）中间结合部。晋江西溪上游。北纬24° 50′ −25° 26′ ；东经117° 36′ −118° 17′ 。距厦门60千米、泉州50千米，面积3057.28平方千米，辖24个乡镇，460个村（居），总人口108万，是福建省第三人口大县。

安溪原名清溪。唐代以前，安溪属南安郡，五代南唐保大十三年（956），清源节度使詹敦仁以“地沃人稠，溪通舟楫，可置县”为由，请求朝廷在安溪设县治，并由自己任县令，得到批准。因詹敦仁是从清源节度任上转过来的，故名清溪县。北宋宣和三年，方腊在睦州清溪洞聚众起义，朝廷厌恶清溪之名，于是将清溪改为安溪。自此一直沿袭此名至今。

安溪县境内资源较丰富，目前已探明矿藏20多种，其中花岗

安溪地图

岩、高岭土、石灰石、铁矿、煤矿等储量居全省前列；水力资源蕴藏量37万千瓦，可供开发利用26万千瓦；全县林地

安溪民间祠堂

闽南民居

面积2200多平方千米，森林蓄积量235万立方米；文化资源积淀也较深厚。安溪素有“龙凤名区”之美誉。全县拥有各级文物保护单位88处，其中以清水岩、文庙、城隍庙最为著名。茶文化源远流长，茶文化旅游专线被列为全国三大茶文化旅游黄金线路之一。安溪还是全国著名的侨乡和台胞主要祖籍地。现有旅外侨港澳台胞80万人，包括后裔则超过300多万人。其中安溪籍同胞有200多万人，约占台湾人口的十分之一。

根据2006年统计资料，安溪全县现有茶园面积40万亩，年产茶叶4.2万吨（约占全国乌龙茶总产量的二分之一），年交易额45.2亿元，全县茶业受益人口80万人，茶叶收入占全年农民人均纯收入的66.5%以上，是安溪农民收入的主要来源之一。

安溪县在发展茶业经济的同时，也因地制宜地发展了一些其它产业，基本形成以茶业、藤铁工艺、建材冶炼、服装鞋帽、包装印刷、机械化工等六大产业为支柱的工业体系。其中最大宗的是“藤铁工艺产业”。安溪是全国最大的藤铁工艺品生产加工基地，产品远销欧美、新西兰、日本等20多个国家和地区，约占全国同类产品交易额的40%以上。因此被评为“中国藤铁工艺之乡”。安溪还建成了一个省级经济开发区，规划面积60平方千米，成功引进台湾百大企业——旺旺集团、三安钢铁、波特鞋业等一批规模大、效益高的企业。2005年，全县实现工业总产值216亿元，工业化进程不断加快，以工业为主导的经济结构初步形成。

2005年，全县实现生产总值155亿元，是2000年的1.96倍；财政总收入9.62亿元，其中地方级财政收入4.8亿元，分别是2000年的2.95倍和2.1倍。县域经济基本竞争力跻身全国百强，经济发展连年位居全省十佳前列，2004年进入全省县（市）地方级财政收入十强。

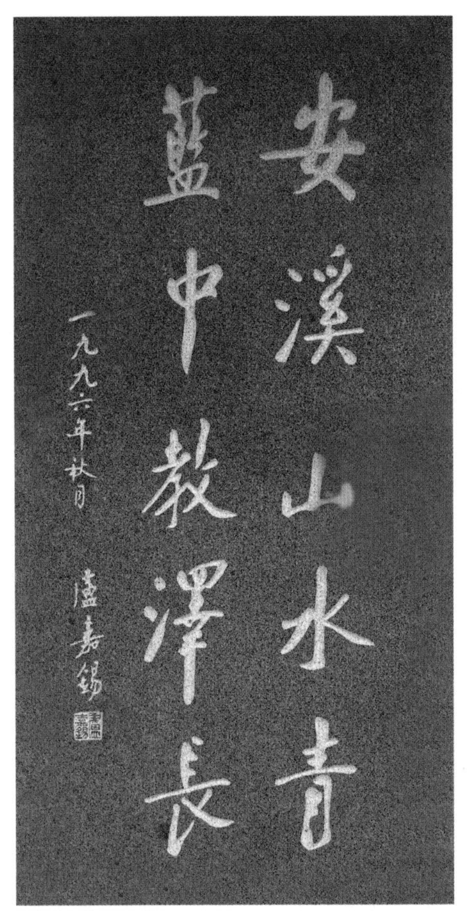

碑刻

色清而味甘
微香而小苦
魯迅品茶句
楚图南

目前，全县经济总量和地方财政收入分别居全省58个县（市）第7位、第9位，经济综合实力名列第11位。县城建成区面积15平方千米，集聚人口13万人，人均公共绿地面积8.9平方米，全县城镇化水平达到30%。

今天的安溪，基础设施完善，产业配套齐全，劳动力资源丰富，蕴藏着巨大的开发潜能，拥有广阔的发展前景。它正围绕着建设“现代山水茶乡”的目标定位，以更加开放的姿态走向世界。

安溪地理气候

安溪在地理位置上属中国东南丘陵地带，位于戴云山脉的东南坡。境内多为红土矮山，最高峰西北端的太华尖海拔1600米，其次是东南端的凤山海拔1140米。除此，还有十多座海拔千米以上的高山，全县平均海拔约300米。山虽不高，坡度却很陡。山坡上散布着许多紫红岩块，红壤中有许多风化石。这种土壤地理状况，不利于粮食作物的生长，却给茶树生长提供了良好自然环境。

安溪境内主要溪流有三条：蓝溪、龙潭溪、西溪。蓝溪位于安溪南部，上游小蓝溪发源于芦田万山中，经虎邱、官桥到达县城南；龙潭溪位于安溪中部，源于长坑，经尚卿到达金谷西南汇入西溪；西溪位于安溪北部，源于永春西北，经剑斗、湖头、金谷、魁斗，到达县城，与蓝溪交汇。两溪汇合后即是晋江，流向东南直至泉州出海。安溪的溪流上游落差极大，水力资源丰富。下游较为平缓，可通小船。事实上，在公路修通之前的许多年中，水路交通是安溪与闽南来往的主要方式。今天安溪的溪流虽已不再成为主要交通通道，但在灌溉农田、水电建设、改善生态环境方面，仍然起着极为重要的作用。

按照地形地貌与位置的不同，习惯上将安溪分为内、外片。东部靠海方向为外安溪，平原矮坡居多，属南亚热带海洋气候。年平均气温19-21℃，年降雨量1600毫米，相对湿度76-78%，夏日长而炎热，冬季无霜。西北部为山地，群峰起伏，属中亚热带气候。年平均气温16-18℃，年降雨量1800毫米，相对湿度80%以上，全年四季分明，夏无酷暑，冬无严寒。

月季花（蔷薇科蔷薇属）

安溪县各个乡镇均产茶，但最主要的茶区集中在内安溪的祥华、感德、剑斗、长坑、西坪、虎邱、龙涓七个乡镇。铁观音的发源地西坪乡，距县城30多千米，境内大部分是坡度很陡的大山。魏荫所在的松岩村，位于一片苍翠的大山半坡上，周边树木茂盛，泉流清澈，空气清新。王士让读书处的方位，也是在一座山峰的半坡上，周边环境与松岩村相仿。站在此处远望，只见四周崇山峻岭，山顶绿树葱葱，山间茶园层层，山下溪流婉蜒，构成一幅特别的茶乡风景，令人心神格外怡然。

事实上，安溪的大部分优质茶园，都在类似的山坡上。上有茂密树林，下有潺潺清流。中间的山坡，全是阶梯式茶园。有的茶园新开不久，茶树都很矮小，望上去红色多于绿色；有的茶园是老茶园，树势比较茂密，到处郁郁葱葱，景致清新。安溪的茶园，一年可采摘四次，从三月清明开始，一直延续到十月白露。所以，一年中的大部分时间，无论何时去，都可在沿途的村庄里，遇见地上的晒青，以及忙着做青的茶农，空气中弥漫着一股茶香。安溪的

山涧

玉兰（木兰科玉兰属）

许多优质茶，就是在这样的环境氛围中生产出来的。

虽说优茶多产于山区，但并不意味着平原矮坡没有好茶。近年来安溪的茶业的崛起，不仅带动了安溪的经济，同时也带动了周边县市的发展。许多地方发展矮坡生态茶园，一些地方甚至发展稻田大棚茶园，均取得相当不错的效益。

安溪茶文化旅游

近年来，安溪以弘扬茶文化为中心，一方面充分利用自然历史景观，另方面积极建设新的旅游景点，努力发展茶文化旅游，吸引了许多国内外游客，因此而被评为中国三条茶文化旅游黄金线路之一。主要景点有：

中国茶都

从厦漳泉方向进入安溪县城，首先到达的就是中国茶都。

中国茶都占地10万平方米，是我国目前规模大、投资多、品位高、功能配套齐全、风格独特考究的集茶业贸易、信息、茶文化、旅游、科研为一体的茶业新都市。

茶都中央是一个占地数万平方米的大广场。北端路旁耸立着一组巨大的茶事浮雕石柱，两侧是规模宏大的长廊式主体建筑。一楼设有两个容纳数千摊位的茶叶交易大厅。交易厅主要是为茶农提供销售毛茶及成品茶的摊位。每到茶季，大厅里挤满了前来交易的人群，最多时一天达数万人，熙熙攘攘，场面极为壮观。长廊的四周，则是上千个茶庄店面，主要为茶企以及销售商提供铺面。这些茶庄一般都布置的各具特色，主要是展示和销售自己的各式产品，包括小包装茶。在交易厅和长廊店面中，除了销售茶叶，还有销售茶叶机械、包装材料、茶肥茶药等配套物质。总之，所有涉茶的物品，几乎都能在此一次性完成交易。

二楼设有一个可容上千人的多功能活动大厅，以及茶文化研究中心、茶科研中心、茶质量检测站、电子商务网站等管理科研机构和茶文化博览馆。

最值得一看的要算茶文化博览馆。内设有中华茶史厅、中国乌龙茶展示厅、中国茶叶品种厅、中外茶具厅、茶事书画厅、中华茶韵全国摄影大赛精品展厅、茶艺表演厅。既展示了悠久的中国茶文化历史，增长许多知识，还可以观赏到精彩的茶艺表演，得到一次艺术美的享受。

凤山森林公园

凤山森林公园位于县城北郊，是国家AAA级风景旅游区，规划区总面积179.7公顷。景区内有千年古刹东岳寺、城隍庙、廖长官纪念馆、詹敦仁纪念馆、孔子龛遗址、革命英雄纪念碑、凤山大弥佛、茶叶大观园等，并建有涵虚阁、三得亭、映月亭、明德楼、观真亭等诸多亭榭、景点。

东岳寺

原名东岳行宫，曾被800多年前著名宋代理学名家朱熹标点为“凤麓春阴”，名居“清溪八景”之首，是海内外闻名的旅游胜地。1985年10月21日被确定为安溪县第一批文物保护单位。寺院何时始建无考，据明版安溪县志所记为宋代县令李铸重建。现存建筑为清代康、乾年间（1662-1795）遗物。1988年，侨贤王瑞璧、唐裕集资倡修，并增建集贤堂、晦翁亭、荷池，重建释子

茶都

安溪城隍庙

寺、池头宫等。台胞及海外信众先后增建山门、弥勒造像及其他园林设施，使其更具规模。

寺宇坐北朝南，依山而建，平面二进，递高四层，正殿重檐歇山顶，穿斗式构架，砌上露明阶，宽深三间，东西翼为厢房。前檐加筑复古船式长廊，左右廊递落为钟、鼓亭。前落悬山式屋顶，内有壁画“十八地狱”、“二十四孝图”。整座建筑群错落有致，飞金走彩。寺后又有相传为朱熹亲自栽植的古榕树。站立寺前，城廓尽收眼底，尤以夜景最为壮观。

安溪东岳寺

城隍庙

古称清溪城隍庙，1988年12月25日被确定为安溪县第二批文物保护单位。原址位于县治东（今凤城镇大东街县实验小学内），始建于五代后周显德三年（956），迄今已有1000多年的历史。现存建筑为清代遗物，南向，大殿面宽五间，进深三间，重檐式，抬梁架。1990年，新加坡侨亲陈美英倡议并捐资择地于东岳寺旁重建新庙。后又有新加坡韭菜芭城隍庙及杨桃园城隍庙捐资续建四、五两进殿宇。

新庙与东岳寺并肩联臂，五进殿堂，顺山势递升。主体建筑为重檐歇山式，砌上露明阶，穿斗式，面宽五间，进深五间，前有拜堂，前立一对辉绿岩龙柱，为旧庙之物。全庙红墙碧瓦，雕龙刻凤，巧夺天工。庙中珍藏一枚皇帝敕封的玉印。

安溪城隍庙在安溪侨胞中占有极为特殊的地位。据《中寮安溪城隍庙沿革志》载：安溪城隍庙自清初在台湾传衍至今，其分炉已达222座，是台胞寻根谒祖和研究安（溪）台（湾）关系史的重要文物。

茶叶大观园

从东岳寺旁边拾阶而上，进入茶叶大观园。大观园包括茶树品种园和凤苑两部分，1998年初兴建，1999年6月竣工。园门茶缘坊两侧柱中镌有“源产茗茶博览；旅游文化大观”的楹联。园中有一茶圣陆羽雕像，端坐在花团锦簇的台上。背后便是茶树品种园，面积约2.7公顷，种植有铁观音、黄金桂、西湖龙井、武夷岩茶、凤凰水仙、台湾冻顶乌龙等来自全国各地50多个珍贵名优茶树品种。

茶园的高处有一个造型独特的生态大茶壶。一条巨龙盘在壶上，龙尾卷曲为壶柄，龙口高昂成壶嘴，清清泉水从龙口潺流而下，滋润底下一片新绿。整个壶长14米、高6米，壶身直径6米多，可谓壮观。茶园右侧的山坡下，有一垒以石为墙，结茅为盖，古朴古韵的茶作坊。坊中依次摆放着传统乌龙茶初制工具，既可让游客观赏到乌龙茶初制传统工艺全过程，亦可亲自参与初制，品味制茶的乐趣。茶作坊的门口，大树挺立，树下错落有致的几块巨石。相隔不远的茶园左侧山坡处，一棵榕树扎根在岩石间。此两处即为对歌台。每遇重大茶事活动，便有制茶阿哥、采茶阿妹在石台上对歌。所唱歌曲多为充满乡野气息的安溪方言山歌，极有韵味。

沿园内左上方小径漫行百步，可达绿树掩映中的仿古建筑群“凤苑”。苑门前有一对联：“凤麓春阴曾有贤翁成雅颂；苑宫管韵岂无名士领风骚。”形

茶园风光

安溪茶叶公园

象地描述了此地的历史与风光。凤苑共有还鹅潭、虹桥、乌龙飞瀑、龙凤精舍、沉香谷等十个景点，均各具特点，使人流连忘返。

茶叶公园

安溪茶叶公园位于县城东南2千米，现有山地面积近400亩。其中有科研生态茶园，有茶叶品种园，还有宋代民族英雄刘锜陵园和一个小型水库。安溪茶叶公园青山秀水，绿树成荫，茶果飘香，是一个集观光休闲、文化古迹、科研制作、水上娱乐于一体的具有茶乡特色的公园。

生态茶叶观光园是茶科所为满足人们对茶叶产品卫生质量提出的更高要求，投入了大量科技力量建立起来的。园内茶树按照严格的生态标准建设。山顶、山脚绿树葱郁，中间茶园杂有小乔木，风光如诗如画。为了起到示范作用，茶园管理也是按严格的有机茶园标准进行，最大限度控制外界污染和农药残留量，生产出优质的有机茶叶。

茶树园里有安溪铁观音、黄金桂、本山等60多种茶树品种，可谓集茶树品种之大成。全部由具有丰富经验的茶叶科技人员精心管理。不仅为茶叶科研提供样本，同时也为农林大学提供实验基地。

漫步在茶叶公园，感受到的是一种大自然的宁静与美丽。让你忘却尘世的喧嚣与浮燥，使心灵得到一次净化。

文　庙

安溪文庙位于旧城区南隅（今大同路东侧），始建于宋咸平四年（1001），绍兴十二年（1142）迁于今址，历代以来均是祭祀孔子的地方。安溪文庙背踞凤山，前滨龙津，笔峰拱峙。自始建至清光绪二十四年（1898）的近900年间，重建、重修、增建达30多次。其中最大规模的一次是清康熙二十五年（1686），邑人李光地组织工匠到山东曲阜孔庙参观，随后用了相当长的时间，投入相当大的人力物力进行重建和维修。

安溪文庙现存建筑为清初重建之遗物。宫殿式建筑，立于一条南北走向的中轴线上，呈长方形，南北长164米，东西宽36.5米，总建筑面积9495平方米，左右呈对称排列。自南至北有泮池、照墙、棂星门、戟门、东西庑廊、大成殿、崇圣殿、教谕廨，东有明伦堂，周围绕以围墙，布局合理，结构完整，层次分明。其核心建筑大成殿为重檐庑殿式，平面方形，面宽三间，进深三间，建筑面积485.9平方米，四周有明廊。殿内当心间的屋顶构造，采用莲花如意斗拱，纵横交错，繁复重叠，构成穹窿形藻井，俗称“蜘蛛结网”。它悬空倒挂，不用一钉而托起，负荷万斤梁架而不倾，构设精密，技巧绝伦，藻井当心间尤为别致。

整座庙宇装饰题材以龙凤为主体，衬以人物、鸟兽、花卉，飞金走彩，荟萃木、石、砖雕刻及剪瓷、堆贴之大成，工艺极其精湛。尤以戟门内外、大成殿前的四对石龙柱及月坛正中陛石的云龙戏珠的石雕最负盛名。戟门外和大成殿前的内对辉绿岩龙柱，外盘翔龙，龙的造型灵活生动，似腾欲飞，栩栩如生，线条古朴流畅；戟门内及大成殿前外对白色花岗岩龙柱，雕工粗犷，龙的造型笨拙而不失风度，张牙舞爪，形神兼备。陛石的辉绿岩云龙戏珠石雕，龙首在上，龙边伴有浮云，下有海水波涛，姿态生动，构图得体。文庙殿堂的木雕艺术同样令人赞不绝口。尤其是大成殿内金柱内与挑尖梁交接处的镂空木雕，云龙神态生动，狮子、麒麟长有薄翼，神话色彩浓顾，为国内建筑中所罕见。

闽南黄金海岸

安溪文庙是中国现存比较完整的文庙，为江南现存孔庙中最完整的古建筑艺术群，具有很高的艺术价值和科学价值。其建筑法式曾传播日本，是中日文化科技交流史的重要例证。1985年10月，安溪文庙被列为福建省第二批文物保护单位。1992年侨胞李陆大、台胞陈植佩捐资，县政府主持重修。2006年5月25日，安溪文庙列为国务院公布的第六批全国重点文物保护单位。

安溪大龙湖

大龙湖旅游区

地处城区的大龙湖旅游区，以城东水闸桥和晋江西溪城区段溪面为依托，规划为“S”形布局，分为“龙头”、“龙身”、“龙尾”三大片区。在两岸防洪堤的花岗岩护栏上，精心镌刻了先秦至近代万余首诗词。成为国内罕见的十里茶诗廊，成为安溪的一道高品位的文化风景线。

沿岸并建有金钱山公园、茶都公园、龙津公园、静心亭等休闲场所。下游湖面水流相对平缓，水面较为开阔，适宜水上垂钓、游艇观景、龙舟赛、水上交通等。大龙湖旅游区总投资近3亿元，建成水域长8.2千米，水域面积121.89万平方米，储水量达760万立方米。湖上兴建的人造小岛和雁塔为大龙湖旅游区更增添了靓丽的风景。

位于凤城镇河滨北路防洪堤外的雁塔，建于明万历二十三年（1595）。400多年来，经历无数次汹涛骇浪的袭击，仍屹立擎天。1985年10月21日被确定为安溪县第一批文物保护单位。吾都村过溪山的新石器时代遗址，至今有4000多年历史，为第一批县级文物保护单位。凤城镇水门（今西门至南门外沿溪古船运码头）、城内部分地方和对岸法石村有南宋时汉化的阿拉伯人蒲氏、金氏的侨居遗址，为第二批县级文物保护单位。迄今，“顶蒲园”、“下蒲园”、“蒲园堂”等地名仍沿旧称。在今县城上西街解放路北段县农机公司内，县令陈宓于南宋嘉定三年（1210）曾创办印书局，是当时闽南唯一官办的印刷厂。先后印刷过陈宓刊《司马温公书议》、《唐人诗选》、《安溪县志》、《宋书》、《文房四友》、《王欧书诀》等书，其遗址为第二批县级文物保护单位。

清水岩寺

清水岩

清水岩高峰，海拔767米。岩宇在500米处依山而建，背靠狮形龙脉，三峰文笔拱峙，面临深壑。远处蓬莱盆山环合，登巅远眺，殿宇崔嵬，山水厅秀，风景幽雅。常在茫茫雾海行云之中，美如“蓬莱仙境”而蜚声海内处。

清水岩寺创始人为宋代高僧普足禅师。普足禅师居岩十九年间“造成通泉、谷口、汰口诸桥、砌洋、中亭路，糜费巨万，资于施者”，又建造洋中亭，作为治病救人的义诊之所。经十八年募捐创建岩寺。大中靖国元年（1101）五月十三日，普足禅师圆寂，乡人刻沉香木为像，供在岩寺中，奉号清水祖师。

从南宁景炎二年（1277）到近代，清水岩经续建、重建、扩建、改建、重修达三十多次。岩宇依山面筑，面临深壑，作楼阁式，分三层。第一层昊天口，第二层祖师殿，第三层迦楼。左右翼钟、鼓楼、檀、观音厅、芳名厅、僧舍等分立于东西两边。崇楼曲阁，层迭回护，从远一看，外观犹如“帝”字，气势磅礴，巍峨壮观。相传有九十九间房屋，现存为明清及近代建筑。

岩宇四周还有许多文物古迹、奇观异景点缀其间。殿后岩上有埋藏清水祖师骨灰的宋代“真空塔”，中殿后巨石下有一窍然深邃的岩洞“狮喉”，殿前出山门有裂竹、清珠帘、方鉴塘、石面盆、罗汉松、觉亭、石粟柜、浮雕“岩图”碑及护碑亭、枝枝向北树。最为珍贵的是“岩图”碑及护碑亭、枝枝向北树、三忠庙、瞰龙亭、清水山庄、龙宫等，其中最引人注目的是清珠帘。每逢春夏两季，山门左侧的悬崖峭壁上、石缝里会迸出如珍珠的水滴，阳光一照，美似五颜六色的珠帘垂挂。枝枝向北树是一株七个孩童展手相拉难于合抱的古樟树，因地势、气流和风向的关系，它的枝枝杈杈几乎向北伸展。传说南宋初，抗金民族英雄岳飞被奸臣秦桧所害，感动了这株樟树，故枝叶全向北伸长，以表示纪念。

清水岩的碑刻，摩崖石刻，共有二十多方，涉及年代：宋、元、明、清以至现代。就书体而言，有篆、隶、楷、行，以楷、行为最多。其中宋代“岩图”碑为珍贵。在清水岩的最高处还有四枝石笋，拔在南昌起，嶙峋俏丽。再从蓬莱鹤前桥起步，沿途还有半岭亭、护界宫、袈裟石、丹臼、石鸡、石狗等千姿百奇的奇岩怪石。真是天然景然美不胜收，游人至此恍如置于“蓬莱仙境”之中。

云实（云实科云实属）

洪恩岩

位于虎邱圭峰山，史记于南宋建圭峰岩，明万历改建为洪恩岩。历史悠久，古刹圣地。岩寺崇祀洪恩显应祖师（主佛）诸佛，香火鼎盛。

圭峰胜境，灵山秀水，奇景风光，文物风，文化遗迹，闽南胜地之一。寺落岩莲花岩座，皇冠帝殿，龙凤翘脊，宏伟壮观。寺有八仙戏龙石柱、骚人墨客立金匾。金香炉亭，古色古香。释子堂俨然一格。和尚塔、禅师塔，似弘扬佛法。圣泉饮得安康。放生潭称为人间瑶池。

骑虎岩

骑虎岩（又名飞凤岩）座落于安溪虎邱镇，其中殿奉祀着“骑虎禅师”。这骑虎禅师有一段美丽的神话传说。

相传在几百年前，有位贪赃枉法、横征暴敛的县太爷，派手下一位年轻衙差到乡下征收钱粮。所到之处，农家百姓无不毕恭毕敬，杀鸡宰鹅奉敬衙差。一次，这衙差收钱粮来到一户贫苦农家。这家一贫如洗，家中老妇人准备把惟一的一只正在孵化12个鸡蛋的老母鸡杀了，衙差就劝老妇人别杀母鸡，并说他不想吃这可怜之物。那一夜，这年轻衙差，自责自愧，难以入睡，第二天再也无心征收钱粮。

经此周折，这衙差无心仕途，执意出家，修身养性。尔后，便上飞凤岩拜师祈求为僧。岩寺住持为考验他的诚意，要他断食七天方可受戒，衙差一一照办。一天，这衙差遵照师傅吩咐，前往官桥岩前导引火种，天未亮就赶回岩寺。途中，遇一只老虎拦住去路。衙差壮起胆问老虎："你要吃我吗？"老虎摇摇头。这年轻衙差略一思索又对老虎说："今天师命未了，待我将火种带回岩寺再来如何？"老虎点点头，就让开条路。衙差将火种带到岩寺后回来再见老虎时，只见老虎温顺地蹲在地上，点头摆尾。衙差骑上虎背，老虎呼啸一声腾空而起，消逝在西边的天际。

寺院住持为纪念此事，特请人雕刻一尊衙差骑虎的塑像，奉祀在中殿，尊为"骑虎禅师"。远近乡民日夜顶礼

茶园风光

清风洞门坊

崇奉，香火绵延不绝。几个世纪以来，骑虎禅师的美丽传说在虎邱、官桥等毗邻地区广为流传，于是人们又称"飞凤岩"为"骑虎岩"。

九峰岩

九峰岩建于明永乐十二年（1414），位于安溪县蓬莱镇上智西侧，三笏山第三秀峰山麓之阴。四时峰峦叠翠，古树参天，曲径通幽，怪石嶙刚。有"九峰插汉"、"三笏摩天"、"巨石飞腾"、"狮子参前"……等八景，交织成奇特的自然景观。岩寺崇祀主佛乃三代祖师，香火鼎盛，是名闻之佛门圣地。

岩寺历史悠久，几经修葺，为后人留存一笔珍贵的文化历史遗产。近期由海内外人士精心筹划，侨亲斥巨资对岩寺进行全面翻建，共成千秋伟业。岩寺新姿别具一格，三进构筑，依次递升，古朴典雅，气势恢宏，雕梁画栋，光彩夺目。盘龙飞凤逼真传神，人物走兽栩栩如生。大殿高敞宏大，庄严肃穆，流光溢彩，华丽堂皇。寺前参天古樟、如屏翠竹，与螺状之香炉山交相辉映，为造物者特意之摆设。极目了望，层峦叠嶂、碧川秀水、村落楼舍，尽收眼底。云蒸霞蔚，时隐时现，融汇成虚无飘涉，亦真亦幻之景观，令人心往神驰，仿若置身于超尘脱俗之境界。

九峰岩属县级文物保护单位。古今墨客骚人，留下珍贵墨宝名句。如寺中珍藏之古匾《真相》题字，乃出自明相国张瑞图之

物笔，极具神韵。木刻联对：“乔木千枝原为一本；长江万派总是同源”亦不失名家之精品。岩寺所存文物瑰宝，无不为九峰岩名山胜景增光添彩。

志闽生态旅游园

志闽旅游园是一个集旅游、运动、休闲为一体的路线，它在传统旅游观、看、听的基础上加入参与性较强的运动项目、休闲活动，符合国家旅游局倡导的2001体育健身游的主题。在这里可以充分享受超载自我，挑战极限的刺激，同时又可休闲品茗享受宁静的自然美。

志闽旅游区地处省道205线旁，交通非常便捷（距厦门50千米，泉州80千米）。仅需短短的时间，就可远离城市的喧哗，来到这山清水秀、充满挑战、刺激的地方。

志闽旅游园现在对外开放的有：漂流、野战、滑索、攀岩、划船、狩猎、穿越峡谷、野外生存、素质拓展及休闲服务设施等。

相关知识

乌龙茶产区的自然环境

翻开中国地图，你会发现，大陆乌龙茶区的大致范围，位于武夷山脉北端与南端间东侧，约东经116°－118°，北纬23°－28°之间。这一地区，气候上属亚热带海洋性气候，四季分明，无霜期短，雨水充沛，空气湿度较大。地理上属于丘陵红壤地带，有一些丹霞地貌。北端最高峰为武夷山市境内的黄岗山，海拔2158米；南端最高峰为潮州境内的凤凰山，海拔1497米。而与这一地区隔海相望，经纬度稍偏东南的台湾岛，则是台湾乌龙茶产区，属热带海洋性气候，四季如春，雨量充沛。地理上也是属于丘陵红壤地带，中间有座海拔3997米的阿里山脉主峰玉山，与黄岗山、乌岽山成三足鼎立之势。

乌龙茶区集中在这一自然环境，绝非偶然。乌龙茶的生长与生产，需要特殊的自然环境，才能保证它的品质特点。而四大乌龙产区的自然环境，总体上相似，而在具体小环境方面又不相同。因此又构成了四大乌龙相类而又各自不同的韵味特征。

碧水丹山　岩骨峥峥

闽北乌龙以武夷岩茶为代表。岩茶的核心产地，在黄岗山东侧的武夷山风景区。约七十多平方千米范围，属典型的南方丹霞地貌。远远望去，一座座雄峻挺拔、各具形态的巨大岩石山峰，在蓝天白云下如同一堆堆燃烧的红色火焰。在这铺天盖地的红火间，夹杂着一块块相互连接的苍翠树林。悬岩间，是宛若玉带般绵延的澄碧溪流。峰壑中，飘浮着棉花般的洁白云雾。景象瑰

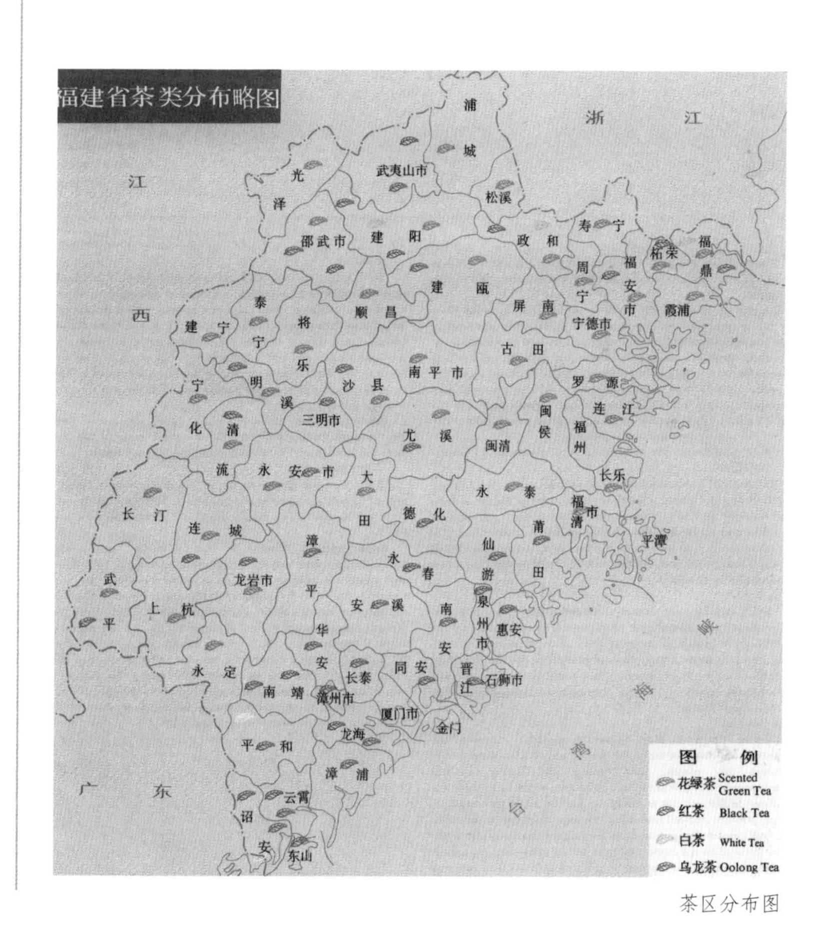

茶区分布图

丽，变化多端，惊心动魄。

武夷山地貌之所以呈现褚红色，是因为岩石中铁元素年长日久氧化的结果。岩石主要是石英斑岩，砾岩，红沙岩，页岩，凝灰岩等几种。表层的土壤，则是富含风化石与腐殖质的酸性红壤。这种土壤，正如古人所说的“上者生烂石，中者生砾壤，下者生黄土”，非常适合茶树生长。

深入景区，进一步考察。几乎所有的茶树，都种在石块垒起的梯台上，或者狭长的峡谷间。茶树的周围，一般都是悬崖峭壁，或者杂树野草。形成一种既有阳光，又不至于直接照射的小环境。景区的另一大特点就是，因为多在峡谷间，云雾易聚难散，再加雨量充沛，年平均湿度达80%左右。这种小环境，为茶树提供了特别的生长条件，所以，即使是同一品种茶树，种在不同的地方，也会产生一些变异。这也是武夷岩茶“岩岩有茶，茶各有名”的缘故。据有关资料，武夷岩茶采茶品种之名，竟多达数百个。这么多名称，并不意味着真有那么多品种和产品，也并不意味着彼此间的差异有多大。除了大红袍、肉桂、水仙、白鸡冠等少数几个品种之外，绝大多数岩茶品种的产品，在色香味方面差异非常微小。一般来说，更明显的是它们的共同品质，具有其它地方同样品种所没有的特殊“岩韵”。

台湾茶园

美丽宝岛　风光明媚

台湾东临太平洋，西隔台湾海峡与福建相望，最狭处位于福建省平潭岛与台湾新竹市之间，为130千米。天气晴朗时，站在大陆海边，可以隐约看见澎湖列岛上的烟火和台湾高山上的云雾。

茶园风光

南靠巴士海峡，与菲律宾群岛接壤，北向东海。全岛总面积为35989.76平方千米，是中国最大的岛屿。其中包括台湾本岛，澎湖列岛、钓鱼岛、赤尾屿、兰屿、火烧岛和其他附属岛屿共88个，是中国的“多岛之省”。

台湾本岛南北长而东西狭。南北最长达194千米，东西最宽为144千米，状如一片茶叶。岛上的自然风光，可概括为“山高、林密、瀑多、岸奇”几个特征。除西岸一带为平原外，全岛2/3的地区都是高山峻岭。最著名的是海拔3997米阿里山，为台湾秀丽俊美风光的象征。气候温和宜人，长夏无冬，适宜各种植物的生长。崇山峻岭间，植物种类繁多，森林风姿多变，原始森林中的千岁神木，比比皆是。山峻崖直，河短水丰，瀑布极多，且各种形态，应有尽有，十分壮观。

西部平原海岸，宽广笔直，水清沙白，柳林成群，阳光白浪，轻风椰林，充满着海滨的浪漫情调。北部海岸，又别有洞天。被台风、海浪冲蚀的海蚀地貌，鬼斧神工、千奇百怪。

宜人的气候、肥沃的土地、丰富的资源，使台湾成为“山海秀结之区，丰衍膏腴之地”。而对于茶叶来说，也是一块难得的生长宝地。台湾的茶树品种虽然源于福建，但是独特的生态环境，再加百来年的精心培植和制作，成就了台茶的独特清香与风韵。台湾的茶园多在200-700米中海拔山坡上，只有极少数的高山茶园。这些茶园，与周边的森林、奇岩、瀑布、海岸，相映成趣，构成一幅奇丽的风光。

山高雾障　自成天地

广东乌龙的原产地凤凰山，就在与闽南一山之隔的潮州北郊，位于武夷山脉最南端，周围有十多座海拔超过千米的高山。主峰凤凰髻屹立在山区西北部，是潮安和丰顺两县的分水岭，为粤东第一峰。该峰属于坚硬的花岗岩石山，山势嵯峨峭拔、势凌霄汉、雄伟壮丽、云雾缭绕，与周围的连绵高山，组成一副极为壮观的景象。

凤凰山区，宋代曾是畲民聚居地，他们将凤凰髻当作自己民族的圣山和发祥地。宋亡后，畲王陈遂，民间称“陈吊王”，据山为险，与元朝分庭抗礼。失败后被迫外迁各省。尽管如此，畲民始终不忘故土，妇女们都打着像凤凰髻一样的高高发型。至今在凤凰山南麓的陈吊王寨遗址中，犹见东西两面各残存一条宽约二尺、长约百米的寨墙，墙外有深约四尺的濠沟，其中残留不少宋代瓷器的碎片。

凤凰山区处于热带与南亚热带交界地区，四季温和，无霜期短，雨量丰富，再加长年云雾缭绕，空气湿度较大，适宜阔叶类乔木以及茶树生长。根据有关部门的调查，凤凰山现存的，数千棵具有700年以上树龄的所谓“宋种”野生小乔木种茶树，均分布在这一地区海拔700-1300米的山上。而近代以来开辟的人工茶园，也多在海拔300米以上的山坡上。这种自然环境，与安溪有所差别，与北面数百千米武夷山区的丹霞地貌差别更大。形成一种独特格局，因而极大地影响到茶树的品质与韵味。

武夷山毛岭茶山

剑斗生态茶园

魏荫泉

中国四大茶区的分布及其状况

中国现有茶园面积110万公顷。茶区分布辽阔，东起东经122° 的台湾省东部海岸，西至东经95° 的西藏自治区易贡，南自北纬18° 的海南岛榆林，北到北纬37° 的山东省荣城县，东西跨经度27° ，南北跨纬度19° 。共有21个省（区、市）967个县、市生产茶叶。全国分四大茶区：即西南茶区、华南茶区、江南茶区和江北茶区。

西南茶区

西南茶区位于中国西南部，包括云南、贵州、四川三省以及西藏东南部，是中国最古老的茶区。茶树品种资源丰富，生产红茶、绿茶、沱茶、紧压茶和普洱茶等，是中国发展大叶种红碎茶的主要基地之一。

云贵高原为茶树原产地中心。地形复杂，有些同纬度地区海拔高低悬殊，气候差别很大，大部分地区均属亚热带季风气候，冬不寒冷，夏不炎热。土壤状况也较为适合茶树生长。四川、贵州和西藏东南部以黄壤为主，有少量棕壤，云南主要为赤红壤和山地红壤。土壤有机质含量一般比其他茶区丰富。

华南茶区

华南茶区位于中国南部，包括广东、广西、福建、台湾、海南等省（区），为中国最适宜茶树生长的地区。有乔木、小乔木、灌木等各种类型的茶树品种，茶资源极为丰富。生产红茶、乌龙茶、花茶、白茶和六堡茶等，所产大叶种红碎茶，茶汤浓度较大。

除闽北、粤北和桂北等少数地区外，年平均气温为19-22℃，最低月（一月）平均气温为7-14℃，茶年生长期10个月以上。年降水量是中国茶区之最，一般为1200-2000毫米，其中台湾省雨量特别充沛，年降水量常超过2000毫米。茶区土壤以砖红壤为主，部分地区也有红壤和黄壤分布。土层深厚，有机质含量丰富。

江南茶区

江南茶区位于中国长江中、下游南部，包括浙江、湖南、江西等省和皖

九日山

南、苏南、鄂南等地，为中国茶叶主要产区，年产量大约占全国总产量的2/3。生产的主要茶类有绿茶、红茶、黑茶、花茶以及品质各异的特种名茶，诸如西湖龙井、黄山毛峰、洞庭碧螺春、君山银针、庐山云雾等。

茶园主要分布在丘陵地带，少数在海拔较高的山区。这些地区气候四季分明，年平均气温为15-18℃，冬季气温一般在-8℃。年降水量1400-1600毫米，春夏季雨水最多，占全年降水量的60-80%，秋季干旱。茶区土壤主要为红壤，部分为黄壤或棕壤，少数为冲积壤。

江北茶区

江北茶区位于长江中、下游北岸，包括河南、陕西、甘肃、山东等省和皖北、苏北、鄂北等地。江北茶区主要生产绿茶。

茶区年平均气温为15-16℃，冬季绝对最低气温一般为-10℃左右。年降水量较少，为700-1000毫米，且分布不匀，常使茶树受旱。茶区土壤多属黄棕壤或棕壤，是中国南北土壤的过渡类型。但少数山区，有良好的微域气候，故茶的质量亦不亚于其他茶区，如六安瓜片、信阳毛尖等。

延伸阅读

安溪主要产茶乡概况

西坪镇

西坪镇是铁观音的发源地。早在清朝时期，“西坪墟”（集市）就是远近闻名的茶市和商品交易市场。至今，西坪

西坪茶山

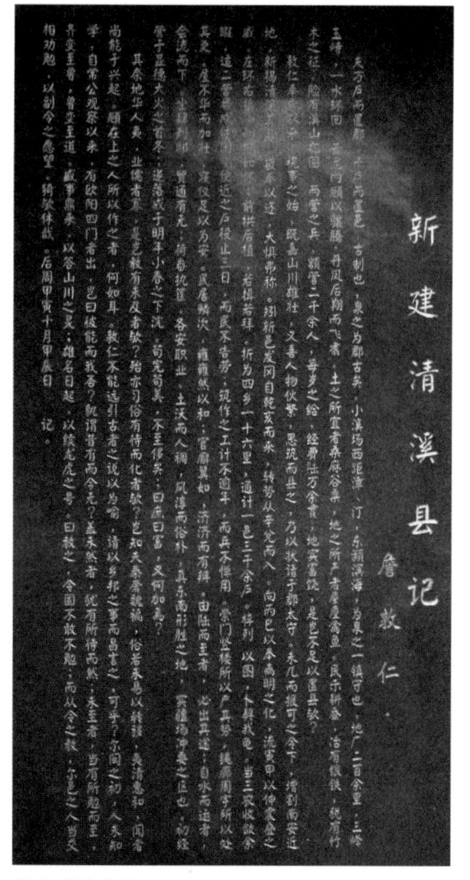

新建清溪县记

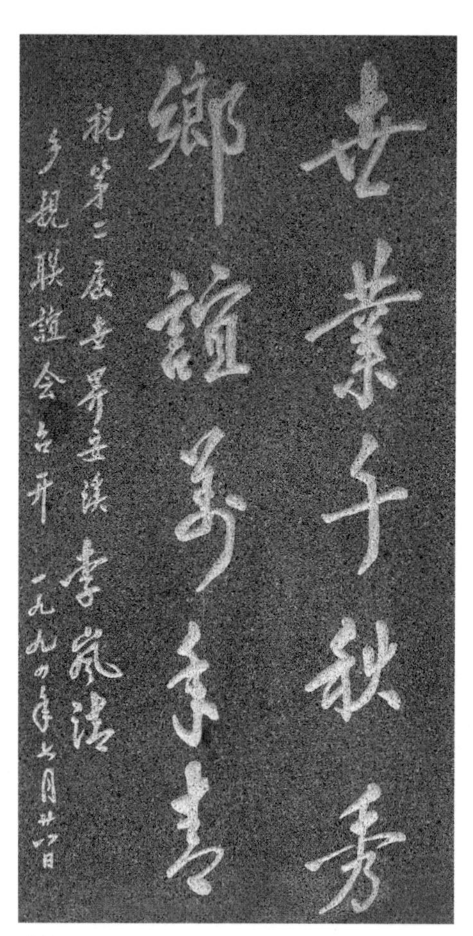

碑刻

依然是安溪县重要的乡镇茶叶交易市场之一，为闽南乌龙茶的重要集散地。

西坪镇地处安溪县中南部，戴云山南麓，位于北纬24° 56′ −25° 01′，东经117° 50′ −117° 59′，东南同虎邱镇接壤，西与芦田镇毗邻，西南龙涓乡相连，北与蓝田、尚卿两乡交界。辖区东西宽16千米，南北长17千米，面积145.5平方千米，距离安溪县城33千米。西坪，古称栖鹏，寓大鹏在此栖息之意，后谐音改为今名。

西坪镇现辖西坪、西原、南岩、留山、柏叶、后格、柏溪、阳星、湖岭、百福、龙地、龙坪、尧阳、尧山、上尧、松岩、赤水、平原、赤石、宝山、内山、内社、宝潭、大垅格、珠洋、盖竹26个村和西华居委会。2005年底全镇人口55473人。人口较多的姓氏有王、林、陈、潘、郑等，又有方、张、谢、罗、郭等姓。

祥华乡

祥华是清文渊阁大学士兼吏部尚书李光地的诞生地，清进士、詹事府詹事陈万策的故乡，开先县令詹敦仁的隐居地。如今的祥华，则是闻名遐迩的名茶之乡。

祥华乡位于北纬25° 11’、东经117° 44’的安溪西部边陲，距县城78千米。东与长坑乡接壤，西与华安县湖林乡、仙都镇相连，南与芦田镇、龙涓乡毗邻，北与感德镇、福田乡交界，面积258.34平方千米。辖美西、美仑、白玉、白坂、白珩、新寨、石狮、旧寨、后洋、珍山、崎坑、福洋、祥华、祥地、东坑、小道、郑坑、福新、和春、河图20个行政村。2006年末，全乡人口32489人。

祥华属戴云山脉向东南延伸的主山脉，有千米以上山峰21座。全境属亚热带季风性气候，春多霪雨，夏秋局部多雷阵雨，有“隔山不同风，同时不同雨”之说，冬季比较早冷。农作物一般一年两熟，生长期比“外安溪”普遍迟一个节气。

祥华产茶历史悠久。五代之季，祥华已经产茶。20世纪80年代初期，时任祥华乡党委书记陈水潮，根据祥华独特的气候条件和丰富山地资源优势，提出种植铁观音、振兴祥华经济的思路，大力发动群众开垦茶园，种植优质名茶铁观音。到20世纪90年代末，全乡茶园面积达到1600多公顷，茶业成为祥华乡的支柱产业和群众收入的主要来源，创造了“以茶脱贫、靠茶致富”的山区经济发展模式。近十年来，祥华乡大力实施县委、县政府提出的

“优质、精品、名牌”茶业发展战略，茶叶生产迅速发展。近年来全乡有茶园万亩，并先后建设了茗山、祥华、祥地等生态茶园。涌现一批制茶精英，在多项茶王赛中相继得奖，有“一乡十茶王”之誉。2006年底，全乡茶叶加工企业已发展到50家，在县内和全国各地开设的茶店、茶庄、茶艺馆200多家。

感德镇

感德镇地处安溪的西北部，北纬25° 18′，东经117° 51′，距县城68千米。东连剑斗镇，南接长坑、祥华、福田三乡，北邻永春县一都、横口两乡，西毗漳平市，西北与桃舟乡交界，面积221.78平方千米。感德是安溪闻名遐迩的名茶铁观音的主产区之一。境内有远近闻名的潘田铁矿，有漳泉肖铁路第一桥尾厝大桥，有近5000米长的华东最长隧道坑仔口隧道。2005年，全镇辖22个行政村和2个场，人口53100人。

感德镇自然资源丰富。沿莲花山太华尖东南部，矿产资源丰富，铁矿石储量达5000万吨。位于潘田村的潘田铁矿，共有19个矿床，储量达3100万吨，含铁品位达60％以上，大部分可露天开采，是全国少有的优质富矿。潘田煤矿、霞春煤矿储量达624万吨。尾厝煤矿点、格口煤线、赤坑煤线均有煤层。在潘田矿床，还蕴藏巨大的石灰石矿，储量达14117万吨。霞春矿点也有长70米、厚15米的石灰石矿，为生产水泥提供原材料。

感德的林业资源亦名列全县前茅。全镇山地面积1.5万公顷，森林覆盖率达70％，木材蓄积量达50多万立方米；

感德茶村

绿、毛竹基地2000多公顷。

感德镇属亚热带气候，年平均气温18-21℃，温和湿润，雨量充沛。境内多山，泉甘土赤，土壤肥沃，大多数地区海拔高程500多米，十分适宜茶树及各种林木的生长。

感德产茶历史悠久，茶树资源丰富，茶叶品质优良，是名茶铁观音主产区之一。以其“质优、味香、韵浓”的特点享誉国内外，产品畅销30多个国家和地区。2005年，全镇拥有茶园面积2100多公顷，年产量3200吨，茶叶产值超过5亿元。

近年来，感德镇根据全镇茶叶生产实际和内外销市场的变化，适时提出“精品、优质、名牌”的茶叶发展战略，实施“建基地、创名牌、拓市场”的三步走战略。广大茶农与时俱进，大胆实践，不断创新，生产出各种适销对路的茶叶产品，特别是积极探索推广空调制茶技术，突破传统乌龙茶加工“看天做青”的难题，拓宽了茶叶制作技术的新领域。为安溪茶业发展作出了积极贡献。

剑斗镇

剑斗镇是安溪县两大重工业城镇、七大卫星集镇之一，面积121.48平方千米，辖14个行政村、2个场，有初级中学2所，完小15所。2002年，全镇总人口43120人，其中畲族225人。二十一世纪以来，剑斗镇围绕“工业强镇，茶业富民”的发展战略，真抓实干，全镇经济社会继续保持良好发展势头。

茶业发展方面，围绕“提高质量、增强后劲、增加效益”的目标，以“优质、绿色、品牌”为标准，大力推进茶叶产业化进程。先后完成由义片200亩绿色丰产茶示范基地建设，完成后山茶场250亩和云溪、潮碧等村360亩低产茶园改造，新开垦茶园750亩。狠抓农残和重金属污染降解工作，引导茶农改进制作工艺，推广“空调”做青技术，提高茶叶质量。据统计，两年间全镇新增制茶“空调”1200台以上。同时，筹建仙荣茶叶市场，引导茶叶加工企业、加工专业户在中国茶都、泉州、漳州、广东等地设立剑斗茶叶销售窗口，拓宽茶叶销售渠道，打响剑斗茶叶品牌。

虎邱茶街

虎邱镇

虎邱镇，地处县境中偏南部。面积161.77平方千米，距安溪县城27千米，泉州市75千米，厦门市80千米，漳州市110千米。

虎邱镇有茶园面积800公顷，是全国名茶黄金桂的故乡和特种茶佛手的发源地、安溪茶叶主产区、安溪茶文化和古迹朝圣旅游主要景区之一。有洪恩岩风景旅游区、骑虎岩风光名胜、百丈漈瀑布和清代著名文学家林嗣环墓葬等名胜古迹，也是主要侨乡和台胞主要祖籍地。现辖湖邱、湖东、湖西、竹园、芳亭、金榜、仙景、美亭、福井、文美、少坑、林东、高村、石山、双格、罗岩、美庄、双都18个行政村。2005年底全镇11032户，人口50791人。

虎邱地处丘陵地区，属亚热带季风气候，雨量充沛，朝雾夕岚，温和温润。是公认的泉州市茶树良种繁育基地。茶农采用先进的“茶树短穗扦插育苗法”，既能保持茶树的良种特性，还具有繁殖系数大、苗穗来源广泛、四季均可扦插和管理方便等特点。其茶苗根系发达、茎粗叶壮、品种较纯、移植成活率高，深受广大茶区的欢迎。现全镇年繁育茶苗面积30多公顷，每公顷按225万株计，年可出圃茶苗7500万株，销往福建、湖南、湖北、安徽、广东、广西等广茶区。

虎邱茶青市场

虎邱镇金榜村有20来家的茶叶机械厂，生产各式各样的茶叶初制机械，被人们赞称的“茶叶机械一条街”。产品除本县销售外，还远销漳州、北京、广西、广东等地。茶业是虎邱镇的支柱产业。2005年，全镇茶叶产量4500吨，茶叶加工企业118家，茶叶产值（以精制茶计算）2.5亿元，占全镇工农业总产值的48.3%。

虎邱镇的芳亭村“安溪桂花第一村”。所产的桂花花瓣饱满，香味芬芳独特，可用来窨制乌龙花茶，也可用以制作香水、香料等化妆用品，用途广，价值高。最大的一棵桂花树年产花可达150多公斤。

龙涓乡

龙涓乡地处安溪县西南边陲，位于北纬24° 57′，东经117° 43′。东连虎邱镇、西坪镇，西邻华安县仙都镇、良村乡，南毗长泰县枋洋镇、岩溪镇和坂里乡，北接芦田镇、祥华乡。乡境呈椭圆形，面积372.92平方千米，占全县总面积12.2%，是全县地域最大的乡镇。2005年底全乡设36个行政村，辖102个自然村，共有408个村民小组，总人口68755人，是安溪县的主要侨乡和茶米之乡。

龙涓境内有海拔千米以上山峰23座，最高山峰为位于乡境西部碧岭村的赤角棋（赤祁山），海拔高程1219.3米。全境属亚热带季风性气候，比较适宜农作物的生长。

龙涓森林资源丰富，全乡森林覆盖率58.2%，是泉州市造林绿化先进乡。林木总面积2.47万公顷，木材蓄积量20万立方米，竹林面积达1000公顷，其中毛竹56万根。龙涓又是安溪茶叶主产区之一，处处茶园翠绿，村村名茶飘香。龙涓产茶历史悠久，清末民初，龙涓梅占茶闻名遐迩，形成品种优势和地区优势。现主要茶叶品种有梅占、铁观音、本山、黄旦、毛蟹等。2005年，全乡茶园面积1928公顷，总产1612吨。

安溪茶山

历史上龙涓商贸活动比较发达，主要集中于下洋圩、三乡圩、举溪圩三大市场，边贸活动十分活跃。1949年前只是山村小圩场的下洋圩，几年来发展迅速，从下洋桥至山前桥沿公路两旁建起了鳞次栉比的店铺，成为安溪四大边贸中心市场之一。

芦田镇

芦田镇位于安溪县西南偏西方向，距县城54千米。东北连接西坪镇、蓝田乡，西北与祥华乡接壤，西南与龙涓乡毗邻。面积96平方千米，现辖10个行政村、1个国有茶场，总人口1.6万人。

芦田海拔350−950米之间，常年平均气温18−20℃，山清水秀、四季分明、雨量充沛、空气清新，适合茶树生长。自古以来便是安溪县产茶区之一，是国家级良种“梅占”的原产地。近几年来，芦田镇致力发展茶业支柱产业，在保留“梅占”这个当家茶种的同时，还大力引种铁观音、本山等名优品种，优化茶树品种结构，奠定了该镇在安溪茶区的重要位置。紫云山有机茶叶生产基地生产的产品获国家质检中心有机茶叶种植加工认证。

芦田镇有丰富的自然资源，蕴藏着锌、钨等矿藏。尤其是招坑村高岭土资源储量大、品质高，是建材业的优势材料，现已着手开采。内地村至今还保留着面积400多亩的原始森林。

芦田镇出产的野生苦菜、蕨干等纯天然野生食品尤为出名。近年来镇里成立农副产品开发部，联合有关部门，开发生产野生绿色食品，取得良好经济效益。

凤城镇

凤城镇地处安溪县东南部，晋江西溪上游，北纬25° 04′，东经118° 10′。距泉州58千米、厦门86千米、漳州90千米。东与参内乡、城厢镇相连，西南与城厢镇接壤，北与魁斗镇毗邻，面积13.26平方千米。凤城，因城北凤冠山形似凤凰展翼而得名。这里“三峰玉峙，一水环回”，素有“龙凤名区”的美誉，历史以来是安溪县城的所在地，著名的侨乡和文化古镇，全县的政治、经济、文化中心。

凤城镇属亚热带季风气候，年均气温19.5-21.3℃，年均降水量1600毫米。四季分明，气候宜人，夏季长而炎热，冬季短无严寒。全镇山地面积1502公顷，森林覆盖率31.2%，耕地面积26公顷，播种面积86.7公顷。现辖上西、下西、南街、祥云、东北、小东、凤山、东岳、朝阳、先声、北石、凤明、华新、龙湖、祥都、朝凤16个社区居委会，吾都、上山、美法3个村委会和同美农场。至2006年底，总人口数20748户、62915人。

凤城人文景观和自然景观独特，旅游资源丰富。辖区内名胜古迹有全国重点文物保护单位、“秀甲江南”的安溪文庙，国家AAA级风景旅游区凤山旅游区，唐代黄纲墓，南宋印书局旧址，中国籍阿拉伯后裔侨居遗址，明代雁塔，“八闽第一”的清溪城隍庙，先贤廖俨纪念馆，开先县令詹敦仁纪念馆等。经历代精心保护，合理开发，构成了以东岳寺、城隍庙、茶叶大观园为主体的凤山森林公园和大龙湖旅游水上休闲乐园，形成了景观独特、环境优美的茶乡安溪黄金旅游线。

21世纪以来，按照县委、县政府提出的建设大县城发展的战略部署，扎实有效地推动城市建设的步伐，一个集山水特色、蕴涵商机的新兴城镇已初具规模。按照统一规划、统一征地、统一设计，高起点、高标准建设，高效能管理，多渠道招商引资，加快工业小区的建设步伐。现美法工业小区建成面积30公顷，吾都工业区占地16公顷，在上山村扩建的百亩工业小区，与旧工业区连成整体，形成藤铁工艺、茶叶加工、特纸包装、服装鞋帽四大支柱产业。

安溪茶山

湖头小泉州

早就听闻安溪湖头是一个经济繁

荣、文化昌盛的省级历史文化名镇，而我们要探访的湖二村则是李光地故居所在地。一走进村口，满眼的古大厝，处处可见的旧石刻、牌坊，让经历了百年光阴的湖二村古风犹存。

御赐匾额今仍在　名相功绩人相传

汽车在一座规模宏大、结构精美的清代建筑前停下，大门上“李氏家庙”四个字熠熠生辉。

“李氏家庙”前后共三进，占地面积2000平方米。“家庙内有众多皇帝敕文、皇帝钦赐及名人题赠的匾额，值得一看。”安溪县文管会副主任黄炯然说。在二进的厅堂前，横挂着醒目的“夹辅高风”牌匾。“这是康熙皇帝在千叟宴上赐给李光地的。”黄炯然说。同样在厅中高悬的“急公尚义”匾额则是康熙为表彰李家六世祖李森赈济而赐的。此外，三进厅堂前横挂的“鸣臬闻天”匾额，为正统年间宰相叶向高题赠。厅堂后侧悬挂的“保世滋大”匾额，传为李光地所题。

离开李氏家庙步行300米，就到了李光地的新衙故居。“新衙可是李光地夫人背着李光地建的。”李光地第十一代孙李金德说起这样一段掌故：李光地夫人暗中把朝廷发给李光地的衡文俸取了三千两，回家营造新屋。康熙料定是李光地夫人取了去，却并不责怪。“可见当时先祖在康熙心中的地位。”新衙内的匾额同样令人瞩目：“夙志澄清”是康熙为表彰李光地治河有功而赐，“谟明弼谐”、“昌时柱石”则分别是康熙、雍正表彰李光地的政绩所赐。

“现在去看看先祖读书的地方。”在李金德的带领下，我们来到相距不远的贤良祠。推开大门，一片碧波中兀立着几座古香古色的亭台楼阁。正对大门的一块石碑上，刻着雍正皇帝的“谕祭文”，称赞李光地是“卓然一代之完人”。

跑马墙上马飞奔　百年土楼古风存

与李光地故居一样，湖二村的每座古建筑背后，几乎都有它们久远的历史和人文积淀。“湖二村还有一座造型独特的方型土楼，是李光地三弟李光坡的住所。”拜访完一代名相的旧居后，我们来到村里另一座特色建筑——宗城土楼前。

土楼墙面为白色，高8米，在附近红砖翘脊的民居中颇为显眼。登上土楼二层放眼望去，两排百年前建造的木屋依楼墙而建，衔接有序，像两只手臂圈起土楼中一个长十多米、宽三四米的大天井。天井两边的人家，还拥有两个小天井，每个天井都可

第一山

安溪茶山

独立成户，堪称“古代套房”。土楼的一位住户说，当初土楼外围还有一堵实心墙，四面包裹着整个楼群。围墙足有八尺宽，可在上面跑马观察地形，防御外敌。

土楼里还有二三十户的老住户。看到有客人来，热情的大爷大妈主动带我们各处参观，为我们讲解土楼的历史。临行时，他们还端出热茶：“喝一杯再走。”

湖头米粉宰相做　美味小吃诱人尝

鸡卷、炒米粉、咸笋包、春卷……在湖二村，我们还品尝了闻名遐迩的湖头小吃。用料讲究，制作精细，烹调火候恰到好处，别有一番风味。

龙门茶园

清康熙二十一年，“三藩之乱”平定之后，皇帝又喜逢29岁生日，快马传消息至安溪，李光地和堂兄李光斗、叔叔李日煜连忙商量如何为“升平嘉宴”增辉添彩。当时湖头山高水险，林密虎多，百姓生活极艰难，实在无物上贺。此时，李光地忽然想到，湖头泉水制作的米粉，口感柔韧细腻，把米粉做成粗条，晒干带上朝去献给皇帝，岂不甚好？但北方人喜食干食，御前亦难汤水淋漓，兄弟们便建议带上湖头的笋丝香菇同炒，味道更可显得与众不同。于是，李光地将肉丝、虾仁、香菇炒熟，肉骨汤适量和米粉入锅油炒翻动，快速提锅倒入瓷盘。这道炒米粉竟成为康熙宴请大臣、翰林和功臣的特色美味，“湖头米粉”由此而来，流传至今。

专家点评：文化底蕴醇厚诱人

陈日升（市民族民间文化保护工作研究会会长）

湖二村最吸引人的就是它醇厚的历史文化底蕴。尤其“李氏家庙”、“新衙”、“旧衙”、“贤良祠”、“宗城土楼”等李光地家族的聚居地。这些建筑虽历经两三百年的历史，仍然保存较为完好，只要稍加整葺，它的历史价值更将彰显无疑。更何况许多建筑中还保留着碑刻原本，文物价值尤为重大。

除古建筑外，湖二村的特色小吃与古风犹存的人文环境也是吸引游人的一个重要因素。这三者连成一线，勾画出的将是湖二村的诱人轮廓。

村情档案

湖二村位于安溪县湖头镇镇政府中心，全村土地面积约12平方千米，居民3400人，分为22个村民小组。目前村里的主要经济来源是农业、商贸以及龙眼与茶叶的种植，人均收入4000元左右。

近年来，在村民与村干部的齐心努力下，全村的经济与建设都有了大幅度的进步，全村面貌焕然一新。

魅力推荐

李清黎（湖二村村委会主任）

湖二村因为出了李光地这样的名人而闻名，湖二村的魅力也主要来自李光地家族故居。李光地故居的最大特点是其皇宫式的建筑构架。几乎每处故居都修建有豪华的厅堂，中间又有采光良好的天井，两旁的护院也更衬托了庭院的气派，这在普通闽南古民居中是极为少见的。在榕树书屋与李光地故居中，还保留了大量的康熙墨宝，更是构成历史文化游的重要因素。

村中还集中分布着六十几座明清古建筑，这些古建筑与李光地故居一起，形成规模少见的大型明清建筑群。

湖头小吃也为湖二村增色不少。2004年，村里的小吃名店“阆山美食居”又获得泉州市美食金质奖，足见湖头小吃的魅力。

（洪佳景、陈毅香、郭宇程）

品毛蟹观如画茶园

从安溪县城到萍州村，一路上，我们就像在一幅幅茶园风光画和水墨山水画中穿梭一般，引得同行带着相机的人不断下车拍照，一边拍一边惊呼：“太美了！”走了1个小时的蜿蜒山路，我们来到了位于海拔850米以上的萍州村。

走进茶乡品香茗

一、白云、青山、人家

走进萍州村，我们立即被碧海波涛般的茶园所包围，空气中飘着阵阵沁人心脾的淡淡茶香。适逢夏茶收获加工的季节，村道两旁的民房前，晾晒着大片大片的茶青，远远望去就像是一条断断续续的“绿色通道”。透过民房之间的空隙，隐约可见房屋后层次分明的茶园和辛勤采茶的茶农。

“来到大坪，一定要去看‘全国最美最好的生态观光茶园’！”安溪县旅游局副局长林毅敏热情地招呼我们去迎仙埔生态茶园观赏园。沿着石路拾级而上，身旁是一畦一畦修剪得十分整齐的茶树，几名茶农正麻利地采着茶。登至山顶，我们立即被满眼墨绿的茶园惊呆了：四周的山头上是层层梯田，绿油油的茶树与红色的土壤一层层错开。远处，萍州村红砖翘脊的民房错落有致，更远处，绿色、藏青色、蓝色的山峦层层漾开……

萍州村是国家级茶叶良种毛蟹茶的故乡，品茶自然是少不了的。醇厚香浓的毛蟹茶，让我们啧啧称赞。萍州村支书张火树说，当地村民世代以种茶、制茶为生，是安溪最主要的绿色食品茶叶生产基地，绿色食品富硒乌龙茶远销全国各地和日本、东南

剑斗山

伊斯兰清真寺（泉州）

大坪茶园

苏坑佛手茶园

亚地区。

二、古松化石枕瀑眠

“哗哗哗……”我们还在寻思着声音从哪来，从村道拐进山路，就看见了“躲”在一条平静小溪一头的磜头溪瀑布。

磜头溪瀑布落差25米、宽15米，高度虽然一般，却颇有气势。四处飞溅的水花在阳光照射下，五彩斑斓。更让人称奇的是，瀑布下方，一块形似鲤鱼的大石头正对着瀑布，优美的身形恰似正在欢快畅游。张火树说，当地村民称此景为“鲤鱼跃龙门”。

“萍州村的瀑布不少呢！”张火树说，除了磜头溪瀑布，还有百丈瀑布、雄狮瀑布、黄金瀑布、珠帘瀑布、龙潭瀑布等。其中百丈瀑布最为著名，它高达115米，飞流直下、珠花飞溅的壮观景象令人叹为观止。

正说着，张火树又把我们带到了磜头溪瀑布上的泰安桥。泰安桥已有80多年的历史了，而它的桥墩下，则沉睡着一块亿年古松化石。在潺潺溪流边，静卧着一块脉络纹理十分整齐的石头，石头长30多米，身上树木一圈圈的年轮清晰可见。张火树说，经过专家考证，这块石头是亿年前古松的化石，从它的体形来看，应该是一棵树龄不小的松树。

在去由台商投资的富园生态茶果观光园的路上，我们又看见了另一条瀑布——雄狮瀑布，巨大的声响在翠绿的山谷中不断回荡，很有荡涤身心的感觉。富园生态茶果观光园里还有一个观光果园，种有李子、桃子、柿子等，碰上果实成熟季节，到这里采果子，着实是一件体验农家乐的美事。

三、上海古街寄幽思

“萍州村附近还有一条上世纪20年代的上海古街呢。”我们穿过民房间迂回的小巷，一条幽静的旧时古街恍若时光隧道般出现在我们眼前。古街长上百米，两旁是极具上世纪初期建筑特色的老店铺。“乾芳胜纪”、“合吉元记”、“奇峰瑞记”……一个个已见斑驳的店名招牌，向人们诉说着这条古街往昔的繁华。据介绍，以前安溪到同安、厦门做生意的人都要经过古街，古街因此热闹非凡，当地人甚至将其称为“小上海”。

如今，古街仍居住着三十几户人家，两旁的骑楼下，他们或者品茗聊天，或者晒着茶青，怡然自得，好不悠闲。

（陈晓东）

白濑出好茶　天下几人知

印象白濑：山清水秀

初识白濑，源于安溪茶都环岛的一方广告牌；再识白濑，来自安溪县委尤猛军书记今年初的“二次点名”；而真正走进白濑并留下完整印象，则是昨日到实地的一番走访。

2004年到安溪，记得快到茶都环岛时，迎面有8个大字——安溪白濑，生态茗茶。广告牌位不错，这是当时的印象，至于白濑是乡是村、何谓生态茶，说实在，仅这乘车一闪而过的“观感”，未能留下更多的信息。

再次注意到白濑，是今年初安溪召开全县三级干部会。在这个一年中全县干部悉数出席的大会上，县委尤书记二度提到白濑，语气充满赞许。第一次提到，说那里环境保护与经济发展同步；第二次提到，说乡党委政府自加压力，将县里给的发展指标调高，体现出强烈的发展信心。

清金农·茶画

不过，这仅反映县领导对白濑工作的肯定。关于白濑乡的涉茶信息，这两次“点名”还是没有直接的情况。但是，这给了记者前去一探的一个充分理由，即县领导的肯定，应当包括对那里发展茶业的赞许。

昨日，记者终于前去白濑。虽然来去匆匆，但是印象鲜明，这就是：这里山清水秀，有难得好茶，但却毫无名气。

安溪美食街

首先，白濑并不远，这里距安溪县城也就40千米，省道307线将这里与县城及外界连接起来，往来十分方便；其次，白濑环境好，有高达67.5%的森林覆盖率，举目青山，溪流清澈，无与伦比；再次，白濑茶虽好但外界所知甚少，令人惋惜。

特色白濑：和谐健康

印象是感性的，真正认识白濑要从特色入手。至于白濑的特色，用该乡党委书记黄国良的话说，就叫和谐健康。

他说的“和谐”，指白濑人与环境的和谐，也指白濑茶园与环境的和谐。白濑43平方千米辖区，有29平方千米是森林，而全乡茶园面积5000亩左右。这样的3个数字放在一起，让人不难想象茶在林中愉快成长的情景。

采访中还有一个典型事例令人感触良多。说的是新加坡茶商陈秋在老先生，今年60多岁，在上海设公司总部从

永春苏坑茶山

丛中笑生态茶园

后洋生态茶园

事食品生产经营。足迹遍及国内外许多大城市和名山大川的他，对白濑环境情有独钟。据称他来白濑置地造房，准备投资茶业，并把安享晚年的地方定址这里。

白濑的生态环境，据说得益于这里的一个同名国有林场。这里原始生态，多物种共存，延续几百年不变。其中也包括了白濑人对这片林海的悉心保护。而如今，林、茶、人三者的和谐共处，相得益彰已成佳话。

至于“健康”，是指白濑茶的纯天然和健康态。记者了解到，白濑地处内外安溪交界处，虽然生态环境得天独厚，但历史上这里并不种茶，真正有茶的历史也就最近四五年间。

当年，来自感德镇长位置的黄国良，履新白濑乡党委书记。是他倡导白濑人种茶，才使白濑积累起目前5000亩左右的优质茶

园。在这里，茶园几乎没有病虫害，茶农种茶管茶不施农药很少施肥，长出的茶青片片翠绿，制出的茶叶粒粒清香，让人品之不忘。

黄国良书记说，和谐健康是白濑茶叶的最大特色，不仅福建少有，就是全国也较为罕见。

诚实白濑：茶醇人好

在白濑，记者还先后与当地下镇、长基、寨坂3村一些茶农座谈，深感这里茶醇人佳、民风淳朴。

下镇村茶农陈建德种有35亩茶园，办起有400平方米加工厂的苑峰茶业公司。他告诉记者，虽然他的茶全是新枞，品质连不少感德和祥华茶商都自叹不如，但他的茶从不因此加价。去年他首次参赛，就夺得安溪县茶叶初制技术大赛亚军。现在省内许多地方都有他的客户。

同样拥有新枞茶园的，还有长基与寨坂两村的许多茶农。长基村茶农林三友说，他的茶1斤只卖200多元，但据说到晋江，就可卖1000多元。虽然去年有人辗转找他买茶，他奇货可居，但绝不随意加价趁机赚一把。

记者从白濑乡乡长黄建锋的介绍中了解到，白濑乡涉茶起步晚但起点高。目前全乡5000亩茶园全是新枞优质铁观音，因而品质上乘，但毛茶价格却只相当于同质量等级茶的1/3。

长基村茶农林颜寅，去年仅卖给晋江一个客户的好茶就有50多万元。他把一个办了15年的路边饭店改作茶店，并起名“宜宾茶庄”。他说去年秋茶季几乎每晚，都有从感德买茶出来的茶商敲他的茶庄门，向他买一些高档茶。虽然知道价钱可以更高，但他绝不乘人之危多赚过路客的钱，至今传为佳话。

未来白濑：后来者居上

白濑乡从无茶到有茶，也就短短5年。对于未来白濑，乡书记黄国良信心十足：白濑茶业定能后来者居上。

他认为，白濑具备生产高档次安溪铁观音的一切条件。不仅生态环境好，茶树品种优越，目前全是新枞，而且通过“走出去请进来”方式，现在制茶机械设备一步到位，制茶技术也为茶农熟练掌握，所欠缺的只是品牌名气。

不过除了3年前他花3万元，在茶都环岛竖起的那个广告牌外，他并没太多“打名气”的计划。他告诉记者，他的想法是：白濑茶应当体现白濑人朴实的风格，绝不因为茶好而漫天叫价。他说：“让利市场，口碑比名气更重要。”

记者在白濑长基村与寨坂村交界处，还看到正在建设的“白濑茶叶市场”。据说占地10多亩，首期33间店面已经被预订一空，第二期计划增盖30多间茶店。今后这里将成为白濑茶的集散地。

据称，今年5月1日春茶大量上市时，这个市场就将试营业，到今年秋茶上市时将正式营业，开始白濑茶依托自有市场、走向千家万户的新发展阶段。

白濑茶特征：感德味祥华汤

白濑优质铁观音，生长于独一无二的纯天然高生态自然环

崇武古城

大坪生态茶园

境，且目前又全是新枞，那么白濑茶有什么感官特征为消费者鉴别提供依据？昨日记者为此走访了白濑乡人大主席团前主席、当地知名茶叶专家江金超老先生。

江老先生说，白濑茶品质特征显著，感官审评不难鉴别。简单地说，就是感德味祥华汤，即白濑茶集中感德和祥华两种茶的各自优点。

从口味判断，白濑茶韵正香醇，以自然兰花香为最大口味特征，类似于感德茶香；从汤色上看，白濑茶目前虽有小部分茶，汤色偏青绿，但总体上看，以传统茶制法为主，汤色金黄透明，类似于祥华茶汤色。

此外，江老先生说，白濑茶由于都是新枞，因此汤水醇厚可口，饮后口带余香，尤其在耐泡方面，更有不俗表现。通常的铁观音，称七泡有余香，而白濑茶泡上十遍仍能杯溢清香，绵绵不绝。

（陈佳裕、林良标、刘华东）

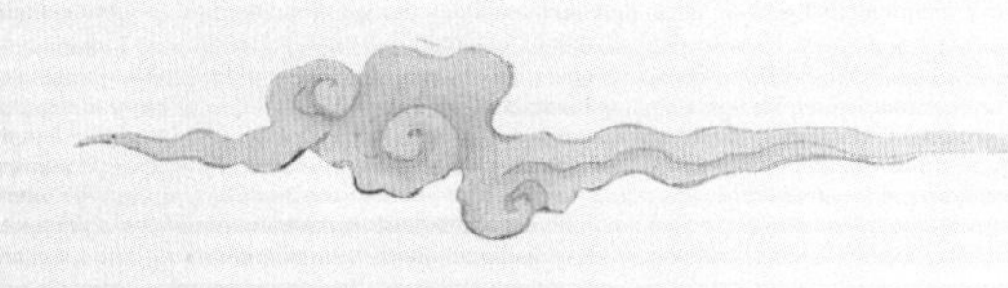

第四章 繁育栽培

FAN YU ZAI PEI

茶树栽培的基本理念

茶树的栽培，表面上看来是技术问题，然而技术靠人去掌握和运用的。如何运用这些技术的深层，还有一个茶业发展的理念问题。安溪茶业的发展，能有今天的辉煌，从根本上来说是得益于树立了科学的理念。

栽培是制作的基础同时也是整个茶业发展的基础。有经验的茶人都知道，好茶青才能制出好茶。没有好茶青就等于没有好的原料，即使你有很好的设备，很好的制作技术，也很难提高制优率。上世纪六、七十年以后，有些茶区片面追求茶叶单位面积产量，盲目建设所谓的“速生丰产”茶园，滥用化肥和化学农药，造成许多茶园土壤结构破坏，农残长期存留。这些状况，直到现在还未能从根本上改变，所以，尽管这些地方近年来也在发展茶业，却始终不能提高茶叶质量。产量虽高产值却相当低，平均每千克仅十几元，茶贱如草。安溪人吸取了这些教训，充分认识到茶树栽培的基础作用，这就从根本上解决了茶业发展的前提。源源不断的优质茶青，保证了大面积茶叶的制优率，从而大大提高了茶叶单位产值。

良种优育是提高质量的保证。中国的茶树品种丰富，如何选择适合本土自然环境的茶树良种，是提高茶叶质量的首决条件。在长期的茶业实践中，安溪茶农选择了以铁观音为主要品种的系列良种，在此基础上细心培育，强化其良种优势。安溪栽培铁观音已有近三百年的历史，三百年的风雨沧桑，足以让铁观音与安溪山水结下不解之缘，完全适应了安溪的自然环境。换一句话说就是，只有安溪才能长出最好的铁观音。然而，真正让铁观音这棵茶树奇葩灿烂开放，将铁观音的品种优势充分发挥出来，则是二十世纪八十年代以后的事。在此之前，安溪茶农也经历过许多尝试，栽种过各式各样的茶树品种，包括上级要求推广的良种，但是经过反复比较，最终还是选择了铁观音，这是安溪人的一大智慧。

茶　苗

有机生态茶园建设是栽培的根本。安溪茶农管理茶园是非常用心的，他们充分理解，有了良种以后精耕细作的重要性，所以安溪的茶园基本上都是按标准化建设，十分整齐美观。然而，随着市场经济的发展与茶业的发展，这种早期的标准化茶园遇到了许多问题。因为早期的标准化茶园，是农林业“速生高产”指导思想下的产物。其特点就大面积台畦式和单一树种，以利于实现大规模的农业机械化和有利于大幅度地提高单位面积产量。凭心而论，这种农林业发展模式，在一定的历史阶段上是起到积极作用的，尤其是在解决中国的粮食问题上起到了相当关键的作用。然而对于发展茶业来说则未必适用。突出的问题一在于这种大面积的标准化单一树种茶园，极易感染病虫害，茶叶农残问题已经成了制约茶业发展的瓶颈。二在于茶与粮食对于国民生计的重要性不可同日而语。人一天不吃饭不行，但可以不喝茶。根据有关部门的调查，有长期喝茶习惯的，除了边疆少数民族外，绝大部分都是城市的中、高收入者，即所谓的“白领”阶层。所以，从某个角度来说，茶只是某些特殊人群的特殊需要。这样，它的生产就必须充分考虑这些消费者的特点，不能照搬粮食生产的模式。事实上，近年来无论是在出口还是内销上，茶叶生产都面临着越来越强硬的“绿色壁垒”，以及越来越苛刻的质量要求。换句话说，茶业发展再也不能走“速生丰产”的路子，而要及时适应市场，走以质取胜精品建设的路子了。

这条路子，就是建设不拘一格的“有机生态茶园”，实现从标准化向生态化的转变。只有这样，才能一方面保证茶叶彻底告别农残，另一方面保证茶业的可持续发展。不至于因为茶业的发展，而使环境遭到破坏。事实上，近年来一些地方过度开垦茶园，过分追求茶叶产量，已经使生态环境遭到了严重损害。而许

采茶图

多地方的生态环境，一旦被破坏，就很难恢复。所以，绝不能走以牺牲生态环境来发展茶业的路子。

安溪人在这方面，经过几度风雨，取得了成就，做出了典范。

〖铁观音的繁育〗

根据铁观音民间传说，铁观音茶树品种在被发现之前，似乎一直处于野生状态。事实上并非如此。根据现有文字资料记载及解放后科技工作者对福建野生茶种的调查，安溪的山野中确实有野生茶树。但在铁观音发现之前，安溪人就已种了许多年的茶。明《安溪县志》就明确记载安溪出茶，只不过那时的茶树产品是绿茶而不是乌龙茶。再则从铁观音的发现者来说，无论魏荫还是王士让，也都是懂茶之人。也正因为懂茶，才有可能关注茶树，发现铁观音。所以，有充分的理由相信，铁观音的发现绝非偶然，而是在积累了相当程度的种茶与制茶经验后，才有可能发现铁观音茶较之一般茶的优越之处。

铁观音茶树被发现后，面临的首要问题就是如何繁育。铁观音发现者的生活年代是在十八世纪初，受当时科技水平所限，还不可能有意识地采用茶树无性繁殖技术。但在大量的农业实践中，发现者或许是受到其它农作物比如番薯无性繁育技术的启发，或许是偶然机会的启示，比如民间传说中关于水仙茶压技繁育成功的故事，总之就是采用了压枝繁育的原始无性繁育方法，育成了第一批的铁观音茶苗。在此基础上，才有了大量繁育推广的可能。

压枝繁育茶苗的方法，能够确保铁观音茶树品种的基本性状稳定。但是因为繁育速度慢，难以大面积的推广，再加当时的社会经济发展落后，对茶叶的需求量不大，因此在相当长的时间里，安溪茶农都是采用这种方法。而真正现代科技意义上的茶树无性繁育——短穗扦插技术的采用，始于二十世纪六、七十年代。到了九十年代，随着铁观音茶逐步发展，安溪开始大面积地推广茶树短穗扦插技术。既保证了铁观音茶树品种的纯正，又满足了迅速发展的需要。

压苗繁殖法

扦插一：选穗

扦插二：剪下

扦插三：腋芽

扦插四：整苗圃

扦插五：插穗

苗圃

浇水

短穗扦插技术繁育铁观音的关键，首先在于选择茶树母本。由于茶树母本直接关系到茶苗的性状特点以及健壮状况，所以在选择时就必须注意母本是否具有典型的铁观音品种特征，是否正值壮龄健康无病虫害，生长环境是否与拟种植的茶园相似。为了节省成本，保证母本质量，在有条件的地方，最好建立自己的母本园。一般是选择前几年种植的无性系良种茶园，通过加强肥培管理，进行适时定型修剪，使之扩大分枝，提升茶树高度，逐步将其培养成母本园。通常栽种后第二、三年即可利用定型修剪下来的枝条进行短穗扦插，从第四年起可在春季采摘后进行修剪养穗，9月上旬至11月上旬剪穗扦插。

其次是准备好苗圃地。选择排灌条件好、土质疏松、地面平坦的水田或旱地作为苗圃地，经过翻耕、曝晒、平整，做成符合要求的畦地。一般面宽120-130厘米、长10-15米、高15-20厘米的畦，畦面上铺一层3-5厘米厚的细红壤，畦面中间略高，以利于排水。

规模较大的繁育基地一般在苗地的四周及中间打竹木桩，桩高1.6-1.8米。在桩之间纵横拉铁丝或缚细竹竿，顶部及四周盖塑膜与黑色遮阳网，并用小铁丝固定，做成高棚苗床。这种苗床遮光均匀，能有效保持苗床内空气湿度，减少阳光直照和水分蒸发。规模较小的繁育点育苗，一般在畦上搭成拱形架，并按畦的长度准备好塑膜和遮阳网。

苗圃布好遮阳网

其三是插穗处理与扦插。在母本园中剪取半木质化红棕色枝条，在阴凉处剪成短穗，穗长3-4厘米，有一片老叶和一个腋芽。上端剪口离腋芽2-3毫米与腋芽平齐，下端在500毫克/千克的生根粉ABT溶液中浸半分钟左右。扦插前1-2小时畦面洒透水，并按中叶、小叶品种分别以8厘米、10厘米定好扦插行距，然后将插穗长度的2/3插入土中。株距以插穗互相不遮盖，插后不见土为好。插好后用手指轻压，使插穗与黄土贴紧。插的角度一般为插穗与地面成35-45度角。本地的育苗户，根据扦插品种老叶的宽度，在一块小木条上钉上倾斜度为35-45度的一排铁钉，铁钉长度为2.5厘米左右，粗细与扦插枝条相仿。扦插时，先用这块小木条在苗床上一按，扎出一排小洞，再放插穗，既能提高扦插速度，又减少插穗受损，效果不错。插好后用多菌灵或甲基托布津1000倍液进行喷洒，以防病虫害。再根据气温确定是否立即盖上塑膜，但黑色遮阳网一定要当即盖上。

扦插完成后的工作就是抓好管理，主要是水、温、肥的管理。插完后要及时进行灌水，沟灌15-20小时。平时的水分管理应视土壤湿度而定，一般保持表土湿润。要随时观察温度的变化作出调整，如覆塑膜的，温度超过30度，畦端就要及时揭膜通风散热。到4月中下旬以后，气温稳定，就应拿掉塑膜，留下遮阳网。施肥一般在插后20-25天，插穗基部切口已产生愈合组织时，喷施0.2%尿素或结合浇水浇施稀薄的人粪尿。长出根后，喷施0.5%的尿素或稀释的人粪尿。腋芽萌长后，施肥次数可增加，结合浇水可浇施稀释的人粪尿或进口复合肥。一般来说，最好浇人粪尿，实践证明生长较好，又粗又壮又高。伏天过后，插穗长出3-4片叶时，可拆除遮阳网，进行露天育苗，以增加光照。茶苗长至25厘米时，可以出圃移植。

施肥

上述只是一般的短穗扦插技术要点，事实上由于具体环境的不同，扦插的具体操作细节上也应有所改进。茶农常说：观音好喝树难种。难就难在铁观音茶树的环境要求较高，扦插中任何一个细节疏忽都有可能造成死苗。这就要求在扦插时一定要精心细心，以保证最大的成活率与壮苗率。

〖铁观音的栽培〗

栽培技术关健

铁观音茶树具有耐瘠耐旱耐酸的特点。这就不仅需要掌握一般茶树栽培技术共性，还要了解铁观音栽培技术的个性特点。

铁观音栽培的一般程序是：择地整园——选苗种植——分期管理。

茶园建设

铁观音茶树虽然能在南方许多地域生长，但是要想栽培出能制出好茶的茶树，就必须选择最适合铁观音茶树生长的园地。所谓的生态环境良好，一般指的是茶园周边的生态环境要尽可能地接近原生态的自然环境。首先，周边要有树林。如果没有天然树林，在开辟茶园的同时，应该在周边种树。树种宜选择如梧桐、桂花、香樟、黄檀、柑桔之类的阔叶树，或者竹类植物。茶园的中间也要间种一些中小乔木。这样的好处一是遮挡过于强烈的阳

锄草

光中的紫外线，二是利于抗病虫害。有树林不仅可以避免单一树种易受病虫害侵袭，而且可以吸引食虫益鸟筑窝繁殖。其二，茶园海拔最好在600米以上，一来气候较宜茶树生长，二来远离城市污染。安溪以及许多茶区的经验都证明，好茶基本上都出在海拔600-1000米的山上。其四，要选择好的土壤。古人早就有言：上者生烂石。意思是好的茶一般生长在烂石头上，即有风化石的酸性红壤。所以，茶园土质应该尽量符合这个条件。其四，尽可能选择朝西北方向的山坡峡谷。这种朝向能最大限度地吸收到西北风，从而使茶园的小环境温差大、湿度低，日照较为柔和，更适合茶树生长。实践证明，能“吃”到西北风的茶园，确实比没有吃西北风的茶园茶树质量更佳。

尽管如此，并不意味着不符合上述这些条件的地方就不能做茶园。安溪人在长期的种茶实践中，积累了丰富的经验，通过人工改造的办法弥补一些低海拔茶园的先天缺陷。建设高标准生态茶园就是最有效的办法。调查表明，高标准生态茶园的效果非常明显，如安溪茶科所新植35亩铁观音园全部用石砌坎，园内深垦60厘米以上，并亩施豆饼200千克、磷肥150千克、稻草250千克作基肥，由于能很好地防止水土流失，茶树长势好于历年同龄茶树生长水平；剑斗后山茶场140亩铁观音园，全部用草坯砌筑坚固的外坎，取得大面积丰收；芦田茶场17亩铁观音老茶园，通过砌壁保土，获得丰收。

还有，在茶园间种阔叶树，冬天搭大棚，夏日挂遮阳网，选择排水畅的高地，掺新土与有机肥以改善土质，等等。从而使一些低海拔地区也种出了质量比较好的茶树。

耕作与填土

铁观音茶园的耕作技术是每年或隔年冬季进行一次深耕，结合深耕施入基肥。在茶季结束后进行一次浅耕除草，使土壤疏松，防止干旱，防止根系损伤，保证茶树正常生长。花蕊多、结果

培土1

多是铁观音品种的又一生长特性，花果大量地消耗养分，严重影响了枝叶的生长。针对这一特点，在每年九月至十月全面摘除铁观音茶树上的花果，以减少养分消耗，使养分集中供应芽叶的生长。实践证明，摘除花果是安溪乌龙茶高产、优质的一项有效措施。此外，还应采用铁芒萁、稻草等覆盖茶园，及时防治病虫害及自然灾害。

培土2

培土3

培土4

茶园经过不断地耕锄和管理，茶树根部常常容易裸露，再加上铁观音根系少而分布浅，在耕作过程中极易损伤根系而影响茶树生机。安溪茶区普遍采用填土法，每年或隔年进行一次填土，与深耕同时进行。对于沙质土壤，填入粘性较重的红土，而对于粘性土则填入沙质红壤，填土量通常是每亩50-75 t 。填土增加了土层厚度，改善了土壤理化性质，增强了土壤保水保肥能力。安溪芦田茶场17亩铁观音老茶园产量仅38千克／亩，经填入698立方米土壤后，茶园活土层达到60厘米，扩大了根系分布范围，为茶树生长创造了良好的土壤条件。几年后亩产提高到2425千克，增加了5倍多。

施　肥

古人种茶，一般不施肥，只是每年冬季给茶树松根培土，夏季则除草壅根，以草当肥。五十年代初就从事乌龙茶研究的专家姚月明也曾说，上世纪七十年代前，福建种茶基本是以草当肥的。七十年代起，为了提高茶园单位面积产量，提倡建设标准化茶园，并且开始施肥。开初仅施茶饼，厩粪等农家肥，后来便大面积施用化肥。如此一来，茶叶产量是提高了，质量却下降了。凡单纯使用化肥的茶园，制作出来的产品，茶性大减。因此，如何合理科学地根据茶园具体情况施用农家肥，是茶树栽培中的一个必须注意的重要问题。

茶园土壤肥力是茶叶高产优质的基础。合理施肥，不仅是茶树高产、优质的主要措施，与产品的品质关系更为密切。安溪采用的施肥技术是大量增施有机肥料，合理搭配氮、磷、钾三要素。如安溪芦田茶场铁观音茶园，五年每亩计施入豆饼615千克、骨粉140千克、牛栏肥2450千克、水肥穴人畜粪尿等雪12000千克、稻草8000千克，再配施一定的氮、磷、钾肥，使茶园土壤肥力大大提高，有机质含量从原来的 0 .94％增加到3％以上，土壤速效养分也明显增加。

研究结果证明，有机、无机肥合理配施，能促进铁观音茶树的速生快长，提高茶叶产量与品质，配施优于单施。不同施肥处理对成茶主要化学成分的含量和比例有不同影响，从而构成品质

施肥1

施肥2

施肥3

上的差异。根据经验，可供成龄铁观音红壤土茶园的施肥方案为：每公顷施N 1875-3000千克、P 20575克左右、K 201125-2250千克，配施菜籽饼2250-3375千克。视茶园土壤肥力不同而搭配不同的有机肥与无机肥的用量。

四防治病虫害

这是是栽种中的一个重要环节。在安溪，由于茶园面积不断扩大，犹其是标准化茶园不断扩大；又由于近年来原始森林面积锐减，整个自然生态环境遭到较大改变，这种情况一方面加剧水土流失，另方面特别容易感染病虫害。而防治的方法，主要是喷洒化学农药。有的一片茶园一年要喷洒几次。这样一来，茶叶产品农药残留便成为一个影响茶叶质量的严重问题。这也是有一度安溪茶叶遭遇绿色壁垒受挫的原因。所幸的是，随着市场经济的不断发展和完善，科技的不断进步，消费者权益法规和意识的不断增强，茶叶农残问题得到了政府的重视。经过努力引导和采取有效措施，今天的安溪人环保意识大大增强，普遍使用无公害农药，有些茶区开始实行以农业防治为主，生物防治和药物防治相结合的综合防治。

五修剪

壮、宽、密、茂是茶树高产优质的树冠结构。对于铁观音茶树来说，也同样需要宽大的树冠、广阔的采摘面、合理的叶面积指数和密而壮的采摘小枝。

幼龄茶树的定型修剪是奠定高产优质树冠基础的中心环节，是形成良好骨干枝和宽广采摘面的重要手段。铁观音顶端生长优势特别明显，树姿披展，分枝稀疏。定型修剪的方法不能一刀

修剪1

修剪2

修剪3

切，而应根据各枝条生长情况，按不同高度进行抽枝剪，这样既促进了分枝，又最大限度地减少对茶树的损伤，提高了树冠覆盖度。一般第一次定剪是在茶树长至40-50厘米时，离地面15-20厘米修剪，其后分别离地面40厘米、55-60厘米进行第二、第三次修剪。

成龄茶树的修剪。铁观音品种生活力及抗逆性强，萌芽率低，树冠覆盖度小，茶叶产量低，不宜采用台刈更新，而应采用轻、重修剪并灵活掌握，一般是先用小剪逐丛剪去枯枝、病虫枝、鸡爪枝，留下健壮枝条，然后对高而分枝少的枝条用大剪剪平。在每年春、秋茶后，剪除部分徒长枝，以促进树冠迅速扩大。

在修剪培养树冠的同时，合理采摘也是一项有效培养树冠的措施。在采摘面尚未达到要求的树幅以前，以养树为主，适当打顶采摘，以促进分枝和枝条增粗。在采摘面形成后采用春、秋茶留一叶，夏、暑茶留鱼叶的采摘法，及时分批按标准勤采。这种采摘方法既保证了安溪乌龙茶的高产、优质，又有利于增强树势。

相关知识

有性繁殖

繁殖方式之一，又称种籽繁殖。茶树是异花（雌雄花）授粉植物，通过开花授粉产生种子，并由种子生长发育形成新的独立植株。有性繁殖的茶树植株在遗传上都是杂合体。这种繁殖方式的特点是，繁殖技术简单，便于远距离贮运，后代适应性强，由母树带来的病虫害较少，并为引种驯化提供丰富的材料。但是由于种子形成的植株个体差异大、经济性状杂、生育期不一，不利于茶园管理和机械化作业，而且茶树结实率低、繁殖系数小。茶树种子繁殖一般以直播为好，可节约成本，茶苗根系扎得深，抗逆性强。

无性繁殖

繁殖方式之一，又称营养繁殖。直接利用茶树营养体的一部分，如枝条、叶片或茶根，产生新个体。这种方式，繁殖系数大，形成的新植株遗传性状纯一而稳定，有利于繁育推广优良新品种和茶园机械化管理。但是育苗的技术要求高，新植株易受母体病虫害传染，幼苗抗逆性差。具体做法有：大枝扦插、长穗扦插、短穗扦插、大枝压条、小枝压条、分株、根插、嫁接等。

扦插繁殖

无性繁殖方法之一。根据扦插材料不同分为枝插、叶插和根插。利用叶柄基部所带的部分木质部和完整腋芽及完整叶片为扦插材料，称叶插。叶插时，将叶柄基部插入土中，入土深度约叶长的三分之一左右。利用茶树根段为材料称为根插。根插时应选用直径超过0.7厘米、长约1厘米左右的根段。利用茶树茎为扦插对象的称枝插。枝插又有以整个枝条为材料的长插穗，带四五片叶的中插穗和带一片叶的短穗扦插。短穗扦插方法，用材省、发根快、繁殖系数高，一般春季扦插的，当年可移栽，是生产上普遍采用的无性繁殖方法。

生态系统

在一定的时间和空间内，生物与非生物之间，通过不断的物质循环和能量流动而相互作用、相互依存的统一整体。茶园生态系统有四个主要组成成分，一是非生物环境，包括气候因子、无机物质与有机物质；二是生产者，主要是绿色植物，如茶树、林木与草类等，它们在生态系统中进行初级生产，即光合作用；三是消费者，由动物组成，自己不能生产食物；四是还原者，属于异养生物，主要是细菌和真菌，它们把复杂的动植物有机残体分解为无机物，归还到环境中，被生产者再利用。

生态茶园

无公害茶园。通常生态茶园建立在污染少、自然条件优越的丘陵山区。生态茶园管理上与一般生产茶园也有所不同：施肥以有机肥为主，病虫害防治上以生物防治为主，尽量减少人为的干预因素。这样的茶园生产出的茶叶品质上乘，但产量往往不高。

生物防治

一种病虫害防治方法。通常利用病虫天敌、有益微生物或其产物来控制或消灭病虫害。茶园病虫的天敌种类繁多，包括捕食性昆虫、寄生性昆虫、鸟类、蛙类、病原菌的拮抗微生物等。生物防治对人畜无害，效果持久，不污染茶叶和环境，可以在一定程度上有效克服化学防治的不足。因此，生产上应充分重视。

农药残留量

施用农药后，一段时间内残留在农作物上和生态环境中的数量。农药残留是影响人类健康和造成环境污染的因素之一。农药残留量与农药本身的稳定性、施用浓度、数量和环境因素有关。施药时，盲目追求杀虫或杀菌效果，选药不当，用量过高，都会造成农药残留过高。茶树芽梢既是经济利用部分，又是药物施用部分，喷施农药时，应选择残留低的农药，并合理控制使用浓度。利用生物防治和农业防治等措施有助于解决茶叶生产上的农药残留问题。

经济年龄

指茶树再生产可利用的年限。在肥水等茶园管理良好的情况下，茶树的经济年龄一般可达七、八十年，其间可进行多次树冠更新和复壮。

喷　灌

一种茶园灌溉方法。喷灌是利用机械动力、管道设备，在一定压力下，通过喷嘴喷洒，使水像雨滴状降落到茶树蓬面上。这种方法用水量少，花工少，水分利用率高，对茶园地表状态影响小，不破坏土壤结构，可改善茶园小气候，增加茶叶产量。平地茶园和低缓坡

茶苗扦插

丰产茶园较多采用这种灌溉方法。

漫射光

光通过反射把入射光分开，或通过半透明体的状况。茶树适宜在漫射光下生长。在漫射光照射下，茶树新梢内含物丰富，持嫩性好，品质优良。

大棚覆盖

一项茶园管理新技术。在茶园中，利用竹竿、钢管等为支撑物，将塑料薄膜覆盖在茶园上方，并在四周密闭，只留少量出口供通气和管理人员出入。大棚覆盖可明显提高冬春季茶园温湿度，促进茶树早萌动，以达到早开采的目的。这种措施一次性投入较多，覆盖面积有限，只适用于早春名优茶生产。

【延伸阅读】

安溪茶叶绿色食品基地技术措施

自1998年安溪县建立首期茶叶绿色食品基地435公顷后，严格按照绿色食品标准实施管理，已初见成效。目前，这项措施已在各个产茶乡普遍实施。具体技术如下：

基地选择

根据绿色食品必须具备的条件，进行实地勘查，选择立地条件符合绿色食品生态环境标准的茶园作为生产基地。

1. 尽量选择边远山区，避开繁华城市、工业区、交通要道。

喷灌

2. 茶园周围没有大气污染源，特别是上风口没有污染源，茶园周围5公里以内不得建有有害气体及其它有害物质排放的工厂、作坊、土窑等。

3. 茶园周围有山体、森林、河流等防护体系，且与居民生活区距离1公里以上，并且有隔离带。

4. 水域或水域上游没有对茶园构成威胁的污染源，地表水、地下水水质清洁无污染。

5. 茶园及周围土壤没有金属或非金属矿山，土壤肥力高。

优化茶园生态环境

对各基地茶园周围及道路两旁进行绿化。选择适宜的树种（一般选择根系分布较深，树冠宽大，病虫害少，冬季落叶，又有一定经济价值的树种，如柿树）。适当的密度进行茶园间作套种，对幼龄茶园和台刈更新的茶园进行覆盖或套种绿肥等，防止水土流失，保蓄水分，增加土壤肥力，减少盛夏阳光直射，增加漫射光，提高茶园相对湿度，提高茶叶产量和品质。同时，改善茶园的生态环境，保护天敌，有利于益虫、益鸟的迁入和繁衍，减少病虫害。

建立无污染的茶树病虫害综合防治体系

在创造良好的茶园生态环境基础上，采取以农业防治为基础，以生物防治为主，以化学防治为辅的综合防治措施，具体是：

1. 建立茶树病虫害预测预报系统。在各个基地建立茶树病虫害测报站，指定1–2名专业技术人员负责测报，并提出最佳防治方案。

2. 生产季节严禁全面喷施化学农药。常见病虫害用生物农药，结合农艺措施进行综合防治。对个别茶行病虫害发生特别严重的，选择针对性强的高效、低毒、低残留农药进行挑治。但农药使用的剂量、方法、使用时间、安全间隔期等都要严格按照规定操作。严禁各种高毒、剧毒、高残留、“三致”以及对人、畜和环境不安全的农药（如甲胺磷、三氯杀螨醇等）的使用。

3. 每年秋冬茶结束后，进行一次全面的清园、封园。全面修剪，剪除枯技、病虫枝、鸡爪枝等，清理茶园中的枯枝败叶、杂草杂物，集中烧毁或掩埋，并结合清园进行深耕施有机肥。然后，用0.5波美度的石硫合剂进行全面喷施封园（包括所有的茎杆、枝、叶等），以达到破坏病虫害的越冬场所，降低翌年病虫基数。

施 肥

基地茶园施肥以有机肥为主，少施或不施化肥。肥料种类主要有：

1. 农家肥：如堆肥、沤肥、厩肥、绿肥、作物秸杆，未经污染的泥肥、饼肥等。农家肥都经过高温发酵腐熟，以杀灭各种寄生虫卵和病原菌、杂草种子，去除有害有机酸和有害气体，使之达到无害化卫生标准。农家肥原则上就地生产使用，外来的农家肥应确认符合要求后使用。

2. 商品有机肥：如腐殖酸多元复合肥，固氮菌肥料，根瘤菌肥料等。

3. 化肥：如尿素、磷矿粉、硫酸钾等。化肥必须与有机肥配合使用，有机氮肥与无机氮肥之比1：1为适宜（大约厩肥1000公斤加尿素20公斤），最后一次追肥必须在收获前30天进行。全年化肥施用量不得超过总施肥量的20%。

生态示范

生态管护牌

绿色食品茶叶生产基地禁止使用有害的城市垃圾及污泥，医院粪便及垃圾、工业垃圾等，禁止施用硝态氮肥等。

茶园耕作

茶园杂草，宜用人工除草，禁用化学除草剂（如草甘磷），梯壁杂草要以割代锄，对一些匍匐性杂草可不除。

组织措施

茶叶绿色食品基地由县茶果局统一指导，各乡、镇成立茶叶绿色食品基地领导小组，由专门领导分管负责，根据绿色食品茶叶生产的技术要求和当地具体情况，认真组织实施。

1. 加强宣传和培训，提高干部和茶农对绿色食品茶叶生产的认识，提高他们的理论知识和实际操作技能。

2. 加强管理监督，严格把关，对基地生产实行“五统一”（即统一管理、统一施肥、统一防治病虫害、统一采制、统一加工销售），并对每个茶季生产的茶叶进行抽样跟踪检测其“农残”及其它卫生标准，记录存档，供前后对照和成果鉴定。

3. 每年年终，各乡镇对当年的工作进行总结，并报送县茶果局汇总，总结经验，逐步提高。

绿色食品茶叶的市场需求潜力巨大，产品销售前景好。获得绿色食品标志的茶叶产品，其售价比常规茶叶产品高出20－100％。

（资料来源：福建茶叶网）

高山地区茶树栽培技术

福建海拔800－1100米的高山地区。年平均气温17.5℃，年降雨量1770米，昼夜温差大，云雾露水多，湿度大。年开采期比县内低海拔茶区迟7－10天，秋茶提早7天左右结束。因此，在生产栽培中要掌握好以下技术要点。

苗　木

1、品种：选择抗寒、抗旱、抗病虫害强的，有利市场竞争和栽培方向的，适宜当地环境气候的优良品种。如铁观音、茗科1号、金萱等品种。

2、苗木：选择苗木高度大于20厘米，茎粗大于2米米的，具有一定的着叶数，根系旺盛，无病虫侵害的一年生健壮幼苗。它具备了1－2个的一级分枝，对于茶树的速生快长、提早成园与投产奠定了基础。

定　植

1、定植时期：要利用地下部活动的生长时期进行定植。有利于根系的伸长和发育，也有利于吸收土壤养分供地上部的开始生长所需要的营养物质。高山地区的茶苗定植时期宜掌握在每年的2月份（春节前后）进行。

2、技术方法：在完成开垦的茶园定植沟内用定植农具挖穴10－12厘米深，穴径10厘米以上，把茶苗垂直种于穴内，填满土，并压紧压实。或用农具夯实苗茎部三方土层，再培上细土1－2厘米，浇透水分，苗木定植时要比正常深1－2厘米。如果能选择在下雨之前定植最为理想。茶苗定植要采用“双行单株”的方式，株距30厘米，株与株之间呈三角形。在定植沟茶行中铺放3－5厘米厚的稻草或其它草类植物进行覆盖，有利于保温保湿，又达到抑制杂草生长的作用。

修　剪

1. 修剪时期：修剪时期应掌握在5月下旬或6月上旬、10月中旬秋茶结束后为宜。

2. 修剪技术：①定型修剪。其目的是茶树在幼龄阶段中培养合理的树体骨架及丰产树冠。一般进行4次，每次定剪的新梢刀口处必须要木质化或半木质化。第一次修剪结合定植在离地15-18厘米处定剪，第二、三、四次定剪要求在前一次定剪刀口向上提高15厘米处定剪。经过四次的定型修剪树高已达到60厘米，有2-3级的分枝结构，初步形成合理的采摘树冠，即可投入生产。②轻修剪。轻修剪的目的在于调整树冠，培养良好的采摘面。每年进行一次，轻修剪的程度，以剪去蓬面上3-5厘米的为度，主要是剪掉冠面上的小桩头、无用新梢等。③深修剪。经过多年的采摘和轻修剪的树，应用深修剪的方法剪去树冠上部10-15厘米的一层枝叶，使茶树重新抽发新枝，提高茶树发芽能力，延长茶树高产稳产的年限。④重修剪。对半衰老和未老先衰茶树，一般以剪去原树高的1/2为宜，结合整理（抽剪），重新培养健壮枝干和采摘树冠。⑤台刈。对十分衰老的茶树，宜在离地面约10-15厘米高处锯（或剪）掉全部枝干，重新培养树体骨架结构和采摘树冠。

肥培管理

1. 施足基肥（底肥）：种植前的定植沟和投产后的每年冬季均要施放有机肥料，如农家肥，饼肥、商品有机肥等。以商品有机肥料为主，每亩施放200-300千克。

2. 多次追肥：分别在3月上旬、5月中下旬、8月中旬三次结合浅耕作业时进行。以N、P、K复合肥料为主，亩施40-60千克。

3. 技术要求：在树冠缘下开条沟深15-20厘米（下基肥时深20-25厘米），将肥料均匀施于沟内，施后盖土。

4. 耕作锄草：生产茶园每年在非采摘季节进行2-3次10-15厘米的浅耕和去除杂草，10月中旬深耕20-25厘米进行松土。

5. 病虫害防治：以农业防治为基础，调控茶园内的生态环境，抑制病虫的发生为害。每年的冬季喷施0.5波美度石硫合剂进行封园，降低翌年病虫发生密度。非采摘季节根据病害发生的情况可使用世高、甲基托布津、半量式波尔多液等农药进行防治。使用高毒、高效、低（无）残留农药如天王星、功夫、吡虫啉、苦参碱、鱼藤酮等。农药的使用要严格执行安全间隔期，杜绝使用剧毒、高残留和国家明令禁止使用的农药。

（资料来源：中华茶叶网）

乌龙茶无公害栽培技术

无公害栽培中，最关键的技术措施是掌握好茶园土壤管理与施肥技术。

低改修剪1

低改修剪2

低改修剪3

茶园土壤管理技术

1. 土壤耕作的技术措施及有效作用

无公害茶园更重视中耕和深耕。中耕通常在春茶前进行，每年1次，深度10-15厘米。中耕后，有利于春茶萌发和新梢生长。深耕具有较强的熟化改良土壤、增厚活土层、减少翌年病虫发生等作用。一般每1-2年进行一次。但深耕容易伤断茶树根系，是一项技术性较高的和较难掌握的措施。需因地制宜、灵活掌握深耕的次数与间隔时间。对于种植前以深垦过的幼龄茶园，头2-3年不作全园深耕，然后在树冠边缘垂直下挖一条深宽各30厘米的条形沟进行深耕基肥，茶园内、外两侧的茶行只浅耕松土，不必深耕。而衰老茶园应结合树冠的改造更新，深耕的深度和宽度以35厘米为宜。各种类型的茶园深耕均在秋茶（或冬季）结束后进行，并进行喷洒石硫合剂和全面清园工作。

2. 土壤覆盖技术措施

选用安全、洁净无污染的稻草、麦秆或其他杂草，于6-7月份和9-10月份旱害、旱害来临之前，在茶园行间浅耕后，离茶树根部10厘米以外进行覆盖。覆盖物要求铺放均匀，厚度8-10厘米，以覆盖后不露土为佳。坡地茶园应将覆盖物横坡向铺在茶行中，这样既可阻挡雨水直冲，滞留一部分水分，又可避免雨水流动时覆盖物堆积在一起；平地茶园可顺行铺放。秋冬季茶园深耕时即可将覆盖物翻入底层作肥料。通过覆盖，可抑制杂草发生和防治表层水土流失，调节土温，促进茶树生长。

3. 客土培园的技术措施

无公害茶园应选择肥力较高的红壤土、黄壤土、红黄壤土或其他洁净田土，在每年茶季结束后挑入茶园行间。填土时，要求不同性质茶园客入不同质地的土壤。粘性土茶园客入砂质红壤土，砂质土茶园客入粘性土，衰老茶园则客入红、黄壤“心土”。厚度10厘米以上，分批分期分步进行，每2-3年轮流客土一次。

4. 茶园套种的技术措施

茶园套种技术重点在于因树制宜，合理掌握。对于幼龄茶园（包括台刈更新茶园），应选择豆科植物，如黄豆、绿豆、花生等，或选择匍匐性化物如马铃薯、甘薯等。套种时，密度应合理，绿肥与茶树之间需保持适当距离，采取双列穴种，每穴2-3株。当种植的作物基本成熟时应尽快采收，并将梗叶及时翻埋入土层中。对于成年茶园，应选择不与茶树争水争肥的深根性伞状型果树，如油柿、龙眼、杨梅、桃、李等。套种时应根据茶园覆盖率和茶树长势确定果树品种及种植密度，控制遮荫率20-30%。

无公害茶园施肥技术

1. 无公害茶园常用的肥料

茶园选用的肥料，可分为以下几种类型：第一大类农家有机肥，经过发酵腐熟后达到无害化卫生标准的厩肥、堆肥和沤肥，也施用少量饼肥。第二大类化肥，常用的化肥有尿素、硫酸铵、钙镁磷、磷矿粉、过磷酸钙、硫酸钾。化肥必须与有机肥配合施入，有机氮肥与无机氮肥之比为1：1为宜。最后一次追肥必须在采茶前30吨以内施下，最后一次叶面肥必须在采茶前20吨喷施。全年化肥施用量不能超过总施肥量的20%。第三大类复合肥营养较全面且便于运送施用。常选用氮、磷、钾比例为15%的国产复合肥，或氮、磷、钾比例为16%的俄罗斯三元复合肥，可以选用氮：钾为15：10，氮：磷为20：16的二元复合肥。第四大类商品有机肥广泛应用的是："利江牌"有机复混肥、"超大"有机肥、"福隆"复元混合肥、"肥力高"生物固氮有机肥、"大统"微生物有机肥等。第五大类叶面肥，如选用0.2%硫酸锌，可提高鲜叶中橙花叔醇的含量，增强乌龙茶香气。也可施用硫酸钾、金必来等叶面肥料。

2. 茶园施肥技术措施

①重视基肥的施用，做到早施、深施和施足。"早施"指基肥施用时间应适当提早。施肥时间以秋（冬）茶采摘后10吨内进行为好。"深施"就是施肥深度要适当加深，提高茶树的抗逆性，确保安全过冬。成年茶园力求做到基肥

生态茶园示范

生态茶园示范

沟施，深度达25厘米以上；幼龄茶园可根据树龄由浅逐步加深，一般15厘米以上。“施足”就是基肥数量要多。无公害茶园的基肥提倡以有机肥为主，一般幼龄茶园每667公顷施农家肥2000-1500千克或施商品有机肥300千克，配施磷，钾肥各25千克。

②因地制宜施追肥。春秋茶品质好，产量比例高，是乌龙茶生产的黄金季节，这一时期也是茶树吸肥最集中的高峰期。但是想春茶生长多而快，仅仅依靠基肥的营养是不够的，必须配合追肥予以补充。每667公顷施复合肥、化肥共200千克，分4次施下，即春、夏、暑、秋各季节开采前30-40吨施用为宜。各种肥料种类占总量的比例因不同树龄而不同，幼龄茶园氮：磷：钾为2：1：1，成年茶园氮：磷：钾为3：1：1.5。并增施含镁、锌等中微量元素的肥料，增进品质。

③巧施叶面肥。有些茶园喷施叶面肥后，虽然促进了茶树萌芽和新梢伸长，但因节间增长和鲜叶内含物含量减少，影响乌龙茶的品质，制出的茶叶香气低、滋味淡；有些茶园喷施叶面肥后，因新梢生长过密，导致病虫害大量发生。因此，必须合理掌握，量质兼顾。一是选择经过农业部登记并附有检验登记证书的叶面肥；二是选用一些既可提前萌发和采摘，又可弥补茶类香气成分的营养元素；三是喷施时要将叶面正反两面都喷湿喷匀，发挥叶子背面吸收能力强的作用，以收到更好的促进效果。

（资料来源：农业资料网）

大棚茶栽培管理技术要点

园地选择

选择土壤肥沃，水源充足，土壤通透性好的平地或缓坡地建园。最好选用北面为山、南部开阔的地形，以利于阻挡冬季的寒风，并避开风口。平原地茶园，应在茶园北面设置防风林。

树　龄

以壮龄茶园为主，其树势强、生长壮、茶叶产量高，茶园覆盖度85%以上。

大棚模式

以冬暖式大棚为主，一般棚宽13米左右，长度不宜超过50米，以利于管理。棚膜应选用优质无滴膜。

大棚管理

盖棚时间在11月上旬。盖棚的茶肥，以优质农家肥为主。施肥量为露天茶园的2倍，每1/5公顷（1亩）6000千克左右，并结合浇水后划锄，然后在行间覆草，草厚约20厘米，并适量压土。棚内温度夜间不低于5℃，白天20-25℃，相对湿度70%左右。

修　剪

大棚茶秋丰应轻采少采，以贮存更多的养分，有利于提高春茶产量。秋茶采收后应进行修剪。同时修剪时间也应从春茶采收前推迟到春茶采收结束后，一般每隔2年左右进行1次深修剪，7年左右进行1次重修剪，控制树高80厘米左右。

采　收

一般在茶芽长到炒制标准时开始采收。

手工抓虫

省级生态示范基地

黑光灯防治

动物防治

茶树的修剪技术

茶树修剪是人为地抑制顶端主枝生长优势的措施，可刺激着生部位较低的芽萌发新技，增强树势，培养高产优质树冠。茶树修剪方法主要有幼龄茶树的定形修剪、成龄茶树的轻修剪与深修剪、衰老茶树的重修剪与台刈等。茶树修剪时期，从理论上在开春的惊蛰前后效果最好。但为考虑当前春茶的经济收益，除幼龄茶树定形修剪外，其他修剪应安排在春茶结束后进行较好。

幼龄茶树的定形修剪

茶苗定植后，当苗高达到30厘米以上，主枝粗达3毫米以上时，即可进行第一次定形修剪，剪后留高15厘米左右。生长较差的茶苗，未达上述标准时，应推迟定形修剪时期。定形修剪后，要注意留养新梢，并加强培肥管理。以后每年进行一次定形修剪，每次定形修剪的高度可在上次剪口上提高15厘米左石。经过三次定形修剪的茶树，高度约在40-50厘米，这时骨架已经形成，以后再辅之以打顶轻采和轻修剪，进一步培养树冠和采摘面。

定形修剪的工具：第一次定剪应选用整枝剪逐丛进行修剪，剪口距剪口下第一个腋芽3-5毫米，并尽量保留外侧芽，以利今后长成健壮的骨干枝。在条件许可的情况下，第二次定形修剪仍应选用整枝剪，这对提高修剪质量有帮助。

成龄茶树的轻修剪与深修剪

1. 轻修剪。轻修剪的目的在于促进茶芽萌发生长，提高生产密度，增强茶树长势。它是创造培养良好采摘面必不可少的技术措施。轻修剪的程度，以剪去蓬面上3-5厘米的枝叶为度，也可以剪去上年的秋梢，留下夏梢。中小叶种茶树轻修剪的形式，蓬面以剪成弧形为宜。这样可以增加采摘幅的宽度，对提高单产有利。青、壮年期的茶树，轻修剪可每年或隔年进行一次，每次在原剪口上提高2-3厘米。

2. 深修剪。茶树经多年采摘和轻修剪后，采摘面上会形成密集而细弱的分枝，这就是常说的“鸡爪枝”，茶叶产量和品质逐渐下降。为更新茶树采摘面，可采用深修剪技术，剪除密集细弱的“鸡爪枝”层，使茶树重新抽发新枝，提高茶树发芽能力，延长茶树高产稳产年限。深修剪宜剪去冠面10-15厘米的枝梢，过浅不能达到更新采摘面的目的。经深修剪后的茶树，以后仍用每年或隔年轻修剪，适当多留新叶，重新养采摘面。

衰老茶树的重修剪与台刈

对于衰老茶树，可通过重修剪和台刈，重新培养树冠，复壮树势，实现高产优质。

无公害茶叶病虫害综合防治技术

无公害茶叶是指符合食品安全要求的茶叶的总称。主要表现为：空气质量、土壤、水源等符合茶树健康生长的要求；加工、包装等环节符合食品卫生要求；茶叶产品中的农药残留、重金属含量、有害微生物等指标符合无公害标准；生产过程对环境不造成破坏；茶水被饮后对人体健康不产生危害。通常熟悉的无公害茶有有机茶、绿色食品茶及低残留茶等。

为了使生产的茶叶中的农药残留符合无公害标准，农技站对茶叶的环境作了较合理的规划和完善。对病虫的防治坚持“预防为，综合防治”的植保方针。根据病虫害与作物、耕作制度、有益生物及环境之间的相互关系，因地制宜地将病虫害控制在允许的范围之内。

以农业防治为主

搞好农业防治，控制病虫基数，恶化病虫发生条件。

1. 合理选择品种

对新开发的茶园及改良的低产衰老园，要根据当地的土壤、气候等条件，选育抗性强、品质优、易于加工的好品种。如因地制宜选种无性系良种茶树品种、龙井43等。

2. 适时合理密植

适时采用合理的种植密度及定植方式。一般可采用单行条植法。行株（丛）距1.5-0.33米，亩用苗4000株（3株为1丛），根系带土移栽，适当深埋（埋没根颈处为适度），舒展根系，适当压紧，从而可使植株发育良好，生长健壮，抗病虫能力也得到相应提高，尽早丰产。

3. 加强茶园管理

在茶叶生产过程中，采用科学的管理方法，能够有效抑制或减少病虫害的发生。一是科学平衡施肥。按产定量，施足基肥，重点以有机肥为主，少用化肥，尽量控制氮肥施用，改善作物的营养条件，促进茶株健康生产，提高抵抗病虫害的能力。二是适时修剪和清园。每年都要适时进行茶叶修剪，剪去病虫为害过的枝叶，清除枯死病枝，轻修剪深度为3-5厘米，深修剪10-15厘米，台刈为离地面40厘米。对清除的病枝进行深埋或火烧处理，以减少病残体上的越冬病源。可减少茶蚜、茶毛虫和茶黑毒蛾越冬虫卵块；减少茶小卷叶蛾、蚧类的残留基数；减少轮斑病、茶饼病的越冬菌源。三是中耕培土。中耕培土不仅能改善土壤墒情，有利根系生长，同时能破坏病虫的越冬场所，机械杀伤土壤中茶尺蠖等的越冬幼虫，并深埋枯枝落叶，减少病原体基数。四是及时分批采茶。采茶叶时做到及时、分批、留叶采摘，可除去新枝上茶小卷叶蛾、小绿叶蝉等害虫的低龄若虫卵块，还可减少茶枯病的为害。五是诱杀防治。对一些有趋性的害虫，可采用灯火、毒饵、嗜色诱杀。此法如大面积应用效果更加明显。

利用天敌资源，积极推广生物防治

生物防治是一项对人畜安全、对茶叶无药害、不污染环境且能降低成本的

修剪1

修剪2

重要防治措施。

1. 加强对寄生性和捕食性昆虫的保护

在茶园的周围保留一定数量的植被，重视生物栖息地的保护。保护好松毛虫、赤眼蜂、茶园蜘蛛、红点唇瓢虫等害虫的天敌。

2. 利用昆虫激素等生物代谢产物治虫

如对茶小卷叶蛾发生为害的茶园，可连片采用性引诱剂诱杀成虫。生产实践中还可利用有益生物的代谢产物来防治病虫害。

适时药剂防治

在农业防治和生物防治的基础上，通过茶园调查，在虫口密度高、病情指数大、超过防治指标的茶园，根据国家无公害茶的生产标准，安全合理使用药剂防治。

1、禁止在茶园使用高毒、高残留的农药，如甲胺膦、甲基对硫磷、氰戊菊酯、三氯杀虫螨醇等。

2、严格按防治指标用药。不能见虫见病就急于用药，只有

对病虫为害超过防治指标的茶园方能用药防治。如茶跗线螨被害芽占5%或螨卵芽占20%，茶毛虫每亩7000-9000头，茶小绿叶蝉百叶虫量10-15头时，据情对症用药。

3、安全正确使用农药。用药时，应选准农药品种，并注意使用方法、浓度及安全间隔期。如用Bt制剂300-500倍液，防治茶毛虫、茶尺蠖、茶黑毒蛾和茶小卷叶蛾，安全间隔期3-5天；用0.2%苦参碱水剂1000-1500倍液，防治茶毛虫、茶毒蛾、茶小卷叶蛾，安全间隔期5天；辛硫磷安全间隔期10天。

4、轮换用药。在无公害茶园施药不仅要注意用药时间、浓度及安全间隔期，还要注意每种农药在采茶期只能用1次，以后要轮换用药。这样既可防止病虫产生抗药性，减少残留，又能达到用药少，减少生产成本的目的。

（资料来源：铁观音茶叶网）

茶树病虫害的综合防治

小茶树作为一种多年生常绿作物，在其年生长周期中具有明显的规律性。根据年生长规律进行的茶树管理及茶叶采摘也具有明显的季节性特点。现结合一年中的主要茶事活动，将茶树病虫害的综合防治分为五个阶段加以概述。

越冬休眠期（10月至次年2月）

随着气温下降，各种病虫先后潜伏越冬。结合茶园冬季管理，不失时机地开展病虫害的越冬防治，对减轻来年的危害，作用显著，是综合防治的重要环节。

生态茶园示范

一、茶树主要病虫的越冬场所

1. 害虫：假眼小绿叶蝉以成虫在茶树或茶园内外的杂草、作物上越冬；茶毛虫、茶黑毒蛾以卵，茶小卷叶蛾、蓑蛾类、黑刺粉虱、黄梨蚧以幼（若）虫，茶细蛾以蛹，茶橙瘿螨以幼、成螨，均在茶树叶片上越冬；茶梢蛾、茶枝镰蛾、茶枝木蠹蛾、茶堆砂蛀蛾、茶吉丁虫以幼虫，长白蚧以若虫，龟蜡蚧以雌成虫，均在茶树枝梢表面及茎干内越冬；茶丽纹象、茶芽粗腿象、黑足角胸叶甲以幼虫，茶尺蠖、油桐尺蠖、茶蚕以蛹，茶刺蛾、茶扁刺蛾以茧，均在表土或枯枝落叶中越冬。

2. 病害：茶白星病、茶圆赤星病、茶芽枯病以菌丝体或分生孢子器，茶轮斑病、茶云纹叶枯病、茶炭疽病以菌丝体或分生孢子盘，均在茶树叶片上越冬；茶膏药病以菌膜，茶黑痣病以菌丝体或子座，均在枝上越冬；茶紫纹羽病以菌丝、菌索和菌核，茶苗白绢病以菌核和菌丝体，茶根癌病以病原细菌，均在病根及土壤中越冬。

二、茶树越冬病虫害的防治措施

1. 人工防治：对虫体较大，目标明显，易于捕捉的害虫，如大蓑蛾、茶蓑蛾、褐蓑蛾的护囊，茶毛虫、茶黑毒蛾的卵块，可组织人工摘除。同时，随手捏茶小卷叶蛾等的虫苞，对茶膏药的菌膜用竹片刮除。

2. 剪除病虫枝：刘·茶枝镰蛾、茶枝木蠹蛾、茶堆砂蛀蛾、茶吉丁虫、

茶园石砌坎

茶黑痣病等，可人工剪除被害枝。

3. 清园除草：及时清除茶园的枯枝落叶，铲除茶园内及周围的杂草，集中作堆肥，可消灭多种叶面病害（如茶炭疽病、茶轮斑病等）的菌源，破坏多种害虫（茶刺蛾、假眼小绿叶蝉等）的越冬场所，降低越冬成活率。

4. 冬耕培土与施肥：秋茶结束后，有冬耕习惯的茶区，可把部分茶尺蠖、油桐尺蠖、茶丽纹象、茶芽粗腿象、黑足角胸叶甲等，翻到地表或深埋杀死。也可在施肥开沟后，将茶丛根际的表土及落叶扒入沟内，然后施肥盖土，以消灭表土层的虫蛹及减少次年茶云纹叶枯病等叶面病害的初次侵染菌源。冬季培土，对茶蚕、茶刺蛾等的防治，效果会更好。

5. 实行种苗检验：对尚未发现茶根癌病的茶区，在调运茶苗时，必须进行种苗检验，以防传入。

6. 喷药封园：对病害发生严重的茶园，可喷0.7%石灰半量式波尔多液。茶橙瘿螨等螨类发生严重的茶园，喷0.5度波美石硫合剂封园。

早春期（3月份）

随着气温的回升，茶树病虫以各种形态过冬存活下来的病虫，相继开始复苏，也是新一年的茶芽萌动伸展期。此时，绝大多数茶园尚未开始采茶，农事尚闲，在冬季未进行防治的茶园，抓住这一时期进行防治，仍可获得事半功倍的效果。

一、早春期主要病虫的发生特点

1. 害虫：①第1代茶蚕幼虫3月上旬开始为害，这代前期也为害老叶，有明显的发虫中心。②第1代茶黑毒蛾幼虫3月上、中旬开始为害，初期群集在茶丛中、下部两侧老叶背面取食，食量很小。③第1代茶毛虫幼虫3月下旬开始为害，2龄前幼虫常数十头至百

护坡种草

余头聚集在叶背取食叶肉，也多在茶丛中、下部两侧，食量也很小。④第1代茶尺蠖3月底开始为害，这代幼虫发生整齐，也常有发虫中心。⑤茶蓑蛾、大蓑蛾等开始为害，发生中心明显。⑥越冬代黑刺粉虱幼虫3月至4月上旬继续生长发育，刺吸茶树汁液。

2. 病害：①茶白星病的病菌3月下旬开始侵害新梢和嫩叶。②茶芽枯病的病菌在气温。上升至10℃左右时，孢子即成熟，随雨水溅泼传播。

二、早春期病虫的防治措施

1. 人工防治：在冬季未进行人工防治的茶园，此时仍可根据茶黑毒蛾低龄幼虫期群栖于老叶背面咬食叶肉，茶白星病、茶芽枯病等病菌在叶片组织中越冬，蓑蛾带护囊取食的特点，摘除病虫叶和护囊。

2. 修剪：结合早春茶树的轻修剪，剪除有茶白星病、茶芽枯病、黑刺粉虱等病虫梢、叶，并将剪下的枝叶连同枯枝落叶一同清除出园，妥善处理。

3. 施肥与削草：早春3月茶园的施肥、削草，可直接或间接的消灭在土中栖息的茶丽纹象、茶芽粗腿象、黑足角胸，叶甲等害虫的部分幼虫和蛹。

4. 保护和利用天敌：在自然界，天敌对病虫的控制作用是长期存在的。充分发挥并利用天敌对病虫的自然控制作用，是病虫害生态调控的重要措施之一，可以采用以下方法：

①合理处理害虫。人工摘除带害虫卵块、幼虫的枝叶及扩囊等，均潜伏有不少天敌，宜分别放入寄生蜂保护器内或堆放于适当的地方，等寄生蜂、寄生蝇等天敌羽化飞回茶园后，再作处理。茶园修剪、台刈下来的茶树枝叶，先集中堆放在茶园附近，让天敌飞回茶园后再处理。

②人为释放天敌。利用茶园生态环境较稳定，温、湿度适宜，有利于病原微生物的繁殖和流行的条件，有条件的茶园，可将各种害虫的病原真菌、细菌、病毒等有益微生物人为培养后，散放到茶园中去，使其侵染有害生物，并造成重复侵染和流行。

③用农业技术措施保护天敌。许多寄生性天敌昆虫（寄生蜂、寄生蝇）和捕食性天敌昆虫（食蚜蝇）羽化后，需要吮吸花蜜进行补充营养，然后觅找寄主产卵繁殖。因此为了延长天敌昆虫的寿命和提高寄生、捕食率，可在茶园周围种植一些不同时期开花的蜜源植物，作为天敌昆虫的补充营养基地，同时也美化了茶园环境。

④给天敌创造良好的生态环境。茶园周围造林，路旁种行道树，或采用茶林间作、茶果间作，幼龄茶园间种绿肥，均可为天敌提供大批中间寄主和猎物，为鸟类提供更多的栖息场所。

春茶期（4月至5月15日前）

春茶季节是茶叶的重要采收期，也是茶园病虫的初发阶段。经过冬季或早春防治的茶园，此时通过茶叶的分批多次采摘，一般为害不重，无须用药防治。但应尽可能采用其他措施来控制各种病虫的发生量，以减轻对夏、秋茶的威胁。若个别种类为害较重，则可采用生物制剂挑治有病虫的茶树。

一、春茶期主要病虫的发生特点

1. 虫害：①第1代茶黑毒蛾、茶毛虫、茶尺蠖、茶蚕及蓑蛾类的幼虫继续取食，食量渐增，茶黑毒蛾、茶毛虫开始逐迁于茶丛表面为害新梢嫩叶。②4月下旬至5月上旬第1代茶小卷叶蛾幼虫发生，初期潜入芽尖缝隙内，初展嫩叶端部或边缘吐丝卷缀潜藏，啃食叶肉，2龄开始吐丝卷叶成苞，居中啃食叶肉，3龄后老嫩叶均为害。③4月初茶芽粗腿象成虫开始为害幼嫩芽叶，4月中下旬成虫盛发。④5月上旬第1代黑刺粉虱幼虫开始为害，以茶丛中下部叶背较多。⑤假眼小绿叶蝉、绿盲蝽、茶蚜、茶细蛾等也相继开始为害。

2. 病害：①茶芽枯病通过再侵染，于4月中旬至5月上旬达到发病盛期。②茶白星病经过多次的再侵染，平地、丘陵在4-5月间，高山茶园在5月至6月中旬盛发。③茶圆赤星病4月下旬至5月中旬也盛发。

二、春茶期病虫的防治措施

1. 分批及时采茶：茶叶采摘对象主要是树冠表面的嫩梢，标准一般为1芽2叶。春茶每隔4天左右采摘一批，共要采10批次左右。因此，少L具趋嫩习性，分布在采摘部位的病虫，均能被其经常采除，如假眼小绿叶蝉、茶蚜、茶小卷叶蛾（初龄幼虫）、茶细蛾（卵、幼虫）、茶白星病、茶圆赤星病、茶芽枯病等。分批及时采茶，对在幼嫩芽叶上为害的病虫，除直接予以消灭外，还由于幼嫩梢（叶）是它们的最适为害部位，因被大量采去，逐出现了病虫寄主（食料）的严重恶化现象，而使其为害减轻。

2. 性引诱剂诱杀：对历年茶小卷、叶蛾、茶毛虫和茶毒蛾为害较重的茶园，可在4-10月大面积连片用性引诱剂诱杀雄成虫，三种性诱剂可以共一诱捕器同时放置。

3. 生物制剂防治：对虫口密度高必须用农药防治的茶园，对茶黑毒蛾、茶蚕等鳞翅目类害虫可选用Bt制剂或2.5%鱼藤酮乳油300-500倍液防治，安全间隔期均为3-5天。对茶苗白绢病发病重的茶园，可用哈次木霉处理有病茶园的土壤。

夏茶期（5月15日后至7月底）

夏茶是病虫的上升阶段，各茶场要按地块做好病虫的田间调查，决不可疏忽大意。否则，某些病虫就有可能发生成灾。

一、夏茶期主要病虫的发生特点

1. 虫害：①茶尺蠖第4代幼虫开始为害，以后世代重叠。从历年的发生情况来看，7月份若环境条件适宜，个别年份有的茶园也会暴发成灾。②茶黑毒蛾、茶小卷叶蛾的2、3代幼虫均在5月下旬至6月上旬、7月上旬至8月上旬发生，虫量以第2代幼虫发生较多。③茶毛虫第2代幼虫于6月下旬开始发生，该世代多数年份虫量不大。④茶丽纹象、黑足角胸叶甲以成虫咀食嫩叶，盛发期均在5月中旬至6月中旬。⑤假眼小绿叶蝉以若虫和成虫吸食茶树幼嫩芽叶汁液，5月下旬至6月上旬出现为害高峰。⑥茶蚕、油桐尺蠖、黑刺粉虱、长白蚧、茶叶螨类等害虫的虫量部分茶园也在上升。

2. 病害：①属高温、高湿型的茶轮斑病、茶云纹叶枯病、茶炭疽病等病害，夏茶期有一个发病高峰。②属高温干旱型的茶赤叶斑病，在夏茶后期有时也会流行。

二、夏茶期病虫的防治措施

1. 增施有机肥：研究表明，施用有机肥可以改变茶芽叶中氨基酸的种类，而氨基酸组份的改变会影响螨类的生长和繁殖。在非有机茶园、AA级茶茶园增施有机肥可减轻螨类的为害。增施有机肥还可减少茶苗根结线虫病及一些叶部病害的发生。

浅耕削草：采摘茶园春茶结束后的浅耕（10厘米左右）削草，可消灭部分在土中栖息的虫蛹，如茶尺蠖、油桐尺蠖、茶蚕的蛹、黑足角胸叶甲的幼虫等。

2. 强采茶叶：江西的头号吸汁害虫–假眼小绿叶蝉5月底形成虫口高峰，此阶段进行强采茶叶，实践证明是控制其种群数量的有效措施，对在茶幼嫩部位为害的其他病虫也同样有抑制作用。

3. 注意排水：对地下水位高的茶园，开沟排水尤为重要，可减轻喜荫湿病虫（如茶长绵蚧、茶藻斑病等）的为害。

4. 人工捕杀：①利用茶丽纹象、黑足角胸叶甲成虫的假死性，先在树冠下用塑料薄膜等物承接，而后振动茶树，将坠落的成虫快速收集杀死。②利用油桐尺蠖成虫多栖息于茶园和附近高大树木或建筑物上，以及受惊落地假死的习性，在各代成虫期组织人工捕杀，见到卵快将其拍碎或刮除。

5. 树干涂白：油桐尺蠖的卵多成堆产于树木主干的裂皮缝隙、孔洞内或茶丛枝桠处，将茶园周围的树木用石灰水涂白，可阻碍雌蛾产卵。

6. 药剂防治：对假眼小绿叶蝉、茶尺蠖、茶小卷叶蛾等害虫，虫口密度超过防治指标的有机茶园、AA级茶茶园，可在卵盛孵高峰期或低龄幼虫盛发期用2.5％鱼藤酮乳油或Bt制剂300–500倍液防治，安全间隔期3–5天；对茶丽纹象、黑足角胸叶甲等，可在成虫盛发初期用每克100亿个孢子白僵菌500倍液防治，安全间隔期3天。非有机茶园、AA级茶茶园，假眼小绿叶蝉也可选用10％吡虫啉可湿性粉剂4000–5000倍液防治，安全间隔期7–10天；茶尺蠖、茶小卷叶蛾等，也可选用1004氯氰菊酯乳油6000–8000倍液（安全间隔期7天），或80％敌敌畏乳油800–1000倍液（安全间隔期6天，对茶小卷叶蛾效果特佳）防治；茶丽纹象、黑足角胸叶甲等，也可选用98％杀螟月–可湿性粉剂1000倍液（安全间隔期7天），或2.5％联苯菊酯乳油750–1000倍液（安全间隔期6天）防治。

7. 天敌的保护和利用：参照“早春期病虫的防治措施”。

秋茶期（8月至10月）

自夏茶开始，虫口数量逐渐上升，病害传播侵染频率开始加大。秋茶时，由于气温高，害虫历期和病菌侵染所需时间短，繁殖发育快，为害加剧，常易暴发成灾，所以说秋茶是病虫暴发阶段。假使秋茶发生病虫害严重而不及时采取有效的防治措施，不仅秋茶的产量和质量会受到损失，而且对次年春茶产量，也会带来不良影响。

一、秋茶期主要病虫的发生特点

1. 虫害：①4–6代茶尺蠖，若环境条件适宜，常暴发成灾。②第2代油桐尺蠖幼虫开始为害，发生先后参差不齐。③第3代茶毛虫开始为害，部分山区茶园常发生重。④茶小卷叶蛾、茶黑毒蛾4–5代幼虫开始发生。茶小卷叶蛾幼虫低龄期仅为害嫩叶，多在茶丛树冠表面；茶黑毒蛾幼虫低龄期仅为害老叶，多在茶丛中下部两侧。⑤假眼小绿叶蝉种群数量8月下旬后常出现一次高峰，少数年份为害重。⑥刺蛾类、蓑蛾类害虫，有的种类在一些茶园虫口密度也较高。⑦茶丽纹象、茶芽粗腿象、黑足角胸叶甲等害虫的幼虫在表土中取食有机质和茶须根。

2. 病害：①茶轮斑病、茶云纹叶枯病：茶炭疽病等仍为盛发期，一些茶园为害较重。②茶褐色叶斑病属低温高湿型病害，一般在晚秋盛发。③高山茶园茶饼病开始流行。

二、秋茶期病虫的防治措施

1. 合理采摘：秋茶期继续及时采去符合标准的芽叶，一可增加收入，二可消灭在树冠表面幼嫩芽、叶上为害的部分病虫，还可采去潜伏期较长，但已侵入嫩叶，只是未表现出症状的茶网饼病、茶炭疽病等。

2. 深耕与割磅草：各茶区秋茶期（8月份）的深耕（25厘米左右），不仅可以提高土壤肥力，有利于茶树生长发育，而且还可以改善土壤环境，恶化一些病虫的生存条件。如茶毛虫、茶尺蠖、茶蚕的蛹、茶丽纹象、茶芽粗腿象、茶籽象、黑足角胸叶甲等的幼虫及蛹均生活在浅土中，通过中耕，司一把幼虫、蛹翻到地面使其暴露在不良气候或天敌易侵袭下，增加死亡率，也可直接杀死一些。割除梯坎磅上的杂草是秋茶期必须进行的一项工作，可以减轻茶园茶绿鳞象、苔藓、地衣、茶叶斑病等的为害。此时若进行药剂防治假眼小绿叶蝉，还可提高防治效果。深耕后，在茶从根颈部四周培土，可使表土的某些病菌、害虫无法出土侵害。例如，培土10厘米，可使70％以上的茶尺蠖成虫不能羽化出土。将茶云纹叶枯病的病残组织埋

远芳铁观音茶园

入较深的土层内，可增加其腐烂程度和降低病菌存活率，减少次年的初次侵染源。

3. 重修剪和台刈：衰老茶树在秋茶期通过重修剪和台刈可

大坪茶园

达到增强树势，更新复壮的目的。同时，对分布在茶树离地5厘米附近或30厘米以下的茶尺蠖、茶小卷叶蛾、茶毛虫、长白蚧、茶枝镰蛾、茶枝木蠹蛾、茶红颈天牛、茶吉丁虫等所有枝叶害虫，以及茶轮斑病、茶枝梢黑点病、茶粗皮病、茶毛发病等所有枝叶病害，可全部被剪下清除出园。但重修剪、台刈后，茶蔸上还会有蚧、粗皮病等病虫残存，宜及时施药。

4. 人工防治、天敌的保护和利用：参照"早春期病虫的防治措施"；药剂防治，参照春茶期"生物制剂防治"和夏茶期"药剂防治"的内容。

我省茶树种植范围广，各地的地理环境、气候条件、种茶历史等都不同，病虫种类和发生为害情况也会有差别。所以，各茶区必须从实际出发，掌握主要病虫的防治关键，采取有效的防治措施，确保茶园高产优质，安全高效。

（资料来源：安徽农网）

防治茶叶病虫害的"土方"

茶叶是我国南方广大山区主要经济作物之一，年产量约21.54万吨。目前，茶叶产品除满足国内市场需求外，出口国际市场也占有一定位置。随着国内外消费者对茶叶需求的增加，对茶叶中残留农药提出了更高要求，因此，生产无公害的高档次优质茶叶，减少农药使用量，提高经济效益是必须认真对待的问题。以下几种就地取材的"土方"，用植物防治茶园病虫害方法，不仅可节省资金，不污染环境，而且操作简便，可谓一举多得。

1. 樟树叶

采樟树叶2公斤，切碎后加水10公斤、食盐0.2公斤、煮沸1小时后过滤、喷雾，可防治茶树炭疽病、烟煤病、纹羽病、白星病、白粉病、园赤星病、茶云纹叶病等。

2. 松针叶

采松针叶5公斤，切碎捣烂后加水25公斤，煮沸1小时后过滤，再加2%肥皂水溶液400倍喷雾。每周1次，连续3次，可防治茶纹羽病、茶云纹叶枯病、轮斑病、茶饼病、藻斑病等，并能兼治茶毛虫，茶人蠖、红蜘蛛，蚜虫刺蛾、茶衰蛾、介壳虫等。

3. 烟草

取烟草的根、茎、蔸、叶及加工的下脚料（叶柄、叶脉）5斤，切碎后加水10公斤，浸泡2天再煮沸1小时后滤出原汁液，再加水15公斤喷雾。可防治茶叶螨、介壳虫、茶毛虫、茶人蠖等。浇灌根部可防治根结线虫病，并可杀死金龟子的幼虫（蛴螬）、地老虎、蝼蛄等害虫。

4. 苦楝树叶

采苦楝树叶2公斤，切碎后加水10公斤，煮沸1小时后过滤，冷却后再加2%洗衣粉溶液200倍喷雾。可防治茶衰蛾、小绿叶蝉、茶毛虫、卷叶蛾、刺蛾等多种害虫。

5. 泡桐叶

采泡桐鲜叶5公斤，切碎加少许水捣烂后榨出原叶汁，并加2倍水，再加黄烟叶及其茎、蔸、根加工后的下脚料浸出液200倍喷雾，可防治茶叶螨、小绿叶螨、茶毛虫、茶人蠖、卷叶蛾、刺蛾类、茶蚜、介壳虫、黑刺粉虱、红蜘蛛等。

6. 茶枯饼

将茶枯饼架成人字形后，用一小把稻草把枯饼烧成焦黄色后打碎，然后再加热开水3倍，浸泡4小时后过滤，冷却后再加2%洗衣粉溶液水200倍喷雾。可杀死红蜘蛛、茶叶螨、小绿叶蝉、茶蚜虫、长白蚧等。用茶枯水浇根部，除可防治茶树根结线虫病外，还可杀死地老虎、金针虫、金龟子幼虫等。将茶枯末埋入土中，还可以做肥料用。

（资料来源：茶网）

生态茶园建设初探

生态茶园是以茶树为主要物种，以生态学和经济学的原理为指导而建立起来的一种高效人工农业生态系统。建设生态茶园的实质，是按照自然生态规律和人工可控生态规律来调整人与自然的关系，并组织生产的茶业形态。建设生态茶园的目的，是以增加农民的收入为出发点，确保其茶产品能保障广大人民群众的身体健康，提高茶业的市场竞争能力。建设生态茶园的手段，是依托科技进步，规范检验检测，强化依法管理，抓住生产源头和市场准入两个重要环节，实现茶叶生产从山头到茶杯的全面科学管理，将茶业融于整个社会系统，贯穿于经济发展的全过程，达到经济、社会、生态二个效益的有机统一。

近年来，我省茶叶生产虽有较大幅度的发展，但随着生产专业化、基地化和商品经济的不断扩大，茶叶单产不能大幅度提

锄草

高，茶叶天然品质有下降趋势。究其原因，其中之一便是茶园单一作业，使生态环境趋于恶性循环。面对上述生产实际，当务之急必须尽早采取综合措施，尽快改善茶园生态环境。笔者针对目前茶业存在的问题，从茶业可持续发展角度、卫生安全角度及商业经济角度，提出通过发展生态茶园来振兴福建乃至中国茶业的思路。

我省生态茶园建设的现状

我省虽然产茶历史悠久，但生态茶园建设起步较晚，与兄弟省份比相对滞后，特别是有机茶园发展缓慢。近年来，我省在实施茶业经济发展战略中，围绕全省各地都在开展全力打造生态经济强省这个战略目标，经过上、下多方面的共同努力，加上配套措施得力，政府宣传扶持力度的加大，因而我省各地生态茶园建设发展迅猛，工作取得了实质性进展，成效显著。但是我们也应清醒地看到，虽然这儿年来我省生态茶园建设有了进步，取得了可喜的成绩，但与兄弟省份相比，仍存在较大的差距，其中也存在着一些不容忽视的问题。比如有的地方为了片面追求单一的经济效益，仍在生态茶园中使用禁用农药和除草剂。在检查茶园中能捡到草甘膦等一些瓶子，且各地发展不平衡，对这项工作紧迫性、长期性以及艰巨性认识不到位，对困难估计不足，存在松懈麻痹等思想。还有极少数地方生态茶园建设只停留在宣传发动和表面上，实际工作不具体、措施落实不到位，往往带有一些盲目性、随意性。

建设生态茶园产生的良好效益

一、生态效益

以茶树为主的多物种、多层次的结构土态系统，能提高光能利用率。茶树的光饱和点较低，一般40-50kix，而中国南方夏季中午光强均在50kix以上，生态茶园可重复利用光能。例如：茶桃（村）间作能明显提高光能利用率，改善茶园小气候，提高冬季和夜间的温度，增加湿度，降低风速，漫射光多，有利于茶叶氨基酸形成，从而提高茶叶品质。生态茶园生物种类多，营养级多，能量流与物质流复杂，整个系统更加协调稳定，使天敌增加，病虫害减少，创造了实施病虫生物防治的条件。

二、经济效益

生态茶园创造了适宜茶叶生长的生态环境，能改善茶叶品质，有利于开发高效益无公害的名优茶、绿色食品茶、有机茶，树立品牌，形成产业化，提高茶叶生产的直接经济效益。而且通过能量、资源的综合利用。将会大大提高单位面积的产出，创造出间接经济效益。

三、社会效益

生态茶园可产出大量无公害的优质茶叶产品，满足人们的需要，有利于人们的健康。同时，生态茶园系统综合开发，可增加就业岗位，缓解农村劳动力的就业矛盾，有利于社会稳定。

四、有效解决中国茶业发展的障碍因素

发达国家对进口农产品的卫生质量要求越来越高，特别是欧盟从2000年7月起，大幅度增加茶叶农药检测的品种和降低农药残留量允许标准，使中国多种茶叶无法进入欧盟市场。可以预见，今后国际市场还会不断增加茶叶农药检测品种和降低农约残留量允许标准。为此，我们要采取积极的应对措施，除研制和选用高效、低毒、低残留农药外，更重要的是要从生物防治、生态平衡着手，有计划地发展生态茶园，开发绿色食品茶叶、有机茶，与国际按轨。

惠女雕塑

生态茶园建设的关键技术

生态茶园建设是生态茶业技术与优质高效茶业技术的融合与统一。它吸收了传统茶业和现代茶业技术的精华，包括优质高产抗病虫茶树无性系良种的选育与应用技术，茶园无害化高效施肥技术、有害生物综合治理技术、水土保持技术与立体种养技术，茶叶高效低本栽培技术与精深加工技术，茶区食物链对按技术及资源综合利用技术等。其中与生态茶园建设关系最密切的是无公害高效施肥技术与有害生物综合治理技术。

一、规范化改造和建设生态茶园

生态茶园要在远离城镇、工厂。交通要道3千米以上，生态条件较好的山区或可人工改造的地区建设。要求大气环境质量必须符合GBl339095－82所列国家一级标准，灌溉水源达到饮用水标准，茶园土壤质地良好、土层深厚、有机质和养分丰富，栽植发芽早、产量高、采摘期长、适应性强无性系良种。

二、生态茶园施肥技术

据有关资料的小完全调查表明，当前我省茶园施肥水平不一，人多存一偏二少三不当的习惯。即偏施氮肥，磷钾肥相对不足；偏施化肥，少施有机肥、绿肥及生物、微生物肥；偏施单体化肥，少施复合肥。加上施肥方法不当，以致给茶叶生产带来许多的负面影响。不仅影响茶叶的产量好品质，同时土壤酸化加剧，重金属积累等，甚至对环境造成严重污染。因此，在全省茶园特别是生态茶园中推进实施高效施肥技术工作已显得尤为重要。生态茶园高效施肥技术，归纳起来应做到“一深、二早、三多、四平衡、五配套”。所谓“一深”：即肥料要适当深施；“二早”：基肥要早，催芽肥要早；“三多”：肥料的品种要多，肥料用量要适当多，施肥次数要多，力求做到“一基三追十次喷”；“四平衡”：有机肥与无机肥要平衡，氮肥与磷钾肥、大量元素与中微量元素要平衡，基肥和追肥平衡，根肥与叶面肥要平衡；“五配套”：施肥要与土壤测试和植物分析相配套，施肥与茶树品种相配套，施肥与季节气候、肥料品种相配套，施肥与土壤耕作、茶树采剪相配套，施肥与病虫防治相配套。对于病害较重的茶园应适当多施钾肥，并与其它养分平衡协调，有利于降低病害的侵染率，增强茶树抵抗病虫害的能力。因此，生态茶园尤其是有机茶园推行高效施肥技术，对于提高茶园施肥技术水平，促进我省茶叶生产的可特续性发展具有一定的现实意义。

三、有害生物综合治理技术

本项技术是以保持茶园和茶区生态平衡为目标，应用综合协调多种可持续的技术措施将有害生物抑制在经济阀值以下，这是实现高效生态茶园建设目标的根本保证。在实施中首先要保护茶园生物群落结构，保持茶树树冠的密集度和茶叶周围的林木，为有益生物种群的建立和繁衍创造有利的生态位和提供大量的天敌资源，发挥茶园自然调控能力，抑制有害生物种群。其次是优先应用农业防治和物理防治技术，如推广抗病虫害强的无性系良种，注意品种间的搭配，加强土壤管理，减少氮肥用量，及时采摘及利用灯光诱螨等，控制利减轻病虫害发生。第二，进一步推广病虫害生物防治，如茶卷叶蛾类的性信息激素防治、颗粒病毒应用、茶树害螨的捕食性螨应用等，提高各种生物农药的应用效果。

生态茶园示范

四、结束语

总之，生态茶园是无污染、安全的。是把经济发展与生态环境的保护有机地结合起来，使资源—环境-茶-人体健康间的相互关系得以协调。生态茶园促进了生态良性循环，进而保障人类健康，促进茶业可持续发展。因此，根据可持续发展理论，建设有特色的生态茶园，是促进我省茶业可持续健康发展的一项重要举措，是关系到我省经济发展、社会稳定和人民安居乐业的大事，同时也是提高我省茶业综合竞争力的重要途径。

（福建省农业科学院茶叶研究所林郑和）

第五章 制作工艺

ZHI ZUO GONG YI

基本制作工艺

铁观音的基本制作工艺，与一般乌龙茶制作工艺无大异，但也有一些独特的地方。所以，了解铁观音的制作，首先应当了解乌龙茶的制作。

乌龙茶制作，分为初制与精制两个阶段。

◇初制基本工艺◇

初制有六道程序：采摘——萎凋——做青——杀青——揉捻——干燥。

采　摘

乌龙茶的制作特点，要求鲜叶比绿茶成熟，换个说法就是茶芽更老一些。顶叶驻芽形成时，采摘驻芽开面的二、三叶或三、四叶，也叫“三叶开面采”。开面采按新梢伸展程度不同，又有小开面、中开面和大开面之区别。闽南采摘多为小开面至中开面之间。春茶以中开面采，夏、暑、秋茶以小开面采。闽北、广东采摘则多为中开面至大开面之间。一般认为，以顶叶开展4-7天后达中开面要比小开面所采制的香味较佳，冲泡次数较多。

按采摘季节及时间。乌龙茶开采时间要比绿茶迟，闽北又比闽南稍迟。迟芽种又比中芽，早芽种迟。近年来因部分地区搞大棚茶，乌龙茶的采摘时间则比以前要早多了，几乎与绿茶一样了。一般来说，安溪铁观音则分为春茶、夏茶、暑茶和秋茶。谷雨至立夏（4月中下旬-5月上旬）采摘为春茶（又称头青茶）；夏至至小暑（6月中下旬-7月上旬）采摘为夏茶（又称二青茶）；立秋至处暑（8月上旬-8月下旬）采摘为

上山的采青队伍

采青

暑茶（又称三青茶）；秋分至寒露（9月下旬-10月上旬）采摘为秋茶（又称四青茶）。采摘宜选择晴天，最好安排在晴天上午9时到下午2时。9：00-12：00时采摘称为早青，12：00-15：00采摘称为“午青”。15：00以后采摘称为晚青。以午青品质为最佳。

采摘时要做到“五不”，即不折断叶片，不折叠叶张，不碰碎叶尖，不带单片，不带鱼叶和老梗。生长地带不同的茶树鲜叶要分开采摘，早青、午青、晚青要严格分开。

萎　凋

将采下的鲜叶自然萎凋，分为“摊青—晒青—晾青”几个步骤。晒青之前，先将茶青薄摊在室内阴凉干燥地面或水筛等工具上，待叶温下降，即将茶青移到室外，薄摊在水筛或竹席等工具上，置于阳光下晒青（又称曝青）。一般以上午11时以前或下午2时以后的阳光较为适宜。约15-30分钟，待茶青叶态萎软，伏贴，叶背色泽特征明显突出，呈现“鱼肚白”时即可搬回室内再次晾青。

晴天时宜自然萎凋，遇上阴雨天气，就要采用人工萎凋，即使用特制的室内萎凋槽。将茶青摊放槽内，叶层厚度约15-20厘米，在槽底鼓以热风，利用叶层空隙，热风吹击并穿过叶层，以达到萎凋目的。近年来，一般是将鲜叶直接在综合做青机中吹风萎凋。表面带水的雨青、露水青，则先经脱水机甩干处理后；再置机内萎凋。

做　青

做青是摇青、晾青多次反复的工艺过程。是形成乌龙茶品质特征的关键工序。

摇青分手工与机械两种。手工操作，将萎凋好的适量（约一、二公斤）茶青置于水筛内，手执筛边，平面圆周均匀摇晃。此法适宜制作量少的高档茶。或置于竹制大摇笼内，执一端木柄前后转动。这种方法适宜较大量制作，一笼可容数十至上百公斤。机械操作则使用电动摇青机，适合企业化大生产。

室内萎凋

手工摇青

机械摇青

晒青

晾　青

晾青也叫“等青”，即将摇青后的茶青重新放入室内摊放静置。

在整个做青过程中，摇青和晾青必须交替进行。根据茶青的具体情况，反复多次。使茶青在动静交替的过程中，发生一系列物理和化学变化。俗称“走水”，直到最后达到质量要求为止。

所谓“走水”，是做青中特有的现象。茶青在失水过程中，必然出现叶片、叶梗不同部位不均衡的失水现象。特别在较长时间的等青阶段，不均衡失水现象尤为突出。叶片一旦失水，就会变得萎软——俗称“退青”。经摇青，梗脉中的水分被加速输送至叶面，叶面组织暂时又呈充盈紧张状态，俗称“还阳”或“返青”。“退青”和“返青”交替出现，就是“走水”。如果青叶损伤过度或折断等，俗称“死青”。因为“死青”，无法“走水”，就难以制成优质茶。

具体的做青技术，摇青晾青的力度、时间等等，四大乌龙各有不同特点。闽北制法具有“重晒——轻摇——重发酵”的技术特点；闽南制法具有“轻晒——重摇——轻发酵”的技术特点。反映在做青历程上，闽北具有摇青次数多（8次左右），摇青历时短、摇青程度轻、晾青间隔时间短的特点。闽南具有摇青次数少（约4次），摇青历时长、摇青程度重、晾青间隔时间长的特点。但是不管怎样，都要遵循“看青做青”的原则。

所谓看青做青，是指针对茶青的具体情况，采取与之相适应的做青技术。例如，看品种做青：水仙等梗粗壮、节间长、含水量偏高、容易发酵的品种，做青时，宜轻摇、薄摊多晾，以利失水和避免发酵过度。黄金桂等叶张薄，梗细小，含水量偏低的品种，晾青时可适当厚摊短晾，以防止失水过速。铁观音等不容易发酵的品种，宜重摇，不仅每次摇青历时适当加长，还可以增加摇青次数，以加强摩擦损伤以促进发酵。

除此外，还要“看天做青”。根据各季节不同的气候、不同的温湿度、空气流通度（风速），灵活掌握做青技术。如春茶生产季节，具有温度偏低、湿度偏大的气候特点，青叶不容易失水和发酵，做青前期宜轻摇，并适当增加摇次，结合薄摊多晾，促进走水；做青后期，宜适当重摇结合厚摊，促进发酵。夏暑季节，具有高温的气候特点，青叶发酵快，宜轻摇、薄摊、短晾，防止发酵过度。秋茶季节，温度适中，茶青含水量一般偏低，叶张偏薄，宜厚摊快晾，以防止失水过速。

在做青过程中，茶青含水量由多渐少；叶梢由硬挺趋于凋萎；叶面色泽由绿渐转为黄亮；叶状由平展渐趋垂卷，直至出现汤匙状特征；铁观音的整片茶青呈均匀的“观音合掌”状或“鱼尾”状；叶缘由绿渐转为红边，整片茶青呈“绿叶红镶边”状；叶脉透光度逐渐增大；叶气味由强烈青臭气味渐转为清香，以至出现浓厚的果花香特征；用手触摸青叶，由生硬渐变为刺手感以至最后出现手握如绵的弹性感。至此，方可达到质量要求。进入杀青阶段。

杀　青

将做好的茶青投入高温热锅中炒制。手工杀青使用铁锅炒；机械则有杀青机。杀青技术是由温度、时间、投叶量等各个因素组成的整体。具体操作时要兼顾各因素之间的互相影响和联系。以杀熟、杀透、杀匀为原则。

茶青摊凉

机械杀青

手工杀青

平板包揉

揉　捻

将杀好的茶青出锅，通过外力揉、捻，使杀青叶成形，并适当挤出部份茶汁。未有机械之前，一般全用手工操作。将茶青置于大小适合的竹筛中，量少则用双手反复揉捻；量大则以双脚交替揉捻。手工揉捻费力费时，效率很低，所以现在多采用揉捻机操作。闽北乌龙与凤凰单丛，一般揉捻成条索形。闽南乌龙，早期揉捻成条索形，后来改为弯曲形。即所谓的青蛙腿状或蜻蜓头状。上世纪八九十年代后，一度出现颗粒状。弯曲状和颗粒状的最大好处的可以真空包装，缩小产品体积以方便运输。但揉捻工序较为复杂，需将杀青叶包在白布中多次揉捻，俗称“包揉”，方能制成理想形状。

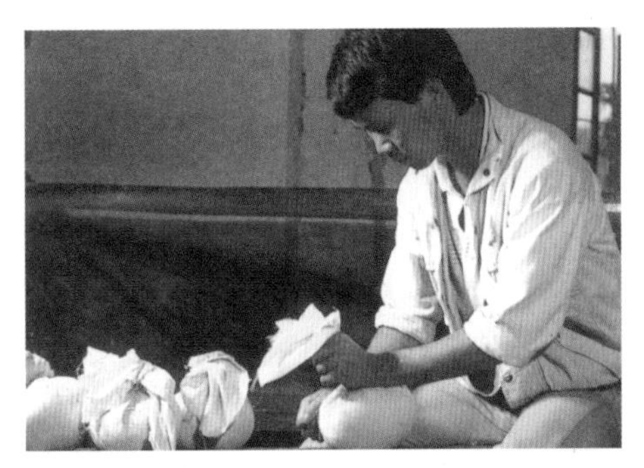
手工包揉

干　燥

将揉捻成形的茶青，置于干燥设备中加温烘焙，除去水份。手工操作，需设置专门的焙房，将茶青均摊在竹制焙笼中，放在焙坑上用炭火烘焙，时间长达12小时以上，至今一些地方，制作高档茶仍然使用此法。机械操作主要是使用烘干机，有热风烘干和电热烘烤两类，以及大小不同型号。无论手工还是机械，操作的基本原则是低温，长时间，犹其是制作高档茶。中、低档茶则可以适当提高温度，减少时间。

一般来说，到此时，乌龙茶的初制工艺就算完成了。

茶包球

◇精制基本工艺◇

乌龙茶要上市，还需进一步加工，这就是精制。有三道基本工序：拣剔——复焙——拼配——包装。

茶青球

拣　剔

将初制好的茶叶，通过拣剔，除去茶梗、老叶，筛去碎屑，使外形更加匀整，美观。虽说一些大企业配有筛别机，可以进行机械化操作，但是大多数茶企业还是手工操作为主。

复包揉

复　焙

俗称“吃火”“炖火”。复焙的作用不仅是进一步去除茶叶中的水份，以利保存，更重要的是通过复焙，提升茶叶品质，改善茶汤滋味。这也是乌龙茶与其它茶类所不同的特殊工艺。复焙的原则依然是低温，长时间。传统的复焙方法，与初焙时一样，将茶叶放在竹焙笼上，炭火烘焙。以手试感到温热即可，复焙时间与次数根据茶叶情况而定，有的需复焙2–3次，每次2–6小时不

柴火烘烤灶

等。以出现焦糖香的轻重为度，轻的称为“中火”，重的称为“足火”。现代烘焙一般采用烘焙机，有大中小各种型号，以电或煤为热源。大批量的中、低档茶多采用大型烘焙机；少量的高档茶多使用小型机械。近年来因为市场流行清香型，为保持茶叶香气，复焙时间已大大缩短，次数也减少至一次即可，称为“轻火”。

这道工序，说来简单，实际操作中，需要相当经验与技术。要非常细心和耐心，才能达到质量要求。

拼　配

乌龙茶焙好后，有时还需要进行拼配。拼配与匀堆的不同在于，匀堆是初制作时的工序，而拼配则是精制时的工序。由于毛茶的来源不同，品种质量状况也不一致，甚至在每次烘焙时因小小的差异也会产生质量的差异。而最后的产品，又必须保证质量的一致，以满足客户的要求，如此一来，就必须进行拼配。犹其是外贸出口茶叶，每一年的样品标准都是一样的。但因各种情况，茶农和茶企每一年的产品情况都会有些差异，有的茶香气高一些，有的茶水厚一些。这时，就必须进行拼配。拼配的原则是根据茶叶的情况，按照茶样标准进行调节，将不同特点的茶叶按一定比例混和在一起，直到达到标准要求为止。

拼配是一项技术性要求很高的工序，需要积累多年的经验才能拼出好茶。不过，因为近年来内销的大幅度增长，内销茶的质量要求与外销茶有很大差异，价格上也有很大差异，基本上实行“以质论价”，也就不一定都要按外贸出口的固定标准拼配产品了。

包　装

分为大包装与小包装两种。大包装比较简单，一般是以5-25公斤为单位，装进特制的防潮密封纸皮箱或木箱内，适于大批量运输与保管。外销茶与边销茶多用这种包装。小包装数量少的多，一般不超过500克，有内包装与外包装两层。内包装多采用锡泊纸或者复合塑料膜，外包装则有硬纸，铁皮，锡罐，木盒，陶瓷等等材料，形状各异，色彩丰富。近年来又流行一种极小包装，一包7-10克，仅供一泡之用。

一般来说，以上所述的步骤是市场化茶叶产品制作的全部过程。

机械烘焙

手工拣剔

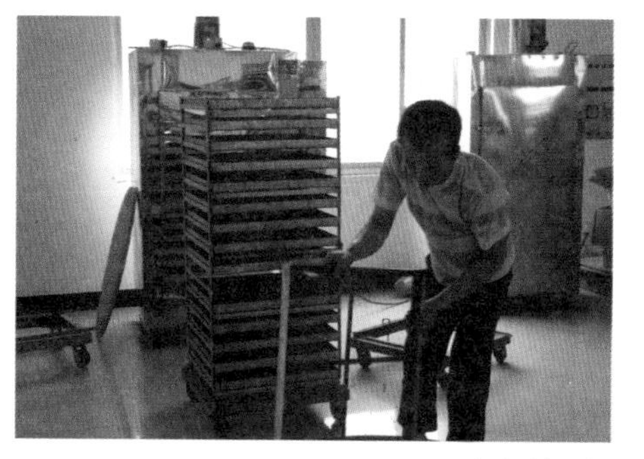
机械烘干机

炭火培

烘焙车间

工艺茶包

铁观音制作的新工艺

近年来，市场上大量出现一种与传统浓香型铁观音以及其它乌龙茶完全不同的新型铁观音系列产品，干茶外观呈砂绿或翠绿，卷曲状或颗粒状。冲泡后的茶汤，香气高扬，颜色呈浅绿，与绿茶汤几乎一样，滋味也相对比较清淡。一般称之为“清香型”。观察其叶底，则可发现，茶叶依然保持青绿色，但是边缘破损，看不到浓香型铁观音的“红边”现象。以至于一些人认为这种铁观音已经不属于乌龙茶了。

解包

其实，这是一种误解。新的清香型铁观音依然是按乌龙茶基本工序制作而成，只不过是在传统制法的基础上有所改进而已。

如果将传统工艺理解为手工操作，那么，新工艺就是机械操作。这其间也有两种情况，一种是采用半机械设备，一种是采用工业化流水作业线。但是实际上传统与新的理解并非如此简单。不仅仅表现在设备上，更重要的是表现在对产品质量标准的理解与制作工艺的变化上。

传统乌龙茶的质量标准，主要是我国外贸机构根据外贸需求而制订的，至今大陆出口乌龙茶（包括铁观音）仍是按这个标准。但是随着改革开放的深入，国内人民生活水平的提高，国内市场对乌龙茶的需求也越来越多，不仅体现在数量上，更体现在质量上。而国内消费者对铁观音质量标准和口感的要求，与国际市场有很大差别，犹其是绿茶区与花茶区的消费者。铁观音茶要扩大生产，就必需适应国内市场的需求，生产出新标准的铁观音。而所谓的新标准，就是借鉴绿茶和花茶标准，强化铁观音的香气，改变传统产品的颜色。安溪人抓住机遇，及时改进了乌龙茶工艺，生产出了新型的清香型铁观音。

质量标准的变化，必然带来工艺操作的变化。新工序主要表现在：

“轻发酵”。缩短茶青发酵时间，减轻发酵程度，变传统的三红七绿为二红，一红；

“去红边”。在包揉时，通过使劲摔打茶青包，将茶青的红边打碎，然后筛除；经多次摔打与筛除后，红边去尽。这样冲泡出来的茶汤，不再是金黄色，而是浅淡如绿茶。这道工序是清香型铁观音制作时的特殊工序。其它乌龙茶则无。

“轻火”。缩短焙火时间，降低焙火温度，只复焙一次，甚至不复焙。

“空调”制作。传统铁观音的制作，完全是在自然条件下进行。这就难免会受到天气变化的影响，无法控制做青时的湿度与温度，稍有疏忽，就影响到茶叶的质量。所以，释超全有“凡茶之候视天气，最喜天晴北风吹；苦遭阴雨南风来，色香顿减淡无味”的记录；茶农中流行“看天做青”的说法。上世纪90年代后期，随着空调机的普及，安溪茶农发明了“空调制作”方法。用空调机来调节室内温、湿度，以确保在任何天气情况下都创造出一个适合做青的小环境。事实证明，空调制作方法的普及，为保证铁观音茶的质量稳定，起到了积极的作用。不管春夏秋冬，阴雨暑热，都能做出好茶。

清香型铁观音投放市场后，获得了巨大的成功。有相当一部分消费者喜欢这种香气高扬，绿叶清汤的乌龙茶。因此成为铁观音的主流产品。以至于一些年轻人，几乎都不知道传统浓香型铁观音是什么样的了。

【相关知识】

初　制

从鲜叶至毛茶的加工过程。按不同茶类要求采收芽叶，并采用不同的加工技术，制成符合不同茶类对色、香、味、形所要求的茶叶初制成品。初制是茶叶生产过程中的一个重要环节，它对成品茶的质量起决定性作用。

精　制

将毛茶加工成商品茶的过程。主要目的是通过拣剔，筛分等工序，达到整理外形，划分品级，提高净度，调制品质，提高香味，充分发挥原料的经济价值。

龚雅玲看青

杀青前青叶

毛 茶

鲜叶加工后的初制产品。不同鲜叶质量和不同初制工艺可以形成不同品质和不同类别的毛茶。毛茶既可以直接用于消费，又可以作为进一步精加工的原料。如经杀青、揉捻、干燥后得到的绿毛茶，可直接饮用，又可通过精加工制成精制茶。

匀堆拼配

茶叶精制工序之一。经精制筛分获得的半成品，根据一定拼配方案要求，按比例混合均匀。生产上，大都用匀堆机进行匀堆拼配。匀堆时应严格对照标准样或贸易商品茶样，充分考虑外形和内质，合理使用半成品，做到取长补短，相互调剂，以充分发挥原料的经济价值。

包 揉

乌龙茶的揉捻方法之一。多见于安溪铁观音的加工过程，是形成其外形卷曲的关键工序。乌龙茶杀青叶或初烘后叶子置于布袋中，将茶揉成团块，后加压揉捻，初次包揉历时10-14分钟，经解块散热，复烘后进行第二次包揉，历时6-8分钟。

发 酵

鲜叶中的茶多酚在酶促条件下，氧化形成茶黄素、茶红素，同时发展良好香气的过程。发酵是形成红茶、乌龙茶香气滋味特征的关键阶段。不同茶发酵条件和程度掌握上有所差异，红茶发酵时程度较高，待叶色全变红，青草气消失并呈花果香即止；乌龙茶发酵程度较低，在10-50%之间，叶片出现红边或“三红七绿”即止。在实际操作时，应根据鲜叶的嫩度、生产季节等情况，灵活掌握发酵时间。

杀 青

绿茶、黄茶、黑茶、乌龙茶的初制工序之一。主要目的是通过高温破坏和钝化鲜叶中的氧化酶活性，抑制鲜叶中的茶多酚等的酶促氧化，蒸发鲜叶部分水分，使茶叶变软，便于揉捻成型，同时促进良好香气的形成。杀青方式一般可分为锅式杀青、筒式杀青和蒸气杀青；锅式杀青时锅温通常在220-280℃，筒式杀青时平均温度在250℃左右；投叶量视鲜叶情况和杀青锅等容积而定。适度杀青后的芽叶变暗绿无光泽，嫩茎折不断，手捏成团，略有粘性，青气消失并显茶香，这时杀青叶含水量约为58-64%。杀青应掌握“高温杀青、先高后低”、“老叶嫩杀、嫩叶老杀”、“抛闷结合、多抛少闷”等原则。

走 水

乌龙茶制作中的术语之一。经晒青后的乌龙茶萎凋叶或摇青叶，移至阴凉通风处摊晾，使茎梗中的水分向叶片输送，使之重新分布。通过走水，有利于叶片内化学成分的相互转化和乌龙茶品质特征的形成。

绿叶红镶边

乌龙茶品质特征之一。乌龙茶制作工艺中，通过摇青工序，叶片叶缘四周经摩擦、碰撞产生损伤氧化红变，而中间损伤较少的部分仍为绿色，经杀青固定后，就形成绿叶红镶边，通常以七成绿三成红为好。

足　火

烘青、红茶、毛峰茶、乌龙茶等的干燥步骤之一。足火紧接着毛火之后进行，主要目的是进一步散失水分固定形状，并发展香气。一般足火温度较毛火低10－20℃，足火后茶叶水分约为4－6％，手捏即成粉末。在一些茶类和茶区，足火又称“复焙”、“足干”等。

焙　茶

将茶置于茶焙中烘烤。传统制茶工序之一。唐宋时制团饼片茶，卷模串造，蒸研后，须置茶焙中烘烤后才能砸碎、碾磨。近代的乌龙茶制法中也有焙法。茶焙分为焙房，焙坑，焙架，焙匾几部分。焙茶时须将炭火置焙坑中，放上竹制焙架，再将需焙之茶置匾中放架上烘焙。俗称炭焙，并分为初焙与复焙。

烘干

茶叶深加工

茶制品的深度加工。利用成品茶叶、半成品或鲜叶按一定的工艺和技术进行再次加工，生产出具有茶叶特有的色、香、味特征的新型饮料或食品，产品主要包括速溶茶、茶水饮料等。茶叶深加工是茶叶生产的发展方向。

铁观音制作民间术语

采摘阶段

开面：茶青停止伸长，出现驻芽，第一叶展开，俗称开面。中开面4－5分成熟指第一叶成熟叶的一半左右。

一把抓：不分品种、大小、老嫩、长短，一次采光，而且手法不对，梗叶受损伤。

茶青：从茶树采摘下来到炒青这一段时间的完整芽叶，都称为茶青。

露水青、早青、午青、晚青：以不同的采摘时间区分，早晨采摘带露水的茶青和露水青，上午采的为早青，中重到傍晚采的为午青，傍晚以后采回的是晚青。

湿青：露富水分的茶青。

路青：从采青至验收、运输过程中，滞留时间久，茶青挤压、郁闷、发热而萎软的茶青。

伤手、伤卡、伤青：茶青在采摘、装卡、保管过程中，断裂、折叠、挤压而产生梗叶受伤。该类茶青鲜灵性降低，受伤处提早发生不正常红变，影响“行水”。

流汗：茶青堆积发热，水分散发增快，水汽积累在叶层间，在叶面上出现湿润状，茶青质量降低。

做青阶段

开青：晒青中使用的一种手工操作方法，用双手握着篱缘，在有节奏的旋转摇动中，使茶青在篱面逐渐移动，均匀薄摊篱面，晒青程序均匀一致。第一次摇青也称为开青，含有开始摇青的意思，与上述开青意思不同。

伤日青、死青：因烈日暴晒中，在热埕晒青，茶青翻动不及时或手法不对，带水湿晒青，茶青灼伤、蒸伤，都会产生红蒂、红脉、红叶现象，称为伤日青，伤青，整叶红变的称为死青或红条。

消、皱：闽南方言，含有水分不饱满的意思。即叶面失去光泽，梗皮稍皱状，以形容水分散失程度。“消”程序重些，“皱”和谐轻些。

走水、行水：指茶青中水分由梗——叶蒂——叶脉——叶肉的扩散，输导运动和细胞质间水分的渗透运动。只有在茶青保持完整性和鲜灵性的情况下，茶青才能产生“行水”运动。第三次、第四次摇青后的晾青中，由于“行水”，叶子向后背略翘，成浅弧状，称汤匙状，是“行水”充分的体现。

拔水：在没有摇青或摇青不足的情况下，茶青细胞进行快速的呼吸作用，伴随着水分大量散失和呼吸基质的快速消耗，造成茶青的缺水，以及内含物少，叶面呈现暗绿色，也导致成茶条过轻飘、香气低闷、滋味淡薄、品质低。拔水常因第三、四次摇青不足或不及时而产生。

软青、倦青：意思和行水相似，但程度较轻，茶青呈萎软状。从采青开始至炒青前均可产生，影响做青，品质降低。

摇活：摇青达到一定程度后，叶面呈现硬挺状态，青味发挥，转入“行水”状态。

青力：指茶青的鲜灵度。梗叶完整，叶蒂和叶脉青鲜，叶面有绿色光泽，红变处鲜艳，“发酵”正常则各青力充足。

拉筛、甩筛、伤筛:指茶青在摇青中由于不正常操作方法而损伤，产生红蒂、红脉和不正常红叶。茶表在茶筛底来回摩擦称拉筛，在茶筛中不规则甩动称甩筛。茶青在摇青筒中摔动散落而受伤和伤筛。

接筛：每一次摇青的间隔时间较短，前一次晾青达到适度后立即开始后一次摇青。

大水冇、青空冇：冇，俗语，指条索轻飘、中间疏散不紧实。含水量多的雨青，在气候阴湿情况下，水分散失慢，但细胞呼吸仍长时间地消耗内含物造成水多物少，而且“发酵”不点头。成茶条索轻冇、青绿色，带青草气味和水闷味，滋味淡涩，叶底绿色，不软伏。

消水冇、青冇、红冇：摇青不足、茶青消水多，而红点不明，成茶条轻冇带有绿色、滋味稍淡的称青冇；摇青后段由于气候转暖、大风吹和不用时摇青等因素，致使“发酵”提早和过度，又没有及时炒制，水分散失过多，也会产生轻冇现象，称红冇。

焦尾、红芽：摇青时间太长，茶青已红变的嫩叶叶尖干焦卷曲称焦尾。老嫩混杂的茶青，嫩叶的细梗易于折伤，不能“行水”，上段芽叶呈褐红色的红变称红芽。

晒青

叶消梗未消：是水分散发不正常的表现。伤蒂伤脉的茶青，水分不能从梗扩散到叶肉，叶散水多，红变快，但梗中水分仍充足，影响了香气和滋味。在气候突然转为高温干燥时，叶面水分散失快，梗中水分输送慢，也会产生叶消梗未消。半夜茶青受干燥的风突然袭吹，叶面泛红，呈青香“嚓嚓”声，俗称“寒死”，也属于此类型。

梗消叶未消：大多发生在最后一次摇青。经摇青后，梗叶水分已输到叶片，但由于气温低、相对湿度大，叶片水分散失慢，仍带绿光，水分充足。应采用薄摊促散水或加温降湿促散水等措施。此类茶青，炒制后影响香气和滋味。

炒青阶段

浸湿状泛红：炒青时，锅温低、不均匀，或投叶量太多，叶在锅中受热升温慢，滞留时间长，致命部分茶青继续迅速地在锅中发酵，产生泛红，不仅扩大叶缘红度，而且叶中还呈现多种不规则的水浸湿状的褐红斑。

焦粉浊：茶青焦灼，尤其是叶尖叶缘最为焦灼，成为细粉，揉捻时卷入茶条中。冲泡时，茶汤有混浊的焦粉。

揉、焙阶段

“水索”：俗语，即指导揉捻后的茶坯，初烘称为烘水索。没有及时烘焙和积索、胶索。积索或胶索茶坯转暗褐色，成茶汤色。

干揉：烘焙失水太多，包揉时茶坯在茶巾中摩擦增大，断碎条和粉末增多，色泽浑白色。

困巾：茶坯在包揉巾、袋中滞留时间长，不通气散热，梗叶泛红，有轻微的发馊现象，影响茶叶品质。

皱节：茶坯包揉时的搓压动作，使叶、梗形成螺状皱纹或结节。

蜻蜓头：茶坯在包揉时，叶片卷成紧结的圆条状，叶蒂由于肥厚而不卷曲，因而在叶柄软部产生弯曲，欲称“蜻蜓头”。一般是铁观音等叶张肥厚品种和手工精细包揉才能形成。

明火、暗火：木炭燃烧可看到的火苗称明火，反之火温适宜称暗火。

红面：干燥工序中，火温高或火候过度，茶叶色泽泛红，带火味。

靠火条：烘焙中，火温高或翻拌不及时、不均匀，部分苛条焦灼，成为焦条或焦红条，冲泡时叶片不展开，都称为靠火条。

（资料来源：三醉斋）

手工去红边

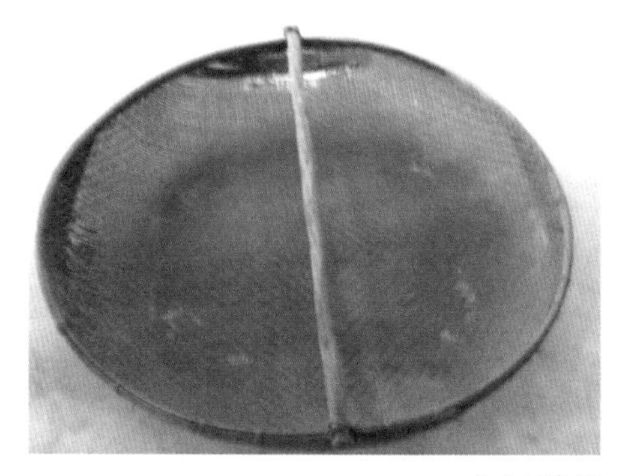

老式摇青匾

脚踏包揉架

延伸阅读

铁观音茶轻做青技术

制作清香型铁观音的工艺关健，在于轻做青，并配以人工控制气温，现将该技术归纳如下：

1. 选择良好的鲜叶原料：良好耕作管理条件下苗壮旺盛的铁观音茶园，在晴天下午1至4时，按驻芽2至3叶标准人工采摘的鲜叶，以达到鲜叶肥壮一致，内含cn比适量、芳香物质多的要求。

2. 采取轻做青方法：采取轻晒青，轻摇青，多摊青方法，保水保青，尽量减少物质消耗。

3. 控制做青的人工气候环境，做青后段可采用空调间做肝方式，灵活掌握浓度深度、空气疏通、空气含氧量、负离子等。

4. 长时间低温摊青利于儿茶素等物质转化，果胶物质、糖类物质的水解合成。

5. 采取高温炒青方法，保持炒青叶的翠绿色，促进香气。

6. 采用较低温度的"冷包揉"，防止湿热作用影响茶叶色泽和香气。

7. 反复多次的机械或人工包揉，形成园紧的茶叶外形。制茶过程如下：鲜叶——轻晒青——第一、二次轻摇青——三、四次重摇青——长时间摊青（空调间）——高温炒青——轻揉捻——低温烘焙——反复多次包揉——烘干。

传统手炒茶

传统手筛摇青

清香型乌龙茶空调做青的设备要求

空调晾青间的建立

空调晾青间应建在坐南朝北、通风、湿度较低、卫生的场所。晾青间不宜设在顶楼，且其四周墙体应不受阳光直接照射，同时将外墙刷白，减少热辐射。为保证空调做青间的气密性、保温保湿性，并有足够的光线，做青间应设置双层无色玻璃铝合金推拉窗，以便观察乌龙茶做青过程中叶相的变化。

在晾青间门外设缓冲间，供摇青作业用。这种布局一方面有利于减小晾青间与缓冲间外，可避免摇青时产生的茸毛和灰尘等进入空调，影响其制冷效果和使用寿命。

空调晾青间可选用硅酸钙板作为隔热材料，特别适于制作晾青间的吊顶。可以用砖砌墙或用双层硅酸钙板分割内室，并有石膏将孔隙补上，避免泄漏冷气。要尽可能地降低晾青间的高度（通常比晾青架高50-80厘米），以减轻空调的工作负荷。

空调的选型及安装

常见的空调有窗式空调、分体挂式空调、分体柜式空调、恒温恒湿机和吸顶式空调5种，茶区一般采用前3种空调。窗式空调结构简单，价格偏宜，安装方便，但安装位置受限制；分体挂式空调安装方便，温度控制精度高于窗式空调，但价格比窗式空调高；分体柜式空调制冷功率大，冷风吹送集中，冷气强劲，但会使晾青间温、湿度不均匀，晾青架不能放置在冷风吹到的地方。窗式和分体挂式空调适用于面积较小的晾青间；分体柜式空调适用于面积较大的晾青间，茶区虽然采用风扇辅助送风，但效果欠佳。面积较大的晾青间可采用2台或多台小功率法挂式空调分布安装，或使用吸顶式空调，内机安装在天花板上，采用向下送风方式，冷气从上方向下方沉降，做青间温、湿度较均匀，有利于做青叶的品质。试验和生产实践表明，乌龙茶空调做青温度为18-23℃、相对湿度为65-80%（根据不同茶树品种、不同茶季、不同工艺、不同做青时间而定）。选择空调使制冷功率应大些，可根据每平方米需制冷功率220瓦来选型，如对于15平方米的晾青间，空调制冷功率应大3300特，相应地配置1台KF-33型空调。

空调在降温的同时可以降低空气的绝对湿度，但由于温度的下降，相对湿度大多上升，因此空调一般只能调温，不能根据做青要求调节环境湿度。晾青间最好配置恒温恒湿机，既可以控制温度，又可以控制湿度。如果已安装空调，可以在安装除湿机，并配置是度控制仪或智能型除湿机，也可以请专业技术人员将空调改装为恒温恒湿机。有些单冷型空调也有除湿功能，能在不改变室内温度的情况下进行除湿，这种机型较适用。

传统手包球

传统用脚踩球

换气扇的安装于适用

换气扇的主要作用是换气，以保证晾青间空气新鲜，避免成茶带有“空调味”；其次，当晾青间空气相对湿度高于室外相对湿度时，通过换气可以降低晾青间的相对湿度，从而减少除湿机的工作，降低能耗。当然，阴雨天室外湿度如果高达90%以上，通过换气可能增加做青间的相对湿度，反而增加能耗。

一般选择规格为350-400毫米带百叶窗的离心式换气扇，安装在晾青间墙体的上方，或选择轴流式换气扇，安装在晾青间的吊顶上。在安装换气扇的对面墙体的下方，安装相同型号的进气扇，有利于晾青间空气流通。换气扇于进气扇同时开启，可用时间控制仪或定时器进行定时控制，一般1-2小时换气1次。晾青间面积小于20平方米的，换气时间2-3分钟。面积大于20平方米的，应选择在晾青间墙体的左上方和右上方各安装1只换气扇，在其对面墙体的左下方和右下方，各安装1只相同型号的进气扇。乌龙茶晾青时空气流动宜小，换气不宜过长，正常情况下以人体感觉不到有明显的空气在流动为宜（换气时除外），这样有利于乌龙茶优良品质的形成。

（资料来源：福建茶业网）

浓缩乌龙茶液

茶叶深加工的含义和研究领域

茶叶的深加工的含意

茶叶的深加工是指用茶的鲜叶、成品茶叶为原料，或是用茶叶、茶厂的废次品、下脚料为原料，利用相应的加工技术和手段生产出含茶的制品。含茶制品可能是以茶为主体的，也可能是以其他物质为主体的。

进行茶叶深加工的意义一是充分利用茶叶资源。很多的低档茶和茶下脚料、茶废弃物没有直接的市场出路，而其中又有大量可以利用的资源，对它们进行深加工就可以充分利用这些资源来为人类造福，而企业也从中获得经济利益。

机械深加工

二是丰富市场产品。茶叶当然是很好的东西，但是人们已经不满足茶叶仅仅是“干燥了的树叶”的产品形态，人们需要丰富化的茶制品。

三是开辟新的功能。茶叶的许多功能或功效不能够在传统的冲泡方法中得以利用，将茶进行深加工，可以有方向、有目的的利用这些功能。同时在深加工中也与其他的物质相配合，以发挥更大的作用。

茶叶深加工的技术

按《茶叶深加工技术》所述，茶叶深加工技术大体上可以分为四个方面或是四个类别，它们是：机械加工、物理加工、化学和生物化学加工、综合技术加工。

茶叶的机械加工：这是指不改变茶叶的基本本质的加工方法，其特点是只改变茶叶的外部形式，如外观形状、大小，以便于贮藏、冲泡、符合卫生标准、美观等等。袋泡茶是茶叶机械加工的典型产品。

茶叶的物理加工：其典型产品有速溶茶、罐装茶水（即饮茶）、泡沫茶（调制茶）。这是改变了茶叶的形态，成品不再是“叶”装了。

化学和生物化学加工：指采用化学或生物化学的方法加工形成具有某种功能性的产品。其特点是从茶原料中分离和纯化茶叶中的某些特效成份加以益用，或是改变茶叶的本质制成信的产品。如茶色素系列、维生素系列、抗腐剂等等。

茶叶的综合技术加工：是指综合利用上述的几种技术制成含茶制品。目前的技术手段主要有：茶叶药物加工、茶叶食品加工、茶叶发酵工程等。

乌龙茶再加工

乌龙茶再加工是以成品乌龙茶为原料，进行再加工后的产品，如大花乌龙茶、桂花乌龙茶等。

安溪历来有用大花（栀子花）、桂花等鲜花窨制乌龙茶，经改善中、低档乌龙茶的香味。以色种茶为原料，以大花、桂花为花源而窨制后的乌龙茶称为大花色种和桂花色种，大部分销往泰国等东南亚国家。

香花资源

安溪香花资源丰富，花乌龙茶窨制古已有之。安溪香花主要有两类，一类是桅子花，俗称“大花”。这种花花蕾大，白色，香气浓烈，在春茶后一二十天开放，花期一个月左右，以前中期质量为上。安溪西坪尧阳、尧山、西原、柏叶等村，桅子花数量多，尤以尧阳为甚。另一类是桂花，俗称“小花”，有金桂、银桂、丹桂之分，以金桂品质最好，花粒细小，金黄色，香气浓郁，9月下旬开放，花期较短，一般只有6-8天，以中前期花香最为鲜浓。主产于安溪西坪柏叶、西原、百福、尧阳等村。

茶坯选用

窨制乌龙花茶的原料称为茶坯，大多为中、低档茶，外形不很紧结，易于吸收花香。茶坯应达到一定的干燥度，含水度以4%为宜。因为茶坯干燥度高，吸收香花的水分和香味的能力也强。所以窨制之前需要复火。值得注意的是复火须提前进行，否则，刚复火的茶坯温度较高，容易烧死香花。

鲜花处理

鲜花质量是窨制花乌龙茶质量的关键。大花必须采用正值开放的当天花蕾。雨天的花蕾含水量大，香气不露，故一般不采用。

机械化生产

星愿现代化精制流水线

大花收购后必须及时剔除枝叶杂物，然后进行萎凋，尽量减少其含水量，以促使鲜花香气显露，增强茶坯的吸香能力。传统的处理方法是掰后萎凋付窨，目前大多采用整花窨制。小花开至第3-5小时，香气最浓，应采用这个时期的花蕾制。小花收购后须及时薄摊散热，蒸发表面水分及剔除杂物后付窨。

茶花拌和

花茶窨制是利用茶叶吸味鲜花吐香这一基本原理进行加工的。窨制时必须使茶坯与鲜花充分拌和，一般采用堆窨，通常为一层茶坯一层鲜花。堆高视气温高低灵活掌握，一般在50厘米左右。下花量根据鲜花质量和需要灵活掌握，一般茶坯与鲜花的比例，大花为10：4，小花为10：3。

通花散热

堆窨经4-5小时，堆温上升至45℃上下时，就要通花散热，即翻动花堆，既低温度，又使茶坯与鲜花的拌和更均匀。茶坯吸香和鲜花吐香是缓慢进行的，因而必须保持适当的温度，温度太高了，会致使鲜花烧死或香气吐露太快；温度太低了，不利于香气味露。整个窨制过程通常要通花散热二三次。

收堆干燥

当鲜花变为褐色，即意味着鲜花香气吐尽，窨制即告结束，应立即起花，避免在水热作用下花渣腐熟黄变，产生不良气味，影响香味。

大花乌龙茶窨制起花后应筛选出全部花香，然后及时干燥，防止花乌龙茶变质。小花乌茶茶一般带花烘干，烘干后再筛出部分干花。小花乌龙茶应薄摊低温慢烘，温度在90-100℃为宜，烘干后茶叶含水量在8％左右，过于干燥则影响香气，而含水量过高则易霉变。

匀堆装箱

花乌龙茶经烘干摊凉后即可匀堆拼配。大花乌龙茶和小花乌龙茶香味浓烈，不象茉莉花茶可单独直接泡饮，它是用来调节中、低档茶的香味。拼配中、低档乌龙茶，一般花乌龙茶拼配乌龙茶的比例为4：96左右。拼配后，过磅装箱。

1985年以来，为适应市场的需求，提高产品的附加值，提高经济效益，安溪县积极开发乌龙茶深度加工产品，先后研制出速溶乌龙茶、乌龙茶露、罐装铁观音茶水、铁观单茶酒、人参铁观音、观音健胃茶、观音健美茶、乌龙减肥茶等新产品。

（资料来源：中国茶叶网）

乌龙茶的拼配技术

茶叶拼配也是茶叶加工的一种工艺，多为商品茶加工企业采用。茶叶拼配是指将两种以上形质不一，具有一定共性和茶叶（如眉茶和雨茶），拼合在一起的作业，是一种常用的提高茶叶品质、稳定茶叶品质、扩大货源、增加数量、获取较高经济效益的方法。

茶叶拼配，是通过评茶师的感官经验和拼配技术把具有一定的共性而形质不一的产品，择其所短，或美其形，或匀其色，或提其香，或浓其味；对部分不符合拼配要求的茶叶，则通过筛、切、扇或复火等措施，使其符合要求，以达到与货样相符的目的。

拼配工作应遵守的准则

一、外形相像：有人认为。“像”就是围绕成交样为中心，控制在上下5％以内。这种把成交样作为中间样的理解是不对的。有人认为，“像”就是一模一样，完全一致，这种认识也不符合茶叶商品实际。严格地说，绝对相像的茶叶是没有的，只有相对相像的茶叶。

二、内质相符：茶叶的色、香、味要与成交样相符。例如，成交样是春茶，交货样不应是夏秋茶。成交样是单一地区（如祁红），交货样不应是各地区的混合茶。

三、品质稳定：拼配茶叶只有长期稳定如一，才能得到消费者的认可各厚爱，优质才能优价。

四、成本低廉：在保证拼配质量的同时，应不突破拼配目标成本，这样才的利于销售价的稳定。

五、技术管理：在拼配中的技术管理万其要做到样品具有代表性，拼堆要充分拌匀，拼堆环境要保证场地清洁、防潮，预防非茶类夹杂物混入、异味侵入等。

乌龙茶拼配的毛茶拼配、半成品茶拼配和成品茶拼配。毛茶拼配是根据客户的要求，将几种不同产地的同一品种、同一等级的茶叶进行拼和，使其色香味形达到最佳状态。半成品茶拼配是根据贸易样的要求，选择若干种毛茶或半成品茶，经过加工精制后，拼配成一种成品茶。成品茶的拼配是根据各级产品的外形内质相对稳定、均匀一致，符合各级产品的规格标准。

拼配时质量因素的差异

乌龙茶精制厂的茶叶原料来自不同产区、不同品种和不同休制季节，在香气、滋味、外形、色泽等方面都存在着很大的差异，因此，拼配时必须熟悉构成成品茶诸多质量因素的差异。

一、毛茶等级差异：乌龙茶毛茶有五级十等，不同等级的原料，其品质也有很大差异。如铁观音一等，外形壮实、卷结、沉重，色泽砂绿、油润，香气高强、“音韵”明显，滋味醇厚、甘鲜，汤色金黄、明亮：而铁观音十等，外形粗松、有焦条、死红条，色泽枯燥、赤褐色。香气低微，“音韵”不明，滋味粗淡、稍带涩，汤色浅红或褐红。

二、毛茶品种差异：乌龙茶品种繁多，各具特色。不同毛茶品种，其色、

割青

香、味均有差异。就香型而言，各个品种争奇斗闰，如铁观音、本山等属馥香型；黄量、奇等属清香型；毛蟹、菜葱等属青香型；梅占、肉桂等属辛香型。

三、采制季节差异：不同季节采制的毛茶，其外形、内质也不同；同一季节不同时期采制的毛茶，在品质上也存在着差异。如春茶香高味醇，耐冲泡。夏暑茶香气低，味带涩；秋茶香气高强，但滋味不及春茶醇厚、耐泡。又如同是秋茶，季节头与季节尾采制的毛茶也有很大差异，季节壮举往往是秋味不足，季节尾大都是味淡不耐泡。

四、毛茶产区差异：毛茶不自不同产区，其品质也有明显差异。如内安溪茶区，属中山低山茶区，自然条件优越，历来有“高山出好茶”之誉，毛茶品质优异；外安溪茶区，属低山丘陵茶区，海拔较低，气温较高，茶叶质量相对较低。

五、进厂批次差异：虽是同等级毛茶，因初制技术和收购进厂时间不同，外形内质也有所差异。如有的批次毛茶外形紧结、细嫩，但香气不足；有的批次毛茶滋味好，但外形较差。

拼配技术要点

成品茶拼配是一项技术性很强、灵活性较大的工作。拼配时必须掌握好以下三个技术要点。

一、要看准茶叶样品

茶叶常用的样品有三种：一是标准样，系国家颁发的样品，每五年更换一次；二是参考样，是根据本厂的传统风格，选用当年新茶在标准样的基础上制作的样品；三是贸易样，是供求双方协

采青

定的对品质要求的样品。各种样品都有一定的质量规格要求，因皮，对样品的条索、色泽、香气、滋味、汤色、叶底六个因子，要进行全面、详细的分析。如样品外形的轻重、长短、大小、粗细，上、中、下段茶的比例；香气的强弱、长短，属何种香型；滋味的浓淡、甘涩、鲜旧等，都必须牢牢掌握。

二、要做到“三个心中有数”

一是对毛茶的原料来源要心中有数；二是对毛茶质量情况要心中有数；三是对拼配数量多少要心中有数。

三、要掌握拼配“三种茶”的关系

茶叶拼配有三种茶，即基准茶、调剂茶和拼带茶，必须处理好三者之间的关系。拼配成品茶是将若干种半成品茶全部或部分有选择地进行筛分、拣剔、烘焙等加工工序后，拼配成一种成品茶。

拼配方法

一、扦取茶样：按比例扦取半成品茶茶样，用标签填好每筛号茶的批唛、孔号、数量等。茶样扦取要有代表性，数量要准确。

二、复评质量：对扦取的各得号茶茶样应重新进行质量鉴定，该升级的就升级使用；该降级使用；不符合规格的，应在鉴定单上注明改进措施，退回车间重新处理。

三、拼配小样：先按比例称取中段茶拼和，然后才拼入上、下段茶，最后拼入拼带茶。各筛号茶的拼配比例多少是根据标准样的品质要求而定。拼配时要边拼边看，使各筛号茶拼配比例恰到好处。

四、对照样品：将拼成的小样与标准样对照，认真分析质量的各项因子，若发现某项因子高于或低于标准样，必须及时进行适当调整，使之完全符合标准样。

五、通知匀堆：小样符合标准后，要开出匀堆通知单，通知四间匀堆。匀堆时，要扦取大堆样与小样对比，是否符合，若大小样不符，应拼入某些不足部分，使其相符。

（资料来源：三醉斋）

爱“拼”才会赢——评点中国茶业拼配现象

茶友sarma在茶庄买了一罐铁观音，老板告诉说这是纯粹的铁观音，没有拼配，因此价位更高。他感到很奇怪，难道拼配不好吗，难道他之前所去的那么多茶庄卖的都是拼配茶？同样令他困惑的是，有次他取出一泡好茶的时候，有人对他说：“这茶不错，但却是拼配的。”那种评价的语气中明显流露出了一种遗憾。

事实上，当我们在市面上买茶的时候，不仅热销的铁观音、普洱茶里面有拼配，在岩茶、绿茶、红茶等各大茶类里面，每一种茶都有拼配。拼配究竟存在着什么问题？有人也认为：拼配不仅合理而且是一泡好茶的必要条件，通过拼配，可以让一泡表现平平的茶成为明星，是“点石成金”的必要手段。

米达斯王是古希腊神话传说中的一位国王，他被酒神狄俄尼索斯赋予了点石成金的魔力，但这种神奇的能力却使他在拥抱女儿的时候失去了她。“点石成金”术让他兴奋却又令他痛苦。拼配，会是茶界里的米达斯王的那根手指吗？

拼配现象

来我们来看看教科书中所说的拼配的定义：“所谓拼配，是指通过评茶师的感官经验和拼配技术把具有一定共性而形质不一的产品，拼合在一起的作业。是一种常用的提高茶叶品质、扩大货源、增加数量、降低成本、获取较高经济效益的方法。”

可以看出，拼配作为茶叶加工过程中的一道技术措施，已经普遍被茶叶加工企业采用。

每一类茶，需要拼配什么茶进去，达到什么样的口味，拼配完的定价，现在全部交由市场来决定了。可以想象，如果没有市场交易，也许小生产者并不需要把千里之外茶拿来拼配，他们完全可以自采自饮某丛纯而又纯的茶。

在产区，做青师父和茶师的工资是最高的。就像酒业中，勾兑师的收入也是最高的一样，拼配这项工作，对他们而言，不管是先天的禀赋还是后天的技术要求都是苛刻的。这些配兑师们，通过拼配，骄傲地让这些茶展示在茶人面前。

面对市场上越来越丰富的茶叶品种，面对热闹的茶界，人们对拼配形成了种种不同的观点。

观点之一：拼配让人钻了空子

茶的拼配和白酒的勾兑有明显的不同，水和酒精无限比互溶，多兑水或少兑都行，就是浓度不同而已。而把不同季节不同品种的茶拼配在一起，还以原先的名字，让人有一种受骗的感觉。

（北京林一博）

觉得一口就能够试出各种茶的特点来，我还是喜欢单株品种。

（武汉江湾）

我看市场有几十元的某名茶，喝了下，什么滋味都有，估计也是拼配出来的吧。

（广州遗老）

感觉上不是什么茶都可以拼配的，那些卖拼配茶又不说明的，我看就有猫腻。

（杭州小树）

现在不少名丛，也大量拼配，品质也许不差，但品种特征往往不明显。名丛之所以价高,重要原因在于产量稀少，这种拼配上量后高价卖出有欺诈之嫌。

（厦门林阳之）

观点之二：要拼也要拼得好

主要还是要看技术，拼配的茶不一定就不是好茶。其实，只要茶叶拼配的好，我们消费者喜欢喝，那就足够了。

（福州凤舞九天）

归堆和拼配是一门很高深的技术学问，是起到提高茶叶品质的重要环节。五粮液也是拼配的，哪个消费者为因为它是拼配的而轻视它呢？鸡尾酒也是一种拼配的过程。关键是要你拼配出来的茶质量要好。而不是简单地将两种或几种茶叶放在一起。

（南平伶俐虫）

要拼也要把相同品种茶拼在一起，否则就不知道喝的是什么了。

（大理殷姜南）

只要你是用心去拼配的，应该是好喝的，品种茶特征显著，拼配茶回味无穷！武夷山人不是常说吗，“喝不出它是什么茶，喝后却使人身心舒畅，那就是大红袍”！

（广州小颖）

观点之三：拼配是一门艺术

拼配技术也是一门高深的学问。掌握茶的拼配的人，首先要有很扎实的评茶基本功，同时还需要有长期实践经验的积累和沉淀。拼配茶的品质往往好于原来的各种单号茶。

（昆明林美兰）

晒青

我也是“乱混”一族，喜欢乱拼一通，正是这样才感受到其实拼配确实不容易。通过自己动手，好多时候能拼出意想不到的效果，我喜欢配拼。

（南昌某普）

拼配的三种理由

茶叶的拼配分为同品种拼配、多品种拼配、产地拼配等形式，技术含量极高。可以看出，为茶人所诟病的常常是多品种拼配或者以次充好的混搭，实际上混搭并不是正常意义的拼配。

让我们来看看茶叶拼配的真实理由，并且借由茶界专家的眼睛，了解拼配到底具有什么魔力，这样魔力又从何而来。

拼配的理由之一：为了满足市场

在乌龙茶的生产中，通过机械制茶，每桶100斤左右的毛茶，加工成成品后大约只有60斤。也许某个山头产的茶特别不错，但是这样的茶再怎么样数量也是有限的，卖完了就没有了。那么如何保证商品的稳定品质与口感呢？只有通过科学而精致的拼配，加入档次接近优势互补的调剂茶，才能获得大量品质稳定、质量上乘的成品茶。

在大茶庄里出售的茶，很多都是拼配的，不然就没有数量与稳定的质量。

拼配的理由之二：为了达到完美

参与拼配的茶，色泽、颗粒相状都要协调。水会涩，找水淡一些；水薄无味，找水重的拼进去；香气淡，就要配上香气好一些的。这样就弥补了缺陷，起到了取长补短的作用。

比如，母树大红袍我们很难喝到，而更谈不上普及，为了市场需要，使大众能喝到像母树大红袍的滋味和岩韵，所以有了拼配茶。像水仙味足、耐泡，肉桂香高、再加上一些名贵小品种的幽兰之韵，这些都是拼配高档红袍不可缺少的原料。

茶青进厂保鲜

拼配的目的是为了提高口感的层次和饱满度，拼配之后往往有更出色的表现。有一些茶王得主，得奖的重要武器就是拼得一手好茶。在茶区，历来就有将香韵味相近的茶进行拼配的传统。现在所谓的“纯茶”的概念，也有可能是一些厂商无法掌握拼配的关键技术，而做出的选择。一般而言，单一茶青制作的成品容易在茶汤内质上显得寡薄或有某些明显的缺点。

拼配的理由之三：为了达到标准

我国的茶叶标准样中，比如铁观音，也都有来自不同产地茶的拼配，并形成特有的品质特征，作为国家标准来执行。

放眼国际，在商品茶上，基本没有“纯茶”的概念，因为商品茶必须定出级别，这个级别必须保持统一与延续，所以商品茶进行拼配是必要的生产程序。我国每年出口的大批红茶就被拼入了外国的一些品牌茶中。

在国际农业界，茶学是一门专业科学，茶的拼配技术也越来越精益求精。

杭州有一家茶馆，其独家招牌茶就是由四种不同的绿茶拼配而成的。它的外形是“绿叶黄芽翡翠沙”，可以用温水甚至冷水冲泡，十次冲泡以后还会有很好的茶味和茶香。

应该说，一个好的拼配，就是一门美丽的艺术。

拼配绝技大揭秘

要了解拼配的关键技术，先要知道拼配的构成。在拼配构成上，可以分成三种茶。这三种茶，就像三板大斧，一个高明的拼配师，就把三板大斧舞得呼呼作响，成为独步武林的高手。或者把这三个音调，奏成一首令人心醉的圆舞曲。

茶叶拼配构成的三种茶，即基准茶、调剂茶和拼带茶。

基准茶：相当于骨干的作用，品质高于样品，数量要求大，茶的品质并非十全十美，存在某些缺陷和不足，需要调剂弥补。

调剂茶：品质稍次一些，但有基准茶所欠缺的优点。

拼带茶：如外形短碎的下段茶，身骨较轻的轻身茶等，直接影响着精制率的高低，也有一定调剂品质的作用。

拼配工作中的绝杀秘技

我们在采访了众多拼配师后，得出了这样的秘诀。

第一招：灵活

首先对要参与拼配的茶，要清楚知道它的品质优劣，差之一克可能就失之千里。

灵活地运用拼配技术，必须具备茶叶专业基础理论知识和长期实践经验。每种茶，在香气、滋味、外形、色泽（汤色、叶底）等方面都存在着颇大的差异。我们知道，茶的香型靠的是记忆，到底是桂花香还是兰花香或者某种特别的香型，需要在记忆中定格寻找。没有经历或者缺少敏感度，就不是一个成功的拼配师。因此，拼配时必须熟悉构成成品茶的诸多质量因素的差异。

有人认为，拼配时的外形相“像”，就是围绕成交样为中心，控制在上下相差5%以内。这种把成交样作为中间样的理解是不对的。有人认为，“像”就要一模一样，完全一致，这种观点也不符合茶叶商品实际。严格地说，绝对相像的茶叶是没有的，只有相对相像的茶叶。

待茶叶小样的外形达到协调匀整的要求后，还要观气味滋味是否达到特定的品质要求。在这当中，必须娴熟掌握，没有天赋、没有经验，就没有成就。

第二招：尊重茶

所谓的尊重茶，就是尊重茶的禀性。也就是说，要在拼配中使用“志趣相投”的茶进行拼配，而不是粗暴的“拉郎配”。

拼配中一个有趣现象就是，如果在拼配中使用了劣质的茶，很可能整批茶的质量都因此而下滑。

拼配时，茶叶的色、香、味等要与成交样相符。比如成交样是春茶，交货样不应是夏秋茶。成交样是单一地区茶，交货样不应是其他地区的混合茶。

第三招：稳、准、狠

拼配是一种极高的商业机密，但离不开“稳、准、狠”这三字经。

“稳”，即品质稳定。拼配茶叶只有长期稳定如一，才能得到消费者的认可和厚爱，优质才能优价。

“准”，即标准化的管理。在拼配的技术管理中，尤其要做到样品具有代表性，拼堆要充分拌匀，拼堆环境要保证场地清洁、防潮，预防非茶类夹杂物混入、异味侵入等，标准生产才有标准产品。

“狠”，即成本低廉。在保证品质基础上，应不突破拼配目标成本，这样才能让更多茶人喝到质优价廉的好茶。

（陈勇光）

制茶技术的科技进步与差距

我国制茶技术的研究和开发从五十年代至今，无论是在制茶理论和技术的研究，还是在新产品开发及新技术的应用上，都取得了显著的进展。六十年代以前，重点研究和总结传统制茶工艺技术以及研制开发制茶机具和机械化作业。六十年代至八十年代，重点研究了制茶过程中各种化学成分变化规律及与品质形成的关系；研究制茶工艺技术改进、优化及实现机械化、连续化作业。八十年代，以研究特种茶的加工原理及工艺技术改进，强化茶叶物理特性研究、茶叶香气研究以及工艺、机械的初步自动化控制为主要研究内容。九十年代，制茶技术的发展出现两种趋势：一是实用化技术研究开发，如名优茶的开发和机械化生产，名优茶保鲜技术，新产品开发；二是现代化食品高新技术的广泛应用，促进了制茶技术水平的大幅度提高。我国制茶技术的发展是随着国内制茶工业的体系结构、产品结构、市场结构、消费结构发生的明显变化而变化的。本文重点讨论八十年代以来我国制茶原理和技术的发展现状，并对今后制茶发展方向进行展望和讨论。

制茶原理和技术的研究和发展

八十年代以来，随着现代高新分析技术的不发展，以及多学科相互渗透和合作，使传统的制茶原理不断被提高和发展，产生了许多新的制茶原理，从而形成了新的加工技术。

一、进一步明确了黑茶、茯砖、普洱茶加工原理

黑茶和茯砖茶的加工理论得到了较为系统的研究，探明了黑茶渥堆及茯砖发花的机理，揭示了黑茶和茯砖茶品质及风味形成的机理。研究鉴定出茯砖茶中“金花”优势菌为冠突散束菌及其演变规律。并研制开发了花诱发剂，缩短发花时间。进一步明确了黑茶和茯砖茶的加工原理，加工技术得到较大程度的提高。

普洱茶工艺化学和技术的研究也得到加强，从普洱茶渥堆过程主要成分、不同产地普洱茶品质风格、阐明了普洱茶品质形成的机理。为改进提高普洱茶的工艺技术提供了理论依据。

二、花茶窨制机理及技术有了新的突破

多年来，许多研究者应用分子扩散和固体吸附理论，从茶叶吸附香气和鲜花香气释放两方面进一步地阐述了花茶的加工原理。同时通过对茶叶吸附特性的研究，认为茶叶内的水浸出物及水分含量在10-15％窨制花茶，其品质与传统工艺相当，但可减少下花量20-30％，从而提出了“增湿窨制茉莉花茶新工艺技术”。这是对传统花茶窨市理论及技术的突破，具有较高的实用价值。

三、茶叶香气成分研究进展迅速

由于气相色谱（GC）及气质谱联用（G-MS）分析技术的应用，使茶叶香气成分的研究成为八十年代以来制茶工艺化学中势门的研究内容，不仅对乌龙茶、绿茶、红茶、黑茶、花茶以及特种茶的香气及特征进行了研究，而且对不同产地、季节、加工工艺、贮藏的香气成分形成、转化机理、生成途径进行了探讨。对进一步揭示茶叶的品质形成起到积极的作用。同时，香气成分品质评价方面的研究也取得一定的进展。

四、茶叶物理特性研究

随着茶叶加工技术由机械化向自动化控制技术的发展，制茶技术的改进、品质控制、制茶设备的改进和发明越来越依赖于茶叶物料的物理特性的认识和研究。因而对茶叶物理性（包括热学特性、力学特性、电学特性、光学特性、吸附持性等）在研究日

四季桂（木犀科木犀属）

益得到重视。

已经进行的茶叶物理特性研究的内容。通过对茶叶物理特性与茶叶物料的含水率、密度、容重、叶片厚度、颗粒大小、不同色泽以及茶叶的品质等级等因子的相关关系的研究，建立了数学模型，这对于茶机的设计、进一步阐明制茶原理、有效地进行茶叶加工及产品的品质监控都提供了非常实用的基础数据。

进入九十年代，茶叶物理特性研究进一步转向对茶叶深加工产品（如速溶茶、浓缩汁、茶饮料）在浸出、加热、冷却、干燥过程中的物理特性研究，并且由纯物理特性的研究转向扩展至物理化学特性的研究。这些理化特性的研究结果，给茶饮料工艺技术的制订、生产设备的选型、产品质量控制均具有十分重大的现实意义。

五、名优茶加工技术和机械化得到大规模推广应用

从九十年代初开始，国内相继研究开发了多种适合不同风格名茶加工流程和技术的名优茶加工机械，如扁形茶、针形茶、毛峰茶等。特别是扁形名优茶多功能机的研究成功，对扁形名优茶发展起到极大的推动作用。1990-1995年，全国主产茶区推广各种名优茶机械85208台套，机制名优茶比例由1990年25%上升到1995年的65%左右。如浙江省，至1997年已推广应用各类名优茶机械9812台，机制名优茶产量4820吨（占25.1%），产值2.3亿元（占23.2%），节约加工成本2000万元，年增收3000万元。全国名优茶产量达10.5万吨，产值41亿元，分别占全国茶叶总产量和总产值的17.5%和48.4%。

六、茶叶加工的可控制技术及连续化

在七十年代实现茶叶加工机械化后，七十年代末至八十年代初，我国已基本上实现了碎绿茶、红碎茶初制生产的初步连续化。炒青绿茶、珠茶的初制连续化也进行了试验和研究，但由于揉捻及炒干两个作业机较难实现连续化，使炒青绿茶的连续化距实际应用尚有一定的距离。在精制上较为成功的是开箱、上料和匀堆连续生产线。

为摆脱茶叶加工过程中由于人为因素而造成的品质不稳定的状况，自动控制技术在茶叶加工作业中的应用得到重视并取得一定的进展。采用可编程序的控制器控制揉捻机、烘干机、窨花机已研制成功。根据大量的工艺试验建立的数学模型以及技术指标，建立的计算机自动探测、调整、转换、反馈系统已在烘干机、乌龙茶做青机、红茶发酵机、茶叶拣梗机以及茶叶精制的拼配、倒箱、倒包等作业中研究成功。如6CHJ?/FONT>20I型烘干机，通过计算机实现烘干机的闭环控制，具有对原料、风温和环境自适应控制的能力。以上的研究成果及实践为今后茶叶生产的全自动控制提供有益的借鉴。

七、新技术和新设备的引进和应用

多年来，我国相应引进了红碎茶生产线（如英国、印度、肯尼亚、斯里兰卡），特别是包括了洛托凡、三联CTC、连续发酵机、流化床烘干机的生产线，对改进和提高我国红碎茶的品质水平及CTC茶机的发展均起到积极的作用。

从意大利IMA和阿根延Mai.s.a引进的袋泡茶包装机，不仅带

白蟾（茜草栀子属）

动了国产袋泡茶机械的开发和生产，而且相应地带动了我国袋泡茶及滤纸产品的发展。

从台湾引进的乌龙茶加工技术（清香乌龙茶）和加工设备，对改善国内乌龙茶的外形及内质均有一定的作用。近年来，我国又以合资的方式引进了日本蒸青绿茶生产线。开发生产了蒸青绿茶，如浙江省已有29条蒸青生产线，1997年蒸青茶产量已达4324.5吨，产值7121.5万吨。

与此同时，先进的食品及饮料加工技术在茶叶深加工及新产品开发中的应用取得明显的成绩。如超微粉碎技术、膜分离技术、冷冻干燥技术、微胶囊技术等，极大地提高了制茶工业的科技水平。

茶叶劣变机理及保存鲜技术的开发应用

自八十年代以来，在茶叶贮藏保鲜理论上的最新成就主要在二个方面：一是阐明了茶叶变质的主要机理是茶叶内含成分的氧化作用，而温度、水分、氧气、光照是品质变化的条件，仅起到加速或延缓作用；二是引进了“水分活度”的概念，表明当茶叶的含水率是单分子含水率时是贮藏的最佳含水率。

国内茶叶保鲜，大包装茶叶采用冷库保鲜技术；小包装茶采用FTS茶叶专用保鲜剂的保鲜技术。据农业部技术推广中心统计，1991-1995年全国主要产茶区累计冷藏保鲜名优茶557吨，增值30%，直接经济效益5891万元。推广保鲜剂313.1万袋，保鲜名茶410.9吨，增值15-20%，直接经济效益177.8万元。

金边瑞香（瑞香科瑞香属）

该两项技术均在生产中广泛应用。目前新的保鲜技术也取得一定的进展，如化学保鲜技术，在茶叶中添加抗坏血酸和亚硫酸钠以延缓茶叶的氧化劣变。生物保鲜技术，则在茶叶中加入腊样芽孢杆菌粉，在限氧条件下，该菌能使茶叶表面形成生物膜，从而控制氧化劣变。

茶叶新产品的开发与茶叶深加工利用

近20年来，由于茶叶生产的供过于求，市场竞争激烈。同时，生活方式的多元化以及茶叶销售发生了较大的变化，茶叶产品已从传统的单一产品向多样化产品发展，形成了传统茶（红茶、绿茶、乌龙茶等）、香味茶、草药茶（保健茶）、茶饮料、速溶茶、有机茶（绿色食品）等多样化茶叶共存的局面。

国内10多年来，许多先进的食品加工技术被应用于茶叶新产品的开发，如膜分离、冷冻干燥、U小时T、无菌包装、微胶囊、超临界CO2萃取技术，开发生产了不少茶叶新品种，提高了制茶工业的技术进步，在一定程度上促进制茶工业的结构及市场消费结构发生了一些变化。

即饮茶饮料是近年发展较快的产品，全国已有将近30多家企业生产茶饮料。较著名的有“三得利”、“旭日升”、“康师傅”、“统一”、“龙喜”等。

保健茶产品获“健”字号的保健茶有十多个，主要功能是减肥茶，如“宁红”、“上海健茶”等。

绿色食品是九十年代发展的一种无公害食品，茶叶产品获“绿色食品”证书也有十多个产品，分布在广东、海南、浙江、湖南、江西、安徽等省市。

近年来为断有新的企业加入开发茶浓缩汁及速溶茶。特别是膜浓缩技术及冷冻干燥技术的应用，大大提高了产品的质量。此外，香味茶、超微茶粉、蒸青茶等产品开发也取得较好的效益。

茶机

茶机

茶机

在茶叶深加工利用方面，茶多酚的提取及利用已实现了工业化的生产和应用。这是茶叶深加工中最为成功的技术成果。此外，咖啡因、茶多糖、茶色素的提取及应用技术上已趋成熟。

综上所述，我国茶叶新产品的开发和深加工利用取得了一定的进展，年消耗茶叶约1.5万吨左右，占我国年产量的60万吨的2.5%，而新产品的产值达14亿左右，约占我国茶叶总产值的16.3%。从另一方面说明，茶叶新产品的开发对于茶叶的增值效果是十分显著的。

（罗龙辉）

常用茶叶制作机械

采茶机

用于采摘并收集茶树鲜叶的机器设备。习惯上，常把各种采茶机与修剪机统称采茶机械。采茶机有多种类型：①按配用动力分，有机动与电动二种；机动是以小型汽油机为动力，而电动则有小型汽油发电机和蓄电瓶二种。②按操作方式分，有单人手提式、双人抬式、自走式和乘坐式等多种。单人手提式采茶机与修剪机均有电动式和机动式二种。双人抬式、自走式与乘坐式采茶机与修剪机均为机动。自走式采茶机有轨道式与轮式二种。乘坐式采茶机用履带行走。③按切割方式分，有往复切割式、螺旋滚切式与水平勾刀式几种。其中以往复切割式效果最佳。④按切割形状分，有弧形与平形二种，单人手提式采茶机与修边机均为平形。其他采茶机与修剪机有平形与弧形二种。

鲜叶脱水机

茶叶初制机械之一，用于除去茶树雨水叶、露水叶等表面水的机器。由转筒、机体、座垫、刹车装置、电动机及电器开关等部分组成。转筒是进行脱水的核心部件，雨水叶通过网袋进入转筒内，利用转筒的高速旋转产生强大的离心力，使水分从叶子表面脱去，从而达到脱水的目的。常见的65型鲜叶脱水机，转筒直径为65厘米，转速940转/分，最大线速度为32米/秒。由于该机是采用高速离心原理，安装和使用时要注意整机的水平和平衡。工作时，将鲜叶放入转筒正中，并由中心向四周拨开，以获得平衡。

贮青槽

茶叶初制设备之一，指用于贮放和保存鲜叶的设备，由槽体、轴流风机和风管组成。贮青槽常是在地面挖一条深约0.5米、宽1.0米的地沟，上面铺多孔槽板，两槽之间可间隔0.8-1.0米。槽的前端为风机。鲜叶摊放厚度为0.6-1.0米，每平方米约摊80-100千克，随气温而变化，温度高时薄些，温度低可厚些。鲜叶贮放过程，采取间歇通风，除去因鲜叶呼吸作用释放的热量，防止鲜叶红变，保持鲜叶品质。通风及其间隔时间随气温而变化，温度高时，鼓风时间长些，间歇时间短些。气温25℃左右时，可鼓风30分钟，间歇30分钟。

杀青机

茶叶初制机械之一。利用热力作用使鲜叶快速升温，破坏茶树鲜叶中酶的结构，防止茶叶中的多酚类等物质的酶促氧化，从而保持茶叶绿色，并引起香气物质挥发和水分蒸发，以利后续揉捻等工序的进行。杀青机有多种类型，按热传导方法分为蒸青和炒青；按机器的形状分为转筒杀青机、滚槽式杀青机、槽式杀青机、锅式杀青机等；按加热方式分为燃柴杀青机、燃煤杀青机、燃油杀青机、电热杀青饥。锅式杀青机中按杀青锅数量不同，又有单锅杀青机、双锅杀青机、二锅连续杀青机和三锅连续杀青机。

滚筒杀青机

连续杀青机种之一，又名“转筒连续杀青机”、“滚筒连续杀青机”。是一种以炒杀为主并兼有蒸杀作用的连续杀青机。按滚筒直径不同，有30型、40型、50型、60型、70型、80型等几种。由滚筒、上叶装置、传动机构、出叶和排温装置、炉灶等几部分组成。杀青机的主要部件是半封闭式的滚筒，筒内有若干根螺旋导板。工作时，当回转滚筒加热到一定温度后。即可由输送装置向筒内投放鲜叶，鲜叶在螺旋导板和滚筒回转作用下，边翻滚边被推进到另一端的出口处。其间鲜叶通过吸收筒体传递的热量以及自身蒸发的水分形成水汽所保持的热量，破坏酶活力，同时鲜叶部分失水萎软。

槽式杀青机

连续杀青机种之一，又名“槽型杀青机”。由上叶装置、主机、炉灶等几部分组成。主机由槽锅、炒叶腔及腔罩、主轴、炒手和传动装置组成。槽锅由生铁浇铸而成，厚度8-10毫米，槽锅半径有250毫米、300毫米、350毫米和400毫米几种，每锅片长有

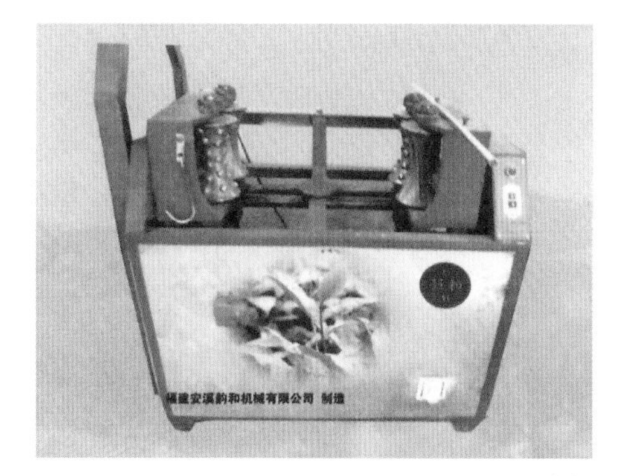

茶机

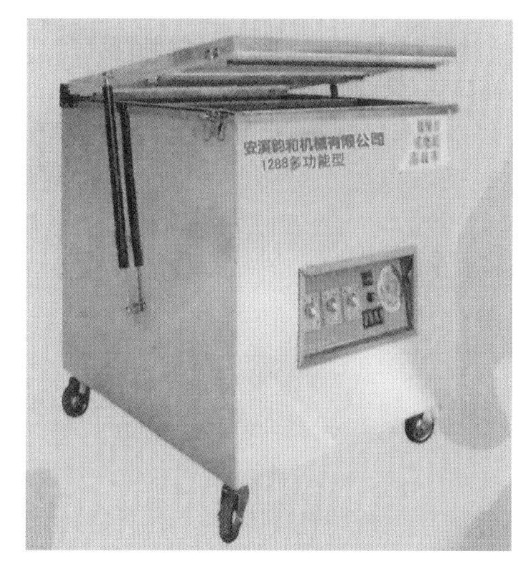

茶机

茶机

500毫米、700毫米和1000毫米几种。主机槽锅总长4200-4500毫米，由4-9片锅片组成。为了便于出叶，长槽首尾安装成10毫米左右的高低差。主轴上有14-15只炒手座，每只炒手座装2-4只炒手。工作时，槽锅前端温度高达500-550℃，尾部170-220℃，投入鲜

茶机

叶在炒手推动下，一边翻炒，一边向前移动，叶温升高，在鲜叶酶活力破坏的同时，散发部分水分，并在推挤力和摩擦力作用下，部分卷曲成条。

揉捻机

茶叶初制机械之一，指用来完成茶叶初制中揉捻作业的机械。由揉盘、揉桶、加压装置、机架、减速传动装置和电动机等组成，揉桶与揉盘是揉捻机最基本的部件。根据揉桶与揉盘揉捻方式的不同，揉捻机可分为双动式和单动式两种。双动式揉捻机有3根曲轴，上部偏心距约为下部的一倍，通过曲轴将揉盘、揉筒与机架相联。工作时揉筒与揉盘交替转动，单动式揉捻机上作时只有揉桶转动，揉盘不动。根据加压方式不同，有龙门（双柱）丝杆式、单柱丝杆式和杠杆配重式等。依投叶与出叶方式不同，又分为间歇性揉捻机和连续性揉捻机。间歇性揉捻机每次揉捻一桶茶叶，投叶量依揉桶大小而异，每揉完一桶茶叶，卸后更换另一桶。连续性揉捻机是连续投叶与出叶的，适于连续化成套加工设备选用。

烘干机

制茶干燥设备之一，用以除去茶叶水分，并促使茶叶发生某些化学变化，稳定茶叶品质特征。烘干机由主机、加热器和鼓风机构成。主机均采用常压式，热空气由下向上运动，顶部敞开。按设计不同，可分为百叶式、自动链板式和振动流化床式三类。百叶式烘干机有手拉式和半自动式两种。烘箱长方形，内有5-6层百叶板。茶叶由人工撒到最上层，手拉百叶式每一层的摆杆全部铰接在手拉杆上，手拉杆控制百叶板翻转，茶叶依次逐层落下，最后落入出茶口。半自动百叶式烘干机利用机动带为百叶板翻动，人工上叶，自动出叶。自动链板式烘干机利用上叶输送器或输送带把茶叶送入干燥室内，在规定的时间范围内由上而下自动运转，完成烘干过程。烘干时间长短可以根据需要调节转速而实现。流化床式烘干机又称沸腾式烘干机，由流化床、进叶装置、风柜和分配装置、卸料器和抽风管道等组成。其工作原理是在流化床内，对位于冲孔金属板上的茶叶层通以较大速度的热气流，使茶叶层疏松，变成类似沸腾状态，即流化状态，所有茶叶均被热空气所吹动，加强茶叶与气流的热交换，含有高水分的空气，由安置在烘干机箱体顶部的抽风管道抽离箱体，并通过旋风式除尘器防止茶叶毛衣和茶灰直接污染空气。

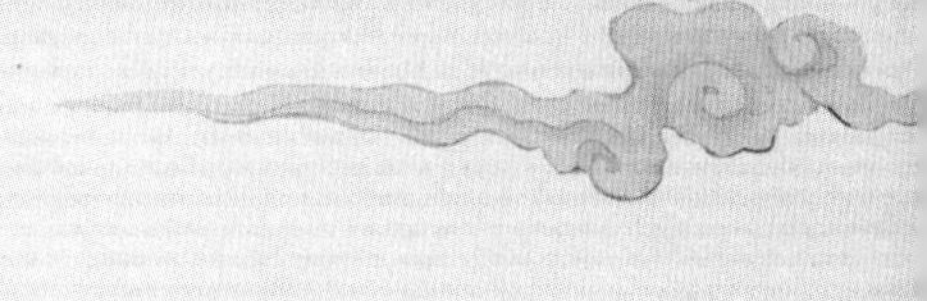

第六章

包装贮藏

BAO ZHUANG ZHU CANG

包装的作用

茶叶产品畏潮湿，畏异味，畏强光，且易碎，如果不加包装，很快就会变质，且不便于运输与贮藏。而在现代社会里，包装的好坏还会影响到销售，所以，茶叶包装已经成为茶叶生产与销售中必不可少的一个重要组成部分。

茶叶包装，古已有之。陆羽《茶经》就有专门章节论茶叶的包装：“纸囊，以剡藤纸白厚者夹缝之，以贮所炙茶，使不泄香也。”剡藤纸产于浙江剡溪，是一种用藤为原料制成的纸，专门用来包装龙凤团茶。而到北宋，茶叶的包装则达到一个相当精致的程度。根据《大观茶论》中所记，当时的茶叶，制好后必须用一种专门的印上龙凤图案的细绵纸包好，然后以十片为单位，装进特制的木盒。经过这样包装的茶叶，可以存放很久而不变质，而且一看包装图案就知道是十分贵重的皇家贡茶。

明清以后，中国资本主义开始萌芽，茶叶作为一种商品在民间流行，同时开始进入对外贸易领域。茶叶包装显得格外重要，同时也更加商业化起来。不过，不管怎样包装，基本上都要考虑三方面的因素。

保质因素

前面说过，因为茶叶是一种在自然条件下极易变质的食品。而生产出来的茶叶，又不可能短期内用完。一般是至

钓鱼台

少要保持一年以上，待到来年新茶叶上市之前。所以，包装时就至少需要有一年以上的保质期。为了保质，首先是要选择无异味且与茶性相容的包装材料，常用的有木质（包括纸），土质（陶或瓷），金质（锡或马口铁、不锈钢）。其次是密封，古人常在包装纸外涂上蜂腊，目的就在于密封防潮防泄气。现代包装的密封，主要是采用密封性能好的材料制作的袋或箱；近年来还有一种常用的方式就是真空包装，但只是适合颗粒状或卷曲状的包括铁观音在内的乌龙茶。

运输因素

茶叶作为一种商品，就必然要有运输。中国茶史上最著名的“茶马古道”，就是以马帮为工具，将茶叶从云南产地千里迢迢运住西北少数民族地区，以及俄罗斯、西亚地区的运输过程。而南方的“海上丝绸路”，则是以木帆船为工具，以泉州港为起点，将中国的丝绸，瓷器，茶叶等商品运往东南亚，西南亚，以及欧洲地区的又一著名历程。为了便于运输，无论茶马古道还是海上丝路，都对茶叶进行了适当的包装。茶马古道用的是竹篓；海上丝路用的是防水木箱和陶罐。现代茶叶运输，要比古代方便多了。用的是汽车火车轮船甚至飞机。古代需要半年之久的路程，今天也许只要几天甚至几个小时。尽管如此，茶叶的包装依然十分重要，从某些角度来说甚至还要求更高。特别是现代的集装箱运输，对茶叶包装的大小规格，材料等都有专门的要求。

品茗洗砚图

销售因素

古代中国，因为商品化程度较低，茶叶包装相对来说比较简单；今天就不同了，市场化经济的发展，导致茶叶销售竞争愈趋激烈。为了吸引消费者的注意，大部分茶企在茶叶包装上做足文章，从而使茶叶包装呈现百花齐放，几乎尽善尽美的程度。在包装形状上，有长方，正方，扁方，长圆柱，扁圆柱等等；在包装色彩上，赤橙黄绿青蓝紫，无不俱备；在包装图案上，更是别出心裁，力求独特；根据不同消费者的需要，包装也分成简装，一般装，礼品装，豪华装等数种档次。总之就是，一要尽可能吸引消费者的眼球，让他产生第一眼的美感，二要方便他们携带与使用。也正因为这方面的因素，使得茶叶包装具有越来越浓的商业色彩，也就因此越来越艺术化，形成一种专门的产业。

除此以外，还要考虑方便使用因素，近年来成为散茶包装主流的10克以内小包装，就是这个因素的直接产物。尽管加大了成本，却是实实在在的方便了消费者。既便于携带又便于冲泡，而且还能体现档次。这不能不说是茶叶包装的一大进步。

形色各异的铁观音包装

铁观音作为当今中国引领茶业新潮流的产业。在包装方面也有许多先进和独到之处。但是就基本的方面来说，与一般的茶叶包装没有什么不同。从整体上来说，有大包装与小包装两大类。大包装每箱份量约二、三十千克，一般是将散茶叶直接装入专门茶叶箱，箱子用胶合板或厚纸板制作，内层有一用复合塑料薄膜或锡铂纸的密封袋。这样包装主要是用于外贸或大批量销售。运达目的地上市前还需进行重新分装。以适应消费者需要。

传家宝茶

小包装主要是零售使用，一般每件不会超过500克，极小的包装每袋仅数克。包装材料有金属的，主要是锡、铝、不锈钢、马口铁，偶尔有铜；有木质的，主要是各类木盒，以及以木浆竹浆为原料的纸盒；有土质的，主要各种瓷或陶罐；有塑料的，主要是各种各样的复合塑料膜；除此外，还有玻璃等其它材料所制的。不过，就一般的小包装而言，最大量使用的还是硬纸皮与复合塑料膜。小包装的外形则主要是方形（四方，长方，扁方等）罐与园筒两大类，偶尔也有玩具式的异型盒见到。

各种包装均有优缺点。马口铁罐质地坚硬，形状固定，有较好的防压防碎性能。但时间长了会生锈。木盒和硬纸罐比较轻便，也有较好的防压防碎性能，但密封性较差。复合薄膜袋成本低，密封性强。缺点是不耐压，不避光、不透气。所以现在一般都在罐内另用一层密封性能好的复合塑料薄膜、可降解塑料薄膜或锡泊纸作为内衬包装，与铁罐木盒罐配合使用。

瓷罐陶罐的避光性和防压性都很好，缺点是易碎。所以现在一般都在罐子外面加木盒或硬纸盒，并衬以塑料泡沫等填充物以防碎。

最佳的包装容器是锡罐。锡罐具有抗氧化能力强、气密性好，透气率低，传导性好，没有金属异味等特点，很久以来就被人们作为储装茶和喝茶的器具，据相关机构检验，用锡罐储茶长年保香保质、不霉不变，可达十年以上。特别是纯锡所制造的精细储茶罐茶性能更好。

铁观音

手提袋

不过，对于铁观音来说，最受人欢迎的包装，可能还是真空小包装袋。这种包装袋一般选择可降解复合塑料膜制作，仅能容几克茶叶，装好后用真空封口机封好，再装入各种包装盒内。冲泡时，一袋刚好泡一次，极为方便。这种小包装的好处还在于方便携带。你可以将这种小包装，装进手提包，甚至衣服口袋，需要时伸手一掏就行。而铁观音的干茶的外形，也特别适合真空小包装。因此，从某种意义上来说，近年来铁观音的风行，与这种小包装有着极大的关系。

铁观音的包装设计，也呈现越来越艺术化的趋势。木质包装质朴厚重、陶瓷包装精美典雅，将雕刻、镶嵌、描金、书法等多种艺术手段应用于罐上，能体现强烈的文化色彩，大幅度提升包装的品位。而此类艺术性包装，摆在家中，于不经意间增添了一份东方艺术品位。因而也受到消费者的广泛欢迎，成为高档礼品装的主流。

包装必须符合国家规定标准

尽管如此，最重要的就是，不管怎样设计，都必须符合国家规定的包装规定。

茶叶有医疗保健作用，但根据国家强制性标准GB7718-94《食品标签通用标准》的规定，不允许在茶叶包装标识中宣传“疗效食品”、“保健食品”、“强壮食品”、“补品”、“营养滋补食品”或其他类似词句；不允许茶叶名称上冠以中药名称，或以中药图象、名称暗示疗效和保健作用等。

为了保护消费者的利益，定量包装的商品茶，其标签标识内容应符合国家强制性标准GB7718-94《食品标签通用标准》的有关规定和国家技术监督局发布的定量包装称重规定。营养保健茶的包装标签还应同时符合国家强制性标准GB10344-92《特殊营养食品标签》的规定；应当按规定取得保健食品生产批准文号。

按照规定，定量包装茶叶标签的内容必须包括：茶叶的具体名称、配料表（仅限花茶和保健茶、药茶类）、净含量、加工制造商的名称和地址、生产（包装）日期、保质期或保存期、质量（品质）等级、产品标准号等8项内容。

定量包装茶叶标签所有内容必须牢固地粘贴、打印、模印或压印在包装容器上。不允许把包装标签放在运输包装箱内，让零售商店自己去贴。也不允许把临时印刷的茶叶标签的部分内容（如生产日期）放在塑料包装袋内与茶叶直接接触；更不允许用不干胶条补贴生产日期。定量保护茶叶标签所用文字必须是规范的汉字；标签上使用的汉语拼音、少数民族文字或外文必须拼写正确，和汉字相对应，并不得大于相应的汉字。计量单位必须使用国家法定计量单位即g或克，kg或千克。

明人春庭行乐图

定量包装茶叶的实际净含量与表明净含量允差应符合规定的单件负偏差和平均负偏差，不得缺秤少量。如国家对进出口茶叶的衡量检验规定，其实际重量与标明重量允差为：散装茶10千克装为0.14千克，40千克装为0.25千克；小包装茶100克装为0.5克，500克装为2.5克。

总而言之，在提高茶叶产品质量的同时，也要重视产品包装的质量，使包装真正成为为产品服务，为消费者服务的产业。

铁观音的贮藏

铁观音的贮藏，分为仓库贮藏与家庭贮藏两种。

仓库贮藏是大批量的茶叶贮藏，主要是生产企业或销售商使用。家庭贮藏是小批量的茶叶贮藏，主要是消费者使用。两种贮藏的基本要求都一样，都要求贮藏地点干燥，洁净，避光，通风，无异味。但因数量与包装的不同，以及茶叶的品质不同，在具体贮藏时仍有一些区别。

仓库贮藏

茶叶仓贮首先要求有专门的茶叶仓库。面积大小视贮藏规模而定。但不管大小，都应选择向阳干燥通风之地，但又必须避免阳光直晒进室内。而且最好是设置在楼上。仓库周围必须清洁卫生，不能有污染源，如垃圾场，厕所，烟囱，油库，以及各种有可能发生污染的工厂。必须有流畅的排水设施。

仓库内部地面要打水泥，四壁刷上绿色涂料，屋顶不能漏雨。还应准备一些专门的木架，茶叶箱入库时，不能直接放地上，必须用木架垫高，至少离地面100厘米以上。

清费丹旭金陵十二钗李纨

盒装小包装

清香型铁观音应置于专门的冷藏室，或较大的冷柜贮藏。

除此外，仓库内还应配备除湿机，以便室内随时保持地合适的干湿度。以及消防设施。做好防止鼠害，虫害工作等。仓库内严禁吸烟，喷洒有毒有异味的化学除虫剂，鼠药等。

不同品类不同批号、日期的茶叶必须分开存放。应建立严格的仓库管理档案。定期检查库存情况，并作出相应的处理。

如果一时没有条件建立专门茶叶仓库，可以选择符合以上条件的食品仓库。但是不能与海鲜之类有异味的食品混杂。运输中转途中需暂时存放仓库的，也应如此处理。

家庭贮藏

铁观音的家庭贮藏，其实比较简单，关健在掌握要点。

首先，了解不同类型铁观音的特点。现在市场上有清香型、浓香型、韵香型、陈香型保健型数类铁观音。而以清香型最为常见。

清香型铁观音，因为以香见长，香气一失，便索然无味。而香气是最不易保藏的。所以，清香型铁观音买回家后，应置放于专门的家用茶叶保鲜柜中。如果没有专门保鲜柜，也可以放置普通冰箱内。一般是放在保鲜柜内，无须冷冻。但需注意，冰箱如果贮藏了茶叶后，就不宜再放置剩菜，鱼类，肉类，以及其它有异味的食品了。否则，你的铁观音就很可能串味。所以，为了预防万一，最好在铁观音外面再包上一层密封塑料袋。即便如此，对于清香型铁观音来说，最好还是当年买当年喝掉，不宜久藏。

浓香型铁观音相对来说比较好贮藏。因为这种铁观音，火功足。从许多茶人的经验来看，也是这类茶易于保藏。据说有保藏几十年以上的，至于十年八年的，就更多了。陈香型其实就是陈放数年以上的陈茶，贮藏方法与浓香型一样。韵香型与保健型的也与浓香型一样，不需冰箱保鲜，但不能象浓香陈香的那样可以贮藏多年，一般不超过二年。

判断传清香型铁观音与浓香型与很容易。从干茶外观上看，浓香型的颜色较深较黑；从香气上来看，浓香型铁观音的最主要特征就是有焦糖香，而清香

铁罐小包装

清代彩瓷贮茶罐

型只有花香果香；从茶汤来看，浓香型的茶汤颜色较深，金黄带红；滋味醇厚。而清香型铁观音不仅色淡，味也较为淡薄。现在的小包装上，一般都有注明何种类型，这就为消费者供了极大的方便。

其次，要将茶叶包装好。市场上出售的茶叶，如果是散装的，最好要用复合塑料膜纸袋、锡泊袋，或者有锡泊层的牛皮纸袋包装，装好后，用封口机封好。注意，不可用普通纸或者塑料袋包装。现在许多茶庄，喜欢用塑料真空密封袋，这种袋子包装的铁观音，不宜久藏。如果是小包装茶，一般都有外包装与内包装两层。外包装有纸质，木质，铁质，瓷质，考究的还有用锡罐，但是关键的是要检查一下里包装的情况。除了锡罐瓷罐的不用内包装，一般都要有锡泊袋或者复合塑料膜袋，或者另用数克的小包装封好。

其三，要选择适合存放的地点。最好的地方，要符合四条标准。一是干燥；二是避光；三是密封，不宜放在通风的地方；四是附近无杂味异气。这样看来，厨房，卫生间，阳台，走廊，窗

边等地就不能存放。切记不可放在食品柜碗柜里。这些地方有杂味，很潮湿。也不适合放在新做木柜里，特别注意不要放在人造板做的橱柜里。因为人造板里含有许多有害物质，很久都在释放。除此以外，家中不管哪里都可以存放。当然，不是随便堆放在地，而应将包装好的茶叶放在防潮防压的木箱、纸箱、马口铁箱或者专门的不锈钢茶桶里。也可放在较大的瓷罐或者陶缸里，封好坛口罐口即可。如果是包装茶，只要放在符合条件的柜子里就行了。

如果是打算保藏二年以上的或者更久时间的，就应到市场去购买专门的不锈钢贮茶桶，大小可根据贮茶量确定。或者选择有盖的瓷制大壶或小缸。将需要贮存的茶叶，直接放进容器，加上盖子即可。一般一年开盖观察一下情况，是否受潮，发霉，变质，平时不可随便翻动。正常情况下，保藏十年八年不成问题。

上述这种贮藏方法主要是针对浓香型，韵香型铁观音而言，至于清香型铁观音，除了短期贮藏在保鲜冰箱里，目前似乎还没有别的更好办法。

相关知识

大包装茶

茶叶包装的一种，又称运输包装。主要作用是便于运输、装卸和仓储。大包装常用木箱（胶合板箱）和瓦楞纸箱，也有采用锡桶或白铁桶的。现国际上通用的胶合板箱为国际标准箱，规格有460×460×460毫米以及300×300×300毫米两种，内衬牛皮纸及铝箔各一层。瓦楞纸箱材料常用3层牛皮纸夹2层瓦楞纸制成，纸版表面涂防潮材料，具有耐压、抗戳、抗水和耐折叠性能，箱内衬铝箔或塑料袋。大包装茶内应放一定数量的有效干燥剂，以利保质。

小包装茶

茶叶包装的一种，又称销售包装或零售包装、其特点是既能保护茶叶品质，又能强化茶叶商品的美学效果，便于宣传、陈列展销和携带。茶叶小包装的种类很多，按包装的形状不同有：听装、盒装、袋装和袋泡茶装等。根据制作材料的不同，可分为软包装、硬包装和半硬包装3类。软包装有纸袋、塑料袋和复合袋装等。硬包装有铁罐、锡罐、瓷瓶、玻璃瓶及工艺小木盒、竹编盒和藤编盒等。半硬包装有各

大纸包装箱

易拉罐小包装

真空小包装

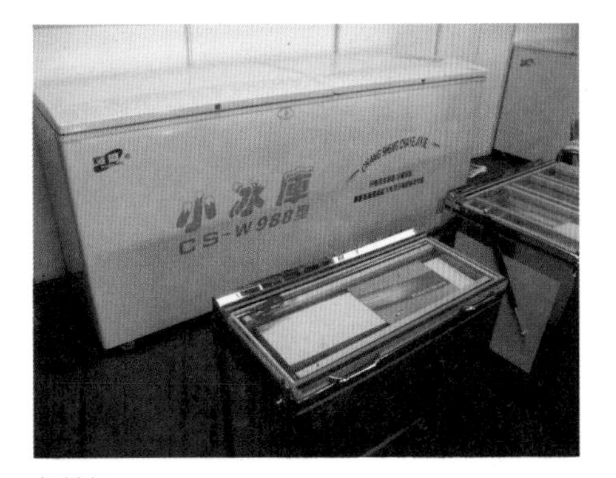

保鲜柜

保鲜箱

种色彩的硬纸盒，塑料盒等。为了提高保质效果，包装前茶叶的含水量应降低至6%以下，有条件时可在包装内放置一定的干燥剂（如硅胶、氧化钙等）和除氧保鲜剂等。

瓦坛贮茶法

茶叶贮藏方法之一。明高濂《遵生八笺·饮馔服食笺上·茶泉类》："藏茶……以中坛盛茶，十斤一瓶，每年烧稻草灰，入大桶，茶瓶坐桶中，以灰四面填满，瓶上覆灰筑实。每用拨灰开瓶，取茶须少，仍复覆灰，再无蒸坏。次年换灰为之。"又云："空楼上悬架，将茶瓶口朝下放,不蒸原蒸，自天而下，故宜倒放。"冯梦祯《快雪堂漫录》："实茶大瓮，底置箬，封固倒放，则过夏不黄，以其气不外泄也。"即以干燥、密封来保持茶叶品质。此法至今犹存，常用于家庭少量贮茶，其具体方法是：先用比较厚实的纸（如牛皮纸）将茶叶包好，置于陶瓷坛的四周，中间放块状石灰包，石灰包大小视坛中贮藏的茶叶多少而定；然后用棉花或厚软草纸将坛口盖实。每一二个月换一次石灰包，这样茶叶一般可以保存半年左右。

石灰块贮藏法

茶叶贮存方法之一。常用于某些高档名优绿茶，如西湖龙井茶、黄山毛峰、洞庭碧螺春等保存和贮藏。其原理是利用生石灰作为吸湿剂，使茶叶保持充分干燥，抑制茶叶劣变。方法是在腰大口小的干净陶坛或金属罐内垫衬草纸，石灰块装入布制的石灰袋内，外包草纸或牛皮纸；用细棉纸将待藏茶叶包好（0.5千克/包），外裹牛皮纸。将包好的茶叶放置于坛内四周，中间放1–2

紫砂茶罐

锡茶罐

个石灰袋，其上再覆以包好的茶叶。坛口用草纸密封，并压上外包厚布的木板盖，防止空气和潮气渗入坛内。以后每隔1个月定期检查，石灰块潮解时，换上新的生石灰块。

吸湿包装

茶叶保鲜技术之一。在茶叶包装或贮藏设备内放置吸湿剂，以降低系统内的水分含量，提高保鲜效果。常用吸湿剂有硅胶和生石灰两种。硅胶具有吸湿性强、无异味、性质稳定和能反复使用等特点。变色硅胶还可通过其颜色变化判断吸湿能力。常见用量为茶叶：硅胶=10：1。生石灰具有较强的吸湿性，而且来源丰富便利，具有久远的应用历史。灰缸保存已成为西湖龙井茶加工的必须工序，又称“收灰”。使用时应注意将吸湿剂放于布袋内，外包牛皮纸，然后再放到茶叶包装内，防止吸湿剂与茶叶直接接触而导致污染。

真空包装

茶叶保鲜技术之一，又称抽气包装。使用密封性能良好的铝箔复合膜包装，采用真空泵抽至真空度-665帕斯卡以下，使袋内空气减少而氧浓度下降至1%左右，以延长保鲜期。真空包装的缺点是袋形缩瘪，外形不雅，而且有时容易导致茶叶断碎。

冰箱贮藏法

茶叶低温保藏法之一，常见于家庭用茶的保存。其方法是将待贮藏茶叶置于干净金属罐或或瓷罐肉内，用透明胶密封，外用塑料薄膜袋包封，防止茶叶吸潮。然后将包封好的茶叶置于冰箱内于4-8℃保存。保藏过程中应避免与鱼类等有异味的食品混放，以免异味污染。饮用时，先将茶叶包装取出置于室温条件下放置一定时间，使其中茶叶温度上升至室温后再打开饮用。

【延伸阅读】

茶叶包装的关键

茶叶包装的关键是什么呢？有关人士认为“茶叶的包装材料必须无毒、无味、密封性好，符合国家卫生标准，且美观入时”。而从严格的专业意义上说，茶叶包装的关键在于不同类型包装所起的作用。

大包装

1. 在运输中使茶叶不变质，不丢失；
2. 便于运输，节约运费；
3. 入乡随俗，符合输入国或所销售地区的标准和风俗习惯；
4. 注明茶叶的产地、发货地、发货单位、收货地和茶叶的品种、等级、数量、印有防潮标志等。

小包装

1. 便于销售携带；
2. 装璜新颖的形式与具体茶叶的特性相协调；
3. 易于产品的推广；

4. 容易保质和存放；

5. 凸显茶文化色彩。

需要强调的是，无论何种类的包装，特别是小包装，一定要把名优茶的保管期作为重中之重；依法标注生产厂家、生产日期、分装日期、生产许可证号等。

中国茶产业的经济基础本来就薄弱，资本、信息、加工、运输、储藏等能力较差。入世后，中国政府还要承诺降低关税、市场准入和贸易自由等义务，面临挑战颇多。所以茶叶包装就不能再单纯停留在以保存、展示、运输等为主上，要更好地服务于销售。正如天津茶业协会谭肇荣会长指出的那样，面对新的形势，“中国茶叶包装除要按国家标准，如注明产地、名称、等级、重量等外，在图案的印制上应突出原产地的特色，这涉及到了茶叶包装如何弘扬茶文化精神的问题。”

上海市高级工程师张忠飞见解独到，断言“中国传统的茶叶包装会受到冲击”，因为“我国目前的茶叶包装现状与国外的同类包装相比存在较大差距”。尤其是“铁听”包装，无论是图案还是制作工艺水平都有待进一步提高。张忠飞不无忧虑地对记者说：“我国的茶叶小包装的形式还很难适应出口，‘一等茶叶、二等包装、三等价格’的状况改变不大，而且还没有引起有关机构的重视。”

不少业内人士呼吁：在新的形势下，不仅要在茶叶本身的质量上下功夫，而且更要在茶叶包装的质量和管理上加大工作力度。有的企业家提出：现有的茶叶包装标准有一些是在上个世纪90年代制订的，现在还是否适用值得考虑。建议国家有关部门，会同茶叶协会、包装协会，对原有标准补充完善，尽快出台新的茶叶包装标准；同时还要加强市场监督管理，使茶叶包装更加规范。

（资料来源：茶网·中国）

茶包装的四大设计要素

茶包装的材料设计

茶包装是茶在购买、销售、存储流通领域中保证质量的关键，一个精美别致的茶包装，不仅能给人以美的享受，而且在超市不断出现和销售方式改变的今天，能直接刺激消费者的购买欲望，从而达到促进销售的目的，起到无声售货员的作用。好的茶包装具有收藏价值，也可作为复用包装再次使用，在节约资源的同时，弘扬了茶文化，一个好的茶包装设计，一定要有好的基础，出就是包装最本质的东西，即如何能保持茶叶的质量使其不变质。只有充分了解茶的特性及造成茶叶变质的因素，才能根据这些特性来选择适当的材料加以会理的运用，做到尽善尽美。尤其是对纯天然、无污染的绿色食品，更要加强环保意识，符合人

包装工序

们回归自然的需求。

茶叶的特性是由茶叶的理化成分、品质所决定的，如吸湿性、氧化性、吸附性、易碎性、易变性等。

所以，我们在设计茶包装时，要根据以上这些特性，考虑用适当的材料进行包装、应选择具有良好的防潮、阻氧、避光和天异味，并有一定抗拉强度的复合材料，根据调查和研究，目前市场上使用较好的是聚酯、铝箔、聚乙烯复会，其次是拉伸聚丙烯、铝箔、聚乙烯复合材料，这些通称铝铂夏合膜，是日常茶叶小包装中防潮、阻氧、保香性能最好的一种。现在有一种新的包装盒，它是纸复合，罐的上下盖是金属的，罐身是用胶版纸、纸版铝箔、聚乙烯等复合而成的，具有根强的保鲜效果，而且比起金属罐来重量上轻了许多，设计手段也更加丰富美观，给了设计者更大的发挥余地。

茶包装一般可分为两大类，既大包装和小包装。大包装也称运输包装，它主要是为了便于运输装卸和仓贮，一般用木箱和瓦楞纸箱，也有采用锡桶或白铁桶的；小包装也称零售包装和销售包装，它既能保护茶叶品质，又有一定的观赏价值，便于宣传、陈列、展销，而且携带方便。小包装的种类很多，从制作材料的不同可分为硬包装、半硬包装和软包装三类，如硬包装有铁罐、锡罐、瓷瓶、玻璃瓶及工艺小木盒、小竹盒、工艺刻花镀金盒等；半硬包装有各种硬纸盒；软包装有纸袋、塑料食品袋和各种夏合袋等，设计都可以根据不同的需求，用适当的材料进行包装设计。

设计茶叶包装，首先要考虑的是它的材料与结构，包装材料选用是否合适，直接影响着商品的质量，这也是由茶叶这种特殊商品的属性所决定的，所以一般易选用结构精密，便于开启的材料来做茶叶包装。随着包装工业的发展和现代高科技的结合，涌现出了许多新型的包装。市场上也有许多新颖别致的茶叶包装，但有些包装看似高档，却存在着过分包装的倾向，有的脱离了商品的属性，盲目地追求一种表面华丽的装饰和浮燥的色彩，与茶叶本身的质量不相符合，如市场上有一种表面是塑料刻花镀金的茶叶包装，从包装上看不到一点商品所要传达的任何信息，给人一种是工艺品的感觉，而不是茶叶。

茶包装的色彩设计

色彩是包装设计中最能吸引顾客的，如果色彩搭配得当，使

有茶杯

台茶包装

锡罐包装

皇家礼茶五星级

消费者看后有一种赏心悦目之感，能引起消费者的注意。包装的色彩是受商品属性的制约，色彩本身也有它的属性。所以用色要慎重，要力求少而精，简洁明快。或清新淡雅，或华丽动人，或质朴自然，要考虑到消费者的习俗和欣赏习惯，也要考虑到商品的档次、场合、品种、特性的不同而用不同的色彩。设计要讲究色彩和整体风格的统一，不能用色过多，形成不了调子，也不能到处用金、银，给人以一种华而不实之感，设计时要考虑到与同类产品的比较，对同类产品进行调查分析研究，取长补短，设计出能在众多商品中夺目而出，有竞争力的包装来。

茶包装的形象设计

茶叶包装的图案设计能使商品更加形象化、生动有趣。可有些包装上的图案陈旧、繁琐，商品性不强，也缺乏时代感，重复、没有个性。龙凤等古代纹样到处乱用，传统不是复古，更不是照搬，民族性不是画条龙、画个凤就代表了，应赋于它新的内容，新的生命、新的形式，应把一种精神贯串进去，一种神韵体现出来，传统应是一种风格，是一种时尚。可以用现代的手法把传统的纹样进行变形使之更具有现代味，更符号化，更简洁。真正传统感的包装给人一种有文化、有内涵、超凡脱俗之感，这和茶的个性也相符合。

茶包装的文字设计

茶包装的文字也是设计的重要部分，一个包装可以没有任何装饰，但不能没有文字，正如同一个人一样，他一定有名字，茶包装的文字一定要简洁、明了，充分体现商品属性，不易用过于繁锁的字体和不易辨认的字，太生硬有尖角的字体出不太适合，茶是传统性和民族性较强的商品，中国的书法艺术又有着悠久的历史，而且有根强的艺术性和观赏性，能适当地运用书法来体现茶文化主厚的底韵，体现中华民族悠久的文化历史，那是最好的，但要用易懂、易读，易辨认的字体，太草或不清楚的字体要少用，一定要考虑到消费者的辨识力，要使人一目了然。

另外，茶包装设计必须符合我国《茶叶包装》的有关规定，包装的标志要醒自、整齐、清晰，并有完整的标签，标明品名、生产厂皂、地址、生产日期和批号、保质期、等级、净重、商标、产品标准代号，有变动项目可印成不干胶进行补充说明。

总之，茶包装设计中的材料、色彩、图案、文字等要素是与商品紧密相关的，最关键的问题是怎样能准确迅速地传递商品信息，这是设计者要放在首位的问题，这也是衡量一件包装设计是否优秀的标准。

（资料来源：中国包装网）

国外茶叶包装呈现新特点

传统的茶叶包装设计主要注重图案、色彩和商标等视觉效果。随着当今世界茶叶市场竞争日益加剧，加之茶叶销售供大于求，为迎合顾客口味，许多新的包装形式已悄然出现。新包装一般具有加工考究、用料独特及结构新颖等特点。

印度采用轻木为原料制作成木质包装盒，其规格有15克、50克和250克三种，还在其木质包装上印上大写的“自1961年以来最天然、最好的大吉岭红茶”和“认证有机茶”等字样以吸引消费者。

日本将末茶制成胶囊，给饮用带来极大的方便。英国采用仿信封包装的袋泡茶，其外包装上印有“英国午茶”字样和一幅温情四溢的育婴图，该包装深受妇女们欢迎。加拿大某一公司还采用陶瓷制成形似大象，木质材料的盛茶容器。由于木质包装密封效果差，不利于茶叶的保质，而陶瓷包装成本高且易碎，许多茶叶公司注意在内包装上下功夫，弥补木盒和陶瓷包装的缺点。内包装原料用纸和锡箔，都要尽可能的密封，以防止外部光照和温度、湿度影响茶叶的色、香、味。上述形态各异的茶叶包装及其变化趋势表明，世界范围内的茶叶销售竞争将从包装开始。

茶叶包装技术及方法分析

茶叶作为一类特殊商品，不完善的包装往往会使茶叶的形、色、香、味受到损坏，为了实现长时间的贮存和运输，茶叶需要进行有效的包装。

茶叶包装的技术要求

茶叶中含有抗坏血酸、茶单宁、茶素、芳香油、蛋白质、儿茶酸、脂质、维生素、色素、果胶、酶和矿物质等多种成分。这些成分都极易受到潮湿、氧气、温度、光线和环境异味的影响而发生变质。因此，包装茶叶时，应该减弱或防止上述因素的影响，具体要求如下。

一、防潮

茶叶中的水分是茶叶生化变化的介质，低水分含量有利于茶叶品质的保存。茶叶中的含水量不宜超过5%，长期保存时以3%为最佳，否则茶叶中的抗坏血酸容易分解，茶叶的色、香、味等都会发生变化，尤其在较高的温度下，变质的速度会加快。因此，在包装时可选用防潮性能好的，如铝箔或铝箔蒸镀薄膜为基础材料的复合薄膜为包装材料进行防潮包装。

二、防氧化

包装中氧气含量过多会导致茶叶中

小包装

某些成分的氧化变质，如抗坏血酸容易氧化变成为脱氧抗坏血酸，并进一步与氨基酸结合发生色素反应，使茶叶味道恶化。因此，茶叶包装中氧的含量必须有效控制在1%以下。在包装技术上，可采用充气包装法或真空包装法来减少氧气的存在。真空包装技术是把茶中装入气密性好的软薄膜包装袋内，包装时排除袋内的空气，造成一定的真空度，再进行密封封口的包装方法；充气包装技术则是在排出空气的同时充入氮气等惰性气体，目的在于保护茶叶的色、香、味稳定不变，保持其原有的质量。

三、防高温

温度是影响茶叶品质变化的重要因素，温度相差10℃，化学反应的速率相差3-5倍。茶叶在高温下会加剧内含物质的氧化，导致多酚类等有效物质迅速减少，品质劣变加快。根据实施，茶叶的贮存温度在5℃以下效果最好。10-15℃时，茶叶色泽减退较慢，色泽效果也能保持尚好，当温度超过25℃时，茶叶的色泽会变化较快。因此，茶叶适合于在低温下保存。

四、遮光

光线能促进茶叶中叶绿素和脂质等物质的氧化，使茶叶中的戊醛、丙醛等异味物质增加，加速茶叶的陈化，因此，在包装茶叶时，必须遮光以防止叶绿素、脂质等其它成分发生光催化反应。另外，紫外线也是引起茶叶变质的重要因素。解决这类问题可以采用遮光包装技术。

五、阻气

茶叶的香味极易散失，而且容易受到外界异味的影响，特别是复合膜残留溶剂以及电熨处理、热封处理分解出来的异味都会影响茶叶的风味，使茶叶的香味受到影响。因此，包装茶叶时必须避免从包装中逸散出香味以及从外界吸收异味。茶叶的包装材料必须具备一定的阻隔气体性能。

茶叶的包装方法

作为一类特殊的商品，由于受到自身和客观条件的限制，茶叶的包装有别于其它一般性商品的包装。目前，常用的茶叶包装方法主要有以下几种。

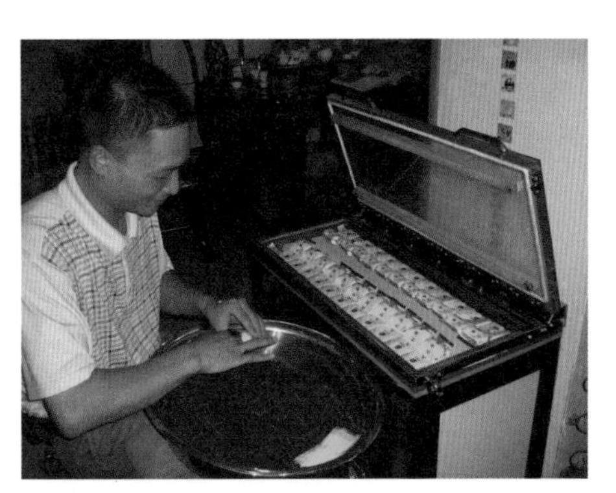
手动包装

包装车间

纸盒小包装

一、金属罐包装

金属罐包装的防破损、防潮、密封性能十分优异，是茶叶比较理想的包装。金属罐一般用镀锡薄钢板制成，罐形在方形和圆筒形等，其盖有单层盖和双层盖两种。从密封上来分，有一般罐和密封罐两种。在包装技术处理上，一般罐可采用封入脱氧剂包装法，以除去包装内的氧气。密封罐多采用充气、真空包装。金属罐对茶叶的防护性优于复合薄膜，且外表美观、高贵，其缺点是包装成本高，包装与商品的重量比高，增加运输费用。设计精致的金属罐适合于高档茶叶的包装。

二、纸盒包装

纸盒是用白板纸、灰板纸等经印刷后成型，纸盒包装防止了易破损，遮光性能也极好。为解决纸盒包装茶叶香气的挥发和免受外界异味的影响，一般都用聚乙烯塑料袋包装茶叶再装入纸盒。纸盒包装的缺点是易受潮，最近几年来出现了纸塑复合包装盒，克服了纸盒易受潮的问题，这种采用内层为塑料薄膜层或涂有防潮涂料的纸板为包装材料制作的包装盒，既具有复合薄膜袋包装的功能，又具有纸盒包装所具有的保护性、刚性等性能。若在里面用塑料袋作成小包装袋，防护效果更好。

三、塑料成型容器包装

聚乙烯、聚丙稀、聚氯乙烯等塑料成型容器有着大方、美观，包装陈列效果好的特点，但是其密封性能较差，在茶叶包装中多作为外包装使用，其包装内多用复合薄膜塑料袋封装。

四、复合薄膜袋包装

塑料复合薄膜具有质轻、不易破损、热封性好、价格适宜等许多优点，在包装上被广泛应用。用于茶叶包装的复合薄膜有很多种，如防潮玻璃纸／聚乙烯／纸／铝箔／聚乙烯、双轴拉伸聚丙烯／铝箔／聚乙烯、聚乙烯／聚偏二氯乙烯／聚乙烯等，复合薄膜具有优良的阻气性、防潮性、保香性、防异味等。由于多数塑料薄膜均具有80-90%的光线透射率，为减少透射率，可在包装材料中加入紫外线抑制或者通过印刷、着色来减少光线透射率。另外，可采用以铝箔或真空镀铝膜为基础材料的复合材料进行遮光包装。复合薄膜袋包装形式多种多样，有三面封口形、自立袋形、折叠形等。由于复合薄膜袋具有良好的印刷性，用其做销售包装设计，对吸引顾客、促进茶叶销售更具有独特的效果。

简易塑盒包装

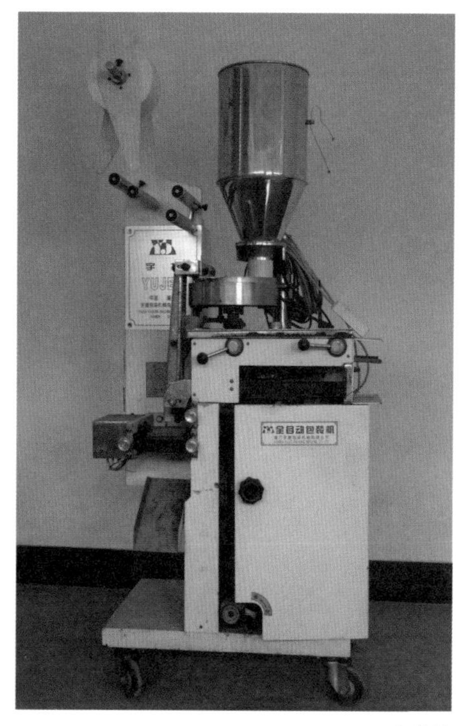
包装机

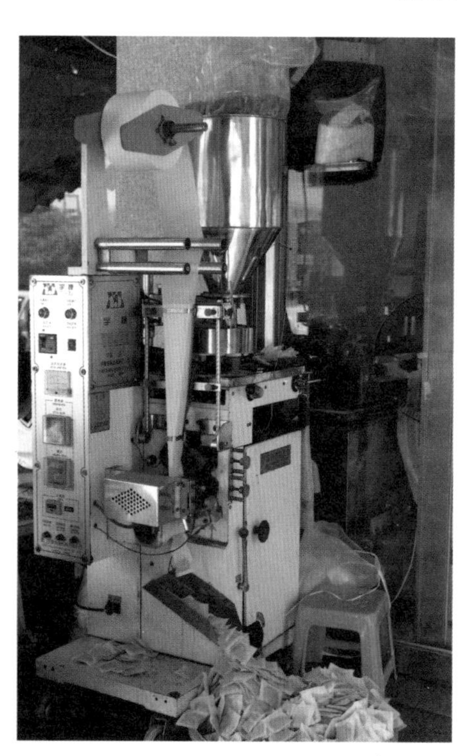
自动包装

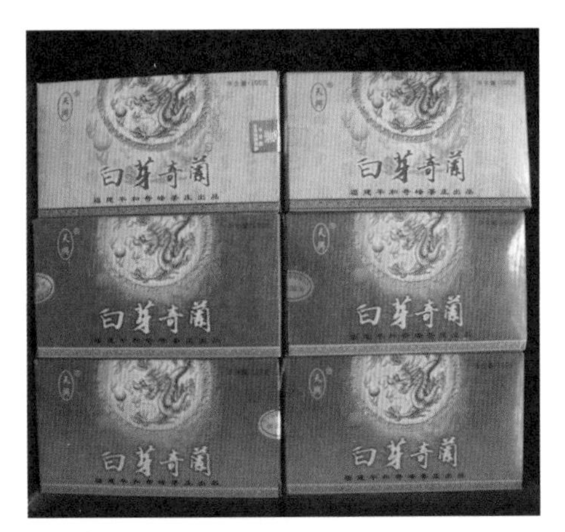

白芽奇兰

制作包装称量

五、纸袋包装

又称为袋泡茶，这是一种用薄滤纸为村料的袋包装，用时连纸袋一起放入茶具内。用滤纸袋包装的目的主要是为了提高浸出率，另外也使茶厂的茶末得到充分的利用。由于袋泡茶有冲泡快速，清洁卫生、用量标准，可以混饮，排渣方便，携带容易等优点，适应现代人快节奏的生活需要，在国际市场上很受青睐。早期的袋泡茶一般都有袋线，以满足多次浸泡的方便，由于考虑到环保的要求，现在逐渐流行不用袋线的袋泡茶。

（资料来源：云南茶叶网）

现代茶叶包装的三大特点

一、小包装比重迅速扩大，特别是袋泡茶和各种方便包装的茶叶，国内小包装茶到20世纪90年代的销售约占全国茶树茶销售量的1／3，包装容量小到2–3克（袋泡茶），多的达500克（茶树茶各类茶叶），形成繁多，各具特色。

二、包装用材料日新月异，更换极快。包装材料工业的发展，不仅为茶叶包装提供了优良的材料，还推动了新的包装方法的发展，如多层复合材料的出现，使茶叶充氮保质包装达到实用、普及和经济实惠的目的，各类陶瓷、玻璃及金属工艺品的发展，使茶叶外包装更具室内陈设装饰的美观喝欣赏作用。

三、包装日益重视国际标准化和符合国际惯例的要求。例如国际上集装箱运输发展迅速，茶树茶的出口运输包装已采用标准茶箱、标准托盘、标准集装箱的集合包装。

（资料来源：云南茶叶网）

茶叶包装愈来愈精美

近年来，茶叶的保健功效受到了人们的广泛关注，世界性的饮茶风潮迅速兴起；与此同时，各茶叶生产企业在市场上的竞争也日趋激烈。角逐的重点除了扩大有机茶叶的生产，进一步提高茶叶质量外，在茶叶的包装方面也大做文章，创新求变。因此，如今的茶叶包装是愈来愈精美，愈来愈丰富多彩，已成为茶叶营销活动和茶文化中的重要组成部分。

溪香包装流程

茶叶包装充分体现人文特色

茶叶包装的实用价值在于防潮湿、防高温、防异味、防阳光直射和避免久露空间，给茶以合适的温度和湿度，以保持茶叶的品质；同时，包装后的茶叶还要便于人们购买、携带和存放。但随着商品经济的发展，包装设计不仅要有实用功能，而且要体现人文特性，符合时代要求。所谓“一流的产品，离不开一流的包装”就是这个道理。

我国是茶的故乡，茶文化历史悠久、源远流长。在日常生活中饮茶是人们传统的休闲方式，与之相适应，茶叶的包装物、沏茶器皿也应美妙典雅，有一定品位。所以说一个好的茶叶包装装潢，至少应具有以下四方面的特色：一是带有强烈的民族色彩或作为当地民俗文化的产物，以使产销两地文化产生共鸣，促进消费发展；二是要重视人的感情和愿望——人性化。如将“龙凤呈祥”运用到陶瓷礼品茶包装上，充分反映了人们对“吉祥如意”的情感追求。三是含蓄。含而不露，令人遐想，成为一种内涵美。如在茶叶盒上再现各种茶叶优雅的形态和诱人的汤色，产茶地的高山峻岭、雾霭环绕、峰峦叠翠等；四是强调意境。例如通过古字画中的民俗风情表明该产品历史悠久，创造一种品茶如同品名画的意境，给人们带来独特的文化享受。

目前，茶叶包装已突破了原有的传统模式，除铁盒、纸袋、纸盒、塑料袋等包装外，韵味温雅的木制包装、细腻精美的陶瓷包装、新颖别致的工艺包装已走进了超市商场，吸引着人们的眼球。

木制包装古色古香、造型独特，将雕刻、镶嵌、书法等多种艺术手段应用其中，其间不乏名家之作，极具茶文化色彩。用其包装茶叶不仅不失茶的色、香、味，更不易霉变。

陶瓷包装在茶叶包装中占有一定比重，精美典雅，绚丽多彩，再加上独特的造型，有的精炼挺秀，有的端庄淡雅，有的壶身还经过素刻、镶嵌、描金、丝绸印花及化妆土装饰，观之赏心悦目，能适合较多人的品位。

韵香型产品外包装

茶叶礼盒

葫芦茶罐

近些年随着家居装饰的升温，各种工艺包装日渐走俏。茶叶的工艺包装既可用来保存茶叶又有观赏性，造型常以新、奇、特见长，不仅引人遐思，而且极富现代气息。从材质方面看，有金属制品，有玻璃制品，有复合材料制品，摆在居家之中，于不经意间增添了一份东方艺术品位。因而也受到消费者的广泛欢迎。

（资料来源：云南茶叶网）

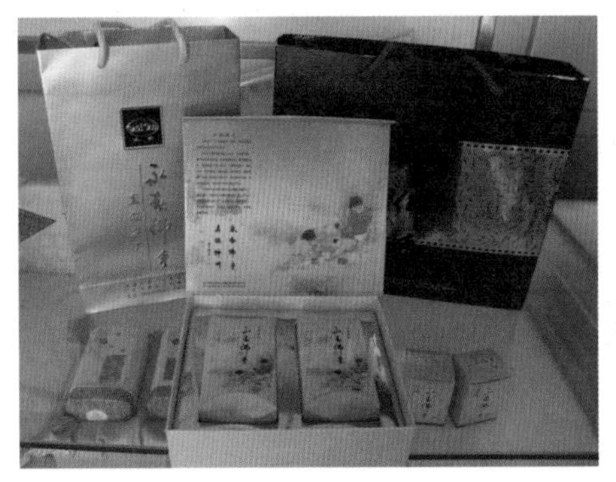

永泰佛手茶叶礼盒

茶叶包装材料的选用

茶叶的包装在茶叶贮存、保质、运输和销售中是不可缺少的。不合理或不完善的包装往往会加速茶叶色香味的丧失；而良好的包装，不仅能使茶叶从生产到销售各个环节中减少品质的损失，还能起到很好的广告效应，同时也是实现茶叶商品价值和使用价值的重要手段。

茶叶的包装有多种，其目的和作用各不相同。从用途角度分为运输包装和礼品包装。运输包装起保质作用，同时也便于搬运和仓贮；礼品包装除保质外，还兼顾装潢美化功能。以包装的体积分，有大包装和小包装两种。大包装主要用于大批量的贮藏和运输；小包装则是为了更好适应不同层次消费者的需求。不论何种包装，其材料的选用，必须对茶叶起防潮、绝气、遮光的作用。由于各种包装材料的透湿、透气等物理性能不一，防止茶叶劣变的效果也就大不相同。过去商业销售部门一般零售茶叶均用牛皮纸包装或以锡箔作为包装材料，高档茶叶用铁听装。随着材料工业的发展，茶叶包装用材发生了很大变化。更新换代的包装在方法和方式上大有改进，如近年来多层复合材料的出现，使茶叶充氮保质包装走上了实用、普及的阶段，其成本和使用都要比原有铁听方便得多。目前，茶叶包装使用的新型薄膜，多数是气体阻隔性能良好，能较好地防止水蒸气侵入和包装袋内茶叶香气的逸散，且加工性能优良，热封方便，造型随意，有一定的机械强度和抗化学腐蚀性能，符合包装食品的卫生标准。复合薄膜虽然其成本较高，但它确是一种优良的包装材料。目前，生产厂家常用的茶叶包装薄膜主要有：普通玻璃纸、聚乙烯薄膜（有高、低压或低、高密度之分）、聚丙烯薄膜、聚酯薄膜、尼龙薄膜及用这些材料三层甚至五层复合的复合包装薄膜，如玻璃纸/聚乙烯复合薄膜、拉伸聚丙烯/聚乙烯/未拉伸聚丙烯复合薄膜等。这些材料一般作为小包装用材。通常在选择时，应尽可能选用透湿量小于1（单位为克/平方米/天），透氧量在透湿量相近的情况下，相对小一些的材料较为适宜。农户生产的毛茶，经收购站或茶厂收购后移交精制茶叶厂再加工。这种大批量茶叶，在运输过程中的包装，过去使用布袋包装，近年来开始推广使用麻袋内衬塑料袋或涂塑料麻袋，其防潮效果较好。成品茶的包装比较讲究，出口茶的包装选用三合板制夹板箱，箱内还衬有铝箔牛皮纸；内销茶大多用纸箱内套塑料防潮袋。乌龙茶和红茶的大批量贮存，通常采用炭藏法。其方法和原理大体与石灰块贮藏相同，以木炭作为吸湿材料。方法是先将木炭燃烧后用火盆或瓦罐掩覆其上，使其无氧助燃而熄灭。取洁净布包装木炭100克，置于盛茶瓦罐或小口铁皮桶中，再装入用软白纸包好的茶包，罐口或桶口以松软纸数张盖好，压上平整的木板，防止茶香外泄和外界潮湿空气进人，一般都可取得较好的保存效果。

抽气充氮包装是近年来名茶贮存的一种新方法，使用比较普遍。其方法是先将茶叶烘干到水分含量达5%左右，不超过6%，置入铝箔复合袋中，袋口用热封口设备封装牢固。用呼吸式抽气充氮机抽出包装袋内空气，同时充人纯氮气，加封好封口贴，置于茶箱入库保藏。抽气充氮包装一般可保存8个月，如送人冷库，一年以后仍有较好品质。

（资料来源：云南茶叶网）

茶叶过度包装，留下环境污染

随着铁观音茶叶知名度的不断提高，随之而来的另一个问题是商家对茶叶的包装也越来越讲究，特别是这几年来流行使用真空镀膜技术的新型塑料包装材料，更是达到了顶峰。由于这种材

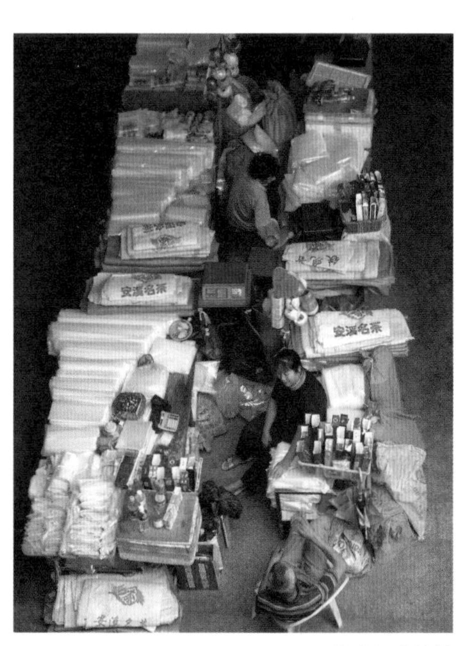

茶叶包装材料

茶都包装材料店

包装车间消毒室

料是采用不可降解的塑料薄膜，对环境的污染不容忽视，本报记者经过对铁观音茶叶产地进行调查发现，过度包装带来的污染情况比想象中更严重。

商家：包装好看价格翻番

外面是一个仿古长方形木盒，木盒里面是用金黄色的绸缎衬托着3个印制精美的小铁罐，打开小铁罐，是6小包抽了真空的塑料袋，真空袋里还套着一个透明的小塑料袋，装着7克的铁观音茶叶，在这么大的一个包装盒里，茶叶的重量一共是126克，而包装的重量则达到480克。这是笔者在泉州市区的茶叶店里看到的时下最流行的茶叶包装。

在中国（安溪）茶都的茶叶批发市场，商家告诉记者：由于茶叶对异味的吸附性很强，所以对茶叶的储存要求相当严格，使用了这种真空镀膜塑料袋后，就可以在真空的状态下储存茶叶了，质量就得以保证。以前要把茶叶寄到外地，最怕的就是变了味道，现在这个难题解决了。除有利保鲜保质外，使用方便是眼下小袋包装流行的另一原因，原本500克茶叶使用一个包装，打开后茶叶很容易受潮变质，现在不一样了，要喝茶时拆一小包，其余的放在冰箱里保鲜，或者放几包在身上也很方便的。

在津淮街开茶叶店的杜小姐介绍说："这两年来，铁观音以7克装的小袋茶受消费者的偏爱。500克茶叶需要用50至70个不可降解材料制成的包装袋，使用这种包装袋的好处是可以真空储存茶叶，当然使用这种包装的都是上档次的茶叶，价格肯定很高的。"果然记者看到上面那盒包装精美但是只有126克茶叶的售价是1388元。

笔者在采访中了解到，店家热衷于包装原因不仅是对茶叶起到保质和密封的作用，最主要的还是经过包装后的茶叶价格就会成倍往上翻。许多消费者也认为，小包装给人的感觉是茶叶名贵、上档次。很多送礼用的茶叶在包装上都下足工夫，现在任何一种食品的包装都很难与茶叶相提并论，仅茶叶包装袋的规格、形状、款式就有上千种。而且外包装每个季度都会有新产品上市，客人对包装的要求也是很挑剔的，购买的茶叶价格不一定很贵，但是包装一定要好看，有时甚至出现了包装比茶叶贵的现象，只有这样才能显得送出的茶叶有档次。

环保部门：污染严重治理难

笔者在采访的过程中，最常看到的是所有泡茶的人都是把撕开的小塑料袋随便往垃圾桶里一扔，根本不在意其是

包装车间更衣室

否会给环境造成污染。泉州人家家户户都喜欢泡茶，家家户户都是这样处理包装茶叶的塑料袋，据业内人士介绍，泉州一天扔掉的茶叶袋根本无法计算。

在政府部门工作的魏先生认为，铁观音茶叶能有今天的知名度离不开包装和宣传，但是商家为了追求高利润越来越讲究包装就不一定是好事，现在朋友之间送点茶叶也不是什么见不得人的事情，但常常是就一点点茶叶却用了那么大的包装，大包小包的别人还以为是什么贵重物品呢，谁会想到是一点茶叶呢？有时看了都有点哭笑不得，很容易让人有一种买椟还珠的感觉。

“客人喜欢小袋装的茶叶，小包装袋的销售当然就看好。一天卖出几十万只是很正常的事情，到旺季消耗的真空袋更是多得无法统计。”泉州华苑茶叶包装批发中心林海经理告诉记者，“顾客在他们这里一次买走几千只小包装袋是很平常的。客源不但遍及泉州地区的大小茶叶店，而且连外省的客户也源源赶来批发。”在林海经营的批发部楼上楼下两层数百平方米店面里，仅真空袋就储存着近千万只。记者在闽南茶都附近看到，跟林海一样销售茶叶包装袋的还有5家店铺，而在安溪县城专门做包装批发的经营户更是不计其数。

据有关部门统计，泉州市拥有大小茶叶店数万家，按照每家店每天仅卖出500克茶叶的数量来计算，泉州一天消费的茶叶就要数万斤以上，一天的小包装袋就要消耗掉上百万个，泉州人很习惯在泡茶时，顺手把容量为7克装的包装袋扔进桌底的垃圾桶，这一切看起来显得极为平常，但是泉州市环境保护局污染控制科负责人告诉记者：“这类真空包装袋都是用不可降解材料制成的，消费者现在的环保意识淡薄，把茶叶包装袋到处乱丢，这些茶叶店卖出多少包茶叶就等于制造了多少可污染的真空袋。在全国流通

安溪夜景

的茶叶真空袋，每年至少有几十亿只。由于技术含量低，再加上生产和流通环节缺乏有效把关，真空镀膜塑料袋的无序生产和非正确使用引发了一系列的污染问题。

这位负责人最后无奈地说："现在很难靠行政力量去禁止，目前国家只对一次性快餐盒与手提式塑料袋的使用予以禁止。对茶叶的包装袋，全国也没有一个统一的说法。"

（资料来源：云南茶叶网）

专家详释预包装食品标签国家标准

2004年8月23日，由国家标准化管理委员会主办，全国食品工业标准化技术委员会承办的《预包装食品标签通则》和《预包装特殊膳食用食品标签通则》等两项新国家标准宣贯会在北京召开，来自全国各省、市、自治区及计划单列市质检部门的近90名官员到会，两天后，他们将带着所掌握的标准实施指南回到各自工作岗位，向基层质检部门及食品企业做全面的宣贯。

这两项新国家标准是今年5月9日发布的，将于明年10月1日起实施。国标委农轻地方部廖晓谦主任说，开展《预包装食品标签通则》等两项新国家标准宣贯是做好食品安全工作的需要。2004年，食品安全工作变得越来越突出，阜阳毒奶粉、四川毒泡菜、有毒黄花菜等食品安全事故时有发生，党中央、国务院对食品安全工作高度重视。归纳起来，食品安全事件体现在四个方面，一是有毒有害物质超标。如二氧化硫等各种添加剂超标，这些添加剂是允许加入的，但加入的量超过标准规定的范围。二是添加非法物质。比如说阜阳奶粉事件就是以淀粉代替奶粉，给婴儿的健康造成了严重伤害。三是用工业原料加工生产。如用工业乙醇生产假酒、用石蜡给大米上光等等。四是采用虚假标识夸大食品的作用。这种现象比较普遍，应引起足够的重视。所以，从抓好食品安全的角度、从抓好食品标签标准实施的角度来说，做好两个标准的宣贯工作是十分必要的。

全国食品工业标准化技术委员会秘书长郝煜对两个标准的条文释义及如何实施做了详尽的讲解，并和与会代表做了广泛探讨。

关于《食品标签通则》和《特殊食品标签通则》的适用范围

适用范围包括：商店、超市、零售摊点、宾馆客房、餐饮业的餐桌、集贸市场，以及飞机、火车、轮船等场所直接销售或提供给消费者的定量预包装食品标签和定量预包装特殊膳食用食品标签。不适用的范围有：预包装食品的运输包装标示，食品企业或餐饮业待加工的原料、辅料或半成品的包装标示；经销者秤量销售的非定量简易包装的水果、蔬菜、水产食品、畜（肉）、禽（肉）、蛋、小块糖果、巧克力、即食的快餐盒饭等。

关于标签上标示的产品（食品）名称

可以在标签上使用“新创名称”、“奇特名称”、“音译名称”、“牌号名称”、“地区俚语名称”或“商标名称”，但必须在所示名称的邻近部位标示国家标准或行业标准中规定的名称或等效的名称；无国家标准或行业标准规定的名称时，必须标示反映食品真实属性、不使消费者误解或混淆的常用名称或通俗名称。自2005年10月1日起，凡是标注不真实的产品名称的标签，应视为违反《食品标签通则》的标签。凡是经热加工处理的预包装食品，其产品名称不应命名为“鲜××”。

关于标签上标示的配料清单“加入量不超过2%的配料可以不按递减顺序排列”主要是指调味料、香辛料、食品添加剂，在配料比例中占的份额很少，不要求按递减顺序排列。“各种配料”是指在制作或调制食品时实际添加的所有物料，不包括在制作或调制过程产生的副产物，也不包括原料、辅料、复合配料本身存在的食品添加剂。配料清单中不得使用臆造的配料名称。

关于预包装食品的制造、包装或经销单位的名称和地址

经定量包装、按销售单元销售的小麦粉、大米、玉米粉、白砂糖、绵白糖、食用盐、茶叶、干食用菌、药食两用食品（如枸杞子）之类，可以标示包装、分装或经销单位的名称和地址；国外进口的大包装成品（如食用油、乳粉、葡萄酒），在国内分装的，应标示分装单位的名称和地址，也可以同时标示原产国的国名。

不能独立承担法律责任的集团分公司可以按下列方式之一标示：标示集团公司的名称、地址和集团分公司的名称、地址；标示集团公司的名称和地址。

不能独立承担法律责任的集团公司生产基地可以按下列方式之一标示：标示集团的名称、地址和集团公司生产基地的名称、地址；标示集团公司的名称和地址。

委托单位受委托单位签订了委托加工合同，受委托单位不负责对外销售产品，由委托单位负责质量责任并销售产

不锈钢茶桶

品，应当标示委托单位的名称和地址。如果受委托单位直接销售产品，应当标示受委托单位的名称和地址。

进口食品须标示“在中国依法登记注册的代理商、进口商或经销商的名称和地址”，但不包括国外企业在国内设置的办事处、联络处、协会。

关于标签上标示的生产日期和保质期

生产日期是生产者生产的成品经过检验的日期。预包装食品的生产日期可以将需要检验的时间计算在内。可以只在冷冻饮品（冰棍、冰淇淋等）外包装盒（箱）上标示生产日期。

关于标签上标示产品标准号

国产预包装食品标签必须标示执行标准的代号和顺序号。执行标准是指反映质量特性的全方位产品标准——国家标准、行业标准、地方标准或企业标准。标签上标示的产品标准代号和顺序号就是监督检查的依据。

关于转基因食品的标示

凡列入农业部发布的《农业转基因生物标识管理办法》附件中“第一批实施标识管理的转基因生物目录”的食品，必须在标签上予以标示。

关于允许免标示保质期的食品种类

允许乙醇含量10%或10%以上的饮料酒，食醋，食用盐，固态食糖类可以免除标示保质期。其中的“固态食糖类”包括白砂糖、绵白糖、冰糖、单晶体冰糖之类，还可以包括谷氨酸钠（99%味精）、味精，但不包括糖果。

关于营养素作用的声称

如在标签上声称营养素的生理作用，必须遵循《特殊食品标签通则》第5.4.3条规定的示例（钙、蛋白质、铁、维生素E、叶酸）；其他营养素生理作用的声称，可以依据中国营养学会营养学科专著《中国居民膳食营养参考摄入量》中有定论的生理功能。专著未提及或即使提及而未定论的个别营养素生理功能不得声称。

关于营养成分标准标示值

与实际检测值允许的偏差《特殊食品标签通则》A.2.1–A.2.3规定的“营养素的实际含量”是指实际检测结果。A.2.2规定：标示平均值时营养素的实际含量不得低于标示值的80%。但是涉及婴幼儿健康成长的婴幼儿配方奶粉应执行GB10767－1997《婴幼儿配方粉及婴幼儿补充谷粉通用技术条件》第6.3.2条的规定，即标示的平均值与实际检测值的允许偏差为：蛋白质、脂肪、碳水化合物±15%，维生素－20%–+80%，矿物质±20%。

据全国食品工业标准化技术委员会杨晓明工程师介绍，9月份，他们还将面向食品企业开展两个标准的宣贯工作，届时，两个标准的具体实施细则将在广泛征求意见后定稿。日前，由全国食品工业标准化技术委员会秘书处编写的国标统一宣贯教材《食品标签国家标准实施指南》已经出版发行。

（资料来源：云南茶叶网）

古代贮茶

唐代贮茶用的是瓷瓶，也称“茶罂”。常为鼓腹平底，瓶颈为长方形、平口。这种茶罂一般装散茶或末茶。唐时还有以丝质的茶囊贮茶，讲究者还在

扁圆陶茶罐

茶囊中缝制夹层，以更有利于贮存。

明代人贮茶主要用瓷质或陶质（以宜兴陶为多）的茶罂，也有用竹叶编制成“竹篓”，又称“建城”的器皿来贮茶。竹篓中可贮较多的茶，有的可同时贮存数十斤茶叶之多。在同一篓中贮藏不同品种的茶叶，则称为“品司”。

明代时还发明了将茶叶和竹叶同时相伴存放的贮茶方法。因竹叶既有清香之气，又能隔离潮气，有利于存放。

明代的贮茶比较讲究。先将干竹叶编成圆形的竹片，放几层竹片在陶茶罂底部，竹片上放上茶叶后，再放数层竹叶片，最后取宣纸折叠成六、七层，用火烘干后扎于罂口，上方再压上方形厚白木板一块，以充分隔离潮气。

（资料来源：茶网·中国）

各类茶的保鲜

名优茶

名优茶是最容易变质的茶类，尤其是名优绿茶和红茶类。家庭贮藏名优茶，例如龙井茶、洞庭碧螺春茶等，应找一个密封容器，把生石灰块装在布袋时，放在容器内，茶叶用牛皮纸包好后放在布袋上，把容器密封。容器要放在阴凉干燥的环境中。

茉莉花茶

茉莉花茶是绿茶的再加工茶，含水量比红、绿茶高，容易变质，要注意防潮、避光和躲避异味，存放在阴凉干燥的环境中。

黄茶、红茶与乌龙茶

容易贮藏，可以放在密闭干燥的容器中，避光避高温避异味，能够较长时间保存。

白　茶

白茶的含水量高，贮藏前先用生石灰吸湿，再贮存在密闭干燥的容器里，放在阴凉干燥的地方。

黑茶类

存放时间适当延长，品质更佳，带陈香，滋味好。存放时避免阳光直射，避免高温，避异味。

（信息来源：茶网·中国）

茶叶贮存的时间不宜过长

茶叶贮存时间不宜过长，这是因为茶叶在贮存过程中容易受贮存温度和茶叶本身含水量高低以及贮存中环境条件及光照情况不同而发生自动氧化，尤其是名贵茶叶的色泽、新鲜程度就会降低，茶叶中的叶绿素在光和热的作用下易分解，致使茶叶变质。

茶叶贮藏保鲜八种方式

茶叶以保持色香味为佳，故茶叶的贮藏保鲜极为重要，现介绍几种茶叶贮藏保鲜的方法，以供参考。

干燥贮藏

茶叶吸湿性强，含水量高时容易氧化变质，也会生霉变质。因此，茶叶必须干燥（含水量6%以下）后贮存，贮存容器内必须放入适量的块石灰或干木炭等吸湿剂，以防返潮。（石灰与茶叶的容积比为1：3，即容器内1/3放石灰或木炭，2/3的地方放茶叶。）

茶叶保鲜箱

茶叶保鲜箱

低温贮藏

茶叶在低温时质变缓慢，高温时则容易变质。因此，茶叶必须在低温通风处贮存，有条件的可把装茶叶的容器密封后放入冰箱或冷库中贮存。

防潮贮藏

防潮包装是选用防潮性能优良的包装材料和加入干燥剂而防止茶叶吸水的包装方法。常用的防潮包装材料有聚酯／聚乙烯、玻璃纸／聚乙烯、尼龙／聚乙烯、聚酯／铝箔／聚乙烯及铁罐／陶瓷罐等多种。干燥剂通常采用硅胶或特制的纯度较高的石灰，茶叶与硅胶的比例约为10：1，茶叶与石灰为3：1。

避光贮藏

光线中的红外线会使茶叶升温，紫外线会引起光化作用，从而加速茶叶质变。因此，必须避免在强光下贮存茶叶，也要避免用透光材料包装茶叶；如用玻璃瓶或透光食品袋袋贮茶叶，应选茶色者为好。

密封贮藏

氧化反应是茶叶质变的必须过程，如果断绝供氧则可制止氧化抑制质变。因此，必须隔氧密封贮藏茶叶。可用铁罐、陶瓷缸、食品袋、热水瓶等可密封的容器装贮茶叶，容器内应衬好食品膜袋，尽量少开容器口，封口时要挤出衬袋内的空气，以减少茶叶的氧化变质。有条件的可用抽氧充氮袋袋贮茶叶。

真空贮藏

真空包装贮藏是采用真空包装机，将茶叶袋内空气抽后立即封口，使包袋袋内形成真空装态，从而阻滞茶叶氧化变质，达到保鲜的目的。真空包装时，选用的包装袋容器必须是阻气（阻氧）性能好的铝箔或其它二层以上的复合膜材料，或铁质、铝质量拉罐等。

单独贮藏

茶叶具有极强的吸附性能，如与樟脑、汽油放在一起，马上可吸附其气体。因此，茶叶应单独贮藏。即装贮茶叶的容器不得混装其它物品。贮藏茶叶的库房不宜混贮其它物质。另外，不得用有气味挥发的容器或吸附有异味的容器装贮茶叶。

充氮贮藏

即用惰性气体二氧化碳或氮气来转换茶叶包装袋内的活性很强的氧气等空气，阻滞茶叶化学成分与氧的反应，达到防止茶叶陈化和劣变。另外，惰性气体本身也具有抑制微生物生长繁殖的作用。再将袋内空气抽掉，形成真空装态，再充入氮气成二氧化碳等惰性气体，最后严密封口。

上述方法如果综合运用，则能取得更好的效果。

（资料来源：第一茶叶网）

陈茶感觉

前几日看到一则报道，说泉州陈茶走俏，市民争相搜购。恰好茶友新赠若干陈年武夷乌龙茶，心有所动，当即取来冲泡，以解茶渴。

此茶已有六年。外观条索较紧细扭曲，乌黑似枯，尚匀整，有细末，远不及新茶好看。取三件套白瓷茶杯，一水润茶后弃之，二水冲泡，一分钟取出过滤杯别置。便见茶汤金黄带红，清彻透亮；举杯嗅之，仅有些微带陈气的淡淡清香。入口初尝，便觉醇厚甘爽，甚于新茶；再细品之，有一股极幽极深之香韵，如绝柔绝韧之细面筋，缓缓沉浮于汤中，口感绝佳。因此生出一些感慨来。

泉州陈茶走俏，直接原因是连年酷暑高温。而在民间，一直流传着陈茶有解暑祛毒，消积止泻药效之说。事实上，闽省许多山区农家，都有贮茶当药的习俗。方法是将干茶叶纳于掏空的柚子中，然后用线扎牢封好。置厅堂香案之上自然风干，或者挂于灶头上任凭烟薰火燎。如遇风寒感冒或中暑腹泻，便将陈年柚茶取出，放于陶罐中大火熬煎，倒出时茶汤浓黑如膏，入口亦苦涩如药。但只要半碗下肚，立时大汗淋漓，百窍俱通，直有回肠荡气，飘飘欲仙之感。陈茶的这一药效，与神农氏发现茶的本意，以及李时珍本草纲目上所记茶之功效完全一致。只不过随着社会发展，人们更多地发展茶的保健休闲功能，而淡化了它的本来意义。泉州人看好陈茶，从某种程度上来说也是让茶的本性回归而已。

不过，对于一个爱茶者来说，也许更注重的是陈茶所特有的那种沉香凝韵。凭心而论，陈茶香气已淡，年代久的甚至有一股明显的陈气。但泡出的茶汤，一般都较新茶更为醇厚甘爽。这是因为经过岁月的冷热催化，新茶中易挥发的挥发了，易变化的变化了，沉淀下的多为比较稳定的精华，才使陈茶汤有如此的厚实内涵。这也是为什么有许多人喜欢普洱茶的缘故。而普洱茶是所有茶中唯一以“陈”取胜的茶类。泉州走俏的陈茶不是普洱，而是乌龙茶，安溪铁观音，武夷岩茶以及凤凰单丛等等。而且以传统重发酵高火功工艺制作的为佳，有“十焙值黄金”之说。虽然如此，并非是陈茶就好，更不是越陈越好。我喝过一些普通乌龙陈茶，也喝过存了50年的名茶大红袍，都很难找出上述传统乌龙茶陈茶的那种美妙感觉。至于轻发酵低火功的新工艺乌龙茶，以及不发酵的绿茶黄茶白茶类的陈茶，因未喝过，无从感受其韵。曾看到一篇茶文，说绿茶陈茶的滋味，“涩涩的，又不全是涩涩的；苦苦的，又不全是苦苦的；略带一丝薄薄的绵甜；”这样看来，不管哪类陈茶，只要是好茶，又陈的恰好，用心去品，就一定能品味出凝聚于其中的沧桑变幻，悟出一些人生真谛来。

平常心是道

平时大家在一起饮茶，经常说到“平常心”这三个字。什么是平常心？

茶叶保鲜箱

茶叶保鲜箱

我个人以为，平常心就是无是非心，无人我心，无分别心，也就是清净心。平常心不是我们现在的这颗心。我们现在的这颗心充满着烦恼和矛盾，充满妄想，充满疑虑和忧惧，这个是烦恼心，是虚妄心，不是平常心。

作为茶人，应该有一颗平常心。平常心要从日常茶事过程中渐修顿悟，此时无是非，无取舍，无造作，无欲无求，真真切切，明明白白，谓之平常心。

什么是道？“道”有道路、方法、规律、途径等多重涵义，茶道的“道”可以简单理解为煎水瀹茶的方法。

有僧人问马祖道一：如何是道？马祖回答：平常心是道。（见《景德传灯录》）

可见，道原本是很平常的，并不神秘。譬如煎水瀹茶，如果我们真的用心去品饮一碗茶汤，这就是茶道，并无其它。

所以，我们日常煎水瀹茶，一定要以平常心善待一切，这样，才最接近于道，才能品饮出茶汤滋味，才能在每日的茶事过程中体悟至道。

（马守仁）

茶马古道上的人工茶驮

茶驮

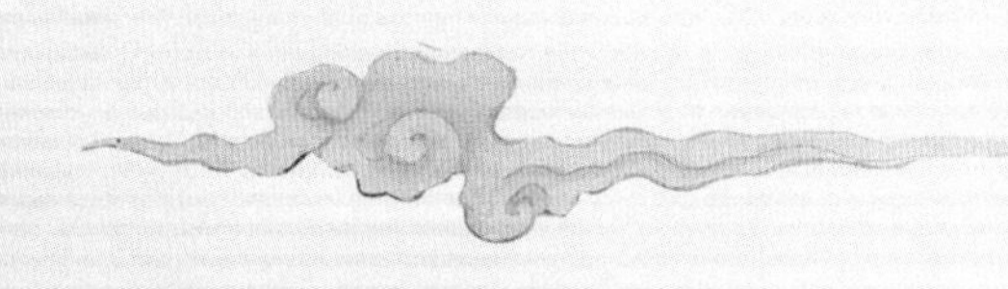

第七章

茶具茶室

CHA JU CHA SHI

中国茶具类别

茶具的发展历史，与茶的饮用历史完全同步。不过，早期人们使用的茶具比较简陋，一般都是粗制陶器，也没有专门的茶具。如果要饮茶，一般是放在煮汤食的器具中煎煮后连叶带汁一起喝掉。这一点，可以从上古时期陶器中得到佐证。这一用陶器煎煮茶叶的习俗，虽然已经过了几千年，至今仍在一些偏远农村和山区中保留着。在福建，许多农村中的老人，至今仍然喜欢用陶器煎茶喝。

随着时代的发展和饮茶方式的改变，茶具也发生了变化。起先，是出现了专门的茶具，到唐宋时期，无论在材料还是形制上，都已达到了一个高峰。前几年河南法门寺出土的一套唐代鎏金茶碾茶具，以及宋代以兔毫碗为代表的各类瓷制茶具，都标志着当时茶具发展的水平。明代改团茶为散茶，冲泡方法也从点茶法变为瀹茶法，茶具也相应产生一个大的变化，标志就是与工夫茶冲泡法相适应的工夫茶

茶农家的茶具

炭壶　茶碗　水壶　木制茶盘　茶碗　茶罐　粉沙质风炉　茶壶

具。到了现代，茶具的种类就更加丰富多彩，甚至形成了以宜兴紫砂壶为代表的专门茶具文化。

从茶具制作的材料来看，有陶质、瓷质、玻璃质、竹木质、金属质、玉石质的。不过，最常见常用的还是陶质瓷质以及玻璃质、不锈钢质的，其它的基本上是工艺品而不是实用品。

从形制上来说，更是五花八门，琳琅满目。大则数米直径，小则如同豆粒。有圆形，柱形，方形，多角形，不规则形。或状如西瓜，或状如圆柱，或状如提篮，或状如寿桃，或状如扁螺；还有状如人、如兽等等，不一而足。

从用途上来看，有实用型的、艺术型、以及实用艺术兼用型的。一般来说，实用型的茶具多为瓷质与紫砂壶。形制大小适中，线条简单，以便冲泡饮用。

对于冲泡乌龙茶来说，瓷质茶具以白为宜。其优点在于方便观赏茶汤色泽；形制上以小盖碗为宜，以便刮沫出汤，观察叶底。紫砂以俗称“一把抓”的小壶为宜，其特点是透气、保温、保味。天寒时则置掌中把玩，以增加品茶情趣。

现代工夫茶具

铁观音的冲泡，最宜工夫茶冲泡法，因此最宜使用工夫茶具。

工夫茶具的最基本组合如下：

茶壶或盖碗

用于冲泡茶叶，可备大中小三款。大款容量200毫升以上，供多人饮用；中款容量100-200毫升，可供4-6人饮用；小款容量100毫升以下，供2-3人饮用。一般情况下，中小两款足矣。

小茶盅

用于品饮。可备3-8个。多为半圆形，大小如鸡蛋，故又称为“蛋壳盅”。也有形若倒放竹笠状、钟状的。

公道杯

又称茶海。用于盛容茶汤、分茶用。状如稍大杯子，一端有开口沟，用于注汤。

仿宋黑瓷茶碗

宋代黑瓷茶托

紫砂壶

德化玉瓷小壶

茶具炉

茶　盘

又称茶托。用于置放茶具，并装盛洗茶水、剩余茶汤之用。

抹　巾

用于随时擦拭桌上的茶渍和漏水。

随手泡

烧开水之用。目前市场上常见的多为电热和电磁式。也有以酒精为燃料的。至于传统的炭炉，则极罕见。

其它的器具

有用于取茶叶的茶匙，用于夹茶盅的茶镊，用于清理茶底的茶刮等，俗称“四君子”，可备亦可省略。

因地域习俗原因，有数种组合形式。一是潮州式：传统的潮州工夫茶具，一般需备一把紫砂壶、三只杯，以“孟臣罐，若琛杯”为佳。三只浅盘，一只放（罐）壶，一只放杯，一只装茶底废水。另一水壶。烧水则用红泥炭炉，以橄榄核炭为佳（但现在多以电随手泡替代）。二是台湾式：其最大特点是除必备壶杯外，每只茶杯均配一小圆筒状的“闻香杯”，以及一只放置茶杯的小盘。三是闽南式：介于潮州式与台湾式之间。多用德化白瓷盖碗冲泡，组合较为自由。

目前市场上所见的工夫茶具，多为配套出售，当然也有单独出售的，档次高低不一。一般来说，选择工夫茶具，首在实用，次在于美观。外形以简朴雅致为佳。不宜型制太繁，颜色太艳。壶则注意出水通畅，不会漏水；杯则注

茶盘

台湾茶具

潮州手拉壶茶具

意内壁白净，放置平稳；电随手泡则注意要有自动调控温度，以免沸腾过度。档次高低则视各人爱好及经济状况，量力而行。总之，要冲泡好铁观音，就要本着“欲善其功，先利其器。”的原则，用一点心思，选择好一套适合使用的茶具。

简易茶具

对于许多初饮铁观音茶及乌龙茶的消费者来说，最简单的工夫茶具也许都会让他们觉得太复杂。此外，对于大多数城市白领工薪族来说，由于生活节奏紧张，或者上班制度约束，事实上没有可能在办公室里摆上一套工夫茶具，慢慢地来泡茶的。但这并不意味着因此就不能泡铁观音茶了。其实，使用简易茶具也是可以泡好茶的。

现在市场简易茶具很多，比较常见的有：

三才杯

这种杯子就是普通直筒茶杯中加配一个过滤器而已。多为瓷质，也有紫砂质，玻璃质的。

飘逸杯

这种杯是台湾人发明的，外观比较时尚。基本格局与三才杯一样，直筒状，加一个过滤器。不同的只是以钢化玻璃作材料，过滤器上加一个钢珠控水设施。茶叶置于过滤杯中，泡好后按一下控水钮，泡好的茶汤便流入杯中，取出过滤器即可。

过滤壶

这种壶相对来说较大，圆球状，不锈钢玻璃组合或塑料玻璃组合。近年来也有陶瓷质的。内有一铁丝过滤网，适合多人饮用。将茶叶放壶内过滤网中，冲下沸水，数分钟后即可出汤，倒入小杯中供主客共饮。选择这种壶时需注意最好用不锈钢质或瓷质的，特别要注意的是过滤网，一定要用优质不锈钢所制。一些低档壶中过滤网是铁质的，极易生锈，不宜泡茶。

民间大茶壶

德化瓷三才杯

自配型

二只普通杯即可。

艺术茶具

艺术型茶具，主要是供鉴赏收藏用。如有条件，也不妨选购一些，以增加品茶情趣。

所谓的艺术型茶具，并非是说不

能用来泡茶。与一般实用型茶具相较，这类茶具具有三大特点：一是材质较为贵重。如以玉、水晶、黄金等制成。有些茶具的材质虽不算贵重，但不适合泡茶，如大理石、竹木等；二是造型较为奇特。最典型的是紫砂壶，造型极为繁杂，一些壶身上还有精细的刻图刻字。这种壶给人的主要感觉就是美与奇。如用于冲泡茶水，有的因造型奇特，有的因花饰太多，远不如一般的简单圆壶来的方便，更不宜置掌中抚摩把玩。三是价格比较昂贵。近年来，一些古董壶，拍卖价几十上百万。即便不是古董，一些当代壶艺大师的作品，一件至少上千，甚至数万元。对于一般的茶客来说，日常情况下是不大可能用如此昂贵的茶具来泡茶的。

尽管如此，这类茶具其独特的艺术鉴赏性，仍然具有强大的生命力，并受到许多人的青睐。所以，随着茶文化的发展，艺术型茶具也必将会有更大的发展。

瓷质茶具

瓷器茶具的品种很多，其中主要的有：青瓷茶具、白瓷茶具、黑瓷茶具和彩瓷茶具。这些茶具在中国茶文化发展史上，都曾有过辉煌的一页。

白瓷杯

白瓷茶具

具有坯质致密透明、上釉、成陶火度高、无吸水性、音清而韵长等特点。因色泽洁白，而能反映出茶汤色泽。传热、保温性能适中。加之色彩缤纷，造型各异，堪称饮茶器皿中之珍品。早在唐时，河北邢窑生产的白瓷器具已“天下无贵贱通用之”。唐朝白居易还作诗盛赞四川大邑生产的白瓷茶碗。元代，福建德化县和江西景德镇白瓷茶具已远销国外。如今，白瓷茶具更是面目一新。这种白釉茶具，适合冲泡各类茶叶。加之白瓷茶具造型精巧，装饰典雅，其外壁多绘有山川河流、四季花草、飞禽走兽、人物故事，如有缀以名人书法，又颇具艺术欣赏价值。所以，使用最为普遍。

青瓷茶具

青瓷茶具早在东汉年间，已开始生产色泽纯正、透明发光的青瓷。晋代浙江的越窑、婺窑、瓯窑已具相当规模。宋代，作为当时五大名窑之

宋代青瓷茶壶

仿古黑瓷茶具

古茶壶

闽南出土青花瓷茶壶

一的浙江龙泉哥窑生产的青瓷茶具，已达到鼎盛时期，远销各地。明代，青瓷茶具更以其质地细腻，造型端庄，釉色青莹，纹样雅丽而蜚声中外。16世纪末，龙泉青瓷出口法国，轰动整个法兰西。人们用当时风靡欧洲的名剧《牧羊女》中的女主角雪拉同的美丽青袍与之相比，称龙泉青瓷为“雪拉同”，视为稀世珍品。当代浙江龙泉青瓷茶具又有新的发展，不断有新产品问世。这种茶具除具有瓷器茶具的众多优点外，因色泽青翠，用来冲泡绿茶，更有益汤色之美。不过，用它来冲泡红茶、白茶、黄茶、黑茶，则易使茶汤失去本来面目，似有不足之处。

黑瓷茶具

黑瓷茶具，始于晚唐，鼎盛于宋，延续于元，衰微于明、清。这是因为自宋代开始，饮茶方法已由唐时煎茶法逐渐改变为点茶法，而宋代流行的斗茶，又为黑瓷茶具的崛起创造了条件。宋人衡量斗茶的效果，一看盏面汤花色泽和均匀度，以“鲜白”为先；二看汤花与茶盏相接处水痕的有无和出现的迟早，以“著盏无水痕”为上。时任三司使给事中的蔡襄，在他的《茶录》中就说得很明白：

“视其面色鲜白，着盏无水痕为绝佳；建安斗试，以水痕先者为负，耐久者为胜。”

而黑瓷茶具，正如宋代祝穆在《方舆胜览》中说的“茶色白，入黑盏，其痕易验”。所以，宋代的黑瓷茶盏，成了瓷器茶具中的最大品种。福建建窑、江西吉州窑、山西榆次窑等，都大量生产黑瓷茶具，成为黑瓷茶具的主要产地。黑瓷茶具的窑场中，建窑生产的“建盏”最为人称道。蔡襄《茶录》中这样说：“建安所造者……最为要用。出他处者，或薄或色紫，皆不及也。”建盏配方独特，在烧制过程中使釉面呈现兔毫条纹、鹧鸪斑点、日曜斑点，一旦茶汤入盏，就能放射出五彩纷呈的点点光辉，增加了斗茶的情趣。明代开始，由于“烹点”之法与宋代不同，黑瓷建盏“似不宜用”，仅作为“以备一种”而已。

彩瓷茶具

彩瓷茶具的品种花色很多，其中尤以青花瓷茶具最引人注目。青花瓷茶具，其实是指以氧化钴为呈色剂，在瓷胎上直接描绘图案纹饰，再涂上一层透明釉，然后在窑内经1300℃左右高温还原烧制而成的器具。然而，对“青花”色泽中“青”的理解，古今亦有所不同。古人将黑、蓝、青、绿等诸色统为“青”，故“青花”的含义比今人要广。它的特点是：花纹蓝白相映成趣，有赏心悦目之感；色彩淡雅幽菁可人，有华而不艳之力；加之彩料之上涂釉，显得滋润明亮，更平添了青花茶具的魅力。直到元代中后期，青花瓷茶具才开始成批生产，特别是景德镇，成了我国青花瓷茶具的主要生产地。由于青花瓷茶具绘画工艺水平高，特别是将中国传统绘画技法运用在瓷器上，因此这也可以说是元代绘画的一大成就。元代以后除景德镇生产青花茶具外，云南的玉溪、建水，浙江的江山等地也有少量青花瓷茶具生产。但无论是釉色、胎质，还是纹饰、画技，都不能与同时期景德镇生产的青花瓷茶具相比。明代，景德镇生产的青花瓷茶具，诸如茶壶、茶盅、茶盏，花色品种越来越多，质量愈来愈精，无论是器形、造型、纹饰等都冠绝全国，成为其他生产青花茶具窑场模仿的对象。清代，特别是康熙、雍正、乾隆时期，青花瓷茶具在古陶瓷发展史上，又进入了一个历史高峰，它超越前朝，影响后代。康熙年间烧制的青花瓷器具，史称“清代之最”。

明、清时期，由于制瓷技术提高，社会经济发展，对外出口扩大，以及饮茶方法改变，都促使青花茶具获得了迅猛的发展。当时除景德镇生产青花茶具外，较有影响的还有江西的吉安、乐平，广东的潮州、揭阳、博罗，云南的玉溪，四川的会理，福建的德化、安溪等地。此外，全国还有许多地方生产“土青花”茶具，在一定区域内，供民间饮茶使用。

金属茶具

金属用具是指由金、银、铜、铁、锡等金属材料制作而成的器具。它是我国最古老的日用器具之一。早在公元前18世纪至公元前221年秦始皇统一中国之前的1500年间，青铜器就得到了广泛的应用。先人用青铜制作盘、盛水，制

潮州手拉壶

锡茶壶

民间大茶壶

玻璃茶具

水晶茶具

作爵、尊盛酒，这些青铜器皿自然也可用来盛茶。

自秦汉至六朝，茶叶作为饮料已渐成风尚，茶具也逐渐从与其他饮具共享中分离出来。大约到南北朝时，我国出现了包括饮茶器皿在内的金属器具。到隋唐时，金属器具的制作达到高峰。

20世纪80年代中期，陕西扶风法门寺出土的一套由唐僖宗供奉的鎏金茶具，可谓是金属茶具中罕见的稀世珍宝。但从宋代开始，古人对金属茶具褒贬不一。元代以后，特别是从明代开始，随着茶类的创新，饮茶方法的改变，以及陶瓷茶具的兴起，使金属茶具逐渐消失，尤其是用锡、铁、铅等金属制作的茶具，用它们来煮水泡茶，被认为会使“茶味走样”，以致很少有人使用。但用金属制成贮茶器具，如锡瓶、锡罐等，却屡见不鲜。这是因为金属贮茶器具的密闭性要比纸、竹、木、瓷、陶等好，具有较好的防潮、避光性能，这样更有利于散茶的保藏。因此，用锡制作的贮茶器具，至今仍流行于世。

其他茶具

竹木茶具

隋唐以前，我国饮茶虽渐次推广开来，但皆属粗放饮茶。当时的饮茶器具，除陶瓷器外，民间多用竹木制作而成。陆羽在《茶经四之器》中开列的24种茶具，多数是用竹木制作的。这种茶具，来源广，制作方便，因此，自古至今，一直受到茶人的欢迎。但缺点是易于损坏，不能长时间使用，无法长久保存。到了清代，在四川出现了一种竹编茶具，它既是一种工艺品，又富有实用价值。主要品种有茶杯、茶盅、茶托、茶壶、茶盘等，多为成套制作。

竹编茶具

竹编茶具由内胎和外套组成，内胎多为陶瓷类饮茶器具，外套用精选慈竹，经劈、启、揉、匀等多道工序，制成粗细如发的柔软竹丝。后经烤色、染色，再按茶具内胎形状、大小编织嵌

玉茶具

合，使之成为整体如一的茶具。这种茶具，不但色调和谐，美观大方，而且能保护内胎，减少损坏。同时，泡茶后不易烫手，并富含艺术欣赏价值。因此，多数人购置竹编茶具，不在其用，而重在摆设和收藏。

漆器茶具

漆器茶具漆器茶具始于清代，主要产于福建福州一带。福州生产的漆器茶具多姿多彩，有“宝砂闪光”、“金丝玛瑙”、“釉变金丝”、“仿古瓷”、“雕填”、“高雕”和“嵌白银”等品种，特别是创造了红如宝石的“赤金砂”和“暗花”等新工艺以后，更加鲜丽夺目，惹人喜爱。

玻璃茶具

玻璃茶具在现代，玻璃器皿有较大的发展，玻璃质地透明，光泽夺目。外形可塑性大，形态各异，用途广泛。

玻璃杯泡茶，茶汤的鲜艳色泽，茶叶的细嫩柔软，茶叶在冲泡过程中的上下浮动，叶片的逐渐舒展等，尽可一览无余，可说是一种动态的艺术欣赏。特别是冲泡细嫩名茶，茶具晶莹剔透。杯中轻雾缥缈，澄清碧绿，芽叶朵朵，亭亭玉立，观之赏心悦目，别有风趣。而且玻璃杯价廉物美，深受广大消费者的欢迎。玻璃器具的缺点是容易破碎，比陶瓷烫手。

搪瓷茶具

搪瓷茶具以坚固耐用，图案清新，轻便耐腐蚀而著称。它起源于古代埃及，后来传入欧洲。但现在所使用的铸铁搪瓷则始于19世纪初的德国与奥地利。搪瓷工艺传入我国，大约是在元代。

明代景泰年间（1450－1456），我国创制了珐琅镶嵌工艺品景泰蓝茶具，清代乾隆年间（1736－1795）景泰蓝从宫廷流向民间，这可以说是我国搪瓷工业的肇始。

我国真正开始生产搪瓷茶具，是20世纪初的事，至今已有七十多年的历史。在众多的搪瓷茶具中，洁白、细腻、光亮，可与瓷器媲美的仿瓷茶杯；饰有网眼或彩色加网眼，且层次清晰，有较强艺术感的网眼花茶杯；式样轻巧，造型独特的鼓形茶杯和蝶形茶杯；能起保温作用，且携带方便的保温茶杯；以及可作放置茶壶、茶杯用的加彩搪瓷茶盘，都受到不少茶人的欢迎。但搪瓷茶具传热快，易烫手，放在茶几上，会烫坏桌面，加之“身价”较低，所以，使用时受到一定限制，一般不作待客之用。

茶室设计与布置

茶室是品茶的地方，一个环境优雅的茶室，往往能给人以美的享受，使品茶活动进行的更有情调，达到休闲放松，调节精神情绪的作用。茶室一般分为经营式与家庭式两大类型。不同类型的功能有所不同：经营式茶室注重商业性，所以在设计与布置时更多考虑如何吸引和方便消费者；家庭式则更注重情趣而比较随意，尽可能充分体现主人的个性与文化素养。

醉寺茶室

醉寺茶室一景

现代电磁炉

经营式茶室

经营式茶室从功能上要求，应包括主体建筑和附属设施两部分。主体建筑应包括茶室、茶水房和茶点房。附属设施为小型仓库、管理人员及服务人员工作室、卫生间等。

大型茶室

大型茶室的品茶室可由大厅和小室构成。大厅中应设置茶艺表演台，台下分设散座、厅座、卡座及房座（包厢）等。可选设其中一至二种。

散座的摆放可选圆桌或方桌，每张桌视其大小配4-8把椅子。桌子之间的间距为两张椅子的侧面宽度加上通道60厘米的宽度，以便客人进出自由。

厅座则是在一间厅内摆放数张桌子，厅四壁饰以书画条幅，四角放置四时鲜花或绿色植物，并赋以厅名。

卡座类似西式的咖啡座。每个卡座应设一张小型长方桌，两边各设长形高背椅，以椅背作为座与座之间的间隔。每一卡座可坐四人，两两相对，品茶聊天。

房座则将大厅隔成多间小间，房内只设1-2套桌椅，相对封闭，可供洽谈生意或亲友相聚。

茶水房应分隔为内外两间，外间为供应间，面对茶室，置放茶叶柜、消毒柜、冰箱等。里间安装煮水器（如小型锅炉、电热开水箱、电茶壶）、热水瓶柜、水槽、自来水龙头、净水器、贮水缸、洗涤工作台、晾具架及晾具盘。

茶点房也应分隔成内外两间，外间为供应间，面向品茶室，放置干燥型及冷藏保鲜型两种食品柜和茶点盘、碗、筷、匙等用具柜。里间为特色茶点制作工场或热点制作处。如不供应此类茶点，可以简略，只需设水槽、自来水龙头、洗涤工作台、晾具架及晾具盘即可。

小型茶室

小型茶室的品茶室可在一室中混设散座、卡座和茶艺表演台，开水房及茶点房在品茶室中设柜台替代。

家庭式茶室

家庭式茶室一般设在家庭居室内，如较大的居室可设专门茶室，居室较小的则可与客厅，书房综合，或利用室内一角的空间。由于家庭茶室主要是主人品茶与待客的地方，一般仅设一张茶桌，并配数把椅子。茶具的配备也较为简单，一般是设一、二个橱或柜，用于放茶叶及茶具用。除此外还需注意家庭茶室一不应影响居室的其他主要功能，二要适当配置光源，尽可能靠窗。

茶室的布置是主人文化修养的综合反映。为能充分显示茶室陶冶情操、令人修身养性的作用，在茶室布置上需下一番工夫，使之既合理实用，又有不同的审美情趣。一般有以下几种风格类型：

中国古典式

室内家具可选用明清式桌椅，材料为红木、花梨等高档木料，也可用较低档的仿红木。壁架可以采用通透式博古架。用中国书画为壁饰，辅以插花、盆景等和种摆设。可布置成传统居家的客堂形式。正对大门以板壁隔开内外两堂，壁正中悬画轴，两侧为一副对联。壁下摆长形茶几，上置大型花瓶等饰物。长茶几下正中前设八仙桌，桌两旁各安太师椅一把。亦可在大厅正中以屏风装饰，一侧设古筝演奏台，大厅内散放桌椅，房厅正中放置八仙桌和太师椅。

家庭茶室

家庭茶室

中国乡土式

重在渲染山野之趣，所以室内家具多用木、竹、藤制成，式样简朴而不粗俗，不施漆或只施以清漆。近年来流行一种以树根制成的整体茶几，配以四或六张树墩坐椅。壁上一般不用多余饰物，为衬托气氛，墙上可以挂一些蓑衣、渔具或玉米棒、红干辣椒串、宝葫芦等点缀，让人仿佛置身于山间野外、渔村水乡。此外，我国各少数民族有着自己独特的民族文化与饮食习惯，饮茶也有自己的特色。我们可以借鉴其风俗习惯，运用到茶室布置上来。

欧式与和式

这是仿国外的装饰，营造一份异国情调。欧式茶室以卡座设置居多，是最普遍的一种。另外，广泛流行于都市中的音乐茶座，大体也属于此种。和式茶室指日本的茶室布置，即室内铺榻榻米，客人脱鞋入内，席地而坐，整体布置极其简洁明快，或挂一画，或插一花。

时尚休闲式

时尚休闲式往往结合多种装饰元素，风格表现各异。亦中亦西，有的简单，有的豪华，有的怪诞，没有固定的模式，不用刻意地装饰，只要觉得轻松自然就是最好的布置。随意地放几件别致的小饰物，不必拘于材质，自己喜欢的茶具就好，往往更能体现主人的审美情趣。

总之，家庭茶室的布置风格也与经营式茶室一样，可以有多种多样，可根据主人的性格和偏好自由选择。唯一需注意是，要与室内整体装饰风格相协调。

相关知识

法门寺地宫出土茶具

1987年4月陕西扶风法门寺地宫的唐代茶具出土。这套“养在地宫人未识”的系列茶具，是无与伦比的国宝级文物。既有金银器，也有琉璃具。它更是撩开仅充贡品的秘色茶具神秘面纱的唯一实物，为研究唐代的茶文化及古代金银器、陶瓷器的制作工艺提供了弥足珍贵的实物依据。这套茶具，是唐僖宗李儇（874-888年在位）生前使用过而又充作供养佛舍利的供奉物。部分茶具有器物铭文和《物帐碑》。这套茶具包括茶笼、茶碾、茶罗、茶盒、盏托、盐台、茶坛等。设计独具匠心，工艺极为精湛，造型鬼斧神工。图案、纹饰流畅优美，极富流光溢彩的皇家气派和雍容华贵风格，令人叹为观止，堪称世界上最为完美的茶具之一。而且炙烘、碾罗、煎烹、贮茶、贮盐、饮用等系列茶具基本齐全，在世界考古史上堪称一大奇观。

法门寺地宫出土茶碾

唐代宫廷水注

秘色瓷茶具

唐代陆龟蒙《秘色越器》诗云：“九秋风露越窑开，夺得千峰翠色来”；徐寅《贡余秘色茶盏》诗云：“捩翠融青瑞色新”、“巧剜明月染春水，轻施薄冰盛绿云”、“嫩荷涵露别江渍”，诗人优美动人的描写早已为秘色瓷茶具撩上一层神秘的面纱。法门寺出土实物揭开了这个谜并且证明：秘色瓷确为晚唐至北宋初越窑特制的贡器。这款茶碗凡5件，分青绿色釉及青灰色釉2种，碗口与碗壁有五等分凹线，隐如莲花瓣。碗口径2.14厘米，通高0.94厘米，足径1厘米，碗深0.7厘米，足高0.2厘米。其特点、形制完全符合陆龟蒙、徐寅诗中所云。即使在今天也属于国宝级文物，实物出土极少。同时出土的还有秘色瓷盘6件和白瓷釉大碗1只，口径1.46厘米，高0.44厘米。可能与茶具有关，即为茶盘和茶碗。

唐代银茶匙

紫砂茶具

紫砂茶具是以江苏宜兴特有的五色陶土烧造的紫砂炻器茶具，以壶为主，故称紫砂壶，又称宜兴壶。在我国陶瓷美术工艺史上独树一帜，珍品荟萃。紫砂炻器是介乎陶器和瓷器之间的陶瓷制品。由于其烧结密致，胎质细腻，既不渗漏，亦有肉眼看不见的微细气孔，可以吸附茶汁，蕴蓄茶味。紫砂传热不快，不致烫手，又耐高温，盛夏酷暑茶存壶中亦不会变馊。

冷热剧变也不会破裂，还可放在火上炖煨。这些特点，使紫砂器成为人们喜爱的首选茶具。紫砂主要以器型取胜，或仿自然界瓜果花木、虫鱼鸟兽，或以几何形体型，方非一式，圆无一相，古朴典雅，千姿百态，巧夺天工。除了实用外，还极富鉴赏和收藏价值。精品名壶往往价值连城，俗谓“黄金有价壶无价”。紫砂的另一特色是不挂釉彩，利用陶泥本色，烧成后色泽温润，有浑然天成的亚光效果，成为独具特色的工艺品。紫砂极盛于明清两代。嘉靖（1522–1566）、万历（1573–1620）年间，宜兴产生两位制壶大师：供春和时大彬。其间有“万历四名家”：董翰、赵梁、元畅（一作玄锡）、时朋。董翰开创文巧之风，“造壶始作菱花式”（清吴骞《阳羡名陶录》）；后三人则以继承供春为主，风格古朴。时朋子时大彬及其高足李仲芳、徐友泉（名士衡）被誉为“壶家妙手称三大”。明末以壶名家者还有沈君用、陈仲美、陈子澈及被称为“桃圣”的项圣思、“孟臣罐”的发明者惠孟臣等。清代制壶高手如云蒸霞蔚，作品不断推陈出新。康熙年间（1662–1722），一代巨匠陈鸣远光耀后世，后有陈汉文、王南林、杨继元等，以体质坚净，制式精雅著称。嘉庆年间（1796–1820）曼生壶独步当世，开书画、篆刻与壶艺相得益彰之先河。清末则有黄玉麟、邵大亨等一代名流。黄曾被吴大澂请去制作“树瘿壶”盖,可知名重一时。大亨壶传世已稀。近现代顾景洲、朱可心、蒋蓉等后继有人，使这千年绝活发扬光大。顾的“提璧壶”和“汉云壶”已饮誉海内外，当代作手的许多作品也已为海外博物馆研收藏。陶瓷史家认为：明万历后紫砂器除出土物外，传世品中绝少真品。清代紫砂仿品虽多，但仍有一些真品。如故宫博物院和台北故宫博物院均藏有康、雍、乾三朝的紫砂器，主要是茶壶和茶杯。清代紫砂器花样繁多，造型奇特，名匠辈出，即使署名制作的器具，亦真赝掺杂，鉴定十分困难。紫砂茶具是我国茶文化苑囿中的奇葩，陶瓷史上鬼斧神工的杰作，中华传统文化的瑰宝。如《老残游记》第三回：“茶壶都是宜兴壶的样子。”

大小不一的紫砂壶

潮州传统功夫茶具

潮汕功夫茶具

潮汕功夫茶具通常指流行于粤、闽、港、澳、台及海外华人中的乌龙茶品饮中必备茶具。一般指孟臣壶、若琛瓯、潮汕炉、玉书碨四宝。此外，还有茶托、茶几等。相传惠孟臣为明末制壶名家，宜兴人，以制小壶擅名，其壶多为紫褐色，小巧玲珑，大小如握。壶底钤有孟臣，传至闽南、粤东，家喻户晓，又称孟臣罐。若琛相传为清代景德镇瓷器名匠，所制杯只有半个乒乓球大小，极为精致，杯底钤有“若琛”字样而得名。孟臣壶与若琛杯珠联璧合，被誉为茶具双璧，加上武夷茶，则为“三绝”。台湾史志学家连横

（1878—1936）《茗谈》云：“台人品茶，与漳、泉、潮汕相同……。茗必武夷，壶必孟臣，杯必若琛。三者为品茶之要，非此不足以豪，且不足以待客。”潮汕炉，选用高岭土烧制成的红泥小火炉，古朴通红，长形，高六七寸至一尺。置炭的炉心既深又小，省炭发火。炉体有盖门，设计合理，通风性能好，更奇的是，水壶中水溢出渗流炉内，火不灭，炉不裂。玉书碨是扁形的陶瓷壶，以广东潮安枫溪产的最为著名，用以烧水，古人谓之煮汤。水一开，壶盖会自动掀动，发出“扑扑”的声响，有极好的耐冷热剧变性能，高温下烧不会爆裂，隆冬时保温性能仍好。相传为古代名玉书的巧匠设计制造。功夫茶具四宝的命名不可尽信，然这四件茶具确为潮汕地区家家必备的日常生活用品。

延伸阅读

茶具演变

茶具的出现，是茶叶应用的直接结果。茶具的制作水平和茶叶的应用程度也应该是同步发展的。我国茶叶始于食用、药用，以后才逐渐成为日常生活中的饮料。当茶叶只是作为食物、药物使用的时候，尚无可称为“茶具”的器皿。只有当茶叶作为日用饮料之后，相应的器皿才有可能逐渐产生。

德化红梅茶具

茶具，古代亦称茶器或茗器。西汉辞赋家王褒《僮约》有“烹茶尽具，酺已盖藏”之约，这是我国最早提到“茶具”的一条史料。到唐代，“茶具”一词在诗文里处处可见，晚唐代诗人陆龟蒙《零陵总记》载：“客至不限数，竟日执持茶器。”

中唐代诗人白居易《睡后茶兴忆杨同州诗》：“此处置绳床，旁边洗茶器。”晚唐代文学家皮日休《褚家林亭诗》有“萧疏桂影移茶具”之语。宋、元、明几个朝代，“茶具”一词在各种书籍中都可以看到，如《宋史·礼志》载：“皇帝御紫宸殿，六参官起居北使……是日赐茶器名果”宋代皇帝将“茶器”作为赐品。北宋画家文同有“惟携茶具赏绝”的诗句。南宋诗人翁卷写有“一轴黄庭看不厌，诗囊茶器每随身。”的名句，元画家王冕《吹萧出峡图诗》有“酒壶茶具船上头。”明初号称“吴中四杰”的画家徐贲一天夜晚邀友人品茗对饮时，他趁兴写道：“茶器晚犹设，歌壶醒不敲。”

唐宋以来，铜和陶瓷茶具逐渐代替古老的金、银、玉制茶具，原因主要是唐宋时期，整个社会兴起一股家用铜瓷，不重金玉的风气。据《宋稗类钞》说“唐宋间，不贵金玉而贵铜磁（瓷）”铜茶具相对金玉来说，价格更便宜，煮水性能好。陶瓷茶具盛茶又能保持香气，所以容易推广，又受大众喜爱。这种从金属茶具到陶瓷茶具的变化，也从侧面反映出，唐宋以来，人们文化观，价值观，对生活用品实用性的取向有了转折性的改变，

建阳博物馆藏宋代兔毫碗

建阳博物馆藏宋代兔毫盏

建阳博物馆藏宋代茶盏

在很大程度上说，这是唐宋文化进步的象征。

唐宋以来，陶瓷茶具取代过去的金属、玉制茶具，还与唐宋陶瓷工艺生产的发展直接有关。一般来说，我国魏晋南北朝时期瓷器生产开始出现飞跃发展，隋唐以来我国瓷器生产进入一个繁荣阶段。如唐代的瓷器制品已达到圆滑和轻薄的地步，唐皮日休说道："邢客与越人，皆能造磁器，圆似月魂堕，轻如云魄起。"当时的"越人"多指浙江东部地区，越人造的磁器形如圆月，轻如浮云。因此还有"金陵碗，越瓷器"的美誉。王蜀写诗说："金陵含宝碗之光，秘色抱青瓷之响"。宋代的制瓷工艺技术更是独具风格，名窑辈出，如"定州白窑"。宋世宗时有"柴窑"。据说"柴窑"出的瓷器"颜色如天，其声如磬，精妙之极"。北宋政和年间，京都自置窑烧造瓷器，名为"官窑"。北宋南渡后，有邵成章设后苑，名为"邵局"，并仿北宋遗法，置窑于修内司造青器，名为"内窑"。内窑瓷器"油色莹彻，为世所珍。"宋大观年间（1107-1110）景德镇陶器色变如丹砂（红色），也是为了上贡的需要。大观年间朝廷贡瓷要求"端正合制，莹无暇庇，色泽如一。"宋朝廷命汝州造"青窑器"，其器用玛瑙细末为油，更是色泽洁莹。当时只有贡御宫廷多下来一点青窑器方可出卖，"世尤难得"。汝窑被视为宋代瓷窑之魁，史料说当时的茶盏，茶罂（茶瓶）价格昂贵到了"鬻（卖）诸富室，价与金玉等（同）。"世人争为收藏。除上例之外，宋代还有不少民窑，如乌泥窑、余杭窑、续窑等生产的瓷器也非常精美可观。一言蔽之，唐宋陶瓷工艺的兴起是唐宋茶具改进与发展的根本原因。随着时代的变迁，岁月的流逝，人们的日常品茶跨越了仅仅是生理需要的阶段，而升华为一种文化，一种为全民族所共有的文化，而茶和茶具也就成为珠联壁合的文化载体。饮茶进入艺术品饮的唐宋时代，人们不仅开始讲究茶叶本身的形式美和色、香、味、形四佳，也开始讲究起茶具之完备、精巧，乃至茶具本身的艺术美，以增加人们的感官享受，达到心地的进一步调适和谐。

（资料来源：中华茶文化研究所）

绚丽奇秘说建盏

提起建盏，今天的一般人大多一头雾水。然而，对于稍通中国茶文化以及陶瓷史的人来说，此物可是如雷贯耳，只恨无缘一见矣。笔者虽说工作生活在建盏的故乡，也是长期以来不知何物。直到近年才算恍然大悟。

建盏其实是宋代常见的黑瓷茶具。状如倒扣的竹斗笠，敞口小圆底，小者如小碗，大者不超过中碗，釉薄胎厚，风格厚实粗朴。因产于古建州（今福建建瓯、建阳、武夷山一带），又称"建盏"。据有关文献记载，建州的黑瓷生产，始于唐代，鼎盛于宋代。起初是生产瓶、罐、碗、灯盏等日常用品。后来则以生产茶具为主。建州的黑瓷茶具中，有一部分并非纯黑，而是黑釉面里夹杂着均匀的银色或者黄色丝缕，状如秋天的兔毫。所以又称“兔毫盏”。而这也是建州黑瓷的最大特征和珍稀之处。建盏除了兔毫纹外，还有油滴斑、鹧鸪纹、曜变圈等不同夹杂。其中的曜变圈，最为罕见。可谓建盏中的绝品。这些绚丽的纹圈，并非人工刻意所作，而是在烧制过程中窑温变化自然形成。一窑数千件器具中，只有极少部分才会形成兔毫纹，至于曜变圈，就更是难得了。

建盏的兴起，与宋代茶文化的发展有直接关系。宋代宫廷好茶，著名才子皇帝宋徽宗还写了《大观茶论》，因此带动了贵族士大夫的好茶风气。由此扩展到社会各阶层，使品茶、斗茶成为一种流行时尚。当时的茶叶，是一种用极嫩茶芽压制而成的小茶饼，外面以印着龙凤花纹的细薄绵纸包装，再涂上一层蜂腊。故又称为龙凤团茶。这种茶不仅生产制作过程极烦琐，饮用时也极烦琐。需先将茶饼捣碎，放在小碾子里碾成粉末，再用极细的丝箩筛过。将筛好的细茶叶粉挑进茶盏，先倒少许沸水，调制成膏状。然后才能冲泡。冲泡时需一边慢慢注水，一边用特制细棒均匀搅拌成茶汤。饮用时连汤带茶，一点不漏。因为这种茶汤，经过注水搅拌，面上会有一层极细腻的白色泡沫（另一说是茶汤本身色白）。茶的好坏，第一标准就是看白的程度：“青白最上，黄白最次”。为了能够更好的分辨，黑瓷就成了当然选择。因为只有在黑色容器中，白色茶汤的对比才鲜明。除此，兔毫盏因为内胎较一般陶瓷为厚，又有砂眼透气，十分有利于保温；而敞口小圆底的形状，既方便搅拌，又便于观察。总之，兔毫盏的这些特点，成为当时的最佳茶具。宋徽宗因此极为推崇，认为“盏色贵青黑，玉毫条达者为上，取其焕发彩色也。”皇帝的赞美，自然又促使了其它人的追捧，使的原为民窑的建窑，成了专门生产“御供”或者出口日本的半官窑。

烧制建盏的窑址，主要在闽北水吉镇（今属建阳，原属建瓯），称为“水吉窑”。水吉窑属“龙窑”，解放后国家曾组织有关专家对分布在镇周边的芦花坪、牛皮仑、大路后门等处方圆十余里的窑址进行考古调查和发掘。其中一个窑址长达135米，堪称国内龙窑之最。同时出土了数以万计的建盏残片，其中有一些较为完整。为建窑的深入研究提供了真实的样本。

建盏除了“御供”外，还有相当部分的外销。流传的主要国家是日本、韩国及东南亚。根据有关文献，南宋嘉定十六年（1233），日本人加藤四郎曾到福建学习烧制黑釉瓷器，回国后在濑户建窑烧制黑瓷并获成功，称为“濑户物”。而在日本的许多博物馆和美术馆中有收藏产自中国的建盏。其中收藏于腾田美术馆和静嘉堂的“曜变天目”茶碗。被视为日本的国宝级文物。

建盏的真正魅力在于它的独特釉斑。犹其是曜变。笔者无缘见识国宝级建盏，但在朋友处见过若干碎片。将它置于阳光下，那些曜变圈立刻闪烁起来，随着阳光强弱与观察角度的变化，它的光彩也在不断变化，五颜六色，犹如钻石般的绚丽，真是美不胜收！而即使是一般的建盏，注满清水置于阳光下，凝神静观，那一根根的兔毫，顿时活了起来，小小的盏中，变幻出森林、云

宋代曜斑黑瓷碗

海、大洋、甚至还有万马奔腾，千船竞流。这种景象与变化，是任何一种陶瓷都无法与之伦比的。这或许也就是建盏形制虽然粗朴，却能成为王公贵族士大夫的珍宠，从而登上宫廷大雅之堂的根本原因。

近年来，闽北一些有志者经过反复试验，已经研究出了建盏窑变的秘密，用小窑烧制出了足可以假乱真的精品建盏。今天，建盏作为茶具来说，已经失去了它的实用功能。然而作为历史上曾经辉煌一时的茶具，作为独具一格的古代陶瓷，它的艺术价值和魅力永存。

典雅神韵德化瓷

德化地处闽南金三角开放区的内陆地带，山青水秀，风光绮丽，是中国南方著名的三大（江西景德镇、湖南醴陵、福建德化）“瓷都”之一。走进德化，随处可见大大小小的瓷器店，陈列着各式各样的陶瓷品，让人感受一种极为浓郁高雅神奇之韵。据统计，目前德化已有1100多家陶瓷厂，西洋小工艺瓷，传统瓷雕，日用陶瓷，以及环保陶瓷四大类应有尽有，年产值50多个亿，远远超过了景德镇，成为名符其实的中国最大瓷业基地。

德化高白瓷茶具

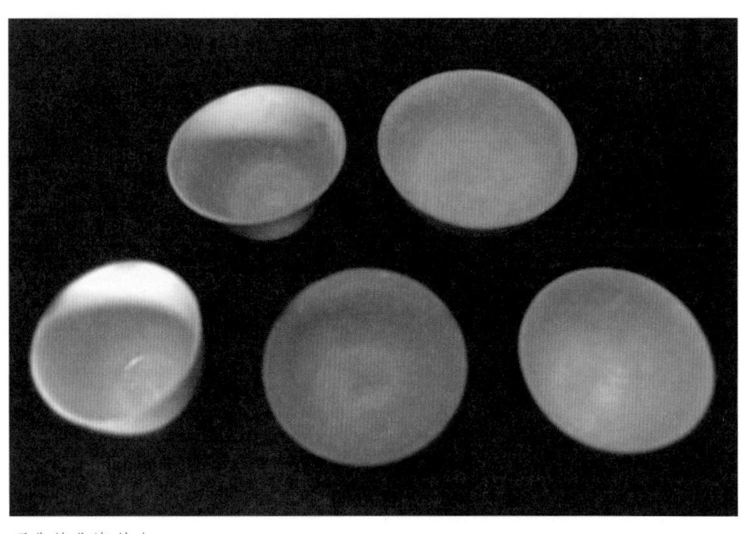

明代德化瓷茶盅

德化烧制陶瓷，有着悠久的历史。早在新石器时代，德化土著居民就知道利用当地陶土烧制印纹陶。汉唐时开始有意识地烧制陶瓷日用品。不过，德化陶瓷的真正闪射光彩，则是在宋元时期。其时中国正处于封建社会中期，开始出现了一些资本主义萌芽，离德化100多公里的泉州，经济发展迅速，成为中国南方最主要的商业城市和对外贸易的口岸。正是在这种背景下，德化陶瓷也迅速发展起来。在德化烧制的瓷器，通过“海上丝路”，大量销往海外。根据元代著名世界旅行家马可波罗的记述，“刺桐城附近有一别城，名称迪云州（音译为德化戴云），制造碗及瓷器，既多且美。”这种状况，由境内230多处古窑址和1976年德化境内对屈斗宫等窑址的考古挖掘，以及1999年南中国海附近“泰兴号”沉船的打捞，得到有力佐证。

屈斗宫古窑址位于德化县城东南隅的宝美村覆船山西南坡，1976年，福建省、晋江地区、德化县和厦门大学历史系联合对它进行发掘，窑基依山而起，坡长57公尺、宽1.4-2.95公尺，两侧芳草萋萋，泥土间显露着许多残缺的瓷器文物，挖掘的结果证实，屈斗宫窑为宋元时龙窑，出土的7000多件瓷器基本

高白莲瓣茶具

上都是白瓷。而1995年由澳大利亚一家公司进行的清代“泰兴”号沉船打捞，则获得了总共35万件的青花瓷器。经专家鉴定，其中相当一部分是德化烧制的瓷器。而宋元明时的白瓷和明清时的青花瓷，确实代表了德化瓷历史上两个不同时期的风格特点。德化白瓷，俗称“猪油白”“象牙白”，色泽光润明亮，纯净而高雅，瓷质如脂似玉，代表了当时中国白瓷生产的最高水平，因而被誉为“中国白”、“国际瓷坛上的明珠”，“世上独一无二的珍品”。而以明代何朝宗、张寿山、林朝景、林希宗、林孝宗等为代表的一大批瓷塑艺术大师，创作的大量“中国白”瓷塑，又把德化瓷塑艺术推到了一个前无古人的境界，他们的瓷塑作品，被视为天下独特的艺术瑰宝，以至于当时的“日本富人，不惜以万金争购之”，有“天下共宝之”的美誉。清代以后，青花瓷成为德化窑陶瓷生产的主流，出现种类琳琅满目，风格多姿多彩的局面。德化青花瓷典雅清新，画风自由洒脱，笔触粗犷率真，充满着浓郁的乡土味和人情味。与青花瓷同时，德化开始烧制五彩瓷。在已烧成的瓷器上，用黄、绿、红、蓝、紫等多种彩料绘画图案花纹，再经彩炉以低温第二次烧成。构图简洁明快，画风朴实活泼，色彩鲜艳雅静，自然情趣与生活气息十分浓厚。

德化瓷并非官窑，一直以生产外销瓷为主。因而在造型和纹饰上常常带有外国风格。其代表作品有“军持”。军持，又称军持壶、净瓶，梵语作Knudika，是僧侣游方时随身携带的“十八物”之一。贮水以备饮用及净手等，是宋元时期专供外销的特殊器物之一。德化军持大多口呈喇叭状，长颈、鼓腹、长流、平底。胎质细坚，一般呈白色或灰白色。颈部无花纹或饰有弦纹，腹部装饰多种多样，如龙纹、莲瓣纹、蕉叶纹、直边纹、缠枝花纹、水波纹和云气纹等，带有浓厚的宗教色彩。荷兰人像，荷兰是第一个与德化建立陶瓷贸易的西欧国家。荷兰的东印度公司成立于1609年，根据欧洲人喜欢白色瓷和当时商贸条件，17世纪中期荷兰商人把注意力转到了“中国白”，并且建立了良好的贸易关系。因而德化瓷中不少作品表现了荷兰人的生活，他们骑

明代中国白

德化茶具

着马、龙、麒麟、狮子等，戴着翘起帽檐的三角帽，脖子上系着领巾。英国博物馆收藏有以“狩猎”为主题的德化瓷塑系列，表现的正是荷兰人打猎的情景。此外，还数量很大的圣诞老人以及造型多变的西洋小玩具等等。

虽然如此，大量生产的还是中国式瓷器，如碗、盘、碟、瓶、壶等日常生活用品，以及以观音系列佛教人物为代表的瓷塑。明代以前，德化瓷主要生产日常生活用具，明代以后出现了工艺瓷塑。其中最有创造力并最有影响的当数何朝宗。据清代《泉州府志》和《福建通志》所记：“何朝宗，不知何许人，或云祖籍德化，寓郡城，若陶磁像，为僧迦大士，天下共宝之”。

德化瓷茶具虽然只是德化瓷生产中极小的一部分，呈现出的五彩缤纷独特风貌，成为中国茶具中一朵放射异彩的奇葩。目前发现的最早茶具，是宋代的水注与茶碗。宋时流行点茶法，水注状如军持，大肚长颈而有双耳，茶碗口大沿浅，状若兔毫碗。德化茶具的真正发展，是在明清工夫茶冲泡法流行之后。主要生产以盖碗小茶盅为主的工夫茶具。在“泰兴号”沉船的瓷器中，就发现不少盖碗。除了工夫茶具，还有相当数量的日常用茶壶，形状较紫砂壶大，造型简洁明快。其中还有一部分用于外销的订制茶壶，造型和图案具有浓厚的东南亚或西欧风格。

历史上的德化外销瓷不仅展示了中国传统文化的魅力，同时也改变了东南亚许多地区“以葵叶为碗，不施匕筋，掬而食之”的生活习俗。在欧洲，德化瓷引发了当地的厨房革命，所生产的啤酒杯、碗等，堂而皇之替代了原有的金银厨具，甚至引发了当地仿制德化瓷的热潮；在非洲，基尔瓦岛的大清真寺遗址、苏丹墓地都出土过德化窑瓷，有些还被寺院镶嵌在庙宇建筑或墓柱上作装饰。改革开放以来，德化瓷在保持历史传统的同时，努力创新，使得瓷器生产出现了新的辉煌。白瓷在建白瓷，高白瓷基础上，研制了更为高档的玉白瓷。瓷塑在传统佛教人物的基础上，创造出了大量艺术人物形象。随着茶风日盛，茶具生产也提升到一个空前的水平，德化瓷茶具不仅成为深受茶民喜爱的用品，也成为收藏家关注的艺术品之一。

紫砂壶的特点

“名壶莫妙于砂，壶之精者又莫过于阳羡”，这是明代文学家李渔对紫砂壶的总评价。

为什么宜兴的紫砂壶好？这可从两方面来说明。一方面，它是艺术品，形制优美，颜色古雅，可以“直侪商彝周鼎而毫无愧色”（见张岱《梦忆》）。另一方面，它又是实用品，用以沏茶，茶味特别清香：“用以盛茶，不失元味”。明人文震亨说：“茶壶以砂者为上，盖既不夺香，又无熟汤气。”许次纾也说：“以粗砂制之，正取砂无土气耳！”《阳羡茗壶系》说：“壶经久用，涤拭口加，自发暗然之光，入可见鉴。”在林古度《陶宝肖像歌》里也有“九且色泽生光明”的诗句。这种既有艺术价值又有实用价值的特点，使紫砂壶的身价“贵重如珩璜”，甚至于超过珠玉之上。

清人汪文柏赠给当时紫砂壶名家陈鸣远的一首《陶器行》诗里，有“人间珠玉安足取，岂如阳羡溪头一丸土”的赞句，可见宜兴紫砂的身价是非常高的。究竟值多少钱呢？名人周澍《台阳百咏注》里说：“供春小壶一具，用之数年，则值金一笏。”到了清代康熙年间，也是“一具尚值三千缗”。（陈其年《赠高澹人诗》，见《阳羡名陶录》）可见名家出品价格尤高。再往后，则凡是明代名家所制的紫砂壶，不仅“价埒金玉”，而且“已为四方好事者收藏殆尽”。（吴梅鼎《阳羡名壶录》）不仅如此，甚至一些残破的紫砂壶，也有人愿意出价收购。周伯高就是这样的人。他说：“供春、大彬诸名壶，价高不易辨。予但别其真，而旁搜残缺于好事家，用自怡悦。”（吴骞《阳羡名陶录》）

紫砂壶质地古朴纯厚，不媚不俗，与文人气质十分相近。文人玩壶，视为“雅趣”，参与其事，成为“风雅之举”。他们对紫砂壶的评价是：“温润如君子，豪迈如丈夫，风流如词客，丽娴如佳人，葆光如隐士，潇洒如少年，短小如侏儒，朴讷如仁人，飘逸如仙子，廉洁如高士，脱俗如衲子。”（奥玄宝《名壶图录》）

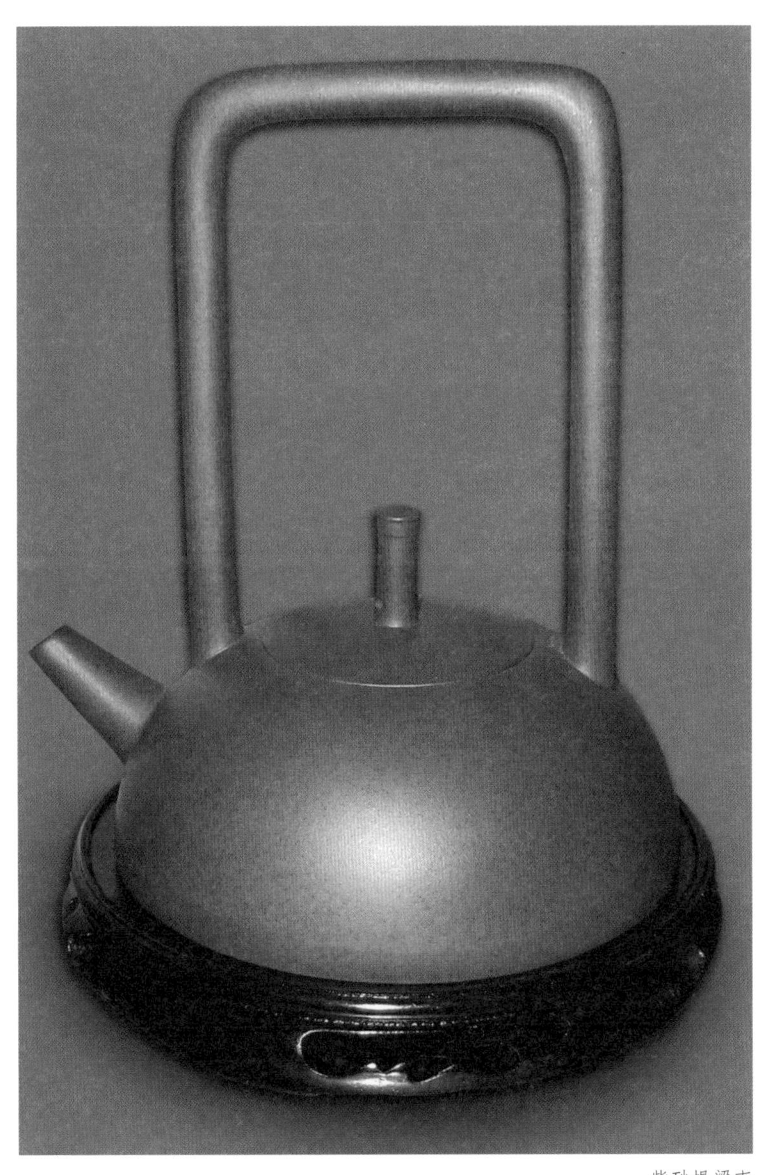

紫砂提梁壶

独特的材质

宜兴紫砂是以紫泥、红泥、绿泥等天然泥料雕塑成型后，经过1200℃高温烧成的一种陶器。紫砂土是一种颗粒较粗的陶土，含铁、硅较高。它的原料呈沙性，其沙性特征主要表现在两个方面：第一，虽然硬度高，但不会瓷化。第二，从胎子的微观方面观察它有两层孔隙，即内部呈团形颗粒，外层是鳞片状颗粒，两层颗粒可以形成不同的气孔。从其颜色上分主要有三种：一种是紫红色和浅紫色，称作“紫砂泥”，用肉眼可以看到闪亮的云母微粒，烧成后成为紫黑色或紫棕色；一种为灰白色或灰绿色称为“绿泥”，烧成后呈浅灰色或浅黄色；还有一种是棕红色，烧成后呈灰黑色称为“红泥”。三者之中紫砂泥最多，而绿泥、红泥较少。由于其特殊的材质，使宜兴紫砂壶具备了以下几个特点：

1. 泡茶不失原味，色香味皆蕴，能使茶叶越发的醇郁芳沁。

2. 紫砂器使用的时间越长，器身就越光亮，这是因为茶水本身在冲泡过程中也可以养壶。

3. 紫砂器的冷热急变性好，即可以放到火上烧，也可以在微波炉中使用而不会爆裂。

4. 传热慢，而且保温，若使用提携无烫手之感。

5. 坯体能吸收茶的香气，用常沏过茶的紫砂壶偶尔不放茶叶，其水也有茶香味。

6. 紫砂壶的泥色与经常冲泡的茶叶有关，泡红茶时茶壶会由红棕色变成红褐色，经常泡绿茶时，砂壶会由红棕色变成棕褐色。壶色富于变化颇耐人寻味。

7. 宜兴紫砂有很好的可塑性，入窑烧造不易变形，所以成型时可以随心所欲地做成各种器形，使紫砂器的花货、筋纹的造型能自成体系。

8. 独特的透气性能。其透气性能好，使用其泡茶不易变味，而且隔夜茶也不会馊。

宜兴紫砂泥所具备的这些天然的良好性能在制陶业中也是罕见的，惟宜兴所独有。

独特的成型工艺

宜兴紫砂壶的造型千变万化，其造型采用全手工的拍打镶接技法制作的，这种成型工艺与世界各地陶器成型方法都不相同。这是宜兴历代艺人根据紫砂泥料特殊分子结构和各式产品造型要求所创造的。清末时期有用模制或铲镳成型的工艺。不论圆、腰圆、四方、六面、侧角、高矮曲直都可以随意制作。同时还为造型的平面变化提供条件，这就形成紫砂结构严谨、口盖紧密、线条清晰等工艺特点。壶盖的制作最能显示出其工艺技术水平。圆形壶盖能通转而不滞，准合无间隙摇晃，倒茶也没有落帽忧。六方壶盖，无论从任何角度盖上，均能吻合得天衣无缝。所有这些独特的高难度的成型技法，是其他陶瓷产品无法比拟的。

独特的宜兴紫砂文化

宜兴紫砂文化概括起来说，就是中国悠久的陶文化与成熟于唐代的茶文化相互融合。其主要表现在造型、泥色、铭款、书法、绘画、雕塑和篆刻等诸多方面。紫砂高手善于以壶为主体，融合诸艺术于一体，在形式内容方面谐合、神形兼备。宜兴紫砂艺术方面最大的特点是素质、素形、素色、素饰，不上彩、不施釉、质朴无华。其素面素心的特有品格，常使人对它情有独钟，古今有多少诗人、画家对它的喜爱达到痴迷的地步。可见其影响力之大。

现在紫砂学界有一些学者提出一个新颖的观点，即把紫砂茗壶进行划分归属。第一类是具有传统的文人审美风格的作品，讲究内在文化底蕴，追求“文心”，提倡素面素心的清雅风貌，在

紫砂壶

紫砂壶

根艺茶盘桌

紫砂竹壶

壶体上镌刻题铭，切壶、切茶、切景诗出为三绝称之为“文人壶”。第二类是有富丽鲜亮、明艳精巧的市民趣味作品。在砂壶上用红、黄、蓝、黑等泥料绘制山水人物，草木虫鱼做纹饰，或镶铜包银，此类称“民间壶”。第三类作品是将砂壶进行抛光处理，镶以金口金边，造型风格迎取西亚及欧洲人的审美趣味，有明显的外销风格，称“外销壶”。第四类是不惜工本精雕细琢，讲究豪华典雅的宫廷御用紫砂茗壶称“宫廷壶”。而此类器物则代表了当时紫砂制陶的最高成就。

另外，宜兴紫砂还有一个独特的现象。自明迄今，有诸多文人参与设计、书法、题诗、绘画、刻章，与陶艺师共同完成每件作品。题诗镌刻的内容已经完全提升到文学性的高度。以壶寄情，曾一度发展到“字依壶传”“壶随字贵”的境地。其中较著名的有陈继儒、董其昌、郑板桥、陈曼生、任伯年，吴昌硕、黄宾虹、唐云、冯其庸、亚明等等。这对宜兴紫砂文化内涵的扩展和深化起到了极其重要的推动作用。这一现象是其他工艺领域中所罕见的。而其中影响较深远的则首推陈曼生。

陈曼生（1777-1822年），字子恭，号曼生，名鸿寿，浙江钱塘人“西泠八家”之一。陈鸿寿善画山水，讲究简淡意远，疏朗明秀效果，诗词文赋造诣精深，他一生酷爱壶艺，是一位杰出的陶艺设计家，曾设计壶样十八式，多与杨彭年兄弟、邵二泉等人合作，他所设计的壶多受文人雅士的喜欢，称“曼生壶”。他的壶型多为几何体，质朴简练、大方，为前代所没有，开创了紫砂壶样一代新风。曼生壶铭极富文字意趣，格调清新、生动，耐人寻味。陈曼生开创了书刻装饰于壶上，自此中国传统文化“诗书画”三位一体的风格内涵至陈曼生时期才完美地与紫砂融为一体，使宜兴紫砂文化达到了一个新的高度。

（资料来源：中国紫砂壶网）

曼生壶杂思

我晓得陈曼生是因爱好篆刻之故。初涉金石之时，我便从印史上看到清乾（隆）、嘉（庆）年间，有一印坛劲旅，为丁敬始创，均是浙江钱塘人氏，故名“浙派”。而其中坚，或择四家，或择六家，或择八家，皆冠之以“西泠”。陈鸿寿（1768-1823年），号曼生，即是“西泠八家”之一。但对其篆刻，从来评价不一。褒之者：“善长运气发力，下刀富有激情，纵横矫健，独具雄姿英爽气概”而贬之者则云：“有骨无肉。”我以为曼生之印，虽无异彩，仅是延浙派之余响而已。但其隶书却佳。清代碑学大兴，篆隶名家辈出。但一眼望去，曼生之隶书，仍可触目，其潇洒凝练，古意盎然，立于汉碑之林亦无愧色。我以为在邓石如，黄小松之下，可与伊秉绶媲美，堪称一流。

近日因帮助友人查找有关历代茶具与茶文化方面的资料，接触了一大批明清以来的紫砂茶壶图片、实物，于是又注意到了陈曼生。

嘉庆年间，陈曼生曾在陶都宜兴为官，一任三年。其间设计十八种紫砂壶式，由制壶名家杨彭年制作，又亲手刻诗文于其上。这就是为后世茶人、藏家珍若拱壁之物——曼生壶。

曼生壶乃壶中之上品，明眼者皆知。前日，与友人闲谈，论及壶品，颇多契合。友人于壶并不深谙，却富审美的眼力。谈得兴起，遂取出《历代紫砂壶大观》一册，说：“看中者，必为曼生。”始不信，试之，果不出所料。我这才服气。

紫砂方壶

紫砂壶

紫砂西施壶

曼生壶之所以居于上品，我以为在于壶品、砂品、茶品之相统一也。何谓壶品·质朴无华，实实在在，不尚雕饰，不哗众宠是也。何谓茶品·醇厚蕴藉，平平凡凡，不激不烈，不锋芒毕露是也。所以，曼生之壶式不论是独家首创，还是承前颖出的，均取简洁、浑厚、古拙之形制，或石瓢，或井栏，或梨形，或笠形；并且去枝蔓花哨者，妄生圭角者，应物象形者，繁复妍巧者。究其根由，自然则在于作为书画名家之曼生，其艺术造诣之深和审美水平之高也。

西泠八家，皆以秦汉为宗，崇尚朴茂钝拙，一洗当时印坛浮滑纤巧之风气。曼生为八家之一，自然亦不例外。曾见其为接山所制“苔园外史”印，边款题曰：“丁（敬）老后，予最服膺小松司马。”又见，“南芗书画”印，边款题曰：“平生服膺小松司马一人,服膺之处何在？可见其题丁敬“赵贤”、“端人”两面印和黄易（小松司马）“琴罢焚香”印之边款。前印款曰“浑厚醇古，直指汉人，叟之技进乎道矣”。后印款日：“篆法浑厚”。由是可知曼生的审美取向之一斑。

历代制壶者，均为陶匠，设计制作，一手出之。所谓苏东坡坡制提梁壶，终属传闻，不足信矣。匠人之手，喜于弄巧，而结果反成拙矣。遍观历代名壶，模仿自然之形者甚多，且又为一般藏家所乐道。如陈鸣远之自然形壶，可谓唯妙唯肖，几可乱真。但愈肖则往往离壶本身逾远矣。壶之品当与茶为一也。茶之品，第一在自然。自然者，即是其本身也。那么，壶之品亦在自然，亦在其本身。壶就是壶，一把茶壶。壶之艺术造型有其模仿自然景物一法。但若一味模仿，则亦非壶矣。记得有一次，在友人家中看壶，见一“大溪竹壶”。说是冬日捧之，手感极佳。这倒是实话。但我说：“壶要做得像一截水溪边的露根毛竹，那截毛竹是不会认为自己应该长得像样一把壶的。”众人当戏语，皆大笑。其实之中有至理也。溪竹是自然的，但“大溪竹壶”则非自然也。模仿得越是刻意，越是做作，则越不自然。至于雕花绘彩，鎏金涂铜，上漆镶嵌，则更俗不可耐矣。

曼生之壶，删繁就简，返朴归真，取拙而成巧。据称，壶上镌刻字画，并非自曼生始，而自曼生倡而昌也。曼生壶，后来者赞之，宝之，大都是因字画不是因壶。所谓“字以壶传，壶以字贵”。所谓“相得益彰，相映生辉”，而如字一如曼生壶是也。

由此我更想到，曼生壶之所以取形简洁，也正是为了“便于在壶上镌刻字画。这倒是发挥了他精于书道的优势。他设计壶式，也许并不冲着壶本身，而是冲着自己的强项——书法、篆刻。但我想，若是陈曼生不是书画家，不想到在壶上刻字，也就不会撞到如此高品位之壶开膛发然，作为西泠八家之一，他的审美取向，是在深层起着作用的。就其曼生壶的艺术创作之成就，亦进乎道也。

（曹工化）

“千载一时”大彬壶

时大彬号少山，生活在明代万历年间，是供春后制壶“四大家”（董翰、赵良、元畅、时朋）之一时朋的儿子。他做壶出名，据吴骞《阳羡名陶录》记载：初自仿供春得手，喜作大壶，后游娄东，闻陈眉公与琅琊太原诸公品茶试茶之论，乃作小壶。”娄东在苏州的东边，陈眉公名继儒，华亭人，是明代颇有成就的文人。陈继儒曾与同郡的董其昌齐名，但是他没有走入仕途，而是在昆山一带隐居起来，潜心研究书画诗词，刻意著述，他的《妮古录》、《书画史》等著作，对古代书画作了深入的研究。大凡文人的生活是与茶分不开的，陈继儒不仅嗜茶，还编辑了（茶董补）等论著，从茶的种植、制备到品饮，论述甚为详尽，并辑录了唐宋茶诗二十首。时大彬结识了这些品茶高手，听取了他们对茶的冲泡方法和茶具大小、形制的要求，一改以往喜做大壶的习惯，转为制作小壶。这一改，适应了文人品茶试茶的需要，为他们提供了理想的茶具；这一改，也使紫砂壶的地位和性质，发生了重要的变化。

小壶泡茶，从品饮的角度讲，有一定的道理。明代冯可宾的《茶笺》里谈得详细：“壶小则香不涣散，味不耽搁。况茶中香味不先不后，只有一时，太早则未足，太迟则已过。”吴骞也说：“壶供真茶，正在新泉活火，旋瀹旋啜，以尽色声香味之蕴。故壶宜小不宜大，宜浅不宜深，壶盖宜盎不宜砥，汤力茗香，俾得团结氤氲。”当时的茶艺家品茶，远远超出利用茶解渴的原始功能了。它已经上升为一种文化活动。品茶者讲究雅，讲究趣，讲究“两腋习习清风生”的境界。冯可宾在上面那段话之前就先说道：“茶壶以小为贵，每一客，壶一把，任其自斟自饮，方为得趣。”追求的也是一个“趣”。看来，茶壶变得以小为贵，也不完全出于科学的使用功能的要求，还有一部分人文因素。

紫砂壶

小壶得到文人的青睐，到万历年间已经有几十年了。经过几代工匠的研制，制壶工艺趋向成熟，泥料的淘制，壶的成型，烧制的火候，逐渐可以掌握得得心应手了。紫砂壶这种实用的茶具，以它纯朴的色泽，多变的造型，越来越兼有雅玩的性质了。对于雅玩的要求，除了它本身的实用功能，更增加了审美的情趣。日本人奥玄宝在明治七年（相当于清同治十三年）写成的紫砂专著《茗壶图录》，对于紫砂壶“理趣”的论述颇为恰切：“壶本玩具也，玩具之可爱在趣而不在理……知理而不知趣是为下乘，知理而知趣是为上乘”。

话题回到时大彬。他生活的时代，适逢文人对紫砂壶的要求转变的时期。他的功绩，不仅在于使紫砂壶适应了品茶的需要，更重要的，是通过壶的艺术造型迎合了文人的审美时尚。他掌握了成熟精湛的技艺，按照文人的趣味，刻意追求既小巧玲珑，又古朴稚拙的效果。实践了紫砂器从实用品向工艺品的质的转变。这才引得历代嗜壶者去赞，去叹，去歌咏，去考证。

与后代的壶相比，大彬壶的泥质，并不十分细腻，里面还杂有硇砂——未烧熔的天然存在的氯化铵，壶面上闪现出浅色的小颗粒。这种微粗的质地，反而成为紫砂壶上一种自然天成的装饰，鉴赏家称之为“银砂闪点”；还赞美它“珠粒隐隐更自夺目”。他的弟子徐友泉,潜心于调配泥料。变幻出海棠红、朱砂定窑臼、冷金黄等多种泥色，还仿制古器，创造了汉方、扁觯、菱花、蛋等各样壶的造型。然而,徐友泉到晚年却突然感悟，自叹道：“吾之精终不及时之粗。”可见，“时之粗”是匠心独运的，这个粗并非象早期没有条件把泥淘细，而是有意识地保持泥质古拙的风格。“千载一时”绝非溢美之誉。

时大彬的名声，随着他的壶。借着文人的笔，传遍遐迩。大彬壶也成为历代工匠效仿的范本。他们不仅摹仿大彬壶的造型，连名款也仿刻在壶上。据记载，时大彬在世的时候，也曾在弟子李仲芳做的壶上刻上他自己的名款，以表示对李仲劳的肯定。市井间流传着“李大瓶，时大名”的歌谣。值得庆幸的是，近年的考古发掘中，出土了一些大彬款紫砂壶。鉴定工作有了可靠的标准器，今人也可以一睹大彬壶的庐山真面目了。

1987年在福建省漳浦县发现的明卢维祯墓，出土的陪葬品有墓志、青花瓷罐、银腰带，还有一件紫砂壶。壶泥为浅赭色，圆壶腹，盖面上妁三个红类似鼎足，通高11厘米。壶的泥质略粗，壶身上的污迹，证明它是主人长期使用过的。壶的底部有“时大彬制”四字阴刻楷书款，字体规面不板，刀法娴熟有力。墓主卢维祯卒于万历三十八年（1610），下葬干万历四十年（1612）。

另有一件，是1984年在无锡甘露乡华涵墓出土的，也有墓志伴出，墓主葬予崇浈二年（1629），华家是无锡的望族，华涵莪的祖父，就是有名的华察华太师。这件扁圆的小壶高11.3厘米。盖面上贴塑对称的四瓣柿蒂纹，有三只小足。壶把下方腹面上，刻着横排的“大彬”两字。也是规整洒脱的阴刻楷书。壶的褐色泥中，满布着浅色的微小颗粒，正是文献中所说的“银砂闪点”，——时大彬时期泥质的特征。

上面提到的这两件壶，壶形都比较小，应属时大彬成熟期的作品。它们的造型称不上奇特。但是拙中有巧，朴中有精，柔中有劲。考察了实物，我们当不难理解，为什么鉴赏家们对大彬壶出观止之叹了。

（姚敏苏）

古人论品茗环境

古人对茶的品饮环境及气氛的营造曾作有深入的研究。明人冯可宾在《芥茶录》中提出了适宜品茶的13个条件，直至今天仍可供人们在品饮安溪铁观音时重视和借鉴：

一要“无事”。品茶时才能超凡脱俗，悠然自得。

二要“佳客”。人逢知己，一茗在手，可推心置腹，海阔天空。

三要“幽坐”。幽雅的环境，能使人心平气静，无忧无虑。

四要“吟诗”。茶可引思，品茶吟诗，作对助兴。

五要“挥翰”。墨茶结缘，品茗泼墨，可助清兴。

六要“徜徉”。青山翠竹，小桥流水，花园小径，胜似闲庭信步。

紫砂壶

七要“睡起”。早晨醒来，清茶一杯，可清心静气。

八要“宿醒”。酒足饭饱，品茶可醒酒消食。

九要“清供”。品茶时佐以精美的茶点、茶食，自然相得益彰。

十要“精舍”。茶室要幽雅，可增添品茶情趣。

十一要“会心”。品尝名茶时，要专注用心，做到心有灵犀。

十二要“赏鉴”。要精于茶道，学会鉴评，懂得欣赏。

十三要“文僮”。旁边有专人服

务，煮水奉茶，得心应手。

与此同时，冯可宾也提出了不适宜品茶的七条“禁忌”：

一是“不如法”。指煮水、泡茶不得法。

二是“恶具”。则茶具选配不得当。

三是“主客不韵”。指言行粗鲁，缺少修养。

四是“冠裳苛礼”。指官场间不得已的被动应酬。

五是“荤肴杂陈”。指大鱼大肉满席，咸酸苦辣俱全，不得品饮。

六是“忙冗”。指忙于应酬，不能静心赏茶、品茶。

七是“壁间案头多恶趣”。指室内布置零乱无章，令人生厌。

（资料来源安溪县情网）

品茶环境

自古至今，人们在饮茶一事上，除了选择好茶好水好器外，还十分注重品茶环境（包括地域风情、自然景色、茶侣品位、人工设施、节令气候等）。

“洁性不可污，为饮涤尘烦”。（韦应物：《喜园中茶生》）品茗体现着一种生活态度，一种精神追求。文人雅士大多从清茶中细细品味出空灵淡泊、悠雅脱俗，纯真清傲。

越中奇才徐渭一生坎坷，但在行书《煎茶七类》中却强调品茶的环境必须是“凉台静室，明窗曲几，僧寮道院，松风竹月；晏坐行吟，清谈把卷。”在《徐文长秘集》中，他提出品茶要录求幽雅环境：“茶，宜精舍、云林、竹灶，幽人雅士，寒宵兀坐，松月下，花鸟间，清白石，绿鲜苍苔，素手汲泉，红妆白雪，船头吹火，竹里飘烟。”

一生嗜茶如命，自称为苦茶庵主的知堂老人则认为“喝茶当于瓦屋纸窗下，清泉绿茶，用素雅的陶瓷茶具，同二三人共饮，得半日之闲，可抵十年的尘梦。喝茶之后再去继续修各人的胜

业，无论为名为利，都无不可，但偶然的片刻优游乃正亦断不可少。”（周作人：《喝茶》）三间茅屋，十里春风，窗里幽兰，窗外修竹，此是何等雅趣，而安享之人不知也，懵懵懂懂，绝不知乐在何处。惟劳苦贫困之人，忽得十日五日之闲，闭柴扉，扫竹径，对芳兰，啜苦茗，时有微风细雨，润泽于疏篱仄径之间，俗客不来，良朋辄至，亦怡然自适，为此日之难得也。

对于寻常百姓而言，或出游时小憩品茗，尽扫旅途疲倦；或在闹中取静、街头巷尾的茶馆里，点茶一壶，偷得浮生半日闲，自得其乐；或是寒冬雪夜在家中，与二三知己围炉而坐，煮茶长谈，宾主两欢。总之，只要清静优雅，明亮洁净环境与品茶就能相得益彰。

现代品茗场所有经营型与非经营型之分，经营型的品茗场所，指那些专门设立的收费的茶室、茶楼、茶坊、茶艺馆之类，提供茶水，供茶客饮茶休息或观赏表演，这些场所或设在山水俱佳的风景名胜区，使茶客可在山涧、泉边、林间、石旁等处品茗赏景，或选在市井中心河埠码头等交通散之地，使人们在忙于生计之间，得以休闲片刻，或选在集墟小镇的生活中心，使茶客能够感受到浓郁的乡土气息。

非经营型的品茗场所范围很广，凡为特定目的而举办的各种社团活动，如茶会、茶话会和茶宴等均属此类，或在家居生活中以茶待客，或在郊区野外选山青水秀之外自备茶具举行茶会等。

其实，现代茶艺爱好者不必认为构建品茗环境是件很难办到的事，在普通家庭中，只要略加布置，就可点茶品饮、会客、聚友、家人团圆，也能其乐融融也。如居室条件许可，可在客厅专设一角作为饮茶之处，以矮柜或花架、屏风隔出一小块空间，墙壁装饰尽可能简洁明快，若能悬挂有关茶人茶事的书画条幅固然最佳，若没有也无妨，试饰以一把描金扇子，一件木雕人像或色泽淡雅的壁毯，同样可以取得怡情悦性的效果，下摆沙发或藤椅，茶几上置茶具茶点，人来客至，点茶倾谈。近年来西风东渐，年轻人在装修住房时喜欢赶潮流，在客厅设吧台酒柜，其实与中国人的生活习惯不符，毕竟日常生活中以酒代茶者不多，我们提倡设置居家饮茶的布置，所费不多，却无形之中将绍兴的传统文化融入现代生活之中，可以显示出主人的学识品位。

明代德代瓷碗

家居饭茶环境可因户而异，住在底楼有小院，可于院中葡萄架下设竹几竹椅品茶，住高楼而又无大空间者，或在书房、或于卧室，只要记得饮茶原是为生活更美好，一桌一椅，清茶相伴，就是一份难得的心境和很好的追求了。

（资料来源江西茶网）

老舍茶馆

在北京鲁迅文学院进修期间，先后两次去闻名已久的老舍茶馆。

茶馆位于前门西大街，门面不大，中式风格。门檐两边垂着长串红灯笼。显得气氛热烈。一进门便见门右侧立着老舍与朋友握手请茶的雕塑。左侧是向上的楼梯，沿墙贴着许多介绍茶馆的彩照。茶馆设在二楼右侧大厅，左侧大厅是酒店。当天下午目的是一睹景象。故先到茶馆。门票仅十元。只见一数百平米大厅，密密麻麻地排着仿古四方桌，及高背椅。四周平常的雕花格窗，挂着红灯笼及剪纸。正前一小小戏台。今日节目是京剧票友会。一些票友轮番上台表演京剧清唱。据说只要愿意，均可报名，由主持人具体安排。后台伴奏的是京剧团专业乐师。于是一边听清唱，一边喝茶。服务员均是年轻女孩，穿着红色对襟衫。在各人面前放下一只黄色瓷盖碗，并一只满盛开水的黄铜茶壶。茶是茉莉花茶，似还不差。只是对我来说，茶味几淡。不过也由此知北京人何以爱喝花茶。主要是水质不好，需用花茶的香味去压。且花茶便宜，适合大众消费。的确的，我在附近大栅栏天福茗茶店中看到的花茶，一斤不过三，五十元。不像别的茶，起码百元一斤。又据说，别看这里陈设简单，来的名人不少，连克林顿基辛格等许多国家元首要人都来过。还有许多国内名人。老舍的儿子，中国现代文学馆现任馆舒乙便常光顾。今日隔壁桌便有一位著名画家。

老舍茶馆是目前最能体现老北京民俗风情的茶馆。尽管跟过去茶馆相比，已经现代化的多了。过去的茶馆远没有这么豪华，是一种完完全全的大众消费。公子少爷来，闲人来，老人也来。一边喝花茶，一边听曲艺，过去的许多曲艺大师包括候宝林，都常茶馆里演艺。三天后，我便领略到了这种真正的北京茶馆文化风味。

那天我与朋友先到左侧酒店用晚餐。据介绍，此酒店是老舍茶馆分支，

工夫茶具

德化普洱茶具

德化提梁大茶壶

名为大碗茶酒店，老舍茶馆前身系北京前门大碗茶馆，故保留这一名称。酒店里装修风格与茶馆相似。几十张明清风格桌椅。厅前演台上横摆着一架巨大的古琴。据说有时也会演奏。可惜今日用红布罩着。我们在一安静角落坐下。看了一下菜谱，有茶宴。于是点了两个茶菜：红茶豆腐与祁红肘子。令我惊奇的是，居然

有茶酒，分红茶，绿茶，乌龙三类。茶与酒本是水火不相容之物。茶性宁静，酒性刚烈，怎能糁和在一起？到底是个什么样味道？本想点一个绿茶酒，服务员说卖完了。于是改点乌龙茶酒。价不菲，一瓶85元。上来后，是一四方形玻璃瓶，容量350毫升，18度。产地为浙江。倒出来色如乌龙茶。略有茶香。进口后细细品赏，只觉不伦不类。说是酒呢，无酒之醇，而明显的水味。说是茶呢，进口微甜而有苦尾，定是劣质茶加工。但作为一种新型饮品，总算喝过了，知道了。据说这是佛寺发明的，谁知道呢？

两个茶点倒尚可，肘子类吾乡的没骨肘。滑脆可口，只是吃不出茶味。又点一碗炒肝，说是京都名小吃。其实是淀粉汤中掺入猪肝等杂碎，尚可。小碗牛肉也甚佳。

餐后到右侧茶馆。晚门票后排一张60元，前排需120元。坐下后服务员上茶，仍是黄瓷盖碗绿茶，但加了四样茶点，还有印刷精致的说明书与节目单。今晚有京剧彩唱拾玉镯，京韵大鼓，五音，耍花坛，变脸，歌舞等，约表演一个半小时。于是连喝茶边看表演。服务员随时倒水，态度不错。惜所谓绿茶极一般，无可品。台上节目倒甚有京味。中间歌舞带些现代气息，变脸是川剧绝招，说明今天的京味已有了新的内容。而座上顾客，在一片乱哄哄中，看的看，喝的喝，聊的聊，各得其所。与福建广东茶馆中宁静气氛成鲜明对比。

中间抽空到厅前茶柜浏览一番，卖的多是绿茶花茶，少许铁观音，包装极精致，价格不菲。但极少人问津。北京的茶文化，其实与我们这些茶人理解的茶文化相去甚远。我们认为茶文化应是品茶为主，故极讲究茶道程序，环境气氛，茶具，以及茶的质量。但北京的所谓茶文化，而更多的是注重一种氛围。讲究的就是热闹，好看。老舍茶馆里也有许多对联条幅，写着弘扬茶文化之类，但只是一种说法而已。但也由此可见，任何高雅的东西，附和者都是少的。所谓“阳春白雪，和者盖寡”矣。真是不胜感叹之至。

回去时经过走廊，发现墙上贴有许多世界各国政要名人来茶馆的大幅照片，看来，老舍茶馆已成为北京文化的一个标志了。而我，总算与名人同享了一次福，不虚此行了。

上海茶馆

上海不产茶，却有许多茶馆。最大众化的是一种无限量供应的茶馆。我曾到过一家位于四川北路的这样茶馆。极大的楼厅里，摆着几十张普通黄色小长方桌，每张可供两至四人相对而坐。人多则将两张拼起来成为一张大桌。一律每客15元。只要你愿意坐在这里喝，茶馆就给你一个白瓷茶壶，几个小茶杯，并根据需求不断地供应茶水饮料包括点心。朋友说，不但可以喝茶聊天，还可以打牌下棋，不管多久都行。果然，我们看到好几张邻桌茶客，起劲地甩起了扑克。我与朋友一边喝着茶，一边欣赏窗外的夜景。一会儿之后，茶馆里就挤满了茶客，其是有许多大学生。喧喧嚷嚷，满耳杂音。但所有的茶客都旁若无人，自得其乐。

闽南茶壶

农家大茶壶

豫园湖心亭茶馆是上海最有名的老茶馆之一。雕花格窗，很浓的古典韵味。一进门的厅较大，位置也较多，人却不多。二层较小，但很拥挤。常常要等好久才能找到位置。朋友说，来这茶馆的绝大多数是游客，有的是逛累了，想找个地方喝杯茶，歇口气；有的是慕名而来，领略一下上海老茶馆的风情。这里的茶水不仅品类齐全，质量也高。我们要的明前龙井，在晶莹的玻璃杯里泡起来，色香味俱全。茶点也精致，尤其是那几个拇指大小的粽子，是最典型的海派小吃。收费是每客55元，贵了一点。虽然如此，喝着香热的龙井，在人来人往的哗声中，体验一份清净，一份古韵，虽只一歇歇工夫，其乐也融融。

在金茂大厦喝茶，则是完全不同的情趣。这茶馆位于裙楼。一长排通透明亮的落地玻璃隔墙，看得见里边精雕细刻的明清风格陈设，以及挂着的名家字画。最令人兴趣的有许多精品紫砂壶。每一把壶都标有制作工艺师的大名。为示真实无欺，茶馆备有最新出版的当代紫砂工艺师彩画辞典供查验。既出自名手，价格自然不菲，每把至少千元。最贵的标价五万。

朋友说，来这里多是白领，不乏企业家，上千元对于他们来说区区小数。他自己前不久就花三万元买了一把。茶客身份如此，收费就较高，每客百元左右。朋友当天点的台湾冻顶乌龙，据说一斤一千多元。身着旗袍的茶道小姐用典型的功夫茶具冲泡后，款款敬到我们面前。在这样环境里，喝这么贵的茶，对于我来说并不常有。所以端起茶来特别小心，捧着闻香杯细嗅，总想找出点特别的味道出来。可惜好久也没有。跟一般乌龙没有什么区别。我很想告诉朋友说这茶不怎么样，可看他踌躇满志的样子，又把话咽了下去。对于他来说，在上海打拼十年，如今拥有千万元资产，可以在忙碌之余随心所欲出入金茂大厦，不但品茶，还常来喝咖啡，吃饭，据说消费比喝茶还要高。细想想，他品尝的是一种成功，一种满足。其实，茶馆里的茶客，有几个真正深究茶道？他们是借茶消闲，借茶会友，借茶交流罢了，只要能达到目的，喝什么茶都无所谓。也许，这就是海派茶文化的精神实质。

厦门茶馆

厦门现在的茶馆最早出现于20世纪80年代底90年代初，至1995年出现了一个小高潮，据业内人士初步估计，目前，厦门大大小小的茶馆有数百家。最初的茶馆，消费门槛都较高，一般市民难于进入。后来一些新兴茶馆开始走向平民化经营，满足一般市民的消费水平，白天最低消费30元到50元／4个小时，晚上最低消费50元到80元／4小时，这种消费水平一直持续到今天，很是吸引了一拨拨客人。当然，有的茶馆的贵宾包间，最低消费也要200元／4个小时，但是这类的茶馆同样也设有普通包厢以满足消费水平一般的人士。

茶馆的装饰风格也经历了一些变化，先是盛行日式包厢，大家脱鞋入内，围坐一圈，其乐融融，后来，客人慢慢觉得还是中式包厢方便出入，于是一些近期新兴的茶馆就以中式为主，太师椅、八仙桌，古色古香的。当然，更多的茶馆会选择日式、中式并在，以满足不同客人的喜好。

目前茶馆业竞争激烈，经营者为留住客人各出奇招，有的茶馆把客人的生日牢牢记住，生日那天为客人准备生日仪式进行庆祝。有的茶馆，如位于禾祥西路的“华祥苑”强调茶艺表演，以娴熟的茶艺表演诠释茶道，吸引客人。有的茶馆则综合了餐饮，像位于禾祥西路的“诗湘堂”不仅提供喝茶，还提供养生套餐，并有商务服务，如提供影印、传真服务等，做起了茶馆外的延伸。当然，也有一些茶馆在竞争中启用陪侍，甚至沦为赌博的场所，成为藏污纳垢之所，已远悖茶馆的原味，亟待整顿。

“买得青山只种茶”，中国人与茶有着解不开的情缘。儒家

云龙茶具

黑花陶茶罐

以茶雅志，道家以茶明心，佛家以茶助禅。一壶香茗能品出万般滋味。普通人没那么高深的学问，有了好茶却也喜欢邀友共品。厦门茶馆的雏形“茶桌仔”，追求的便是那份热闹和人情味。

随着生活水平的提高，厦门人开始讲究格调，老祖宗的“茶文化”再次受到青睐。精明的商家借机推出了商业与文化联姻的茶馆形式，绵延了“茶桌仔”的人情味，加入了“茶文化”的气氛，空间上又满足了都市人对私密空间的追求。于是，茶香弥漫，一家家或古朴、或雅致的茶馆伫立街头，成了鹭岛的风景线。

其实，茶馆的变迁也见证着我们这个城市的发展。

（资料来源：泉州晚报）

品茶境界

茶饮到一定程度，便要讲究境界。第一是识茶。中国茶品类繁多，各有特色。饮者的最起码功夫，要一尝便知什么茶。至少也要懂得花茶、绿茶，红

茶，乌龙茶、黑茶的区别。其次便是要分辨得出茶的优劣。茶的品质差别极大，也极细。同是绿茶，龙井与碧螺春有差别；同是龙井，特级与一级有差别；同是乌龙茶，岩茶与铁观音有差别；同是岩茶，本山与外山有差别。虽然不必如专业茶师那么精确，至少也要闻得出香型，喝得出醇厚浅薄，这才能品出韵味。

有了识茶的基础，才能进入更高境界：首先是识水。茶既是一种饮料，就要讲究泡茶之水的质量。对此古人已有许多高论，经典的说法是“山泉最佳，井水次之，江水又次之”。而且要如王安石一样能喝得出江中水与江尾水的区别。今天情况已有许多变化。对于都市饮者来说，真正的泉水井水无处可觅，江水则污染得不能饮用。比较容易得到的就是优质矿泉水。注意不要用纯净水，更不宜用自来水。有了好水后，还要懂得冲泡的方法。一般来说，绿茶比较简单，80℃左右开水即可。乌龙茶的温度要求则较高，既要现烧，又不能沸滚太久。有了好茶好水，还要有好的茶具。这便是识器。中国的茶器，是一门洋洋大观之艺术。最好的当然要数江苏宜兴紫砂壶。名壶价值胜过黄金。除此，还有许多茶器如德化、景德镇的瓷茶器也很漂亮。对于一般饮者来说，要懂得欣赏。但是最重要的是要懂得茶水与器具相配的道理。比如，乌龙茶要用“曼生壶，若琛瓯”，必须将茶水从壶里倒到小瓯里，考究的还配有拇指大小的闻香杯，先闻后饮，所以又叫功夫茶。绿茶就最好用玻璃杯，看茶叶在晶莹剔透中如花般绽放，未饮先醉，自然别有风味。识器的还一重意思是要能识大器。即饮茶时的外部环境。品茶是一种高雅的休闲活动，可在陈设典雅的茶室中边饮边听若隐若现的轻音乐；可在朋友家中自泡自饮，随心所欲，慢慢啜品。可在花前月下，树旁水边，席地持壶，与自然为伍。不管什么环境，当以清静、洁净为上，方有情趣。

识得水识得器，就该识人了。现在人们饮茶，已经不仅仅是解渴解乏，而是一种交际、休闲的方式。这也是如今都市中茶馆大兴的根本原因。俗话说“人以群分，物以类聚”。若要使这茶饮的身心两畅，选择什么样的人一起喝茶就十分重要。因为喝茶跟喝酒不同，酒是越喝越热闹，越喝越兴奋，所以人多一些，杂一些不要紧。而茶呢，一般来说是越喝越清醒，越喝越淡泊，所以共饮者就不宜多，品格也要高雅。若与势利小人之流共座，就只会糟蹋好茶，败坏胃口。

饮茶的最高境界，则是识道。饮茶有道，道在何处？有人说：茶禅一味；有人说：和敬清寂；有人说：道在屎橛；种种说法都有一定道理，可惜都叫人一头雾水。按我的理解，如果将茶作为一种精神的物质载体，茶道就是饮者通过饮茶这个活动形式，感悟到某种人生境界。感悟越深，境界越高。这个过程，是一个永无止境的过程。很难用儒、释、道任何一家的理论来固定。有时候，哪怕只要有一些小小的，甚至很世俗的感悟，也就够了。到了此种境界，就不再是一般的饮而是“品”了。饮茶之乐趣，或许也就在于此。

德化陶瓷博物馆

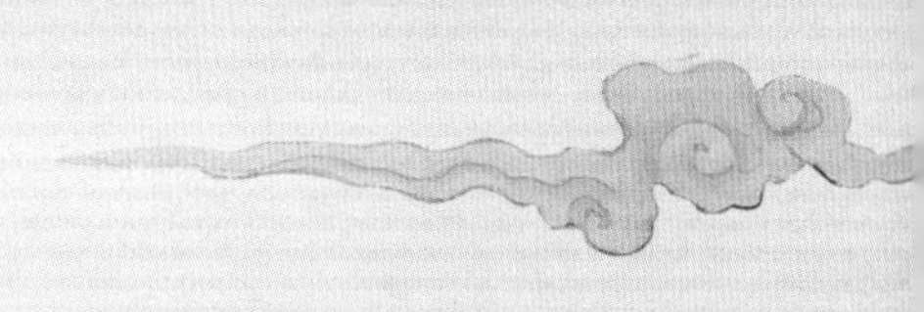

第八章

冲泡技艺

CHONG PAO JI YI

实用冲泡

泡茶，表面看起来是一件很简单的事，好像谁都会，把沸水倒进茶叶不就得了？事实上真要把茶泡好，是需要一些技巧的。俗话说："三分茶七分泡"，一般的茶如此，铁观音茶更是如此。所以，如果真想体会享受到铁观音的奇妙神韵，就不妨花些时间来琢磨琢磨冲泡技巧。好在这方面许多茶人已经总结出了丰富经验，需要的只是学习和实践而已。

铁观音的最佳冲泡方法是功夫茶冲泡法，但也不限于此。如果掌握要领，简单的方法也可以同样泡好铁观音。但是无论哪种泡法，在正式开泡之前，都要做一些相应的准备工作。

备器

烫杯

冲泡前准备工作

第一步：备器

古人言，工欲善其事必先利其器。冲泡铁观音茶，第一件事就是要准备好相应的器具。关于茶具，前面已有专章介绍，这里从略。需要强调的是，凡所备好的必用茶具，特别是杯与壶，均应用清水洗净，并进行事先消毒。一般是用开水淋烫数遍即可。或者置消毒锅蒸煮数分钟——现在市场有一种配有消毒锅的电磁随手泡，消毒十分方便。茶具消毒后，即可放在茶盘的合适位置上待用。

第二步：择水

有了器具，还得选择好水，水为茶之母，只有"好水"，才能把铁观音的韵味充分体现出来。

那么，什么样的水才算是泡茶的好水呢？

古人对此非常重视，而且也有许多论述。唐代陆羽《茶经》中说，"山水上，江水中，井水下"。山水，主要是指山野石缝间渗出中的泉水，以及溪涧之水，所谓"乳泉，石池漫流者上"。这种水之所以好，在于从远离人烟的山林石崖地底下渗透出来，一无污染，二含微量有益元素，等离子丰富。但需注意，"瀑布急湍，以及澄浸不泄者不可饮"。这是说，有两种山水不可用，一是水流太急的，二是不流动的。前者有泥沙，后者有腐叶烂渣味。至于江水，需取"去人远者"，这也是取其无污染之意。井水则取"汲多者"，井水是地下水，但是如果平时很少人汲取，就成了死水，所以要找那些天天有人汲取的，有活气。陆羽的这段论述，直到今天，仍然是真理。

陆羽之后，随着茶事的不断发展，泡茶之水的重要性日益受到重视。宋代宋徽宗的《大观茶论》中，有一章专门论水，以为“清轻甘洁为美”，因为“清甘”能体现水的自然本质，最好。所以，取水当取“山泉之清洁者”。如果是江河之水，有“鱼鳖之腥，泥泞之污”。虽然看起来清甘，也不能使用。至于其他茶书中，论及水的重要性的，简直不胜枚举。还有一些人专门写了品评天下水的著作。清代乾隆皇帝，爱茶精茶，深知水对泡茶的重要，以至于专门制作了用于检量泉水的银斗，每到一地，便命令内侍，取当地的水来测量，以一斗水的重量确定水的好坏。乾隆的原则是轻则为上，结果是京郊玉泉之水分量最轻，于是便将其定为“天下第一泉”。除了这些皇帝外，还有许多专门论述泡茶水质的著作文章，这对今天我们的泡茶择水都有很大启示。

但是，今天的情况与古时有很大不同，随着工业化和城市的发展，自然环境与数百年前有了很大变化，水的状况发生也很大变化。首先，古人所评的“天下第一泉”“第二泉”之类，有许多已将近枯竭无水。例如惠山中冷泉，济南趵突泉等。其次，现在的江河水，不要说黄河，长江，淮河这些大江河，就连南方的珠江闽江这些较小的河流，除了在源头的一些地方，一般流段都受了污染，连游泳都有问题，更不能直接饮用了。再次，所谓的井水，现在一般城市中，井都没有了，哪还能去汲水？对于绝大多数城市居民来说，长期饮用的是氯消毒的自来水。方便是方便了，然而却有很明显的异味。用这种水泡茶，绝对破坏茶味。自来水不好，寻找古人所说的好水，又不现实。怎么办？

其实，只要稍为留心，这个问题还是能解决的。近年来，各地都在发展饮用水工程，对于城市居民来说，首选的，其实就是桶装矿泉水或纯净水。但需注意，不管什么品牌的，都要先闻一闻，尝一尝，没有异味，口感好的才行。如果经济条件许可，最好是选择优质小瓶装山泉水。其次，一些地方的自来水，品质也不错，比如，铁观音区的许多城市，如福州、厦门、泉州、潮州，因为引用的水源水质很好，没有什么氯味，用于泡茶也是可以的。但是这种自来水最好要先“养水”。准备一个大小适中的容器，最好是陶缸或杉木桶，没有的话就用不锈钢，搪瓷，甚至塑料桶都行，将自来水接到容器中，静置24小时后，舀出上面的水来冲泡茶叶，效果也不错。但是北方许多城市，北京天津太原石家庄等，自来水就不能用来泡茶，许多人试过用那些城市的自来水泡茶，十分钟后茶水就开始变黑了。一了解，原来这些水里含钙等

安溪龙泉

烫杯

纳茶

赏干茶

入茶进壶

矿物质太多，属于硬水，自然不行。

如果生活在小城镇，居住地附近有可以饮用的山泉水或者井水，那就最好不过。每天清晨花一些时间和力气，走一段路去汲取。你所得到的，就不仅是泡茶用得好水，而是全身心的锻炼与放松了。

第三步：冲泡

备好了茶具，择好了水，就可以开始泡茶了。

功夫茶冲泡法

乌龙茶出现于17世纪后期，适合乌龙茶的功夫茶冲泡法也随之兴起。清代大才子袁枚《随园食单》载：乾隆五十一年（1786），游武夷天游寺，僧道献茶。杯小如胡桃，壶小如香橼，每斟无一两，上口不忍遽咽，先嗅其香，再试其味。徐徐咀嚼而体味之，果然清香扑鼻，舌有余甘。袁枚虽未提功夫茶名。但其所记已是功夫茶冲泡无疑。

翁辉东的《潮州茶经》，是目前最早全面反映功夫茶概貌的茶学专著。其中对于冲泡的全过程，有相当详细的记载。其基本方法与程序一直沿袭至今，不过各地稍有变化而已。近年来，功夫茶冲泡不仅依然在武夷山、潮汕、闽南地区流行，同时在中国台湾以及日本、东南亚地区兴起，而在习惯于喝绿茶的苏、沪、浙地区，以及惯饮花茶的北京地区，也渐成一种时尚。尽管如此，就其基本冲泡程序和方法来说，并无大的变化。只是在茶品、取水、煮水、茶具等方面有新的发展。一是乌龙茶品益加丰富，除了传统浓香型、陈香型乌龙茶外，出现了新的清香型乌龙茶；除了传统乌龙茶区的产品外，原先绿茶区（如浙江，陕西）也开始生产乌龙茶，出现四大乌龙以外的“第五乌龙”。二是器具的更新，包括小电器的广泛应用以及茶具型制花色原料的多样化，电器有各式电“随手泡”，台式“闻香杯”，茶具有“茶漏”、“公道壶”。陶瓷，紫砂、玻璃、不锈钢茶具等等。三是闽、台、潮及各地区茶艺进入交汇融合期，由实用型向表演型发展。如今只要走进较大一些的茶馆，几乎都能看到令人眼花缭乱的茶艺表演。虽说前面都冠以地区名称，背景与服饰有所不同，其基本内容实在很难分清究竟是哪里的。

铁观音是乌龙茶的一种，所以，首选的冲泡方法当然是功夫茶泡法了。但是因为铁观音茶尤其是的新型清香铁观音的特点，在具体冲泡时还是要注意一些细节问题。具体程序如下：烧水——纳茶——冲水——刮沫——出汤——分茶——品饮。

第一步：烧水

古人称为“候汤”。传统工夫茶讲究的是“活火烹活水”，所以要用硬木炭，最考究的则用橄榄核炭。这种炭坚实如铁，敲之铿锵有声。燃烧时烟轻若无而红火跃动。而其它木炭或柴火，烧起来烟大而火焰不炽。不过现在都用电随手泡了，也就无须那么讲究。最重要的是在于掌握好水沸的最佳时机。一般是“二沸”即可。那么，什么情况下是“二沸”呢？如果可以观察时，一沸时壶水面上出现状如“鱼眼、蟹眼”的连续小滚珠；此时水将近入沸腾的临界状态；二沸就是一沸后鱼眼蟹眼消失，水面开始翻腾，状如泉涌或缓滩流水；而等到水若波涛般汹涌起伏时，就是三沸了。如果不好观察，凭耳朵听的话，一沸时的声音如风起嘶嘶，随之便有如松涛呼呼响，此时便是二沸。等到哗啦哗啦大响时，便是三沸。三沸过后便安静下来。之所以要二沸水，主要是一沸水太嫩，三沸则水太老。而水若太老就会影响到茶汤的质量。所以，一般是一壶水烧沸一次，达到100℃就行。只要第一道沸水将茶泡开，随后每一道水温都有所降低，用这壶水冲完一泡茶（五道或七道）即可。最忌将同一壶水放炉子上反复沸腾。一来原先活水中的物质成份遭到破坏，二来茶叶化开后，再用沸老之水，极易破坏茶叶内质。影响茶汤口感。

第二步：纳茶

将茶叶置于小茶壶或盖碗中，等待冲泡。这一程序可在等候水沸时进行。纳茶的关键在于视容器大小，投放适量茶叶。传统的工夫茶泡法，纳茶量较大，100-120毫升的小壶小盖碗，约投10克；泡开后一壶满满的。这种纳茶量冲出的茶汤较为浓酽，比较适应闽南潮汕一带的老茶客。但对于大多数普通茶客，犹其是原先饮绿茶花茶的消费者来说，就不适宜了。所以，近年来流行以清淡为主的海派泡法，纳茶量降为一泡5-7克左右。纳茶的方法有二：一种是先将茶叶用茶匙从茶罐取出，置于茶纳中，等汤沸淋壶后再轻倒入盖碗或小茶壶中。一种是直接将茶叶倒入盖碗或壶中。这种方法一般适用于真空小包装的茶叶。一包恰好一泡。

第三步：冲水

冲水就是将烧好的水注入茶壶或盖碗。这道程序的要点在于注水的方式。一般是讲究“低斟高冲”。所谓低斟，就是注水时

注水入壶

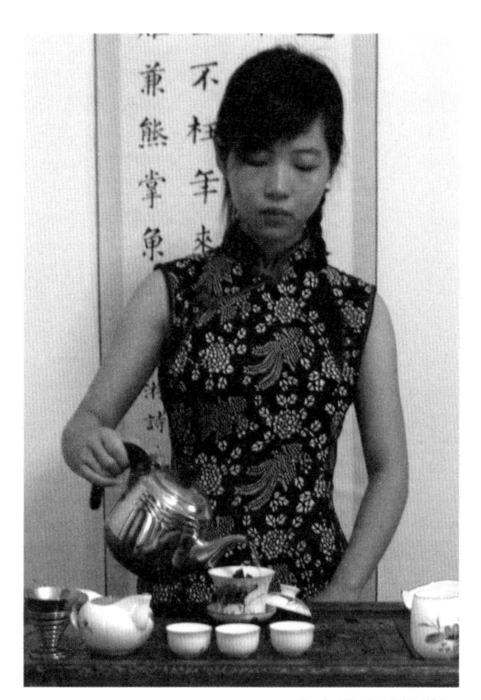

注水盖碗（低斟）

注水盖碗（高冲）

水壶要放低，靠近壶口（盖碗），然后绕着壶（碗）边沿轻轻注下，注意沸水一定要从盖碗边注下，边注边绕，一般是一至二圈；此时盖碗中已有大半碗水，然后再将水壶提高起来，将水冲下，至满稍溢为止，这就是所谓的“高冲”。这一过程最忌将沸水从容器中间兜头猛冲而下。之所以这样，是因为茶叶最有灵性，如同婴儿。冲泡时要象为婴儿洗澡，淋水时一定心细如发，轻拿轻放，切不可兜头而冲。而实践也证明，细心冲泡的茶与猛冲乱泡的茶，泡出来的效果是不同的。

有些茶艺师喜欢将冲下的第一道茶汤倒掉，称之为“洗茶”。以为这第一道水不卫生，其实这是一种误解。根据经验，是否需要“洗茶”不可一概而论。一般来说，好茶制作精细，又经烘焙，卫生方面是没有问题的，并不需要洗茶；但是为了更易泡开茶叶，也可将头道冲水迅速倒掉，所以，与其说洗茶，不如说是“润茶”更为妥当。如果是低档茶或陈年茶，就需要洗茶，以去火味和陈味。洗茶的时间可稍长（30-60秒）。

第四步：刮沫

头道水冲下后，茶面上常常会有少许泡沫，可用壶盖或碗盖轻轻刮去，然后再用沸水冲净，不过，高档铁观音一般不需这道程序。

第五步：出汤

沸水注入后，稍等片刻后，便可倒出，这就是可以品饮的“茶汤”。所以又称为出汤。在整个冲泡程序中，这一道至为关健。因为出汤的时间长短，直接关系到茶汤的浓淡和口感。这样，在时间掌握上就宜快不宜慢。然而究竟需要多少时间？有的人认为至少一分钟，有的人认为半分钟，有的人则认为十几秒。实际上，每一泡茶的具体精确出汤时间是很难定量的。茶汤的浓淡，不仅与出汤时间有关，也跟置茶量、容器、水温、甚至茶叶质量有关。如果置茶量大，容器小，水温高，出汤时间相应的就要快，犹忌“坐杯”。反之则也一样。清香型铁观音出汤宜快，浓香型稍慢，陈茶最慢。此外，各人的品味不同，对茶汤的浓淡要求也不同，所以出汤的时间也要因人而异。福建广东台湾一带茶客喜欢浓茶，所以出汤相对慢一些。江浙沪以及北方人，以及新茶客，喜欢铁观音的香气，口味较淡，出汤就要快一些。总之，出汤的基本原则的“宜淡不宜浓，先淡后浓”。掌握这个原则，具体时间快慢问题就可迎刃而解。

盖碗刮沫

碗盖冲沫

壶盖冲沫

盖碗出汤手式一

盖碗出汤手式二

第六步：分茶

将冲泡好的茶汤先倒进公道杯，然后分斟到小盅，称之为分茶。之所以要先倒入公道杯，是为了保持茶汤的清净与均匀。如果用盖碗冲泡，出汤快但常有茶碎混杂，所以公道杯上一般都加过

茶壶出汤

分茶

分茶（单杯）

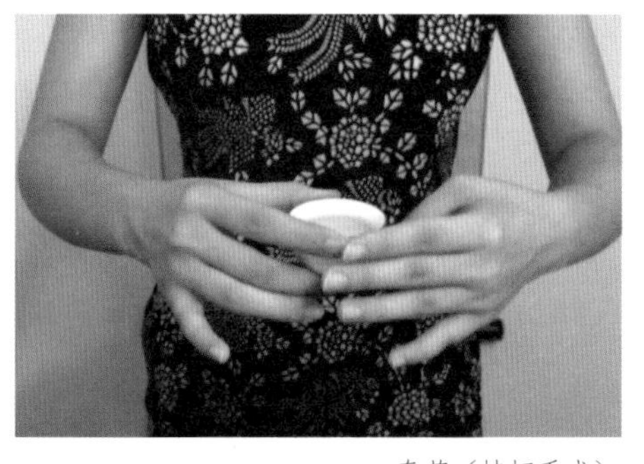

奉茶（持杯手式）

奉茶

滤器；紫砂壶出汤慢，前后茶汤浓淡不一，所以需先入公道杯，茶汤才会均匀。分茶还有一个注意事项是，不宜斟满，一般是小盅的三分二，所谓的“七分杯”。这样的好处一是不湿手烫手，二是香气易聚，便于品赏。

如果是一人独饮，这道程序就可省略。将茶汤直接倒入自己的茶杯即可。

第七步：品饮

至此，各位茶客就可以开始品饮冲泡好的铁观音茶了。这道程序需注意两点，一是执杯的方式。一般是右手食拇两指分夹杯沿，食中指托顶杯底，成三足鼎立之势，无名指与小指自然卷曲；女性则可微伸，谓之兰花指。拿起杯时，左手宜侧掌护持，使执杯如揖让，以示礼貌。主人要先执杯，以示敬客后，客人方可取杯。二是茶杯拿起后，应缓缓举至鼻下，先闻香，后再啜饮。闻香时轻轻深吸一次即可，切不可吐气再吸。饮茶时不能象喝酒一样一杯一饮而尽，而要分三口，每一口都要轻轻啜吸，并将茶汤在舌尖腔间鼓漱数次，最后徐徐咽下。

第一道茶品饮完之后，第二道周而复始。一般来说，铁观音可冲泡五至七道，好的茶甚至可冲十道以上。

工夫茶冲泡虽然讲究器具和程序，但是最重要的还是贯穿于工夫茶冲泡品饮过程中的精神实质。唐宋时的宫廷茶艺，原本就是贵族士大夫的一种休闲娱乐和陶冶性情的活动。赵徽宗在《大观茶论》的开首就说：“至若茶之为物，擅瓯闽之秀气，钟山川

将茶叶投入三才杯的滤网中

注入沸水

加盖等待

翻杯盖并反转放于桌上

取出杯中的过滤网放于杯盖上

即可饮用

之灵禀，祛襟涤滞。至清导和，则非庸人孺子可得而知矣。中澹间洁，韵高致远，则非遑遽之时得而好尚矣。”近代以来的工夫茶，尽管茶品茶具的档次讲究有所不同，基本上仍然是将工夫茶作为一种休闲娱乐，陶冶情性的活动。有客来，请茶，以示欢迎；有空暇，邀三五朋友，品茶消闲；诸如此类，茶的作用已经超越其本身的原有功能了。这或许就是工夫茶的精神实质，以及何以如此讲究的真正原因吧。

简易冲泡法

对于许多老茶客来说，用工夫茶冲泡法泡铁观音本身就是一种乐趣。但对一般的饮茶者，或者都市中生活节奏紧张的白领来说，很可能觉得工夫茶冲泡法还是复杂了一些。实际上，对于铁观音来说，并非只有一种工夫茶冲泡法，可以有更加简单的冲泡，需要掌握的其实只有那么几个要点。

首先，选择简单易于操作的茶具。工夫茶泡法之所以令一般人感到复杂，首先是需要的茶具太多，摆起来一桌子，难免有点眼花缭乱。那么，是否有比较简单又可以达到工夫茶冲泡效果的茶具呢？为了解决这个问题，近年茶具市场上出现了一些不错的此类茶具。比较好用的有几种。

三才杯冲泡法

这种杯瓷质，其实就是在普通的直筒杯里加一个瓷质过滤器，容量200毫升，适合一个人在办公室等场所使用。

操作程序：将茶叶投放过滤杯中——注入沸水——加盖——将盖翻转放桌上，取出过滤杯置盖上（如果允许的话，可另备一只干净小盘，将过滤器放盘上）——端杯品饮。

注意点：投茶量与工夫茶泡法相同，但因容量大水较多，出汤时间要相应延长。一般冲泡两道即止。

飘逸杯冲泡法

这种杯基本原理与三才杯同，只是制作材料不同，多为透明有机塑料或钢化玻璃，容量稍大。过滤器上加一个用不锈钢制作的控制进出水装置。独饮、多人饮皆宜。但需另备小茶杯。

操作程序：将茶叶投放过滤器中——注入沸水——加盖——出汤（不需取出过滤器，只需按一下杯盖上的控制器按钮，茶汤即会自动流到杯底）——将茶汤倒入小杯中即可品饮。

注意点与三才杯冲泡法相同。

过滤壶冲泡法

这种茶具其实就是一个带过滤器的圆形茶壶，有不锈钢，玻璃，有机玻璃或塑料等制作。容量有500毫升，800毫升等。适合多人饮用，需另备茶杯。

操作程序与注意点基本同上。特别注意的是应选择档次较高用不锈钢材料制作的壶。此外投茶量也可适当增加。

普通杯冲泡法

如果没有以上茶具，就用两只普通茶杯，一样大小，大小不一也可以。一只用来泡茶。冲泡好后将茶汤倒进另一只杯中饮用就可以了。所以需要两只杯子，是因为铁观音茶最忌“死泡”。所谓的死泡就是将茶叶放在一只杯里，一直泡着，如同平常用玻璃杯泡绿茶那样（事实上绿茶也不能死泡的）。这样泡法喝到后来茶汤既苦又涩，如同药汤。而如果及时将茶汤倒入另一杯子，需要时再注水冲泡，就能较好的保持铁观音的香醇韵味。

将茶叶投入飘逸杯的滤网中

注入沸水

加盖等待

出汤，按下控制器按钮

倒于杯中即可饮用

或翻杯盖并反转放于桌上

取出杯中的过滤网放于杯盖上

就飘逸杯饮用

表演茶艺

“茶艺”概念，由来已久。早在公元8世纪，茶圣陆羽就在他的《茶经》中提出茶之“艺”的概念，涵盖的内容不仅仅是茶叶的种植技术，还包括茶的采造和煮饮。随后，北宋陈师道在整理出版《茶经》后强调：“夫茶之为艺下矣，至其精微，书有不尽；况天下之至理，而欲求之文字纸墨之间，其有得乎？”这里就将“茶”事当作一种“艺”了。

在古代汉语中，“艺”与“技”近义。明朝人李维桢作《茶经.序》云：“鸿渐品茶，小技与六经相提而论，人安得无异议？”在论及陆羽为李季卿表演茶艺时则说：“李季卿直技视之，能无辱乎哉！”这里的“技”，与“艺”同一个意思。所以，后人常将“技艺”合称，主要指技术手艺层面的东西。

真正明确提出“茶艺”概念，并赋予其明确意义的，则是现代。根据有关学者的考证，茶艺一词，最早出现于上世纪70年代，由台湾一位民俗学家率先提出。自此之后，便传播至港澳和大陆，并不断扩展其内涵。许多学者都曾对其进行归纳与诠释。台湾学者季野认为“茶艺是以茶为主体，将艺术溶于生活以丰富生活的一种人文主张，其目的在于生活而不在于茶。”蔡荣章认为“茶艺是指饮茶的艺术而言。讲究茶叶的品质、冲泡的技艺、茶具的玩赏、品茗的环境以及人际间的关系，那就广泛地深入到‘茶艺’的境界了。”内地的王玲教授认为“茶艺是指制茶、烹茶、品茶等艺茶之术”。作家丁文认为“茶艺是指制茶、烹茶、饮茶的技术，技术达到炉火纯青便成一门艺

安溪茶艺表演

安溪茶艺表演

术”。寇丹先生认为，狭义的“茶艺”是指如何泡好一壶茶的技艺和如何享受一杯茶的艺术。

如此看来，学者们对“茶艺”的看法大体一致，只是说法不同。所谓的“茶艺”，主要指茶叶制作、冲泡和品赏的技术。当然，这是广义的茶艺。而对于一般人来说，他们理解的茶艺，其实没有那么丰富的内容，主要是指茶叶冲泡技术。将这种技术艺术化，并且表演给人观看，就是茶艺表演。近年来，随着茶事的风靡，茶艺表演也应时而生。许多地方都可看到身着各式漂亮服装的茶艺小姐，在轻曼的音乐声中姿势优美地表演茶艺，从而给人以赏心悦目的感觉。而在铁观音茶区，几乎所有的茶楼茶馆，以及每一次的重大庆典活动，都少不了这种表演。

铁观音茶艺表演，脱胎于工夫茶冲泡法，但是又有很大不同，关键的区别在于工夫茶泡法注重实用性，茶艺表演则注重于表演性。工夫茶冲泡的目的是要将茶泡好，而茶艺表演的目的让人看好。因此，茶艺表演注重的就是如何将泡茶程序与动作艺术化，使其尽可能地成为一种真正的艺术表演。

铁观音茶艺表演，有单人表演与多人表演等诸种形式。单人表演多在茶楼茶馆里，背景陈设较为简单；多人表演常在庆典活动时进行，背景布置较为华丽，常常伴以歌舞，场面比较宏大。一般来说，一场好的茶艺表演，应当符合几个条件：

背景布置主题鲜明，富有地域特色。对于铁观音茶艺表演来说，闽南山水风光是首选。

音乐配合要轻柔优美，体现民族与地域特点。一般来说，应以民族音乐为主，犹以南音音乐为佳。

茶艺小姐服装要有时代特征。古典式的要分清朝代，唐宋元明清，不能混杂；民族式的也一样，汉族、畲族，客家、惠安女，让人一目了然。现代式的可以有不同风格，但应体现时尚流行特色。

解说词内容要简洁明快优美，让人一听就明白而又感受到美；不宜长篇大论，辞藻华丽。解说时吐字清晰，音调轻缓柔和，感情色彩浓郁。

表演动作既突出关键细节，又舒张有度；流畅优美，如同行云流水。

总而言之，茶艺表演的各个因素都要尽可能地完美结合在一起，让人观赏后留下深刻的美好印象。以助茶兴，同时使心灵得到一次升华。

安溪铁观音茶艺表演

安溪是乌龙茶的故乡，是著名的茶都，产茶和饮茶有悠久历史。在安溪，不但有独到之处的乌龙茶采制技艺，而且十分讲品饮艺术。品饮乌龙茶，茶叶选用铁观音、黄金桂、本山、毛蟹等名茶，茶具选用精致的瓷质、陶制小壶、小盅，冲泡选用泉水、井水和纯净的淡水。沏泡讲究款款有序，动作优美，真正达到纯、雅、礼、和的品茶意境。“谁人寻得观音韵，不愧是个品茶人”。

一、展示茶具

茶匙、茶斗、茶夹、茶通是竹器工艺制成的，安溪盛产竹子，这是民间传贯用的茶具。茶匙、茶斗是装茶用，茶夹是夹杯洗杯用的。

炉、壶、瓯杯以及托盘，号称“茶房四宝”，这主要是遵循本地传统加工而成。安溪茶乡有悠久历史的古窟址，在五代十国就有陶器工艺，宋朝中期就有瓷器工艺。这不仅泡茶专用，而且有较高的收藏欣赏价值。而用白瓷盖瓯泡茶，对于放茶叶、闻香气、冲开水、倒茶渣等都很方便。

二、烹煮泉水

沏茶择水最为关健，水质不好，会直接影响茶的色、香、味、只有好水好茶味才美。冲泡安溪铁观音，烹煮的水温需达到100摄氏度，这样最能体现铁观音独特的香韵。

三、沐霖瓯杯

“沐霖瓯杯”也称“热壶烫杯”。先洗盖瓯，再洗茶杯，这不但是保持瓯杯有一定的温度，以讲究卫生，起到消毒作用。

四、观音入宫

右手拿起茶斗把茶叶装入，左手拿起茶匙把名茶铁观音装入瓯杯，美其名曰：“观音入宫”。

五、悬壶高冲

提起水壶，对准瓯杯，先低后高冲入，使茶叶随着水流旋转而充分舒展。

六、春风拂面

左手提起工瓯盖，轻轻地在瓯面上绕一圈把浮在瓯面上的泡沫刮起，然后右手提起水壶把瓯盖冲净，这叫“春风拂面”。

七、瓯面酝香

中国茶叶有六大类，其中红茶全发酵，绿茶不发酵，乌龙茶是半发酵。铁观音是乌龙茶中的极品。其生长环境得天独厚，采制技艺十分精湛，素有“绿叶红镶边，七泡有余香”之美称，具有防癌、美容、抗衰老、降血脂等特殊功效。茶叶下瓯冲泡，须等待一至两分钟，这样才能充分地释放出独特的香和韵。冲泡时间太短，色香味显示不出来，太久则会“熟汤失味”。

八、三龙护鼎

斟茶时，把右手的拇指、中指夹住瓯杯的边沿，食指按在瓯盖的顶端，提起盖瓯，把茶水倒出，三个指称为三条龙，盖瓯称为鼎，这叫“三龙护鼎”。

九、行云流水

提起盖瓯，沿托盘上边绕一圈，把瓯底的水刮掉，这样可防止瓯外的水滴入杯中。

十、观音出海

“观音出海”民间称它为“关公巡城”，就是把茶水依次巡回均匀地斟入各茶杯里，斟茶时应低行。

十一、点水流香

“点水流香”在民间称为“韩信点兵”，就是斟茶斟到最后瓯底最浓部分，要均匀地一点一点滴到各茶杯里，达到浓淡均匀，香醇一致。

十二、敬奉香茗

茶艺小姐双手端起茶盘彬彬有礼地向各位嘉宾、朋友敬奉香茗。

十三、鉴赏汤色

品饮铁观音，首先要观其色，就是观赏茶汤的颜色，名优铁观音的汤色：清澈、金黄、明亮，让人赏心悦目。

十四、细闻幽香

就是闻其香，闻闻铁观音的香气，那天然馥郁的兰花香、桂花香，清气四溢，让您心旷神怡。

十五、品啜甘霖

这叫品其味，品啜铁观音的韵味，有一种特殊的感受，当你呷上一口含在嘴里，慢慢送入喉中，顿时会觉得满口生津，齿颊流香，六根开窍清风生，飘飘欲仙最怡人。

烹来勺水浅杯斟
不尽余香舌本寻
七碗漫夸能畅饮
可曾品过铁观音

谁能品出名茶铁观音的独特韵味，那真是人生的一件快事。愿今天的茶艺表演能给各位留下美好的回忆，愿铁观音的香韵永驻您的心田。

（资料来源：安溪政府公众信息网）

苑芳茶艺——待客之道

首先备好必用器具

1. 电烧壶，烧开水用；
2. 紫砂壶或小盖碗，瀹茶用；
3. 公道杯，分茶用；
4. 小茶盅，品茶用；
5. 小毛巾，擦抹用；
6. 茶匙，取茶用；
7. 茶盘（木、竹、不锈钢均可），盛放器具用。

将这些器具清洁后，可以开始冲泡（盖碗冲泡法）。

第一道：金龙腾跃云水翻

（备器烧汤）

华夏图腾，龙的传人；壶如龙头，臂如龙身。清水入壶，风起云生。

第二道：出山下海试君才

（舀茶下茶）

随春出山，趁时下海；鱼龙混杂，泥沙俱下；跃跃欲试，谁是英才？

第三道：低回高冲显身手

（注水冲泡）

事业如天，任意翱翔。低回高冲，上下沉浮；大肚容三分，浅水满八成。

第四道：拂去尘埃新颜开

（刮沫候汤）

人生如旅，常遇风险；心如明镜，拂拭尘埃；静候十五秒，开盖起幽香。

第五道：风雨同舟分苦甘

（出汤分茶）

为君分茶，更尽一杯；有苦同尝，有甘共享；前后左右，本色不变。

第六道：举盅低眉暗香来

（敬茶闻香）

心怀诚敬，三龙护鼎；高举茶盅，低眉闻香；千古佳茗，流传至心。

第七道：徐啜轻漱真韵绝

（饮茶品韵）

撮唇轻啜，摇舌鼓漱；一杯为饮，三口为品；凝神屏气，体味茶韵，感悟人生。

第八道：凤凰涅槃芬芳再

（重新开泡）

千载儒释道，万古山水茶。浴火重青春，凤凰高飞翔；夜浓茶正香，请君再品赏。

轻涛松下烹清溪，含露梅边煮岭云，

人生沉浮一杯茶，万千世界平常心。

（资料来源：晋江远芳茶叶公司）

禅茶表演

相关知识

煮茶法

煮茶法将茶入水烹煮的方法。唐代以前无制茶法，往往是直接采生叶煮饮，唐以后则以干茶煮饮。

西汉王褒《僮约》：“烹茶尽具”。西晋郭义恭《广志》：“茶丛生，真煮饮为真茗茶”。东晋郭璞《尔雅注》：“树小如栀子，冬生，叶可煮作羹饮”。晚唐杨华《膳夫经手录》：“茶，古不闻食之。近晋、宋以降，吴人采其叶煮，是为茗粥”。晚唐皮日休《茶中杂咏》序云：“然季疵以前称茗饮者，必浑以烹之，与夫瀹蔬而啜饮者无异也”。汉魏南北朝以迄初唐，主要是直接采茶树生叶烹煮成羹汤而饮，饮茶类似喝蔬菜汤，称之为“茗粥”。

唐代以后，制茶技术日益发展，饼茶（团茶、片茶）、散茶品种日渐增多。唐代饮茶以陆羽式煎茶为主，但煮茶旧习依然难改，特别是在少数民族地区较流行。《茶经·五之煮》载：“或用葱、姜、枣、桔皮、茱萸、薄荷之等，煮之百沸，或扬令滑，或煮去沫，斯沟渠间弃水耳，而习俗不已。”晚唐樊绰《蛮书》记：“茶出银生成界诸山，散收，无采早法。蒙舍蛮以椒、姜、桂和烹而饮之”。唐代煮茶，往往加盐葱、姜、桂等佐料。

宋代，苏辙《和子瞻煎茶》诗有“北方俚人茗饮无不有，盐酪椒姜挎满口”，黄庭坚《谢刘景文送团茶》诗有

禅茶表演

“刘侯惠我小玄壁，自裁半壁煮琼糜”。宋代，北方少数民族地区以盐酪椒姜与茶同煮，南方也偶有煮茶。

明代陈师《茶考》载：“烹茶之法，唯苏吴得之。以佳茗入磁瓶火煎，酌量火候，以数沸蟹眼为节”。清代周联《竺国记游》载：“西藏所尚，以邛州雅安为最。……其熬茶有火候”。明清以迄今，煮茶法主要在少数民族中流行。

煎茶法

陆羽在《茶经》里所创造、记载的一种烹煎方法。将饼茶经炙烤、碾罗成末，侯汤初沸投末，并加以环搅、沸腾则止。而煮茶法中茶投冷、热水皆可，需经较长时间的煮熬。煎茶法的主要程序有备器、选水、取火、侯汤、炙茶、碾茶、罗茶、煎茶（投茶、搅拌）、酌茶。

煎茶法在中晚唐很流行，唐诗中多有描述。刘禹锡《西山兰若试茶歌》诗有“骤雨松声入鼎来，白云满碗花徘徊”。僧皎然《对陆迅饮天目茶园寄元居士》诗有“文火香偏胜，寒泉味转嘉。投铛涌作沫，著碗聚生花”。白居易《睡后茶兴忆杨同州》诗有“白瓷瓯甚洁，红炉炭方炽。沫下曲尘香，花浮鱼眼沸”。《谢里李六郎寄新蜀茶》诗有“汤添勺水煎鱼眼，末下刀来搅拌曲尘”。卢仝《走笔谢孟谏议寄新茶》诗有“碧云引风吹不断，白花浮光凝碗面”。李群玉《龙山人惠石禀方及团茶》诗有“碾成黄金粉，轻嫩如松花”、“滩声起鱼眼，满鼎漂汤霞”。

五代至宋朝，煎茶法渐被点茶法替代，但犹有遗存。五代徐夤《谢尚书惠蜡面茶》诗有“金槽和碾沉香末，冰碗轻涵翠缕烟。分赠恩深知最异，晚铛宜煮北山泉。”北宋苏轼《汲江煎茶》诗有“雪乳已翻煎处脚，松风忽作泻时声”。苏辙《和子瞻煎茶》诗有“铜铛得火蚯蚓叫，匙脚旋转秋萤火”。黄庭坚《奉同六舅尚书咏茶碾煎茶三药》诗有“冈炉小鼎不须催，鱼眼长随蟹眼来”。陆游《郊蜀人煎茶戏作长句》诗有“午枕初回梦碟度，红丝小皑破旗枪。正须山石龙头鼎，一试风炉蟹眼汤。”到南宋末，基本已无闻。

点茶法

点茶法是将茶碾成细末，置茶盏中，以沸水点冲。先注少量沸水调膏，继之注汤，边注边用茶筅击拂。《荈茗录》“生成盏”条记：“沙门福全生于金乡，长于茶海，能注汤幻茶，成一句诗。并点四瓯，共一绝句，泛乎汤表。”“茶百戏”条记：“近世有下汤运匕，别施妙诀，使汤纹水脉成物象者，禽兽虫鱼花草之属，纤巧如画。”注汤幻茶成诗成画，谓之茶白戏、水丹青，宋人又称“分茶”。《荈茗录》是陶谷《清异录》“荈茗部”中的一部分，而陶谷历仕晋、汉、周、宋，所记茶事大抵都属五代十国并宋初事。点茶是分茶的基础，所以点茶法的起始当不会晚于五代。

从蔡襄《茶录》、宋徽宗《大观茶

论》等书看来，点茶法的主要程序有备器、洗茶、炙茶、碾茶、磨茶、罗茶、择水、取火、候汤、热盏、点茶（调膏、击拂）。

点茶法流行于宋元时期，宋人诗词中多有描写。北宋范仲淹《和章岷从事斗茶歌》诗有“黄金碾畔绿尘飞，碧玉瓯中翠涛起”。北宋苏轼《试院煎茶》诗有“蟹眼已过鱼眼生，飕飕欲作松风鸣。蒙茸出磨细珠落，眩转绕瓯飞雪轻”。北宋苏辙《宋城宰韩文惠日铸茶》诗有“磨转春雷飞白雪，瓯倾锡水散凝酥。”南宋杨万里《澹庵坐上观显上人分茶》诗有“分茶何似煎茶好，煎茶不似分茶巧。蒸水老禅弄泉手，隆兴元春新玉爪。二者相遭兔瓯面，怪怪奇奇能万变。银瓶首下仍尻高，注汤作字势嫖姚”。宋释惠洪《无学点茶乞茶》诗有“银瓶瑟瑟过风雨，渐觉羊肠挽声变。盏深扣之看浮乳，点茶三昧须饶汝”。北宋黄庭坚《满庭芳》词有“碾深罗细，琼蕊冷生烟”。“银瓶蟹眼，惊鹭涛翻”。

文庙泉

明朝前中期，仍有点茶。朱元璋十七子、宁王朱权《茶谱》序云：“命一童子设香案携茶炉于前，一童子出茶具，以飘汲清泉注于瓶而饮之。然后碾茶为末，置于磨令细，以罗罗之。候汤将如蟹眼，量客众寡，投数匕入于巨瓯。候汤出相宜，以茶筅摔令沫不浮，乃成云头雨脚，分于啜瓯”。朱权“崇新改易”的烹茶法仍是点茶法。

点茶法盛行于宋元时期，并北传辽、金。元明因袭，约亡于明朝后期。

泡茶法

泡茶法又称“瀹茶法”，以茶置茶壶或茶盏中，以沸水冲泡的方法。

过去往往依据陆羽《茶经·七之事》所引《广雅》文字，认为泡茶法始于三国时期。但据考证，“《广雅》云”这段文字既非《茶经》正文，亦非《广雅》正文，当属《广雅》注文，不足为据。

陆羽《茶经·六之饮》载：“饮有粗、散、末、饼者，乃斫、乃熬、乃炀、乃舂，贮于瓶缶之中，以汤沃焉，谓之庵茶。”即以茶置瓶或缶（一种细口大腹的瓦器）之中，灌上沸水淹泡，唐时称“庵茶”，此庵茶开后世泡茶法的先河。

唐五代主煎茶，宋元主点茶，泡茶法直到明清时期才流行。朱元璋罢贡团饼茶，遂使散茶（叶茶、草茶）独盛，茶风也为之一变。明代陈师《茶考》载：“杭俗烹茶，用细茗置茶瓯，以沸汤点之，名为撮泡。”置茶于瓯、盏之中，用沸水冲泡，明时称“撮泡”，此法沿用至今。

明清更普遍的还是壶泡，即置茶于茶壶中，以沸水冲泡，再分到茶盏（瓯、杯）中饮用。据张源《茶录》、许次行《茶疏》等书，壶泡的主要程序有备器、择水、取火、候汤、投茶、冲泡、酾茶等。现今流行于闽、粤、台地区的“工夫茶”则是典型的壶泡法。

死　泡

泡茶俗语。指泡茶时一直将茶叶浸泡在一只杯中，不出汤，只添水。常见于绿茶和花茶流行地区。死泡法因为茶叶在水中浸泡太久，一、二小时甚至半天，茶汤会变的又苦又涩。

坐　杯

工夫茶泡法俗语。指泡茶时，茶叶在壶或碗中浸泡时间过长。一般来说，茶叶坐杯后再倒出来，往往太酽。所以平时泡茶应避免。但有时也用来检验茶叶的优劣。好茶一般不怕坐杯；劣茶一坐杯，就会苦涩难饮。

茶　胆

工夫茶俗语。指泡茶时，化开的茶叶在壶（碗）中形成的团块。一般来说，注水时不宜将茶胆冲破。所以工夫茶注水时要“低斟高冲”，让沸水从碗周轻缓进入茶胆。最忌将水猛冲直下，打散团块。这样做主要是让沸水在茶叶间均匀流动，使茶汤更为柔顺。

养水

养　水

泡茶俗语。将可以饮用的自来水，山泉水等，取来后储存在陶缸等较大的容器里，让它在静止一段时间，一方面让水中的杂质慢慢沉淀到水底，另方面让水中的杂味慢慢挥发。最后达到适合泡茶的最佳状态。这一过程即是养水。

桶装水

用透明塑料桶装的饮用水。一般取自无污染的地下矿泉水，或经过特殊净化处理的纯净水。符合饮用标准，无色无异味，口感清甘为上。

矿泉水

含有某种微量矿物质的地下水。因为不同地区开采的矿泉水，矿物质成份和含量不同，有的适合饮用，有的并不适合饮用。适合泡茶的矿泉水一般属于含钙量低的“软水”。

纯净水

经过特殊净化处理的饮用水。符合无菌，无异味等卫生标准。纯净水来源有的是地下水，有的是河水，未必都含有矿物质。

延伸阅读

工夫茶的渊源

中国古代形成了四类饮茶法，其一是煮茶法，自汉至今，源远流长；其二是煎茶法，始于盛唐，盛于中晚唐、五代；其三是点茶法，始于晚唐五代，盛于宋元；其四是泡茶法，始于中唐，盛于明清迄今。煎茶法、点茶法和泡茶法对工夫茶有直接或间接的影响，工夫茶法便是在明代壶泡法的基础上演化而来的。

工夫茶法与煎茶法

中国茶艺包括备器、择水、取火、候汤、习茶五大环节，在择水、取火、候汤三个环节上，煎茶法、点茶法、泡茶法及工夫茶法基本一致。所不同的主要在于备器（器具的准备和配置）和习茶（选茶和烹饮）方面。煎茶法成熟于中唐，陆羽《茶经》有详细记述。煎茶法所用器具有风炉、鍑（釜、铛）、瓢、碗、则、荚等二十四样（见陆羽《茶经·四之器》），工夫茶主要器具有炉、铫（铛）、砂壶、茶杯（瓯、盏）、扇、竹夹等。煎茶法一般用团饼茶，饮时需经炙、碾、罗而成茶末，工夫茶则用散茶。煎茶法的烹饮程序有备器、择水、取火、候汤、炙茶、碾茶、罗茶、煎茶、酌茶、品茶等。先在鍑中烧水，至一沸时加点盐调味，二沸时投茶末入鍑，用竹夹搅拌，三沸茶成，用瓢盛到茶碗内饮用。工夫茶则纳茶于壶，然后冲注沸水入壶，再斟到茶杯中饮用。二者在器具配备及烹饮方法上差别较大，但对器具的鉴赏和

山溪水

海派茶艺（刘秋萍表演）

烹饮方法的讲究又有着一致性。

工夫茶法与点茶法

点茶法约始于唐末五代，盛于宋元，明朝后期无闻。点茶法一般也用团饼茶，饮时经炙、碾、磨、罗而成茶粉，其所用器具主要有风炉、汤瓶、茶盏、茶匙、茶筅等，主要烹饮程序有备器、择水、取火、候汤、洗茶、炙茶、碾茶、磨茶、罗茶、烫盏、点茶、品茶等。其烹饮方法是用茶匙量取茶粉入茶盏，汤瓶中水在风炉上烧至初沸，先注少量水入茶盏，用茶匙搅拌，谓之调膏。继之回旋注水，边注水边用茶筅击拂，以盏上浮起一层白乳为好。宋代流行的斗茶，就是看谁的白乳先消失谁就输。点茶法与工夫茶在器具的配备和烹饮方法上既有区别也有类似处。点茶法的汤瓶类似工夫茶的汤铫，都是属在风炉上烧水用的水壶之类，点茶法用茶盏饮茶，工夫茶也用杯、盏饮茶。点茶法在炙茶前先洗茶，工夫茶在纳茶前也洗茶；点茶法在点茶前先籆盏使热，工夫茶在斟茶前也有烫杯。点茶法对茶具的精选、讲究和对茶艺的精益求精和工夫茶也一致。点茶法较煎茶法对工夫茶法的影响为大。

工夫茶法与泡茶法

泡茶法起始于唐代，但唐、五代、宋、元都不流行，直到明朝罢贡团茶，散茶大兴，泡茶法才盛行起来。明代泡茶法有两种形式，一是撮泡法，即置茶入杯（盏）内，冲注沸水而饮，流行至今；二是壶泡法，纳茶于壶，冲注沸水入壶，再斟入茶杯（盏）内饮用，也流传于今，工夫茶法便是在壶泡法的基础上结合青茶的特点而形成的。

壶泡法与工夫茶法

在备器、择水、取火、候汤、习茶环节上基本一致，只是工夫茶更注重烹泡的技术性和品饮的艺术性，使青茶的品质特点得以充分发挥。

一、关于茶壶

工夫茶"壶小如香橼"（袁枚《随园食单·武夷茶》）。壶出宜兴者最佳，圆体扁腹、努咀曲柄，大者可受半升许（俞蛟《梦厂杂著·潮嘉风月》）。壶皆宜兴砂质，龚春、时大彬，不一式（寄泉《蝶阶外史》）。壶小如拳（徐珂《清稗类妙》）。"壶之采用，宜小不宜大，宜浅不宜深；"（翁辉东《潮州茶经》）。明代壶泡法茶注宜小，不宜甚大。小则香气氤氲，大则易于散漫。大约及半升，是为适可（许次纾《茶疏》）。茶壶以小为贵。……壶小则香不涣散，眯不耽搁。'（冯可宾《岕茶笺》）。"近百年中，壶黜银锡及闽豫瓷而尚宜兴陶。"（周高起《阳羡茗壶系》）。工夫茶与壶泡法都贵宜兴紫砂壶，且以小为贵。

二、关于茶杯

工夫茶杯小如胡桃（袁枚《随园食单》）。"杯小而盘如满月。"（俞蛟《梦厂杂著》）杯小如胡桃者。（徐珂《清稗类钞》）"杯亦宜小宜浅，小则一啜而尽，浅则水不留底。（翁辉东《潮州茶经》）。明代壶泡法"茶瓯……纯白为佳，兼贵于小。"（许次纾《茶疏》）"瓯以小为佳。"（罗廪《茶解》）。两者都贵小杯。

魏茵茶艺表演

魏茵茶艺表演

魏茵茶艺表演

魏茵茶艺表演

三、关于浴壶

工夫茶，“第一，铫水熟，注空壶中，荡之泼去。”（寄泉《蝶阶外史》）。现代工夫茶有孟臣沐霖”。明代壶泡法．探汤纯熟，便取起。先注少许壶中，祛荡冷气。（张源《茶录》）。伺汤纯熟。注少许水于杯中，命曰浴壶，以祛寒冷宿气也。”（程用宾《茶录》）。工夫茶的浴壶也源于明代壶泡法。

四、关于洗茶

工夫茶，先取凉水漂去茶叶尘滓，（徐珂《清稗类钞・邱子明嗜工夫茶》）。明代壶泡法“凡煮茶先以热汤洗茶叶，去其尘垢冷气，烹之则美。”（钱椿年《茶谱》）。洗茶，一用冷水，一用热水，当以热水为好。

工夫茶的独特之处也不少，如需刮沫、淋罐、烫杯，即现代工夫茶的“春风拂面、重洗仙颜、若琛出浴，这是现代壶泡法所无的。高冲、低斟，斟茶要求各杯均匀，又必余沥全尽，现代工夫茶称之为“关公巡城、韩信点兵”，这是工夫法斟茶的独特处。这是因为青茶采叶较粗，需烧盅热罐方能发挥青茶的独特品质。

总之，工夫茶法是在继承明代壶泡法茶艺及唐宋元煎法茶艺、点茶法茶艺的基础上，又根据青茶的特点所创设的一套关于青茶的最佳冲泡技术和品饮艺术，是中国茶道（茶艺）的杰出代表。

（丁以寿）

铁观音冲泡时间与温度的研究

本文主要通过对比不同冲泡水温，不同时间，茶叶中有效物质的浸出规律，研究了用4℃、常温（25℃±2℃）、50℃、80℃、100℃水在1小时、3小时、6小时、9小时、12小时、15小时等时间内对铁观音有效成分浸出的影响，从而对日常工作生活中的浸泡时间较长的一杯茶生化成分的变化，及低温冲泡铁观音、冰冻观音茶等的可能性进行了探讨。

试验方法

一、试验材料与试剂

1. 材料：优质铁观音（福建农林大学教学茶场提供）；

2. 试剂：供测茶叶茶汤；其它试剂为国产分析纯；

3. 设备：电子天平、电热水浴锅、722型分光光度计。

二、茶汤制备

称取3克（准确至0.001克）试样于500毫升锥形瓶中，加水450毫升，分别以1小时、3小时，6小时、9小时、12小时、15小时等不同时间，以4℃、常温（25℃−2℃）。50℃、80℃、100℃等不同水温要求进行冲泡，然后移入500毫升容量瓶中，用少量

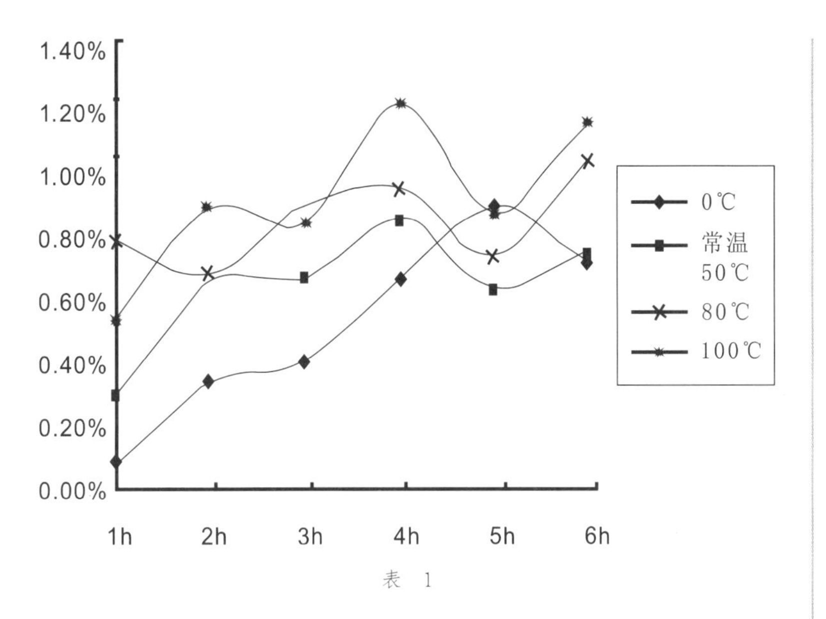

表 1

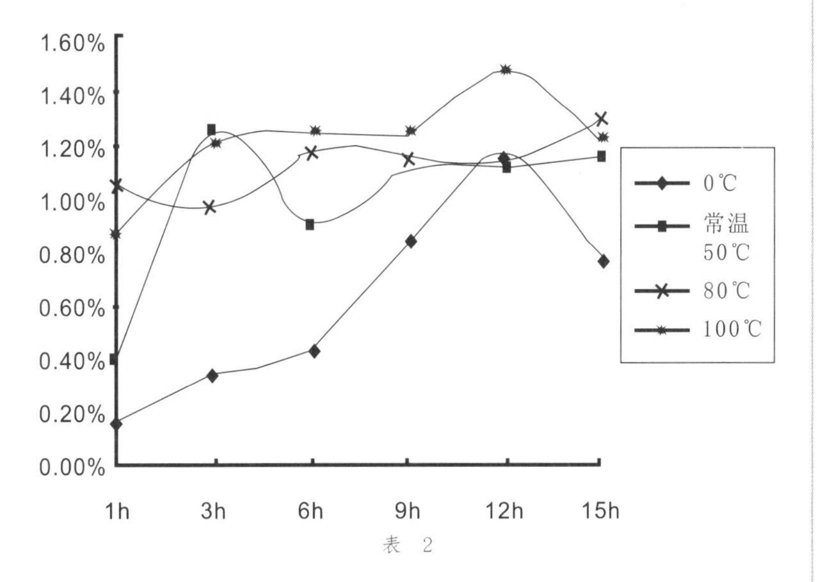

表 2

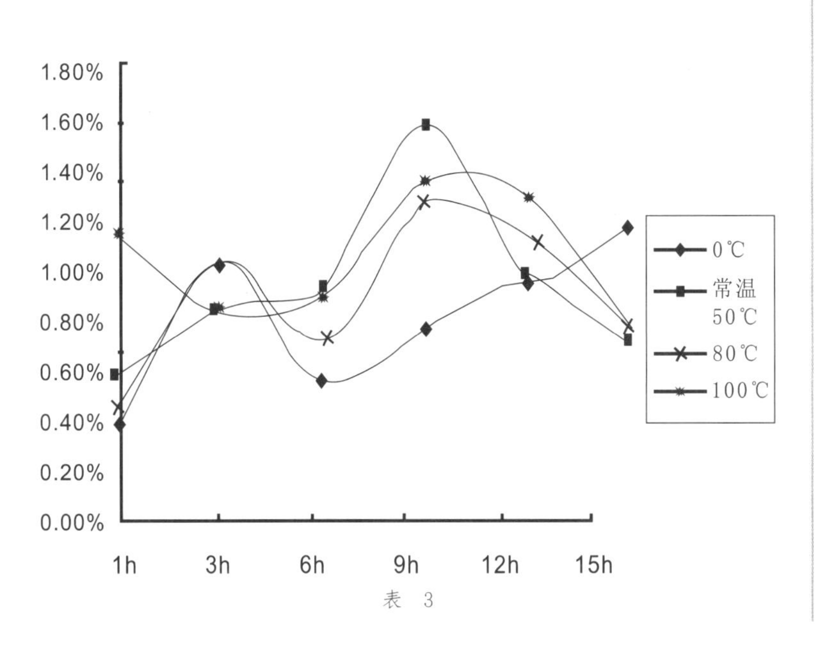

表 3

已冷却至常温的开水洗涤锥形瓶2-3次，并将滤液并于上述容量瓶中，冷却后用上述开水定容，摇匀，供测定用。

三、茶多酚、氨基酸、咖啡碱测定方法

茶多酚，氨基酸，咖啡碱测定方法分别按国家标准GB／T8313-2002、GB／T8314-2002、GB／T8312-2002测定。

结果与讨论

一、茶多酚、氨基酸、咖啡碱测定结果与分析

1. 茶多酚测定结果与分析

测定结果表明（表1），温度为4℃时，茶多酚浸出含量1小时员低为1.72%，12小时最高为11.48%，温度为常温时，茶多酚浸出含量1小时最低为3.98%，3小时最高为12.33%：温度为50℃时，茶多酚浸出含量1小时最低为5.63%，15小时最高为12.88%：温度为80℃时，茶多酚漫出含量3小时最低为9.50%，15小时最高为12.82%；温度为100℃时，茶多酚浸出含量1小时最低为8.71%，12小时最高为14.59%。

2. 氨基酸测定结果与分析

测定结果表明（表2），温度为4℃时，氨基酸浸出含量1小时最低为0.0720%，12小时最高为0.8566%；温度为常温时，氨基酸浸出含量1小时最低为0.2768%，9小时最高为0.8208%；温度为50℃时，氨基酸浸出含量1小时最低为0.3725%，15小时最高为0.8172%；温度为80℃时，氨基酸浸出含量3小时最低为0.6439%，15小时最高为1.0001%；温度为100℃时，氨基

酸浸出含量1小时最低为0.5149%，9小时最高为1.1746%。

3. 咖啡碱测定结果与分析

图3不同时间、不同温度冲泡时，咖啡碱浸出含量测定结果表明（表3），温度为4℃时，咖啡碱浸出含量比最低为0.3715%，3小时最高为1.0171%；温度为常温时，咖啡碱浸出含量1小时最低为0.5632%，9小时最高为1.5623%，温度为50℃时，咖啡碱浸出含量1小时最低为0.6671%，15小时最高为1.1511%；温度为80℃时，咖啡碱浸山含量1小时最低为0.4246%，9小时最高为1.2446%：温度为100℃时，咖啡碱浸出含量15小时，最低为0.7844%，9小时最高为1.3474%。

圣泉水

二、温度与时间对铁观音主要成分浸出含量的影响

实验表明，从茶多酚、氨基酸、咖啡碱的浸出最大差值可以看山：冲泡时间为1小时时，茶多酚浸出量80℃水冲泡是4℃水冲泡的6.06倍；氨基酸浸出量80℃水冲泡是4℃水冲泡的10.38倍；咖啡碱浸出量100℃水冲泡是4℃水冲泡的3.34倍。而冲泡时间为12小时时，茶多酚浸出量100℃水冲泡是50℃水冲泡的1.58倍；氨基酸浸出量0℃水冲泡是常温冲泡的1.07倍；咖啡碱浸出量100℃水冲泡是4℃水冲泡的1.35倍。由此可见，在较短时间内，温度对铁观音主要成分浸出含量影响较大，高温水比低温水对其成分含量的浸出作用效果明显，而随着时间的延长，其浸山含量虽有一定的上升，但高温水比低温水对其成分含量的浸出作用效果明显减弱。这就为饮用放置时间较长，用温水或冷水冲泡的茶叶成分利用提供依据。

结 论

一、低温水冲泡条件下，茶多酚、咖啡碱、氨基酸浸出量的变化规律与高温冲泡的规律相似。茶汤中三者的浓度变化规律为先上升至饱和浓度，然后有下降的趋势。但低温冲泡条件下，有效物质浓度上升阶段持续时间较长。

二、温度对于在较短冲泡时间内铁观音的主要生化成分的浸出影响明显，高温对于铁观音的冲泡具有明显的作用。

三、常温水或4℃水冲泡铁观音时，适当延长冲泡时间，茶汤中的有效成分完全可以满足日常饮用要求。

（福建农林大学：岳文杰，袁弟顺，李金辉，于欣洋）

茶　艺

几千年的悠久历史和传统的文化积累，使绚丽多彩的华夏文明奇妙地溶化在茶香清泉之中。饮茶风尚进入人们的生活，演变为一种品茗的艺术程式，这就是我们常说的茶艺。茶艺表演是这种品茗活动的集中表现，它能够在有限的时空内，展现境佳、茶美、水清、器净、艺精的品茗意境。通过茶艺表演者那种出神人化的冲泡技艺，显示东方文化的深厚意蕴，创造一种生活化的文化艺术氛围。

氛围营造

茶艺是茶文化的重要表现形式之一。通过茶艺的背景衬托，渲染茶性真善美的人文特以营造优美的茶艺氛围，增强茶艺的表现力。营造氛围的主要影响因素有背景、音乐、礼仪等。

一、背景

不同的环境会产生不同的意境和效果，渲染衬托不同的主题思想。庄严华贵的宫廷茶宴；修身养性的禅师茶；淡雅风采的文士茶，都有不同的品茗环境。不同类型的茶艺要求有不同风格的背景。

茶艺的主题和表现形式可以通过背景的衬托，增强感染力，再现生活品茶艺术魅力。在茶文化的挖掘研究中，何种形式的环境适合品茶，何种背景适合茶艺表演，尚有必要探讨。背景中景物的形状、色彩的基调、书法、绘画和音乐的形式及内容，都是茶艺背景风格形成的影响因子。

背景的取材范围要紧扣主题。如2001年在安溪举办的海峡两岸茶文化交流会，其茶艺表演赛的背景景物有：一轮明月当空、垂柳、海、礁石，表达两岸亲人的思念之情和祖国统一的愿望；2002年在福州举办的国际茶·茶具·茶文化博览会，其茶艺表演的背景以福建的武夷山、九曲溪、茶园等为背景；2003年在武夷山举办的第六届岩茶节蝴蝶杯茶艺表演邀请赛，其背景有会标和蝴蝶牌标记，有宣传推广品牌的作用。

在大背景下，不同的茶艺节目有本身的主题。主要通过色彩、书法、绘画等三个重要因子以及园艺植物等的调配，应用色彩学原理和书法、绘画的不同技法，来表达不同类型风格的茶艺背景。

色彩包括眼睛对它们的明度、色调、纯度以及对刺激的作用和心理留下的印象，象征意义及感情的影响。在茶艺背景中，各种器具、服饰、景物都有其颜色，多种颜色构成了色调，其中起主导作用的颜色就是色彩的主调，也称基调。不同的茶艺背景、主调不同，对眼睛及心理作用也不同，故有着不同的象征意义和感情影响。

书法与绘画的作用，在中华民族独特的历史文化氛围中，它们着力表现中国人的审美意识和茶艺等各类艺术，仿佛是一簇簇根植于神州大地的春兰秋菊，透散出独特的中国情调。如清爱梅花苦爱茶的茶艺表演，选用九曲红梅茶，背景有红梅、雪花、对联，表达茶之清高气质的风韵。

背景是衬托主题思想的重要手段，茶艺背景渲染茶性清纯、幽雅、质朴的气质，增强艺术感染力。品茗作为一门艺术，要求品茶技艺、礼节、环境等讲究协调，不同的品茶方法和环境都要有和谐的美学意境。闹市中吟咏自斟，不显风雅；书斋中焚香啜饮，唱些俚俗之曲更不相宜。茶艺与茶艺背景风格的统一，不同风格的茶艺有不同的背景要求。所以在茶艺背景的选择创造中，应根据不同茶艺风格，设计出适合要求的背景来。

二、音乐

有人说，当音乐的音响流泻而出的一刹那间，你可以清楚的看到，在空气中流动的，是山，是水，是叶落，是冬雪，是千古的生命里那份说不出、道

北苑茶艺表演

不尽的感动。那是你从未经历过的中国古典音乐之美。所以，背景音乐对茶艺表演的氛围营造有着重要的作用。能将茶中无法言喻的深味细腻表现出来，使茶味随着音乐在人的心中更深更远、更沉更香。饮到深处，或知交、或故友，或清风明月、或山川云雾，无一不在茶中，也无一不在乐中。

《安溪茶艺》的背景音乐选用当地的南音，随着圆润的洞萧，仿佛看到在清溪、园绿、茶香升腾之景观。在乌龙茶的茶艺表演中常用的背景音乐有高山流水、春江花月夜、出水莲等，以及专用的茶艺配曲，来表达于会心之处，不著一言的茶艺之美。使听者在聆听音乐之际，能神游茶乡的美丽风光，享受在茶乡品茶的独特风味，犹似情闲心宁，忘却凡尘。

三、礼仪

仪表、民间礼节等也是影响茶艺氛围的因素。因为茶艺过程不仅是享用茶的风味与健康，本身蕴涵对文明与教化的精神追求，宾主之间的交流，可以通过敬茶、品茶等环节来完成。品饮佳茗是一种寓健身、修性、文化、审美为一体的健美过程。

茶艺表演

现代茶艺在生活中有休闲型茶艺和表演型茶艺，在社会活动中有不同的功能。丰富多样的茶艺类型，寓于人们对美好生活的追求。福建乌龙茶的茶艺表演类型大多围绕茶品的源流、品质风格、人文背景等特点进行编创，在提倡科学饮茶的基础上，渲染浓厚的地方色彩，是一种源于生活而又高于生活的品饮艺术。1989年在北京举行的中国茶文化周，福建工夫茶的演示颇受欢迎。1991年中国在日本举行的“中日茶文化交流800年纪念展览会”上吴雅真女士代表福建，演示了乌龙茶的泡饮程式，共有十八道。得到与会代表的赞誉。随着茶文化的推广，各茶区根据自己的特点，整理和编创了适合乌龙茶品饮的茶艺，主要有以下几种：

一、武夷茶艺

武夷茶文化有一千多年的悠久历史。元代始武夷茶成为皇室贡品，并在武夷创办御茶园。茶文化遗址遍市武夷山中，有唐至民国古茶园、宋遇林亭窑址、元大德至明嘉靖御茶园、明大红袍名丛、清庞公吃茶处、明至民国古茶厂、清茶政告示石刻等。武夷山是儒、释、道三教同山之处，著名史学家蔡尚思教授曾赞道：“东周出孔丘，南宋有朱熹。中国古文化，泰山与武夷。”1962年冬郭沫若游武夷诗云：“九曲清流绕武夷，棹歌首唱自朱熹，幽兰生谷香生径，方竹满山绿满溪。六六三三疑道语，崖崖壑壑竞仙姿，清波轻筏觞飞羽，不会题诗也会题。”茶与三教有不解之缘，茶中蕴和，茶中寓静，茶的“和、静”的禀性乃三教所追求的境界，三教思想之精华也丰富了武夷茶文化的内涵。

当今武夷山人在挖掘继承历代品茶艺术的基础上，把品茗、观景、赏艺融为一体，总结整理出一套《武夷茶艺》。黄贤庚先生于1995年农业考古期刊发表的《武夷茶艺》一文中对其程序作了描述：

恭请上座；焚香净气；丝竹和鸣；叶嘉酬宾；活煮山泉；孟臣沐霖；乌龙入宫；悬壶高冲；春风拂面；重洗仙颜；

若琛出浴；游山玩水；关公巡城；韩信点兵；三龙护鼎；鉴赏三色；喜闻幽香；初品奇茗；再斟兰芷；品啜甘露；三斟石乳；领悟岩韵；敬献茶点；自斟慢饮；欣赏茶歌；游龙戏水；尽杯谢茶。

二、安溪茶艺

1999年6月，安溪县在北京举办茶王赛。《安溪茶艺》在钓鱼台国宾馆表演，《安溪茶艺》编创组李波韵先生谈及：安溪茶艺是一种示范性的表演，是要让品茶人了解乌龙茶，特别是名茶铁观音的沏茶技艺，冲泡过程非常讲究，是一门融传统技艺与现代风韵为一体的品茶艺术，极具浓郁的地方特色，它传达的是纯、雅、礼、和的茶道精神理念。纯，茶性之纯正，茶主之纯心，化茶友之净纯，乃为茶道之本。雅，沏茶之细致，身韵之优美，茶局之典雅，展茶艺之流程。礼，感恩于自然，敬重于茶农，诚待于茶客，为茶主之茶德。和，是人、茶与自然的和谐，清心和睦，属于心灵之爱，为茶艺之“道”也!安溪茶艺将藉着这纯正、清雅的茶艺传播，启发人们走向更高层次的生活境界。其茶艺流程如下所示：

神人茶境；展示茶具；烹煮泉水；沐霖瓯杯；观音人宫；悬壶高冲；春风拂面；瓯里酝香；三龙护鼎；行云流水；观音出海；点水流香；香茗敬宾；鉴赏汤色；细闻幽香；品香寻韵。

《安溪茶艺》的推出，总结了古人的品茶经验，结合地方品茶习俗，简古纯美，主要以铁观音的特殊茶韵为本体茶性，阐明其沏泡技艺和茶艺精神内涵。通过茶艺，传达了“纯、雅、礼、和”的精神追求。

三、校园茶艺

校园茶艺是校园茶文化活动方式之一。1995年在詹梓金、叶宝存等专家倡导下开展了大学生茶艺表演活动，福建农林大学茶学专业茶艺队于1996年5月应永春县邀请参加福建省乌龙茶评比会汇报表演。此后在茶学老专家庄任教授、叶宝存教授的指导下，郭雅玲撰写的、孙云培训的题为《岩骨花香》的福建工夫茶艺，于1997年4月在福州与福建茶界主要单位、日本三得利茶叶代表团等进行交流。大学生茶艺以专业素养突出而获得赞誉。在福建茶叶进出口责任有限公司的推举下，福建农林大学的校园茶艺《岩骨花香》、《奇兰飘香》等被选人中央电视台“走近科学”栏目2000年春节特别节目摄制内容和2001年春节的中国茶专题节目。

（郭雅玲）

宋代茶艺表演

茶艺美学漫谈

茶艺是一门集音乐、舞蹈、人文精神于一体的、适宜于舞台或室内表演的茶叶冲泡艺术，有着很广阔的发展前景和文化艺术价值，值得我们认真总结和研究。中国茶艺按历史可区分为传统茶艺和现代茶艺；按地域可区分为南派茶艺、北派茶艺及港台茶艺；按用途可区分为表演型茶艺、实用型茶艺；按类型可区分为高雅茶艺、流行茶艺以及皇室茶艺、贵族茶艺、宗教茶艺、文士茶艺、平民茶艺、民俗茶艺等。虽然名目繁多，但不外乎传统和现代、南派和北派、汉族和少数民族以及带有宗教色彩的茶艺形式，有的则属于拼凑型，姑且以“混合型茶艺”称之。如何严格区分和界定茶艺类型及其概念，如何进一步发展和规范茶艺事业，都是我们今后要研究的课题。

宋代茶艺表演

宋代茶艺表演

茶艺的形式美

茶艺的表演形式是很独特的，一方茶席、一张茶几、一套茶器、一位茶艺师就可以进行表演了，如果需要或为了加强效果，还可以配解说词，还可以配音乐，还可以配一名乃至数名茶侣（协助茶艺师表演的人员）。因此单从形式上看，茶艺表演和戏曲表演（注：这里所说的戏曲主要指昆曲和京剧，下同）最为接近。这种形式的好处是简洁集中，主题鲜明，能一开始就引起观众注意。不足之处是表演形式较为单一，内容大同小异，缺少变化，其艺术性和观赏性相对于戏曲要逊色很多。当然在趣味化和艺术化的同时，也要注意茶艺的实用性和独特性，说到底，茶艺只是一门茶叶冲泡艺术，衡量茶艺表演成功与否，除了程序编排、文化内涵等诸多因素外，与冲泡出来的茶品质量也有着直接关系，切不可为茶艺而茶艺，仅就这一点而言，茶艺表演又要比戏曲表演难度大了许多。

茶艺的形式美还体现在茶艺表演者的服饰和扮相上。一般而言，茶艺师及其茶侣服饰以简洁、明快为主，而且很有些复古的意味在里面，类似于戏曲里的青衣。因此在设计服饰时，诸如头发的样式、头饰的选择，服装的颜色、式样，衣领、衣扣及袖口、裤脚的纹饰等，都要和整体茶艺表演氛围相协调，最忌讳庸俗和脂粉气。茶艺师能否带手镯可以区别对待，纤纤玉腕上挂一环温润的玉镯更能增添茶艺表演的观赏性，何乐而不为呢？至于化妆，小型场合的表演以不着妆或仅着淡妆为主，如

道家茶流程

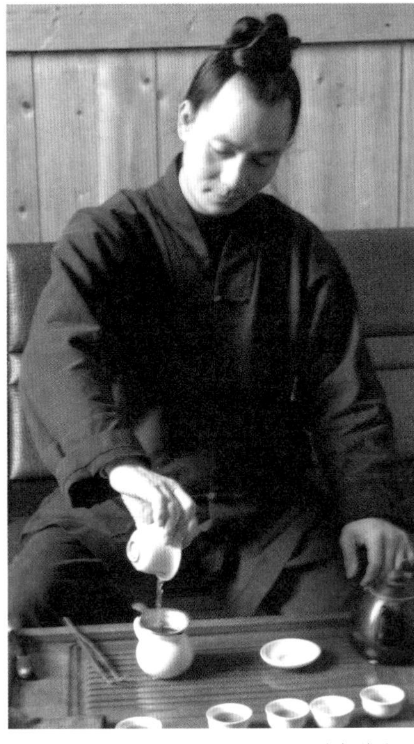
道家茶流程

道家茶流程

果是较大场合，不妨着浓一些的妆，可以参照戏曲青衣的扮相，这样效果会更好一些。

茶艺师及其茶侣是不主张用气味浓烈的香水及化妆品的，诸如指甲油、紫色眼影、大红口红之类的也不主张用。因为这和茶艺表演的整体气氛不兼容。色彩及气味很柔和很淡然的香水和化妆品可以适量用一些，但切不可过。

茶艺的动作美

茶艺动作包括手的动作、眼的动作、身体动作和面部表情。相对于戏曲表演而言，茶艺表演动作很简单，如何在舞台上通过简单的道具和动作语言把茶艺丰富的文化内涵和人文精神充分展示出来，对茶艺表演者提出了很高的要求。仅就茶艺动作语言而言，国内外茶艺专家和茶艺师有不同见解，但也有一些共同遵守的规定：茶艺师上场及谢场时，要行半鞠躬礼，行礼时双手可自然交叉身前或垂于身体两侧；茶艺表演开始时手的动作要逆时针划圆，这是对客人的尊重；手臂运动要自然柔和，以曲线为主，柔中有刚；脸部要面带微笑，口唇自然微启，视线要随着双手动作流动等。这些都还是一些粗浅“功夫”，距离茶艺表演的要求还很远。单靠“兰花指”“凤凰三点头”之类简单动作语言显然远远不能满足人们的欣赏趣味和要求，应该有创新、有变化、有突破，应该把茶艺表演提升到新层次、新品位。因此我个人以为，今后的茶艺教学和培训应把形体训练加进来，而且要占据一定的份额，否则茶艺的动作美就无从谈起。

茶艺的结构美

茶艺结构包括两个概念：位置结构和动作结构。位置结构指舞台、茶器、茶艺师之间的关系和构成。由于茶艺表演最初给观众以视觉冲击的就是位置结构，因此如何协调好这三者之间的关系，使之更趋于合理，就成为一个很重要的话题。相对于戏曲表演而言，茶艺表演是静止的，占用的舞台空间也很有限，这就需要我们在舞台背景布置及灯光上下功夫。譬如在舞台布景上可以借鉴中国传统绘画中“高、远、深”的透视法，以传统山水画或古典诗词、茶经茶谱为主题，强化茶艺表演的古典美。另外茶席的设计，茶几、茶器、壁挂等、的摆放位置也很重要，除实用性外，也应该考虑其视觉美感和效果。

动作结构是指茶艺表演过程中动作间的关系和构成。由于茶艺表演过程持续时间较短，一般在20分钟左右，这就要求茶艺表演应该一气呵成，不能有松散拖沓甚至冷场之感。结构紧凑并不意味着中间没有停顿，和音乐一样，一首传统大曲的时间也只有十几分钟，但其中有强弱，有起伏，有停顿，有变化，这些都是我们可以借鉴的。茶艺表演的强弱起伏可以由动作完成，而停顿和变化则要由动作结构来调整。譬如煎水时都有一个等待时间，如何巧妙利用这一时机给观众以“此时无声胜有声”的感觉至关重要。如同书法和绘画，满纸都是墨会使人感觉喘不过气来，合理留白则能起到意想不到的艺术效果。如果用绘画语言中的“密不透风，疏能走马”来指导我们的茶艺表演，我看很有意义。

茶艺的环境美

在谈茶艺位置结构时已谈到了茶艺表演的舞台背景布置，如果是在庭院或室内表演，则又是另外一番景象了。在庭院表演时，四周的亭台水榭及山石林木最堪入茶。如果有一池春水或一曲回廊，则更能增加茶艺表演的神韵。所以江南园林最适宜于传统茶艺表演。正犹如昆曲最初就是在江南园林里幽幽传唱一样。这里不需要任何人为的布景，也不需要任何解说和配乐，甚至也不需要任何观众。四时景物变化就是最好的布景，风声水声鸟鸣声就是最好的音乐和解说，亭台水榭及山石林木就是最好的观众。

如果在室内表演，诸如墙上字画和壁挂的取择、博古架上器物的陈设、花架上花盆及花品的选择等，都是要认真考虑的因素。

茶　灶

茶艺的神韵美

谈茶艺的神韵美离不开前面提到的四点，只要这四点都做到了，茶艺的神韵美差不多也就有了。当然，茶艺的神韵美和茶艺师的表演及茶艺程序的编排关系最为密切。茶艺神韵是一个比较抽象和空灵的概念，但它又离不开具体的茶艺表演形式，是一种更加理性化和精神化的东西，也是认真咀嚼后的心得。

譬如绘画，古人区分绘画作品为能品、妙品、神品、逸品，其中神品、逸品最有神韵。再譬如诗歌，《沧浪诗话》区分诗歌为九品，九品外还有神品，其中神品为诗歌美之极致。

茶艺神韵也是如此。茶艺表演可以区分为上品、下品和神品。举凡那些没有个性，没有特点，东拚西凑的“混合型茶艺”都属于下品；举凡那些编排合理，有一定茶文化内涵的茶艺表演可归为上品；神品的要求很高，不但要有个性、有特点、有一定的茶文化内涵，更要有一定的茶道精神在里面，更要有一种神韵在其中，能达到出神入化的境地，为茶艺表演之极致。如何使茶艺表演到达到出神入化的境地呢？我以为除了上面谈到的四个因素外，茶艺师的个人修养和气质以及对茶的感悟尤其重要。茶艺表演到了一定境界时，所表演的形式甚至内容已经淡化了，重要的是表演者的个性表现——准确点说是人性的表现。如何处理好其间关系，如何把善良美好人性通过茶艺表演凸现出来，不仅是一个优秀茶艺师应该经常思考和实践的话题，也是我们评判茶艺表演有没有神韵的标准。

茶艺神韵还和茶道精神有关，这一点在茶艺欣赏里谈。

如何欣赏茶艺

一套完美的茶艺不但应该包括一定的程序，更应该具有一定的文化内涵和茶道精神。而我们欣赏茶艺也应该由这三个方面入手。

茶艺程序虽然繁复，而且各具特色，但不外乎备器、煎水、赏茶、洁具、置茶、泡茶、奉茶、饮茶这几个基本程序，关键是看其间的关系和构成。一套好的茶艺程序总是针对某一类茶叶精心设计的，程序安排总是以能最大限度体现该类茶叶质量为基本出发点，而且始终都紧紧围绕这一主题，通过茶艺表演，把茶品特点发挥得淋漓尽致。相反，举凡那些有违茶理茶性，不能体现茶品特点的茶艺程序都是不合理的，纵然表演者使出浑身解数，只能适得其反，因为先天不足是很难通过后天努力来滋养和弥补的。

茶艺的文化内涵包括：历史文化、地域文化和民俗文化。一套好的茶艺程序应该体现丰富的历史文化内涵，从茶席、茶器、茶品、服饰设计乃至解说词、音乐配置等，都应该有历史文化的影子，这样才显得厚重，才更具特色。地域文化、民俗文化对茶艺的影响也是如此。文化是一个相当宽泛的概念，茶艺设计者应该认真总结和对待，使茶艺程序经得起推敲，经得起考验，最终登入文化艺术殿堂。

茶道精神是一个较为严肃的话题，因为中国人轻易不言“道”，但“道”又和我们的日常生活息息相关，密不可分，所谓“道也者，不可须臾离也，可离，非道也”。茶道精神是茶艺表演的灵魂，是评判一套茶艺程序好坏的重要因素。一套好的茶艺程序应该包含茶道精神在里面，否则其艺术和文化内涵就无从谈起，也就没有“神韵”之说了。目前我国茶艺表演仍然只停留在“艺”的层面上，能否在今后的一至两年内向“道”靠拢？我以为已经到了刻不容缓的地步。要向“茶道”靠拢，就必须解决中国茶文化、茶艺、茶道三者之间的关系问题.另一个要解决的就是中国茶道精神问题。那么什么是中国茶道精神呢？目前明确提出的有很多，都从不同侧面反映出中国茶道的精神实质，至于是否需要统一，我个人以为目前尚无此必要。中国和日本不同，日本只是一个小小的岛国，一方茶席，一罐抹茶，几件茶器，一间小小的茶道室已然具足，“清、敬、和、寂”四字便可将岛国茶道精神网罗无遗。而中国的情况则复杂的多，仅茶品就有一千多种，能表演的茶艺程序也不下数十种，而且各地在人文历史、文化传承、风俗习惯等方面均有较大差异，要用简单的几个字来囊括其茶道精神几乎是不可能的。

茶叶是一种代表和平、环保、无公害、无污染的绿色健康饮品，茶艺表演是传播茶文化的一条最直接、最富有生命力和艺术观赏性的最佳途径，我们要通过茶艺表演，在民众中提倡和推广科学健康的品茗方法，籍此提高国民素质和生活质量，这不仅关乎我们的茶文化事业的得失成败，也关系到中华民族优秀文化的传承和发展，因此，对于中国茶艺的深入理解和研究，我以为十分重要，应该成为今后茶文化研究的一个重要领域。

（马守仁）

茶道音乐

我国音乐起源甚古，可以追溯到远古的炎黄时期。相传伏羲氏作琴，神农氏制曲，黄帝鼓琴，虞舜歌南风，以教化万民。而真正使音乐归于典雅、并具有教化功用的，当归功于我国第一部诗歌总集——《诗经》的编撰。《诗经》简称《诗》，为《六经》之一。据说孔夫子曾亲自删定《诗》三百，用以教授孔门弟子，可见儒家对《诗经》的重视程度了。整部《诗经》共包括《风》、《雅》、《颂》三部分，其中大部分篇章都可以用来歌舞演唱，演唱时大都以琴、瑟、缶、埙、篪等古乐器相伴奏。

如《周南·关雎》："参差荇菜，左右采之。窈窕淑女，琴瑟友之。"提到了琴和瑟。《小雅·鹿鸣》："呦呦鹿鸣，食野之苹。我有佳宾，鼓瑟吹笙。"则提到了笙和瑟。可见琴、笙、瑟等古乐器在当时是很流行的，类似于当今的古筝、琵琶等。而《陈风·宛丘》："坎其击缶，宛丘之下"提到的缶，则是一种古老的打击乐器，今天已不大使用了。

陆羽在《茶经》里说："茶之为饮，发乎神农氏，闻于鲁周公。"可见，同音乐一样，我国茶叶的发现和饮用也可以上溯到远古时期的神农氏。传世的《神农食经》里就有"荼茗久服，令人有力，悦志"的记载，其中的"荼"就是茶的古字。中国茶文化发源于周，诞生于两汉，兴盛于唐宋，历经元、明、清三代，余波荡漾，至今不衰。如果我们稍稍梳理一下历代有关饮茶的诗词，就会发现茶与音乐的关系由来已久。如唐·鲍君徽《东亭茶宴》、白居易《宿杜曲花下》、郑巢《秋日陪姚郎中登郡中南亭》、宋·曾丰《侯月烹茶吹笛》，以及苏轼《行香子·茶词》、黄庭坚《鹧鸪天·汤词》、曹冠《朝中措·汤》、吴文英《望江南·茶》等，就分别提到了古琴、笙歌、清唱、弦管、琵琶、觱篥、笛、瑟等多种器乐和声乐。后人在论及茶之所宜时也认为："茶宜净室，宜古曲"。明人许次纾在《茶疏》中就提出了"听歌拍板、鼓琴看画、茂林修竹、清幽寺观"等二十多个适宜于饮茶的优雅环境和事宜。

这里的音乐一般都指中国民族音乐。

我国民族音乐发展到今天，不管是乐曲还是乐器，其内容和形式都十分丰富，乐曲如《阳关三叠》、《梅花三弄》、《萍沙落雁》、《高山流水》、《雨打芭蕉》、《平湖秋月》等；乐器如古筝、古琴、洞箫、竹笛、琵琶、二胡、埙、瑟等，都能发人思古之幽情，也最能入茶。茶人饮茶时伴以音乐，无疑是一种高雅的精神享受。不仅能更好地品饮出茶中滋味，更有益于体味中华茶文化的博大精深和幽邃神韵。因此，饮茶时选择什么样的乐曲和乐器，都应该有所考虑。

茶味有甘、苦之分，乐曲也有风、雅之别。譬如品饮西湖龙井，宜听《平沙落雁》、《猗兰操》，最能使人身心怡悦，如沐春风。而品饮陕西午子绿茶，宜听《广陵散》、《阳关三叠》，自然使人神情飞越、幽思难忘。再如品饮红茶，钢琴、萨克斯、小提琴甚至轻音乐、流行音乐等也可以入茶。品茗艺术是一门开放型艺术，随时代的发展而变化，应该兼收并蓄，中西汇通，而不必只拘泥于古法。因此，饮茶时听听萨克斯，听听钢琴、小提琴等，也未尝不可，肯定会别有一番滋味在"茶"中。

饮茶时听音乐，能益茶德，能发茶性，能起人幽思。正如白居易在《琴茶》诗中所吟诵的："兀兀寄形群动内，陶陶任性一生间。自抛官后春多醉，不读书来老更闲。琴里知音唯渌水，茶中故旧是蒙山。穷通行止常相伴，谁道吾今无往还。"

清幽的环境，古雅的音乐，都与茶文化的雅趣相符合，茶与音乐相得益彰，使通常的煎水瀹茗达到了精神品饮和艺术享受的境界。

（马守仁）

民间南音表演

第 九 章

鉴赏审评

JIAN SHANG SHEN PING

铁观音鉴赏常识

所谓鉴赏，就是将铁观音当作一种艺术品而不是一般的生活必需品来欣赏。这就需要鉴赏者掌握一定的基本常识，才能真正欣赏到铁观音的美。

一般来说，鉴赏过程分为干茶鉴赏与湿茶鉴赏两个阶段。

清香、浓香、陈年叶底比较

清香、浓香、陈年三种茶汤

三种叶底对比

干茶鉴赏

这一阶段主要是鉴赏铁观音茶的干茶外形、色泽与香气。铁观音干茶的外形，常见的有两种：卷曲状与颗粒状。卷曲状的如蝌蚪，又若晴蜓头；颗粒状的如黄豆粒；除此外还有条索状的，不过极少见。干茶的色泽，清香型的一般以翠绿、砂绿为主；浓香型的以黄绿，褐绿为主。陈香型铁观音色泽多呈黑褐。一般来说，好的铁观音，外形都比较紧结，大小均匀，没有碎屑；色泽油润，有光泽感。干香气味，则是一种带清凉感的幽香；没有青味和杂味。此上这三个因素，只要任何一种因素出了问题，就说明茶的品质有欠缺。

湿茶鉴赏

对于铁观音来说，湿茶品质在质量方面所占比重最大。而对于一般的茶客来说，这又是最主要最直接的鉴赏过程。鉴赏湿茶，从茶汤冲泡好之后开始。主要是把握三点：闻气香，品茶汤，看叶底。

闻气香

所谓气香，就是茶汤里冒出来的香气。欣赏气香，主要是用鼻子。

闻气香的时候，一般是三至四次。第一盖底香。沸水注下后，将出汤前，用右手拇、食指捏住碗盖（或壶盖），拿起，翻过来，斜置于鼻下细嗅。第二汤面香。出汤后，以三龙护鼎式持茶盅。端起茶盅时，先置于鼻下，闻嗅冒出来的香气。第三杯底香。茶汤饮毕后，拿起空杯闻杯中的香气；第四叶底香。茶泡完后，盖碗中的茶渣称为叶底。拿起盖碗，闻嗅叶底的香气。一般来说，好的铁观音，有一股类似兰花的香气。其它色种茶，也有其典型的香气，或类花香，或类果香，或类蜜香。无论何种香，都以清纯、幽雅、细锐为上，最忌夹杂青草味，沤味、焦味，霉味等。

闻香时务必注意两点：一是要将碗盖、茶盅置于鼻子下的适当位置，太近太远都不行。太远闻不到香气，太近了姿势不雅。一般来说，距鼻尖约2厘米，或者说，置于与嘴成水平线的地方。二是只吸一口气。切忌中间呼气，也不可以大口猛吸，而要顺着自然呼吸的节奏，慢慢闻嗅。尽可能地让香气深入丹田。

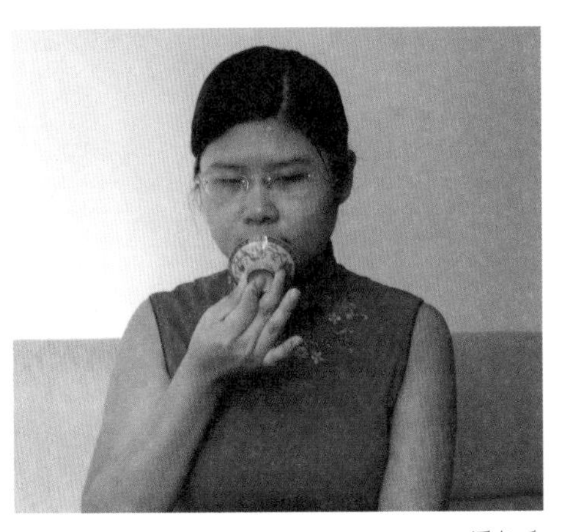

闻气香

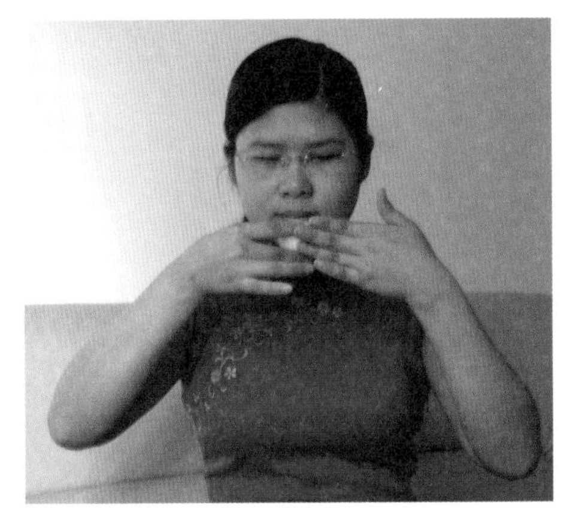

闻气香

闻气香

也有一些人喜用公道杯闻香。理由是公道杯容量大，且肚大口小，易于凝聚香气。

台湾工夫茶则有专门的闻香杯，状如小笔筒。冲泡时，先将茶汤倒进闻香杯，用茶盅复盖于上，然后倒置，茶汤流入茶盅，取出闻香杯，口朝上合于掌心，细嗅。别有一番情趣。

如果是用办公室的大茶杯，虽然持杯手法不同，闻香的原则一样。只要细心，一样的可以欣赏到茶香的独特美感。

品茶汤

闻过气香后，进入品茶汤的阶段。实际上就是用味觉品赏茶汤的滋味。

味觉的主要器官是舌头。舌头的不同部位，舌尖，舌面，舌侧，舌根等，其味觉的敏感度是不同的。所以，要全面的感受茶汤的滋味，就不能一口而下，而是要慢慢地啜饮。需要注意如下几点：

一、入口茶汤不能太多，即使是较大的容器，也只能小口小口啜饮。为了控制进口茶汤量，最好是撮起嘴唇，将茶汤轻轻吸进口中。也可以稍用些力气，甚至发出吱溜吱溜的响声，这就是所谓的撮吸法。

二、茶汤进口后，不要一下吞进肚子。而是闭唇，鼓颊，将茶汤在口腔中轻轻地反复鼓漱，尽量让茶汤接触到舌头的每一个部位。这一过程中，茶汤和口腔中的唾液充分搅和，因此发生某种化学反应，产生回甘。所谓的回甘，就是茶汤由初进口时的轻微苦涩，通过品味动作，刺激口腔分泌唾液，茶汤与唾液产生化合作用，很快变得甘甜滑顺。好的铁观音茶汤滋味，较之绿茶，更为甘醇；较之普洱，更为清净，有一种非常独特的鲜爽之感。

在茶馆品茶

茶汤在口腔中充分鼓漱后，再徐徐咽下。茶汤下肚后，不要马上喝第二口，而要稍等一会儿，然后再开始啜饮第二口。如此，反复进行，仔细体会。

品尝茶汤滋味，通常在茶汤尚热时进行。这是“热品”。为了更加全面地品出茶汤滋味，还可以等茶汤凉了之后进行，所谓“冷品”。冷品时茶汤的适宜温度，约40℃，接近体温。而从某种角度来说，冷品可能更能体现茶汤品质。因为温度高时，水分子活跃，茶香挥发更快，更猛，利于闻香；不利处是容易烫嘴。若温度下降，水分子活动渐趋稳定，香气开始收敛；但由于温度接近体温，更利于充分品出茶汤滋味。这种品法，犹其适合较大杯的茶汤。事实上，就有相当一部分茶客更喜欢用这种方法品饮，因为要比小盅品饮来的过瘾。

还有一些人，喜欢将茶汤放在冰箱里冷冻后饮用，以为别有韵味。这当然也是一种方法，不过，因为茶汤温度太低，容易刺激唇舌，难于正常发挥功能。且冰箱里杂味多，茶汤容易串味。所以，此法更适合于消暑解渴，而不宜于“品味”。

叶底

大红袍、清香铁观音叶底比较

一般来说，好的铁观音茶，其香其味，持久深沉，可以反复品味。所谓“七泡犹有余香”。反之，如果品质不佳就经不起品味。有经验者，一尝便知，顶多三口，便知高低。

看叶底

香气闻过了，滋味品过了，一泡茶也泡的味淡如水了。盖碗中剩下的只是茶渣了。此时不要急于将茶渣倒掉，仍然可以鉴赏一番。看叶底一用眼睛，主要看泡过的叶底的形状、色泽如何，同时闻一闻余留的气味如何。做工精细，品质好的铁观音叶底，叶片大小均匀，叶形完整，叶脉清晰，叶肉厚实，呈均匀的青绿色，边缘有分布均匀的红点，有一种丝绸般的光亮感。有些叶底的叶片边缘比较破碎，那是因为甩去了红边的缘故。好的铁观音叶底边缘尽管破碎，但仍然非常整齐。

叶底的气味，最能反映出制作工艺水平和质量状况。好的叶底气味，闻起来花香虽弱，果香却很明显。且香味纯净，没有青味沤味焦味。同样能给出人一种享受。

感受“音韵”

品赏铁观音茶，最大的享受是感受“音韵”。

如何理解铁观音的“音韵”呢?

首先，必须了解“韵”的含义。韵，繁体为“韻”。说文解字：和也，从音，员声。音，声也，生于心，有节于外。由此可见，韵的本来意义是，声之和。现代音乐术语则指将各种不同声音按一定规律排列组合，因此产生的一种能让听觉愉悦，引发种种想象的审美感觉，谓之韵。将其内涵延伸到品茶，指在品饮过程中，品茶者所产生的一种特殊感官愉悦感，以及因此而引发出的全身心的愉悦与美感。所以，音韵的最基本含义，应是指铁观音的基本感官特征。而所谓特征，是与其它种类茶，例如，绿、黄、白、黑、红，以及其它类乌龙茶等等，相比较而言的明显特征。好的铁观音茶，必定是有韵的茶。不仅具备茶所共有的感官特点，而且还具有其它类茶所没有的感官特点。更深一层的意义，则是指饮者品饮铁观音时产生的特殊感受。

为了进一步理解音韵，可借鉴前人有关其它乌龙茶“韵”的一些评论。晚清名人梁章钜，游武夷时夜宿天游观，与道士静参品茶论茶，将武夷岩茶特征概括为“香、清、甘、活”四字。他说，静参谓茶品有四等，一曰香，花香小种之类有之，今之品茶者，以此为无上妙谛矣。不知等而上之则曰清，香而不清，犹凡品也。再等而上则曰甘。香而不甘则苦茗也。再等而上之，则曰活。甘而不活，亦不过好茶而已。活之一字，须从舌本辨之，微乎，微乎！然亦必瀹以山中之水，方能悟此消息。

白茶花（山茶科山茶属）

梁是举人，爱做笔记小说，算是才子，又官至巡抚。他的这段评价，后人沿用至今。梁的说法是有一定道理的，虽说当时主要是论岩茶，但用以评价包括铁观音在内的任何乌龙茶，也没有什么不妥。

首先，要从感官上体会铁观音在香、清、甘、活方面的特征。

香

指茶的香气。明代张源（1595年）在《茶录》中说：“香有真香、有兰花香、有清香、有纯香，表里如一，曰纯香，不生不熟，曰青香，火候相当，曰兰香，雨前神具，曰真香，更有含香、漏香、浮香、闷香，此皆不正之气”，这段话虽是论绿茶，但很有启发。乌龙茶的香气，是所有茶类中最丰富的。有好几种类型，有的是品种香，有的是制作香，有的是地域香，有的是综合香。不管哪类香，最基本的应是茶叶本身的香为主。其它香只是兼带的，类似的。

对于铁观音来说，常见的香型有：

焦糖香

焦糖香类似锅巴，熬蔗糖，或者奶油、豆乳的香味。这种香味，浓香型铁观音中较为常见。

花　香

铁观音的主流香气类似兰花香，极为幽雅。但也有类似水仙花，桂花的

岩茶与铁观音茶汤对比

香气。

果　香

永春佛手有非常浓郁的香橼味。凤凰单丛则有明显的蜜香。而好的铁观音叶底，往往有明显的类似苹果的香气。有时也可嗅到类似粽叶的气味。

奶　香

有少数铁观音，有一股类似牛奶、米汤的香味。这一类香型，在台湾铁观音中最常见。

一些好的铁观音，同一泡茶中香气有变化。一、二水有明显的焦糖香，三水后开始显露幽雅的花香。叶底则是清淡的果香，而且香气强烈，持久，七泡犹然。感觉最好的是杯底留香，称为“杯底香”或“冷香”。茶汤冷却后，再闻杯底，那种感觉实在是妙极。

这些特有香型，是别类茶很少有的。绿茶的典型香是豆花香或绿豆味，偶尔才会有花香。黑茶没有花香，例如普洱茶主要是陈香，类似樟木或人参的味道。正山小种红茶有特别的桂圆香味，其它红茶常见的是浓稠的玫瑰花香。

清

清的意思是清纯，清净、纯正的意思。清的感觉，既存在于铁观音的香气中，也存在于铁观音的茶汤滋味中。具有“清”的特征的香气，是一种极为纯净的香气，没有一点杂味，比如青草味，沤酸味等等，且细锐，悠长。而具有“清“的特点的茶汤滋味，则又有一些具体特征。

鲜

茶汤清新、鲜美、如同鸡汤一般。曾经品过绿茶新贵安吉白茶，这种鲜感特别明显。造成这种鲜感的原因是氨基酸含量是一般绿茶的一倍以上。而好的铁观音茶，也和安吉白茶一样，鲜感很强。不过并不是氨基酸含量特高，而是在做青发酵过程中，造成苦味的儿茶素含量降低了，氨基酸含量相对高了起来。

滑

滑是相对于涩而言的。茶汤入口后，舌尖有茶的感觉，再后，舌头的后半部分好像已经失去了知觉，不用吞咽，茶汤已经“滑”进或者“化”进喉咙了。这就是所谓的滑。当然，好铁观音入口都很滑顺，尤其是因为铁观音茶

雀舌栀子（茜草栀子属）

汤制作时发酵很轻，容易出现青涩感，滑或化也就显的特别难能可贵。

透

主要指茶汤的清澈度。传统工艺制作的铁观音茶汤，一般呈淡黄，近年来发展新工艺铁观音，茶汤颜色接近绿茶，呈淡绿色，甚至几近无色。新茶的颜色较浅，陈茶的颜色较深，有的甚至接近黑茶汤色。但是不管怎样，茶汤都应清澈、亮丽，没有杂质与沉淀物，这也是清的一种表现。

甘

有两种，一是入口即甘，上品铁观音，入口就有一种甜滋滋，凉沁沁的味道。但是不像普洱的甘那样，有一种粘重感。有的铁观音初品稍有苦涩，但很快生津回甘。铁观音茶的回甘，是发散型的，直接扩充你的喉咙，清凉开阔，你甚至觉得那不是回甘，但确实是喝了茶以后舌齿清甘，喉咙通畅，很舒服的一种感觉。

与甘味相伴的，是醇。主要是指茶味的浓淡和茶汤的厚薄。茶味是任何茶汤都有的，可以明显感觉到的类似中草药的特殊味道。铁观音的茶味，比绿茶浓，比红茶黑茶淡。茶汤则比绿茶厚稠，但又不如普洱沉重，显的更为淡薄。不同的乌龙茶，醇度也有区别。岩茶茶汤，就比铁观音更厚实一些。所以，茶界比较岩茶与铁观音，有“南香北水”的说法。意为铁观音的香佳，岩茶的水佳。但这是指一般的茶而言，真正上好的铁观音，茶汤之醇厚，与上好的岩茶基本相当。有着异曲同工之妙。

平常冲泡（余泽岚演示）

清香型茶汤

活

综合这几种感官味道，再回过头来领会“活”字。就容易多了。活，应是铁观音茶韵的最强表现。可以理解为“活蹦乱跳”，如同充满生命力的鱼儿在激流中冲浪；可以理解为“变化多端”。先苦后甘，先有强收敛、再转清爽润滑。每泡茶汤的香与味都有变化，浓香藏在滋味里、品过之后满口流香；可以理解为“源源不绝”。铁观音茶的香与味，往往可以保持相当长久。热喷香，温更甘，冷回韵。尤其是在茶汤凉了之后，香与味下沉凝结，品味起来，好像鱼翅汤似的，有韵在水中源源不断地回旋着；还可以理解为“回肠荡气”。上品铁观音茶，力度劲锐，常常是三杯下肚后，上下通气，百骸贲张，神清气爽，一身轻松。

远芳茶园杉树

令人情不自禁浮起飘然若仙之感。

了解的上述铁观音的总体韵味特点，再来看每泡具体铁观音的韵味特点，就容易体会了。什么是音韵？有人归纳将岩茶岩韵归纳为四个字：岩骨花香。借用这种说法，铁观音音韵也可概括为四个字：山骨花香。因为铁观音生长自然环境与岩茶有所不同，岩茶生长地区属丹霞地貌，海拔不高却多悬崖峭壁，铁观音生长地区属中高海拔丘陵，多为含风化石的红壤，故称山骨。这一个“骨”，说的好！“骨”喻坚硬，坚韧，等等。可对于柔顺如水的茶汤来说，它的“骨”在哪里？清朝乾隆皇帝在评价全国各地贡茶时，题诗咏道“就中武夷品最佳，气味清和兼骨鲠”，很形象地描述了岩韵的特色。清袁枚在《随园食单》就曾说过，武夷岩茶“清芬扑鼻舌有作甘。……如龙井虽清而味薄，阳羡虽佳丽而韵逊矣，颇有玉与水晶品格不同之故。”袁枚是在将岩茶与龙井茶、阳羡茶作了比较之后，得出的结论。其实，对于铁观音来说，山骨的特征也类岩骨，所以又有人将音韵称为“铁韵”，只是更为柔顺，绵滑。至于所谓的花香，前面已经说过很多，自不难理解了。

友福茗茶

明白了“音韵”的具体涵义，问题就迎刃而解。无非也就是铁观音茶独有的色香味特征。当然，要称得上有韵，最重要的是要能给人的感官带来愉悦，最简单的说法就是：好看，好闻，好喝，爽！

在感官体验的基础上，如果品茶者具备一定的文化修养，对音韵的理解就又会更上一层楼。从某种角度来说，体验韵味的过程，其实就是品赏铁观音时的审美过程。铁观音的品质越好，品茶者对茶的理解以及茶文化修养越高，在品茶活动中能够产生的美感越强。到了这个层次，音韵就很难用某一两种感官感觉来概括和形容，而只能用心去体会那种“可意会而不可言说”的美妙境界，“巍巍乎高山，荡荡乎流水”了！

专业审评常识

茶叶的专业审评（这里主要指感官审评），与一般赏鉴的最大不同之处，就是它的专业性。由经过专业训练的评茶师，根据规定的程序和标准，对茶叶质量进行评定和分析。如果说，一般鉴赏更多地诉诸感性，带有很浓的个人主观色彩的话，那么专业审评就更多的诉诸于理性，要尽可能做到客观地如实评价。

铁观音的专业审评，与其它类茶的专业审评一样，同样必须遵循严格的程序和标准，以求对每一泡铁观音茶作出科学的客观评价。现将基本程序简述如下：

前期准备

在正式开始专业审评操作之前，首先要做好必须的准备，这一期最主要的工作是选择审评室，备好审评器具，以及接受有关茶样等。

审评室

专业审评室是有一定的标准和要求的。一般来说，审评室的外部环境一要安静，不能有嘈杂声，如汽车喇叭声，建筑机械轰鸣声，市场叫卖声等；二要空气清新无异味；三要光线充足，尽可能地利用自然光。为了满足这些要求，审评室一般都设在远离闹市和有污染的工厂的地方。审评室必须要有足够大的面积，至少应有10平方米以上。室内环境同样必须空气清新，无异味，明亮，整洁，温、湿度适中，使审评人员感到舒适。一般来说，室内墙壁和天花板应刷成白色。应背南面北开窗，窗口要有相当大小，窗外不能有遮挡光线的建筑和树木。为了避免有时太强的光线，最好有窗外上边加设一排遮挡强光的遮光板。遮光板一般制成向外倾斜的漏斗状，倾斜度约为30度。

选好符合要求的审评室后，便要准备必须的器具。一是审评台，一般

审评室

审评杯

审评碗

天平秤

茶样盘

沙漏计

要求有两张，一张干评台，一张湿评台。干评台用于评审干茶，察看干茶外形，一般高90厘米，宽60厘米，长100厘米米以上。湿评台用于湿评茶叶，评定内质，一般高85厘米，宽45厘米，长150厘米以上。台面要求无反射光的乳白色。

干评台一般放在窗下，利于肉眼观看；湿评台一般放在干评台后一米处，与干评台平行。

审评室内还应准备一个茶样柜，用于放置各类茶样。茶样柜大小无特殊标准，足够用即可，但是外表颜色最好也刷成乳白，尽可能地与审评室整体格调一致。

审评器具

器具主要包括审评杯、碗，评茶盘、匾，叶底盘，称茶器，以及烧水用具，水，吐水桶等。审评杯碗有一定的规格，不能随意。一般的来说，审评铁观音使用的是特制的白瓷乌龙茶审评杯碗。杯用于冲泡茶样。呈倒钟状，有一杯盖，容量为100毫升，上口内径80毫米，底径内径45毫米，高52毫米。碗用于装茶汤，呈半圆状，容量110毫升，高50毫米，上口内径90毫米。一杯一碗还需配一专门的白瓷茶匙，用于舀取碗中的茶汤之用。

评茶盘，用以放茶样，观察外形。一般为杉木制作，漆成乳白色，正方形，有边框，一角有一开口，以便倒茶。分茶盘，用于分干茶取样用；比评茶盘略小，相对的两角有开口。叶底盘，用以察颜观色看茶底。有黑色木盘，与白色搪瓷盘两种。

烧水器，应选用较大的电随手泡。应注意选择适合泡茶的软水，好水。

除此外，还需备一茶称，用于称茶样，可用以克为单位的天平称，或者小型电子称。计时器可用秒表，或沙漏，一般的钟亦可替代。

接收样茶

实物样茶分为毛茶标准样、加工标准样、贸易标准样三类。毛茶标准样的收购毛茶的质量标准。铁观音一般以分为五级十等，设一至四级四个实物标准样。加工标准样又称加工验收统一标准样。是毛茶加工成各种销售成品茶时对茶样加工，使产品规格的实物依据，也是成品茶交接验收的实物依据，按品质分级，级间不设等。贸易标准样，又称销售标准样。茶叶市场开放前专指出口茶叶贸易标准样，是根据我国外销茶叶的传统风格，市场需求和生产可能，由主管茶叶出口经营部门制订的，茶叶贸易中成交计价和货物交接的实物依据。按质量公级，各级均编以固定号码，即茶号。

近年来，铁观音的内销量远远大于外销量，质量标准也产生了变化。根据这种情况，有关部门重新制订了新的铁观音质量标准，为保证铁观音的质量稳定起到了积极极的作用。

审评基本程序

铁观音审评的基本程序是：分样——摇样盘——撮样——冲泡——评审——定级。

分 样

取两只分样盘，均匀茶样后，用对角四分法分取若干有代表性的茶样。

摇样盘

将内置茶样的样茶盘用双手平托，轻轻地均匀回旋转动，使茶叶按轻重、粗细，大小均匀地分布于样盘中，再用手将散开的茶样收拢，观看外形。

撮 样

将茶样倒入样盘后，再将茶样徐徐倒入另一只空样盘中，反复2至3次，使上下层茶样充分混匀，然后用三指撮取茶样5克，置入评茶杯中。

冲 泡

将沸水注入茶杯，加盖，1分钟后出汤，将茶汤全部倒入审评碗中，通过看色，闻香，口尝等方法，对茶汤的颜色、香气、滋味进行感官判定。标准审评一般冲泡三遍，每泡时间依次为1、2、3分钟。

定 级

根据感官判定的结果，给茶样确定等级，一般配以书面形式，用审评术语，准确地写出审评意见。

铁观音审评要点

外 形

审评茶叶的外形包括“干看形状，湿看叶底（冲泡后的湿叶）”。

一、干看

抓一小撮茶叶散开，使茶叶暴露在眼前，从形状、大小、色泽等方面来评审干茶叶的品质。品质优良的茶叶，形状、大小、色泽均要一致。反之，则品质较差。干茶外形分卷曲状与颗粒状两种，无论哪种，都应紧结，重实，完整匀齐，表面油润、洁净，不含木质纤维、粉末及杂物为上。

看茶样

评茶师品茶

清香型与浓香型叶底对比

清香型与浓香型茶汤颜色对比

评茶师闻茶香

二、湿看

观察冲泡后的湿叶底。叶片是否完整，开面如何。去红边的，边缘是否规律性破碎。

色 泽

色泽审评分为干看茶叶外表、湿看茶汤和叶底色泽。从辨别茶叶色泽，可以了解茶叶品质的好坏、制工是否精良。

一、干看

铁观音干茶的色度依工艺同有很大差异。清香型铁观音，以砂绿（类似蛙皮绿的颜色）、翠绿为主；浓香型铁观音则偏黄褐色。但无论哪种颜色，均应鲜明、均匀、有油润感为佳，而忌暗淡甚或枯涩惑。

二、湿看

茶汤的色泽清、明、净为上品。凡茶汤色泽浊暗、浅薄者，则为品质差之茶叶。汤色的深度、混浊与味道有关，一般色深味则浓，色浅味则淡。鲜叶品质的好坏、制法的精粗和贮藏是否妥当，显著影响茶汤汤色的深浅、清浊、明暗。茶汤冲泡后，以在短时间内汤色不变为上品。

清香型铁观音茶汤以浅绿为主调，浓香型铁观音以淡黄为主调。无论哪种色调的茶汤，都以清澈、透亮、无杂质为佳，反之，由说明品质较差。

叶底色泽与汤色关系较大，叶底色泽鲜亮，有一种丝绸般的感觉为佳。判定叶底老嫩时，还可用手指揿压叶底。一般以柔软无弹性的叶底表示细嫩，硬而有弹性的表示粗老。

香 气

分干嗅与湿嗅。干嗅，以两手捧茶叶，将鼻子靠近茶叶吸入茶叶发出的香气。湿嗅则是闻嗅冲泡后茶汤的香气。一般是拿起审评碗的盖子，嗅杯盖和茶汤接触部分，将杯盖从鼻前通过到耳边，反复数次。闻嗅叶底香气也是重要的环节。将茶杯里的叶底倾城倾国复在杯盖上，靠近鼻子闻嗅，或者直接拿起茶杯闻嗅。铁观音香气以清纯花香为佳，有闷、霉、烟、焦、油气等。

滋 味

茶汤滋味有甘、苦、鲜、酸，涩等

几种。品味茶汤时，入口不咽下喉，循回吞吐，用吞尖打转二、三次即吐出。优质铁观音以甘、鲜、清、醇为上。近年来有的铁观音带酸味，好的酸称为正酸，有类似优质陈醋的感觉，反之则称为拖酸，有一种沤味和呛味。有些铁观音入口有微苦微涩感，但是随之很快回甘，亦算正常，反之则差。

审评时，应综合以上诸因子，最后客观地给出等级。

评茶师基本素质

茶叶感官审评，主要是评茶师的一种个体行为。从某个角度来说，审评的最后结果受评茶师个人影响极大。为了保证审评的公正性和客观性，评茶师的素质高低就成了决定性的因素。

评茶师基本素质包括括道德素质、专业素质、文化素质等方面。

道德素质

从某种角度意义上来说，道德素质是评茶师整体素质中的核心，不仅对其它方面素质影响极大，而且直接影响到某一次具体的评茶活动。推崇“德治”，讲究个人道德修养，是中华民族的优良传统。尤其是在当前社会愈来愈趋向商业化的情况下，评茶师（也包括各种职业）的个人道德因素就更显重要。那么，道德因素包括哪些方面的具体内容呢？古代先贤认为，人有五德：仁、义、礼、智、信。这几乎涵盖了道德的所有内容。尽管如此，不同时期不同的个人，强调的重点也有所不同。从今天情况来看，对于从事评茶工作的人来说，也许最重要的要突出“信”。所谓的信，就是诚信。诚信，就是言必诺，行必果，就是忠实于原则，忠实于事实。由于评茶活动的结果，直接影响到参评茶叶的等级，影响到茶叶的价格和企业的形象，这就难免会有一些个人和企业为了自身利益，利用各种方法手段，来干扰评茶师的正常评价，在这种时候，评茶师就必须恪守原则，坚持实事求是，以保证评茶活动的公正、公平。而评茶活动是否公正、评茶结果是否公平，不仅仅是评茶师是否诚信的试金石，同时也是评茶师所代表的政府或团体公信力的象征，其影响至关重大。所以，身为评茶师，不可不慎。

茶王赛评茶

评茶交流

老茶师陈德华审茶

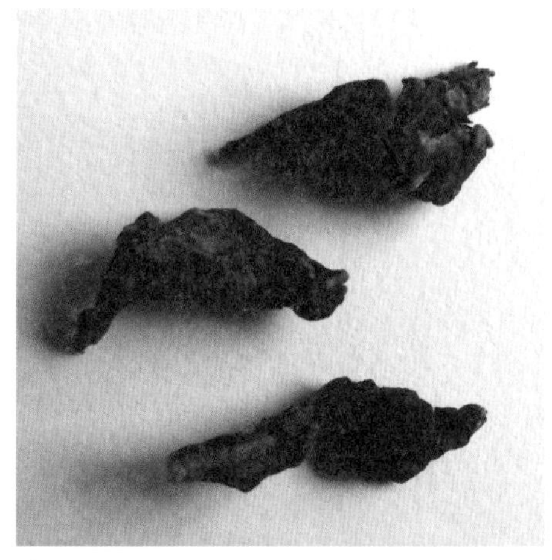

晴蜓头

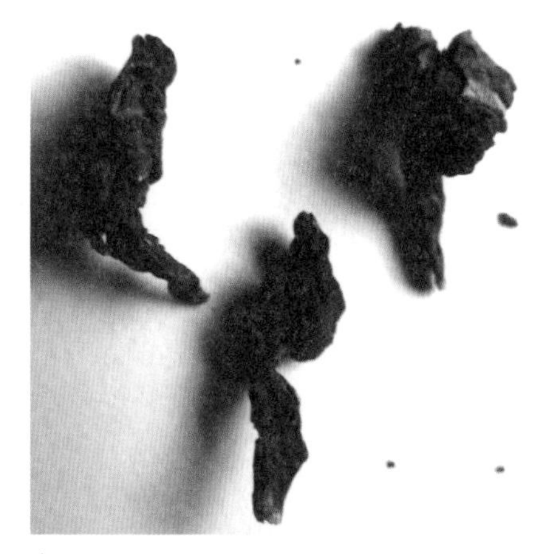

青蛙腿

专业素质

主要指评茶师所掌握的评茶专业技术的水平。前面说过，专业评茶与一般的茶叶鉴赏不同，专业评茶虽然是评茶师的个人行为，但其代表的却是一种要求公正公平的公众活动。而茶叶鉴赏则基本是属于个人兴趣与爱好，允许有个人的偏好，所以，只要对茶叶有兴趣，任何人都可以进行茶叶鉴赏活动，即使这个人没有任何关于茶叶评审的专业知识。评茶活动就不同了，它必须由经过专业训练的评茶师按照一定的规范和标准进行。这样，评茶师的专业素质就显得非常重要。评茶专业水平的高低，首先要求评茶师经过专业培训，以掌握必要的专业技能。其次，要经常实践，经常性地参加各种各类的评茶活动，在实践中不断总结经验，提高水平。再次，要养成严谨朴实的生活习惯。评茶师的职业特点要求评茶师始终保护灵敏的嗅觉味觉，所以，必须尽量避免抽烟喝酒和吃辛辣食物，以及使用香水雪花之类化妆品，等等。

文化素质

一般来说，对评茶师并没有特别的文化要求，但是对于一个优秀的评茶师来说，必要的文化修养却能帮助他提升个人品位，提高评茶水平。所谓的文化素质，既指所受的教育程度，也指实际所掌握的文学历史哲学科学知识。评茶师的直接工作对象是茶叶，而茶叶与一般商品饮料不同的地方就于它所包涵的文化品位。中国人发现茶叶，最初是当药，后来成为保健品，近年来则逐渐突出它的休闲功能。纵观一部中国茶叶发展史，种茶的虽然都是农民，品茶的却都是宫廷贵族和士大夫阶层。因为这个缘故，一片普通的茶叶，就被赋予了许多文化内容，仅有关茶的诗词，就有成千上万，而且中国历史上自唐宋以来的几乎每一个历史文化名人，都有做过茶诗。除此，茶歌、茶戏、茶画、茶掌故，等等，可以说是信手掂来。所以有人说，卖茶就是卖文化。而对评茶师来说，文化修养的高低，同时也影响到他的审美水平，从而也会影响到评茶活动的品位。

【相关知识】

乌龙茶常用审评术语

外　形

蜻蜓头：茶条叶端卷曲，紧结沉重，状如蜻蜓头。

圆　结：茶条卷曲如圆形或海蛎干状。

壮　结：肥壮紧结。

扭　曲：茶条扭曲，折皱重叠。

外形色泽

砂　绿：似蛙皮绿而有光泽。

乌　润：色乌黑而有光泽。

褐　红：色红中带褐。多为烘焙过度，做青不当，形成死红张而成。

枯　红：色红而无光泽。多为发酵过度茶或夏暑茶的色泽特征。

枯　黄：色黄而无光泽。

乌　绿：色泽绿中显乌，光泽度次于砂绿。

暗　绿：色泽绿而发暗，无光泽。

青　绿：色绿而发青，多为雨天茶青而形成。

象牙色：黄中带赤白，多为黄金桂，奇兰等品种色。

三节色：茶条叶柄呈青绿色，中部呈乌绿黄绿色，带鲜红点。

汤　色

蜜　绿：汤色浅绿略带黄，多为台湾包种茶汤色。

金　黄：以黄为主，带有橙色，有深浅之分。中高档闽南乌龙茶常见。

清　黄：茶汤黄而清澈。比金黄色的汤色略淡。

橙　黄：黄中略带红，似橙色或桔黄色。

橙　红：黄中呈红，比橙黄更显红。多为闽北乌龙汤色。

香　气

浓　郁：浓而持久的特殊花果香。

馥　郁：浓而幽雅的花果香。

清　长：清而纯正并持长的香气。

清　香：香清而纯正。

青浊气：由于杀青做青不当而产生的青气和浊气。

老火气：烘焙过度而产生的不快火气。

硬　火：烘焙火温偏高，时间偏短，快速干燥，摊冰时间不足即装箱产生的火气。

红闷气：包揉时茶叶在包袋中闷积时间过长而科生的异味。

粗、淡、飘：由于鲜叶粗老或夏暑

深色茶汤

金黄淡色茶汤

茶而产生的粗老气，香淡而不持久。

滋　味

醇　厚：入品浓而爽适甘厚。

浓　厚：入品浓而不涩，先味苦，后觉甘醇，余味鲜爽。

纯　厚：味纯正而甘厚。

清　醇：入口爽适，清爽带甜。

醇　和：味不浓不淡，回味略甜。

粗　浓：味粗而浓。

青浑浊味：茶汤不新鲜，带动有青浊味，多为杀青不熟不匀而产生。

苦涩味：茶味苦中带涩，多为鲜叶幼嫩，做青不当或是夏暑茶而引起。

水闷味：露水青，雨青闷堆未及时摊开，或做青走水不当而引起。

高档茶外形匀整

低档茶外形较碎

茶王、低档、保健三种茶汤的比较

叶　底

肥　软：叶张肥厚而柔软，叶型肥大，叶肉肥厚品种乌龙茶常见。

软　亮：叶张柔软而有光泽。

绿叶红镶边：做青发酵较适中的乌龙茶叶底，叶边缘呈鲜红或珠红色，叶中央黄亮或绿亮。

暗红张：叶张发红而无光泽，夹杂伤红叶片。

死红张：叶张发红，夹杂着伤红叶片。

硬　挺：叶质粗老或做青不当而使叶张不柔软。

混　杂：品种混合，做青不匀产生叶张有红有绿，或有老有嫩。

铁观音级别特点

特级：紧结卷曲、重实匀整、砂绿油润、清高馥郁、显韵味、金黄清澈、醇厚、滑爽、叶底肥嫩、匀亮、绿叶红初边。

一级：尚圆结匀整、砂绿油润、清高尚郁、金黄清亮、醇厚、匀亮、红边、均匀。

二级：壮结尚匀整、略有嫩梗、色翠黄尚润、纯正、澄黄尚亮、尚厚、尚软、尚匀整、尚亮、有红边。

三级：尚结实、尚匀整、略带梗片、色乌褐、平和、深黄欠亮、正常、较粗硬、欠亮。

四级：粗壮欠匀整、夹梗片、色花杂、稍粗、暗红、涩、欠浓、粗老暗。

出口茶叶的各项规格规定

出口茶叶的规格规定分别为分类分级、感官指标、理化指标和品质条件。

出口茶品质标准

一、分类和分级

出口茶叶，根据其制法和国际贸易习惯，分为红茶、绿茶、乌龙茶、白茶、花茶、压制茶六类。各类茶叶以原料嫩度为基础，按其条索松紧、身骨轻重、形态粗细、色泽枯润和内质的汤色、香气、滋味、叶底等的优次。

二、感官指标

指通过人的感觉器官，鉴定茶叶品质的各项指标。

1. 品质正常：即各类各级茶叶的内质，除花茶的花香和小种红茶的松烟香外，不得有烟、焦、馊、酸、霉等劣变或其他异气味。

2. 茶叶洁净：即茶叶不得掺假作伪，不得含有非茶类夹杂物和有害人体健康的其他各种物质。保证茶叶洁净，符合饮料卫生要求。

3. 理化指标：指通过物理、化学方法检验的各项指标。

4. 水分：指茶叶中无机物质的含量。即茶叶经103±2℃恒量法测出的失重部分。灰分：指茶叶中无机物的含量，即茶叶经525±25℃灼烧衡量法测出的残留物质重量。

5. 粉末：指同类茶叶中体形细小、与组成形态不相适应的部分末茶。按标准规定的粉末筛和电动筛分机（195–200转／分）筛动100转筛下的末茶。工夫红茶、小种红茶、叶茶、珍眉、贡熙、珠茶、雨茶、铁观音、色种、乌龙、水仙、奇种、白牡丹、贡眉和花茶，筛孔以一英寸28目，即孔径0.63毫米筛的筛下物称为粉末。各类碎茶系指通过一英寸40目，即孔径0.45毫米筛的筛下物。各类片茶的粉末，系指通过一英寸60目，即孔径0.28毫米筛的筛下

四大乌龙产品比较

台湾铁观音

物。红碎茶中的末茶，指通过一英寸80目，即孔径0.18毫毛筛的筛下物。（P175页有表）

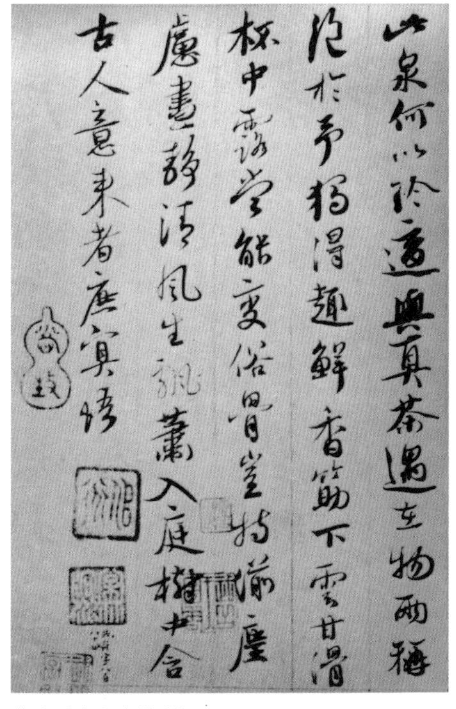
蔡襄《惠山泉茶诗》

6. 碎茶：指条形和圆形茶中，形态短碎的部分茶叶。即通过一英寸16目，孔径1.25毫毛筛的筛下物。各类茶叶除秀眉、绿茶片、碎茶、片茶、末茶及压制茶外，碎茶含量不超过标准样茶或成交样茶的实际含量，作为品质检验中的参考指标。

7. 其他理化指标：即合同合约中规定的理化指标。例如：出口埃及茶叶，合同中规定茶梗含量不超过20%，水分不超过8.0%，总灰分不超过8.0%（其中水可溶灰分不少于50%，酸不溶灰分不超过1.0%），茶多酚含量绿茶不超过12%，红茶不超过17%，水浸出物不少于32%，咖啡碱不少于2%，水可溶灰碱度100克样品中不少于22千克当量等。

8. 实物样茶：系指感官检验中确定茶叶品质、等级的实物依据。最低标准样茶，系指最低档茶叶品质的实物界限，是限制出口茶叶的最低质量标准。等级标准样茶，确定茶叶等级的实物依据。中国计有祁红、滇红、川红、中国红茶、珍眉、贡熙、珠茶、雨茶、秀眉、龙井、铁观音、色种、乌龙、水仙、白牡丹、贡眉、茉莉花茶等17种出口等级样茶。成交样茶，即买卖双方达成交易时的实物样茶，作为交接货物的依据。

（资料来源：中国食品商务网）

【延伸阅读】

评审铁观音茶

安溪铁观音与其他茶类、其他品种的茶叶一样，都有特定的产地和一定的消费对象。安溪铁观音茶的特征特性、品质优劣、等级划分、价值高低都必须通过审评才能确定。因此，茶叶审评在茶叶生产、制作、科研、收购、加工、销售、外贸等方面都是一个重要的组成部分。茶叶专业审评必备的基本知识：

看茶样

设 备

铁观音茶的审评技术性强，评茶人员应具有敏锐的审辨能力，善于全面观察和分析各种因素，减少主观误差，同时，还应周密地考虑茶叶审评各种外界因素的影响，如光线、用具、用水等，达到正确判定品质。

一、光线

应选择采用良好、柔和、不反光的北向光为宜。可在向北方向设置采光窗，尽量避免东向光、西向光的映射和外界各种反射光源的辐射。

二、审评台

应配置观看茶叶的干看台和冲泡茶叶的湿看台，便于审评时干湿兼看。

三、审评用具

必须规格一致、洁净、专用。

1. 茶样盘：茶叶干看专用乳白色塑料盘。规格为长宽各23厘米，高3.5厘米，盘一角开有缺口，便于倒出茶叶。

2. 审评杯：倒钟形带有圆盖的瓷瓯，纯白瓷烧制，细腻薄亮。杯的上口径8.2厘米，中上部口径6厘米，下口径4.2厘米，高4.2厘米，容量110毫升。圆盖直径7.6厘米，呈浅弧型，上有一圆形耳环。

3. 茶碗：小饭碗状，碗边略直，高3.9厘米，口径8.5厘米，容量120毫升。

4. 叶底盘：医用白色搪瓷盘，规格为长23厘米，宽17厘米，高2.5厘米。此外，还应配用样品柜、保鲜柜、开水壶、天平、茶匙、计时器具等。

用 水

审评用水与茶叶的色、香、味有很大的关系。好水更能体现安溪铁观音茶

茶样柜

的品质。

1. 用水的选择：泡茶用水大都为泉水、井水、溪水、矿泉水等种，但应注意水质，要使用钙镁离子含量少的软水。用水适宜指标为0级，无臭无味，色度＜10℃，透明无乳光，浊度＜5℃，肉眼可见物不得存在，化学指标PH值为＜6-7，总硬度＜15克，总铁量＜0.1毫克／升，总余氯＜0.1毫克／升。

2. 泡茶的水温：铁观音茶颗粒紧结，且在做青后，低沸点芳香物大部分散发，高沸点芳香物含量多。因而茶叶冲泡需要高温，冲泡时水温要达到98℃以上，呈沸腾起泡的程度，水浸出物及芳香物才能充分体现。

3. 泡茶的时间：时间会影响茶汤水浸出物的浓度，从而影响到茶汤颜色的深浅明暗及滋味的浓、淡、爽、涩、杂、粗。铁观音审评冲泡分三次进行，倒茶汤时间分别为2分钟、3分钟、4分钟。但在平时品饮时，时间可掌握在1-3分钟，以调节汤色和滋味。

4. 茶水的比例：评茶时的用茶量和冲水量，对香气高低、汤色深浅和滋味浓淡等都有密切的关系。铁观音茶审评用茶量一般为7克，冲泡水量为110毫升，茶与水的比例为1∶16。而品饮时的用茶量可因人数多少而定，以便适度掌握冲泡时间。

扦 样

在每一个茶叶样品中，有许多形态各异、松紧不同、轻重有别的个体，其品质又由许多相关因子构成。由于茶叶具有相当的不均匀性，要扦取能代表一批茶叶的样茶，需要十分认真细致。

尤其是审评时茶样只有7克，取样更要严格。主要采取茶叶收购扦样、毛茶验收取样、茶叶散装仓库大堆扦样或开汤冲泡扦样等方法，扦样方法需要正确、均匀、有代表性，才能使审评达到准确性。

铁观音审评技术方法

茶叶品质是茶叶的物理性状和主要化学成分的综合反映。茶叶品质的优劣、等级的划分、价值的高低，主要是根据外形的条索、色泽和内质的香气、滋味汤色、叶底六大因素，通过感官审评来决定的。

一、干看条索

包括茶叶的条形、紧结度、沉重度、柔嫩度和匀整度。通过摇盘，使茶叶分为上、中、下三层次。条形大、紧结度差、轻飘的茶叶浮在上层，称面装茶或上段茶；紧结重实、幼嫩的茶叶集中在中层，称中段茶；体积小的碎茶和茶末沉积于底层，称下段茶。审评时先看面装，再看中段，看完后用手拨在一边，再看下段茶，分析三层茶的品质情况。一般中段茶多为好，即品质好、精制率高。同时，条索审评还与品种特征、栽培技术、采制工艺等有关，大约可分为以下6种：即圆结型、状结型、细结型、尖梭型、松弛型、轻冇型等。

评茶师评茶色

二、看色泽

铁观音的色泽与品质、香气、滋味密切相关，看色泽可初步辩明季节，断定品质高低。看色泽首先要判别茶叶整体颜色，有翠绿色、黄绿色、青绿色、暗绿色、泛红色等，这是制茶技术、茶叶发酵程度的表现。其次应判明茶叶的红点与砂绿，推断茶叶香气与音韵高低。

三、嗅香气

铁观音茶的香气因子是首要的，市场上看重茶叶的鲜、香、味。安溪铁观音香气的内质成因：一是茶树鲜叶里原有的成分；二是制茶中保留、转化、合成及挥发的，通过人的嗅觉器官、神经末端的生理作用，使大脑产生了鲜香的感觉。

香气的审评主要有香气的浓郁高强度、纯正持久度。铁观音为兰花香、桂花香、椰香和水果酸甜味等香气。但同时也要分辨混杂在茶香中的杂味或附加香精味，以及其他异味。

嗅香气时要注意第一次嗅香的感觉，重视新鲜、纯正、强弱，掌握好茶叶冲泡发香时间（一般一分钟开始嗅香，一分半钟至二分半钟香气最成熟，三分钟淡化）。

铁观音的香型既有馥香型、高香型、纯香型、清香型、熟香型、醇香型等，又有季节、地域、气候的不同香味，应认真逐类分辨。

四、看汤色

茶叶冲泡后，内含物溶解在汤水中所呈现的色泽称为汤色，或称水色。审评汤色要及时，因茶汤中成分与空气接触后产生氧化而使颜色加深。看茶汤首先要看茶汤的颜色，有金黄绿色、金黄色、清黄色、浅黄色、橙黄色、清红色、乌红色等。茶汤的颜色与铁观音的品质有较大的关联性，颜色不同可以体现香气和发酵程度。其次应判明茶汤浓度、光亮度、清洁度、混浊度及沉淀物，来分析做青技术方法。

五、尝滋味

茶叶是饮用品，直接进入口腹中，可得到美感的享受，同时刺激了大脑的神经，也摄入了一些健康物质，如茶多酚、维生素、咖啡碱、氨基酸、矿物质等。

为了正确审评滋味，在评茶前不宜吃强烈刺激性食物或饮

评审品茶

评审评茶

料，保持味觉灵敏度。尝滋味时，茶汤温度要适宜，一般为50-55℃。入口茶汤每次以4-6毫升为宜，少则淡薄，多即浓杂。茶汤入口后稍为停顿，即用舌尖把茶汤搅动，使其充分接触口腔各部位，更能在各部位体现不同感觉。如舌尖对温度敏感，易为甜味所兴奋；舌中对鲜爽度判断较灵敏；舌的两侧是酸味和咸味感受区；舌心舌根易感受苦味，舌根对滋润回甘分辨最清楚。

第一次冲泡品尝滋味时，由于本次刺激感强，要判别香型、地域味、浓醇度、饱满度、异杂味；第二次冲泡品尝滋味时，要判明品种、类型、音韵、鲜爽、回甘；第三次冲泡品尝滋味时，应判明持久性、耐泡性，酸甜味，并三次综合评定。同时，尝滋味时，还应参照其他项目，如季节、气候、地域、品种、做青方法，注意是否有添加剂的感觉。

六、评叶底

铁观音茶叶底可以较直观、较深入地评定茶叶，作为前几个审评因素的补充和确认。评叶底分为三个步骤：

1. 嗅余香：铁观音茶有自然的兰花香或其他香型。茶叶冲泡后仍有香气物质结合在叶底，叶底有余香则说明继续冲泡时仍有香气。嗅评叶底香气可先热嗅，稍后再冷嗅。

2. 看叶底：把冲泡后的叶底倒入叶底盘中，看叶底的色泽、嫩度，再用手压摸，然后分辨叶底发白度，即发酵充足、茶叶柔软。

3. 洗叶底：在叶底盘中加水冲洗叶底，观察如下内容：①“发酵”变色程度，以转为黄绿色，叶子柔软肥厚为佳；②红边红点，以呈现鲜红色为好，说明茶叶中茶黄素保留多、香气高；③品种纯度，是否都为铁观音品种；④匀整度，以叶张肥厚完整均匀为好；⑤品质缺点，如病虫斑块，发酵不一致，伤红条红筋等。综合分析成因，以指导生产、初制、拼配、加工。

铁观音业余爱好者品评茶叶品质高低的主要方法

审评安溪铁观音必须经过视觉、嗅觉、味觉、感觉及触觉五大感官来审评判定。如果作为铁观音业余爱好者，可以从以下“五项要素、十五个度”来判定安溪铁观音（清香型）茶叶品质的高低：

一、观外形（占10%）

从成品干茶外形的紧结度、匀整度

铁观音叶底，去红边后边缘破碎

和悦目度（顺眼度）来判定。在干茶外形同等悦目度的前提下，颗粒越紧结越匀整越好，反之越差。

二、闻香气（占30%）

从清纯度、强弱度和持久度来判定。在同等清纯度的前提下，香气越高强且越持久越好，反之越差，如有异味、杂味更差。

三、看汤色（占5%）

从适度金黄度、清澈度和明亮度来判定。在适度金黄度的前提下，越清澈且越明亮越好，反之越差。汤色太浓或太淡均不符合清香型铁观音的特征。

四、品滋味（占50%）

从爽口度、醇厚（饱满）度和回甘度来判定。在爽口度的前提下，越醇厚且回甘越明显越好，反之越差。但如带有明显的苦味、明显的涩味、明显的酸味，也不能称为好茶。

五、看叶底（占5%）

从柔嫩度、肥厚度和“发白”度来判定。在叶底（茶渣）同等集结的前提下，越肥厚且“发白”度越明显

茶科所1992年讨论乌龙茶做青研究课题

的越好，反之越差。

（陈水潮、李宗垣）

衡量铁观音质量水平的定性指标

在产地评茶过程中，评定铁观音质量是借助以下三个指标实现的：茶香、品饮感受与饮后回甘生津效果。

关于茶香

铁观音最迷人的地方就是其高扬的兰花香。我们所说的兰花香其实只是一种类似兰香的特殊茶香，给人以很深刻的印象。但是，并不是所有铁观音茶都会有兰花香，只有少数制作成功的优质产品才会出现明显而馥郁的兰香——一般来说，常见的兰花香有两种风格：一为尖锐、霸气，具有很强的冲力，刚性十足，令人印象极深，普遍被茶友作为衡量产品是否高档铁观音的基准。这类茶基本上都属于轻发酵制法。但它的缺陷是产品的回韵可能不会特别绵长，而且也比较容易出现强苦味。另一种为高雅、含蓄，但清幽的兰香，也非常明显，显得具有阴柔性、渗透力强。其优胜之处在于茶汤口感较有亲和力，茶汤回韵十足。当然，这并不是绝对的。

这两种风格不同的兰花茶香其实并没有什么高下之分，二者只不过分别属于不同风格流派而已，可视为同一个质量等级。

很大一部分工艺失败的铁观音不会出现高扬的兰花香，茶香钝、青味过强，令人难有好印象。此类茶为数不少，加上轻发酵导致口感醇厚度不足，难为佳品。

上述对茶香的讨论所针对的是冲泡后的茶香，而非干茶的香味。一般来说，新鲜、保存好或者刚焙火的干茶较容易出现明显、高扬的茶香，但这并不是特别重要，因为很多铁观音茶虽然干茶香气不张扬，但泡饮之后令人印象深刻。而不少茶干茶的兰花香很强，泡饮之后反而弱了——所以评价铁观音的兰花香是否纯正高扬应该以泡饮时为准。

关于口感

毫无疑问，品饮口感是衡量铁观音品质的第二个关键指标。品饮口感可以包括这几个方面：

一、入口亲和力（苦、涩还是香纯）：虽说好茶不怕苦，但要是太苦的话无疑让人难以接受，但微有苦感还是可以接受的，几乎无苦亲和力更佳。而涩感是最为忌讳的，好茶怕涩——如果又苦又涩，这种茶质量绝对劣等。优质产品应该无苦或微苦、无明显涩感。茶汤入口，感觉茶香四溢，给人甘醇之感，此为好茶第一要素也。

二、口中感受（让茶汤在口腔流动、仔细感觉，是否会有什么放大的缺陷，所指主要为苦、涩、粗）：茶汤入口后，先不急于入腹，可在口中轻转，让茶水流遍整个口腔，让所有味觉神经仔细感受。这个时候，茶的优点和缺点都会被放大。如果品饮好茶，会让人觉得妙不可言、口中满扬茶香；倘若苦涩明显，则会进一步放大；另外，不少铁观音会有一种粗感，就是感觉口中某处仿佛被蒙上粗粗的一层（一般为舌头、舌根部），如果粗感不明显且短时间消失，那么应该无妨，但如果粗感强且经久不退，便会令人感觉不适，这也难成好茶。

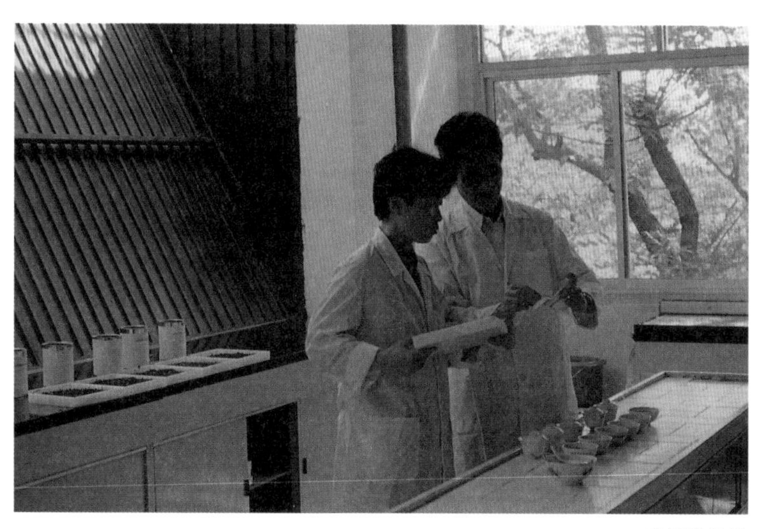

审评陈郁榕

三、吞咽感受（滑口还是会有阻滞感）：茶汤滑口还是有阻滞感往往可以在吞咽时感受。高档铁观音茶汤要求滑口，吞咽时毫不拖泥带水，感觉瞬时入腹，干净利落；而阻滞感强的茶汤在入喉时就没有此等美妙体验了，一般会觉得微有粗糙感，此类茶也难有高等级。

关于回甘回韵

回甘回韵是铁观音最迷人的特性之一，好茶回甘绵长、数小时内仍然齿颊生香，令人大呼美妙！然而，铁观音的回甘回韵有多种风格：

一、回甘

不管是轻发酵茶还是中发酵茶，优质产品在饮后都会立刻喉头泛甘、而后上升扩散到整个口腔，经久不退。但回甘有强有弱、有短有长，一般来说，回甘强则优，但只要可明显感觉出来即可。这种回甘给人感觉是非常自然的，关键在于持久度如何——有些铁观音，茶香、口感等指标都表现不错，但是回甘时间短，基本上喝完就完了，此种茶的等级也不会高到哪去。

二、回甜

优质的中发酵铁观音会有非常明显的回甜味，然轻发酵产品就不会有此项特色。回甜与回甘同时生成，给人以醇厚之感，这正是传统观音的迷人之处。但现在优质中发酵产品很少，大家不必苛求，知道即可。

三、生津

好茶饮后会有明显的生津效果，即便饮完数个小时，口中之津仍是源源而出，令人感觉十分之美妙。但不是所有茶都这样，只有少数品质好的产品才会有此表现。品质越好，生津时间约为持久——倘若有幸品饮到货真价实铁观音王，你便会发现在饮完数个小时之后，口中都是甘香存留、津液滋生，初接触此茶，多半是久久都难以忘怀……

科学看待铁观音叶底

关于铁观音的叶底一直都存在很多争议，多数人认为叶底完整性是主要的考量因素，叶底完整为佳，反之为次，但这与实际技术情况并不符合。

根据制法，目前铁观音可以分为轻发酵和中发酵两类。轻发酵工艺当前占据绝对主导地位，该工艺的特点是容易形成青、鲜、酸的口味，铁观音独有之兰花香也更容易体现，卖价较高。在利益驱使下，茶农几乎都朝向轻发酵工艺转变。轻发酵茶的另一个突出特点就是要求茶水青绿、宛如绿豆汤，而非传统的金黄色，为达到这个目的，就要将茶叶边缘的红边去掉，人为造成叶面的破损。所以，轻发酵茶的叶底肯定都会非常碎，而这是由正常工序产生的结果，并非质量不佳。

相较之下，传统的中发酵制法保留绿叶红镶边的特征，茶汤为金黄琥珀色泽，并不要求将红边去掉，因此叶面的完整性保留得很好，视觉观感似乎更胜一筹。

换句话说，轻发酵铁观音叶底必然碎，而中发酵传统观音叶底完整性好——那么，为什么市场上的铁观音叶底几乎没有完整的呢？原因在于中发酵茶几乎成为历史，空调的流行不可避免将铁观音引向轻发酵工艺，要觅得叶底完整的茶相当困难。

由此得出的结论是，叶底完整性与铁观音茶的品质没有关系，只能代表不同的技术趋向而已。但这并不是说叶底就不重要了，实际上，我们可以从叶底看出该产品的制造工艺和所能达到的等级。

菖蒲

一般来说，高档铁观音茶要求采摘双开面。所谓三叶一支型茶青进行加工，成茶肯定会带梗，即便经过后期的拣梗工序也不会完全去除。所以大家在泡茶时可以注意一下带梗的叶底是否为三叶一支，如果大多如此的话说明该茶制造严谨，符合好茶的基本条件。

目前在安溪流行的另一种茶为单叶茶。单叶茶的特征是完全无梗，成茶颗粒相当漂亮。它有两种做法：一是在茶树上直接采单叶，或者采摘下来后再摘成单叶；二是发酵后、杀青前摘成单片，这种茶的叶底是绝对无梗的，在加工过程中必须借助空调制作。一般来说，此类茶由于缺少茶梗辅助走水，一味追求成茶的青绿，却在茶香、醇厚度方面损失，所以等级不会太高，最多能作为中档茶（150-350元/市斤，春秋茶的价格；夏暑茶几十元大概）。这一点我们可以从叶底中看出来——单叶茶每个叶子都是分离的，而且叶蒂有红变现象，与三叶一支带少梗形差别比较明显。

看叶底的角度就是茶叶自身的光泽度和厚度。好茶给人感觉如绸缎面、光泽度好且叶片肥厚；而营养不良的茶青则少光泽、缺弹性，叶片单薄；若先天不足要做出好茶就比较困难了。

总结上文，铁观音叶底只要注意两个地方，一是叶面质量如何？二是叶底为绝对的单叶还是三叶一支型？另外，关于铁观音介绍必谈的“绿叶红镶边”

已经是历史名词了。

一泡优质铁观音的叶底：完整性差，带有梗（看得出为三叶一支型茶青），叶面肥厚而富有光泽。此茶香气高扬、入口滑爽、不苦不涩，回甘生津效果极为绵长持久。

（资料来源：三醉斋）

铁观音茶的品质特征

传统型铁观音与“轻发酵”铁观音的品质特征

1999年以来，茶叶市场竞争激烈，为适应市场消费者口味的需求，安溪茶农在传统制作工艺的基础上，不断改进铁观音的生产工艺技术。初步形成了以轻发酵为特点的新型加工工艺，其他工序也有所改变，包括高温杀青、冷包揉、反复烘揉结合、低温烘焙等。这种轻发酵型铁观音，也有称为“清香型”铁观音，有别于采用传统的加工工艺形成的传统型安溪铁观音。

传统型安溪铁观音的品质特征为：茶外形卷曲，肥壮紧结，沉重匀整，色泽砂绿油亮，红点显，内质特征汤色金黄明亮，香气浓郁持久，兰花香显，滋味醇厚鲜爽，回甘性强，音韵显，叶底肥厚明亮，柔软匀整，红边显。

“轻发酵”安溪铁观音的品质特征为：干茶外形紧结圆实，呈颗粒状，色泽翠绿，内质特征汤色蜜绿亮，香气清锐持久，滋味清醇鲜爽，叶底嫩绿，柔软均匀，红边红点少。

这种“清香型”铁观音茶当前市场畅销，卖价较高，可谓产销两旺，取得了良好的社会效益和经济效益。然

正山茶园

而，以轻发酵为特点的新型加工工艺，若掌握不当，品质易形成香气带有青草味，滋味淡薄并有涩感，音韵不明显的缺陷。

三种不同风格的安溪铁观音的品质特征

安溪铁观音讲究“天、地、人”三者和谐。不同山头，甚至同一山头不同海拔的茶园，茶叶品质特征也有所区别。同为安溪所产的铁观音，不同产区具有不同的品质特征。目前，在安溪形成了以西坪、祥华、感德3个乡镇为代表的各具特色的三种不同品质风格的铁观音。

一、西坪铁观音

西坪是安溪铁观音的发源地，采用较传统的制法，因此属于传统型铁观音。茶叶品质特征为汤浓韵明微香。“汤浓”指所泡茶汤呈金黄色，色泽亮丽，汤色较深；“韵明”指安溪铁观音特有的“观音韵”明显，品饮后有爽郎感觉；“微香”则是比较而言，指香气馥郁持久，但不张扬。

二、祥华铁观音

祥华茶久负盛名，产区多数山高雾浓，所产茶叶品质独特，以回甘力强最为显著，发酵程度适中。茶叶品质特征为味正汤醇回甘强。“味正”指茶汤入口后茶味充溢，鲜，无其他异味；“汤醇”即茶汤醇厚，有稠感；“回甘强”指茶汤入口吞咽后，留于口齿舌部的感觉清甘爽朗，且强烈持久。

三、感德铁观音

感德镇所产铁观音，近年来以其“特色鲜明”在茶市占有重要席位。采用创新的加工工艺，发酵程度较西坪、祥华的轻，

有些茶叶专家称感德铁观音为“改革茶”、“市场路线茶”。茶叶品质特征为香浓汤淡带微酸。“香浓”即香气浓郁；“汤淡”指茶汤色泽相对清淡，尤其是第一、二泡茶，三泡之后，汤色呈黄绿色，清澈明亮；“微带酸”指茶汤入口，可感到带微酸，口感特殊，而且酸中有香，香中含酸。

在市场经济时代，产品应以市场为导向。不同品质风格的茶叶具有不同的消费群体。轻发酵型铁观音消费者主要以省内或国内的年轻一族为主要的消费群体。而相对的，国外港澳新马泰等地和国内中老年人社会群体仍以习惯饮用传统型铁观音为主，说明传统型铁观音国内外消费市场仍有需求。每个人应根据自己的个性和喜好进行定位，选择适合自己的风格。

铁观音品质特征中的“酸”

传统铁观音茶“酸而生津、回甘持久”，即香气馥郁，香型独特且留香持久，入口回甘带蜜味，这种独特的韵味，为“音韵”，不能简单地用“酸味”陈述。

近年来以轻发酵为特点的新型加工工艺，生产出来的轻发酵铁观音拥有酸感甚至酸味，市面很多茶商把“带酸”作为质优铁观音的表现，结果导致带酸产品大量涌现。目前轻发酵铁观音在茶区流行所谓的“正酸”和“歪酸”（闽南方言），这种轻发酵铁观音带“酸”是做青后杀青不及时，使用拖酸的方法产生的。“歪酸”是由于处理不当，在茶汤中带怪异的酸味，或者闻杯盖香带有令人不悦的酸，回甘力差，品饮给人不愉快的感觉。正酸一为“青酸、鲜酸”，是一种嗅觉概念而非味觉概念，也就是闻杯盖有微酸，无异杂味，而尝滋味时无酸味；一为“煌口酸、青煌酸”（闽南方言），也就是带有明显的煌口特征（闽南方言）。这类轻发酵铁观音的带“酸”与传统铁观音的“酸而生津、回甘持久”属于不同的概念。

（郭玉琼）

安溪乌龙茶赏析

近几年，铁观音在福州茶叶消费者中很有知名度，甚至把铁观音看成乌龙茶的代名词，这对于盛产铁观音的安溪来说，无疑是一种商机。同时在某种意义上说明乌龙茶正在被消费者所认识。在饮料世界日益精彩纷呈的今天，乌龙茶的消费趋势能稳中有升，与乌龙茶的品位高雅显然分不开。那么，形成这种“茶之魅”的本质是什么？本文以安溪乌龙茶为例，谈谈初浅的认识。

乌龙茶的品质通性——非花也自馨

乌龙茶香味独特，具天然花果香气和品种的特殊香韵。有类似兰花香、桂花香、水蜜桃香、桂皮香、栀子花香、还有许多不知名的清花香、甜花香。大自然花草繁茂，何处无芳香？但由于乌龙茶这种香韵并非源于花果，因而倍显珍贵。正如茶叶老专家庄任曾经称颂“本性唯芳活，非花也自馨。品茶得茶魂，浓丽寄清明”。其本质是由适制乌龙茶的茶树品种，在得天独厚的自然环境栽培下，采获其鲜叶，经精细加工而成，是特定生态、品种与加工技术综合作用的结果。

安溪乌龙茶的品质特点——品种分明、香气袭人

在安溪境内，植茶条件优越，品种资源丰富，加工技术精湛，形成了独特的生产模式，善于根据品种的生物学特性、加工性状，促使乌龙茶品质特征的形成。

孕育了许多乌龙茶的优良品种，如西坪铁观音、罗岩黄旦、萍洲毛蟹、长坑大叶乌龙等，还有新选的清水岩杏仁茶、茶科所凤圆春。尽管品种众多，但个性分明。

铁观音既是茶名，又是茶树品种名，因身骨沉重如铁，形美似观音而得名。安溪铁观音是闽南乌龙茶中的佳品。其品质特征是外形条索圆结匀净，多呈螺旋形，身骨重实，色泽砂绿翠润，青腹绿蒂，俗称“香蕉色”，内质香气清高馥郁，汤色清澈金黄，滋味醇厚甘鲜，“音韵”明显。而冲泡，七泡尚有余香，叶底开展，肥厚软亮匀整。由于不同乡镇的地面、人文的微小差异，也形成了“西坪韵、祥华香”之地域特征。

黄旦，也称黄金桂。外形条索紧结匀整，色泽绿中带黄，内质香气清高优雅，有天然的花香，汤色浅金黄明亮，滋味醇和回甘，叶底黄嫩明亮，红点显。此品种的冲泡特点表现在具有独特的“透天香”，“满室生香”，可谓“室雅何须大，茶香不必多”。

此外，还有毛蟹，以大坪乡为突出，具有“清花香、白心尾，倒钩刺”之特征。大叶乌龙以长坑乡为优，具有重实、清纯甘厚之特定。

再看安溪乌龙茶的外形，紧卷重实，砂绿油润。独特的包揉工序所形成的外形松紧有度，也是有效保存做青形成的高香特征所不可忽视的环节。

总体而言，香气清高而纯美、品种韵味分明是安溪乌龙茶的品质优势，其上品在冲泡时有“香惊四座”之气势。

安溪茶艺——嫩柳池塘初拂水，简古纯美问春风

制茶讲科学、品茶有文化，是如今安溪茶文化的一道亮丽的风景线。苏淑勉在《大坪，我为你祝福》一文中描述过：只见红砖粉墙的楼房内，随处可见一袋袋焙熟包装的“秋香”。主人端出的全是清一色白不锈钢的巨型茶盘，配上古铜紫砂茶壶茶盏，别具一格茶乡特色。他们沿袭“没有三杯不成礼数”的风习，劝茶款款，言笑晏晏。

安溪茶艺的推出，总结了古人的品茶经验，结合地方品茶习俗，简古纯美，主要以铁观音的特殊茶韵为本体茶性，阐明其沏泡技艺和茶艺精神内涵。其茶艺流程有：神入茶境、展示茶具、烹煮泉水、沐淋瓯杯、观音入宫、悬壶高冲，春风拂面、瓯里酝香、三龙护鼎、行云流水、观音出海、点水流香、香茗敬宾、欣赏汤色、细闻幽香、品香寻韵。通过茶艺，传达了“纯、雅、礼、和”的精神追求。《解放日报》主编丁锡满先生曾写道“嫩柳池塘初拂水”，笔者观后也有“简古纯美问春风”之感。

安溪茶乡与文学作品——自然和谐的美感世界

来自安溪茶乡人的《山花初放》、《茶乡短笛》等文学作品，是茶乡人“志寄茶韵，笔唤乡情”的一种抒怀。

茶乡人钟爱自己的凤山、兰溪、茶林，在钟希明的《漫步山村的茶园》诗文中是那么真切：“我常常漫步于山村的茶园。看！碧绿的叶子在风中跳跃着，郁郁苍苍的绿，把茶乡点缀得绚丽而多姿。听！茶林晃动传来的阵阵声响如涛，倾诉缕缕的情愫，予茶乡，予茶乡人民的心田。闻！微微的芬芳，萦绕在山谷田野，弥漫在小道溪涧，我常常漫步在山村的茶园。采！一尖嫩芽，把希望献给亲友。撷！一朵洁白的花，把花的馨香增给情人。掬！一捧收获的笑，把欢乐撒向人间。”

在吴小猛的《给老父》诗文中写道：“一垄垄茶园爬上山坡／爬上额头／绿色的弥漫／把日子染得金黄金黄的

普通铁观音

高档铁观音

陈年铁观音

一方方茶巾／已不忍离开你的手、脚／忘情时它还会贴紧你的脸／岁月便在你的皮肤上／涂上一片褐色嫩芽上的白毫／什么时候／悄然爬上双鬓／爬满你的头。”老茶师的辛劳和执着，都真实地溶入了茶叶，而当人们品饮时领略的是清香和甘醇。

安溪乌龙茶与“犁青现象”有关吗？——有待探讨

诗人犁青于1933年出生，福建安溪人，出版作品有《千里风流一路情》、《犁青山水》等20多部。读他的诗，犹如走进阳光亮丽的园林，惠风和畅、景物清明、视野开阔。他善于把传统手法提升到现代的高度，并合理吸收和运用了当今西方先进的艺术技巧，取得了令人瞩目的成绩。

由于犁青作为一个成功的企业家又热衷于诗的创作，而且硕果累累，便有了“犁青现象”的诗评文章。孙绍振在《少年犁青之风貌》中指出“从美学理论上来说，企业经营属于实用价值，而作为艺术的诗，是超越实用价值的审美价值。实用价值是善，审美价值是美，二者并不完全统一。这一种‘犁青现象’在美学上的意义，展开深入的讨论，当有待来日。”

从西彤小秋《中国人、中国心、中国诗》一文中：“犁青的诞生，便充满着神奇生命色彩的暗示。他出生于福建安溪一个茶乡，出生于一个飘升着霞光与浓郁茶香的早上。但那一种最初的苦，却在他作为贫农的父母的算度之下，在那种暗淡日子的笼罩之中，无可避免地注入他幼小的生命。然而也许是名茶的茶味无穷，才真正地注定他的禀赋和先苦后甘的生活气度。当他稚嫩的声音与遍山的叶子一同生长，一同蕴含着不可窥视出生命颜色，他便学会了用一双无邪的眼睛，去采撷艰辛生活的青绿，去演绎他心中的另一种茶——用心灵泡出来的汁液——诗歌。”似乎对“犁青现象”作出某些诠释。

如果再次体会著名营养节家于若木于1991年底在陕西紫阳富硒茶专家评议会上的专题发言，其中谈到：“世界各国的华人都表现出优秀的品质，在校学习出类拔萃、名列前茅，在工作中大多成绩优异，高人一筹。中国人的智商是得到很多外国人承认的，这也许和茶不无关系。这并不是他们在国外都喝茶，而是说中华民族的祖先有茶文化培育了较为发达的智力，并且把这优良的素质遗传给了后代。因此，可以说我们都是茶文化的受益

五大当家品种

者。不管你已经意识到或还未意识到，不管你现在是否有喝茶的习惯。”那么，或许很多人对安溪茶乡、安溪乌龙茶与“犁青现象”的相关性会增进几分探讨的兴趣。

评价一杯茶的质量，微观上从色香味形和某些化学成分指标给予评定。赏析一种茶，所涉及的因素诸多，有自然属性和社会属性，本文从上述几方面所作的初探是一种尝试。安溪乌龙茶在品质风格、保健价值、人文影响、审美意趣等都有特定的作用，品饮时不仅在于一般层面上的风味和保健，更重要的是领略那种来自大山的青绿，用心去体味那种独特的芳醇，寻找那种赋予人生价值的物质。

（郭雅玲）

铁观音叶底

陈年茶叶底

茶叶最忌讳的十种味道

青　味

青味是自然界植物具有的原味。茶中带有青味的原因：

一、栽培管理时，氮肥过多，茶叶呈暗绿色，香气呈暗绿色，香气不足而味道淡薄，突出青味。

二、茶叶制作过程中，日光萎凋或搅拌不当以致发酵不足造成青味。

三、茶青在室内萎凋是室温过低，湿度太高，茶叶中走水不畅，以致发酵无法正常进行。

四、采摘茶青过于幼嫩或露水重时所采摘的茶青，在监制过程中搅拌不当造成叶部组织损伤，造成积水，制作出来的茶叶色泽暗黑而。

苦涩味

茶叶的苦涩味来自生物碱中的咖啡碱。茶叶中所含的咖啡碱在冲泡茶汤时，约有80%溶解于水中。涩味则是茶叶中所含的多酚类化合物所造成。咖啡碱和多酚类化合物在茶叶制造过程中产生一系列错综复杂的化学变化能使茶味甘醇爽口，因此，发酵过程适当与否，是茶叶品质差异的最大变数。茶青放置过多或过久，幼嫩茶青因搅拌不当致使发生不良发酵或者不正常发酵，茶叶色泽红变带苦涩，茶叶变青味及苦涩味的产生，关键在于日光萎凋及静置搅拌。因此，不论是在日光萎凋或室内静置阶段，搅拌动作需要特别注意，要根据茶青的老嫩、日光的强弱、温度的高低以及风速的大小来做适当的搅拌动作，所谓“看青做茶”的道理就在这里。因时因地而制宜，是制造部分发酵茶的重要原则。

闷　味

部分发酵茶的制作过程中，有一个以布巾包裹加以揉捻的动作。因为在揉捻过程中，叶片互相摩擦产生热量，积高温必须适时解块散热，才能香郁幽畅。否则，茶叶滋味将缺乏新鲜感，混浊不清而有闷味且色泽灰黄不具油光。

焦　味

茶叶在杀青过程，温度和时间把握不当，致使温度过高、时间过长，制造出来的成品即有焦味。部分发酵茶杀青的目的即是让酵素停止作用，水份急速蒸散，组织软化。如果茶青嫩采，水分较多，组织较薄，应以低温和较长的时间杀青；若是老采茶青，水份较少，组织较厚，杀青的温度要高，时间要短。温度和时间运用不当就无法制造高品质的茶叶来。温度过高、时间过长产生焦味；温度过低、时间不够，茶叶色泽灰黄不具油光，茶汤淡而无味或有腐木质味。

淡 味

茶叶淡而无味，主要原因是茶青老采，萎凋消水过度或揉捻不当所致。依茶青的老、嫩进行搅拌和静止是制造部分发酵茶很重要的指导原则之一。

烟 味

茶叶的烟味，主要在烘焙这一环节产生。烘焙的目的不仅是减少水分的含量以保茶叶的干燥度，同时也是烘焙出香高味醇的茶叶品质来。烘焙茶叶处理不当，温度过高或时间过久，茶叶掉落于燃料中产生烟火上升，茶叶吸入烧焦的烟味，或是制作环境有其他烟味，都是烟味产生的原因，影响茶叶美好的香味。

陈 味

茶叶久置或存放不当，吸收空气中的水气，滋生菌类，呈现陈霉味，茶叶变质、变味失去了独有香味特性。

酸 味

部分发酵茶在杀青、揉捻、初干后，需要摊凉，让它进行后发酵，第二天进行布球揉捻及再干燥。如果在后发酵阶段，由于初干茶叶的含水量过多，致使微生物活动，茶叶将出现酸味现象。

异 味

茶叶固有的滋味外，其它怪异的味道即称为异味。茶叶吸湿、吸味的功能强，如果存放把当或包装不良，周围的各种气味就会被茶叶吸收导致品质发生变异，令人难以接受。

火 味

茶叶必须保持在含水量5%以下，才不致于变质、变味。所以，干燥是保持茶叶品质的重要关键。由于茶叶包含了梗和叶，茶梗水分较多，组织较厚，水分不易散失，叶部组织则比较薄，水份较少。因此，干燥时，不宜一次进行，温度宜从低至高，缓慢、分次进行。高温干燥的茶叶即带火味，带火味的茶叶生硬不滑，入喉无回韵。

（资料来源：三醉斋）

春茶与秋茶的区别

春茶、夏茶与秋茶的划分，主要是依据季节变化和茶树新梢生长的间歇而定的。

我国绝大部分产茶地区，茶树生长和茶叶采制是有季节性的。通常按采制时间，划分为春、夏、秋三季茶。但划分标准不一致。有的以节气分：清明至小满为春茶，小满至小暑为夏茶。有的以时间分：5月底以前采制的为春茶，6月初至7月上旬采制的为夏茶。7月以后采制的当年茶叶，就算秋茶了。

不同茶季的茶叶，无论是外形和内质都有较大的差异。比如绿茶，春季气温适中，雨量充沛，色泽绿翠，叶质柔软，而且氨基酸和多种维生素含量丰富，使得春茶的滋味鲜爽，香气浓馥保健作用明显。而且，春茶一般无病虫危害，无须使用农药，茶叶无污染，因此春茶特别是早期的春茶，往往是一年中品质最佳的。夏茶新梢生长迅速，但很容易老化。茶叶中的氨基酸、维生素的含量明显减少，花青素、咖啡碱、茶多酚含量明显增加，味显苦涩。

春茶、夏茶、秋茶还可以从两个方面去鉴别

一、干看

主要从茶叶的外形、色泽、香气上加以判断。凡红茶、绿茶条索紧结，珠茶颗粒圆紧；红茶色泽乌润、绿茶色泽绿润；茶叶肥壮重实，或有较多毫毛；且又香气馥郁者，乃是春茶的品质特征。凡红茶、绿茶条索松散，珠茶颗粒松泡；红茶色泽红润，绿茶色泽灰暗或乌黑；荷地轻飘宽大，嫩梗瘦长；香气略带粗老者，乃是夏茶的品质特征。凡茶叶大小不一，叶张轻薄瘦小；绿

高、低档茶干茶外形比较

高、低档茶沫比较

高、低档茶汤比较

茶色泽黄绿，红茶色泽暗红；且茶叶香气平和者，乃是秋茶的品质特征。另外，还可以结合偶尔夹杂在茶叶中的花、果来判断，如果发现有茶树幼果，估计鲜果大小近似绿豆，那么可以判断为夏茶。到秋茶时，茶树鲜果已差不多有桂圆大小了，一般不易混杂在茶叶中，但7-8月间茶树花蕾已经开始开花，9月开始，已出现开花盛期，因此，凡茶叶中夹杂有花营、花朵者，乃秋茶也。但通常在茶叶加工过程中，经过筛分、拣剔，是很少混杂花、果的，因此必须进行综合分析，方可避免片面性。

二、湿看

就是进行开汤审评，通过闻香、尝味、看叶底来进一步作出判断。冲泡时茶叶下沉较快，香气浓烈持久，滋味醇厚；绿茶汤色绿中透黄，红茶汤色红艳显金圈；茶底柔软厚实，正常芽叶多；叶张脉络细密，叶缘锯齿不明显为春茶。凡冲泡时茶叶下沉较慢，香气欠高；绿茶滋味苦涩，汤色青绿，叶底中夹有铜绿色芽叶；红茶滋味欠厚带涩，汤色红暗，叶底较红亮；不论红茶还是绿茶，叶底均显得薄而较硬，对夹叶较多，叶脉较粗，叶缘锯齿明显，此为夏茶。凡香气不高，滋味淡薄，叶底夹有铜绿色叶芽，叶张大小不一，对夹叶多，叶缘锯齿明显的，当属秋茶。

（资料来源：三醉斋）

购茶常识

对于一般的茶友来说，如需要茶叶，绝大部分是到市场上购买。所以，如何选购价廉物美，抑或说性价比最好的乌龙茶？就成为他最关心的首要问题。

凭心而论，要解决这个问题有一定难度。目前，几乎所有的国内城市，甚至敦煌这样的大漠小城，都有茶庄。一些地方的茶庄，雨后春笋般，越开越多。繁荣是繁荣了，但也存在不少问题。因此，就更需要茶友们理性消费，尽可能地选购好满意的茶。

鉴茶

一、看干茶形状和颜色

乌龙茶产品的形状，一般有两类，颗粒状与条索状。颗粒状，多为闽南乌龙和台湾乌龙。好的颗粒，一般呈豆圆形，匀整，无梗，无碎屑；颜色呈乌绿、黄绿、或蛙青，如果是老茶，一般颜色较深，几乎近黑，油润感强，光泽度明显。条索状，多为闽北乌龙与广东乌龙，如扭曲的耳勺。一般来说，广东乌龙较直，有剑拔弩张之感。颜色呈黑色、带紫，少数呈蛙皮青，老茶则呈深黑甚至于炭黑，乌润光亮，有的似有一层极薄白霜。匀整，无梗，无碎屑。

二、闻干茶香

干茶的香气没有冲泡后那么明显，比较单纯，有较浓的茶味，带一丝甜香或淡淡花香。如果花香太强烈，就可能不正常。无杂味，异味。如果是陈茶，要注意区别是陈香还是霉味，陈香是一种凉沁沁的，很舒服的味道，霉味则会呛鼻。

三、试茶

通过看与闻，初选出了感觉较好的茶后，便可以要求茶庄老板试茶。当场冲泡，实际品尝。以验证一下前面的感觉。一般来说，正规的茶庄，犹其是卖乌龙茶的茶庄，都会让你试茶的。如果不肯试，那就说明有点问题，也就不必买了。试过以后，还得要注意，给你的是否你所需的那种茶，防止调包。

以上说的是购买散茶。如果是买小包装的乌龙茶，一般茶庄是不肯拆包来让你看和试的。这时需注意：一是否包装完好；二是否“三无”产品。正规厂家的产品外包装上，一般都有正式商标，有厂家地址（包括电话），有生产日期。有些大厂，还贴有防伪标志，和原产地保护标志。如果没有这些标识，就要打个疑问了。

渠道

除了到茶庄购茶，还可以有别的渠道，一是直接找茶厂。现在许多生产乌龙茶的企业，一般都会提供零售服务。包括厂内直销，茶庄专销，网销。如果你有机会到武夷山，或者安溪等乌龙茶区去，可直接到茶厂去购茶。当然，事先需打听清楚，或者电话联系。如果到茶庄去，注意是否有企业专销，或者企业的品牌专卖店。如果你会上网的话，可通过网络搜索，找到相关茶网站，进行网购。这三种渠道，各有优缺点。比如，直接到茶厂去买，茶价可能更便宜，但来回交通费就得增加，等等。不管选择哪种渠道购茶，都要尽可能事先了解清楚企业与产品的情况；尽可能地选择信誉度较高的茶厂，质量比较公认可靠的品牌产品。尽可能地与茶庄与企业建立良好关系。

平常心

想买到价廉物美的茶叶，这是人之常情。但因种种因素，常会发生不尽如人意之事。所以，还要有购茶的平常心。一要根据自己的经济状况购茶。乌龙茶的档次与价格，往往有很大差别。低档的一斤只有几十元，甚至十几二十元，高档的一斤要上千元甚至上万元。所以，购茶时先想好，要购什么档次的茶。如果你经济状况良好，不妨购些上千元的高档茶，可如果你手头较拮据，那就选购一些价位低的茶。二是一次不要购太多。如果你是初次与某个茶庄茶厂交易，建议你一下不要买太多，尤其高档茶，一、二百元即可。如果购后觉得满意，继续交易。如果不满意，下不为例，另找东家。三是及时吸取教训，不吃后悔药。一般来说，购茶不满意的情况，多发生在花较高的价钱购高档茶上。事实上，再高档的茶，也不过是茶，绝不可能是仙丹。再说，因为种种因素，特别是冲泡技巧的缘故，试茶时与回家冲泡时的香气滋味往往相去甚远，此时，千不可心急恼火，而应及时寻找原因，泰然处之。

如是，相信你一定能购到满意的乌龙茶，高高兴兴的享受乌龙茶的韵味。

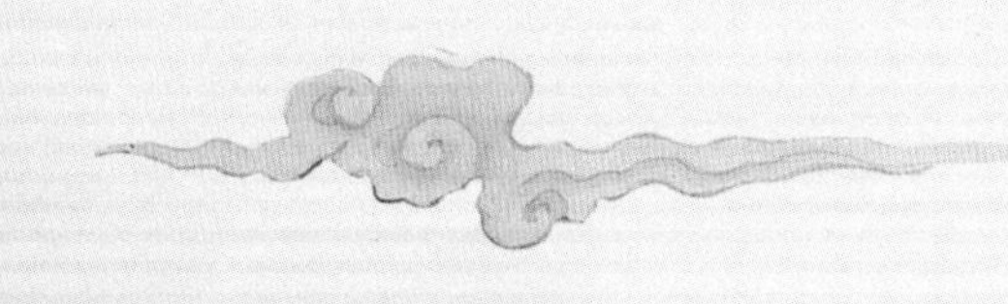

第十章
保健养生
BAO JIAN YANG SHENG

古人关于茶效的论述

根据我国最早的植物学专著《神农本草经》所载，“神农氏尝百草，日遇七十二毒，得茶而解之。”可见，最初人们认为茶的作用是解毒。随着对茶的进一步认识，人们又发现了许多其它医药作用。东汉增广的《神农本草经》载：“茶味苦，饮之使人益思，少卧，轻身，明目”。当时名医华佗的《食论》载：“苦茶久食，益意、思”。这说明，到了东汉时，人们又认识到了茶还具有醒脑提神的作用。

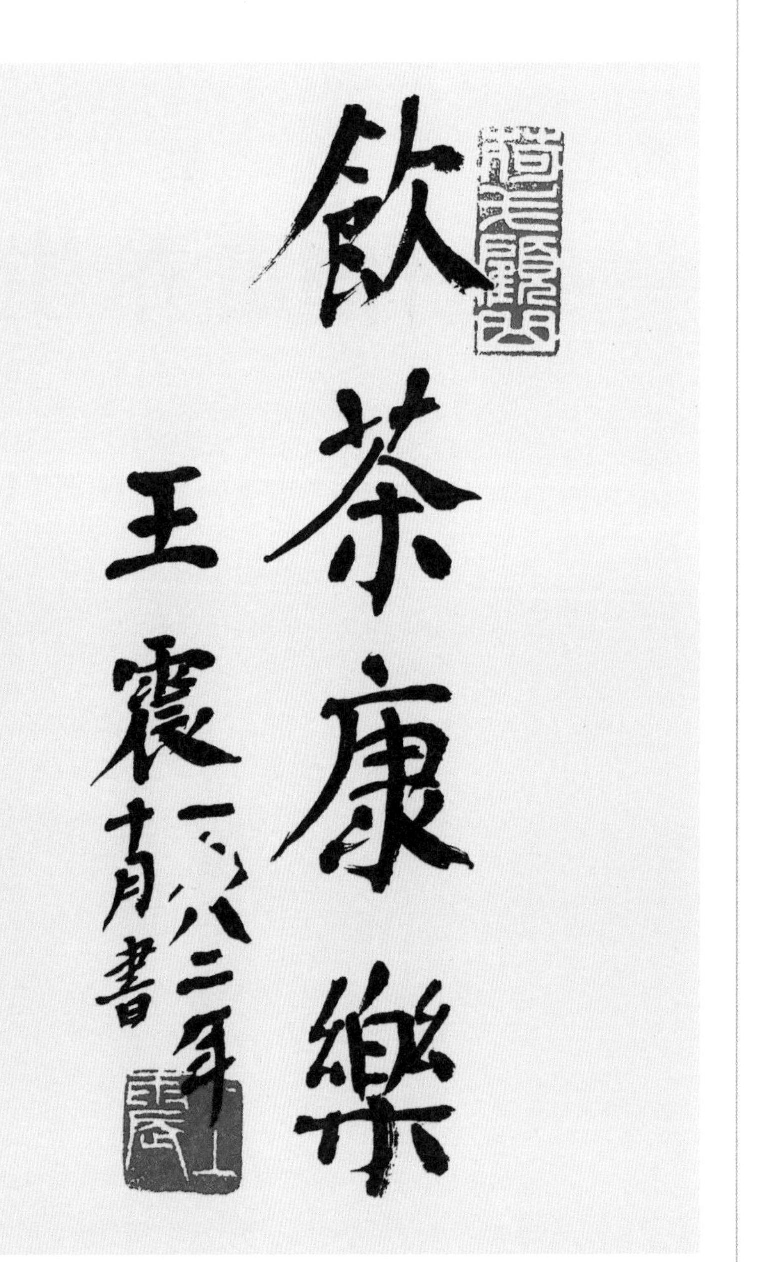

中国第一部茶叶百科全书，唐代陆羽的《茶经》，则对茶的作用有了更加丰富的认识：“茶之为用，味至寒，为饮；最宜精行俭德之人。若热渴凝闷，脑疼目涩，四肢不舒。聊四五啜，与醍醐、甘露相抗衡。”明确认识到茶性寒。因此能够降火驱滞，清脑明目，通关节。陆羽之后，关于茶的专门著作渐渐多了起来，其中不乏关于茶的作用的记载。如明朱权《茶谱》载：“茶，食之能利大肠，去积热，化痰下气，醒睡，解酒，消食，除烦去腻，助兴爽神。”而在一些著名医药书中，亦有同样的记载，如明代李时珍《本草纲目》：“茶浓煎吐风热痰涎，最能降火。火为百病，火降则上清头目。”清代孙星衍辑《神农本草经》：“茶，久服安心益气，聪察少卧，轻身耐老。”等等。

根据这些典籍，大体上可以看出，古人们对茶的作用认识，已从最初的解毒草药，扩大到了降火明目，清脑提神；茶也从一种万金油式的草药，变为具有多种保健作用的饮料了。在长期的生活实践中，人们发现，茶的所谓解毒，主要是具有中和融解其它药性的作用，真正直接解毒的作用并不强。所以一直到今天，服药时医生还经常嘱咐要“忌茶”。这也是后来人们根据茶的特性，发展了清热降火，提神解困，去腻消食，强心降压等保健作用的根本缘故。

必须注意的是，这些古代典籍所论茶的作用，主要是指绿茶。明代之前铁观音之类乌龙茶尚未出现，明代之后虽有出现，但主要在福建、广东和台湾一

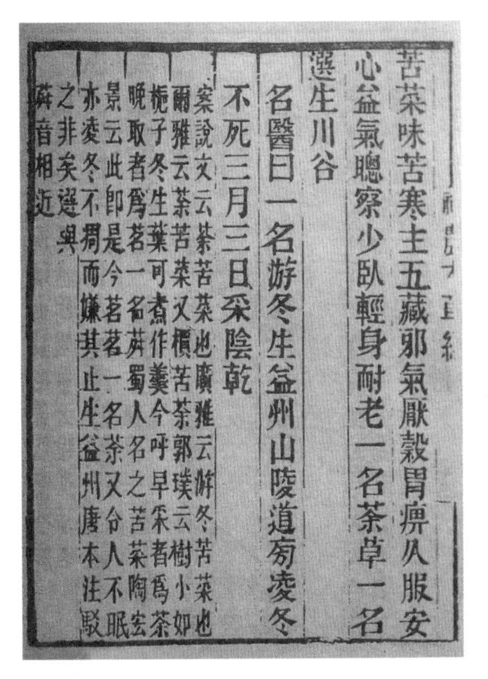

苦菜味苦寒主五藏邪氣厭穀胃痹久服安心益氣聰察少臥輕身耐老一名荼草一名選生川谷

名醫曰一名游冬生益州山陵道旁凌冬不死三月三日采陰乾

案說文云荼苦荼也廣雅云游冬苦荼也爾雅云荼苦荼又檟苦荼郭璞云樹小如梔子冬生葉可煮作羹今呼早采者爲荼晚取者爲茗一名荈蜀人名之苦荼陶宏景云此即是今茗茗一名荼又令人不眠亦凌冬不凋而嫌其止生益州唐本注駁之非矣選與荈音相近

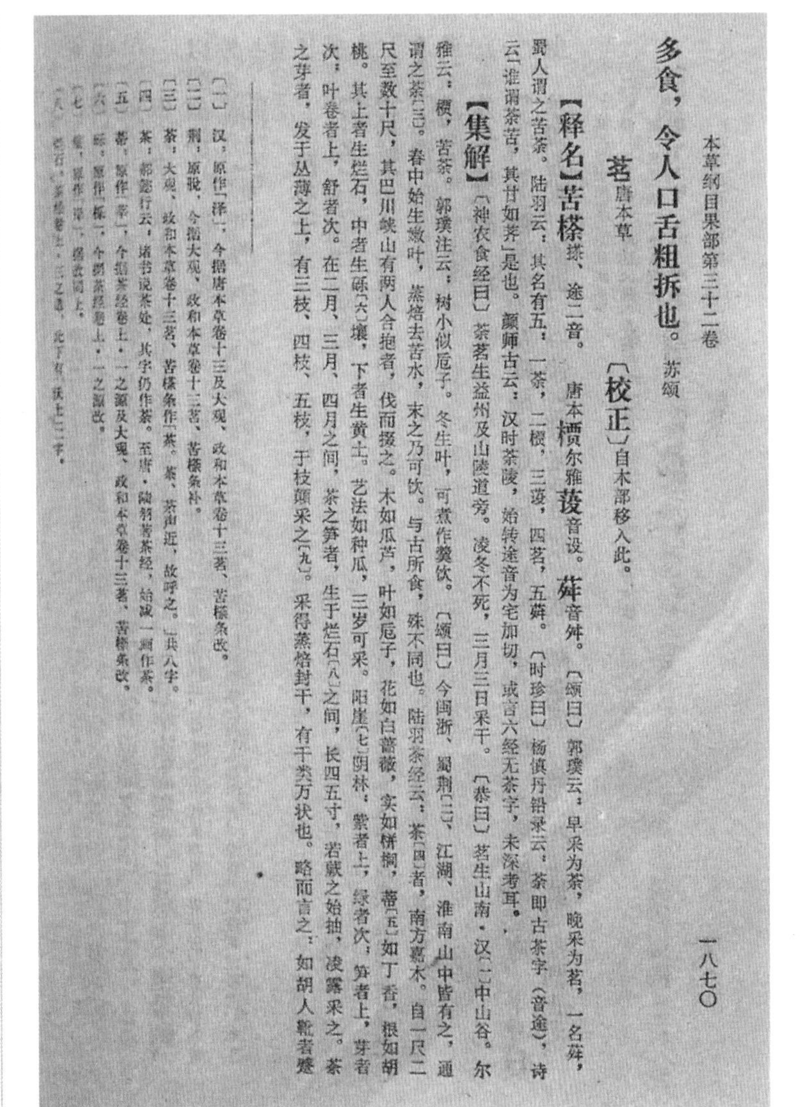

本草纲目果部第三十二卷

多食，令人口舌粗拆也。苏颂

茗唐本草

【校正】自木部移入此。

【释名】苦梌搽、途二音。唐本槚尔雅蔎音设。荈音舛。〔颂曰〕郭璞云：早采为茶，晚采为茗，一名荈，蜀人谓之苦茶。陆羽云：其名有五：一茶，二槚，三蔎，四茗，五荈。〔时珍曰〕杨慎丹铅录云：茶即古荼字（音途），诗云"谁谓荼苦，其甘如荠"是也。颜师古云：汉时荼陵，始转途音为宅加切，或言六经无茶字，未深考耳。

【集解】〔神农食经曰〕茶茗生益州及山陵道旁。凌冬不死，三月三日采干。〔恭曰〕茗生山南·汉〔一〕中山谷。尔雅云：槚，苦荼。郭璞注云：树小似卮子。冬生叶，可煮作羹饮。〔颂曰〕今闽浙、蜀荆〔二〕、江湖、淮南山中皆有之，通谓之茶〔三〕。春中始生嫩叶，蒸焙去苦水，末之乃可饮。与古所食，殊不同也。陆羽茶经云：茶〔四〕者，南方嘉木。自一尺二尺至数十尺，其巴川峡山有两人合抱者，伐而掇之。木如瓜芦，叶如卮子，花如白蔷薇，实如栟榈，蒂〔五〕如丁香，根如胡桃。其上者生烂石，中者生砾〔六〕壤，下者生黄土。艺法如种瓜，三岁可采。阳崖〔七〕阴林，紫者上，绿者次；笋者上，芽者次；叶卷者上，舒者次。在二月、三月、四月之间，茶之笋者，生于烂石〔八〕之间，长四五寸，若蕨之始抽，凌露采之。茶之芽者，发于丛薄之上，有三枝、四枝、五枝，于枝颠采之〔九〕。采得蒸焙封干，有千类万状也。略而言之：如胡人靴者蹙

〔一〕汉：原作「泽」，今据唐本草卷十三及大观、政和本草卷十三茗、苦梌条改。

〔二〕荆：原脱，今据大观、政和本草卷十三茗、苦梌条补。

〔三〕茶：大观、政和本草卷十三茗、苦梌条作「荼。荼、茶声近，故呼之。」共八字。

〔四〕茶：郝懿行云：诸书说茶处，其字仍作荼。至唐·陆羽著茶经，始减一画作茶。

〔五〕蒂：原作「带」，今据茶经卷上·一之源及大观、政和本草卷十三茗、苦梌条改。

〔六〕砾：原作「栎」，今据茶经卷上·一之源改。

〔七〕崖：原作「[illegible]」，据改同上。

〔八〕烂石：茶经卷上·三之造，此下有[illegible]二字。

一八七〇

带流行，广大的长江流域和中原地区仍然流行喝绿茶，一般人对乌龙茶知之甚少，更不用说铁观音了。李时珍、孙星衍等人虽说医药知识丰富，但因不是闽粤人，能见到也多是绿茶。所以他们记载的主要是绿茶的茶性。

今天的状况当然有了很大改变，喜欢喝包括铁观音在内的乌龙茶的人越来越多。但就全国范围来看，仍然不如绿茶，因之对许多人对乌龙茶、铁观音的特殊作用了解不多，甚而至于有许多关于铁观音保健作用的错误说法。

铁观音的特殊保健作用

铁观音的制作方法比绿茶复杂，多了一道做青工艺。所谓做青，实际上就是茶青半发酵（氧化）的过程。铁观音的干燥烘焙，时间也较长，传统工艺达12小时以上，而且还要复焙。这一来，就使茶的有机成份产生变化，茶性随之产生变化。其中最大的变化是茶性变“平”变“温”，而不像绿茶“性寒”了。所以，一般来说，传统制法的浓香型铁观音没有绿茶清热降火的作用。新焙出的铁观音有火气，马上喝还很容易上火。一般要放置十天半月自然退火后，才宜饮用。要隔了一年以上，才会变的平和起来。而陈放一年以上的多年陈铁观音，不仅茶性变的更为平

和，而且特别通肠舒气，养胃健脾。不过，近年来流行的清香型铁观音，因为轻发酵低焙火，茶性则接近绿茶，不平和而寒凉了。这也就是有少数畏寒体质之人，多饮清香型铁观音后感到肠胃不适的主要原因。

在铁观音茶区，一般认为，铁观音的主要医药作用是祛风驱寒和调和肠胃。民间往往将铁观音装进柚子壳，用棉线封好，吊在灶前或屋梁上风干，称为柚茶。还有一些地方将铁观音用冬蜜浸泡，称为冬蜜茶。遇上风寒头痛，便取柚茶浓煎服用，如果在初发期，效果很好。治疗一般的肠胃病，特别是水土不服引起的肠胃疾患，柚茶和冬蜜茶一服即灵。此外，铁观音还有抗菌消炎作用。战争年代，缺医少药，游击队员治疗外伤，常用浓茶水消毒；至今闽粤山区里，遇上蚊虫叮咬造成皮肤红肿，仍然常用浓茶水涂抹。一些农村妇女，还常用浓茶水涂抹婴儿皮肤，以治热痱。此外，铁观音还能有效解除烟毒。曾有人作过茶与烟的关系调查，发现许多嗜烟者，同时也嗜茶。凡是这种情况，一般都没有单独嗜烟者所常有的毛病，特别是很少有烟痰。

铁观音的保健作用，一般认为是解困提神和消食去腻。这两点，与其它茶的作用一致。近年来，随着对铁观音性能的进一步了解，人们又发现，铁观音具有降血脂，降胆固醇，抗辐射，抗癌，预防高血压，延缓衰老等作用。曾有人在铁观音茶区的泉州进行过调查，发现肥胖症患者很少，高血压，心脏病也较低。亦有人对长年在铁观音企业

健康论坛

实验讲座

工作的工人作过调查，发现这些人中癌病发病率要比一般企业工人低的多。长年有饮茶习惯的人中，大部分年逾古稀仍然耳聪目明，精神很好。著名茶人张天福，九十多岁了依然身板挺直，步履矫健。而在日本，人们对包括铁观音在内的乌龙茶的强心抗癌作用认识较早，所以近年来铁观音在日本非常流行，一直是我国出口日本的主要茶叶品种。

铁观音具有的这些作用，主要是由它所含的化学成份所决定。根据科学家的分析，茶叶中的有效成份主要有茶多酚，生物碱，氨基酸，儿茶素，微量元素，芳香物等数百种。茶多酚是形成茶汤滋味的主要成份，是一种天然抗氧化剂，能防治动脉粥样

硬化，抑制胆固醇，降低血压，具有抗癌肿，抗辐射，抗衰老等多种作用。生物碱主要是茶碱，是一种血管扩张剂，能促进发汗，利尿，刺激中枢神经，缓解肌肉紧张，助消化等。氨基酸是蛋白质的基本单位，也是形成茶汤滋味的主要成份。芳香物是形成茶叶香气的主要成份，具有镇静神经，溶解脂肪，舒张血管的作用。微量元素则是人体必不可少物质，不同微量元素具有不同的性能。铁观音的主要成份，与绿茶等其它茶类无异，但因生长环境与制作工艺的不同，成份间的比例有所不同。一般来说，主要是一些茶多酚成份与氨基酸含量增加。这是铁观音比绿茶茶汤滋味更加醇厚的根本原因。除此，铁观音的微量元素的含量也较一般茶为多，这也是形成“乌龙韵”的重要成份。

铁观音虽有多种良好保健作用，但也不是万能。如果饮用不当，特别是过多过浓时，也可能会对健康产生影响。所以，一定要根据自己的体质状况饮用。一般来说，铁观音的适应性较广。浓香型陈年铁观音犹其适合养胃。但近年来流行的清香型铁观音，胃寒畏凉体质的人就要慎饮。此外还须注意，空腹不饮，睡前不饮，太烫不饮，太冷不饮，太浓不饮；一天冲泡量不宜过多，一般不超过15克干茶，等等。

【精神调节作用】

铁观音的精神调节作用，主要体现在通过品茶活动，修身养性，达到一种“澹泊以明志，宁静以致远”的精神境界。

日本茶道之祖，公元1141年诞生于日本冈山的荣西禅师，在他的名作《吃茶养生记》中，不止一次地提到：“吃茶则心脏强，无病也。”“若人心神不快，尔时必可吃茶，调心脏，除愈万病也。”他的理由是“心脏是五脏之君子也，茶是苦味之上首也，苦味是诸味之上味也，因兹心脏爱此味。”

荣西的这种理论，源于中国古代的五行之说。茶在五行中属木，木可以生火；五味中属苦；心脏在五行中属火，五味中好苦；而舌与心互为表里，五色中属赤；茶性与心性相生相通相利，故吃茶可以强心，心强则五脏安，五脏安则生可养，寿可延。

所以，说吃茶养生，其实在于养心。而心又属神，养心即养神。到了这个层次，茶的作用，就从物质保健上升到精神养生了。事实上，由于铁观音的特殊性能以及相应的工夫茶冲泡方法，似乎更适合于调节人的精神状态。犹其是在生活节奏快，精神压力大的现代社会中，铁观音的精神养生作用更加明显。主要体现在三个方面：

调节良好心态

冲泡铁观音，需要较为复杂的程序与技巧，不仅需用心学习，更重要的需要耐心与细心，方能掌握；心浮气燥是永远学不会，也永远不能享受到其中乐趣。而心浮气燥，是现代社会的通病，非常不利于身心健康。通过冲泡品饮铁观音，可以调节你的心态，减少浮燥，保持宁静。

提高交际能力

现代社会中，是否有较强的交际能力，已成为成功的重要因素。而与朋友或客人一起品饮铁观音，则是一种理想的交际方法。有客来，给他端上一杯清茶，立刻就让人感到你的善意；有好茶，请朋友一起品尝，让人感受你的知心；若是到茶馆去，一边听音乐看表演，一边慢慢啜饮铁观音，可以享受多少忙里偷闲的乐趣；若是有三、二朋辈，一边品铁观音，一边天南海北神聊，还可以渲泻平时积压的烦闷，也许一次品茶就成为转机，改变了你一生的命运。

升华精神境界

人是有所追求的，而在现代社会中，各种诱惑又是很多的，如果不善把握，很容易迷失自我。茶，则是使人保持清醒头脑的最佳饮料。茶不像酒，酒性如火，多喝伤身；所以古人有“最宜精行俭德之人”之说。而若对茶性有更深刻的理解，最宜的又何止是精行俭德之人呢？经常饮用铁观音，学会欣赏铁观音，深刻理解铁观音，你会常为铁观音所包含的丰富色香味，以及文化思想内涵惊异，从而得到许多人生启示，使你变得更加有修养，更加有情趣，更加宽容，从而更加高尚、快乐起来。

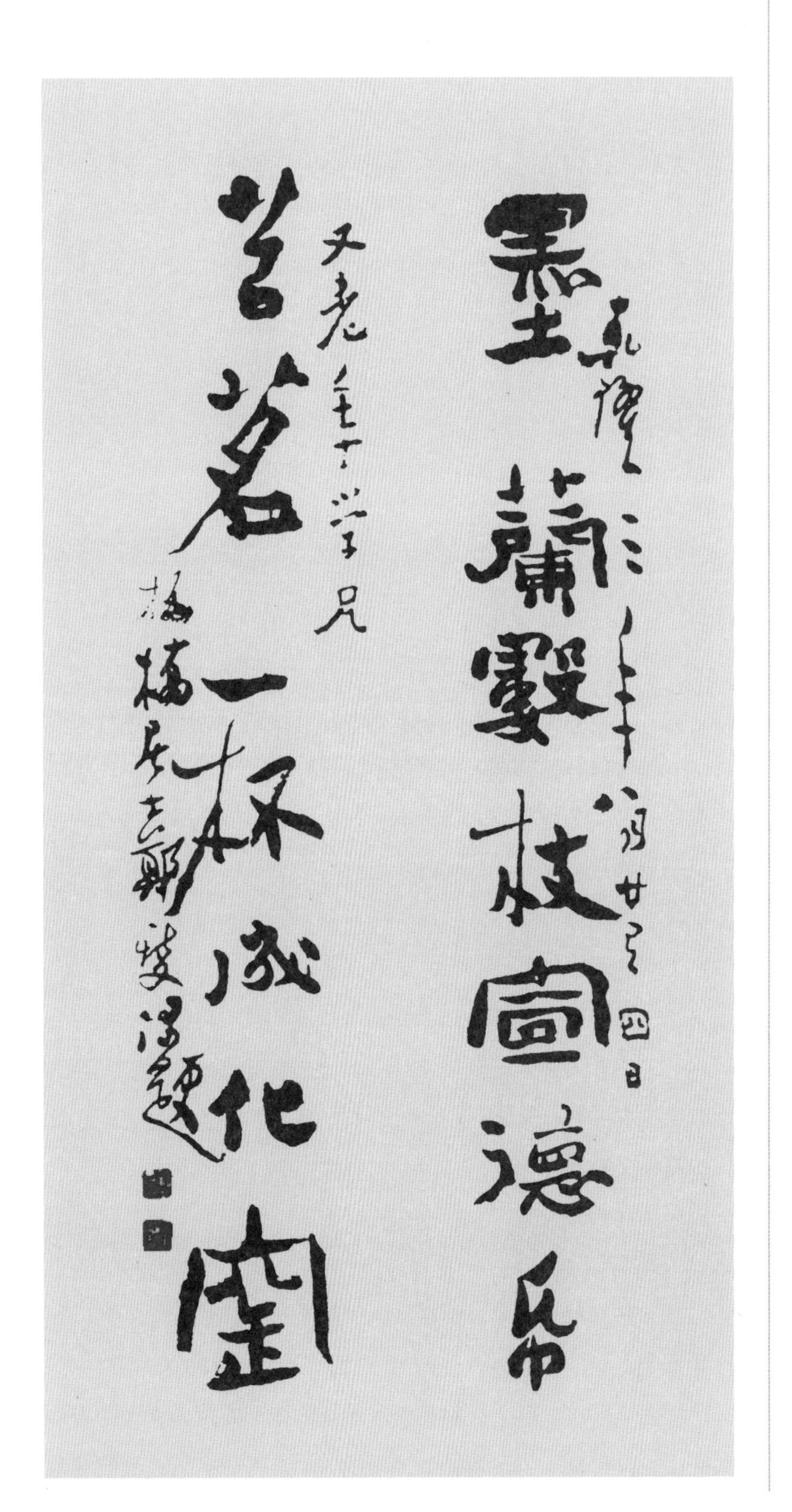

相关知识

安溪铁观音十大保健作用

近几年来，经国内外科学家研究证实，尤其是日本科学家研究证实，铁观音中的化学成分和矿物元素对人体健康有着特殊的功能，大致有以下几个方面：

抗衰老作用

中外一些科学研究表明，人的衰老与体内不饱和脂肪酸的过度氧化作用有关，而不饱和脂肪酸的过度氧化是与自由基的作用有关。化学活性高的自由基可使不饱和脂肪酸过度氧化，使细胞功能突变或衰退，引起组织增殖和坏死而产生置人于死地的疾病。脂质过度氧化是人体健康的恶魔，但罪魁祸首却是自由基，只要把自由基清除掉，就可以使细胞获得正常的生长发育而健康长寿。

目前，常用的抗氧化剂有维生素C、维生素E，它们均能有效地防止不饱和脂肪酸的过度氧化。但是，最近日本研究表明，铁观音中的多酚类化合物能防止过度氧化；嘌呤生物碱，可间接起到清除自由基的作用，从而达到延缓衰老的目的。

抗癌作用

癌症是当今严重威胁人们健康的“不治之症”。因此，近年来研究茶叶抗癌引起了人们的极大兴趣和关注。数年来，曾有一篇报道称，上海市民因饮茶使食道癌逐年减少，因而，饮茶可以预防癌症的发生这一事实在全世界引起很大反响。如今饮茶可以防癌抗癌已被世人所公认，而铁观音在茶叶中防癌抗癌效果是最好之一。

早在1983年，日本冈山大学奥田拓男教授，曾对数十种植物多酚类化合物进行抗癌变作用筛选，结果证明：儿茶素（EGCG）具有很强的抗癌变活性。其他科学家在证实铁观音抗变异的研究中，认为铁观音茶多酚是这一作用的主要活性成分；化学物质致癌的研究中，肯定了铁观音茶多酚的防止癌变作用。此外，铁观音中的维生素C和维生素E能阻断致癌物——亚硝胺的合成，对防治癌症有较大的作用。

抗动脉硬化的作用

随着社会物质文明的发展，人们的饮食结构也不断发生变化高脂肪和糖类食品的消费逐年上升，高血脂症和动脉硬化患者也明显增加。根据近年的临床统计证明，动脉硬化的成因之一是血液中低密度脂蛋白的氧化。因此，很多临床医生主张通过降低血中低密度脂蛋白或抑制其氧化，是作为预防动脉硬化发生的有效方法。

安溪茶都摄影展作品选（两代乐）

1999年5月31日，在日本东京召开的第四次铁观音与健康研讨会上，福建省中医药研究院陈玲副院长报告了他们曾以25名高血脂症肥胖者为临床观察对象，探讨饮用铁观音对抑制血中低密度脂蛋白的氧化及改善务中脂质代谢的作用。研究证明，铁观音中的茶多酚类化合物和维生素类可以抑制血中低密度脂蛋白的氧化。日本三井农林研究所原征彦博士，在多年的研究中也确认，茶多酚类化合物不仅可以降低血液中的胆固醇，而且可以明显改善血液中高密度脂蛋白与底密度脂蛋白的比值。咖啡碱能舒张血管，加快呼吸，降低血脂，对防治冠心病、高血压、动脉硬化等心脑血管疾病有一定的作用。

据福建医科大学冠心病防治研究小组1974年在福建安溪茶乡对1080个农民进行调查发现，喝铁观音与冠心病发病率的比例：不喝茶的发病率为3.1%；偶尔喝茶的为2.3%；常年喝茶的（3年以上）为1.4%。由此可见，常喝铁观音的人比不喝铁观音的冠心病发病率低。

防治糖尿病作用

糖尿病是一种世界性疾病。目前，全世界约有2亿人患糖尿病，中国有三千多万人患糖尿病。糖尿病是一种以糖代谢紊乱为主的全身慢性进行性疾病。典型的临床表现为“三多一少”，即多饮、多尿、多食及消瘦，全身软弱无力。此病中医称“消渴症”，属下焦湿热范畴。得病的主要原因是体内缺乏多酚类物质

闽南山乡小景

海峡茶博会书画展作品

维生素B1、泛酸、磷酸、水杨酸甲酯等成分，使糖代谢发生障碍，体内血糖量剧增，代谢作用减弱。

日本医学博士小川吾七郎等人临床实验证实，经常饮茶可以及时补充人体中维生素B1、泛酸、磷酸、水杨酸甲酯和多酚类的含量，能防止糖尿病的发生。对中度和轻度糖尿病患者能使血糖、尿糖减到很少，或完全正常；对于严重糖尿病患者，能使血糖、尿糖降低各种主要症状减轻。

减肥健美作用

肥胖症是一种伴随人们生活水平不断提高而出现的营养失调性病症，它是由于营养摄取过多或是体内贮存的能量利用不够所引起的。肥胖症不仅给人们日常生活中带来诸多不便，而且也是引发心血管疾病、糖尿病的一个原因。

近几年来，在发达国家中人们对如何减肥十分关心，纷纷推出各种减肥运动、饮食方法和药物疗法，其中也推出许多减肥茶。在临床应用中，大多数人认为无论是减肥作用还是减肥方法比较理想的还是饮用包括铁观音在内的乌龙茶。日本慈惠医科大学中村治雄研究室对铁观音进行临床实验，实验证明常饮铁观音能减少血液中胆固醇和中性脂肪，有降低血压、防治冠心病和减肥健美作用。

唐代陈藏器《本草拾遗》说："茶久食令人瘦，去人脂"。我国历代医书关于长期饮茶可除腻、降脂、减肥等都有记载，说明我国很早就发现茶叶有减肥作用。近几年来，饮茶可以减肥的临床研究成果不断涌现。1996年，福建省中医药研究院对102个患有单纯性肥胖的成年男女，进行了饮用铁观音减肥作用的研究。研究表明，铁观音中含有大量的茶多酚物质，不仅可提高脂肪分解酶的作用，而且可促进组织的中性脂肪酶的代谢活动。因而饮用铁观音能改善肥胖者的体型，有效减少肥胖者的皮下脂肪和腰围，减轻其体重。

福建省泉州市人民医院采用铁观音减肥茶对164个患肥胖病的人进行治疗，每天服减肥茶12-14克，15天为一疗程。经过两个疗程的观察，患者的血脂、甘油三酯和胆固醇都有明显下降，体重也随之减少，治疗总有效率达70%以上。

防治龋齿作用

人们一般认为危害人的牙齿有两大疾病，一是龋齿，二是牙周炎。龋齿俗称蛀牙，是牙科常见的多发病。龋齿发生的原因很多，其中有一个重要原因是：牙齿钙化较差，质地不够坚硬，容易受到破坏。饮茶可以保护牙齿，在我国古代早已应用。宋代苏东坡在《茶说》云："浓茶漱口，既去烦腻，且能坚齿、消蠹。"现代科学分析，铁观音中含有较丰富的氟，而一般食物中含氟量很少。铁观音中的氟化物约有40%-80%溶解于水，极易与牙齿中的钙质相结合，在牙齿表面形成一层氟化钙，起到防酸抗龋的作用。

日本曾在两个相邻的村庄对入学儿童的龋齿率做过调查，结果表明，饮用铁观音对防治龋齿有良好的效果。每个入学儿童每天喝一杯铁观音，按含氟量0.4毫克计算，持续一年，原患龋齿的儿童中就有一半痊愈。日本统计了100所小学中患有龋齿的在校学生，经改饮铁观音后，其中有55%的患龋齿的学生病情明显减轻。由此可见，饮用铁观音对未得龋齿的人有预防作用，对已得龋齿的人有治疗作用。

杀菌止痢作用

在安溪民间早有采用铁观音治疗痢疾和脖子痛的做法。我国古代医学书籍中也有不少利用茶叶来治疗细菌性痢疾、赤痢、白痢、急性肠炎、急性胃炎的记载。铁观音为什么能起到杀菌止痢作用呢？主要是茶多酚化合物。由于茶多酚进入胃肠道后，能使肠道的紧张功能松驰，缓和肠道运动；同时，又能使肠道蛋白质凝固，因为细菌的本身是由蛋白质构成的，茶多酚与细菌蛋白质相遇后，细菌即行死亡，起到了保护胃黏膜的作用，所以有治疗肠炎的作用。

据英国药典载：茶入胃部后，茶多酚能与碱、蛋白质结合成单宁酸盐，蛋白质或其他凝蛋白质被消化时，茶多酚被游离，再与其他物质结合进入小肠时（小肠碱性），茶多酚使蛋白质凝固而减少分泌，故茶可治疗痢疾。1961年，日本发生流行性痢疾，曾把茶叶广泛作为祛疫之用。

清热降火作用

茶叶是防暑降温的好饮料。李时珍《本草纲目》载："茶苦味寒，最能降火，火为百病，火降则上清矣。温饮则火因寒气而下降，热饮则借火气而升散。"在盛夏三伏天，酷日当空，暑气逼

清水岩景

人的时候，饮上一杯清凉铁观音或是一杯热铁观音，都会感到身心凉爽，生津解暑。这是因为茶汤中含有茶多酚类、糖类、氨基酸、果胶、维生素等与口腔中的唾液起了化学反应，滋润口腔，所以能起到生津止渴的作用。同时，由于铁观音中的咖啡碱作用，促使大量的能量从人体的皮肤毛孔里散出。据报道，喝一杯热茶，通过人体的皮肤毛孔出汗散发的热量，相当于这杯茶的50倍，故能使人感到凉爽解暑。

南少林寺

提神益思作用

饮茶可以提神益思几乎人人皆知。我国历代医书记载颇多，历代文人墨客、高僧也无不挥动生花妙笔，颂茶之提神益思之功。白居易《赠东邻王十三》诗曰：“携手池边月，开襟竹下风。驱愁知酒力，破睡见茶功。”诗中明白地提到了茶叶提神破睡之功。苏东坡诗曰：“建茶三十片，不审味如何，奉赠包居士，僧房战睡魔。”他说把建茶送给包居士，让其饮了在参禅时可免打瞌睡。饮茶可以益思，受到人们的喜爱，尤其为一些作家、诗人及其他脑力劳动者所深受。如法国的大文豪巴尔扎克、美籍华人女作家韩素音和我国著名作家姚雪垠等都酷爱饮茶，以助文思。

禅茶

铁观音可提神益思，其功能主要在于茶叶中的咖啡碱。咖啡碱具有兴奋中枢神经、增进思维、提高效率的功能。因此，饮茶后能破睡、提神、去烦、解除疲倦、清醒头脑、增进思维，能显著地提高口头答辩能力及数学思维的反应。同时，由于铁观音中含有多酚类等化合物，抵消了纯咖啡碱对人体产生的不良影响。这也是饮茶历史源远流长、长盛不衰、不断发展的重要原因之一。

醒酒敌烟作用

茶能醒酒敌烟，这也是众所周知的事实。明代理学家王阳明的“正如酣醉后，醒酒却须茶”之名句，说明我国人民早就认识到饮茶解酒的作用。古人常常“以酒浇愁”，“以茶醒酒”。唐朝诗人刘禹锡，有一天喝醉了酒，想起了白居易有“六班茶”可以解酒，便差人送物换茶醒酒，被后人传为茶事佳话。

酒的成分主要是酒精，一杯酒中含有10%–70%的酒精。酒能助兴，但能麻痹神经，带来酒后不适和精神恍惚的感觉。如过量暴饮烈性酒，会发生呕吐，甚至发生酒精中毒的现象。而铁观音确有解酒作用，这是因为茶多酚能和乙醇（酒中主要成分）相互抵消，故饮茶能解酒。

铁观音不仅能醒酒，而且能敌烟。由于铁观音中含有一种酚酸类物质，能使烟草中的尼古丁沉淀，排出体外。同时铁观音中的咖啡碱能提高肝脏对药物的代谢能力，促进血液循环，把人体血液中的尼古丁从小便排泄出去，减轻和消除尼古丁带来的副作用。当然，这种作用不仅仅是咖啡碱的单一作用，而是与茶多酚、维生素C等多种成分协同配合的结果。

茶为万病之药数千年来，有关饮茶与健康的记载很多。特别是我国古代，茶常被当作药物使用，在祖国的医药学宝库中。茶作为单方或复方而入药的，颇为常见。

一、茶药与茶疗

茶文化与中医药，两者间有着十分密切的关系，而且都与神农氏这一传说有关。由于茶叶有很好的医疗效用，所以唐代即有“茶药”（见代宗大历十四年王圆题写的“茶药”）一词；宋代林洪撰的《山家清供》中，也有“茶，即药也”的论断。可见，茶就是药，并为药书（古称本草）所收载。但近代的习惯，“茶药”一词则仅限於方中含有茶叶的制剂。由于茶叶有很多的功效，可以防、治内外妇儿各科的很多病症。所以，茶不但是药，而且是如同唐代陈藏器所强调的：“茶为万病之药”。此外，明代丁慎行《榖山笔尘》也称茶能“疗百病皆瘥”。茶不但有对多科疾病的治疗效能，而且有良好的延年益寿、抗老强身的作用。1983年林乾良氏又提出“茶疗”这一词汇。茶疗的实施，有两个层次的概念。狭义的茶疗，仅指应用茶叶，未加任何中西药。当然，这是茶疗的基石与主体。没有这一基石与主体，茶疗就不能成立。由于茶叶在传统应用上其功效已有二十四项之多，所以光是茶叶一味也足以构成茶疗体系。茶疗的第二个层次概念，就是广义上的茶疗，即可在茶叶外酌加适量的中、西药物，构成一个复方来应用。当然，也包括某些方中无

海峡茶博会摄影作品

茶，但在煎服法中规定用“茶汤送下”的复方。这实际上是茶、药并服。

二、茶的本草理论

茶的本草记述，以唐代苏敬等撰的《新修本草》（又称《唐本草》）为最早，列于木部中品。其文甚简，计正文45字，注文50字。正文：“茗，苦荼。茗，味甘、苦，微寒，无毒。主瘘疮、利小便，去痰、热渴，令人少睡，秋（据《证类本草》与《植物名实图考长编》应作春）采之。苦荼，主下气，消宿食，作饮加茱萸、葱、姜等良。”注文：“《尔雅·释木》云：檟，苦荼。注：树小如栀子，冬生叶，可煮作羹饮。今呼早采者为荼，晚取者为茗，一名荈，蜀人名之苦荼，生山南、汉中山谷。”由于我国地大物广、语言多歧、各家意见互异等原因，在茶的本草记述方面每多不同。性味，是中药的重要理论，一般又可称之为“四气五味”。四气（或四性），即寒、凉、温、热，表明药物的寒热特性。五味，即辛、甘、酸、苦、咸，表明药物的味道。这两者，都与该药的功效与主治有着很大的关系。茶的性味，《新修本草》作“味甘、苦，微寒，无毒”，《本草纲目》改作“味苦、甘，微寒，无毒”基本相同，只更动了两个字的位置。这是比较符合茶的实际味道的。中医理论一般认为：甘者补而苦则泻，可知茶叶是功兼补、泻的凉药。微寒，即凉也。具寒凉之性的药物可以清热、解毒，这也与茶的实际功效相符。其他各家的论述，也大体类似。例如：《本草拾遗》作“寒，苦”，《汤液本草》作“气寒，味苦”等。“归经”理论，是比较晚出现的中药理论，到金元之际才盛行起来，所以在《新修本草》中尚未述及。所谓归经，是指药物的主要功效所属的“经络”与脏腑。例如：治咳喘者，归于肺（手太阴）经；治排尿疾病者，归于肾（足少阴）经或膀胱（足太阳）经。茶的归经，据《汤液本草》是“入手、足厥阴经”（手厥阴属“心包”，足阙阴属肝）；据《雷公炮制药性解》是“入心、肝、脾、肺、肾五经”。五脏，是中医脏腑学说（一般称为“脏象”）的核心。茶能兼入五脏，说明功效是十分广泛的。功效与主治，是中药的最主要内容。没有功效与主治，就不成其为药物。上文曾述及“茶为万病之药”，可知茶是有很多功效与主治的。功效，亦可称之为功能、功用或效能，系指药物防治疾病的作用，是一种抽象名词，如《新修本草》正文中的“利小便”、“去痰”等。主治，是指所能治疗的主要病症，如同书正文中的“瘘疮”、“热渴”等。关于茶的功效，大致可以归纳为二十四项。至于为什么茶叶能有这些功效与主治呢，本草自有它的解释，一般系从气味厚薄、天人合一、升降、归经等理论加以阐述。如《本草纲目》解释茶的药理作用说：“机曰:头目不清，

万应茶

闽南拍胸舞

热熏上也。以苦泄其热，则上清矣。且茶体轻浮，采摘之时，芽蘖初萌，正得春升之气。味虽苦而气则薄，乃阴中之阳，可升可降。利头目，盖本诸此。”

（资料来源：中国茶经）

茶疗法

茶疗法是指将中草药与茶叶相配，或以中草药代茶，经冲泡或煎煮后饮用，以防治疾病的一种治疗方法。

中国是世界上最早饮茶的国家。茶叶既是饮料，也是药物，其作为药物的历史可以追溯到2000多年前的《神农本草经》，该书记载："茶味苦，饮之使人益思、少卧、轻身明目。"其后，历代文献均有关于茶的论述，如唐代顾况在《茶赋》中谓茶之功效为"滋饭蔬之精素，攻肉食之膻腻，发当暑之清吟，涤通宵之昏寐"。元代《饮膳正要》中载有枸杞茶、金字茶、玉磨茶。明朝李时珍在《本草纲目》中指出茶最能降火。清代，饮茶成为保健疗疾的一种时尚，《慈禧光绪医方选议》中就载有代茶饮方20首，如"滋胃和中茶"等。近代，药茶赢得了人们广泛的重视和应用，如用于减肥健美的各种减肥茶，扶正益气的北芪神茶等，均受到人们的喜爱。药茶具有取用便捷、节省时间、携带方便、易于贮存、气味芳香、价廉物美、老少皆宜的特点。临床用之具有生津止渴、提神醒脑、消食化滞、健脾开胃、散风除湿、清喉利咽、止咳化痰、利尿化浊、滋补强壮、美容悦色、降脂乌发、延年益寿等功效。

茶叶的选择

可供药茶疗法使用的茶叶有绿茶、红茶、花茶、乌龙茶、普洱茶等不同品种，这些茶叶性能各异，临证应根据病情选取。绿茶具有清热利尿功效，红茶醒脑提神较佳，花茶长于理气解郁，乌龙茶及普洱茶适于消脂减肥。

药茶的种类

一、含茶药茶

这类药茶既含药物又有茶叶，所用药物大多为花叶，两种原料混合后泡茶饮用。

二、以药代茶

这类药茶只有药物不含茶叶，是将药物制成茶剂供饮用的一类药茶。

药物的加工

一、共研

将药茶组方中的全部或部分药料混合后进行粉碎。此方法适用于无粘性、胶质的药物。

二、分研

将药茶组方中的药料分别进行粉碎。此法适用于含有易挥发的药物，如麝香、冰片。

三、掺研

将药茶组方中部分药物先粉碎，然后取一部分药粉与油脂较多的药物掺和研细。此法适用于含油脂较多的药物，如柏子仁、火麻仁，颗粒较小的车前子、菟丝子、葶苈子等。

四、串研

将药茶组方中的其他药物先粉碎，取一部分与粘性药物串合，粉碎成不规则的碎块或颗粒，在60℃以下充分干燥，然后再共同粉碎成粗末。此法适用于含有粘性较强的药物，如龙眼肉、熟地黄等。

药茶的制作

一、含茶药茶

将茶叶与花叶类中草药直接混合后即成。

二、以药代茶

有混合法与压制法两种。

1. 混合法。按药茶组方中的药物配料，先粉碎成粗末，个别药材煎成浓汁，然后混合均匀，晒干或烘干，装于包装袋中即成。

2. 压制法。按组方中的药物配料，粉碎成粗末，混合均匀后，加处方规定的粘合剂混合，制成均匀药材，用铜模压成规定重量的方块型，干燥后即成。

服用方法

将制好的药茶放入杯中，冲入白开水，搅匀，加盖盖好，泡20–30分钟后取饮，饮完药液后可再加水续饮，一般泡3次。

对简单药物煎煮代茶饮者，一般煎2–3次，过滤药液，代茶频服。

药茶疗法适用于内、外、妇、儿、五官、皮肤等各科疾病，常见病证有感冒、发热、中暑、咽痛、失音、咳嗽、哮喘、支气管炎、咯血、头痛、失眠、便秘、消化不良、恶心呕吐、高血压病、冠心病、糖尿病、肾炎、水肿、肥胖症、高脂血症、体衰、脱发白发等。

注意事项

一、质地坚硬，有效成分难以溶出

万应茶

活性铁观音

母子壶

的药物，如矿石类、甲壳类不宜入药茶，需用时应分别煎煮后对入药茶内。有毒药物不能入药茶。

二、使用药茶，应根据病证及体质状况辨证选用，禁止盲目滥用。

三、饮用时间应根据处方要求，如对胃有刺激的应饭后饮，泻下作用的药茶应空腹饮，补益剂应饭前饮，安神剂应睡前饮。

四、饮用药茶不宜与某些西药同服，以免增加某些药物的毒性或引起副作用。

五、服解表发汗药茶宜热饮，同时忌生冷、酸食；服调理脾胃药茶时，应忌油腻、腥臭、生冷等不易消化的食物。

六、服细粉状的药茶时，可直接加少量白开水调成糊状服下。

七、制作茶块应趁热做，以防温度过低，粘性差，不易成型。且应注意防止放置过久而致败坏，夏季更应注意。

八、凡老年体虚、慢性疾病者需用药茶日寸，应长期地、少量地饮用，不宜一次大量饮用，否则有害无益。

五行养生法

在祖国医学中，金、木、水、火、土谓之“五行”。五行学说中，金、木、水、火、土相生相克，彼此消长，维持人体的平衡。

五行养脾

脾胃共为“后天之本”，并且是相辅相成，互相影响的。脾胃不和可能会导致食欲下降，肚胀打嗝，便秘或者腹泻。

五行中脾对应土，黄颜色的食品对脾会比较有利，所以平时多吃甘薯、玉米、橙子可以健脾和胃。

按五行来讲，属火的心可以温养属土的脾，多吃苦味的东西可以强心，其结果也是健脾胃。

五行养肝

肝主要调节人体的气血，使体内气机调畅，血液贮藏和流通功能正常。肝气不畅就容易上火。

从五行来讲，肝对应木，有肝火的女性，应该注意滋阴清热，滋水涵木，也就是通过养肾来补肝。多吃一些蔬菜、水果、豆腐、鱼类等绿色的清淡食物对于养肝很有好处。对于葱、姜、蒜、韭、辣椒、肉桂等辛辣燥热的东西则应少吃。

五行有酸入肝的说法，所以加班时的零食不妨准备一些酸味零食。

五行养心

心火旺盛会心烦失眠，口舌生疮；心气不足又会心悸汗多，精神不好。

从五行角度讲，心对应火，养心最好吃些红色食物，如西瓜、柿子、番茄、莲藕等；心气虚则可吃些羊肉、鹿肉、小麦等温阳的食物。

有心火的女人，除了多吃养心食物之外，根据五行相克原理，补肾可以克制心火，冬季好好补养肾气也是个有远见的方法。

五行养肺

肺主气，是人体气体交换的场所，它还主管皮肤毛发，肺部不适就容易咳喘、鼻塞，甚至引起皮肤生疮疖。

中医五行学说认为肺对应金，白色食物对肺脏有益，它们性情偏平、凉，能健肺爽声，还能促进肠胃蠕动，强化新陈代谢，让肌肤充满弹性与光泽，如白萝卜、白木耳、大白菜、冬笋、百合等。

五行养肾

肾和人体的生长发育和生殖能力密切相关，又主管人体的水液平衡，肾虚容易造成头发早白，精力差，腰膝软肿胀。

五行中肾对应水，多吃黑色食物对于补肾很有好处。比如黑木耳、黑芝麻、黑豆等。这些食物对应的是肾脏及骨骼，经常吃能使多余水分不至于积存在体内造成体表水肿，有强壮骨骼的作用。

（林饶）

茶五行

茶五行，指的是小小一杯茶汤中，包含着天地五行元素，如能科学品饮，便能使茶的保健养生功效得到最大程度

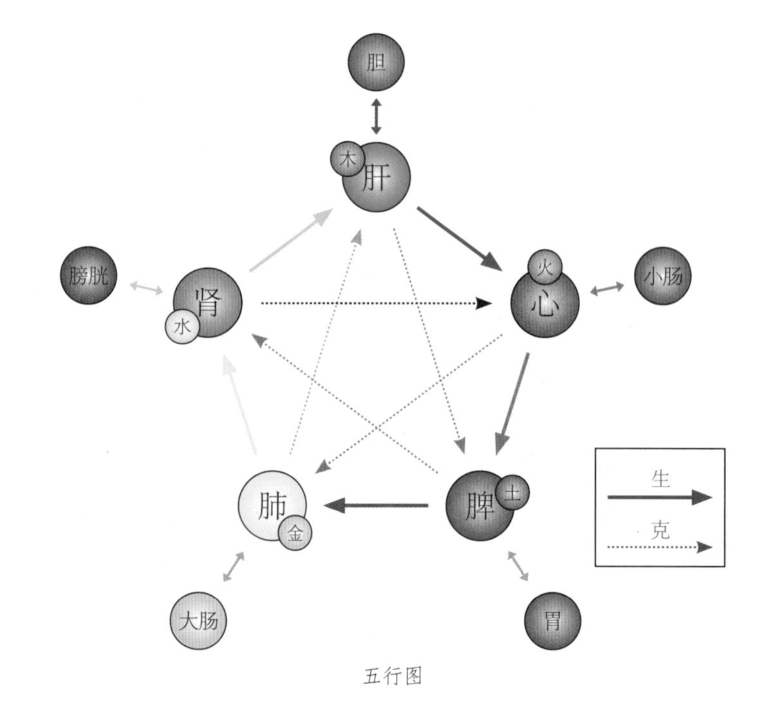

五行图

的发挥。

木，茶本属木；火，制作乌龙茶时需用火炒、焙；土，冲泡时需陶瓷器具，陶瓷属土；水，水为茶之母；金，锡茶罐、不锈钢茶桶，均为金属。

故茶汤成，五行俱。明白其中道理，即可根据自身体质状况，和五行相生相克原理，适当强化茶五行中的某方面成份。胃寒畏凉体质之人，可常饮高火焙的乌龙茶，如浓香型铁观音，岩茶，红茶；体热火盛体质之人，可常饮无火、低火的清香型铁观音，白茶，绿茶；胃弱脾虚体质之人，可常饮储藏于陶罐多年的陈香型铁观音，以及陈年岩茶，红茶，普洱茶；肾虚尿频体质之人，可常饮储藏于锡罐中的乌龙茶；如此等等。

	人体						自然界					
五行	五脏	六腑	五官	五体	五志	五液	五味	五色	五化		五方	五时
木	肝	胆	目	筋	怒	泪	酸	青	生	风	东	春
火	心	小肠	舌		喜	汗	苦	赤	辰	暑	南	夏
土	脾	胃	口	肉	思	涎	甘	黄	化	湿	中	长夏
金	肺	大肠	鼻	皮毛	悲	涕	辛	白	收	燥	西	秋
水	肾	膀胱	耳	骨	恐	唾	咸	黑	藏	寒	北	冬

延伸阅读

茶的主要化学成分

据已有的研究资料表明，茶叶的化学成分有500种之多，其中有机化合物达450种以上，无机化合物约有30种。茶叶中的化学成分归纳起来可分为水分和干物质两大部分。其具体类别如表1所示。

分类名称	占鲜叶重（%）	占干物重（%）
水　份	75-78	
干物质	22-25	无机化合物水溶性部分2-4
水不溶部分	1.5-3.0	
有机化合物、蛋白质	20-30	
氨基酸	1-4	
生物碱	3-5	
茶多酚	20-35	
糖　类	20-25	
有机酸	3左右	
类脂类	8左右	
色　素	1左右	
芳香物质	0.005-0.03	
维生素	0.6-1.0	
酶　类		

表1　茶叶化学成份的分类

从表中可知，茶叶中化学成分种类繁多，组成复杂，但它们的合成和转化的生化反应途径有着相互联系、相互制约的关系。

水　分

水分是茶树生命活动中必不可少的成分，是制茶过程一系列化学变化的重要介质。制茶过程中茶叶色香味的变化就是伴随着水分变化而变化的。因此，在制茶时常将水分的变化作为控制品质的重要生化指标。茶鲜叶的含水量一般为75-78%，鲜叶老嫩、茶树品种、季节不一，含水量也不同。一般幼嫩芽叶、雨水叶、露水叶、大叶种，雨季、春季的含水量较高，高的可达84%左右。老叶、中小叶种和旱季、晴天叶含水量较低。制茶过程含水量控制的指标如表2所示。

名　称	含水量（%）
鲜　叶	75-78
杀青叶	60-64
揉捻叶	60左右
二青叶	35-40
三青叶	10-15
足干叶	5-6

表2　炒青茶加工过程水分的变化

安溪茶都摄影展作品选

蛋白质与氨基酸

茶叶中的蛋白质含量占干物质量的20-30%，能溶于水直接被利用的蛋白质含量仅占1-2%。这部分水溶性蛋白质是形成茶汤滋味的成分之一。氨基酸是组成蛋白质的基本物质，含量占干物质总量的1%-4%。茶叶中的氨基酸主要有茶氨酸、谷氨酸、天门冬氨酸、天门冬酸胺、精氨酸、丝氨酸、丙氨酸、组氨酸、苏氨酸、谷氨酰胺、苯丙氨酸、甘氨酸、缬氨酸、酪氨酸、亮氨酸和异亮氨酸等25种以上，其中茶氨酸含量约占氨基酸总量50%以上。氨基酸，尤其是茶氨酸是形成茶叶香气和鲜爽度的重要成分，对形成绿茶香气关系极为密切。

生物碱

茶叶中的生物碱包括咖啡碱、可可碱和条碱。其中以咖啡碱的含量最多，约占2%-5%；其他含量甚微，所以茶叶中的生物碱含量常以测定咖啡碱的含量为代表。咖啡碱易溶于水，是形成

枝如铁干如铜

茶叶滋味的重要物质。红茶汤中出现的“冷后浑”就是咖啡碱与茶叶中的多酚类物质生成的大分子络合物，是衡量红茶品质优劣指标之一。咖啡碱可作为鉴别真假茶的特征之一。咖啡碱对人体有多种药理作用，如提神、利尿、促进血液循环、助消化等。

茶多酚

茶多酚是茶叶中三十多种多酚类物质的总称，包括儿茶素、黄酮类、花青素和酚酸等四大类物质。茶多酚的含量占干物质总量的20%-35%。而在茶多酚总量中，儿茶素约占70%，它是决定茶叶色、香、味的重要成分，其氧化聚合产物茶黄素、茶红素等，对红茶汤色的红艳度和滋味有决定性作用。黄酮类物质又称花黄素，是形成绿茶汤色的主要物质之一，含量占干物质总量的1%-2%。花青素呈苦味，紫色芽中花青素含量较高，如花青素多，茶叶品质不好，会造成红茶发酵困难，影响汤色的红艳度；对绿茶品质更为不利，会造成滋味苦涩、叶底青绿等弊病。茶叶中酚酸含量较低，包括没食子酸、茶没食子素、绿原酸、咖啡酸等。

糖 类

茶叶中的糖类包括单糖、双糖和多糖三类。其含量占干物质总量的20-25%。单糖和双糖又称可溶性糖，易溶于水，含量为0.8-4%，是组成茶叶滋味的物质之一。茶叶中的多糖包括淀粉、纤维素、半纤维素和木质素等物质，含量占茶叶干物质总量的20%以上，多糖不溶于水，是衡量茶叶老嫩度的重要成分。茶叶嫩度低，多糖含量高；嫩度高，多糖含量低。

茶叶中的果胶等物质是糖的代谢产物，含量占干物质总量的4%左右，水溶性果胶是形成茶汤厚度和外形光泽度的主要成分之一。

有机酸

茶叶中有机酸种类较多，含量为干物质总量的3%左右。茶叶中的有机酸多为游离有机酸，如苹果酸、柠檬酸、琥珀酸、草酸等。在制茶过程中形成的有机酸，有棕榈酸、亚油酸、乙烯酸等。茶叶中的有机酸是香气的主要成分之一，现已发现茶叶香气成分中有机酸的种类达25种，有些有机酸本身虽无香气，但经氧化后转化为香气成分，如亚油酸等；有些有机酸是香气成分的良好吸附剂，如棕榈酸等。

类脂类

茶叶中的类脂类物质包括脂肪、磷脂、甘油脂、糖酯和硫酯等，含量占干物质总量的8%左右。对形成茶叶香气有着积极作用。类脂类物质在茶树体的原生质中，对进人细胞的物质渗透起着调节作用。

色　素

茶叶中的色素包括脂溶性色素和水溶性色素两部分，含量仅占茶叶干物质总量的1%左右。脂溶性色素不溶于水，有叶绿素、叶黄素、胡萝卜素等。水溶性色素有黄酮类物质、花青素及茶多酚氧化产物茶黄素、条红素和茶褐素等。脂溶性色素是形成干茶色泽和叶底色泽的主要成分。尤其是绿茶、干茶色泽和叶底的黄绿色，主要决定于叶绿素的总含量与叶绿素A和叶绿素B的组成比例。叶绿素A是深绿色，叶绿素B呈黄绿色，幼嫩芽叶中叶绿素B含量较高，所以干色多呈嫩黄或嫩绿色。在红茶加工的发酵过程中，叶绿素被大量破坏，产生黑褐色物质和茶多酚的氧化产物，茶叶中的蛋白质、果胶、糖等物质结合，使红茶干色呈褐红色或乌黑色，叶底呈红色。绿茶、红茶、黄茶、白茶、铁观音、黑茶六大茶类的色泽均与茶叶中色素的含

茶人之家

化验成份

量、组成、转化密切相关。

芳香物质

茶叶中的芳香物质是指茶叶中挥发性物质的总称。在茶叶化学成分的总含量中，芳香物质含量并不多，一般鲜叶中含0.02%，绿茶中含0.005-0.02%，红茶中含0.01-0.03%。茶叶中芳香物质的含量虽不多，但其种类却很复杂。据分析，通常茶叶含有的香气成分化合物达三百余种，鲜叶中香气成分化合物为50种左右；绿茶香气成分化合物达100种以上；红茶香气成分化合物达300种之多。组成茶叶芳香物质的主要成分有醇、酚、醛、酮、酸、酯、内酯类、含氮化合物、含硫化合物，碳氢化合物、氧化物等十多类。鲜叶中的芳香物质以醇类化合物为主，低沸点的青叶醇具有强烈的青草气，高沸点的沉香醇、苯乙醇等，具有清香、花香等特性。成品绿茶的芳香物质以醇类和吡嗪类的香气成分含量较多，吡嗪类香气成分多在绿茶加工的烘炒过程中形成。红茶香气成分以醇类、醛类、酮类、酯类等香气化合物为主，它们多是在红茶加工过程中氧化而成的。

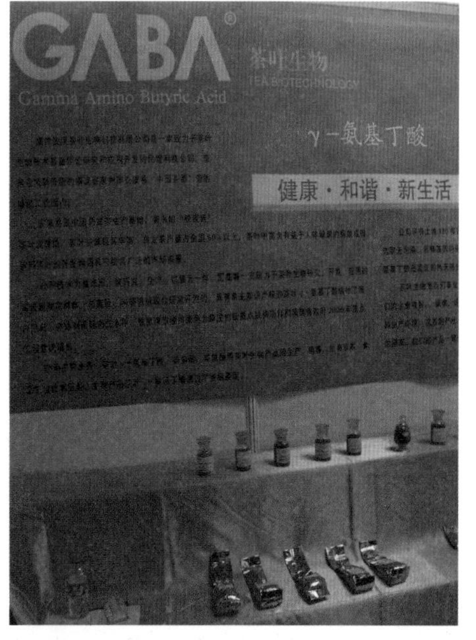

GABA茶叶生物

茶加工产品

茶加工产品

维生素

茶叶中含有丰富的维生素类，其含量占干物质总量的0.6-1%。维生素类分水溶性和脂溶性两类。脂溶性维生素有维生素A、维生素D、维生素E和维生素K等。维生素A含量较多。脂溶性维生素不溶于水，饮茶时不能被直接吸收利用。水溶性维生素有维生素C、维生素B1、维生素B2、维生素B3、维生素B5、维生素B11、维生素P和肌醇等。维生素C含量最多，尤以高档名优绿茶含量为高，一般每100克高级绿茶中含量可达250毫克左右，最高的可达500毫克以上。可见，人们通过饮用绿茶可以吸取一定的营养成分。

酶　类

酶是一种蛋白体，在茶树生命活动和茶叶加工过程中参与一系列由酶促活动而引起的化学变化，故又被称为生物催化剂。茶叶中的酶较为复杂，种类很多，包括氧化还原酶、水解酶、裂解酶、磷酸化酶、移换酶和同工异构酶等几大类。酶蛋白具有一般蛋白质的特性，在高温或低温条件下有易变性失活的特点。各类酶均有其活性的最适温度范围，一般在30-50℃范围内酶活性最强。酶若失活、变性，则就丧失了催化能力。酶的催化作用具有专一性，如多酚氧化酶，只能使茶多酚物质氧化，聚合成茶多酚的氧化产物茶黄素、茶红素和茶褐素等；蛋白酶只能促使蛋白质分解为氨基酸。茶叶加工就是利用酶具有的这种特性，用技术手段钝化或激发酶的活性，使其沿着茶类所需的要求发生酶促反应而获得各类茶特有的色香味。如绿茶加工过程中的杀青就是利用高温钝化酶的活性，在短时间内制止由酶引起的一系列化学变化，形成绿叶绿汤的品质特点。红茶加工过程中的发酵就是激化酶的活性，促使茶多酚物质在多酚氧化酶的催化下发生氧化聚合反应，生成茶黄素、茶红素等氧化产物，形成红茶红叶红汤的品质特点。

无机化合物

茶叶中无机化合物占干物质总量的3.5%-7.0%，分为水溶性和水不溶性两部分。这些无机化合物经高温灼烧后的无机物质称之为“灰分”。灰分中能溶于水的部分称之为水溶性灰分，占总灰分的50%-60%。嫩度好的茶叶水溶性灰分较高，粗老茶、含梗多的茶叶总灰分含量高。灰分是出口茶叶质量检验的指标之一，一般要求总灰分含量不超过6.5%。

（林乾良、陈小忆）

茶宴与茶食

有酒宴，亦有茶宴。茶宴随着茶的普遍饮用而出现，距今已有1700年的历史。茶宴最早的记载见于《世说新语·轻诋篇》：“褚太傅初渡江，尝入东，至金昌亭。吴中豪右燕集亭中，褚公虽素有重名于时，造次不相识，别敕左右多与茗汁，少箸粽。”茶宴形式多样，有以茶代酒，花间竹下赏花清饮的（吕温《三月三日茶宴序》）；有庆贺新茶初采，品比贡茶，在两州边境举办的品茶歌舞宴（白居易《夜间贾常州、崔湖州茶山境会亭欢宴》）；有禅林参禅讲经招待宾客的大型茶宴（径山茶宴、喇嘛寺茶会）；有皇帝与重臣共品贡茶的茶宴等。

茶宴食品与酒宴亦有区别，主要是较清淡的面食与果品，统称茶食。前引《世说》中所提的“粽”即是糯米作的一种茶食，也即是《大金国志》中所提到的茶食——蜜糕。关于茶食的最好记述见日本的《禅林小歌》，书中在介绍源自中国的唐式茶会时写到：“端上水晶包子（葛粉做）、驴肠羹（似驴肠）、水精红羹、鳖羹（状似）、

晨练

张天福近照

闽南龙舟赛

猪羹（形似猪肝）、甫美羹、寸金羹（因金色寸方得名）、白鱼羹（白色、似白鱼）、骨头羹和都芦羹等羹汤类；乳饼（小麦饼、形似乳房）、茶麻饼、馒头、卷饼、温饼等饼类以及馄饨、螺结、柳叶面、相皮面、经带面、打面、素面、韭叶面和冷面等。”客人们更相“诬之”（互劝意）。随后用高缘果盒盛装龙眼、荔枝、榛子、苹果、胡桃、榧子、松子、枣杏、栗柿、温州桔和薯等。由于是禅林，上列食品均为素食。在一般人的茶食中，也有荤菜，如陆游独好鸭脚，在《听雪为客置茶果》中写到：“不饤饽栗和梨，犹能烹鸭脚。”

茶宴初出现时，是士大夫们标榜俭朴，作为酒宴的替代。随着社会的发展，它也演变得铺张、奢华。从茶宴的记录上可以看到，当时人们甚少系缚，自由、快乐，茶宴上有一种勃勃向上之气。自从陆羽提倡茶四修身养性之物，精行检德之人所为后，茶走入淡泊宁静之路，茶宴在中原大地开始走下坡路。对茶宴极为推崇的白居易在其后来所作的《夜泛阳坞入明月湾即事寄崔湖州》之后注：“尝羡吴兴每春茶山之游，泊入太湖，羡意减矣。”可见，此时茶宴已失去了往日的昌盛。到了明代，文人们更认为“饮茶以客少为贵，客众则喧，喧则雅趣尽矣”；“饮茶最忌荤肴杂陈”；“饮茶以客少为贵……五六（人）日泛，七八（人）日施。”这种把茶宴看作施茶，以及冲泡茶的出现，使茶宴完全消失。

茶宴的出现，刺激了茶食的发展。茶宴消失后，茶食则传入民间。在北京、上海、南京、广州、成都等地的茶馆里，茶食不但品种多而精美，且各地自有特色。除茶馆外，茶食在民间习俗中也有一定的地位。在云南昭通地区的绥江，请客人吃点心，他们称之为“摆茶”。结婚时男方要给女方送去一些（一般是十几抬）自制的点心，称之为“茶礼”。无论是“摆茶”的点心还是“茶礼”的点心，都称之为“茶食”，其中有一种当地人称之为“果果”，其制作以优质糯米为主要原料，配上黄豆、花生、芋头、果药等，放阴凉干燥处阴干，再用“油砂”炒酥，再给它穿上蜂蜜、砂糖、猪油、芝麻等的外衣。除果果外，茶食中还有“苕丝”、“玉兰丝”、“油酥米花糖”、“瓜片”、“片糖”、“甜酒粑”等。明代许次纾在《茶疏》中写到：“礼失求诸野，今求之夷矣。”他所说的夷即指当时的南中，今天的云南。可见云南在明代保存了很多中原已失的茶俗。今天的绥江茶食可能就是真正的古风，从中可以看到云南化的中原茶食风俗。

（杨凯）

雅俗共赏话茶膳

茶膳是将茶作为菜肴和饭食的烹制与食用方法的总和，是一种大众化的茶叶消费新方式，是茶叶经济发展的一个新增长点。

一、茶膳的起源与现状

中国是茶的发祥地，从公元前的周朝初期就开始吃茶叶了。《诗经》云："采荼薪樗，食我农夫。"东汉壶居士写的《食忌》说："苦茶久食为化，与韭同食，令人体重。"唐代储光羲曾专门写过《吃茗粥作》。清代乾隆皇帝多次在杭州品尝名茶龙井虾仁。慈禧太后则喜用樟茶鸭欢宴群臣。云南基诺族至今仍保留着吃凉拌茶的习俗。

进入80年代，特别是90年代以来，随着生产和茶文化事业的发展，茶膳开始进入了新的发展阶段。广东早茶进军全国大城市；台湾有茶宴全席以及茶果冻、茶水羹、得意茶叶蛋、铁观音烧鸡、泡沫红茶、李白茶酒等；北京有迎宾茶等特色茶宴，以及茗缘贡茶、银针庆有余、玉露凝雪、沱茶鸡等50多道茶菜和茶饺等多种茶饭；香港有武夷岩茶和鲍鱼角、茉莉香片炒海米、水仙上汤泡炸豆腐等茶菜和多家茶艺馆；北京还出现了专门经营茶膳的饭店——小天鹅酒家茗缘阁；杭州的中国茶叶博物馆有狮峰野鸭、脆炸龙井、双龙抢珠等茶菜、茶食等等。

二、茶膳的形式与特点

现代茶膳具有配套发展的特点。其形式按消费方式划分，有家庭茶膳、旅行休闲茶膳和餐厅茶膳三种。

1. 餐厅茶膳内容丰富

①茶膳早茶

供应热饮和冷饮：绿茶、铁观音、花茶、红茶、茶粥、皮蛋粥、八宝粥、茶饺、虾饺、炸元宵、炸春卷等。

②茶膳快餐或套餐

供应茶饺、茶面、茶鸡玉屑。配以一碗汤，或一杯茶，一听茶饮料。

③茶膳自助餐

可供应各种茶菜、茶饭、茶点、热茶、茶饮料、茶冰淇淋，还可自制香茶沙拉、茶酒等。

④家常茶菜茶饭

如茶笋、炸雀舌、茶香排骨、松针枣、怡红快绿、白玉拥

太极茶羹

秋萍茶宴馆茶菜之一

翠、春芽龙须、茶粥、龙须茶面、茶鸡玉屑等。

⑤特色茶宴

如婚礼茶宴、生辰茶宴、庆功茶宴、春茶宴等。

2. 茶膳在普通中餐的基础上，采用优质茶叶烹制茶肴和主食，具有以下特点：

①讲求精巧、口感清淡

茶膳以精为贵，以清淡为要。比如春芽龙须这道菜，选用当天采摘的绿豆芽，掐头去尾，掺以当年采摘的水发春茶芽（去掉茶梗及杂叶），微咸、清香、白绿相间，用精致小木盆上菜，深受顾客喜爱。茶膳口味多酥脆型、滑爽型、清淡型，每道菜都加以点饰。

②有益健康

茶膳选用春插入茶入饭，茶菜中不少原材料来自山野。春茶和山野茶都不施用化肥，而且富含对人体有益的多种维生素。

③融餐饮、文化于一体

比如："怡红快绿"这道菜的创意源于古典名著《红楼梦》；"银针庆有余"则把"年年有余"的中国民俗与明前银针茶融于茶菜中。又比如，茶膳使用八仙桌椅、木制餐具，在用传统茶艺表演为客人品尝茶膳助兴时，可以播放专门编配的茶曲，使客人在传统民族文化形式与现代艺术形式相结合的氛围中，既饱口福，又饱眼富将餐饮消费上升到文化消费的层次。

④雅俗共赏，老少咸宜

茶膳顺应人们日益增强的返朴归真、注重保健、崇尚文化品位等消费新需求，从几元钱的茶粥、茶面到上千元的茶宴都能供应，又确有新意，因而适应面较广。北京已有约1万多名顾客品尝过茶膳。而且，茶膳原材料资源十分丰富，成本相对较低，具有广泛的开发价值和商业前景。

茶膳还处于发展的初级阶段。需要在实践的基础上，逐渐丰富改进。从长远看，应确立并实行综合开发，特色取胜的发展方针，在近期，应努力做好三方面的工作：

第一、着重在特色与茶膳体系建设上下功夫。突出口味清淡，制作精巧和富有文化内涵、富有人情味等特点，使茶膳真正成为特色中餐。

第二、积极宣传引导消费。采用多种消费中喜闻乐见的方式，宣传，"茶膳有益健康"，"茶膳是高品位的消费"，"发展茶膳，利国利家"等。

第三、使茶膳进入家庭并走向国际。饭店是茶膳发展的基地。但是，从一定的意义上讲，茶膳仅在饭店中是发展不起来的，必须经过进入家庭和走向国际，茶膳才能求得持久的稳定的、全面的发展。

第四、民以食为天。茶膳象一块刚出土的璞玉，等待人们的精雕细刻，也等待海内外广大消费者的欣赏。

（陆尧）

茶　菜

以茶入菜，则是中国人民发挥聪明才智，把茶的营养价值和博大精深的饮食文化融会贯通后，创造出来的又一养生保健之道。早在春秋时代的典籍中，就有记载。《晏子春秋》云："婴相齐景公时，食脱粟之饭，炙三弋五卵，茗菜而已。"《晋书》则说"吴人采茶煮之，曰茗粥。"由此可见，以茶入菜，在我国同样有着悠久的历史。

茶的品种繁多，而作用也有差异。一般来说，想消炎降火应喝绿茶为主，胃肠虚寒者以喝红茶为宜，体质不寒不热的人，则以喝铁观音为佳。因应茶的这些特性，茶宴中以茶入菜也有诸多讲究。茶与美食，搭配得当，方能互相融合，相得益彰。

茶菜的制作方法多种多样。大致有如下几方面：

一、化茶叶为菜肴

苏武在《次韵曹辅寄壑源试培新茶》中说道："从来佳茗似佳人。"这一妙喻，用来形容绿茶，料想它也担当得起。绿茶不仅茶形娟秀、茶色碧绿澄清，而且茶味醇和鲜灵，又有着清纯幽远的茶香。因此，直接用绿茶的叶来做菜是最合适不过的了。例如我们今日所吃的茶宴中的毛峰石榴球一菜，便是用虎跑泉的泉水冲泡的雁荡毛峰绿茶精制而成。

二、茶汤入肴

由于菜的秉性天赋各异，因此也不是所有的茶叶都合适用来做菜的。于是，厨师又花心思，把茶汤、茶汁与菜肴一同烹制，同样可以使菜肴带有浓郁的茶香。茶宴中的头盘普洱茶拼盘，即是用陈年的普洱贡茶的茶汁加入卤水精制而成，这样一来，普洱茶除腻降脂、抗衰老的作用又得到了很好的发挥。

三、化用典故，形象会意

综观茶宴，无论从菜肴的命名、外观到它所营造出来的意境，无不散发出浓厚的文化韵味。毛尖琵琶翅，美其名曰："荔湾荷飘香"，便是取意于八仙中的何仙姑，在白荷的盛托下，在荔湾河畔，一边游览，一边把手中的名茶撒入湾中的传说。此菜用在历史上享有盛名的信阳毛尖和畔塘之秀及鱼翅精制而成。鱼翅的造型像鱼儿，一尾尾围绕在碟中的荷花旁边，闻之只觉茶香阵阵，赏之则是缤纷悦目。

（绿城）

四、茶菜烧法例举

1. 乌龙焖豆腐

用料：老豆腐500克，清香铁观音茶50克，花生米150克，色拉油，精盐，酱油各适量。

制法：①将老豆腐洗净，入清水中滚煮约10分钟，去其豆腥味。②另换清水，入豆腐与茶，加少许酱油置旺火上煮沸后，转文火清焖。待豆腐呈金黄色时，捞起冷却。③将锅置旺火上，人色拉油，待其五成热时下花生米，转文火炸酥，捞出滤油，冷霜却后加适量细盐拌均，入盘。④将豆腐切片装盘，与咸酥荏生同时上桌。

2. 茶酒醉白肉

用料：白切肉200克，浓香铁观音茶汁50克，啤酒250克，葱、姜各10克，高度白酒10克，盐适量，高汤250克。

制法：①将白切肉用沸水余一下待用。②然后将啤酒烧沸，冷却后放入入茶汁，将白切肉浸泡茶酒内，倒入白酒盖上盖。③白切肉小火连续闷2小时后揭盖出锅、切片装盘即成。

秋萍茶宴馆茶菜之一

秋萍茶宴馆茶菜之一

秋萍茶宴馆茶菜之一

特点：肉质细嫩，微带啤酒的苦味，鲜美可口。

3. 乌龙鳝片

用料：浓香铁观音茶叶10克，鳝鱼2条（400克），黄酒10克，食盐3克，酱油5克，白糖7克，蒜头1瓣，淀粉适量，生油100克。

制法：①将茶叶冲人沸水，泡成浓汁，其余茶叶碾成细末。②鳝鱼去骨洗净，斜切成薄片，加少许酒捏匀，再撒入淀粉上芡。③将蒜头剁细置碗中，再放入酒、盐、酱油、味精、糖、茶汗和淀粉调成汁。④生油置铁锅烧热后，倒入鳝片，炒熟捞出。⑤调味汁倒人铁锅，烧成稀糊，即倒鳝片翻炒，撒上茶末炒，拌匀起锅装盘。

特点：茶香浓郁，味鲜肉嫩。

4. 栗子排骨汤

用料：清香铁观音茶叶3克，小排300克，栗子150克，盐4克。

制法：①茶叶置杯中，冲入热开水500毫升，泡1分钟后滗取茶汁备用。②小排切成小段（宽2厘米），开水烫后洗净；③栗子去壳去膜；④把全部材料装入锅中炖1个半小时。上桌前再加盐调味即可。

5. 铁观音炖鸡

用料：嫩鸡1只约1000克；铁观音茶25克，葱丝，姜丝各10克，酱油2大匙，白糖5克，花生油500克。

制法：①将鸡杀白，洗净，切成大块。茶用茶杯泡沏后，茶汤备用，②炒锅置火上，放入花生油。至五成热时放入鸡块炸至半熟，沥去油，再放入葱、姜丝，铁观音茶汤，大火烧开后放入酱油，然后以小火焖熟鸡块，最后加少许糖即成。

特点：鲜香浓郁，甘酽醇厚。

6. 茶烧肉

用料：五花猪肉500克，铁观音茶叶25克，白砂糖50克，酱油、麻油、花椒、姜、葱、盐适量。

制法：①将猪肉洗净，切成薄片，放人盛器内，加人酱油、麻油、姜丝、葱段适量，腌渍半小时；②茶叶、花椒用开水适量浸泡十分钟，滤去茶叶和花椒，留下茶汁备用。③将白砂糖下入烧热的炒锅中，炒至黄色，放人腌好的肉片，炒至三分熟，再倒人茶汁，及适量盐、骨架汤，以没过肉为准，盖好锅盖，用文火煨，待汤呈紫红色，有黏性后，即可装盘上桌。

特点：颜色红艳，茶香浓郁，咸甜适口，入口不腻。

茶宴情趣

茶宴，古已有之。陆羽茶经七之事中引《晏子春秋》语，说晏子齐国任相时，就“食脱粟之饭。炙三戈，五卵，茗菜而已”。又引《晋书》，说桓温性俭，任杨州太守时，“每宴饮，唯下七奠拌茶果而已。”及至陆羽的时代，上层社会中设茶宴待客就很寻常了。茶宴的具体情况，可从唐诗中窥见一斑。

钱起《与赵莒茶宴》

竹下忘言对紫茶，全胜羽客醉流霞。
尘心洗尽兴难尽，一树蝉声片影斜。

鲍君徽《东亭茶宴》

闲朝向晓出帘栊，茗宴东亭四望通。
远眺城池山色里，俯聆弦管水声中。
幽篁引沼新抽翠，芳槿低檐欲吐红。
坐久此中无限兴，更怜团扇起清风。

根据诗中的描述推测，那时的茶宴，是以茶为宴，以茶代酒。多为标榜廉俭，与今天的茶宴有所不同。今天的茶宴，保留

茶艺馆

的是以茶代酒，增添的是以茶入菜，不再是标榜廉俭而是图新鲜，吃情趣，多休闲了。而随着人们生活水平的提高，许多餐馆酒楼都推出以品尝茶菜为主的茶宴，北京上海等大都市还涌现了一些专做茶宴的餐馆，据说生意都还很红火呢。

茶宴上的茶菜，大体上有两类。一类是实惠的，不一定好看，但有味道。比如，茶叶蛋，茶鸭，茶虾。有一回我在闽北一家小酒楼请茶友，点了一个茶香虾。端上来时，满满一大盘，红白相间。红的是手指粗的大虾，黑的是水仙茶叶，统统放在一起下油锅炸至酥脆。外观不雅，然而吃起来味道不错，香，酥，鲜，且又份量足，实在是可以让我们吃个痛快的。茶虾中有一道名菜，是杭州的龙井虾。据说是清朝乾隆皇帝最喜欢的茶菜，经常用来待客的，自然也就美观的多。虾选大小适中，茶用西湖龙井，大火快炒了上桌，红绿相间，茶香虾嫩，吃起来别有一番风味。另一类是好看的。大多在茶菜的外形上极尽雕琢之能事。菜名也取的极有诗意。比如，荔湾飘荷香，五仙献佳茗，毛峰石榴球，六榕茶香馨，等等。一些茶宴馆还以地方景观，诗词典故作菜名。广东茶宴就以羊城八景为名，双桥烟雨，鹅潭夜月，云山锦锈，等等；杭州茶菜也有以西湖十景为名的。上海秋萍茶宴馆则别出心裁，以唐诗名句为名，一行白鹭上青天；两只黄鹂鸣翠柳，姑苏城外寒山寺，夜半钟声到客船，窗含东吴千秋雪，飞流直下三千尺，等等。

茶菜的烧法各异，使用的茶类也不尽相同。乌龙茶因其香浓汤醇，以及平和之性，烧出来的茶菜往往别具一格。最常见的是与鸡、鸭，以及肉类相配，既能去除油腻，又能养胃。不要担心不易消化，或者太寒太热。当然，所谓的茶菜，不管怎么烧，都要以菜为主，茶叶只是一种辅助调料。而且最好要以茶汁入菜，不宜将茶叶直接混进菜里。这样才能将茶性与菜性有机的结合在一起，形成最佳的独特滋味。

除了茶菜以外，还有茶食。其实就是以茶为佐料的点心。有糕、饼、糖等。我到天福茶博馆去时，见到此类茶食，不下数十种，外观精致，茶香袭人。其中印象最深的是一种绿茶软糕。色泽浅绿剔透，香气淡雅幽远，入口糯软清甜，令我这极少吃甜点的人，都禁不住流出了口水。买了两盒带回家，一家老小都爱吃。还有一种乌龙硬糖，口感也不错。含在嘴里，半天茶香不散。

现代茶宴的出现，给中国的饮食文化增添了一道亮丽风景，受到了越来越多人们的喜爱。到茶宴馆去品尝茶菜茶食，不仅是一种美味享受，也是一种心灵的小憩。在布置优雅的环境里，听着若有似无的古典音乐，与三五好友一边品啜乌龙茶，一边品尝茶菜，进行着有声或无声的心灵沟通，该是多有情趣啊。

茶　浴

北京一惯就是引领时尚的。盛夏热浪中的北京人，最近又刮起了一阵茶水泡浴风，使茶水又一次派上新用场。这是编者近日从安溪（中国）茶都有限公司获悉的。

今年春茶以来，安溪县销往华北尤其是北京的较次茶叶增多，及至夏季也是如此，这引起安溪（中国）茶都公司有关负责人的关注。据悉，同往年相比，安溪销往北京的茶叶增幅约45%，为国内主销区最多地区。

近日，有心怀好奇的安溪茶商及茶都公司人士打听到，原来入夏以来，北京城内兴起一种新时尚，即用茶水泡浴。京城媒体对此进行过报道，并引述专家的话说，茶浴有美容保健作用，于是茶浴风越刮越盛。

记者几经周折，电话联系上了安溪茶商张先生。据张先生说，北京茶浴所用之茶，以安溪铁观音为主。张先生的一些北京客户说，用安溪铁观音泡浴，美容效果最佳，其中一个有腰疾的客户还说，经泡茶浴，腰疾好转许多。

据了解，在北京茶浴场所，大觉寺明慧茶院最为有名，客户

茶食品

茶食品

茶香月饼

得提前2至3天预订，才能有一席浴池可泡，可见其热度之高。

其实，更多的北京人选择在家泡茶浴。据张先生介绍，一般泡一次茶浴需要干茶2.5公斤，时价约120元。做法是用开水将茶泡于大桶中，倒于浴池中加水。待冲浴后浸入其中，边泡边用茶叶搓身子。

记者随后向安溪县茶科所了解，得知茶浴在安溪有关文史记载中早有体现，对美容健身有一定作用，一般每周泡一次即可。

安溪县茶科所有关人士说，茶浴美容健身有科学道理，原理是茶水富含锌、硒、碘等多种无机矿质之类。但泡茶浴宜用旧茶，一者较经济，二者茶色更浓，矿质之类释放更多。

（资料来源：茶刊）

茶 枕

随着现代科学研究的深入，茶叶的医疗保健作用得到进一步的深入挖掘。研究表明，茶叶具有灭菌、抗辐射、消暑解热等作用。

在社会竞争日趋激烈的今天，人们承受的压力过大，特别是作为社会中坚力量的职业群体，成为了诸多疾病"青睐"的高危人群。下班回家，一张整洁、舒适的大床成为了许多人缓解压力的有效途径。但同为床上用品，人们通常注意清洁晾晒被褥、枕巾、枕套，却很少把枕芯"请"到屋外透气、晾晒。殊不知，每晚睡觉时，枕头是被褥里污浊气息通过的"咽喉要道"，加之人睡觉时"新陈代谢"所带来的分泌物脱落和呼出的不纯净气体大量地渗入，成为"脏乱差"的藏污纳垢场所，仅靠清洗外部的枕巾和枕套，只是"治标不治本"，枕芯内的污浊气息不能除掉，所以枕头已成为现代家庭卫生的盲区。医学专家建议枕芯至少两年更换一次。

睡眠占据了人生1/3的宝贵时间，选择一个优质有益健康的枕头，将直接改善人体的睡眠质量。

茶叶枕是利用茶叶的医疗保健作用，选用福建当年新采的高

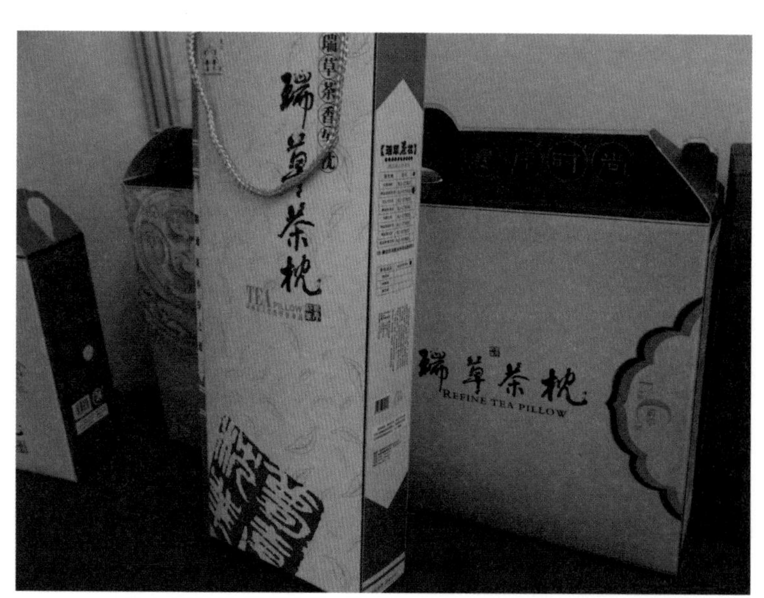

茶枕

山云雾绿茶茎作为枕芯填充物，经茶师以传统工艺结合现代科学技术运用独特的加工方法精心制作而成。茶香轻盈四溢，沁人心脾，使人倍感新鲜，如沐茶园。枕眠其上流香入脑，可较快消除疲劳。

中医认为，头为诸阳之会，精明之府，气血皆上聚于头部，头与全身经络俞穴紧密相联。某些芳香性天然植物的挥发成分有祛痰定惊、开窍醒脑、扩张周围血管的作用，直接作用于头部，从而防病祛邪，平衡气血，调节阴阳。

这种茶叶健康枕，依据闻香疗病的中医学理论，把具有芳香性的天然草本植物的根、茎、花进行配伍，再加之茶叶的天然特性，制做成寝枕。枕眠其上，头温使枕内的天然草本植物挥发芳香性物质，香气凝聚于枕周尺余，其香淡而不薄，久而不弱，清而不浊，散而不走，是一种预防疾病养生保健的有效手段。

让我们告别白天工作的紧张和繁忙，让我们独守这份心灵的静谧，让幽幽茶香伴您进入梦香……

（马文）

茶树花的研究应用现状

茶树花有着现实的市场需求和广阔的市场前景，可产生良好的经济效益和社会效益。茶树花的开发有利于茶区经济发展，变废为宝，是一个新的投资渠道。

茶树花简介

茶树花属完全花，两性，虫媒花。其基部的腺体，可以分泌蜜汁和香气。茶花着生于新梢叶腋间，单生或数朵丛生，由短花梗、托、花萼、花瓣、雄蕊群和雌蕊组成。花瓣一般白色，少数呈淡黄色或粉红色。茶树花的大小不一，大的直径5–5.5厘米，小的直径2–2.5厘米。

茶树花芽一般在6–7月份分化，10–12月份开花。花芽和种子的生长发育会消耗茶树体内的大量养分，影响茶叶的产质。

茶树花内含成分

茶树花内含多种有益成分和活性物质，例如：茶多酚维生素、茶多糖和氨基酸等。这些成分对人体具有解毒、抑菌、降脂、降糖、抗衰老、抗癌抑癌、养容、滋补和壮体等功效。实践验证：茶树花的抗氧化功能可与当今国际公认的抗氧化植物迷迭香相媲美。

通过茶树花与茶鲜叶主要生化成分含量的比较定，得山茶树花具有较高的水浸出物含量和含水率，水溶性糖含量略高于鲜叶，游离氨基酸含量与鲜叶相

茶食品

乌龙凤梨

茶香榄

茶番茄

秋　月

当，咖啡碱含量低于鲜叶，茶多酚含量明显低于鲜叶。

茶树花的开发利用

一、饮用

以茶花为原料加工成茶花茶及茶饮料大有前途。制成茶花茶时，既可以享受茶树花的清淡幽雅，又可以品尝茶叶的酽浓；既兼有鲜花和茶叶的风味，又具有茶叶的各种保健功能，可谓得天独厚。用茶树鲜花加工成干花，用来直接泡饮，其滋味清醇，花香幽雅，汤色金黄清澈，不仅具有花的馥郁芳香，而且兼有清热解毒、明目、消脂。养颜等多种功效。或与其他花草调味剂一起泡饮，风格别树一帜。正切合日前兴起的喝鲜花、干花的时尚，迎合消费者要求。中林绿源茶树花研发中心已研制山茶树花朵形干花产品，市场反映良好。

有实验表明以全花（含半开及花蕾）的综合品质最好。制作茶花茶采用全花（含半开以及花蕾）加工，相对比采用纯花瓣、纯花蕊、单去萼片的加工，减少了人工，降低了成本。

制作茶花茶的最佳工艺是：萎凋后、进行蒸汽蒸花、然后再干燥。萎凋技术以自然萎凋2小时处理最佳；蒸青技术则以蒸汽温度150℃，蒸花时间40秒，脱水时间40秒最佳：而干燥温度则以90℃处理最好。应用此法制作的茶花茶产品，外形花朵完整色泽鲜黄，汤色金黄明亮，香气清香带甜，滋味醇和，综合品质最佳。

二、开发茶花粉产品

花粉的营养成分极其复杂。目前已知含有200多种营养成分，其中含有20%左右的蛋白质，20多种氨基酸，10多种维生素，30多种常量和微量元素。100多种酶和辅酶，2%左右的核酸以及多种有机酸、不饱和脂肪酸、黄酮类、激素等。被人们称为为营养素的浓缩体，完全的营养源。茶花粉的营养配比合理，且易被人体吸收和利用。在蛋白质含量和氨基酸配比上较其他商品花粉具有一定优势，因此茶花粉具有开发成优质花粉的潜力。具有增强免疫力、抗疲劳、保护皮肤、抗衰老、调节肠胃功能等作川，同时对心脑血管、前列腺、肝脏等具有保健作用。据报道，我国台湾早已大量开发茶花粉，并将之作为大宗的出口产品。中林绿源茶树花研发中心也已研制出可直接食用的茶树花干花粉产品”。

茶花粉除可以作为商品花粉直接出售外，还可以将其加工成纯天然花粉微粒，应用于各种各样食品添加剂，开发成新型的天然饮料；也可用于各种调味茶的调味制剂，生产具有茶叶天然保健功能的产品。另外，因为花粉本身就具有保护皮肤，抗衰老、养颜等作用，还可将其作为化妆品添加剂。花粉既可口服，又能治理，将其用于美容是其他化妆品所不及的。花粉被医学界、美容界推崇为延年益寿，养颜美容珍品。可以利用微粉技术给化妆品生产厂提供花粉添加刑。

三、提取多种有效成分

提取茶树花中具有营养、保健功能的有效成分。可以使食品、日用化工、医药等行业增值、增效。

茶多糖是一种类似灵芝多糖和人参多糖的高分子化合物，是一类与蛋白质结合在一起的酸性多糖或酸性糖蛋白。据记载，在我国和日本的民间，常利用粗老茶叶来治疗糖尿病，其主要的有效成分就是茶多糖。现有对茶多糖的研究表明，茶多糖主要有降血糖、降血脂、抗血凝、抗血栓、增强机体免疫功能，防辐射和抗癌等方面的药理作用。开发前景十分广阔。对茶花中多糖进行提取和纯化，可为茶多糖的深入研究提供较好的材料，继而为今后在医药、保健食品等行业的广泛应用提供原料。

SOD是一种生物内源性自由基清除剂，属于酸性蛋白酶，活性中心均含金属离子。SOD通过其特有的歧化作用，消除人体新陈代谢过程中产生的自由基，从而保护组织和细胞。已有的研究表明，茶花花粉中SOD的活性较高，且耐热性较好，故深入研究茶花中SOD的活性、含量及性质，进而从中提取、纯化SOD作为食品、医约竹行业的原料，也是茶花利用的一个方向。

四、用于制茶树花酒

近年来，随着人们保健意识的增强和消费观念的转变，功能性保健酒将逐渐成为市场新宠。用茶树花开发的保健酒，既可以保留酒的风味，又兼有茶树花的消香和保健功能。由福建农林大学叶乃兴研制的茶树花酒，色泽清亮透明，具有特殊的香气：口感醇而有茶味，具有明日、养颜、减肥功能。男女老少皆宜。

五、用于窨制红茶

茶花有芳香，芳香物质以酚类为主，酸类次之，烷烃类、酷类、酯类和醇类含量依次减少。茶花中Zn。Cu含量较高，对多酚氧化酶具有催化作川，可用于红碎茶的发酵。在茶鲜叶中配入适量的鲜花制红茶，会促使红茶发酵活跃，有利于形成优质红茶。用茶树花窨制后的红茶，花蜜香浓爽持久。

六、其他应用

茶树作为园林植物有其独特的魅力。茶树花大多在10月下旬至11月上中旬盛花，11月下旬至12月中旬终花，花期长达60-80天。更重要的是，将茶树作为园林植物还可以弥补园林中冬季少花的不足。利用茶树作为绿篱还有一种景观可以欣赏，那就是茶树的“带子怀胎”现象，这在其他植物上也是不多的。现在茶树已成为很多地方重要的风景资源。如中国99年昆明世界园艺博览会就有专门的茶园展区，以造型和种类不同的茶树为背景，配之以茶文化史、制茶工艺技术和茶的综合利用等，展示茶树作为风景园林植物的魅力及其所拥有的文化和经济内涵。另外茶树作为绿篱也已经应用于许多地方，

茶饮料

汉唐明月

月圆好茶

如长沙的烈士公园和杭州的中国农业科学院茶叶研究所。

茶树开发的经济效益

茶树花的生长属于生殖生长，与茶叶芽生长不周，并分别处于不同的时期。一般茶园管理着重于营养生长，抑制生殖生长以提高茶园茶叶质量、产量，增加经济效益。采摘茶树花工开发产品，可以增加茶园产出综合产量，提高茶园单位面积的产出效益。

据研究报道：中小叶种（鸠坑种），每丛茶树开花约2000-3000朵，平均百花重70克，亩产鲜花达210-315公斤，以3.5公斤鲜花制作成1公斤干花计，亩产干花60-90公斤。以每公斤鲜花收购价2元计算，茶农每亩茶同年可增加效益840-1260元。从市场上干茶花产品销售情况看来，以每公斤售价20元以上，每亩茶园年可增加效益达1200-1800元。

茶花在10月至第二年2月进入盛花期，而茶叶进入休采期，利用此时期进行茶树花的加工生产，既可以减少茶叶加工厂房及机械设备闲置期，提高其利用率，增加工厂效益，又可以创造就业机会，增加制茶工人经济收入。

茶树花的开发利用，正适应时代的潮流趋势。古有“朝饮春兰之坠露兮，夕餐秋菊之落英”、“借问健身何物好，无心摇落玉花黄”：今有“全能营养食品”、“美容之源”、“微型营养库”等强身健体、保健养生的美誉。将茶树花制作成干茶花，作为产品销售：或对鲜花或干花进行深加工，制作出新的花色品种以适应不同消费者的需求。

（赵爱凤）

第十一章

销售推广

XIAO SHOU TUI GUANG

茶叶营销的基本理念

俗话说，“做的好还要卖的好”。铁观音茶作为一种商品，不仅要在生产制作上保证质量，同时也要销售推广的好，让更多的消费者喜欢。犹其是随着近来我国市场经济的发展，就整体茶叶市场来说，处在“供大于求”的状况。因此，如何树立先进的营销理念，及时调整铁观音的营销策略，就成了一个从某种意义上关系到茶产业能否进一步发展的重要问题。

善于审时度势，进取创新的安溪人，在这方面积累了相当丰富的经验。

买方市场与顾客至上

计划经济时期，我国茶叶生产总量很小，产业薄弱，基本不存在营销问题。进入市场经济占主导地位的新时期，茶叶营销就成了一个日益突出的问题。因此，茶业生产经营者，首先需要研究的，就是我国市场经济的性质和特点问题。

我国的市场经济，是社会主义条件下的市场经济。但是仅仅理解这一点远远不够，还应该有更加具体的理解。市场经济的早期发展阶段，由于社会物质的生产力还不够发达，人们的物质需求又很多，所以不管生产什么，基本上都能卖掉。但是这一阶段很快就随着经济的发展而结束。某一天早上，许多原来

茶叶交易摊

茶都茶叶交易市场

"皇帝女儿不愁嫁"的商品，突然无人问津了。茶叶也是如此，许多原先一直销售很好的茶叶，突然间成了仓库里的积压货。这种现象在许多国家都发生过。其实，这就是一种相对性的生产过剩。标志着市场经济已从卖方市场变成了买方市场。

卖方市场和买方市场的最大区别，在于前者以卖方为主导，简单地说就是我卖什么你就买什么，你不能选择也没处选择；后者则是买方为主导，我买什么，买多少，完全由自己选择；你只能根据我的需要来满足我。

对于茶叶来说，这一点也许更加突出。茶叶虽然与"油盐柴米"一样，同列为开门七件事，实际上远没有柴米油盐那么重要。对于绝大多数生活在内地的中国人来说，没有米没有盐万万不行，没有茶却照样能过日子。换句话说，茶并非是如大米那样的生活必需品。一般的人，只有在吃饱了饭之后才会考虑是否喝茶。所以，在汉族历史上，饮茶的一直是以宫廷贵族士大夫为主体的上层社会。许多地方的普通百姓，根本不饮茶。一些地方流行的茶俗，也多是在迎来送往、婚丧喜庆、祭祀等活动中象征性仪式，平时也没有饮茶习惯。只有在边疆地区的游牧少数民族，因为以牛羊肉为主食的饮食习惯关系，才需要每日饮茶。但是这部分茶叶消费群体，无论对茶叶的数量还是质量需求，都相当有限。茶的这种商品特点，强化了茶叶市场的买方市场性质。更何况，近年来茶叶生产数量激增，竞争异常激烈，茶叶消费者有多的选择余地和更多的消费理性。因此茶叶生产经营者必须适应这种变化，牢牢树立买方市场意识，认真研究茶叶市场的发展情况。

根据某些营销专家的意见，首先应对市场进行细分。所谓细分，就是指茶业企业按照"细分标准"，把茶叶的整个市场划分为若干个需要不同标准的产品和服务的消费者群的市场分类过程。其次，要进行市场定位。所谓定位，就是指茶企业选择了目标市场后，在目标时市场上进行产品的市场定位。其实就是明确生产出来的茶卖给谁喝的问题。解决了这个前提后，才能根据实际情况按照市场优先的原则，调整茶叶生产和销售中的一系列具体问题。

就目前我国的茶叶销售来说，主要途径有两条：厂家直销与零售商（包括中间商）经销。尽管两者有所区别，却都必须树立顾客至上的营销理念。曾有一位著名的国外成功企业家，总结经验时告诫大家：第一句话，顾客永远是对的；第二句话，顾客永远是对的；第

茶都交易大厅

边卖边拣

安溪茶都茶袋专摊

洽谈加盟

安溪茶都茶叶包装店

安溪茶都茶叶机械店

安溪茶都配套服务店

三句话还是，顾客永远是对的。这样的一再强调顾客永远是对的，正是营销时必须树立的顾客至上理念。对此中国也有一句话叫“来的都是客，相逢开口笑”。既然来买茶叶的都是客，那就一定要笑脸相迎，待之如宾。应当尽可能地了解顾客的心理，尽可能地满足他们的要求；即使有些顾客非常挑剔，也决不能认为他们不对。而是尽可能做好解释和说明，提供最好的服务。那种把顾客当作傻瓜的态度是绝对要不得的。

尽管如此，并不意味着单纯地去迎合和讨好顾客，买和卖，同时也是一个互动的过程。对于茶叶犹其是铁观音为代表的乌龙茶来说，因为原先流行的地域比较狭小，了解的人也相对少；要占领更多的市场，就必须不厌其烦地向消费者介绍宣传铁观音的特点，除此，卖方还应努力做好种种必要的售后服务工作。以更人性化的工作方式，与买方建立保持良好关系，建立长久的友谊。而这些工作，也就是卖方主动引导买方的过程。

品牌意识与质量为本

是否树立企业自己的品牌，是企业是否成熟的标志。中国的茶企业，总体上来说，规模较小，缺少真正能够能让市场和消费者广泛接受的著名品牌。近年来，铁观音产品在品牌建设方面做了大量工作，从某个方面来说，可以说已经成了国际性的茶叶品牌。然而，与那些真正的国际性茶叶品牌比如“立顿”茶相比，仍然需要解决许多问题。对于许多茶企业来说，仍然需进一步强化品牌意识。

近年来安溪市政府在建设铁观音品牌方面，采取了许多行之有效措施。安溪铁观音够成为目前这样有相当知名度的茶叶品牌，可以说是主要政府靠扶持的结果。然而，光光靠政府主导，远远不够。还需要每一个具体茶企业的努力。因为不管政府多少努力，要使铁观音茶为越来越多的顾客接受，占有越来越大的市场份额，最终还要靠企业以及产品本身来说话。

茶企业要树立品牌意识，首先是要将品牌建设作为企业的总体目标，只有在确立了既宏伟而又切实可行的企业目标后，才有可能围绕这一目标，制订一系列的具体措施与办法。其中最根本的，就是茶叶产品的质量问题。综观近年来铁观音从小到大，许多铁观音企业从弱到强的历史，更加证明了这一点。上世纪八十年代之前，铁观音无论在国际国内市场所占份额都少的可怜。经过十多年的努力，从上世纪末开始至今，据有关统计数据，铁观音已占茶叶市场的20%以上，乌龙茶市场的60%以上。这样一个成绩，如果不是茶叶本身的优良质量，简直是不可思议的。

铁观音的质量

一、体现在外观上

无论是颗粒状还是是卷曲状，都做的比较匀整干净，呈现一种有润泽度的蛙绿色；冲泡后则也如绿茶般的绿叶绿汤。

二、体现在口感上

既保留了乌龙茶特有的花香和甘滑，又兼有绿茶的清淡。

三、体现在无公害上

铁观音发展的早期，曾出过一些农残问题。近年来因为政府强化了质检标准，同时加强有机生态茶园建设，绝大部分铁观音都能达到无公害标准以至有机标准。

四、体现在外观口感的风格比较稳定

尽管铁观音有浓香型清香型之分，尽管因产地的不同和制法上的个人差异，不同产地不同厂家的产品感官感觉上也有一些差异，就总体上来说，风格特点还是一致的。对于一般的消费者来说，也许会感觉到等级方面的差异，却很难感觉得到香气滋味方面的大不同。

五、则体现在铁观音的外包装上

近年来铁观音外包装的最大成功就是真空小包装。一包一般5-7克，刚好一泡。这样不仅有利于铁观音茶的保藏，同时也方便了消费者的使用。

铁观音茶的这些质量优点，不仅吸引了许多喝惯传统乌龙茶的消费者，同时也很快就吸引了大批原先喝惯绿茶花茶的消费者；一些地方甚至出现了一些自称是“铁杆老铁”的铁观音爱好者。

安溪茶都销售大厅

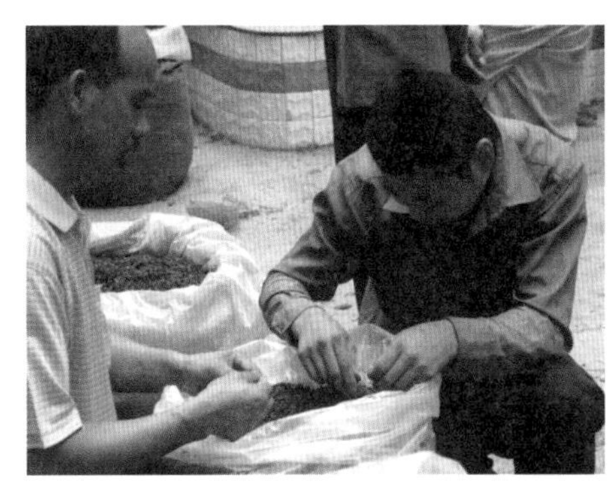
茶叶销售

茶都即景

品牌建设当然还有其它的许多问题，但无论如何，质量总是关系到企业生死存亡的根本大计。离开了这一点，别的任何事情都无法继续。一个著名品牌的发展需要十几年、几十年甚至是几代人努力的结果。而且随着经济的进一步发展，茶叶市场上的竞争也会越来越激烈，但是只要坚持走现代化的品牌建设道路。铁观音产业必然会有更大的的发展。

宣传广告与文化品味

品牌建设的另一个重要问题是宣传广告。

俗话说“酒香不怕巷子深”，然而市场经济时代，如果还固守这种理念，好酒就有可能变酸。茶叶也是如此。对于铁观音营销者来说，不断强化宣传广告意识至关重要。因为只有通过宣传广告，才能提高产品知名度，以吸引更多的消费者使用你的产品。但是关键不在于要不要做，这一点绝大部分的铁观音营销者都明白。而是如何做的问题。

近年来，安溪人相当重视这一点，有关铁观音的宣传广告，应该说是走在全国同行业的前面。自上世纪九十年代以来，安溪市政府以弘扬茶文化为主题进行民系列宣传活动。先后到厦门、泉州、上海、广州、北京、香港、澳门等地举办茶王赛，评比茶王、宣扬茶王、展示品牌、品尝名茶，欣赏茶歌、茶舞、茶艺表演，文化搭台，经贸唱戏，继而投资兴建茶都，以茶都为主要舞台，每年有计划有步骤开展茶事、茶文化活动，使铁观音知名度、影响力和竞争力不断扩大提高。总结这些活动的经验，大体上有这几条：

正兴德老茶庄

宣传广告必须坚持真实

近年来，一些企业为了达到目的，进行了一些虚假的宣传广告，从而引发消费者的投诉，结果是自受其害。茶叶宣传中也曾出现这种现象。比较典型的则是普洱茶。近年来普洱茶的宣传广告做的铺天盖地，也因此取的了很大成绩。但是也有一些营销者，过份夸大普洱茶的功效犹其是收藏功效把它说成是“可以喝的古董”，从而引发出一系列问题。铁观音虽然尚未发现这个问题，但是必须引起警惕。

宣传广告必须提升文化品位

前面已经说过，对于占绝大多中国人口的内地和港台汉族人来说，茶叶并非是生活必需品。而茶本身则包含着相当丰富的文化内涵。因此在宣传广告中，就一定要注意以文化因素为中心，充分发掘其中的文化内涵。应当让消费者了解，饮茶不是为了解渴，也不仅是为了保健休闲，更重要的是提升自已的文化品位，是一种时尚的现代生活方式。

宣传广告必须要有连续性

有专家说过，什么时候是知名度？天天在主流媒体中出现，就是知名度。宣传的直接目的是提高铁观音的知名度。但是如果三天打鱼两天晒网，那就很可能达不到目的。所谓的要强化广告意识，其实也就是坚持广告的连续性。茅台酒应该说已经是众所周知的“国酒“了，可是有关的宣传广告，几乎是无处不在。龙井茶的知名度和市场占有率在茶业中可谓佼佼者，但是在某一时期，一打开央视，每天都有关于“龙井

茶路

庆林春茶庄

茶，西湖水”的宣传。这些案例，值得深思。

宣传广告必须多样化

近年来，铁观音的宣传，确实做到了多样化。多样化不仅指形式，也指内容。形式上，不仅要举办茶王赛、茶博会、神州行、万人大培训等系列活动，也要充分利用现代媒体，电视、报刊、互联网、影视戏剧歌曲，等等；内容上，不仅可以针对一般的消费者，普及铁观音知识，也就可以从提高的角度，吸引那些层次素质较高的社会群体。每一次的宣传活动，未必都要面面俱到，有时可以强调保健，有时可以强调品位；等等。

宣传广告必须突出差异性

铁观音如何在同质市场上标新立异，给人留下深刻印象？八马茶业的广告词是“百年执著，专家品质”。它告诉我们：“八马”牌茶叶是经过百年的奋斗努力、专家的不断研究创新而生产出来的。大红袍的广告词是“大红袍，红天下”，表现的是一种在中国人心中根深蒂固的“红火热闹”文化心理。但是如果仔细推敲，就会发现还有许多值得改进的地方。铁观音与其他茶类相比，到底有什么不同？有什么优势？或许这些差异和优势十分细微，但是作为宣传，就一定要突出和放大这些差异和优势。否则，看过了听过了，也就忘记了。

总而言之，做好铁观音的宣传广告，不仅十分重要，而且需要十分用心。只有如此，才能真正地打动顾客，抓住顾客，使铁观音成为真正深入人心的品牌。

茶店经营常识

茶店，也叫茶庄、茶栈，就是平常所说的卖茶叶的店铺。茶店与茶馆茶楼的区别在于，前者是以销售（包括批发与零售）茶叶为主，后者以提供品茶休闲服务为主。根据不完全的统计，安溪人在全国各地所开设的主营铁观音的茶店已达到3万多家；除此外，还有许多兼营铁观音的茶店。从某种意义上来说，安溪铁观音的崛起，茶店所起的作用，实在功不可没。

安溪人经营茶店，善于审时度势，因地制宜，创造出了许多有益的经验，归纳起来，大体上有这么几条。

选　址

开茶叶店，首要的就是选择一个好的店址。从近年来茶叶市场的发展情况来看，大体上有两种趋势。一是在茶叶商贸市场中开店。一般来说，国内省会和部分大中城市里，政府都有开辟一定规模的专门茶叶市场。如北京的马连道、上海的天山茶城、广州的芳村、福州的五里亭等。专门茶叶市场的优点是，茶店比较集中，服务比较配套，店租比较便宜，更重要的是来光顾的顾客，一般来说目的性都比较明确，都打算购茶，其中有相当一部分是茶商，以及大宗茶叶消费客户。所以，在茶叶市场开店，成本较低，有利于批发销售。二是在其他地区开店。大体上有这么几种选择：

繁华商业中心

这些地区商业氛围浓，客流量大，购物层次复杂，购买频率高，消费者大多有较强的求质、求好、求美的特点，但房价或租金的费用比较高。

宾馆饭店群附近

商人旅客较多，办事访友，常常需要捎一点茶叶作礼品。此外，宾馆饭店也要用茶。在这些地方开店可以租用宾馆饭店的经营大厅，还可以与茶艺结合起来。

居民小区

在一些有饮茶习惯的地区，在居民小区开店不失为明智之举。风险较小，可以形成稳定的消费群，但较难做大。

大学校附近

主要是以知识分子为主要顾客；旅游景点等，可以针对游客特点经营一些纪念性包装茶。

装　饰

选好店址后，应对茶店进行一定的装饰。装饰分为外装饰域内装饰，外装饰主要能吸引顾客进店浏览，内装饰主要是能激起顾客的购买动机。

外装饰

一、门面造型

要突出“茶”的特点，风格宜素雅、朴实、清淡，不宜过于豪华。

溪香茶业店面

二、招牌

招牌既是店名，也是广告，要激发消费者的好奇心，引起消费者的注意，便于消费者记忆，同时也能体现茶店的格调，一般大都采取传统风格，长方形匾额，毛笔题字；也可用现代装饰材料做成大的灯箱式招牌。

三、对联

用于张挂门面两侧，内容一般与茶有关，可以选用常用茶联，也可以新撰。好的对联，能体现茶店的文化与艺术气息。

四、橱窗

橱窗是茶店的第一展厅，能直接刺激消费者的购买欲，橱窗尽量设计大一些，主要摆设一些具有吸引力的茶叶，茶具等。

五、店名

茶店命名主要是体现经营者的个性与茶文化和谐的统一，起好一名字是关键，应精心考虑。

内装饰

安溪的茶店一般采用超市开放式的格局，应考虑六个因素：

一、货架柜台

一般沿墙而放，采用木质，使用环保漆。可以漆成仿红木，也可以用清漆做成木本色，以体现茶叶特点；还可以做几个多宝格和一个小书柜，以便摆设茶具和茶书用。

二、墙面

茶店的墙面应该素雅，合理的配合茶字画或介绍有关茶叶知识的宣传材料。

三、地面

地面主要保持干净、整洁，可用大理石、水磨石，或地板，不宜使用地毯。

四、灯光

顶部灯光一定要明亮，一般用日光灯，柜台、货架最好也配上一些灯光，尽可能柔和，接近自然光。

五、点缀

店内点缀很重要，可以适当放一些花草、盆景或大紫砂、瓷瓶等，不可盲目堆砌。

六、茶桌

茶店一定要有茶桌，以供顾客试茶。茶桌可选仿古八仙桌，亦可选树根茶几，或者白木条桌；摆放位置视茶店布局与大小而定，或中间，或一侧，以方便美观为宜。

裕园茶店

模　式

从目前的情况来看，安溪人经营茶店的模式大体上有三种。

产销合一

即茶店经营者自产自销，从茶叶种植——制作——销售一条龙。大部分安溪茶店都是一头在安溪，一头在外地的形式。其中又有两种情况，一类是规模企业的连锁店。例如安溪八马茶业、安溪铁观音集团企业、中闽魏氏茶业等，均在许多城市有连锁，主要经销自己企业品牌产品。这类茶店，一般来说，店面都较大，装饰得也较有档次；经销的产品以包装茶为主，档次价格也较高，而且是全国统一价。从某种程度上来说，这类茶店即是安溪铁观音的龙头，也是安溪铁观音的主流形象代表。另一类则是遍地开花的中小型茶店，一般多为茶农自产自销，事实上这些茶店也多打出茶农自产自销的牌号。这种茶店，一般来说规模较小，装饰也较为简陋，经销的也多为散装茶。相较而言，这种

吴裕泰茶庄展示区

茶店的铁观音，档次和价格均较前一类为低。应该说，这两类茶店针对的消费群体不同，分别满足的不同层次的消费群体要求。从整体上形成了一支茶界“溪军”。

专营销售

这类茶店经营者一般没有所谓的“茶叶生产基地”，是专门意义上的销售商，一般均是批零兼营。经营者有安溪人，也有在安溪的外地人。从目前的情况来看，除了极个别的老字号茶店如北京吴裕泰的专门乌龙茶店外，绝大多数规模都较小。尽管如此，由于这些茶店的经营者专门从事销售，从某种角度来说，反而做得更专业。虽然这些

海峡茶道推广会

琳琅满目的茶庄柜台

茶店没有自己的基地，但一般均有比较固定的进货渠道，以及比较稳定的消费群体，其中一部分还有自己的包装与商标。因此就总体上来说在茶叶市场上形成一种不可忽视的力量。而从将来趋势看，这种专门销售茶店的优势还有可能扩大，并有可能朝着连锁店的方向发展。

专营销售的茶店中，有一部分是兼营铁观音的茶店。兼营中又有两类情况，一类是主打铁观音，兼卖其他茶；另一类是主打其他茶，兼卖铁观音。无论哪种情况，都是因地制宜的产物，从不同角度对推广销售铁观音起到了积极作用。

网上茶店

近年来网络茶店有发展的趋势。相对于传统的店铺销售，网上茶店具有投资小（不需租店面），成本低，消费群体范围大，文化层次高的特点，具有传统茶店所没有的优势。网上茶店的开设，一种情况是申请建立一个属于经营者自己的专门网站，这种网站相对来说要求有较高的网络专业及茶业知识。因为专业网上茶店，目的虽然是卖茶，但同时必须要尽可能多地给消费者提供有关茶叶及茶文化知识，同时应尽力回答消费者提出的疑问，所以，一个好的网上茶店，不但要设置相关的茶专业，茶文化知识专栏，并且及时更新，同时还应有相关论坛；有条件的情况下，最好还应设置一些相关游戏，以吸引人气。

经营网上茶店，最重要的是诚信。网上茶店能否成功，取决于消费者对这个网站的信任程度，因为网上茶店的店主与消费者，相距较远，不像传统茶店那样可以面对面的直接交易，而是在一个虚拟的空间进行交易，所以诚信度的要求相对更高。高诚信度的建立，首先在于店主与消费者的网络沟通，能否坦诚对话；其次，在于网上销售的茶叶的性价比，一般来说网上茶店由于成本低，茶叶的性价比相对要更高，也只有这样，才能吸引更多的消费者以及回头客。

有些网上茶叶经营者，没有自己的网站，而是依托于某一个网站的销售店。例如，到淘宝网租一个店铺，或在民间最大茶文化网站三醉斋的交易市场租一个店铺。这样可以省去自己建网站、管理网站的成本和精力，可以更直接便捷地取得效果。这种经营方式的缺点是较难扩大自己影响力，难以做大。

试　茶

如果说，福建茶店，安溪茶店，包括福建人安溪人在外地开设的茶店的最大经营特色是什么？除了铁观音茶的本身特点外，在销售方式上也许就是试茶了。

采茶

所谓的试茶，就是允许消费者在正式决定购茶之前，先免费品尝茶叶。安溪茶店一般均为超市式开放格局，消费者一进门就可直接到茶架上看货。然而安溪茶店不仅是让消费者看，还非常主动地请消费者喝茶。不管茶店大小，中间的主要部位必定有一张茶桌，上边放着一至数套功夫茶具；有些大的店堂里，甚至还摆着二三张茶桌。只要有顾客进门，店主、售货员必定笑脸相迎，热情地为你泡上一壶茶。同时询问你希望买些什么样的茶叶，并且根据你的要求，将茶叶一一冲泡了让顾客品尝。直到顾客满意，确定了要买哪一种茶为止；有时一些顾客喝了好久的茶，最后却并未买茶，即使这样，店主与售货员也依然客客气气地将顾客送走，只是希望他下次再来光顾。

实践证明，试茶的销售方式，为安溪和福建茶店赢得了无数的顾客。尽管试茶需要茶店付出更多的成本和时间、精力，所获得回报也是丰厚的。试茶，对于那些从未接触过铁观音的消费者来说，是一种极好的宣传推广方式；茶叶好不好，不喝哪知道。而对于那些已经接触了铁观音的消费者来说，试茶又是一种极好的稳定方式；铁观音等级之别，类型之别，要让这些消费者更深地了解铁观音，只有让他多品尝；而对于已经成为“铁迷”的消费者来说，试茶又是一种极佳的休闲方式，到这时，消费者已经和店主成为朋友，并将茶店当做一个休闲聚会的场所了。而茶店，需要追求的恰恰正是这种效果。

当然也有可能会来“蹭茶”喝的人，但是安溪茶店从来不会因为有人蹭茶而停止试茶，有一位经营者说得好：就算他是来蹭茶吧，不也给我的店增加人气吗？而一个茶店，只要有人气，就一定会兴旺！

茶　识

综上所述，在经营茶店方面，当然还有许多经验去总结，许多问题去探讨。但不管怎样，要开好茶店，最根本的还在经营者自身的整体素质。首先要掌握一定的茶叶知识。特别是对自己

上海春风得意茶楼

天籁品香茶会所一景

天籁品香茶会所一景

所经营的铁观音茶以及乌龙茶，要有较多的知识。一般的茶叶栽培知识，茶叶的产地、茶叶的种类、茶叶的加工，茶叶质量的鉴别，茶叶价格的变动，茶艺、茶道、茶文化以及与茶有关的茶具知识等。同时，不断了解市场的要求，掌握茶叶消费的变化，更新经营观念，预测茶叶消费的变化趋势。除此，还需要有良好的开拓创新精神和职业道德。只有提高了自身素质的前提下，茶店才算有了灵魂，才能吸引消费者，主动地引导消费者，培养一批属于你自已的消费群体，最终使茶店事业获得成功。

相关知识

茶　馆

为人提供饮茶、休闲、娱乐的营业场所。又有茶肆、茶坊、茶楼、茶室、茶社、茶店、茶屋、茶苑、茶房、茶居、茶艺馆等称呼。茶馆起始于唐，唐代牛僧孺《玄怪录》："长庆初，长安开远门外十里处有茶坊，内有大小房间，供商旅饮茶。"《太平广记》卷三四三："韦浦者，自寿州士曹赴选，至阌乡逆旅……憩于茶肆。"《旧唐书·王涯传》："涯等仓皇步出，至永昌里茶铺，为禁兵所擒。"茶馆至宋代，盛极一时，在许多著作均有出现。孟元老《东京梦华录》卷二："余皆居民或茶坊，街心市井，至夜尤盛。"周密《武林旧事·歌馆》："诸处茶肆：清乐茶坊，连三茶坊、连二茶坊及金波桥等两河以至瓦市，各有等差。"《水浒传》第二六回："后巷住的乔老儿子郓哥，去紫石街帮武大捉奸，闹了茶坊。"《宣和遗事·前集》："徽宗遂入茶坊坐定，将金箧取出七十足陌长钱，撒在那桌子上。"王明清《摭青杂说》："京师樊楼畔有一小茶肆，甚潇洒清洁，皆一品器皿，桌椅皆济楚，故卖茶极盛。"戴复古《临江小泊》："舾舟杨柳下，一笑上茶楼。"林逋《黄家庄》："黄家庄畔一维舟，总是沿流好宿头。野兴几多寻竹径，风情些小上茶楼。"《金史·食货志》载："比岁上下竞啜茶，农民尤甚，市井茶肆相属。"

茶馆之名，约起于明代。《儒林外史》第五回："茶馆的利钱有限，一壶茶只赚得一个钱。"《二十年目睹之怪现状》第六回："到茶馆去泡一壶茶，坐过半天。"《淞南梦影录》卷一："茶馆之轩敞宏大，莫过于阆苑第一楼者，洋房三层，四面皆玻璃，青天白日，如坐水晶宫。"清时一直沿袭到今。"文革"时，各地茶馆萧条一时，几乎绝迹。改革开放后，茶馆又如雨后春笋般涌现，茶馆又出现新的称呼：茶艺馆。

茶馆的规模有大有小，档次也有高有低。一般来说，茶馆并不单纯喝茶品茶，多有兼营其他服务项目。有的兼卖茶叶，茶点；有的兼营紫砂壶，书画等艺术作品；有的提供茶艺表演，戏

宗陶斋会所一景

仙踏石茶行

仙踏石茶行布置

曲、古琴等音乐节目；还有的提供棋牌娱乐。中国著名的茶馆如北京前门的“老舍茶馆”，上海豫园的“湖心亭茶楼”等。

茶馆不仅是人们品茗歇息的休闲场所，也是群众喜闻乐见的文化娱乐场所，还是社会信息交流之处。中国茶馆是犹如西欧的咖啡馆，反映了时代众生相，万态纷呈，成为绝妙的民俗风情画。今天如雨后春笋般出现的茶艺馆，正是这种沉淀深厚的茶文化的延续和体现。成为社会繁荣的一种标志。

茶　市

茶叶交易市场、集散中心，一般都在交通便利、经济繁荣的城镇。茶市起源较早，西汉王褒《僮约》有“武阳买茶”之说，表明早在公元前59年，在武阳（今四川彭山）就有了一定规模的最早茶叶集市。唐代白居易名作《琵琶行》有云：“商人重利轻离别，前月浮梁买茶去。”说明唐代浮梁（今江西景德镇北）就是一个颇具规模的茶叶集散中心。唐李吉甫《元和郡县图志》卷二八亦记：“浮梁每岁出茶七（百）万驮，税十五余万贯。”唐朝全国茶税40万贯，浮梁一地占了3/8，是一个特大型茶市。宋代自嘉祐四年（1059）二月茶叶自由通商以来，在全国形成了许多大小茶市。陆游诗中谈到其家乡绍兴就有著名的茶市花坞。即使在禁榷期间的北宋初，在沿江要津设置的六榷货务，就是六大茶市。林逋《无为军》诗云：“酒家楼阁摇风旆，茶客舟船簇雨樯。”茶客即茶商，生动地描写了无为军茶市的兴旺繁盛。北宋首都东京（今河南开封）及成都，南宋首都临安（今浙江杭州）及建康府（今江苏南京）、镇江全都是规模较大的茶市。

福建茶市起源稍迟，大约宋时方

理想茶行门厅

福州海峡茶都

有。至明清则兴盛一时，根据有关史籍记载，武夷山的星村、下梅，闽南的漳浦、云霄等地，均为当时著名茶市。古代茶市的发展，加速了城市化和市民化的进程，促进了商品经济的繁荣，在解决大量城镇人口食茶问题时，也增加了茶税。但这种茶市并非完全自由通商，而是在由官方指定的场所凭茶引或称茶券进行交易与纳税。如南宋赵开茶法，即在产茶州军合同场置茶市，凡交易必由市，茶与引须相随，依然是官方控制下的商销茶叶流通体制。

茶市历经元明清的发育、培养，延续至今天。在茶产区和销区，星罗棋布着许多茶市。如北京、上海、天津、重庆、昆明、苏州、杭州、成都、西安等地均有超大规模的茶市。而在福建，几乎每一个地区都有规模相当的茶市，其中以安溪的中国茶都，福州的五里亭茶城、海峡茶都、武夷山的三菇茶街等最为著名。

【延伸阅读】

茶叶销售从提问开始

茶店的经营者每天都在重复同一件事情：招呼顾客。但您是否考虑过用更有效的销售方法，提高茶叶生意的成交率呢？也许每个茶商都有自己独到的销售方法，但有一种在营销界屡试不爽的销售方法可能给生意带来意想不到的收获，这就是“提问销售法”。

经常光顾茶店的顾客有一种感觉就是，人一进茶店的门，服务员就“贴近”顾客开始滔滔不绝地介绍自己的茶叶。这种方法看似热情待客，实则对促进销售益处不大。北京马连道山新茶庄的王经理说：“没有搞清楚顾客需要什么茶就一个劲地介绍自己的茶叶，比较容易招致顾客的反感。而通过询问顾客往往可以使顾客觉得茶商是内行，在为自己着想，生意的成功率要高一些。”在茶叶销售中向顾客提出一些既专业又通俗的问题，比如问年龄、身体状况等，可以使茶商在顾客的心目中建立可信度。而这种信任感是达成交易的基础。同时，茶商与顾客一问一答的交流可以产生互动，使顾客主动参与到销售中来，这比单纯的灌输效果要好。另外，通过有目的的提问，可以从顾客的回答中获取更多更真实的客户反馈信息，进而深入发掘客户的需求。根据顾客的真实需求，再全面介绍某一种价位的茶，就会有的放矢，提高茶叶销售的成功率。北京马连道京闽茶城清水观音茶行的王经理说："初次交往的顾客要靠提问找到顾客的喜好。"

记者采访发现，虽然一些茶商是第一次听到"提问销售"的说法，但他们在每天的经营中却正在使用这种方法。经过归纳之后，茶商们的"提问销售"一般分为以下三个阶段。第一阶段就是问"您是自己喝，还是送给亲戚朋友"。这个提问就可以将顾客的需求范围进行第一次划分。如果顾客是送礼用茶，下一问题就要涉及送给什么人，收礼人的年龄、饮茶习惯、身体状况等；如果顾客是自己喝，那接下来的问题就要涉及顾客能接受什么价位、喜欢什么茶等方面的内容。顾客在回答上述问题时，茶商一定要仔细地倾听，从中进一步了解顾客的基本情况以及消费需求。当然，现场一问一答最好以聊天的方式，真诚地与顾客交流，切不可像审犯人那样"咄咄逼人"，气氛严肃。接下来，可以问类似"听您这么说，您应该需要这种茶吧"。于是，茶商拿出某款茶，请顾客坐下来品尝，边品茶边向顾客介绍这种茶的特性、成分，并且将这种茶与顾客的需求联系起来讲解，准确击中顾客需求点。北京山新茶庄的王经理说："各种茶的维生素、氨基酸等含量，我边提问边跟顾客介绍清楚，并从中推荐一种适合顾客身体需要的茶叶，顾客喜欢听这些。"品过几杯茶后，再次问道："你觉得这个茶怎么样？"顾客会说出自己品尝后的感觉，茶商根据顾客的要求推荐不同的茶让顾客品尝，直到顾客对茶叶的品感、价位等均表示满意。最后就是达成交易时的提问，这相当如足球比赛临门一脚，最后一个提问既要自然又要一步到位，如"您可以买点喝着试试吧""您感觉不错，那这次准备买多少呢"等等。

福州五里亭茶市场

上海国际茶城

但在提问销售中，我们必须注意以下问题。首要的问题就是要学会倾听，甚至听出弦外之音。只顾接二连三地提问，但不能迅速从回答中捕捉到有用的信息，同样无法推动销售的进程。能听出顾客的真正需求点，并且灵活反应，才能最终抓住顾客的消费心理。有时候顾客比较能侃，比如你问："您送给外公茶叶，哪知道他喜欢哪种茶吗？"说不定客户就会从外公喜欢绿茶讲到外公住在哪里，有几个子女，甚至童年在外公家的记忆等等，漫无边际。这个时候，茶商一定要用问题来引导客户讲与饮茶有关的事，没有必要让顾客讲一些离主题太远的内容。同时，茶商在与顾客初次见面时，要短时间内观察顾客的衣着、口音、举止等找出与自己接近的地方，比如"听您口音是湖北人吧！我也是……"，茶叶营销员以这种提问来拉近与顾客的距离，销售气氛就会变得亲近、轻松一些。有了这些寒暄的话预热，接着提出有关茶叶的问题就比较顺其自然。

当然，"提问销售法"也只是与部分茶商的经验吻合，不一定适合每个茶商的需要。同时，茶商的销售实践也在运用其他一些销售方法，只要这些销售方法能运用自如，并且产生良好的销售业绩，那么都值得大家借鉴。

（资料来源：中国食品商务网）

八马铁观音标志

与顾客亲切的对谈

福建乌龙茶面临的问题及品牌打造

长期以来，福建一直主导着乌龙茶文化的舆论和发展，最近持续升温的"乌龙茶热"再次将福建省推到了前台，成为世人关注的焦点。面对新的文化氛围和竞争环境，如何评估自身优势以应对市场，怎样展示形象以继续主导社会各界的价值取向，这些最终都归结到福建乌龙茶品牌及其战略问题，已事关福建乌龙茶产业各方的利益及未来的发展。鉴于此，本文就"福建乌龙茶"品牌的营销及着力点进行初步探讨。

福建乌龙茶的品牌价值与危机

迄今，品牌运作已从产品、企业拓展到城市、地区。最近又

三有甘露

提出了"城市公司化"概念，其基本思想是通过资源优势比较和整合，打造城市特色理念和文化，从而将纷繁的物性竞争提升为品牌竞争，以实现利益的最大化。"福建乌龙茶"品牌涵盖产品、行业和区位多方面内容，为福建省带来的现时与长远利益不言而喻。就它的价值而言，主要有三层意义：首先，比较资源优势（茶树品种、生态条件等）明显，代表了福建的产业定位；其次，已成为世界上最具特色和影响力的地方品牌之一，具有区位和行业垄断概念；第三是具有较大的挖掘潜力，即通过品牌营销，其价值效应将进一步提高。

长期以来，福建在开发利用自然资源（茶树品种、生态条件）和发展乌龙茶文化（产品种类、风味、茶艺等）过程中积淀了深厚的传统底蕴。然而近年来，"即饮"、"保健"、"绿色"等概念创造了一个又一个时尚，有关产品相继成为了市场上新的亮点。从长远来看，这些亮点并不属于"福建乌龙茶"的核心竞争力，而且从技术（门槛）和宣传（炒作）角度，都将有导致"均泛化"和"同质化"的危险。因此，当乌龙茶的"外延"成为亮点之时，在媒体和市场的追捧下，紧随亮点其后的异地同类产品可能开辟新兴市场，并在传统市场中削弱原有的影响与地位。所以从这个意义上讲，产品本身易被模仿、改进甚至超越，唯有打造品牌才能统领市场，从而主导社会各方的价值取向。目前，"福建乌龙茶"主要面临以下问题：

一、传统遭遇时尚

对于茶饮料，传统是指工艺、品质、饮用和鉴赏方式及相关茶文化的传承，表现在意识行为中通常为对这种传承的认同和追随。时尚则更多意味着重大改变或创新，如购买与饮用方式的改变、质量理念的创新等。迄今为止，乌龙茶概念的时尚饮料尚未抛开传统，这说明传统与时尚共存互通。早在20世纪80年代初，日本通过开发乌龙茶水改变了当地的饮茶习惯，并掀起了“乌龙茶热”。目前，“乌龙茶热”已蔓延到国内及世界其他地区。但最初由茶水掀起的“乌龙茶热”并未使消费止于茶水，而是进一步引导人们透过乌龙茶“粗老”外观和茶水精美包装，逐步认识了乌龙茶的传统文化，使越来越多的人领略到其中的魅力。

同时，时尚也给传统带来了压力。先是“即饮”的引入，后是“绿色”、“无公害”等主张，最近贸易又遭遇MRL壁垒，所有这些观念在舆论、诠释及企业宣传的推动下，使原来的产品内涵及市场关注点发生了重大改变和分化，乌龙茶传统的地位也因此面临诸多不确定因素。就市场和贸易而言，“绿色”、“无公害”、“卫生标准”等正日益成为影响消费和“准入”的重要因素（部分国家和地区已启用严厉的茶叶准入MRL标准），在消费需求上，乌龙茶风味已不总是唯一或重要的选择。而且，借助时尚的光环，一些地区（厂商）从观念宣传到品质风味方面正不断向传统发起挑战，并以此创造新的商机。对于新闻、科研、投资等机构，时尚同样影响其价值取向，而这些机构对于福建省的关注（研究、报道、投资合作）方式和程度又直接关系到“福建乌龙茶”品牌价值的提升和产业的发展。

二、品牌缺少观念

福建乌龙茶有概念，少观念，且内外沟通上缺乏明晰的信息细分。福建乌龙茶可具体到“安溪”、“武夷”，直至铁观音、岩茶、大红袍等著名品种。这些概念和品种属于品牌范畴，体现并支撑看“福建乌龙茶”的整体价值，然而却缺少品牌应有的观念提炼、主张或诱导。在当今物质化社会，观念决定了人们的消费选择，因此观念作为品牌营销和消费引导的切入点，其开发利用价值远远超过产品本身。从部分企业品牌的定位与成功经验来看，寻找品牌着力点，以观念打造品牌，将对受众的心灵产生强烈而持久的影响。

品牌观念举例：雀巢“滴滴香浓，意犹未尽”、雪碧“我就是我”、可口可乐“爽”、耐克“想做就做”、诺基亚“科技以人为本”、海尔“真诚到永远”、海信“创新就是生活”、海王“健康成就未来”、商务通“科技让你更轻松”。

“福建乌龙茶”作为大品牌概念，尚需细化为观念。以观念

华祥苑茗茶广告语

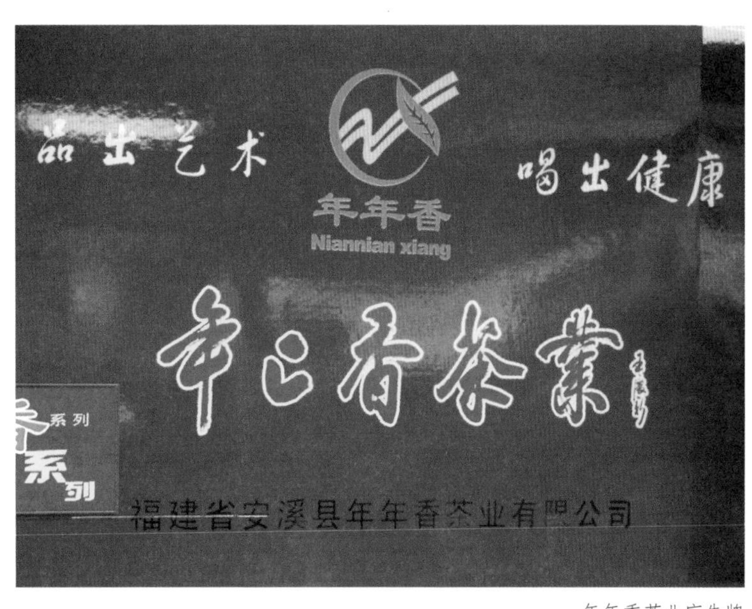

年年香茶业广告牌

来突显“福建乌龙茶”品牌形象和价值的核心构成，则更有利于对外宣传与推广。

福建乌龙茶品牌的营销及着力点

为充分展示福建乌龙茶传统文化优势和现有发展水平，适应新形势下的交流与竞争，着力打造福建乌龙茶品牌已势在必行。

一、挖掘传统、强势打造

福建乌龙茶产业的根基在自然资源（茶树品种、生态条件），优势在传统。乌龙茶传统文化在宣传主体与受众之间蕴涵着丰富的题材和无穷的想象力。它可以是历史、茶艺、品质风味或生活瞬间的闲适和领悟；也可能是人们的谈资或作为彰显自己层次、品味的“标签”。总之，它能极大地满足生理与心理出双重需求，并正在成为另一类时尚，其潜力尚待发掘。因此无论从“比较优势”或崇尚时尚角度，挖掘和着力打造传统都将是“福建乌龙茶”品牌营销的首选之策。

二、展示发展、吸引资源

自身的发展意味着社会的关注、追随或参与，如同乌龙茶产业前景吸引着不同利益群体纷纷加入其中一样，展示福建乌龙茶板块所处的行业地位、现有资源积累及未来拓展空间都将成为福建省进一步吸引资源尤其是资本和技术的关键因素。全省现有资源积累有多方面内容，从技术角度主要包括乌龙茶种质资源及开发利用、绿色环保及基地建设、产品加工与质量管理等，其中绿色环保及基地建设技术与现状是一项敏感又重要的内容。

三、整合优势、观念先行

省内各地、不同产品都有其自身的优势，但在福建乌龙茶品牌层面上的价值体现有所不同，因此，须通过整合来完成对不同

马连道茶牌坊

优势成分的比较、筛选及重新定位。这是打造“福建乌龙茶”品牌的前提，也是“过滤”不利声音（宣传）的现实之需，只有这样才能实现对外宣传的统一性和连续性。

经过整合的优势组合，便构成了“福建乌龙茶”品牌的核心竞争力或将作为对外宣传的基本点。在当今社会，观念作为人们进行价值判断的重要依据，表现在市场中已成为划分目标群体、反映不同需求的一种“符号”，因此“观念先行”被普遍视为品牌营销的有效手段。“福建乌龙茶”品牌因缺少观念而稍显空泛，即使其组合优势蓄势待发，还需“观念先行”。最近，安溪提出的“安溪铁观音·和谐健康新生活”新理念非常值得肯定和关注。

四、传媒营销、价值推广

价值推广是为了使目标群体认同福建乌龙茶的价值或价值主张，因此须借助于传媒营销。关于传媒营销的方法，因其技术过程具体，本文不便讨论。针对福建乌龙茶品牌及其价值的宣传，笔者认为应重点突出福建在乌龙茶文化产业发展中的主导和领先地位、巨大发展潜力及福建乌龙茶品牌的投资、开发价值，并提出以下宣传思路，以供参考：

1. 全球“乌龙茶热”刚刚启动，乌龙茶产业发展已经具备良好的内、外部环境，并成为投资、研发的高回报行业。

2. 乌龙茶起源于福建，并由此向外传播。在乌龙茶的传播、演变和发展过程中，福建始终处于产品开发、品质改进及工艺革新前沿，并将继续保持相当的市场影响力。

3. 福建具有生产乌龙茶不可替代的自然资源优势，即特殊的生态境和茶树品种。福建乌龙茶种质资源丰富，乌龙茶产量、出口量、质量及价格稳居全国第一，并拥有大规模、高标准生产基地。

4. 国内外针对福建乌龙茶茶树品种、产品质量及加工技术等方面的研究持续升温。近年来，福建业内人士在乌龙茶制造工艺、深加工、生产过程环保和卫生管理以及绿色产品生产技术的研究与推广方面也已取得了重大突破和进展，“福建乌龙茶”与时代并进。

5. 福建乌龙茶产业发展水平较高，技术支持、基地建设、原料和终极产品开发及市场、贸易服务功能等环节紧密衔接，茶文化市场繁荣，对外交流与合作稳步推进。福建是乌龙茶文化观

北京马连道茶城入口

芳村茶叶展销会

东方茶都举办文化节

念和模式的主要输出地，同时又为旅游大省，茶文化与旅游业相互促进，共同发展，前景广阔。

6. 福建贸易系统具有明显的港口和区位优势，不仅与国内外客商建立了稳固和广泛的联系，同时还投资建立了较大规模的生产、加工基地，并拥有多种专有品牌和加工技术，具有较强的原料加工和市场开拓能力。

7. 福建乌龙茶极具市场魅力和增值潜力，是投资、开发及寻求合作的首选品牌。

（刘乾刚、杨江帆、蔡建明）

安溪茶商利用互联网进行茶叶交易

安溪茶叶交易方式悄然发生巨变。利用互联网进行茶叶交易，已经成为安溪众多茶商驾轻就熟的本领。

昨日，一项统计从安溪县茶叶协会新鲜出炉。这项统计指出，在刚刚过去的两个月内，安溪春茶通过轻点鼠标方式达成的交易，就达5万多斤，价值300多万元。

受此鼓舞，该协会将于7月15日召开安溪县首届网商大会，对该县网上交易茶叶数量位居前110位的安溪茶商进行隆重表彰，以此引导和推动这一新兴贸易方式，在安溪茶叶流通中广泛应用。据悉，该会规模初定200人，届时来自福州和厦门的两名电子商务专家将作精彩演讲。

安溪县致力茶叶交易方式创新，电子商务是其几年来着力推动的方式之一。安溪县茶叶协会会长李文通昨日介绍，鼓励茶商进行网上茶叶交易，目的是降低交易成本，扩大交易面，使外地茶叶经销商和消费者从中受益。

记者了解到，一手交钱一手给茶，是千百年来安溪茶叶交易的惯常方式。但是随着安溪茶叶产量的增长，每年四五万吨茶叶靠此方式销售，不仅成本较大而且流通周期较长。专家指出，由于茶季周而复始更迭，这一方式还易形成茶叶跨季滞销，影响茶叶鲜度，而网上交易方式可以有效解决这些问题。

昨日，记者还对安溪中国茶都800多经营户进行抽样调查，在为时90分钟的电话问询中，记者共调查24家经营户。结果显示，有67％的经营户名片上印有交易网址，其中34％有过网上交易的经历。

另据了解，安溪中国茶都公司设有电子商务网站，安溪县茶叶协会与安溪最大的茶叶门户网站，还设有网上虚拟茶都，后者已有几百户茶叶经营户注册入驻，成为目前安溪茶叶网上交易的主要力量。

诚信是金

听到安溪将要召开首届网商大会，说实在，掠过我眼前的不是5万斤茶叶和300万元这些令人振奋的数字，而是分量更足的“诚信”二字。

理由很简单，倘若缺了这两字，5万斤茶叶和300万元交易额便无从谈起，而网商大会也决然不是表彰会，充其量只是动员会一类。

诚信是金！不只是我，相信所有看到这条消息的人，都会情同此感。

远隔千里，轻摁鼠标，一份买茶的单子，便下给可能未曾谋面的安溪人，情景美妙动人。这当中，除了下单人的勇气外，依我看，安溪人的诚信，似乎更值得一提。

不必讳言，安溪有些人，过去给人的感觉是不那么诚信，包括一些茶商。近些年来，安溪为正其名，做了不少努力。2000年，安溪县发起“诚信安溪”教育，茶商当然也是重点人群之一。具体到茶叶交易，该县多次清剿“茶王”，持久打击欺行霸市，就让人印象深刻。

诚信终于回归！安溪人以诚信和热情，换来越来越多人的信任，弥补了少数人不诚信造成的对安溪人整体的不信任。从这个意义上看，网商会的召开，5万斤茶叶和300万元的网上交易量，

外国人品茶

店内销售茶叶

是安溪诚信回归的生动体现，同时诚信在这里的价值，远胜这些交易量的价值，也应远胜网上交易对于丰富茶叶传统交易方式本身的意义。

诚信是金，安溪和安溪茶商以不懈努力，再次证明这一古老法则的正确性。或许，现在该轮到一些人拿出勇气，向安溪学习了。

（资料来源：海峡都市报）

万里传茶情——“安溪铁观音神州行”速写

那个山雨欲来的上午，我在前往安溪铁观音集团参观的车上，突然听到临

时充任我们导游的安溪县旅游局副局长陈育灿随口念出四句顺口溜："出门念茶经，观音神州行。四方敬香茗，万里传茶情。"会唱茶歌的陈育灿满肚子顺口溜，这四句恰好概括了我正在采写的"安溪铁观音神州行"系列活动的主旨。

铁观音是中国乌龙茶的极品，素享盛誉。蜚声中外，因其发源地在安溪，故又称安溪铁观音。安溪铁观音叶体沉重如铁，多呈螺旋形，色泽砂绿，光润，绿蒂，叶底开展，青绿红边，肥厚明亮，每颗茶都带茶枝，冲泡后汤色清澈金黄，香气清高馥郁，滋味醇厚甜鲜，入口微苦，立即转甘，具有一种特殊的风韵，人称"观音韵"，简称"音韵"。品尝铁观音时领略"音韵"，是品茶行家的乐趣之一。

这种别具一格的"音韵"让安溪铁观音名扬四海，先后获得证明商标、地理标志产品保护和茶业界首枚中国驰名商标。因此，继续培育和保护这一品牌

清香茶庄展示

便成为县委、县政府始终不敢懈怠的一项工程。于2005年6月10日在安溪"中国茶都"正式启动的"安溪铁观音神州行"系列活动，就是安溪县委、县政府实施这一系统工程的最新举措。全程参与策划和执行的安溪县人大常委会副主任宋丽珍在接受采访时雄心勃勃地告诉我："县里决心把这一活动打造成宣传推介安溪铁观音的知名品牌。"

据中新社报道，"安溪铁观音神州行"是国内首次由县一级组织的涉农产业，涉足我国南部、北部、西部主要茶叶销售区域城市，旨在展示茶叶品牌形象，交流弘扬中华茶文化的大型媒体联合互动考察交流采风活动。涉茶部门相关人士和新华社、人民日报社、中新社、经济日报社、海峡都市报社、厦门日报社、泉州晚报社等中央、省、市媒体的特派记者，共计40余人。他们在神州大地长途跋涉15000多千米，对安溪茶叶在国内各主销区进行宣传推介和深入采访。目前已经分别进行了2005年6月的南线行、11月的北线行和2006年11月中部行，成效卓著。

三和茶业茶品展示

主动走出去宣传推介安溪茶，是县委、县政府基于县情作出的重大决策。土地面积3057平方千米、人口108万的安溪县，迄今已有1000多年的产茶史。宋元时期，随着泉州港的兴起，安溪茶叶作为一种重要商品，通过海上“丝绸之路”走向世界，从而形成了条闻名遐迩的“茶叶之路”。公元1725年前后，名茶铁观音在安溪被发现和推广，安溪茶叶更加声名远播。目前全县种茶50万亩，涉茶行业总产值50亿元，农民年茶叶人均纯收入3100元，占农民人均年纯收入5781元的54%，有80多万人口得益于茶产业。正如县委书记尤猛军所说：“茶叶是安溪重要的民生产业、支柱产业，无论是在推动经济发展上，还是在促进农民增收上，都具有举足轻重的作用。”因此，历届安溪县委、县政府始终把茶产业发展摆在重中之重的位置，举全县之力、集全县智慧做好“茶文章”。

安溪县委、县政府把“茶文章”分成上、下篇来做，上篇名为“练内功”——增产保质，下篇名为“树形象”——打响品牌。在“安溪铁观音神州行”启动之前，他们以“组合拳”的方式开展了一连串“树形象”活动：在本地多次成功举办“茶王赛”后，1993年第一次走出安溪，到泉州举办“茶王赛”；1995年第一次走出泉州，到特区厦门举办“茶王赛”；1996年第一次走出福建，到广州举办大型品茗会；1999年第一次走出祖国大陆，到香港举办“茶王”拍卖会，60余万元的高价震动了海峡两岸的茶业界。此后，他们相继举办乌龙茶文化旅游节、海峡两岸茶文化交流会、中华茶产业国际合作高峰会、中国十佳茶艺之星选拔赛，使安溪乌龙茶特别是安溪铁观音的品牌效应向四面八方辐射。

2005年春节前夕安溪县委、县政府循例举办新闻界新春座谈会。在飘溢的茶香中，思想火花交互碰撞，“安溪铁观音神州行”的方案初露端倪。经过多方论证，最后由县委常委会集体拍板定案。

2005年6月10日的启程仪式很隆重，福建省人大常委会原副主任张家坤专程到会讲话鼓励，泉州市原市长郑道溪亲自为此次活动授旗。在腰鼓队、花束队以及茶商、茶农激越的掌声和热切

海峡茶博会

海峡茶博安溪馆

的目光欢送下，“安溪铁观音神州行”团队迈出了走神州、传茶情的第一步。

一走就是10个城市：汕头、广州、深圳、长沙（南线），北京、济南、西安（北线），成都、武汉、上海（中部）。

宋丽珍一个城市也没有落下。事后回忆起来，她说：“累，真累，但累得很有价值。”跟随着这位思路明晰的亲历者流畅的叙述，我仿佛也成了他们团队中的一员。

他们在汕头“访商”。这是“安溪铁观音神州行”的第一站。有着450万人口的汕头市，男女老幼，皆嗜茶如命，“两眼一睁，喝到熄灯”。因此，汕头市登记在册的茶叶店就有6800多家，年售茶叶近万吨，销售额在8亿元以上。自20世纪80年代末起，安溪茶商到此开拓市场，使潮汕地区成为安溪铁观音外销市场的发祥地和最重要的国内市场之一。目前，汕头有安溪籍茶商数千人，开设茶叶店近4000家，年售安溪铁观音近7000吨。难怪自古就要“福建人种茶，潮汕人喝茶”的说法。因此，他们把在汕头活动的主题定位为“访商”，通过市场考察、登门拜访、品茗座谈等形式，向安溪籍茶商介绍家乡茶产业发展情况，征求意见建议，并给安溪籍茶商经营的27家茶叶公司授予“安溪县茶叶协会会员单位”的牌匾。乡音乡情最动人。在汕头经营茶叶近20年并以在当地安家落户的安溪籍茶商魏月德说，家乡人记挂着我们，我们更要经营好这个大市场，努力增加安溪铁观音在当地茶叶市场的份额。

他们在广州“论道”。论茶道，更论经营之道。广东是安溪茶叶最大的内销市场，销量占安溪铁观音总销量的1/3，而广州市场每日至少有20吨安溪铁观音进入。出身安溪制茶世家的茶商王坤福说，他自2000年起从潮汕到广州开拓市场，年销量从当初2500千克（500多担）增加到现在的15万千克（3000多担）。但是，近年来，安溪铁观音在广州遭受到了来自云南普洱茶的强劲挑战，市场份额有所下降，部分安溪籍茶商也转而经营普洱茶。更为严重的是，在不规范的市场竞争中，大量流入的假冒安溪铁观音损坏了正宗安溪铁观音的声誉。一种从未有过的紧迫感和危机感让带队的几位县领导坐立不安。他们正告安溪籍茶商：售假无异于自杀！他们呼吁商家自觉维护“安溪铁观音”品牌信誉，积极推广安溪铁观音证明商标及安溪

神州行茶道表演

茶产业高峰会

铁观音原产地域保护标志，严格按照安溪铁观音国家标准样，规范茶叶质量等级，规范包装标志，诚信经营，坚决抵制以次充好、以劣充优、掺杂使假、哄抬价格的违法行为。在广州芳村茶叶商会，数十名安溪籍茶商代表近千家在广州经营安溪铁观音品牌茶叶的安溪籍茶商，响应安溪县茶叶商会的倡议，在写有“诚信经营，携手打造安溪铁观音品牌”的大红条幅上签名。

他们在深圳“品茗”。深圳是一座新兴城市，却有大小茶行6000多家，年销售额突破了5亿元人民币。安溪籍茶商陈福健说，深圳的茶行有70%是安溪茶商开的，仅安溪茶商王文彬的深圳八马茶业有限公司，就在深圳开了40家分店。有意思的是，在深圳，无论是安溪人、云南人开的茶行，还是广东人、浙江人开的茶行，最显眼处都摆放着安溪铁观音。安溪铁观音已在深圳茶叶市场占据着绝对的主导，销量占整个市场总销量的90%。尽管如此，他们在调查中却发现，深圳的安溪铁观音消费者普遍“茶龄”不长，懂得鉴别铁观音质量和正确泡饮方法者不多。于是他们在深圳五洲宾馆举办大型品茗会，边喝茶边介绍相关知识，传授选购方法、冲泡方法和鉴评方法，反响热烈。原计划晚9点结束，结果拖到晚上11点，客人还不愿散去。

他们在长沙“造势”。湖南是安溪铁观音的新销区，“宣传造势”是拓展这个新市场的有效方法。他们到达长沙后，高调成立安溪茶叶协会湖南分会，给会员企业颁发认证牌匾，提升茶商经营安溪茶的荣誉感；发放《细说安溪铁观音》、《中国乌龙茶之乡》宣传碟片，全面展示铁观音品牌形象；组织铁观音知识讲座问卷调查和茶艺茶歌茶舞表演，广泛传播安溪铁观音茶文化魅力；叫响“品茶要品安溪铁观音”、“我泡安溪铁观音，你泡什么”等广告语，让铁观音品牌家喻户晓，深入人心。强大的宣传攻势和安溪铁观音独特的品质征服了湖南人，喝铁观音一时成了身份和品位的象征，随之而来的是安溪茶叶销售量的剧增。

他们在北京“谢知音”。在首都北

茶文化旅游节

京，聚集了数量可观的迷醉于铁观音茶叶的“观音迷”，其中最典型的莫如毕业于中国人民大学的陈玉红，她1997年开始到日本驻华使馆讲授中国茶文化，渐渐地迷上了安溪铁观音而不能自拔，索性自己开起了销售铁观音的茶庄。难怪在“马连道京城茶叶第一街”的800多家茶商中，半数以上主营安溪铁观音。因此，安溪人将北京视为铁观音的知音之地，特来拜谢。他们把“谢知音赏艺品茗会”摆进了人民大会堂中央大厅。在悠扬的南音乐曲中，身着粉红色旗袍的安溪茶艺小姐款款而出，用一连串优雅的动作演绎了安溪铁观音的饮泡技艺和“纯、雅、礼、和”的茶道精神：神入茶境、茶具展示、烹煮泉水、瑶池出盏、观音入宫、悬壶高冲、春风拂面、瓯里酝香、三龙护鼎、行云流水、观音出海、点水流香、香茗敬宾、品香寻韵……接着是品“茶王”，闻幽香，赏汤色。决出“茶王”后，安溪县领导向歌曲《铁观音》词作者、著名词作家阎肃和2005年春节联欢晚会上“品铁观音，香飘两岸；拜妈祖庙，情系一家”对联作者、中国楹联协会会长孟繁锦等为了传播铁观音茶文化作出贡献的嘉宾赠送了茶王赛获奖茶样，把“谢知音”活动推上了高潮。

他们在济南“结新朋”。1993年第一个安溪人在济南落户，从事铁观音销售业务，现在，济南茶叶批发市场已有120多家安溪人经营的店铺，专门经销安溪铁观音，但销量仅占济南茶叶总销售额的20%。显然，这样的销售业绩难以令人满意。他们知道，济南茶市不仅供应山东全省，而且还辐射东北地区，战略位置非常重要。因此，他们把济南站活动主题确定为“结新朋”，希望结交齐鲁大地更多新朋友。于是深入茶市每一家茶店走访、征求意见、畅叙友情。听说抗日老八路王守印、李毅之喜欢喝安溪铁观音，他们当即以贵重的“茶王”相赠，表达崇敬之情。白发苍苍的老英雄激动地说：“安溪铁观音好喝，安溪人可亲！”

他们在西安“传雅韵”。西安是十三朝古都，历史文化底蕴深厚。安溪茶韵与此有暗合之处，因此安溪人在西安销售铁观音茶虽然时间不长，却已立稳脚跟，渐成规模。在这样的古城“言商”，他们把着力点放在一个“雅”字上：举办首届西安安溪铁观音茶王赛，表演安溪传统的茶艺、茶歌、茶舞，邀请诗人、画家现场赋诗、作画，鼓动著名表演艺术家、金鸡奖最佳男主角戈治均在品茗会上献艺助兴等等。这些活动进一步展示了安溪铁观音雅兴悠远、诗意盎然的文化精髓，提升了其在古城西安的影响力和美誉度。

他们在成都“会茶人”。四川是产茶大省和茶叶消费大省，成都的茶馆文化更是源远流长，茶楼茶馆林立，总数上万家。如能占有四川茶市的一席之地，其强大的辐射功能将令茶商们财源滚滚而来。这座城市难以估量的市场潜力吸引他们使出“大手笔”：在成都市内繁华地段选择50家茶馆，每家茶馆至少邀请200名成都茶客，在同一个晚上举行“成都万人同饮安溪铁观音”盛会。消息发布后，轰动了整个成都市。当天晚上，50家茶

济南神州行

商标利用

楼经过专门培训的茶艺小姐在同一时间为10000多名成都茶客捧上清香醇厚的铁观音茶。在拥有4000平方米营业面积的“名居茶坊”，国学家、四川师范大学教授张昌余对铁观音茶赞赏有加。在成都著名的“顺兴茶馆”，一下子涌进了300多人，许多在蓉的外国朋友得到消息也赶来品评铁观音，偌大的茶馆座无虚席。在袅袅茶乐、丝丝茶香中，来自成都各界的万余茶客边品饮，边参加现场抽奖，边听安溪铁观音冲泡方法同步讲解，场面何其壮观！

他们在武汉“传茶情”。湖北是“茶圣”陆羽的故乡，武汉古称九省通衢之地，四通八达的水陆交通使其成为各种货物南来北往的重要中转站。形成了“百茶齐放”、兼容并蓄的市场形态，无论是安溪铁观音、西湖龙井、洞庭碧螺春，还是君山银针、信阳毛尖、台湾冻顶乌龙、人参乌龙，都能在号称“中南第一茶市”的汉口茶市买到。湖北炎黄茶文化研究会常务副会长、汉口茶市总经理张岳峰说，尽管汇集了“东西南北茶”，但安溪铁观音在武汉茶市却是一枝独秀。此言不虚，他们到达武汉的当天下午，在湖北省图书馆“精英论坛”举办了一场“茶与健康”学术报告会，来自中国疾病预防控制中心的韩驰教授就铁观音茶叶的保健功能做了专场报告，爆满的会场超出了组织者的预见，会后听众们还围着韩驰教授和宋丽珍女士络绎不绝地问了一个多小时，足见武汉市民对铁观音茶叶的认可和钟爱。晚上，一场精彩的安溪铁观音茶艺表演在汉口茶市举行。茶香茶韵令人陶醉，精彩的茶艺、茶歌、茶舞更是给爱茶人带去了独特的艺术享受。浓浓茶情，就这样不知不觉地烙进武汉人的脑海。

他们在上海“结茶缘”。作为国际大都市和我国最大的商业、金融中心，白领们工作压力大，只有在晚上下班后，泡饮一杯兰香四溢的铁观音，才能让心静下来。因此，上海汇聚了一大批爱茶、懂茶的社会各界精英。前些年，安溪就曾组团前往上海推介铁观音，这次重进上海，是希望把茶缘延续下去，结得更深一些。为此，他们邀请沪上政界、商界、文化界200多人参加品茗赏艺活动。其中就有宋丽珍女士特

流通会

别邀请的著名作家何为先生。他们真正是因“茶”结“缘”的。何为先生曾在福建工作多年，1989年写过一篇优美的散文《佳茗似佳人》。此文2004年在中央电视台《子午书简》栏目播出时，恰好被时任安溪县县长的尤猛军听到了，他感觉作者对安溪铁观音有深厚的感情，于是委托时任副县长的宋丽珍找寻作者何为。“宋县长辗转探询，获悉我的沪居电话号码，乃通过电话，取得联系。”何先生在一篇题为《茶缘》的文章中写道，“今年（2006）11月中旬，我从北京开会回来，忽然接到宋县长从武汉打来长话，承告他们安溪茶艺巡回表演团从成都到武汉，即将到上海活动。我很高兴。那天应邀前往本市一家大酒店，在金色大厅内，与宋县长一行人会晤。”这是他们第一次见面。自打联系上何先生之后，宋丽珍女士每年都不忘给何先生寄茶叶，让何先生很感动。所以这次接到宋女士的邀请电话，行动已经不太方便的何先生还是马上答应了。那天晚上坐定后，柔和的灯光集中台前，八个婀娜多姿的佳丽款款上场，以轻盈灵巧的手指，有章有法地表演冲泡铁观音茶叶的技艺。何先生他们围着圆桌，品尝与台上同样的好茶，心情非常愉快。“宋县长正在台上讲话。我恍然听到，讲话中引述我的旧文《佳茗似佳人》提到安溪的片断，最后还扬声诵读文末结束语：从来佳茗似佳人，确是千古绝唱，此生若能与佳茗为伴，则于愿足矣。县长热情的讲话令人感动，我惶愧之余，趋前握手道谢。”这段因茶结缘的佳话，可谓已经进行的“安溪铁观音神州行”最动人的一个细节。

他们不会停下脚步。据宋丽珍女士说，“安溪铁观音神州行”东北行即将启程，他们计划走遍祖国的大江南北，把安溪茶文化传向四面八方！

（何况）

市场营销贵在“善新”

“依我看来，茶叶经营贵在‘善新’二字。不论是生产、销售，还是品牌文化建设，都应时时创新，事事求新。”4月28日，记者慕名前往福州五里亭，采访了善新茶业总经理黄晋江。

遍尝经营新模式

尚卿乡并非我县主产茶区。20世纪80年代，作为专职从事茶叶经营的开拓者之一，黄晋江的父亲走在了别人前面。

“一次偶然中听老乡说福州茶叶市场品种单一，我父亲就只身赴榕打探行情。最初，他先到各大酒楼去兜售包装简陋的‘袋子茶’。后来，又联系相对固定的星级宾馆和超市做茶叶专供，一点点打开销路。”黄晋江回忆说。

父亲适时而新的创业之举深深感染了黄晋江。1996年，大学毕业的黄晋江立志子承父业。考虑到当时福州茶市，安溪茶叶份额太少，他先在市区中心开了4家零售店。

1998年，随着零售店销量渐增，原来零散的茶叶收购和加工已显得捉襟见肘。眼看货源和质量都难以保障，黄晋江决心改走新路子。他在老家尚卿乡办起了一家茶叶加工厂，取“善于创新”之意，注册了“善新”商标。

2002年，觉察安溪茶叶渐盛之势的黄晋江，又一次扩大了销售规模。他选址市区内繁华的五里亭小区，将经营重点进行调整，变店面经营为茶叶批发，在群雄纷争的榕城茶市中以量取胜。

随着安溪茶商在福州的遍地开花，黄晋江又发现，消费者有了更多的选择后，更加注重茶叶品牌与质量。“只有拥有自己的生产基地，才能从源头上保证质量。”于是，他又有了新的打算。

2004年底，在老家尚卿乡黄岭村，黄晋江带着员工，开始了细致的勘察与开垦。“这里自然条件优越，周围生态完好，石底红壤，常年云雾缭绕，日照充分，年平均气温20℃左右，年降雨量2000毫米左右，作为善新的茶园基地再合适不过了。”黄晋江说。

历经2005年平整基地，2006年小量产出，历时两年多建设的“善新黄岭生态茶园基地”，现已完成千亩绿色茶叶基地开垦。茶园采用日本先进管理方法，种植优质安溪红心铁观音，善新茶叶的纯正品质，得到了更可靠的保障。

如今，集种、产、销于一体的善新茶业，又调整了新的发展模式，在建中的黄岭村新厂房和精心打造的五里亭、西营里两家品牌店，成为善新茶业“集中初制，店营为主”新战略的全新布局。

打造品牌新策略

20世纪90年代末，黄晋江同其他致力于茶叶规范经营的安溪茶商一道，大力倡导茶叶明码标价的做法。他认为：“把不同层次的茶叶，装入不同的包装，体现品质上的高低之别，质量与价格分明，这样的做法大受消费者欢迎。同时，明码标价的销售形式，杜绝了乱砍价、人情价现象。”

然而，要实现茶叶市场的规范，仅靠价格规范是远远不够的，更需要品牌的引导。面对市场上“好茶可遇却难求”的状况，黄晋江制定了自己的品牌打造计划。针对消费者不同需求，他细分市场，相继开发出几种主打茶叶品种，有侧重面向大众，每斤价格100-200元的“善新系列”；侧重面向高端，每斤价格在2000元左右的“茗战”系列，均得到了市场的热烈响应。

对于茶叶经营的门类，黄晋江推崇兼容并蓄的观点：“一定要兼容并蓄，顺应市场，在重点做好铁观音销售时，也应视市场需要，兼顾其他，一切从客户需求出发”。事实上，自2000年后，善新茶业收藏和经营的陈年铁观音逐渐走俏榕城，“铁观音的魅力是任何茶都不能替代的，无论经营什么茶叶，都要做到对得起安溪茶，自己不砸自己的牌。”黄晋江说。

善新茶业的季节性广告策略，得到众多榕城茶企的认同。黄晋江认为：“一个品牌要真正深入人心，不能靠密集型轰炸式的广告。”事实如此，自1998年后，善新茶业在路面广告牌、报纸、电视等媒体上投放的广告，均呈现顺应茶市季节性特点。每逢新茶上市等重大时段，或是重大节日等，都可以看到善新茶业制作精良的个性广告。

经过多年精心打造，“善新”已

上海茶庄

成为福州乃至全省茶市的一个茶叶品牌，屡获“福州市诚信单位”、“中国旅游博览会指定产品”、“北京（中国）茶文化博览会金奖”、“福建省闽茶杯优质奖”、“福建省优质茶”等殊荣……

志在开拓新市场

跻身全省茶界主流名牌，对善新来说，意味着发展视野的扩大。着眼未来的发展方向，黄晋江早已作了细密的规划：“从茶市发展的长远看，从事茶叶经营的人越多，整个茶市就越热，茶叶批发及品牌经营的潜力就越明显。因此，我们今后的发展将坚持步步为营，着力于品牌合作，加速进军外地茶市。”

黄晋江透露：“我们将联合10至20家有实力的茶企业，集中各自优势，学习‘国美’等零售业巨头的经营模式，创立‘铁观音商城’，集中入驻一批大城市，真正促进有潜力品牌的发展。”

作为县茶叶协会福州分会副会长，黄晋江对县委、县政府大力发展茶业的做法大为赞赏：“近年来，我县大力推广茶叶合作社模式，这不仅能为尚无生产基地的茶企业提供茶叶质量的有力保障，还能有效提升全县茶农的制茶水平，推动全县茶产业的发展。”

（资料来源：安溪乡讯）

产销合一　连锁发展

铁观音传统加工工艺，辅以现代企业管理和品牌营销。在“国心茗茶”的身上，传统与现代达到了和谐的统一。

黄波山的安溪蓓萪农业综合开发有限公司于2001年成立，短短几年时间内，凭借过硬的产品质量和良好服务，该公司生产的“国心茗茶”已经跻身茶界知名品牌行列，成为消费者的挚爱。

自建基地　产地自销

出生于尚卿乡的黄波山，1997年，在县城创办了永旺茶厂，开始从事茶叶生意。

跟其他早期到福州开拓茶叶商场的安溪茶商一样，黄波山开始也是在商场做茶叶小包装销售。后来由于市场不规范，时常出现恶性竞争、货款拖欠等现象，1999年，他毅然停止在商场的小包装销售，在福州温泉支路开起了自己的茶店。

在经营过程中，黄波山发现，由于茶叶都是从茶农手中收购的，茶价高，利润空间小。“当时我就想，要是能有自己的茶园，自产自销，这些问题不都可以解决了吗？”2000年，黄波山选择了老家科名的黄岭山，租赁了2000亩山地开垦，种植优质铁观音。

2001年，注册成立了安溪倍萪农业综合开发有限公司。倍萪农场位于五阆山麓，海拔800-1200米，方圆数十里无任何污染源。全园茶叶种植全部使用有机肥，严格按欧盟、日本规定的标准使用生物农药。同时，公司拥有5000平方米标准厂房和最先进的制茶设备，30多名高级制茶师和300多名熟练采茶工，是我县茶叶初制示范基地。优质的茶园、完善的生产条件，为制出高品质茶叶打下了良好的基础。

“随着福州茶叶市场的迅速发展，茶叶销售量猛增，福州茶店林立，市场也出现了鱼目混珠的现象。市场发展到一定程度，必然需要品牌化经营。”2002年，黄波山成功注册了“国心茗茶”商标。

有了基地的品质保证，国心在市场上所要做的就是如何让更多的消费者接受它。首先，从品牌形象入手，它不仅进驻福州五里亭茶叶市场最醒目的位置，而且还一路挺进福州五四路名店街，通过巨幅招牌来强化其品牌形象。其次，通过互联网站进行企业形象推广。

最重要的是，国心茗茶坚持质优价廉，充分保证消费者的利益，赢得了诸多的市场口碑，品牌的美誉度也大大提升。2005年，“国心茗茶”被省名优茶评审委员会评为福建省优质茶，国心茗茶店也成为福州市诚信经营单位。2007年，国心茗茶荣获读者心目中安溪铁观音十佳品牌，公司成为安溪县茶叶协会福州分会会员单位，黄波山也被推选为安溪县茶叶协会福州分会副会长。

严格管理　现代营销

“国色天香醇天下，心醉神茗香满楼。”这是黄波山对“国心茗茶”的诠释，也是他经营茶叶多年所期望达到的境界。目前，国心茗茶不仅在福州开设了10家门店，而且还在泉州、厦门、南京等地开设了13家专卖店，公司的品牌连锁加盟事业也得到迅速的发展。

“茶作为一种日常消费品，要走近大众，方便大众，就要发展连锁经营，发展零售店，这也是品牌推广的好办法。”黄波山告诉记者，国心茗茶采用直营和合营两种方式发展连锁经营，在合营中采用股制方式，培养合营者主人翁意识，充分调动他们的积极性。

近年来，国心茗茶通过绿色食品认证，并通过了QS认证，产品销售市场以福州为主要阵地，向全国各地辐射，在许多大城市都有连锁店，实现了向品牌产品的全面过渡，极大提高了国心产品的市场地位。

“茶业是传统产业，必须有现代化的管理及营销理念。国心茗茶一直注重强化企业内部管理，加大品牌经营力度。”黄波山介绍，公司招聘员工，要求要有中专学历以上，并经过文化考试和专业技能考核，方能择优招收。还要下派到公司的茶叶基地去学践，大约一周后再到总店进行半个月的实习，最后才正式上岗。

“我们有自己的茶叶基地和生产厂房，采用传统的加工工艺，即使前几年市场上流行青酸茶，我们也还是始终坚持传统，这也是我们国心茗茶的特色。品质和技术是我们立足市场的法宝。”黄波山说。

国心茗茶以“企业+基地”的经营模式，依托福州省会中心的总部经济优势，建立了一系列适合自己企业发展的制度，走品牌经营之路，形成自己的经营特色。

“加快基地建设，提高农民组织化程度，带动农户增收，不

五环茶艺（其中乌龙茶和白茶产自福建）

仅是企业的义务，也是企业自身发展的需要。”黄波山规划着企业的未来，“几年的发展，倍菘农场在茶园管理和茶叶初制方面，都积累了较丰富的经验，把这些好经验向周边茶农推广，向‘企业+基地+农户’的模式发展，与茶农形成合理的利益共同体，这样对我们企业控制成本也很有好处。”

对于今后安溪茶业的发展，黄波山建议加大科技投入，引导茶农合理施肥，科学制茶，不要过分追求眼前利益，要走可持续发展之路，这也是茶农进一步富裕的希望所在。要大力发展铁观音茶文化，用文化来推动企业发展。

秉承“顾客第一、服务至上”的宗旨，从源头抓品质，从内部抓管理，以绝佳的效率和严谨的态度，来满足市场和消费者的需求，这就是国心茗茶永远的追求。

（资料来源：安溪乡讯）

浅析福建茶商精神

福建茶叶“香飘四海，誉满五洲”。2006年，全省茶叶产量达20万吨，占全国五分之一，茶叶营销总值达170亿元，平均单价全国第一，茶叶市场占有率占全国60%。福建人在全国各地开设茶店、馆、庄多达15万家，从业人员50多万人，茶叶出口60多个国家和地区。如此巨人的茶叶贸易规模和成绩，与福建茶叶商人“情胜茶贸、精勤求质、勇闯四海、群峰共秀”的企业家精神密不可分。

茶都峰会

情胜茶贸

情即情谊、友谊，是茶叶交易者之间的一种友好关系，它融入茶叶的买卖过程中并且常优先于茶叶本身这一物质交易。

“茶树生于灵山秀水，得雨露日月光华滋养，天地清和之气代代相传”，茶尚俭、贵清、导和、致远，是一种高品位的象征，是一种超越纯粹饮料的灵性物质。茶文化以德为中心，重视人的群体价值，倡导无私奉献，反对见利忘义和唯利是图；主张义重于利，注重协调人与人之间的互相关系，提倡对人尊敬，重视修身养性。福建是我国茶叶主产区之一，产茶历史悠久，茶文化源远流长，近乎每一个产茶地或每种茶都有一个甚至更多的感人传说。如“铁观音”、“绿雪芽”、“大红袍”等就有许多美妙动人的传说。人们历来就有以茶会友、谈茶论道的习俗。

与“唯利通番、恬无畏忌”的一般商人有着很大的区别，福建茶商们继承和应用了“以茶会友”这一习俗，以茶为媒介，以茶文化为话题。应用方式简单而又真诚致佳的“茶礼”拉近与客户的距离，很好地把交友和交易结合起来，先交友后做买卖。这样不仅可以使整个交易气氛融洽，保证交易的顺利进行，还可以引导消费者的精神消费，使得客户购买茶叶感到物有所值——几片茶叶不仅能品尝到茶叶的色、香、味、形，还能品味到生活的清纯与温馨，体会到博大精深的茶文化。再辅于茶商的诚信经营，买卖势必会能得到持续和不断地扩大。

"片片绿叶，滴滴浓情"，福建的茶做到哪里朋友就交到哪里。

精勤求质

精即精灵、聪明能干，勤即勤劳勇敢、善于创新，不断追求品质上乘和适销对路。

从历史背景和文化传承角度来看，闽商同中华文化是一脉相承的，深受朱熹"理学"的影响与传承，养成节俭、勤劳、守信、尚义等理性行为。闽学文化蕴涵的以苦为乐、对事业执著追求和超越自我等精神品格是福建企业家取之不尽的精神宝藏。长期以来，商业性农业是福建经济发展的主要亮点之一，而茶叶则是这个亮点的主要光源之一。福建茶商坚持本地优势，充分发挥才智，艰苦奋斗。目前，福建茶叶发展创下了茶叶良种数量、良种普及率、总产、单产、出口单价、特种茶、营销总额并多个全国第一的纪录。基本形成门类齐全，特色明显、品牌突出，茶文化氛围浓厚和茶叶市场繁荣等良好局面。这些成绩无不倾注着福建茶商们的智慧和心血。

创新变易是企业的内在素质和生存发展的根本依托。美国经济学家熊彼特在《经济发展理论》一书中，提出了经济创新的概念，他认为创新是"企业家实行对生产要素的新的结合"，即①引入一种新的产品或提供一种产品的新质量；②采用一种新的生产力方法；③开辟一个新的市场；④获得一种原料或半成品的新的供给来源；⑤实行一种新的企业组织形式。融入闽学传统文化血液的革故鼎新，福建茶商只有创建不息的创新变易精神，孜孜以求、勇于攀登。清发酵铁观音的制作工艺、茉莉花茶的窨制工艺、白茶新工艺等加工工艺，不断创新和改进、包装设计、营销战略、营运方式等的不断发展，乌龙茶、白茶、小种红茶、茉莉花茶等特种茶全国最多、品质最好等局面的形成，无不说明了福建茶商的"精勤求质"精神。

智慧、勤劳、拼进，造就了福建茶业的硕果。

勇闯四海

敢于冒险、四海为家、积极进取、爱拼会赢，哪里有钱赚就把生意做到哪里。

兼容传统文化，开放整合博大胸怀的海洋精神。历史上闽商堪称中国海外第一商帮，特别是郑芝龙、郑成功父子在拓展海外商圈时，以闽台为根据地，建立起庞大的海上商业帝国。海洋文化造就了闽商的冒险与进取精神，他们“舍祖宗之丘墓，族党之团圆，隔重洋之渡险，处于天尽海飞之地”，他们敢于冒险，勇闯天下，四海为家，爱拼会赢。海洋文化形成了福建企业家具有创造或者寻找机遇的执著、对于风险和不确定性的承受力的精神，并引导企业家逐步形成了全球战略精神。方池雄认为，建设海峡西岸经济区，必须高度重视并弘扬海洋商业文化，使之成为“海峡西岸人”，尤其是闽商的精神内核和内在驱动力。

茶乃是海洋商业文化的主要载体之一，闽南的泉州港、漳州港，闽东的二都澳等无不淀积着福建茶商海洋商业精神的丰富传奇色彩。当今的福建茶商继承和发扬了海洋精神，他们有着很强的“求生存，谋发展”的市场意识，运用自己独特的感觉通过市场网络传播的信息，洞察各地，寻求每一个市场机会，投资、生产和销售。福建人在全国各地开设茶店、馆、庄，在市场竞争的夹缝中求得生存，不但巩固原有国内外销区，还扩大了新的市场。闽北茶叶的营销网络也非常广阔。

背井离乡、漂洋过海，大江南北、全球各地无不出现有福建茶商的影子。

群峰共秀

敬业乐群、利睦处世、豪爽仗义、互帮互惠，靠群起优势共济江山。

儒学文化倡导“以利为贵”、“利气生财”。“利”在生意场上就是“合作”、“和睦共处、互相帮助”。合作是一种开放的姿态、宽容的精神，可以把各家的优点和长处综合起来，集中力量，以达到优化资源配置和提高生产率的目的。在市场经济的浪潮中，竞争与合作是一对不可分割的矛盾统一体，都是利益关系的调节方式，竞争是动力，合作才是方向。合作是一种面向未来的投资，是以平等互利为基础，以信誉为保证的。这些年来，正是同行之间的合作和互助使福建许多企业的规模迅速扩张。

“茶导和”。福建茶商能够与家乡保持密切关系、回馈桑梓，能够与当地打成一片、和睦共处，力保茶叶采购、加工和销售的顺利进行。更难能可贵的是茶商们之间能够豪爽仗义、互通有无、互相介绍生意，以群起的优势共谋发展。广州已经成为安溪铁观音乌龙茶的主销区，目前在芳村茶叶市场经营茶叶的安溪人已占该市场茶商总数的八成左右。安溪人更是几乎垄断了深圳的茶叶市场。在山东、上海、北京、东北等祖国各地，也不乏安溪茶商的聚集区。闽东在茶叶主销区创办了上海天山大不同茶城、上海大统路茶叶批发市场、北京马连道京鼎隆茶叶批发市场等国内著名茶叶市场。这些与福建茶商的“和衷共济”精神是分不开的。

具有合作的精神、群起的优势，福建茶商势不可挡。

（高水练、杨江帆）

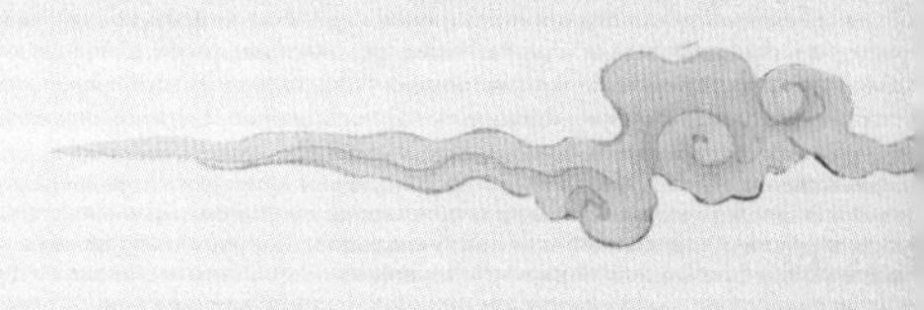

第十二章

人文礼俗

RENWEN LI JIE

乌龙茶区的人文环境

乌龙茶区不仅具有相似的自然环境，同时也有相近的人文环境，过去研究乌龙茶者，较少注意这一点，这不能不是一种遗憾。

所谓的人文环境，换个说法就是文化背景。乌龙茶源于闽，随之很快传播到粤东、台湾以及东南亚华侨聚居区。近年来，乌龙茶生产与消费区域虽有不断扩大趋势，然而平心而论，主要生产与消费区域仍在闽、粤、台。铁观音也如此，生产中心在安溪以及周边地区，而消费区域，近年来虽然遍布大江南北，最主要的则仍在闽、粤、台。这种现象，十分有意思。

考之乌龙茶区的人文环境，至少有几点相同或相似。

种族同源

根据厦门大学人类学家林惠祥的研究，今天闽人的祖先，主要来自北方中原。闽地的最早土著，是一种丛林矮黑人。但自炎帝黄帝之后，便逐渐被来自北方的中原人同化或驱逐，形成闽越族。秦时，闽越族在余善率领下，起兵助汉，故被封为闽越王，王城遗址就在武夷山。随后，闽地曾经有过三次的人口大迁移，第一次是西晋后期，因为五胡乱中华，大批中原士族为避战乱，南迁入闽；第二次是北宋后期，由于北方游牧部落的南侵，迫使北宋王朝南迁，建都临安；与此同时，又有大量中原士族入闽；第三次为清初，一方面是末路的南明朝廷南逃，另一方面是大批清朝军队紧跟追击，这两方面的人入闽后，有相当一部分便留在了当地。不过，就文化而言，前两次中原士族南迁的影响更大。

中原人入闽后，一部分留在闽北，一部分继续南下到闽南，随后又进入粤东。所以，今天的潮汕人，一般都认

潮州妈祖庙

祭拜湄州岛妈祖

为自己的祖先是闽越族，土称为“福老”。而台湾，虽然有原住民高山族，但大多数人的先祖，还是闽人。这一事实，也可从今日铁观音茶区的许多族谱中得到有力佐证。许多安溪人说起自已的家族渊源时，都知道来自“河南”。

语言相通

乌龙茶区的流行方言，主要是中国八大方言语系中的闽南语。安溪人说方言，也是闽南语。今天的潮汕方言，属于闽南语系的一个次语系，虽然与道地的闽南语有所不同，但是基本相通。而台语，则与闽南语几乎没有区别；而闽南语，据专家们的考证，源于秦汉时的中原古语。是当今保存最完整的一种中原古语。

至于闽北方言（福州话与建瓯话），虽然与闽南语有别，但也和闽南语一样，源于秦汉时中原古语。尽管在后来的发展中，形成自己的特点，但是如果将某些词语的音节，与闽南语进行比较的话，常常会得到惊人的相似。而这些相似音节的词语数量还不少，有兴趣的人可以将闽南语词典与闽北方言词典《建州八音》进行比较。

习俗相同

乌龙茶区的许多独特习俗，非常接近。潮、漳、泉同俗，闽、台同俗，这已是一种不可否认的事实。

从信仰崇拜来说，除一般的宗教，乌龙茶区流行妈祖崇拜和蛇崇拜。乌龙茶区大部分靠海，许多人靠海为生。而妈祖，则是闽粤台渔民所特别崇拜的海神。大小妈祖庙，又称天后宫，随时处可见。闽人崇蛇，闽即门内养蛇，至今年南平樟湖坂仍有一年一度的迎蛇节。潮汕人与台人也崇蛇。除此，乌龙茶区内的畲族，以狗为祖，故流行崇狗，虽说畲族是少数民族，但此种风俗也在不同程度上影响了乌龙茶区的习俗。

从饮食习惯来说，乌龙茶区因为位于东南沿海，盛产大米与海鲜，故饮食以大米为主，海鲜居多。反映到菜肴上，闽菜与潮州菜的特点，均以海鲜为主，清淡为上。这与江浙沪本帮菜的浓油赤酱，湘菜的香辣，川菜的麻辣，有很大的不同。台湾本帮菜，因未去过，不知如何，但据台湾的朋友说，其口味与闽菜大体相似，也是清淡海鲜为主。除此，乌龙茶区的菜肴，多汤煲，不像江浙及北方，难得有汤水。

从婚丧礼节来看，乌龙茶区也基本一致。比如，新娘出嫁时，要唱嫁歌；入门时，要遮伞，跨火；婚后第一天见公婆，要行茶礼；人死后，喜土葬，而且要将坟墓造的大，豪华；凡此种种，虽是古已有之，许多习俗在今天看来已是不合时宜，但无论怎样，总是一种事实存在。

戏曲相类

乌龙茶区所保存与流行的地方剧种，相当丰富。最著名或许要数潮剧。其次，是闽南的高甲戏，歌仔戏，梨园戏等等。而在台湾，闽南地方戏至今仍然流行，几乎是家喻户晓。潮剧与闽台

看戏品茶

木偶戏

《陈三五娘》表演

南音表演

地方戏，无论是在剧目内容与唱腔音乐上，都有许多相类之处。例如，著名潮剧《荔镜记》与闽南梨园戏《陈三五娘》，讲述的就是泉州书生陈三途经潮州，遇上聪明美丽的五娘，两人一见钟情，私订终身。随后陈三进京赶考，五娘则被父亲强行许配他人，遂演出一场摧人泪下的爱情故事。唱腔上，由于潮剧与闽南戏用是同一种方言，不是相当熟悉地方的人，几乎难于辨别两者的唱腔区别。乌龙茶区流行的地方艺术，除了戏曲外，还有木偶戏与南音，潮汕木偶戏与闽南木偶戏，如出同门；南音与潮曲清唱，也如同出一辙。

考之潮剧与闽南戏的源起历史，便可知道潮剧与闽南戏曲有如此多的相类，一点不奇怪，因为两者本来就同出一源：宋元时盛行的南戏。而这一中原古老剧种，在其起源地无从寻觅其踪，反而在闽粤台保留了下来。

至于南音，这种目前保存完好的中原古乐，不仅在闽南潮汕家喻户晓，同时也为台湾、以及东南亚和日本的华侨所钟爱，成为一种华夏之根的艺术象征。

尊儒重教相传

跟江浙与中原地区相比，闽粤的开化较迟。台湾则更迟，直到明末郑成功收复之前，仍然是一个半开化的海岛。但是自唐宋，犹其是南宋建都临安后，乌龙茶区进入一个文化发展的高峰时期，闽南与潮汕被誉为与泰山齐名的“海滨邹鲁”。其最主要的代表就是朱熹理学在这一地区的传播与深入人心。朱熹字晦翁，其创立与集大成理学，根于孔子儒学，实际上是孔子儒学在南宋特殊时代的重新演绎与发展。朱熹理学自南宋后，成为统治中国的主流思想，对中华民族的方方面面，都产生巨大的影响。

朱熹祖籍今安徽婺源，但一生的绝大部分时间都在闽。少年时期在闽

朱文公庙

朱文公庙内

北读书求学，中年时两次到闽南任官，老年时则又在闽北设书院讲学。他在闽南任官时，足迹遍布闽南与潮州山水，也曾到过安溪。弟子中也以闽人与潮人居多。安溪县令陈宓与主薄陈淳均师从过朱熹。至今闽南（包括安溪）与潮州一带，犹留存许多他的诗文与墨宝。安溪亦建朱文公庙，至今香火犹旺。

不庸置疑，这位理学大师的活动，对闽潮地区以及安溪的教育发展与人才培养，的确是起了相当积极的作用。而他所提倡的学说思想与建立的书院，以及直接间接的弟子，又对闽潮地区的文化发展与风俗形成，起到了巨大的作用。闽潮人尊儒重教成风，而大批迁台的闽人，则又将这种风气带到台湾，为台湾后来的发展奠定了深厚的文化基础。

综上所述，再来简单回顾以包括铁观音在内的乌龙茶为原料的工夫茶的源起与发展历史，读者不难看出，其间沿袭的轨道竟如此的相似！工夫茶本诸陆羽《茶经》，但《茶经》所记的冲泡品饮方法，主要还是一种在宫廷贵族与士大夫阶层中流行的艺术。这种茶艺，到南宋赵徽宗时期，达到顶峰。随后便跟着南宋小朝廷的灭亡与南逃，逐渐衰亡。尽管如此，却跟南戏，南音一样，在闽南语地区保存了下来。遇到合适的时机，便又重新焕发生命力，发展成为独有的乌龙茶冲泡艺术——工夫茶。

乌龙茶区之所以在集中在闽粤台，除了这一地区有相同的自然与人文环境外，还有很重要的一点：与北方中原地区相比，这一地区相对来说战乱较少，人民生活相对安定，能够在温饱之余，还有一些闲暇来慢慢地冲泡乌龙茶。

【安溪茶俗】

安溪是个有着一千多年产茶历史的古老茶乡，通过长期的生活积累，演变发展，口传心授，世代相袭，自然积淀而形成了一种独具特色的茶俗。茶，渗透到安溪茶乡人民的生产、生活，以及衣食住行、婚丧喜庆、迎来送往的礼俗和日常的交际之中。迎宾送客以茶相待，是安溪世代相承的传统礼俗。“安溪人真好客，入门就泡茶”，说的是只要你到安溪来作客，主人必定会拿出珍藏的上好茶叶，点起炉火，烹起茶来，品饮一番，“未讲天下事，先品观音茶。”茶叶，又是安溪人礼尚往来的首选礼品，亲戚来往探亲，朋友之间互访，携带的见面礼也往往是特产名茶。

婚姻茶俗

早在明清时期，随着安溪茶业的兴盛，茶就以一种特殊意义和特殊形式融入婚俗。婚前对歌成婚，是古代安溪茶乡的特殊风俗之一。男女青年或于茶园，或以安溪茶歌调对歌，表达爱意。

古代安溪婚俗中，婚前礼仪有一道“办盘”的习俗，男女婚期既定，男家于婚期前若干日，要备齐聘金、礼盘到女家。礼品除鸡酒、猪腿、线面、糖品外，茶乡往往还要外加本地产的上好茶叶。

婚宴之中，上几道菜后，新郎新娘要按席敬茶。宾客茶后要念“四句”吉利话逗趣助兴，如“喝茶吃甜，祝愿新郎、新娘明年生后生”等。假如宾客有意开玩笑，不愿受茶时，新郎新娘不得生气或借故走开，要反复敬茗，直至宾客就饮。

新婚的第二天清晨，新娘子要谒公婆长辈敬茶。新郎逐一启示称呼，新娘跟着“阿爹”、“阿娘”，敬献香茗。翁姑受茶，须送饰物红包压盅。其余家人也如是请茶压盅，至今风俗犹存。

婚后一个月，古代安溪民间有“对月”的习俗，新娘子返回娘家拜见生身父母。待返回夫家时，娘家要有一件“带青”的礼物让新娘子带回，以示吉利。茶乡往往精选肥壮的茶苗让女儿带回栽种。乌龙茶中的又一极品“黄　棪”，便是当年嫁女王淡“对月”时带回培植的特种名茶。

丧事茶俗

在安溪，丧葬礼仪也有茶俗。在亲戚奔丧、堂亲送丧、朋友同事探丧时，主人都要对来客敬上清茶一杯。客人饮茶品甜企望得以讨吉利、辟邪气。清明时节，后辈上坟扫墓跪拜先祖，亦要敬奉清茶三杯。如清末著名诗人、茶商林鹤年在《福雅堂诗钞》中曾记述，因“经年未登先观察坟莹，于弟侄还乡跪香致虔泣”时，基于“先观察性嗜茶，云初泡过浓，二泡味淡而香始出，特嘱弟侄于扫墓忌辰朔望时，作茶供，一如生时。”

敬佛茶俗

每逢农历初一和十五，安溪农村不少群众有向佛祖、观音菩萨、地方神灵敬奉清茶的传统习俗。是日清晨，主人要赶个清早，在日头未上山晨露犹存之际，往水井或山泉之中汲取清水，

祭祖三杯茶

起火烹煮，泡上三杯浓香醇厚的铁观音等上好茶水，在神位前敬奉，求佛祖和神灵保佑家人出入平安，家业兴旺。虔诚者则日日如此，经年不缀。

茶王赛

安溪最精彩的茶俗当推“茶王赛”。每逢新茶登场时节，茶农们要携带各自制作的上好茶叶聚在一起，由茶师主持，茶农人人参与评议，从“形、色、香、韵”诸方面细细品评，孰好孰劣当场判定，有的地方还敲锣打鼓把“茶王”迎送回家。随着近年来安溪茶叶小包装应用及贮存技术的发展，如今在安溪乃至整个闽南斗茶成风。工作之余，每人怀揣几泡茶叶（一般每泡7克），一起斗茶论道，其乐融融。这股斗茶之风，已开始在福建的其它地方，乃至广东、上海等地流行起来。

（资料来源：安溪茶网）

茶王比赛

迎茶王

茶王金牌

民间斗茶会

铁观音与安溪人

铁观音茶在安溪崛起，与安溪人的性格也有很大关系。

安溪虽然属于山区县，却非常靠近海滨，从安溪县城到厦门、泉州仅数十公里，步行一天可达。所以，地域上一直是闽南的一部分，文化上也与闽南文化密不可分，从某种意义上来说，安溪人的性格也就是闽南人的性格。

安溪人的性格方面有哪些显著特点呢？

敢拼敢闯

有一首题为“爱拼才会赢”的著名闽南语歌曲，充分概括了安溪人的这种敢拼敢闯精神。

安溪在历史上从来不是一个经济发达的地方，她与闽南的大多数地方一样，因为地处东南一隅，远离中国的经济中心，一直都被视为穷乡僻壤。事实上，一直到上世纪80年代，安溪还是国家级的贫困县之一，经济落后的程度是今天的人们所难以想象的。

然而，安溪人又不是所谓“安贫乐道”，甘于落后的族群。与许许多多福建人一样，安溪大多数居民的祖先，并不是真正意义上的土著，而是从中原地区被迫南迁而来的亡国贵族和依附于他们的士族，这一点，可从许多安溪人的族谱中得到佐证。而作为一个曾经有着相当地位和文化教养的社会族群，是决不会甘于祖祖辈辈局束在一个山高地远的穷地方的。打回中原的复国梦是不会再做了，改变自身命运的努力拼搏却从来没有放弃过。拼博的途径有两条，第一条是读书科考做官，恢复昔日的辉煌。然而，这一条路毕竟太窄，对于大多数人来说是一座不可逾越的高山；好在安溪靠海，越不过北边的山，那就走第二条路，往南边的海上闯吧！海那边有另一片广阔的天地，有无数待人去挖掘的金矿。所以，安溪人也和其它闽南人一样，历来都有出洋过海闯天下的雄心与习俗，根据有关部门统计，安溪在海外的华侨人数胶其后裔，已达120万，超过了现在安溪县总人口。

安溪人血液中流淌着的不甘于现状因素，到了新的历史时期，很自然的就会有新的发展。随着改革开放的深入，安溪人向外闯的路子又多了一条：那就是跨过高山，向北发展。当然，不是去“复国”，而是去做生意，去赚钱，去卖自己土地上生产出来的东西！

好学善创

如果仅仅凭着一股血气之勇去闯荡商海，还是不可能成功。要向外拓展事业，首先必须适应新的环境和不断变化的形势，而要做到这一点，除了不断学习，努力创新，别无他法。安溪人是深知这一道理的。

稍为了解一下安溪华侨在海外创业发展的历史，就会发现，许多人当初冒着生命危险飘洋过海时，年纪很轻，也没有读多少书。但是，一旦他们登上彼岸，总是能很快融入当地社会，很快地寻找到一块适合自己的立足之地。然后再根据当地的实际情况，创造性地发展自己的事业。

近年来，安溪人在向北拓展茶叶事业时，也是如此。凭心而论，一直到上世纪八十年代末期之前，铁观音茶无论在质量、数量名气上，都不及同为乌龙茶的武夷岩茶。但是今天，铁观音不仅在名气上大大超过包括岩茶在内的其它乌龙茶，质量也上了一大档次，不仅可以和岩茶旗鼓相当，而且还形成了个性鲜明的自身特点，因而在总

等卖茶青

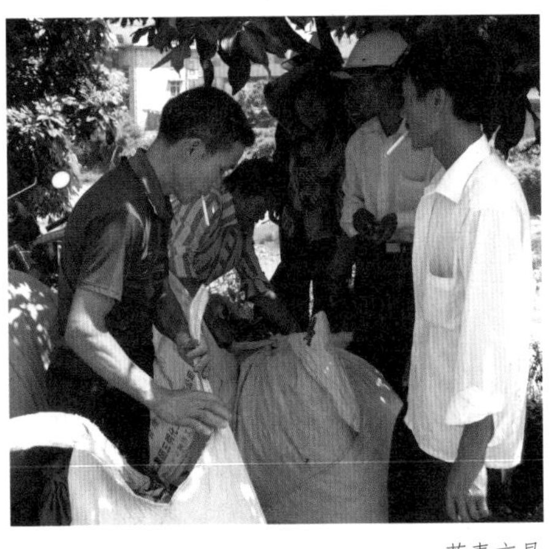
茶青交易

体产量上及销售产值上，远远超过了岩茶。据统计，近年来铁观音在中国茶叶市场上所占的销售份额，已达20%以上。占据乌龙茶市场的半壁江山。几乎是有人的城市，就有安溪人；有卖茶叶的地方，就有卖铁观音的。就连敦煌这个沙漠小城里，居然都有两家安溪人开的铁观音茶庄！

安溪人卖铁观音走的这么远，如果不是学习了其它乌龙茶与绿茶花茶的成功经验，创造性地改进了乌龙茶制作工艺，改变了传统铁观音的风格，使铁观音成为既保留乌龙茶的基本特点，又吸收了绿茶花茶的优点的新型铁观音，那简直是不可思议的。

坚持传统

与江浙沪人相比，安溪人似乎更加恪守传统，突出表现在总是那么固执地保留本土习俗与文化。

不管近年来改革开放中有多少的新思潮新事物，犹其是西方时尚的冲击和影响，安溪人一方面非常大度地以“拿来主义”态度，根据自己的需要及时吸取时尚和流行的精华；另一方面，则又不为其所左右，而是以相当的热情，坚持并且不断弘扬千百来的中国传统习俗和文化。安溪的建筑，有西式的洋楼，也有飞檐雕窗的古典式院落。安溪的宗教信仰，有基督，有佛祖，有太上老君，而更多的是妈祖、城隍、以及孔子；而在婚丧寿诞诸事中，人们津津乐道的，依然是千百年来几乎不变的种种礼仪。至于那些最能代表闽南文化的南音；梨园戏，傀儡剧等艺术，即使通俗音乐和电视进入了每一家的情况下，依然有许许多多如痴如醉的迷恋者。

而在家庭传统伦理方面，直到今天，聚族而居，孝敬父

清杨晋豪家佚乐图

茶叶交易

母，男主外女主内，一定程度的“大男子主义”，尊师重教，光宗耀祖；凡此种种，依然有着强大的力量，主宰着安溪人的精神和灵魂。

这此现象，充分说明安溪人在文化上的包容性，但是不管怎样，安溪人在骨子里仍然是恪守传统，始终把传统看的极重。这或许就是南音之类得以留存至今，华夏民族能够独立于世界民族之林的重要因素之一吧！

乡土情结

闽南人似乎有着一种特别浓厚的乡土情结。安溪人也不例外。数百年来，安溪人飘海过海，许多人甚至都已在异国他乡扎下了根。然而，不管走到哪里，却始终忘不了自己的祖先来源，忘不了自己的故土。这一点，从闽南华侨们在家乡投资办企业，热心捐款公益事业上得到充分体现。据不完全统计。近年来安溪海外侨胞的各类投资总额已达数十个亿，为安溪经济文化发展起到了积极的作用。

这些特点，如果孤立去地看待，似乎极为矛盾，然而在安溪人身上，却完好地结合了起来，经过长期的融汇熔铸，形成了安溪人特有的性格。一旦遇到适合的时机和契合点，便能干出一番惊天动地的大事业。这个时机，就是改革开放，市场经济。而这个契合点，就是铁观音茶。

在安溪这块山野土地上，茶是最普通最有生命力的植物，同时也是与人的生活关系最密切的植物之一。然而为什么安溪人与铁观音茶相遇后，才碰撞出耀眼的光彩呢？除了客观种种原因外，最根本的也许跟铁观音的茶性有关。茶性本属苦、寒，在相当长的历史岁月中，安溪虽然出茶，却没有引起安溪人的特别注意。铁观音虽然也是茶，但她的茶性与其它茶有很大的区别。就茶树品种来说，铁观音是一种安溪本土生长发展起来的高香型茶树品种，茶叶制作实践证明，铁观音茶树品种最适制的茶类的乌龙茶。只有以乌龙茶制法，才能将铁观音茶树品种的优点最大限度的发挥出来。而用乌龙茶的茶性，经过发酵焙火等工特殊工艺，产生了极大变化，兼有绿茶和红茶的优点而变的甘醇、温和，从某种意义上来说，铁观音茶可以说是一种在中国传统中庸思想影响下制作的具有中和之性的茶叶产品。近年来尽管出现大量的所谓新式艺制作清香型铁观音，但从茶性的本质上来说，依然没有离开乌龙茶的主流，依然保持着中和的气质。这种本性气质，正是安溪人性格中最值得珍重的一部分。

但是如果铁观音茶仅仅只有四平八稳包容万物的中和本性，而不能趁机时而动，随机变化的话，或许也历史上铁观音茶一样，永远只能停止在安溪的一县之隅。铁观音茶树品种的特点与乌龙茶制作工艺的特点决定了铁观音茶可以在中和茶性主流中突出、放大某一方面的特点。当安溪人降低了制作时的发酵度与焙火时间次数后，铁观音原本固有的花香味被放大突显了出来。就这么一变化，铁观音的香气立即飘出了安溪的重重大山，吸引了无数新老茶客，风靡了全中国。或许就是铁观音这种不可抑制的袭人香气，暗合了安溪人不甘贫穷敢于向外冲闯的性格另一面吧！

【相关知识】

喊　山

古代茶俗，始于唐而盛于宋。唐代顾渚山贡焙，每年惊蛰，湖、常两州太守会于此山“境会亭”，致祭于涌金泉，祈求泉水畅涌而清澈。祭毕，鸣金击鼓，随从官吏、役夫及茶农扬声高喊“茶发芽”，此为喊山之俗。宋代贡焙主要在福建建州凤凰山，万众齐呼“茶发芽”，极为壮观。元明贡茶主要产地武夷山四曲御茶园有“喊山台”遗迹。宋释德洪《石门文字禅·空印以新茶见饷》：“喊山鹿蔌社前摘，出焙新香麦粒光。”李《杨元忠和叶秘校腊茶诗相率偕赋》：“风驾已驰供御品，霜郊未卷喊山旗。七闽地产犹为宝，两府官高故不遗。”唐宋人又称瞰山，如唐李郢《茶山贡焙歌》：“万人争瞰春山摧”，又如宋代黄裳诗《茶苑》二首之二；“想见春来瞰动山，雨前收得几篮还。斧刀下落幽人户，且喜家园禁已闲。”梅尧臣《次韵和再拜》诗云：“先春喊山掐白萼，亦异鸟嘴蜀客夸。”此俗沿袭至明清。明徐《茶考》载：“喊山者，每当仲春惊蛰日，县官皆至茶场，致祭毕，隶卒鸣金击鼓，同声喊曰：‘茶发芽！’而井水渐满，水遂干涸。”清代高士奇《天禄识余·喊山》有类似记载。

祭茶神

乌龙茶区茶俗。明清之际起源于武夷山喊山。根据传说武夷山中有老人献茶，后成茶神。每到清明前，当地政府官员及茶农，都要组织人员，在茶山下烧香礼拜，并且大声高喊“茶发芽”。随后逐渐流行于乌龙茶区。近年来形成较大规模的祭祀活动。如建瓯北苑的祭茶神，武夷山的祭大红袍，安溪的祭茶王活动。不但有一般的烧香礼拜，和供品，同时还举行群众性游行和演唱文艺活动，相当热闹。除了乌龙茶区外，其它的茶区也有类似活动。

盖碗茶

明清以后在我国各地广泛流行的一种饮茶习俗。茶类、茶具及冲泡方式各地有所差异，但共同之处，是用有盖的茶盏作为茶具，有的用盏托，有的用茶盘，尤其是北方的茶馆里极为常见。加盖的茶碗既有利于茶味醇香，又有助于保温、保洁，时不时用

风俗祭

北苑茶神祭祀

武夷山祭大红袍

祭茶神

盖顺盏面轻括一下，始上口饮用。这是最大众化的茶艺。

叹 茶

流行于江浙沪及广东的吃早茶，又称“一盅两件”。通常清早在茶楼，边喝茶边吃早点边交流信息，为一天工作前的前奏。节假日作为交际，洽谈生意，休闲的一种方式，更是令茶楼座无虚席，人满为患。这种小吃丰廉自定，丰则茶食、点心，逐样品尝；俭则一盅两件，一盅铭茶，两件为点心，吃完就匆匆上班。广东人特别讲究早茶，喜欢吃大众化的早点，如干蒸、炮买、炸芋角、马蹄糕、糯米鸡等。近年来北方许多地区也开始流行。

三茶六礼

古代茶礼，意谓明媒正娶。我国古代下聘称纳采，所用聘礼为雁。其后，因其难得而改用茶。故下聘称下茶，女子受聘称受茶，订亲曰定茶。六礼，即从议婚到成婚的六道程序，谓纳采、问名、纳吉、纳征、请期、亲迎。明代陈耀文《天中记》卷四四《仪礼·士婚礼》有详细记载。又清代李渔《蜃中楼·姻阻》：“他又不曾有三条六礼行到我家来！”三茶，指订婚时的下茶、结婚时的定茶、同房时的台茶。

吃讲茶

近代茶俗，即在茶馆解决民间纠纷。双方为某件事发生矛盾或争斗，由调解人相约当事者一起去茶馆进行了断是非。参与吃讲茶者多为帮会道门或黑道人物，调解人往往由个中龙头老大或辈份较高者充当。双方分坐在桌边，一面喝茶，一面争论，各抒其要求，七嘴八舌，畅所欲言。最后，由调解人裁决，如愿和好，就由调解人将红绿茶汤混在碗内，大家一饮而尽，表示愿意接受调解，化干戈为玉帛。但如双方分歧较大，调解不成，无法和好，争端双方及其请来的帮手便一拥而上，大打出手，闹得鸡犬不宁。这是近代社会城乡茶馆中的一种畸形风俗，又称“吃碗茶”。如《海上花列传》第三七回：“月底耐勿拿来末，我自家到耐鼎丰里来请耐去吃碗茶。”在近现代作家的作品里也多次写到吃讲茶之俗。

斗　茶

汉族茶俗。比较茶的优劣等级，宋代斗茶风俗最盛，成为上层社会中的一种娱乐。斗茶时，主要在皇宫贵族以及官员们之间进行。宋时上层饮用茶品主要是龙凤团茶，斗茶时主要是通过比较冲泡后茶沫的细腻和颜色，以及茶沫附

茶王奖带

溪香奖状

香港茶王赛

泉州茶王赛颁奖

着在碗边的时分胜负，以细腻青白如雪花，且长久不退者为上。宋徽宗《大观茶论》，以及范仲淹《斗茶歌》等诗文中均有详细记载。宋代以后，逐渐演变为一种茶区民间活动。近年来，在乌龙茶区犹为流行。一种是较大规模的称为“茶王赛”的斗茶活动。常由民众参与，专家评审，经过多轮比较淘汰，最后得票者最高为茶王。结果宣布后往往要进行盛大的颁奖和文艺活动，茶王披红挂彩，敲锣打鼓游行。另一种是民间自发的斗茶活动，一般是由某个人牵头，数个人参加，各人拿出自己所满意的茶品，通过一系列程序，相互比较，评比，最后评出优劣。这种活动是以娱乐为主。

擂　茶

少数民族礼俗，闽粤畲族地区亦相当流行。用芝麻、黄豆、茶叶等制作而成。制作时将这些原料放在特制的石或木制舂臼捣碎，再以沸水冲泡后为待客饮料。

吃　茶

旧指女子受聘许婚为吃茶。此俗似始见于宋代，明清盛行。宋代陆游《老学庵笔记》卷四载：“靖州（治今湖南靖州苗族侗族自治县）民俗：男女未嫁者，聚而踏歌，其歌曰：‘小娘子，叶底花，无事出来吃盏茶。’”说明这种风俗至迟在南宋初已形成。明代郎瑛《七修类稿·吃茶》：“种茶下子，不可移植；移植则不复生也。故女子受聘，谓之吃茶。又，聘以茶为礼者，见其从一之义。”《西湖佳话·断桥》：“秀英已是18岁了，尚未吃茶。”汤显祖《牡丹亭·圆驾》：“俺、俺、俺，送寒食，吃了他茶。”清代崔灏《通俗编》：“俗以女子许嫁曰吃茶。”

延伸阅读

闽南文化略论

闽南文化，系指生活在闽南地区的闽南人共同创造的，并一代代传承、发展与创新的地区性文化，是源远流长博大精深的中

2007茶王赛

2007茶王赛得奖人

华文化的一个支系，其分布范围为我国改革开放以后被誉称的“厦、漳、泉金三角”，即现辖的厦门市、漳州市、泉州市各区、市、县（泉州原辖金门县待统一）。自秦始皇统一中国后，在福建设置闽中郡，开启了中原文化与闽南大著文化的交流与融合。汉晋时期，大批中原汉民迁入闽南地区，推动了闽南文化的形成。晋唐时期，闽南地区汉民人口剧增，经济迅速发展，政教管理体制日臻完善，闽南文化得到发展。宋元时期，泉州成为“海上丝绸之路”启航点和东方大港，阿拉伯人与波斯人到泉州经商，带动来了伊斯兰文化，闽南文化得到丰富。明清时期，欧洲商人和传教士来，传入了西方文化，闽南文化进一步得到繁荣。从闽南文化的发展轨迹，可以窥见闽南文化是经过一代代闽南人在社会实践中，不断挖掘、弘扬、创造，并吸收采纳了阿拉伯文化、南洋文化、西方文化等外来文化的特质和合理因素，有机地融入了其体系内，孕育、发展起来的，它具有鲜明的地方特色、独特的性格和丰富的内涵，是中华文化的一朵奇葩。

闽南文化的内涵

闽南文化，其内涵除广义中也含农耕文化、海商文化外，更值得一提的是狭义中所含的建筑文化、民俗文化、宗教文化、民间艺术、宗族文化及方言等。

一、建筑文化

闽南人根据自己的生活环境和审美情趣，凭藉自己的聪明才智创建与自己生活环境相适应且符合自己的审美观的闽南建筑。依功能可分民居、祠堂、寺庙、宫观、牌坊、塔、幢、亭、台、榭及桥梁、海防建筑等，丰富多彩的闽南建筑，堪称既富有独

闽南风群舞表演

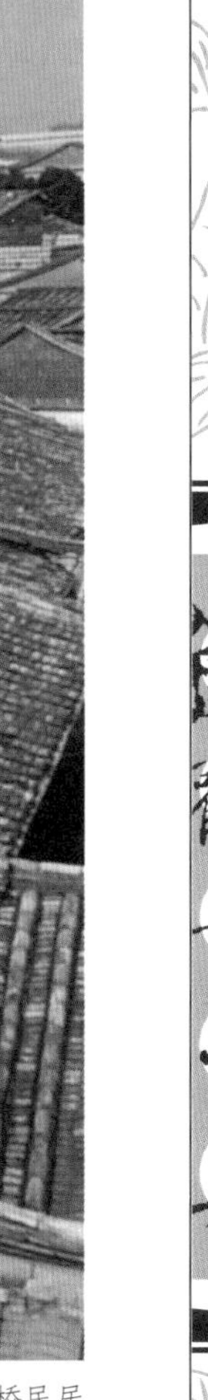

安溪官桥民居

创性又集中外建筑之大成。其中最富特色的首推民居中的“宫殿式”俗称“古大厝”建筑，座落于泉州南安官桥漳里村的归侨蔡资深民居是其代表作。该民居建于清咸丰光绪年间，其主体建筑同闽南地区习见的古大厝一样，三开间或五开间，带护厝，突出厅堂，两边对称，横向扩展布局。纵深二、三、四落三等，以厅为组织院落单元、厅、廊、过水贯穿全院、硬山及卷棚屋顶，穿斗式木构架，上铺红瓦及瓦筒，燕尾形屋脊。所不同的是该建筑为群体建筑，且座座雕梁画栋，装饰有透雕、浮雕、线刻或圆雕而成的精美木雕、砖雕、石雕、泥灰雕，雕饰题材十分广泛，雕刻技艺精湛，雕琢的飞禽走兽、花鸟鱼虫、戏剧故事、山水人物，造型逼真，栩栩如生。该民居建筑群既沿袭，保留了传统的闽南民族建筑风格和特色，又部分吸收了南洋文化和西方建筑艺术中的装饰艺术特点，堪称闽南古民居建筑艺术与中国域外建筑艺术合璧的杰作。此外，俗称中西合璧建造而成的“洋楼式”的闽南侨乡民居“番仔楼”也是其代表作。

手工竹器店

舞龙灯

拍胸舞

二、民俗文化

系指闽南人共同创造、享用和传承的民间文化事象（事物和现象）的泛称。其内涵十分广泛，其中包括生产习俗、生活习俗、生命礼俗、信仰习俗、文艺风俗、娱乐风俗、社会组织风俗等等，而这些风俗中除与中华民族传统风俗中大同小异外，最富地方特色的有文艺风俗中民间文学（民谣、童谣）；娱乐风俗中的民间舞蹈（“拍胸舞”）、“骑竹马”、舞龙、舞狮、“车鼓弄”、“赛龙舟”（端午节）、“搏饼”（中秋节）在节庆日中尤为活跃。

三、宗教文化

系指闽南人的宗教信仰和民间信仰。闽南人除信奉道教、佛教、伊斯兰教为主兼信仰印度教、基督教和摩尼教外，最富有特色的是民间除信仰中华民族古代共同信奉的诸神（如土地公等）外，还信奉实有其人被尊为神灵的保生大帝（吴本）、妈祖（林默）、广泽尊王（俗称“圣王公”，原名郭忠福）、清水祖师（陈普足）。

宗族文化也是闽南文化的重要组成部分。闽南地区宗族文化十分发达，重视宗族亲情、重视编修族谱和重视宗祠建筑是其标志。

四、民间艺术

闽南文化中的民间艺术十分发达，除剪纸、纸画、漆雕、漆器等民间美术、工艺美术外，最值得称道的有被誉称“宋元南戏活化石”、“东方古典音乐明珠”、“古代戏曲艺术瑰宝”的闽南语系梨园戏、高甲戏、南音（中国四大古乐之一）和木偶等。此外，还有融合释、道二教之法事活动形式发展而成全国罕见的宗教戏剧——打城戏（又称“法事戏”、“和尚戏”、“道士戏”）。

五、闽南方言

系指闽南人创造和使用的地方语言。该方言是汉语诸方言中很重要的一种方言，为中国八大方言之一。是全世界最有代表性的60种语言之一。据统计全球讲闽南话的人多达近4000万（福建800万、台湾1700万、南洋约1200万。世界其他各地约200万）。

闽南文化特征

一、闽南文化具有传统性、连续性

这除了继承连绵不断的中华传统文化外，闽南文化自身的传统也是连绵不断，且不断发展。

二、闽南文化具有一体多元

即与中华传统文化为同一体又以闽南文化为主体，兼吸纳了南洋文化、阿拉伯文化、西方文化的某些因素等。如建筑文化中除以“宫殿式”古大厝、临街骑楼为主流建筑外，也可见到中国传统建筑、中西合璧建筑、阿拉伯式建筑、侨乡特色建筑等。

三、闽南文化具有兼容性和开拓性

这在宗教信仰（多种宗教）、民间信仰（多神）、建筑、戏剧、方言等等都有所反映。如戏剧方面，多种剧种并存，歌仔戏、梨园戏、高甲戏交相辉映，即便同一剧种，也是各种流派，各种技艺争奇斗艳而竞相发展。又如方言方面，在闽南语中容入一些马来语等。再如在泉州还可看到阿拉伯文与汉字并排的春联。

四、闽南文化中的方言具有古老性独造性

法国语言大师马伯乐曾说过，闽南话是世界上特别古老的语言。它不仅形成历史悠久，而且还保存了中古汉语和上古汉语的许多特点，同时还保存了许多古汉语的词语。这些词语在普通话和汉语的其他方言中，有的没有，有的不用，有的少用，而在闽南话中则是基本词儿。故闽南方言被学术界称为“语言的活化石”。这在汉语诸方言中是非常突出的，也是区别汉语的重要标志之一。而闽南方言的独创性则主要表现在语言词汇、语法诸方面者有许多自己的特点。

五、闽南文化具有开放性

这同闽南人中多为中原汉族移民及多侨民（闽南人移居国外，外国侨民留居闽南）息息相关，也与闽南海商文化发达有密切关系。此外，闽南文化具有上承下传的双重传播性特征。即主体文化由中原传播而来，融合土著文化形成富有地方特色的闽南文化，尔后又通过移民台湾传播到台湾及通过移居国外的华侨华人传播到国外。

闽南文化的传播及其影响

文化的创造者是人，且人又是“文化最忠实、最积极、最活跃的传播者。而文化远距离的传播，有赖于人口的迁移”闽南文化的传播是通过闽南人移居国内外而传播的。国内传播达闽北、闽中、闽西、浙东南、赣东、粤东、港澳、海南及台湾。其中移居台湾为最多，且分布广泛于台北、台东、台中、台南、高雄、桃园、苗栗、基隆、南投、屏东、彰化、花莲、嘉文、宜兰、云林、新竹、澎湖等绝大部分地区，而均有闽南人在那里一代代休养生息。已知从唐代始，先辈移居台湾，不仅带去方言，也带去闽南人的生活习惯、宗教信仰、民间信仰、民间艺术、民居建筑等等，并代代传承、发展和创新。但发展迄今，仍语言相同，生活习惯、民俗风情、宗教信仰、民间信仰、民间艺术、民居建筑也仍相同或近同。从现有台湾人口中讲闽南话的就多达1700万人，表明闽南话在台湾是其主要语种，由此可窥见闽南文化与台湾文化教育几近相同。而国外传播则达世界各地，堪称世界各地都要找到闽南籍华侨（居多）华裔人群的足迹。移居国外的闽南籍华侨、华人（指入居住国外籍者）有数百万之多，其中称居东南亚诸国最多。华侨、华人先辈不仅带去闽南方言，而且也把闽南的民俗风情、民间信仰、民间艺术传播到居住国闽南人社区，并一代代传承、渲变和发展。迄今

祭妈祖

江加走木偶头

火鼎公婆

侨居于世界各国的华侨、华人已多达近1400万人，分布于近百所国家和地区，由此可窥见闽南文化在国外传播广泛之一。

文化是生产力，全国政协副主席、致公党中央主席罗豪才率领全国政协考察团到安徽对徽文化进行实地考察和调查研究时曾明确指出“文化是生产力”先进的文化将推动经济的发展，台湾学者魏萼在《闽南文化的经济意义》一文中明确指出：“闽南文化是经济发展的动力”。我们赞同这一观点。厦、漳、泉金三角及台湾、南洋闽南人的经济奇迹可作佐证。由此可窥见闽南文化影响深远之一。

研究闽南文化的意义

闽南文化上承中原，吴越文化而由移居闽南的汉人和原住民共同创的先进的地域性文化，而后又借鉴了南洋文化、阿拉伯文化、西方文化。使闽南文化更兴盛发达。是中华传统文化的重要组成部分。因而对闽南文化的研究既具有重要的历史意义，又具有重要的现实意义：

一、闽南文化是在特定的历史环境中形成的，不可避免地存有时代的局限性，我们以科学的分析态度对闽南文化的研究，有助于我们弘扬传统闽南文化的精华，摒弃闽南文化中的糟粕，在批判中加以继承，在继承中不断创新。

二、通过对闽南文化的研究，有助于深入了解闽南文化中蕴含的开放性、包容性、思辩性，弘扬拼搏精神和树立自信。

三、闽南文化蕴含的“和合思想”，是构建和谐的闽南社会及增强与台湾同胞和侨胞凝聚力的保证。

四、闽南文化遗产也是世界文化遗产的一部分，对闽南文化的研究有利于闽南文化遗产的利用和保护。也有利创造出既体现闽南传统文化特色，又富有时代精神的先进闽南文化，促进闽南文化资源的永续性发展。

五、对闽南文化的研究，在促进和平统一台湾有着不可替代地位和作用。闽南文化对台湾地区有着强大的辐射作用，因此对台湾同胞有着强大的吸引作用。

（吴诗池）

闽南茶文化

中国茶文化集哲学、伦理、历史、文学、艺术为一体，是东方艺术宝库中的奇葩。闽南茶文化的精华是茶艺，它讲究五境之美，即茶叶、茶水、茶具、火候、环境。

饮茶是闽南人生活中的一大享受。过去，在闽南有一种说法：“抽啦叭烟，听南音乐，泡功夫茶，其乐无穷。”

那么如何泡好一壶茶，如何享受一盏茶呢？这是需要技艺和艺术的，这就是茶艺。

闽南人把饮茶叫作泡茶，泡茶最讲究茶叶、水和茶具了。

茶以新为贵，而且要优质茶叶。闽南人喜欢喝乌龙茶，因为乌龙茶是介于不发酵茶（绿茶）与全发酵茶（红茶）之间的一类茶叶，它外形色泽青褐，所以称“青茶”。乌龙茶经冲泡后，叶

魏荫亭

片上有红有绿，汤色黄红，口味醇厚。而乌龙茶中最负盛名的是安溪铁观音，铁观音如青橄榄，入口略有苦涩，入喉后渐渐回甘，韵味无穷。

泡茶对水有严格的要求，因为水有软硬之分，凡每公升水中钙、镁含量不到8毫克的称为软水，反之则称硬水。泡茶要用软水，用硬水泡茶，茶味变涩，茶香变浊，茶汤变色。

闽南人泡茶爱选用有加盖的陶器茶具，因为它会“保香”和“保味”。最喜欢“孟公壶”和“若深杯”。“孟公壶”又称“孟臣罐”，容量只有50-100毫升，小的如早桔，大的似香瓜。小的茶杯就叫“若深杯”或“若深瓯”，只有半个乒乓球大小，只能容4毫升茶水，通常1个“孟公壶”与4个“若深杯”一起放在圆形茶盘中，显得很有艺术欣赏价值。

闽南人对饮茶情有独钟。在闽南地区就有这么一种说法：“早茶一盅，一天威风；午茶一盅，劳动轻松；晚茶一盅，全身疏通；一天三盅，雷打不动”。在福建安溪县，还流传着“早上喝碗铁观音，不用医生开药方；晚上喝碗铁观音，一天劳累全扫光；三天连喝铁观音，鸡鸭鱼肉也不香”。人们在说到闽南人的热情好客时，总也离不开一个“茶”字，因为“闽南人真好客，入门就泡茶。”

泡茶可是要有技艺的。不久前，我有幸拜访了“茶仙”洪清源老先生，目睹了如何泡好一壶茶的技艺和如何享受一盏茶的艺术。

洪老先生从小在厦门的“茶桌

中闽魏氏

品茗洗砚图

仔”（饮茶摊）边长大，年过古稀的他泡茶技艺炉火纯青。只见他拿出了一套小巧玲珑的紫沙壶茶具，边摆放边说，泡茶的程序非常讲究，所费的时间可比喝茶的时间多哦，要不怎么叫“功夫茶”呢？

"首先是茶具，一般用红色的宜兴陶壶，只有掌心大小，叫'小掌'，配套的茶杯自然就更小了。用这样的茶具泡出的茶叫'小掌茶'。"

我看茶几上除了茶壶、茶杯外，还有搁茶杯的茶盘和一个碗状的放置茶壶的茶洗。洪老先生指着茶洗说，每一次喝完茶和泡茶之前，都要将茶杯放入茶洗中，用煮沸的开水冲烫，这就是茶洗的功能之一。

洪老先生拿起开水对我说："第一道程序就是烫壶、烫杯。随后，倒掉茶洗中的水，将茶壶放在茶洗中，放上茶叶，茶叶要放满壶，这样冲出来的茶才够味。"

只见他在茶壶里塞满了茶叶，接着就把开水冲入茶壶中，这时浮起一些泡沫，老先生就用壶盖轻轻拨动，把泡沫拨出，然后盖上壶盖，再从壶盖上淋下开水，把壶外的泡沫冲走，这样，茶壶内外温度相差不会太多了，热气才不会跑掉。他把茶壶提起，将这第一遍茶全部倒入茶洗中。第二道水立刻冲进去，冲到壶盖盖下去后有少许茶水溢出为止，盖上盖子，再淋一些开水。

洪老先生说，泡茶最忌讳浸茶，一浸就出茶碱，茶就苦了。他拿起茶壶边斟边说："斟茶是很讲究功夫的，必须用一个手指按住茶壶盖，将茶壶翻转九十度，壶嘴直冲下，迅速绕着已经排成一圈的茶杯斟下去。开始叫'关公巡城'，每一个杯子都要巡到，最后叫'韩信点兵'，那后边的几滴是最甘美的，所以每一个杯子都必须点到。"

洪老先生说，这样斟出的茶，每一杯色泽浓淡均匀，味道不相上下。一泡茶，一般冲五六次，讲究一点的，冲泡三四次就要将茶叶渣倒出，重新烫壶、烫杯。

接过洪老先生递过来的茶，果然清香扑鼻。按照老先生先闻后品的指点，我深深吸了口气，顿觉有一缕淡淡的清香直透丹田，滋润身心。然后我浅浅地抿一口，在口中稍留，再缓缓咽下，慢慢品味，舌有余甘，那真是一种享受啊！

饮茶确实是一门艺术。是的，这是一种茶艺，它是茶文化的精髓。而茶道是茶文化的另一境界，闽南的茶道精髓，体现在一个"和"字上。例如，当地村民有什么纠纷或隔阂，只要长辈出面开一个"茶话会"调解，便可轻松把事情"摆平"。这种茶文化中的"和"，意蕴着风调雨顺的天和、青山绿水的地和以及友好相融的人和。

如果上升到茶德的高度，"和"的内涵会更丰富，具有一种社会功能，使饮茶者追求一种收敛奢欲、洗心涤烦、振作向上、自我整合、人伦和谐、其乐融融的精神境界。闽南人在这片土地上长期和睦相处，亲如兄弟，根植、流传其间的茶文化，无疑具有深厚的旺盛生命力，是中国灿烂茶文化中的一朵奇葩。

（资料来源：第一茶叶网）

厦门茶俗

中国人饮茶的历史悠久，从神农时代开始，约有四千多年的历史，如从西

民间工夫茶

汉时期算起，也有两千多年的历史。

厦门饮茶历史悠久，它是一个“五方杂处”的城市，集漳、泉州、安溪等地茶文化之大成，五口通商后，饮茶风气后来居上，不逊于福漳泉三个地区。

厦门人清晨起来第一件事，就是煮水泡茶，认为清早空腹饮茶，可以保健肠胃，提神醒脑。如果不饮早茶会感到一天不舒服，提出不起精神；厦门人一天三餐最讲究的是午餐，为了去腻助消化，午餐后饮茶也是必不可少的；晚间纳凉聊天，大多围坐饮茶，既可解暑又增添了生活情趣。厦门人热情、好客，以茶待客更是传统礼仪。客人进门，主人立即张罗泡茶请饮，还常佐以茶配（茶料）。在厦门不仅居家离不开饮茶，一些工厂、机关、企业等单位，也都血有茶具和茶叶，招待来访者，职工们习惯自带茶杯茶叶休息时饮用。这可能与厦门的气候有关，而它本身也是一种风土人情。

厦门人饮茶十分讲究，仍保留着浓厚的古风。讲究茶具的精小配套。茶具名为“四宝”，有“玉书碨、孟臣罐、若深瓯”，既适用又有观赏价值。这要追溯到古代，古人讲究“茶壶以小为贵”，“壶小则香不涣散，味不耽隔”，所以又有“杯小如胡桃，壶小如得橼”之说。壶和杯用滚水烫洗消毒很彻底，但看上去壶与杯茶渍斑斑，有不洁之感，可在一些会喝茶的“茶仙”们看来，刚很宝贵，被视作饮茶资历的一种标志。

厦门人泡茶，有一种约定俗成的程序

第一、烫洗茶壶、茶杯。第一壶水煮沸之后，先用来烫洗茶壶茶杯。将茶壶放在茶洗耳恭听中，将茶杯放到茶盘上，先用开水浇烫冲洗耳恭听茶壶，再把开水倒入每个杯里，用手依次端起茶杯轻轻摇晃、拨弄，洗耳恭听好将水倒入茶洗耳恭听中，把杯子放回茶盘，摆成一圆圈。再将茶叶放进壶里。因为厦门人习惯饮茶，所以茶叶要放到容器的六七分。

第二、冲茶（亦称泡茶），第二壶水煮沸后，立刻冲入茶壶，壶中会淹起一层泡沫，水一直冲到泡沫溢出壶外，再用壶盖刮净剩余的泡沫，并使用权壶内外的温差不致于太大，以免热气散掉。冲下的水流入茶洗耳恭听中，又可以保持壶温。

厦门人一般不饮第一遍茶，所以接着迅速起茶壶，将茶水倒入茶洗中。这叫头遍水洗茶，俗话说："头遍脚湿，二遍茶叶"。倒掉的第一壶茶之后，紧接着将开水冲进壶中，水要冲满，盖上盖再用开水浇烫冲洗一遍茶壶，完了马上斟茶。厦门人最忌讳"浸茶"，以为浸出茶碱就破坏了茶的真味。这也是一种茶。

第三、斟茶。厦门人斟茶，讲究用一个手指太在壶盖上，将壶提起，壶嘴直下巡回将茶斟入第个杯中；再各斟多半杯，壶中作下的一小部分，再巡回点入每个杯子。这种巡回绕圈的斟茶法，会使用权每个杯子里的茶汤色、味、香浓淡均匀。本地人称这种斟茶法为"关公巡城"和"韩信点兵"。茶不能斟得过满。只能斟到杯子的七八分，俗话说："七分茶，八分酒"，这也是一种茶礼。如果斟满或少于七八分，就被认作失礼。茶斟好，主人或端起茶盘请茶，或只以手示意道一声"请"。因为杯子小，茶容易溢出，茶水又烫不好易手，所以厦门人一般不用端杯递给客人的请茶法。

厦门人饮茶很有特点，必"细啜久咀"，先嗅其香，再尝其味；饮茶不能一饮而尽，要一小口一小口的细啜，慢慢地回味，与其说是"饮"茶，不如说是"抿"茶。茶入口中稍另停留，以品尝其味。要是好茶，口中留有作香和甘味，故饮者常发出"啧啧"的声音，而后咽下。再依次饮第二口，第三口……厦门人称这种饮茶法为"啜茶"或"功夫茶"。正如《厦门志》所说：饮茶"如啜酒，然以茶饷客，必辨其色香法而细啜之"一些"茶仙"们往往第一口茶饮下就开始评茶，围绕茶的主题谈起来，诸如茶的品种、品质、茶叶的收藏，茶具优劣等等，真可谓茶趣浓浓。厦门人笑话那些大碗饮茶或一饮而尽的，或嫌茶杯小，喝起来不解渴的人。俗话说："吃烟吐涎，饮茶流汗"，不懂饮茶。

一壶茶通常饮三至四遍，茶淡了被子厦门人称为"白水营"，就要倒掉重泡。因为民俗认为浓茶喝起来够劲，待客才礼貌。泡第二壶茶还要按程序，绝不能马虎。

厦门人饮茶，十分重视选择茶的品种和质量，一般都喜欢饮闽南本地产的安溪铁观音和乌龙茶，不喜欢饮绿茶、花茶和闽西山茶。和闽南一带的饮茶习惯相同，嫌绿茶色淡，味道不够醇厚；认为花茶的得不是茶本身的香，而是搀进得花的得，反夺了茶叶的本味，所以，福州花茶虽名扬国内外，却很难打入闽南市场。厦门人也不爱饮闽西客家的山茶，认为山茶冷，易伤胃。

老来乐

以上种种，已成为厦门人的一种传统习俗。近年来，随着外地人涌入厦门经济特区，以及科学提倡，夏季饮绿茶，饮花茶的人逐渐增加。

茶喝多了，能引起“茶醉”。厦门人认为茶醉比酒醉还厉害，况且民俗又喜欢饮浓茶，氢，为避免茶醉，饮茶通常佐以茶食（本地俗称茶料、茶配，外地人称作茶食、茶点）。其实这种茶俗古已有之，最早见诸文字是在西晋，《成都通览》中说：“陆纳为吴兴太守时，卫将军谢安尝欲诣纳”，“安既至，纳所设唯茶果而已”。到了东晋，刺使桓温，“每宴饮，唯下七尊拦茶果而已。”明朝饮茶改为“冲泡”，“茶中不加他物，佐以食品渐兴，至清代茶食已广泛应用，饼饵糕点、蜜饯、炒货都可以作佐茶食品。”饮茶配以茶食，是中国人的发明，也传到了国外。清代在北京、上海、南京、广州、成都等大中城市的茶楼、茶馆、茶室中，都代销茶食。茶食异常丰富精美，如成都“淡香斋”所卖的茶食竟达71种之多。

厦门饮茶至今仍保留了这古老的风俗，民间饮茶大多佐茶大多佐以茶食，品种之丰富难以计算。大致可分为蜜饯、糖果、点心等类。福建盛产水果，一年四季不断，因而蜜饯种类十分丰富，品质极佳，闻名国内外，厦门人普遍喜食蜜饯；糖果有贡糖、花生糕、花生酥、蛋花酥、花生角糖、软糖、蒜绒糖等；点心有麻糍、米糍、花生糍、黑麻方、绿豆糕、糕仔、喙口醒、蒜绒支、水晶饼、馅饼等等。茶食具有传统性、大众性、地方性的特点。为了满足茶客的需要，厦门茶楼、茶馆、茶室和茶桌他都代卖茶食，客人可以边饮边吃边谈。近年来由于小食品涌进市场，包装精美的小食品，五彩缤纷，令人目不暇接，使厦门的茶食更加丰富精美。尤其是广州的早茶、午茶、晚茶引进厦门后，茶食日益多样化、宴席化，以其简单、经济和地方风味等特点，吸引了大批客人。传统的厦门人一般喝两种茶，一种本地人叫做熟茶，即市场上常见的盒装茶，厦门人又把它叫做“盒子茶”，品牌有高档的“敦煌牌”（一般供出口），低档的“海堤牌”，一般供本地人饮用，我们时常在街道旁看到的老阿伯泡的色如酱油的便是。“敦煌牌”一般以闽北乌龙为主，如武夷岩茶中的肉桂、水仙等等，价格较高，当然品质也相应好一些，主销东南亚日本，在厦门只有真正饮茶者方能欣赏它；“海堤牌”常见的有铁观音、一枝春、黄金桂等等，价格较低，品质较次，谈不上品饮，有苦味而无香气，但对于老厦门来说则是不可一日无此君。

厦门人近年来较为流行的是安溪茶，老厦门人称之为“毛茶”，意思是未经过精制的茶叶，一般是散装的。说是“毛茶”，其实并不准确，因为这种茶叶也是经过精心制作的，只不过加工程序有别于“熟茶”，简言之，就是发酵程度即“熟”度不如盒子茶，而在最后一道工序上也不象熟茶那样用重火焙干。

俗话说“萝卜青菜，各有所爱”，喜爱熟茶的人主要在于它的先苦后甜，滋味浓强，回味甘，他们认为毛茶太“生”，伤胃，不宜多饮。而喜欢毛茶者则大多是迷上了溪茶宜人的芳香，尤其是铁观音那种兰花般的王者之香，进而欣赏它独特的“喉韵”，但是一般人只是停留在溪茶表面的香气上，真能鉴赏喉韵即懂得茶水的不多。他们认为熟茶不香，太浓太苦，顶多只能帮助消化。其实，熟茶和毛茶各有千秋，上等的武夷岩茶人称“岩骨花香”，兼具香气与喉韵，其喉韵远胜于溪茶，然而为一般初饮者所不能欣赏。溪茶香气略胜于岩茶（闽北乌龙），较易为一般人所接受，饮者遂多，渐成风尚。

溪茶传统上一般自产自销，不象岩茶那样远销万里，一般当年（当季）喝完，比如春茶喝到秋茶上市，秋茶喝到春茶上市，过了季节，茶香容易消失，就不好喝了。它无需长时间保存，也不能保存很长时间，鲜度对它来说非常重要，当然不免有“生”的感觉。武夷岩茶一般供外销，古代交通运输不便，从中国运到欧洲，路途遥远，故需保质期长，所以需要采用重火烘焙。清代，英国东印度公司在厦门设办事处，主要事物就是采购并将武夷茶运到欧洲。后来，武夷茶中的红茶“正山小种”成了英国红茶爱好者的最爱，岩茶中的乌龙名丛则变成了闽南、潮汕乃至东南亚华商的“杯中物”。厦门的茶叶外贸，经营主要的品种就是武夷岩茶，而其中的等而下者，就是今天的盒子茶，它价钱便宜，色重、味重，最受传统的老厦门人欢迎。

（资料来源：三醉斋）

闽南工夫茶桌仔

饮茶在厦门是极为为普遍的生活习惯。许多厦门人晨起第一桩事就是烹水泡茶，早茶不喝，整天都提不起劲；即使不大喝茶的人，家中也必备茶具。古语：“寒夜客来茶当酒”，厦门是客人一进门即泡茶，而且要立刻煮水，重换茶叶。这一习俗有时难免令人有太浪费时间的感慨，但也表现厦门人的好客热情。厦门人喜欢喝乌龙茶。他们认为花茶的香，非茶叶内在之香，而是外部的掺和，它反而掩盖了茶叶的本味。因此福州的茉莉花茶虽然名气很大，而且近在咫尺，价格一般也低于乌龙茶，却始终难以打入闽南的市场。闽西客家人的山茶，厦门人则嫌其“冷”，易伤胃，而且由于山茶在制作上未过二遍火，茶色较淡，清汤寡水，招待客人时不好看，因此也不流行。

在厦门最负盛名的是安溪茶，过去的茶行，多标榜为正宗安溪茶行，安溪茶中又以铁观音为上品。铁观音如青橄榄，初入口略有苦涩，入喉后渐渐回甘，韵味无穷。若喝黄棪，一举杯即有淡淡的幽香，入口香醇，只是回味略差一些。厦门人为人处世，崇尚永远久长，选铁观音为上品，而不选黄棪，更轻花茶，可见一斑。

厦门人把饮茶叫作泡茶。泡茶的程序非常讲究，所费的时间功夫多于喝茶。首先是茶具，一般喜用红色的宜兴陶壶，只掌心大小，叫“小掌”，配套的茶杯自然就更小了。用这样的茶具泡出来的茶叫“小掌茶”，以别于大壶茶。除了茶壶、茶杯，还得有搁茶杯的茶盘和一个碗状的放置茶壶的茶洗。茶洗的功能是非常特殊的，因为以厦门茶俗，茶杯、茶壶是不能拿到洗碗池去冲洗的，更不能用手或抹布去洗杯上的茶垢，因为那些茶渍被认为是最珍贵的东西，茶客是否够得上“茶仙”的称誉，不但要看你品茶功夫的高低、泡茶的手艺，还要看你是否拥有一副茶渍斑斑的茶具。年代一久，茶渍醇厚的茶具，价格不菲、远胜同样的新茶具，有的甚至成为传家之宝，只有在最好的朋友和贵客光临时，才拿出来使用。有些外来客人不知，以为茶杯脏，动手去搓洗茶杯，往往会引起误会。其实那些茶杯是很干净的，每一次喝完茶和泡茶之前，都要将茶杯置茶洗中，用煮沸的开水冲烫，此即茶洗的功能之一。

除了茶具之外，必备有小炉和小水壶。过去用木炭炉、油炉，现在大多用电炉，水壶也都是特制的，大约只装得一碗水，以便很快烧开。水开之后，第一道程序就是烫壶、烫杯。先将茶壶和茶杯放在茶洗中，开水倾入壶中和茶杯上，再将壶中水也一起倾于茶洗中，然后用手轻拨茶杯，让它们在开水中浸洗，在一个个拿出，一个紧挨着一个，在茶盘上摆成一个圈。随后，倒掉茶洗中的水，将茶壶置茶洗中，放上茶叶。茶叶往往要放满壶，冲出来才够味。这样，准备工作算是全部完成了，待水一开，立刻就冲入茶壶中。这时会浮起一些泡沫，水要继续冲下，让壶中的水溢出壶外，把那些泡沫带出。有时要用壶盖轻轻拨动，把泡沫拔出。盖上壶盖后，再从壶盖上淋下开水，一来把壶外那些泡沫冲下茶洗，二来使茶壶内外温差不致太大。以免走了热气。冲下的水积在茶洗内，紧紧围拥着茶壶，也使壶中热气不易走散，这是茶洗的又一功能。这时泡茶的高手立即将壶提起，把这第一遍的茶全部倒入茶洗中。

厦门有句俗语“头遍脚渍，二遍茶叶”，原来，过去制茶有道工序叫“走脚球”，将过了头遍火的茶叶装在布袋中，扎好袋

茶聚

茶会

口，然后人打了赤足，就在上面踩，要将布袋踩得如球一般滴溜转。过了这道工序，茶叶才会卷曲起来，如蛇干一般，有良好的外形。现在这道工序已由包揉机代替，但俗语却仍挂在许多人口中。第一遍茶倒出后，第二道水立刻冲进去，要冲到壶盖盖下后，水有少许的溢出，在盖上壶盖后，再淋上一些开水，然后马上斟茶，不能延侯，最忌讳浸茶，一浸就出茶碱，茶就苦了，味道也就破坏了。斟茶是很讲究功夫的，必须用一个手指头按住壶盖，将壶翻转九十度，壶嘴直冲下，迅速绕着已经排成一圈的茶杯斟下去，开始叫“关公巡城”，每一个杯子都要巡到；最后叫“韩信点兵”，那后面的几滴最是甘美，每一杯都必须点到。这样斟出来的茶，每一杯色泽浓淡均匀，味道不相上下，接着主人开始请茶。亲密的茶友，以手示意，一声“请”，各自认杯；一般的友人，客气一点，则端起茶盘，请客人任选一杯。但绝不能端茶杯敬茶。这大约由于“小掌茶”的茶杯极小，水温又很高，两人以手交接，易于失手。一杯茶虽然很少，却是不能一饮而尽的（一饮而尽也是有危险的，因为那水是才沸的），必须先浅浅地抿一口，在口中稍留，再缓缀咽下。咽下后，不要急于饮第二口，不妨先“呷”几下，似在品味方才留下的余香；若真是好茶，这时就会有回味从喉中涌起。

真正懂行的“茶仙”，第一口下去，就开始评点，一般的则在三、四口饮完第一杯后，也要开始评茶。这样，即使陌生的人也立刻就有了共同的话题。你若懂茶，尽可据实而谈，从茶的品种、茶叶的收藏到水质的好坏、茶具的趣闻等等，都可畅所欲言，话题相当广泛。高手甚至一杯茶就可以品出是春茶，还是秋香（秋茶）、雪片（冬茶）。泡茶，一般冲五六次，讲究一点的，三四次就嫌冲出来的是“白水营”，要将茶渣倒出，重新烫壶、烫杯。茶喝多了，有时会引起“茶醉”。“茶醉”比“酒醉”还厉害，因此，厦门人饮茶，往往还要有“茶配”，-般是蜜饯、贡糖、生仁糕之类。老厦门人都会记得过去大街小巷随处可见的茶肆，俗称“茶桌仔”。“茶桌仔”往往又是“讲古”场。一壶茶，慢斟浅酌，听“讲古仙”讲《三国》讲《水浒》，不愧是休闲消遣的好去处。

（资料来源：漫话福建茶文化）

庭院茶

安溪斗茶出真趣

斗茶，始于唐代，兴于宋代，至清末民初斗茶发展为各类名茶的茶王赛。例如：白居易有诗曰“青娥递舞应争妙，紫笋齐尝各斗新”，说的就是湖州顾渚山同常州唐贡山两地紫笋茶斗新争胜的情景。

宋代，“斗茶”已成为茶文化生活中常见的一种活动形式，一般有三种情形：一是山间斗茶，在茶山产地加工作坊，对新制的茶进行品尝评鉴；二是市井斗茶，贩茶、嗜茶者在市井茶店里开展的招揽生意的斗茶活动；三是士族斗茶，文人雅士以及朝廷命官在闲适的风景胜地或宫廷楼阁中进行的一种高雅的茗饮方式。清代的扬州八怪之一的郑板桥曾诗曰“从来名士能评水，自古高僧爱斗茶”。

在安溪，爱斗茶的却不是什么名士高僧，而是制茶的能人高手、嗜茶的黎民百姓、买卖茶叶的商贾小贩。每逢新茶上市，从茶农小院、茶店茶馆到茶王赛场，到处可见斗茶盛景，可闻扑鼻茶香，可得茶中真趣。

安溪之所以有斗茶，源于铁观音得天独厚的神韵，源于安溪人巧夺天工的制茶技艺，源于安溪人的开拓打拼精神。茶中王后铁观音，从片片采摘到道道工序，全凭茶农的一双巧手一番灵性，没有娴熟精巧的技艺，没有只可意会不可言传的悟性，是无法制出色、香、韵俱佳的好茶。珍品、极品寥若星辰，一斤珍品茶叶卖到几千上万元的“天价”也就不足为奇了。

每年茶叶分四季，春茶、秋茶最佳，春茶以水取胜，秋茶以香韵占绝。一到春秋茶制作上市时，形式多样、规模不一的“斗茶”

就遍地开花。有时三五高手会聚在农家小院里斗茶，一张八仙桌，几条长板凳，一字摆开的茶盏，几十个茶杯列成方阵，一场自发的斗茶赛事就算开始了。茶叶入盏铿锵有声，竹炉汤沸汩汩作响。滚沸的山泉高冲入盏，茶香袅袅升腾，满院生香，在场者先细闻幽香，再品啜甘霖，小啜一口，含在嘴里，翻动舌头，啧啧有声。茶的香力韵力从齿缝直钻心底。撩人心魄的茶香从小院里飘出来，百米之外也可以闻得到。

更正规更热火的斗茶要数由各级政府组织的茶王赛。比赛时，来自各地的参赛者按规定数量交上一份茶叶，由组委会聘请茶专家茶艺师担任评委，请公证人员监督公证，采用密码审评，按外形、汤色、香韵、滋味等因素进行综合评分，决出胜负。经过一番复杂的评审，夺得桂冠的茶王，头戴礼帽、身着红袍、腰扎宽绸、手捧奖杯，满面春风地坐在茶王轿上，由数百上千人组成的彩旗队、管乐队、锣鼓队、舞狮队，簇拥着，吹吹打打，踩街穿巷，好不威风，这一份荣耀就是旧时新科状元也比不上。茶王不时举起手中的金杯向路过的观众示意，那奖杯和他的脸上一起闪烁着耀眼的光芒。

文人斗茶，其实不过是借茶斗文而已，在闲适幽雅的楼阁酒肆，借清风香露、伴明月瑶琴，在斗茶中谈文论友，此番情景并不比诗仙李白的"举杯邀明月"逊色。嗜茶者更好斗茶，各自揣上一小包七克真空包装的好茶，到办公室或同事家中一争高下，好茶自会博得赞许，而人以茶贵，他们当然更会乐此不疲。

今天的闽南日益流行斗茶之风，让人更觉高雅健康、亲切淡泊。安溪斗茶早已不限于安溪县内，茶王赛越凤山、跳龙门，在广州、上海、北京、香港、日本一路高歌，登堂亮相；茶王竞标价早已是几十万元人民币。今日安溪斗茶，有声有色，有香有韵，有宁静淡泊，也有热闹盛大。名为"斗茶"而实则充满"纯、雅、礼、和"的精神内涵，成为中国茶文化不可缺少的一部分。安溪铁观音更是乘着斗茶长风，香飘九州，名扬四海。

（黄荣礼）

茶　礼

中国向来是礼仪之邦。所谓礼，不仅是讲长幼伦序，而且有更广阔的含义。对内而言，它表示家庭、乡里、友人、兄弟之间的亲和礼让；对外而言，则表明中华民族和平、友好、亲善、谦虚的美德。子孙要敬父母、祖先，兄弟要亲如手足，夫妻要相敬

潮州妈祖庙

如宾，对客人更要和敬礼让，即使是外国人，只要他不是来欺压侵略，中国人总是友好地以礼相待。中国人“以茶表敬意”正是这种精神的体现。

“以茶待客”是中国的普遍习俗。有客来，端上一杯芳香的茶，是对客人的极大尊重。然而各地敬茶的方式和习惯又有很大的不同。

北方大户之家，有所谓“敬三道茶”。有客来，延入堂屋，主人出室，先尽宾主之礼。然后命仆人或子女献茶。第一道茶，一般说，只是表明礼节，讲究的人家，并不真的非要你喝。这是因为，主客刚刚接触，洽谈未深，而茶本身精味未发，或略品一口，或干脆折盏。第二道茶，便要精品细尝。这里，主客谈兴正浓，情谊交流，茶味正好，边啜边谈，茶助谈兴，水通心曲，所以正是以茶交流感情的时刻。待到第三次将水冲下去，再斟上来，客人便可能表示告辞，主人也起身送客了。因为，礼仪已尽，话也谈得差不多了，茶味也淡了。当然，若是密友促膝畅谈，终日方休，一壶两壶，尽情饮来，自然没那么多讲究。我国江南一带还保持着宋元间民间饮茶附以果料的习俗，有客来，要以最好的茶加其他食品于其中表示各种祝愿与敬意。湖南待客敬生姜、豆子、芝麻茶。客人新至，必献茶于前，茶汤中除茶叶外，还泡有炒熟的黄豆、芝麻和生姜片。喝干茶水还必须嚼食豆子、芝麻和茶叶。吃这些东西忌用筷子，多以手拍杯口，利用气流将其吸出。湖北阳新一带，乡民平素并不多饮茶，皆以白水解渴。但有客来则必须捧上一小碗冲的爆米花茶，若加入麦芽糖或金果数枚，敬意尤重。江南一带，春节时有客至家，要献元宝茶。将青果剖开，或以金橘代之，形似元宝状，招待客人，意为祝客新春吉祥，招财进宝。

客人进家要以茶敬客，客人不来，也可以茶敬送亲友表示情谊。宋人孟元老《东京梦华录》载，开封人人情高谊，见外方之人被欺凌必众来救护。或有新来外方人住京，或有京城人迁居新舍，邻里皆来献茶汤，或者请到家中去吃茶，称为“支茶”，表示友好和相互关照。后来南宋迁都杭州，又把这种优良传统带到新都。《梦梁录》载：“杭州人皆笃高谊，……或有新搬移来居止之人，则邻人争借助事，遗献汤茶，……相望茶水往来，……亦睦邻之道，不可不知”。这种以茶表示和睦、敬意的“送茶”之风，一直流传到现代。浙江杭洲一带，每至立夏之日，家家户户煮新茶，配以各色细果，送亲戚朋友，便是宋代遗风。明人田汝成《西湖游览志余》卷二十载：“立夏之日，人家各烹新茶，配以诸色细果，馈送亲戚比邻，谓之‘七家茶’。富室竞侈，果皆雕刻，饰以金箔，而香汤名目，若茉莉、林檎、蔷薇、桂蕊、丁檀、苏杏，盛以哥、汝瓷瓯，仅供一啜而已。”江苏地区则变“送七家茶”为“求七家茶”。据《中华全国风俗志》记载，吴地风俗，立夏之日要用隔年炭烹茶以饮，但茶叶却要从左邻右舍相互求取，也称之为“七家茶”。江苏仪征，新年亲朋来拜年，主人肃请入座，然后献“果子茶”，茶罢方能进酒食。

至于现代，以茶待客，以茶交友，以茶表示深情厚谊的精神，不仅深入每家每户，而且用于机关、团体，乃至国家礼仪。无论机关、工厂，新年常举行茶话会，领导以茶表示对职工一年辛勤的谢意。有职工调出，也开茶话会，叙离别之情。群众团体时而一聚以茶彼此相敬。许多大饭店，客人入座，未点菜，服务小姐先斟上一杯茶表示欢迎。

总之，茶，是礼敬的表示，友谊的象征。亲和力特别强，是中华民族一个突出的特征。要想加强亲和力，首先要有彼此的包容和尊重，又要礼让和节制。中国民间茶礼，突出反映了劳动者这种笃高谊、重友情的优秀品德。从元代的《同胞一气》的茶画，到清人以“束柴三友”为题作茶壶；从宋代汴京邻里“支茶”，到南京宋杭城送“七家茶”；从唐人寄茶表示友人深情，到今人以茶待客和茶话会，茶都是礼让、友谊、亲和的象征。

（资料来源：三醉斋）

张天福的茶礼

张天福不仅在茶叶育种、栽培、制作等专业技术方面诸多贡献，在茶文化研究方面也有很深造诣，其最重要的贡献就是提出和倡导中国“茶礼”。

近年来，张天福在多处宣传中国茶礼思想，他将中国茶礼，归纳为四个字：俭、清、和、静。并在不同场合，对这四个字作了解释。他说：中国是礼仪之帮，中国礼仪中包含着丰富的茶文化内容。如以茶敬客，以茶联谊，以茶为祭，以茶为礼等成为中国传统的基本国礼，是东方文明的重要象征。所以选用“茶礼”，不同于日本茶道：和、敬、清、寂；也不同于新加坡茶艺：和、爱、谦、静；以及台湾茶艺：和、敬、怡、真。茶礼的内涵“俭”字，见于陆羽《茶经》“一之源”里，“茶最宜精行俭德之人”。就是说，茶最宜品行端正俭朴的人。“清、和、静”三字，见于宋徽宗赵佶所著的《大观茶论》里。他对品饮福建北苑茶的效能，评价为“致清导和”“韵高致静”，点出了“清、和、静”三字，即把茶的功效提高到修身养性的境界。简单地说：茶尚俭，就是勤俭朴素；茶贵清，就是清正廉明；茶导和，就是和衷共济；茶致静，就是宁静致远。这四个字是中华民族历来提倡的一种高尚人生观和处世哲学。

张天福的茶礼思想，虽然直接来源于唐代的陆羽与宋代的赵徽宗，但若更深一步溯源，则可发现，茶礼的核心内容，源于先秦儒家的“礼治”思想。最早提倡礼治并将之系统化的人，当属儒家创始人孔子。孔子招收弟子，传授六艺，“礼”即其中一艺。孔子一生奔波劳碌，其最大的政治理想即是实现“礼治”。而他所谓的礼治，即是要用理想的社会规范和道德规范，来维持和巩固以中央集权为核心的奴隶贵族以及封建等级制度。与西方政治思想不同的是，孔子将实现政治理想的基础建立在个人道德上，他认为治国的途径是要先“齐家，修身，正心，诚意，致知，格物”，只有格物而后“知至，意诚，心正，身修，家齐，国治，天下平”。他一再强调“自天子以至庶人，壹是皆以修身为本”。所以，礼治，也就是“德治”。讲礼，就是讲德。

孔子在世时未能实现他的礼治理想，而在他身后的若干年中，坚持礼治思想的儒生也屡遭打击，比如秦始皇一次就活埋了300个儒生；汉高祖也曾拿儒巾来当尿壶。到了东汉时期，儒家的命运得到了改变，经过儒家经学大师董仲舒的提倡与鼓吹，终于得到了统治者的重视，出现了“独尊儒术”的局面。自此后，历代有关礼治的主要内容，被儒生们编辑成书，成为儒家最重要的经典，是历代读书人的必修课目。礼治思想成为中国历代社会的主流思想。在中华民族的发展历史上起着极其重大的作用，极其深刻地影响和塑造了中国人的灵魂。

礼治思想，对中国社会产生的影响的重要方面，不仅体现在官方所制订的一整套社会与道德规范上，同时也体现在民间的一系列风俗习惯上。从茶礼的角度来看，便是自汉唐以来形成的“以茶为礼”习俗。茶从药用转为休闲饮品后，便成为上层社会人家的礼尚往来与待客之物。1972年，湖南长沙马王堆汉代墓葬出土物中，就有一幅仕女敬茶图。到了唐代，许多上层人士不仅喜欢饮茶。同时也将茶作为相互赠送之物。而到宋代，由于皇帝的热爱与倡导，茶在整个社会得到极大的普及与流行。著名的张择端清明上河图中，就可见到当时茶馆的写真。而另一幅刘松年的《茗园赌市图》中，卖茶喝茶的主角，均为贩夫走卒。这种习俗，一旦形成，便根深蒂固地一直延续下去。直到今天，在普通中国人的待客之礼中，茶仍是一种非常重要的物品。乌龙茶区的百姓，遇有客来，一般的，必定先敬一杯清茶；重要的，则敬上一碗冰糖茶；走亲串门，应酬往来，人们常用茶作礼物。而在婚丧喜庆等重大活动中，茶也扮演着一种不可或缺的重要角度。农村中年轻人相亲时，往往用茶来表示态度，不同意的，则用清水；同意了，便敬茶水；

下聘礼时，茶是常用之物，故订婚又称“茶定”；一些地方，茶也常用作陪嫁。著名的黄金桂茶，相传就是陪嫁来的。新婚后第一天清早，新娘第一件事就是要向父母长辈敬茶。而在城市中，茶馆不仅是一种消闲娱乐的场所，同时也是交际应酬，商务洽谈，解决纠纷的地方。凡此种种，只要在重大的民俗活动中，都可见到茶的作用。到了此时，茶的作用，则又从单纯休闲性质上升到一个新的层面了。

张天福的茶礼，不仅是中国传统优秀文化的一种弦扬。茶，从医药变为保健，进而成为休闲饮料，交际礼品等等，其功能已不仅仅局限在物质上，而更多在精神层面了。茶礼的提倡，从某种角度来说，重要意义在于道德建设方面。这对于处于社会转型期的当代中国，特别需要。

中国社会，是一个长期处于封建专制统治下的经济落后社会。新中国成立后，进入了社会主义初级阶段。然而，一方面由于根深蒂固的封建传统影响，另一方面，由于新中国创始人的失误，犹其是搞所谓的“文化大革命”，将中国社会拖向经济文化全面崩溃的边缘。直到上世纪70年代末的拨乱反正，这才使中国走向正常发展的轨道。然而，随着改革开放的进一步深入，随着经济文化的全面复苏，新问题也出现了。就道德层面来说，突出表现在：一方面，传统的优秀道德，随着人们对旧道德的摒弃，没有得到很好继承与宣扬；另一方面，适应改革开放社会的新道德体系又尚未树立权威，而随着大量西方社会的经济文化的涌进，西方社会的道德观念也不分精华糟粕，统统趁虚而入。在这种泥沙俱下，鱼目混珠的局面下，许多人，尤其是年轻人，难免会站在新旧道德的十字路口无所适从，甚而至于走向非道德化的道路。当今社会上，层出不穷的贪污受贿，好逸恶劳，不知感恩现象，浮燥、脆弱，极端自私心态，已成为影响中国社会进步的严重问题。虽说这些问题有多方面因素，但传统优秀道德的失落，无疑是其中一个最重要的原因。

在这种情况下，张天福大声疾呼“茶礼”，实际上就是大声召唤中华民族传统优秀道德的回归与宣扬。当然，不是一般的回归与宣扬，而是通过茶这个特殊的物质载体来进行。茶的物质特性，茶文化的博大精深，决定了其在新时期道德建设中的特殊积极作用。至于说通过宣扬茶礼，进一步促进中国茶业发展，使广大茶农得到更多的利益，更是功莫大焉。

观音铁韵　飞扬奥运

2006年8月3日，“人文中国·茶香世界”中华茶文化宣传活动组委会常务副主任、福建省茶叶学会会长冯廷佺，“人文中国·茶香世界”中华茶文化宣传活动组委会副主任、福建省政协常委李育兴，福建省茶叶学会常务副秘书长、《福建茶叶》主编汤鸣绍，福建省茶叶学会名优茶推广工作委员会主任王捷及《福建日报》、《茶缘》杂志记者等有关人员和安溪“茶头”陈水潮，安溪县茶果局局长蔡建明等，在安溪茶乡共同探讨了“观音铁韵，飞扬奥运”。

最好的铁观音只属于安溪

《茶缘》：现阶段茶叶市场上流通的铁观音，很多都没有注明产地与等级，这是不是说明铁观音茶叶都产自安溪，或者只有安溪才出产铁观音茶叶?

陈水潮：这里先导入一个小故事：那是几年前，安溪县组织一拔人马到山东做茶叶市场调研，其中有一个晚上就住在泰山顶上。那晚刚刚登临泰山之巅，我们便直奔茶艺居要求烧滚水泡茶。当时我们提了一个条件：水要烧到100度。店主很惊讶，问道：“泡什么好茶呀?”“铁观音!”“哦，铁观音，安溪的最好！”

“安溪的最好！”这句话简约而不简单，是有玄机的，至少说明两点：铁观音不仅仅只产自安溪，而是最好的铁观音，非安溪莫属；其次，安溪铁观音盛名远播。事实上，在福建省内出产铁观音的县（市）就有好几个；而这几年，省外也在试制铁观音。为什么会有大量的产地并不是安溪本土的铁观音出现在市场？对这个市场现象，我们大概只能请权威专家来破题吧。

冯廷佺：以2005年的统计数字为口径，安溪铁观音现有种植面积40万亩，占全国茶园总面积2000万亩的1/50；产量4.2万吨，占全国茶叶总产量100万吨的1/25，占全国乌龙茶产量12万吨的1/3；产值45.2亿，占全国茶叶第一总产值455亿元的1/10。数字是最直观、最有说服力，也是最具形象性的。从这一组数字符号可以解答：安溪铁观音，在中国茶叶界，乃至在世界茶叶经济版图上的地位。

铁观音是茶树品种的称谓，也是乌龙茶类中的一个茶叶种类。从另一个意义上说，安溪铁观音能成就今天这样一个高度，不能不说这与安溪铁观音的生产历史、地理环境、品种差异、管理手段、采制技术、营销策略等是息息相关的。换言之，安溪铁观音不仅仅是茶界时尚话题的一个概念性符号，而是关于21世纪中国茶叶演义经济基础、上层建筑、意识形态的缩写，她完全有理由代表中国茶叶走向世界，或者有力借助“奥林匹克”作为参照体系，重新定义行业标准的最高度。

从这个意义上说，安溪铁观音是一种存在，一种力量，一种性格，也是中国茶叶经济演义力量与智慧的共同结晶体。

安溪开先县令祠

观音铁韵与奥林匹克

《茶缘》：2006年7月，泉州茶界曾经发起一个意义特殊的“茶王赛”——泉州奥林匹克花园杯2006中国（福建）铁观音茶王赛。这次，“人文中国·茶香世界”中华茶文化宣传活动又在全国各地如火如荼的开展，面对奥林匹克盛世荣耀与茶叶王国创意组合的绝无仅有，茶叶界是怎么理解的呢？

陈水潮：我觉得，奥林匹克之所以能被全人类认同，在于奥林匹克运动体现了人类文化中的一个共性——公开、公平、公正的竞争精神，它不仅是体育竞技，更是体育精神的较量；它不仅仅反映一个体育团队精神风貌，更体现了一个国家、一个民族的精神能量。而中国茶叶代表的是人类文化中的另一种共性——和谐，这种和平共处的精神，就在安溪铁观音“茶王赛”中可以得到很好的体现——茶王无价，但世界上没有永远的“茶王”，只有永远的茶叶，永远的铁观音。也只有永远的茶叶，才可以孕育出无价的茶王；也只有永远的铁观音，才能源源不断淬炼出茶叶生命的精华——“铁韵”。这种绝对性与相对性原理，其实就源自体育界，源自奥林匹克——试问，奥林匹克有永远的冠军吗？应该说，奥林匹克是冠军的摇篮，但没有永远的奥林匹克冠军。

一个茶王，一个冠军，分别成就了各自领域的标志性代表，但其精神实质却是惊人地相似——在追求“更高、更快、更强”的奥林匹克精神的辉映下，把全人类导向一个和平友爱、和谐共处的新境界。

冯廷佺：创意独特、规模浩大、跨行业运作的“人文中国·茶香世界”中华茶文化宣传活动，除了盛世荣耀，还蕴含无限的商机。不久前，由国家旅游局和国家体育总局联合举行的一场奥运特许商品调查报告中，食品和茶叶排第一位，纪念品和工艺品排第二，服装和丝绸排第三，瓷器和陶器排第四。可见，茶在中国老百姓生活中的热力。利用奥运推广中华茶文化，是再合适不过了。

从目前情况事看，中国茶叶企业远未做好奥运商机营销的准备。从北京申奥成功到联想成为奥运TOP会员，企业参与奥运商机的热度，无疑达到了顶点。可是，光有热情是远远不够的。特别在茶叶界，由于中国幅员辽阔，茶区广布，茶叶种类和茶叶品种琳琅满目，产量、品质、标志、品牌等等，都是一个十分宽泛的概念，这十分不利于中国茶叶的推广，即便是在市场上久负盛各的安溪铁观音，要让几亿中国茶民和世界上几十亿饮茶人士对安溪铁观音有一个明确的印象和认知，这是一个极富挑战性的命题。破解这个命题，除了要瞄准突破口，还真得做好奥运商机营销的准备，寻求“奥林匹克”的精神支撑——应该说，这是正阔步走向世界的安溪铁观音的最出彩的选择。

奥运劲旅，文化亮剑

《茶缘》：此次“人文中国·茶香世界”中华茶文化宣传活动中，茶界内外大家心里都有数，安溪铁观音肯定有“招”。只是它会以什么样的姿态，什么样的力度拔拉头筹而已。对这种说法，你们持肯定态度吗？

安溪东岳庙

陈水潮：如同所有成功的利益共同体一样，安溪铁观音能爆发如此巨大的市场容量和经济能量，靠的是一种执著，一种对茶文化的执著，一种对现代茶业经济文化刻骨铭心的追求。可以说，安溪铁观音始终是站在定义铁观音市场标准的商业高度上，不断超越发展的瓶颈，从最初的借助民间“茶王赛”起步，到自行组织省内外、海内外大型茶事活动造势，再到借文化、法律、商业的力量支撑安溪铁观音走得更稳、更快、更好。从产品到市场再到文化，这就是安溪铁观音漂亮的“三级跳”。

今天，安溪铁观音这个利益共同体已经超越了个人英雄主义时代，而稳固了平台，精英的团队，则让安溪铁观音当仁不让地香飘全球，这在中国茶叶界是独一无二的。在这样激动人心的潜质面前，我们是有理由相信，安溪铁观音势必在“人文中国·茶香世界”中华茶文化宣传活动中亮剑——王者无疆，谁与争锋？

冯廷佺：中国有一句老话：“功夫在诗外。”安溪铁观音能有今天这样的盛名，能够成就“观音铁韵”，靠的并不是几个招术，几样把式，而是实实在在的靠“绣花”精神，把铁观音绣在安溪大地上，把安溪大地变成绿色的海洋，飘香的世界。今天，安溪拥有42万亩茶园面积，全县80%的人口涉茶，就是最好的最有力的证明。

与使命相约，与规则相逢，需要力度，需要深度，更需要气度。所以，对安溪铁观音而言，“人文中国·茶香世界”中华茶文化宣传活动这个大平台，它的意义不在于为安溪铁观音的知名度增加了几个百分点，带来了多少交易流量，在促进高雅文化、和谐社会方面多大的驱动力量，而应该说，这是世界看中国茶叶的一个文化标志，一个经济标志，也是为安溪铁观音重新安上想象的翅膀的又一方美丽的天空！

（汤荣辉）

茶香女人

李渔在《闲情偶记》中说，女人每晚睡前口含一片茶叶，就能长保吐气芳香。这当然是古代的事了。如今女人保持魅力的方法五花八门，要做到气息如兰一点不难。尽管如此，我还是喜欢那种散发着幽幽茶香，因茶而更美的女人。

最常见的茶香女人，也许要首推茶艺小姐。年轻，漂亮，出现时多穿着典雅的旗袍，不然就是宋明古装，或者民间土服。站时亭亭玉立，行时款款莲步。坐下来表演茶艺，纤纤玉手，或轻掂茶器，动如行云流水，或趋奉茶汤，敬如初苞含露。当其时，灯光闪烁朦胧，丝竹若有若无，可谓美矣，雅矣，令人心醉神迷，不知身处何方矣。遗憾的是，她们中虽不乏外内美双兼者，然而因职业关系，种种优雅表演，多为生计，做作也就难免。且多数并不真懂茶，如与她品茶论茶进而谈论人生，必会失望。故此种女人，养眼最佳。男人如遇，千不可想入非非。

真正的茶香女人，未必如茶艺小姐般炫目，然而自有一种风度气质。她们多为白领一族，受过相当教育，文化修养较高。工作虽忙，压力虽重，但懂的享受生活。喜欢时尚，又不为时尚左右。因了偶然机缘，爱上品茶；时日一久，形成习惯。闲暇节假，或独处斗室书房，宽衣松鞋，懒梳云鬓，点一炉淡淡薰香，泡一壶浓浓酽茶。依窗靠几，取一卷随手新书，边读边饮，每到会意，便有笑眉微展，当此时，举手投足，莫不可怜可爱！或邀三二朋辈，择一优雅宁静茶馆，慢慢啜饮，慢慢闲聊。点茶未必极品，论茶一定内行。说话未必很多，出口定含机锋。不孤傲，不张扬；面带微笑，善于倾听。娴静，温婉，高雅，可敬，可亲，如一潭深澈的秋水，又如一杯浅清的绿茶。这样的女人，是可以养心的女人。男人如能结识，幸甚至矣。

不过，我最欣赏的，却是另一种茶香女人。她们未必都是知识白领，也未必常在茶馆出入。虽说终日不是忙于生计，就是操持家务，却能记得将茶作为居家过日必不可少的七件要事来办。她们舍得买好茶，也不嫌粗茶。在她的一天生活中，泡茶品茶是必不可少的功课。早晨起来，泡一壶茶，让茶香如雾般满屋飘荡。于是，先生清醒过来了，孩子一跃而起了。伺候一家吃过早饭，各各分道扬镳。等到晚上回家，也必定先烧一壶开水，再泡一壶香茶。然后再去准备晚餐。待先生和孩子回家，茶香饭热，狼吞虎咽。她才忙里偷闲，揩去劳作的汗水，有时轻巧巧地小啜一口；有时咕嘟嘟地痛饮半碗。她不仅爱茶，而且深知茶性，深知如何将茶的功能发挥到极致。虽说自己平时喝的多是粗茶，如遇客来，无论自己的朋友还是先生的客人，也无论达官贵人还是贫贱之交，奉上的绝对都是珍藏着的好茶。“寒夜客来茶当酒，竹炉汤沸火初红；寻常一样窗前月，才有梅花便不同。”虽说如今泡茶不用竹炉炭火了，然而她还是喜欢营造一种热气腾腾的氛围，让来客如在自家中一样轻松。虽说她不赞成先生喝酒，有时喝多了，她也不会骂骂咧咧，只是默默倒上一杯温茶，伺候他躺下睡好。等他酒散人醒后，大悔前醉，这才不无埋怨地劝导一句：少喝酒，多喝茶，保身体。有时先生无端发火，她绝不会针锋相对作河东狮吼，而是倒一杯凉茶，微笑着让他重归平静。虽说如此，但她也不是那种逆来顺受，委曲求全，毫无主见的女人。一旦风云变幻，灾难危险，堂堂男子汉都感束手无措，心灰意冷。她却能镇定自若，处变不惊；依旧像平时一样，泡好一壶香茶，湿润焦灼的唇，温暖冰凉的心，让家里永远保持温馨；让先生重新鼓起勇气，支撑着他，一起渡过人生的所有艰难。

这样的女人，是既可养身，又能养神的女人，男人如能得到，将是一世的福份！

安溪茶谚

山是聚宝盆，茶树是金银。
山中种茶树，不愁吃穿住。
种茶是根本，胜过铸金银。
家有千株茶，三年成富家。
一人一亩茶园，家里样样齐全。

平地栽好花，高山产好茶。
若要茶叶香，高山云雾间。
七（月）挖金，八（月）挖银。
茶地不挖，茶芽不发。
三年不深挖，只有摘茶花。
茶叶产量要翻番，上粪还要勤锄翻。

夏茶签，三日捻。
留夏养秋，剪春望秋。
三年小采，五年大采。

惠安女

采好是宝，采坏是草。
春冬剪茶丛，留夏成树丛。
读书读五经，采茶采三芯。

芒种过，制茶无好货。
立夏过，茶叶成柴粕。
茶为君，火为臣。
青气不去，香气不来。
作田看气候，制茶看火候。
制茶功夫起，叶叶像虾米。
制茶更比种茶难，功夫不到白流汗。

趁热打铁，趁热品茶。
文章风水茶，识货无几个。
品茶评茶讲学问，看色闻香比喉韵。

泡茶也有经：先“关公巡城”，后“韩信点兵”。

精神茶，爱睡酒。

第 十三 章

茶道精神

CHA DAO JING SHEN

茶道与茶艺

近年来，中国茶界关于茶道与茶艺的论述极为热闹，各种说法，各有道理。总结归纳起来，无非三种意见：一道、艺等同论，认为茶道与茶艺是一回事，只是提法不同而已；二道、艺包容论，认为茶道与茶艺虽然属于不同概念，但是相互包容渗透，道中有艺，艺中有道；三道、艺不同论，认为茶道与茶艺虽然有着千丝万缕的关系，却是完全不同的两种概念。

茶道与茶艺当然是两种完全不同的概念。道的解释虽然很多，基本含义指的是事物的本质与规律，既是世界观，也是方法论，属于精神层面的东西；艺的基本含义指的则是技艺，手艺。就一般人的认识来说，茶道指的是进行茶事活动时所达到的一种精神感悟与境界；茶艺指的则是茶事活动的技巧与艺术。这也就是为什么一提到茶艺，人们就联想到茶艺小姐茶艺表演的缘故。

尽管如此，并不意味着茶道与茶艺之间就没有一点关系了。事实上，在许多场合，两者常常紧密联系。比如，在冲泡、品饮铁观音的过程中，一方面需要一定冲泡与品饮技巧，才能将铁观音泡好，以及能够欣赏到铁观音的色香味给人带来感官愉悦。另一方面，在冲泡与品饮过程中，也常常能从中体验到某种精神快乐，得到一些人生感悟——到了此时，其实就从茶艺上升到茶道的层面了。至于常见的茶艺表演，从技巧角度来看，虽说各种各样表演的的称呼，姿势，服饰表面上看起来有许多不同，基本程序则没有多大区别，无非是多几道少几道，以及每一道的说法不同而已。但是如果从茶道角度上来看，茶艺表演的技巧熟练与水平程度，却因表演者对“道”的理解感悟，以及修养程度有很大关系。表演熟练者未必知“道”，而知“道”者必能升华其表演。

这样看来，茶道与茶艺确实是不能混而为一的。也只有将两者所包含的不同涵义区别开来，才能真正说清茶道问题。

中国茶道的兴衰

中国茶道虽然古已有之，却从未像日本茶道那样，有系统的专门理论与严格的操作程序。甚至于连有明确含义的“茶道”一词都很少出现。但是，这并不等于说中国历史上就没有

清源山道家老子坐像

茶道了。事实上，不但有，而且内容还相当丰富。

“茶道”一词的出现，最早可能是在唐代著名诗僧皎然的《饮茶歌·诮崔石使君》中，“一饮涤昏寐；情来朗爽满天地；再饮清我神，忽如飞雨洒轻尘；三饮便得道，何须苦心破烦恼；……熟知茶道全尔真，惟有丹丘得如此；”但此诗的意义，不仅在于提出了茶道概念，更重要的是对茶道的含义进行了诠释，一饮、再饮、三饮，饮者得到的，不仅是感官的享受，而是精神的愉悦与心灵的升华。与皎然此诗有异曲同工之妙的，还有同时代诗人卢仝的《七碗茶歌》，在此诗中，每喝一碗茶，都有不同的人生感悟，到了此时，饮茶的目的就已经不再是保健疗病，而是修德悟道了。皎然和卢仝的诗说明，中国茶道的基本精神，到了唐代已经开始成熟。

至于中国茶道精神的萌芽，则可以追溯到更远。在春秋末年由孔子编辑的中国第一部诗歌集《诗经》里，就有“谁曰荼苦，”之句；汉代《神农本草经》关于神农氏发明茶的记载，就已不仅是一种简单的事实记录，字里行间充满了对神农氏伟大品格的赞美与崇敬。神农氏不仅是茶的发现者，更重要是是一种高尚道德的象征。这种对茶所包含的精神涵义的理解，正是中国茶道的真谛。在比神农本草经稍晚一些的记载汉至魏晋名人轶事品行的杂书《世说新语》中，有一则关于晏子每餐仅食一碗“茗粥”二个鸡蛋的故事，而故事的中心则是赞扬晏子的节俭。在此处，茶又

海峡两岸茶业博览会

成了节俭美德的象征。这此例证说明，中国茶道从很早的时候，就已开始萌芽与形成。

正是在这样的的背景与氛围中，与皎然同时代的陆羽，才有可能写出中国第一本专门的茶书《茶经》。茶经虽然主要记载的是唐代茶事的一些具体问题，并没有明确地从精神层面上提出“茶道”问题，但从中依然可以看出，陆羽所记的，并不仅是茶，他所提倡的，也不仅是饮茶，而是一种生活方式。陆子本人的经历与一生的追求，也从另一个方面证明了这一点。

中国茶道发展的第一个高峰期是宋代，以宋徽宗赵佶的《大观茶论》为标志。赵佶作为皇帝，政治上没有什么建树，却在艺术以及茶道发展上作出了卓越的贡献。《大观茶论》是继陆子之后，最完整最权威的中国茶书，不仅归纳总结了自宋以前中国茶事的成就，而且深刻地影响了中国茶事后来的发展。其中最为宝贵的思想就是，明确提出茶最宜“精行俭德“之人；通过饮茶，可以在生理上“去襟涤滞，致清导和”，心理上“冲淡简澍，韵高致静”，正因为饮茶有如此功能，所以“天下厉志清白之士，竟为闲暇修索”之玩。将饮茶与休闲，修养，厉志联系起来，这正是中国茶道的基本精髓。在宋徽宗的大力倡导下，宋代茶风大盛。不仅在茶叶栽培、制作、品饮方面达到一个新的水平，茶道思想也达到一个从未有过的高度。许多文人雅士竟相写茶书，茶诗，以茶为娱，以茶修道。在茶书方面，出现了以蔡襄《茶录》为代表的一批著作。而在茶录中，蔡襄一开始就将茶事的意义提高到“导民正国”的高度，认为茶虽小道，却关系到国风民风的大事。而在茶诗方面，则出现了以苏东坡陆游等著名大诗人为代

表的一系以茶为题的诗歌，这些茶诗，不仅具有很高的艺术价值，更重要的反映了当时诗人在茶事活动时所感悟到的人生。“枯肠未易禁三碗，坐听荒城长短更”（苏轼）；“桑苎家风君莫笑，他年犹得作茶神”陆游；“采薪爨绝品，瀹茶浇穷愁”（朱熹）；凡此种种，莫不让人感受到作者饮茶时的心境与志向。

宋之后的元代，中国茶事一度衰落，茶道思想自然停滞不前，但是到了明、清时代，则又出现一度的辉煌。明初时，因为开国皇帝朱元璋提倡节俭，将饼茶生产改为散茶生产，因此饮茶方式也随之改变，总的特点是从复杂趋于简单，从宫廷走向民间。茶道思想也趋向于与宗教相结全。最有代表性的可能有要数明朝王族朱权所著的《茶谱》，在这本茶书中，朱权以道家思想诠释茶道，认为茶发于“自然之性”，饮茶可以“清心神”“参造化”“通仙灵”。清代陆廷灿所著的《续茶经》一书，则是另一本内容丰富而又有独到见解的代表性茶著。

而在民间，尽管普通老百姓因为忙于生计，没有时间和精力像皇宫贵族士大夫们那样悠闲地一边品茶，一边吟诗，但是依然将茶融进了自己的生活，其最大的特色就是发展起了几乎可以称得上是一整套的系统“茶礼”。普通百姓平时喝茶并不讲究，不过是大壶大碗，解渴而已。但在遇到乡村或家庭大事时，茶就变成了一种礼节与信物。客来时，以茶相敬；相亲时，以茶表示意思，同意的便奉甜茶，不同意的便奉清茶；订婚时，称为下茶；结婚时，要喝新娘茶；祭祖时，要有三杯茶；解决矛盾时，便请宗族长辈出面，去“吃讲茶”等。

安溪茶缘坊

综上简述，可见中国茶道思想不仅如一道绵延不绝的细水长流，客观存在于中国数千年的茶事活动中，而且确实也形成了自身的特点，从而为今天的茶事兴盛，奠定了深厚的思想基础。

中国茶道基本思想

关于中国茶道基本思想，近年来一些茶文化研究者进行了许多有益的探讨。比较有影响的观点有“廉、美、和、静”论；“和、静、怡、真”论；“俭、清、和、静”论等，但是细心者不难看出，这些论点，从形式到基本内容都是日本茶道“和、敬、清、寂”的翻版。而中国茶道与日本茶道虽然有着许多因缘，就产生的历史背景，以及所根据的文化传统而言，是有巨大区别的。因此，本文试图从中国传统主流文化的角度，归纳一些中国茶道的基本思想。

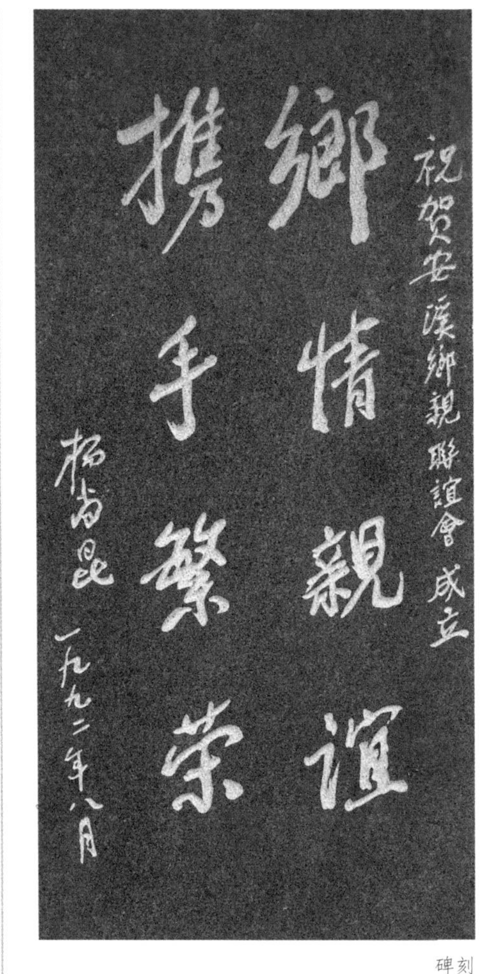

碑刻

中国传统主流文化基本特点

中国茶道，应该是，也只能是中国传统主流文化这棵大树上生发出来一朵奇葩，因此，要理解中国茶道基本思想，就要先了解中国传统主流文化的基本特点。

什么是中国传统主流文化？所谓主流文化，就一个国家与民族占统治地位的思想文化。中国是一个有着数千年悠久历史的国家，在这数千年间，占统治地位的思想文化，首推儒家，其次是道家，再其次是佛教禅宗，而在长期的融合变化中，基本形成了以儒家思想为核心，而以道、佛禅思想相辅助的独具东方特色的中国传统主流文化。

儒家思想形成于春秋时代，创始人孔子。孔子创立儒家时曾编撰过许多著作，即所谓的“六经”，但是对后世产生巨大思想影响，只有他的弟子记录他言行的《论语》一书。论语可以说是集原始儒家思想之大成的一部经典著作，思想内容相当丰富。归纳其要旨，政治上强调“礼治”“德治”以巩固中央集权，思想上则强调“中庸”的世界观与方法论。孔子的儒家思想在其诞生后的相当一段时间里，并未受到统治者的足够重视，但是到了宋代，经过朱熹为代表的一批学者的整理与发挥，形成称为理学的新儒家学派，从此便成为统治了中国八百多年的官方思想。朱子理学源于孔子儒学，但又吸

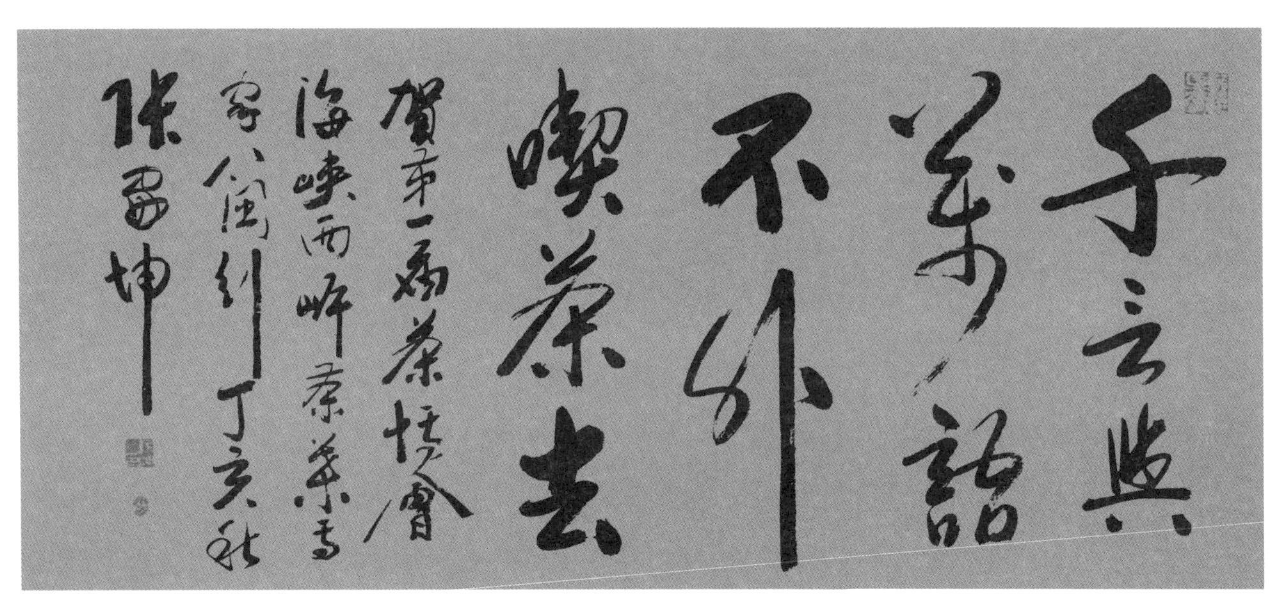

茶博会书法五

唐伯虎松下图

取了道家与佛禅思想精华，一方面，在政治上继续强化和细化“礼治”；另一方面，则将中庸思想演释成一个以“中和”为核心的庞大而细密的哲学体系。

道家思想的形成与儒家大致同时，创始人是老子，代表著作为“道德经”。道德经在政治上反对中央集权，提倡部落式的“小国寡民”。与此相应的，在思想上便强调“清静”“无为”，以顺应“天道”和“自然”。与论语相比较，道德经更具思辨性，包含着极为丰富的朴素辨证法。所以，有的后世研究者将其看作是一本兵法书。的确，老子道德经对后世产生的最大影响之一，就是其中的辨证法思想。统治者将其运用到政治上，便成为一种权谋，普通人将其运用到生活中，便成为修心保身的智慧。老子的原始道家思想，在汉唐盛世时一度成为官方统治思想。但是后来随着中国社会的发展变化，一方面，从宋代开始，中国封建社会开始走下坡路，国力大为衰退，不复再有汉唐开国统治者的开放胸襟与度量；另一方面，原始道家本身也发展成了一种宗教，不再强调“清静”修心，而去追求荒诞无稽的“成仙”之术，不再适应统治者强化中央集权的需要，所以便很自然地退出了官方统治地位。尽管如此，原始道家的辨证法，作为一种统治权术，则依然被统治所采纳，形成一种“外儒内道”的政治思想和个人道德修养格局，而一直影响到今天。

佛教并非源于中国本土，而是从印度尼泊尔传入的。佛教传入中国的时间大概是在西汉末，但在相当一段时期里并不为中国人所理解和接受。原因就在于初传的佛教，并不符合中国的国情。但是很快的就有一些高僧，经过仔细研究，吸收了中国本土的儒家与道家部分思想，将其改造成中国式的佛教——禅宗。于是便迅速地在中国传播开来并逐渐地融进中国人的日常生活。佛教的经典很多，但就禅宗而言，影响最大的是《金刚经》与《坛经》。佛教经典几乎不谈政治，但思辨性相当强，哲学意味最浓。究其要旨，不外乎一个“空”。所谓空，是相对于色（物质世界）而言，按佛教的理论，所有你能看的见物质世界，包括现世的荣华富贵，都不是永恒的，都是过眼烟云。最后都是“空”。既如此，追求它就如水中捞月，镜里摘花，真是太愚蠢了。人之所以愚蠢，就因为是让世俗欲望蒙蔽住了心灵。种种痛苦也都根源于此。而摆脱痛苦的最佳途径，就是修行“成佛”。佛不是神，而是“觉悟者”。修行的过程就是不断觉悟的过程。人的天赋秉性不同，修行也就有“渐悟”与“顿悟”的区别。禅宗提倡的就是顿悟。并非都要打坐念经，苦心修练，只要常怀爱心，多做善事，时时反思，不管什么人，都可以“成佛”。

中国茶道基本思想

大体上了解了中国传统主流思想文化的特点，就可以对中国茶道基本思想进行一些简要归纳了。

和　谐

和平，和气，协调，合作，有序之意。和谐是处理人际关系的基本准则。人是社会性动物，有种种利益需求；人又不是生活在真空里，只有在与它人，与社会交往联系中，才能满足需求。为了满足自己，可以有各种方式和手段。而实践证明，只有和平方式是最好的满足方式。儒家思想家们数千年来倡导的礼治和中庸、中和思想，目的就是要以包容的精神，相互尊重的和平方式，建立一个有序的小康直至大同社会。而在中国民间很早就有“和气生财”，“和为贵”的处理人际关系原则。并在实践中发展出了“茶礼”，“吃讲茶”等以茶为媒介的处理人际关系方法。

茶之所以能成为行之有效的处理人际关系方式，与茶本身的性质有很大关系。茶性本苦、寒，食之使人脑清，心静；而包括铁观音在内的乌龙茶，因为经过发酵和烘焙，茶性由寒变温，变平，再佐以工夫茶泡法，就更强化了它的清脑静神养心功能，能使人更加理智地考虑问题和处理矛盾。如果说，茶道是包含在茶里而又超出于茶的一种精神境界，和谐就是这种精神的主要内容之一。

清　静

清净，宁静，攸闲，淡泊之意。如果说，和谐是一种处事的原则与方式，清静就包涵了更多的个人品德修养因素。道家主张“清静无为”，佛教主张“四大皆空”，说法虽不同，

孔子立像

道家茶

要旨则都是要人尽可能地克制物质欲望，淡泊世俗名利。尽量地过朴素，节俭的生活，无论何种境遇，都保持一种清闲、宁静的心态。而儒家虽在没有类似的明确提法，实质也在提倡这种精神。孔子称赞弟子颜回的美德，“居陋巷，一箪食，一瓢饮”而苦学“不改其乐”；后世也有“耕读传家”、“君子不言钱”等诸如此类的说法。

茶之所以能使人“清静”，当然在于茶性本身特点。茶性与酒性不同，酒越喝越兴奋，一旦失控则易乱性；茶则越喝越清静，始终使人保持冷静思维。但是更重要的在于中国传统文化所形成的“茶礼”“茶宴”“茶聚”等等以茶为媒介的种种活动，基本上都是较之酒宴简朴的多的活动。同时也多是在比较闲暇时的娱乐活动。尤其是文人雅士们，常常喜欢与一二挚友，携茶带炉，到郊外山光水色之处，一边品茶，一边欣赏自然景色，享受一种物我两忘而与大自然浑然一体的感觉。所以，饮茶品茶已成了提升个人道德素养的一种方式。事实上，的确有许多人是将饮茶品茶当作修行修德的一种手段。而清静，则是个人道德素养的一种极高境界。

简　朴

简单，简约，朴素，节俭之意。中华民族历来都崇尚简朴而将简朴当作人的美德之一。儒、释、道三家也都提倡简朴，而反对繁褥奢侈。自孔子删订《春秋》开始，每一本中国史书，都记载着因奢侈而亡国的沉痛教训，也充满了对简朴兴国的统治者赞誉。孔子重礼，从某个角度来说，其实也就是要纠正当时诸侯们超越等级的奢侈行为。老子的理想，是一种“日出而作，日落而辍”的简朴农家生活。佛家则始终提倡简朴的生活，并制订了许多有关的清规，例如禁酒禁色禁奢等等，有一部分僧人甚至以苦行为修行的方式。而在民间，更是提倡简朴家风，“勤俭兴家”“爱惜粒米”，诸如此类的警句格言，随手可拾。

茶性本苦寒，一碗清水几片叶子而已，煎煮冲泡的器具与程序，较之饮酒也简单的多。其性与简朴正好相契，所以宋徽宗认为“最宜精行俭德之人”。而在许多宴请和交际场合，以茶代酒往往成为倡导简朴的一种礼节。人们在饮茶时，从茶汤的清苦，淡泊中，往往可以悟到许多人生道理，因此简朴成为茶道基本思想，也就是题中应有之义了。

智　慧

儒家君子之五德（仁、义、礼、智、信），智慧即其中一

禅　茶

禅茶室

泉州开元寺

德。佛家认为，修行成佛，就是得到了大智慧，而道家，更是将智慧看作圣人的基本美德，道德经从头到尾，都是在教人要有智慧。那么，所谓智慧的含义是什么呢？从字面上看，是机智，聪慧、理智，悟彻之意。但其中的深刻意义却又远不止这些。如果将茶道看作提升个人道德素养的一种方式，智慧就意味着一种几乎可以说是终极的道德境界。

佛家十分重视茶道，关于茶道的基本解释就是“茶禅一味”。禅是中国式佛教的感悟真理方式，其要义在于即使是在日常生活繁琐小事中，也都有“道”可觅，有“道”可悟。既如此，茶中也一样的可以有所感悟；因此，也就有了赵州和尚“吃茶去”的著名典故。感悟是过程，也是目标。感悟的内容可以多也可以少，然而都跟儒、道、佛的修行目的有关；按现代的说法就是与提高道德水平，净化心灵有关。禅的另一个特点是顿悟，所谓“放下屠刀，立地成佛”。吃茶也一样，只要爱茶，用心品茶，也会从中顿悟到一些人生哲理。这种感悟，也就是智慧。

中国茶道所包涵的思想，当然远不止上述那些内容。也不是简单的四个字就能概括的。从某种意义上来说，中国茶道所涵盖的内容其实也就是中国传统优秀文化思想的所有内容。所以，说中国茶道博大精深，是华夏文化的精髓之一，是一点也不过份的。

茶道精神的现实意义

提倡与弘扬中国茶道精神，在今天有什么意义呢？

现代中国社会是一个民主科学日趋发达的社会，同时也是以市场经济为导向的多元化社会，这样的社会环境，既给个人发展提供了许多机遇，同时也对个人整体素质提出了更高的要求，从这个角度来看，至少可以有三方面的意义：

有利于处理人际关系

市场经济越发展，社会分工越来越细化，要求处理的人际关系就越来越复杂。而是否善于处理好人际关系，善于与人协作，是否具有强烈的团队精神，已经成了个人能否取得成功的决定性因素之一。茶道精神，一方面可以使个人通过茶事活动，以茶为礼，以茶为敬，以茶交友，拉近人与人之间的感情距离；另一方面，也可能通过茶事活动，通过用心品饮，反思自身言行，总结人生经验，使个人更善于与人交往，更好地融入自身所在的团体与社会。

有利于丰富生活情趣

生活情趣属于事业工作以外的事情，表面上看起来只是一些无关大局的个人爱好。然而往往能影响到许多重要事情。而对于一个爱茶者来说，当品饮茶成为他生活中不可或缺的一部分时，他就会从茶事活动中找到许多乐趣。比如，以茶代酒，不但有益健康，而且少了许多应酬之累。要泡好一壶茶，不但需要细心与耐心，而且还需要学习许多关于茶的知识，以了解各种茶的特性，甚至茶具茶器的特性。如果有时间和精力，到茶区去寻茶，既能品到原汁原味的好茶，又能欣赏到茶区的美丽自然风光，使自已的身心都得到一次彻底的放松。如此的种种好处，何乐而不为?

有利于个人道德修养

中国是礼仪之邦，又是德治之国，良好的道德修养，不仅能够提升个人在社会上的形象，得到社会的尊重；同时也个人在事业爱情家庭等方面成功的又一决定性因素。中国茶道精神的实质和最终目标，都可以归属到道德层面上来。茶道与茶艺的根本区别，也就在于此。提高道德素养，可以有许多途径和方法，以茶修身，以茶修德，以茶养心，既是对中国优良传统的继承与发扬，也是极其有效的途径与方法。常听到人说，某人饮茶爱茶之后，性情变的温和谦逊文雅。这种变化，其实就是道德修养提升的良性结果。

个人整体素质提高了，国家民族社会的整体素质和文明程度也就提高了。有句俗话说“乱世喝酒，盛世品茶”。经过二十年的改革开放，我国已经进入初步繁荣昌盛的强国轨道，与此相应的，茶风也日益趋盛，茶道精神为越来越多的人所理解与接受。有充分的理由相信，中国茶道精神必将能在不久的将来，开放出更加灿烂的花朵。

〖相关知识〗

儒家与中国茶道

中国茶道的基本问题，是要说清“道”的内涵。道，既是方法，也是一种原则，这里要探讨的，主要还是后者。换一种说法，就是要从思想上明确茶道的基本精神。那么，中国茶道的基本精神是什么呢?

儒家思想的基础

儒家思想是中国传统思想的基础。从春秋时孔子创立儒家学说，到西汉儒家经学大师董仲舒提出“独尊儒术”，再经宋代以朱熹为代表的一群儒家理学大师的完善，不仅形成了相当严密的理论系统，而且成了宋代以后占官方统治地位的主流思想与文化，并且深刻地渗透到了中国人的精神世界和日常生活。无论你自觉，还是不自觉，都在无形地按照儒家规范来指导自己为人处世的原则。这一点，甚至于成为世界华人的一个共同特征了。

中国茶道，作为中国传统文化的一个组成部分，离开儒家思想原则，不体现儒家文化，既是不可想象的，也是没有中国特色的。事实上，无论是在古人写的茶书中，还是在有据可考的古人茶事活动中，都具有鲜明的儒家思想文化特征。

最能体现儒家思想特点的第一部茶论，也许要数北宋皇帝赵徽宗所著的《大观茶论》了。开篇就明确提出：至若茶之为物，擅瓯越之秀气，钟山川之灵禀，祛襟涤滞，至清导和，则非庸人孺子可得而知矣。这就一下子把茶事活动提升到高雅层次上去了，大有非高雅之士，不能欣赏茶的佳处之感。接下去，又得意洋洋地说，“天下之士，励志清白，兢为闲暇修索之玩，莫不碎玉锁金，啜英咀华，较筐箧之精，争鉴裁之别，虽下士于此时，不以蓄茶为羞，可谓盛世之清尚也。”宋徽宗在这里虽然是通过茶事之雅兴，而来为自己的政绩歌功颂德。但也确实反映出了当时社会茶事之盛。正因茶事成为时尚之风，于是从制茶到冲泡品饮，甚至连茶具都变得相当考究起来，这就把原来普通的茶事活动上升成了一种精神享受。

而这一点，也是孔子一贯提倡和向往的。“食不厌精，脍不厌细”，孔子那时茶事虽未兴，饮食已相当考究。一精一细，就把饮食的档次提升了，不仅仅为了填饱肚子，而是从中寻找精神享受。孔子在论述他的志向时，更是明确说“童子三、二人，栉乎风，沐乎浴”。而且认为这就是他理想的大同世界。追求这种摆脱了世俗物质所累的生活境界，就是孔子的“道”。从这一点上来说，宋徽宗与孔子是一脉相承的。

儒家思想的本质

儒家思想是一种入世的，积极有为的思想。儒的人生目标是当“君子”，成“圣贤”。而君子、圣贤的本质是道德模范。所以儒家认为人生的最高事业是“立德”，其次是“立功”，最后才是“立言”。

目前公认的最早茶诗，唐代卢仝《七碗茶诗》中，便非常明确地表现了心念苍生的儒家入世救世思想。“便为谏议问苍生，到头还得苏息否？”纵观全诗，卢仝表面上是喝茶，而实质上是借茶来抒发自己的儒家精神抱负。事实上，卢仝本身也是由佛入儒的。

到了宋代，茶风大盛，反映茶事活动的专著与文学作品也达到一个空前高度。除了宋徽宗的《大观茶论》外。影响深远的茶书还有蔡襄的《茶录》，宋子安的《试茶录》熊藩的《宣和北

在心韵品茶

铁观音茶艺

感恩茶事碑刻

苑茶录》等等，这些茶书的作者，无一不是精通儒学的学者。而在文学作品方面，当时的一流大师，苏东坡，欧阳修，柳宗元，黄庭坚，范仲淹，陆游等，几乎都有茶文茶诗传世。许多诗文都借茶表达了“先天下之忧而忧，后天下之乐而乐”的入世精神。如蔡襄的“愿彼池中波，化作人间雨”；陆游的“雪飞一片茶不忧”；等等。而苏东坡的讽喻散文《叶嘉传》，以人喻茶，以茶喻人，其所赞赏的那种刚劲清白，为天下苍生，宁可冒被侮被斥之险，“辄苦”皇上的精神，则特别令人寻味。

儒家入世精神的的另一方面，就是茶的世俗化。作为中国茶道基本载体的茶，本身就是非常世俗的。神农氏发现茶，原意是为了解毒救人。而后则成了与柴米油盐酱醋并列的开门七件事，在中国人的日常生活中，扮演着一种相当重要的角色：待人接物，解困去乏，消食减肥，保健休闲；等等。

中国第一部文人创作的反映市井生活名著《金瓶梅》，其中就有许多作为日常生活的茶事描写。而后的《儒林外史》，《红楼梦》中，同样也有不少世俗茶事的描写。

儒家思想的核心

儒家思想的核心是中庸。中庸既是一个抽象的哲学概念，也是一个具体的为人处世行为准则。所谓中庸，按儒家创始人孔子自己的解释就是“不偏不倚”“执其两端而折之”。后来有许多学者也都作了更加详细的解释，特别是宋代理学家朱熹，将中庸思想加以诠释和细化，进一步表述为“中和”，但要旨均不离此。将其作为处世为人的指导原则，就是不要偏激，不要走极端。要公正，平和，谦恭，以理服人，以礼待人，留有余地。

茶事活动要取得完满结果，关键在于把握准确的“度”。这个度就是中庸。首先，茶人必须调节自己的精神状态，不能有偏激极端，要心平气和，进退有节，待人有礼。其次，有具体活动中也要不偏不倚。例如制茶过程中，焙火，就不能过高，也不能过低；冲泡茶叶时，不能太多也不能太少；饮茶时，也应按照同样的原则，不多，也不少，恰恰到好处。当然，具体的量，可以因人而异，基本的中庸之度，却是一致的。

唐代陆羽《的茶经》，虽说主要是对茶事的具体记录，没有明确涉及茶道，但也体现了许多严格把握茶事的“度”的观念。例如论采茶“有雨不采，晴有云不采”；论评茶“茶之否，存于口诀”；论煮茶“慎勿……使凉炎不匀”；论沸水，一沸不用，三沸太老，而取二沸恰好；等等。而恰到好处的“度”，就是中庸的基本内涵之一。

儒家思想和文化

儒家思想和文化包容性极大但又个性极强。先吸取道家、法家思想精华，后来又融汇部分佛教思想，但是不管怎样，基本的原则不会变。有人说，中国茶道的基本精神，是所谓的“和、敬、清、寂”。然而这四个字完全来于日本茶道。日本茶道的哲学基础，源于佛教禅宗，所以，又有“茶禅合一”的经典说法。由于日本茶道有一套严格规范的冲泡品饮程式，传到中国之后，产生极大的影响。以至于有些人竟不知所以地把它当作中国茶道了。

有人说，中国茶道的基本精神，是“天人合一，道法自然”。道法自然思想，源于道家创始人老子。老子学说是中国传统文化的重要组成部分，后来发展成中国传统宗教道教，在中国人的精神和日常生活产生巨大的影响，同时也对茶文化发展产生重大影响。但不管怎样，始终都不能像儒家学说那样，成为占统治地位的精神主流。至于“天人合一”思想，是汉时儒家经学大师董仲舒提出来的，揉杂了许多阴阳五行谶讳迷信学说。与孔子的原始儒家思想相去甚远。孔子不仅从“不语乱力怪神”，也很少论天。“不知人，焉知天”。

其它还有种种关于中国茶道精神的说法，但是不管如何，如果离开了儒家

茶鼓

廖公像

的“中庸”思想核心，都很难说的清楚。所以，紧紧把握住“中庸”，应该说是理解中国茶道精神的真正钥匙。

道教与茶

道教以老子为教祖，信奉的主要经典是《道德经》。道教的根本信仰是“道”，即“道”的教化和说教，老子认为“道”是天地“万物的本源”。又是“大自然的规律”。而道之在我者就是德，所以规定道教徒要“修道养德”。相信修道可以使人永远摆脱尘世的疾苦与烦恼。在个人修养上，老子主张“圣人之道，为而不争”做到“不自矜”、“清静无为”、“清心寡欲”。道教追求的理想境界有两种：一是在现实生活中按道教教义，建立一个理想的、公平的、和平的世界。二是企图通过个人修炼延年益寿厚道成仙。道教的思想渊源还包括古代崇拜鬼神、巫术和神仙方术以及阴阳五行思想。

道教创立于东汉末年（126-144），由张道陵创立并由其子孙世袭相传的天师道，所以道教徒称他为教主。据传他先在江西贵溪景上清宫龙虎山修道炼丹，以《道德经》为经典。后入蜀布道，迄今已有1900年历史。

道教创立后，对中国的政治、经济、文化、科技有着重大影响。要了解中国历史和文化，就必须了解道教和它的发展史，所以鲁迅说“中国的根柢全在道教”。同样要研究中国茶文化，也必须研究道教及其思想。

佛、道之间一个重大的区别是：佛教徒修来生，企求死后能往西天极乐世界。道教徒修今生，盼望长生不老做神仙。道教徒认为：“我命在我不在天”，注重研究炼丹、气功、医药、养生，所以名医多羽客，寿星出道家。同时道教崇尚自然，追求天人合一，求得人与自然的和谐。这些都和茶的自然属性，品性和功效紧密相关，所以道教徒说茶是“仙草”、“草中英”，因而爱茶、嗜茶。

风动石

早在三国时期道教徒就开始种茶饮茶。三国丹阳（今属江苏）人葛玄（164-244年），是著名的道教学者，誉为葛仙翁。青年时期登天台山修道炼丹。在乱云飞渡，云雾缭绕的归云洞开始种茶，曰：“葛仙茗圃”。今遗址犹存，尚保留有33株灌木茶树，迄今已有1700余年的历史。宋代《天台山赋》也有“仙翁种茶”的记载。南朝齐梁时期道家思想家、医学家。陶弘景（456-536年），隐居今江苏茅山，潜心研究道学、医药。曾整理古代《神农本草经》，并撰《本草经集注》等书多种。他说

"苦茶，轻身换骨，昔丹丘子、黄山君服之。"认为饮茶有利于减肥轻身、健康长寿、羽化成仙，这是从道家修炼的角度得出的观点。

唐宋时期，因道教之祖老子姓李，与唐皇室同姓。故唐高祖封道教为国教，企图利用神权来保护皇权。下诏全国各州建道观，将《道德经》列为科举考试项目，还送女儿当道士。玄宗教人画老子像颁布天下，还亲受法，创设道历，将老子诞辰作为纪念日。天宝七年（748），州封江西龙虎山道陵为"太师"，免除田赋。中和四年（884），僖宗封张道陵为"三天佛教大法师"。道观也很多，长安有30所，全国有1900余所，道士15000余人。道教徒种茶饮茶之风日炽。据记载："王氏药院，咸通间有术士王生居之，有茂松修竹，流水周绕，及与榧树，茶园，今址存马。"溜州刺吏王园、山人王昌宇，大历十四年二月二十七日同登泰时，真君道士卜皓然、万岁道士郭紫微各携茶、药相候于马岭，同登王母池，登高之兴，无所不至。"又有"丹丘出大茗，服之生羽翼"的记载。唐诗中也有道教徒茶道生活的描述。

道教经历了五代战乱，出现了衰微景象。入宋，道教复兴，出现了两次着重道教热，第一次是在宋真宗时期，第二次是在宋徽宗时期。宋徽宗自称教主道君皇帝，"生设大斋，辄费缗钱数万，谓之千道会。"许多士大夫也信奉道教，北宋晁迥"善吐纳养生之术，通释老书。"欧阳修有《送龙茶与许道人》诗云：

颖阳道士青霞客，来似浮云去无迹。
夜朝北斗太清坛，不道姓名人不识。
我有龙团古苍壁，九龙泉深一百尺。
凭君汲井试烹之，不是人间香味色。

元初，在金朝民间兴起的全真道新派，其传人丘处机得到篆古开国皇帝成吉思汗的召见和敬重。当时蒙古军"蹂践中原，河南、河北尤甚，民罹浮戮，无所逃命。"丘处机"使其徒持牒招求于战伐之余，由是为人奴者得复为良，与滨死而得更生者，虑二三万人。"这是全真道兴盛的重要原因。

明嘉庆帝笃信道教，登基的第二年便在乾清宫建道场，连日不绝。死后，得宠于宫中的道士便被惩处。但道教在士大夫和民间仍有相当的市场。青藤道士徐文长写有以扇赌茶诗。和朋友以茶、扇相赌，他想赢得一片"后山茶"，却要输掉十八把写扇，以致"干喉涩吟弄，老臂偃枯焦"，何等辛苦，折射出民间道士求茶心切的复杂心情。

满清入关，喇嘛教为国教，道教地位下降，但乾隆以前，对道教的礼遇仍如明制。乾隆帝则害怕"异端方术，""惑众造反"，在乾隆十七年（1752），降56代天师张遇隆为五品，并一度停止和入观，但民间信奉道教者则历代不衰。

福建武夷山为道教圣地，有弘峰，99岩之胜，峰岩交错，翠岗起伏。唐天宝年间建天宝殿道观。武夷产岩茶，"臻山川精

禅茶

道家茶

禅

灵秀气所钟，品具岩骨花香之胜。”、“武夷不独以山水之奇而奇，更以产茶之奇而奇。”据史载：“凡岩茶皆各岩僧道采摘焙制，远近贾客于九曲内各寺庙觅，市中无售者……五曲道院名天游观，观前有老茶，盘根旋绕于山水石之间。每年发几十枝，其叶肥厚稀疏，仅可得茶三二两，以观中供吕纯阳（即吕洞宾，因号纯阳子，俗传八仙之一。全真派道教尊为北五祖之一），因名曰洞宾茶”。“屈将熟时，道人带露采摘，守侯焙制，先以一杯供纯阳道人，自留少许。”

又据清·江锡龄撰《青城山行记》载：“在圆明宫，坐甫定，闻必剥声不绝，询其故，道人曰：时屈薯春，贡期近矣。山中人躬自作苦，不图为贵客所闻。就视之，区六七具，负鳝而列。墙外开曲实，数人燃薪其中，炽，则以巨畚盛嫩茗纳入，合两手左右挠之白毫茸茸然，斤得不过四五两，即山中所称之鸦雀嘴茶也……”上清道人杨松如命小音汲麻姑泉烹新摘雀舌茶为供，色淡碧，香气浓郁，近则编山皆檀，道人于谷雨前采摘，笼贮火焙，岁得不下数万斤，以其至精者充上贡，余则诸松潘，保、乌斯藏外夷诸国及成都、邛、眉各州邑，岁莸不皆，以故庙宇多富饶者。”

综上所述，道教与茶结缘早于佛教。道教的教理规定道教徒要“修道养德”。在个人修养上要做到“清静无为，清心寡欲，”主张“无为而治”，追求建立一个公平的、和平的世界，并企图通过个人修炼达到延年益寿、得道成仙的目的。茶的自然属性，药用功能和精神功能正适合道教徒悟道也悟茶，通过饮茶使心灵得到清静、恬淡、扶寿、成仙正是道家所追求的真谛。陆羽创造的煮茶风炉，一足云坎上巽下离于中；一足支体均五行去百疾。巽主风，离主火，风能生火，火能熟水。五行相生相克，阴阳调和，从去达到“去百疾”、养生、羽化的目的。八卦、五行都是道家的教理，所以道教嗜茶，自然理在其中了。道教徒爱茶，种茶，饮茶，并以茶敬鬼神。到清代还从事茶业贸易，对发展茶叶生产和宏观经济以及促进商品流通都作出了贡献。

（吕维新）

佛禅与茶

史传记载，东晋僧人，已于庐山植茶，敦煌行人，以饮茶苏（将茶与姜、桂、桔、枣等香料一起煮成茶汤）助修。南北朝时达摩少林面壁，揭眼皮堕地而成茶树，其事近诞，而其所寓禅茶不离生活之旨，则有甚深意义。嗣后马祖创丛林，百丈立清规，禅僧以茶当饭，资养清修，以茶飨客，广结善缘，渐修顿悟，明心见性，形成具有中国特色的佛教禅宗，至唐代，禅渗透于包括茶道在内的中国文化的方方面面，成为中国传统文化的重要组成部分。

佛教禅寺多在高山丛林，得天独厚，云里雾里，极宜茶树生长。农禅并重为佛教优良传统。禅僧务农，大都植树造林，种地栽茶。制茶饮茶，相沿成习。许多名茶，最初皆出于禅僧之手，如佛茶、铁观音，即禅僧所命名。其于茶之种植、采撷、焙制、煎泡、品酌之法，多有创造。中国佛教不仅开创了自身特有的禅文化，而且成熟了中国本有的茶文化，且使茶禅融为一体而成为中国的茶禅文化。茶不仅为助修之资、养生之术，而且成为悟禅之机，显道表法之具。盖水为天下至清之物，茶为水中至清之味，其“本色滋味”，与禅家之淡泊自然、远离执著之“平常心境”相契相符。一啜一饮，甘露润心，一酬一和，心心相印。

人体有色息心三大要素之分支，生活有饮食、呼吸、睡眠三大活动之需要。法门即有如来禅、秘密禅、祖师禅三大体系之类别。此种分类，是从色息心上分，色息心三者相互联系，不可分割，但修持有所侧重。如来禅着重息法，断惑证真，转识成智；秘密禅着重色法，入我我入，即身成佛；祖师禅着重心法，明心见性，即心成佛。茶与佛家这三种禅定都结下不解之缘，使世俗间的饮茶活动逐步升华为佛门的茶道。

中国佛教最先推行的禅定是如来禅。如来禅是坐禅，与后来祖师禅的行住坐卧都是禅是不同的。坐禅需要静虑专注，心性一境，而茶本具的“降火、提神、消食、解毒、不发”等等药性药效，其功用正好有助于摄心入定。坐禅用茶的最早记载，见于《晋书·艺术传》：僧人单道开坐禅，昼夜不卧，“日服镇守药数丸，大如梧子，药有松蜜姜桂茯苓之气，时饮茶苏一二升而已”。僧人坐禅修定，须持“过午不食”之斋戒，盖由戒生定，由定证慧也。故丛林不作夕食，但许饮茶以助修。唐代茶道，多与佛教食法相关，称为“吃茶饭”。唐用茶饼，故需煮饮，如煮饭然。丛林谓过午之后饮食为小药，故茶又谓为茶汤，如药汤然。所以赵州公案说“吃茶去”。唐代寺院饮茶助修，逐渐普及，唐封演《封氏闻见录》载：“开元中，泰山灵岩寺有降魔师，大兴禅教。学禅务于不寐，又不夕食，皆许其饮茶，人自怀挟，到处举饮，从此转相仿效，遂成风俗。”从此可见由僧人坐禅饮茶助修。而宗门亦将坐禅饮茶列为宗门规式，写入《百丈清规》。《百丈清规·法器章》中明文规定丛林茶禅及其作法次第。即于法堂设两鼓：居东北角者称“法鼓”，居西北角者称“茶鼓”。上座说法擂法鼓，集众饮茶敲茶鼓。每坐禅一炷香后，寺院监值都要供僧众饮茶，称“打茶”，多至“行茶四五匝”。茶院中还专设“茶堂”，供寺僧坐而论道，辩说佛理，或招待施主、同参之用；有“茶头”执事，专事烧水煮茶，献茶酬宾；专门有“施茶僧”，为行人惠施茶水；寺院所植茶树，专称“寺院茶”；上供诸佛菩萨及历代祖师之茶，称“奠茶”；寺院一年一度的挂单，依“戒腊”年限的长短，先后奉茶，称“戒腊茶”；住持或施主请全寺僧众饮茶称“普茶”。茶会成为佛事活动内容。凡此种种均来源于坐禅饮茶，目的还是为了帮助禅修，而后相沿成习，潜移默化，成为佛教丛林的法门规式。茶在唐代，已为僧伽生活中所不可或缺。自宋至清，举办茶宴，已成寺院常规活动。如浙江径山寺即有近千年的茶宴史。藏传佛寺，一般都举行茶会。十九世纪中叶，大喇嘛寺曾举办过数千喇嘛参加的法会，有时持续数日之久。由此可见茶不但与显教，而且与密教；不但与汉传佛教，而且与藏传佛教都有密切关系。

就在坐禅饮茶盛行之时，开元三大士（善无畏、金刚智、不空）从印度来到中国首都长安传播密教。密教修的是即身成佛的秘密禅，一切修法都可说是供养法。茶成为最佳供品之一，一开始就与密教修供又结下了不解之缘。大唐历代皇帝赏赐高僧大德，多用茶供。如金刚智忌辰，举行千僧供，玄宗赐茶一百一十串，以供斋用。大兴善寺文殊阁上梁，代宗敕赐千僧饭，赏上梁赤钱二百贯，蒸饼二千颗，胡饼二千枚，茶二百串。惠果大师于贞元六年（760）入宫，于长生殿为国持念七十余日，归时，每人赐绢三十匹，茶二十串。法门寺地宫供奉物中，有唐代系列茶具一套，系唐僖宗自用以供佛和大阿赘黎者。广东江门传说密宗一行大阿赘黎曾在江门白水暂住，日种山茶，夜观天象，进士陈吾道建茶庵寺，并为一行塑像立碑。密教修法，用茶作为供品，是唐密所创用的。供养有外、内、密、密密四层。

东湖塔

茶：外层是药料，内层是定中甘露。

密层是禅味，密密层是常乐我净。

水：外层是水大内层是甘露。

密层是红白菩提，密密层是大悲泪水。

又茶有四重隐显：

外：待客之茶。内：谈心之茶。

密：结盟之茶。密密：禅密之茶。

祖师禅的“茶禅”（即茶禅一味）是到宋朝后期形成。由宋朝临济宗大师圆悟克勤提出的，他在湖南夹山寺编著的《碧岩集》在禅门影响甚大，被称为“天下第一奇书”。他手书“茶禅一味”四字真诀，由日本留学生辗转传至日本高僧一休宗纯手中，成为日本代代相传的国宝，并且据此发展成了有着系统理论与形式的日本茶道。

茶由禅兴，茶由坐禅饮茶到茶事融入佛事，列进宗门法规，乃至以茶作为密教供品，用以供佛斋僧。法门寺的茶供养、圆珍的“吃茶饭”，甚至赵州三呼的“吃茶去”，以茶作载体，茶修禅修一体，茶味禅味一味，茶密禅密一体，这就完成了中国佛教三个层面，色息心三法相即、空假中三谛圆融的中国茶道。也就是坐禅饮茶的茶道、修密供茶的茶道和用茶印心茶禅一味的茶道。饮茶的茶道，主要是饮茶调息，摄心入定，心息相依，安般守意，进而止住自心流注，臻于住息息住，心一境性。供茶的茶道，主要供茶作观，作空性观，周遍明了，入本不生际，乃至离边大中观，常乐我净。印心的茶道，主要是味茶净心，自心现量，远离四句，甚至念住无念，见本来面目。

中国茶禅文化的影响除传承至日本的茶道外，余波所及，现在流行于欧美的所谓基督禅、午后茶，韩国的茶礼，台湾地区的茶馆茶艺，以及大陆的工夫茶、盖碗茶，形形色色的茶道表演，都只能说是茶艺，而不是茶道。其根本区别，就在于茶艺，只是在茶的“色、香、味”上做工夫，引发刺激人们的视觉、嗅觉、味觉等各种感官去享受、品尝、韵味，使人们跟着感觉走。高一层的顶多也只是提高到理性意识上去分别、体会、执着某种感觉提供的思维境界或审美境界而已。茶道则是在心灵上用功，通过茶事活动，净治明相，观察自心现量，清除你自己心灵所受的污染，善自心现，远离尘垢，消除烦恼，还你自心本来清净的现实而已。那才能真正得到茶饮的法乐和法益。

（吴立民）

〖延伸阅读〗

中华茶道概念诠释

中国是茶道的发源地。“茶道”一词首见于中唐。中华茶道萌于晋，兴于唐，继于宋，盛于明，衰于近代。二十世纪八十年代以来，中华茶道又始走上复兴之路。然而目前茶文化界对中华茶道理解也是见仁见智，多有分歧，为进一步弘扬中华茶道，有必要对中华茶道的概念作出科学的诠释。

“茶道”一词溯源

“茶道”一词首见于中唐。

饮茶歌·诮崔石使君

皎　然

越人遗我剡溪茗，采得金芽爨金鼎。素瓷雪色缥沫香，何似诸仙琼蕊浆。一饮涤昏寐，情思爽朗满天地。再饮清我神，忽如飞雨洒轻尘。三饮便得道，何须苦心破烦恼。此物清高世莫知，世人饮酒多自欺。愁看毕卓瓮间夜，笑向陶潜篱下时。崔侯啜之意不已，狂歌一曲惊人耳。孰知茶道全尔真，唯有丹丘得如此。

诗的最后一句“熟知茶道全尔真，惟有丹丘得如此”，是说通过修习茶道则可以保全真性，仙人丹丘子深谙其中奥妙。

郑成功馆碑林

皎然，俗姓谢，字清昼，湖州长城县（今浙江长兴县）人，为南朝宋著名诗人谢灵运之十世孙。皎然早年曾热衷于神仙道术，后皈依佛门，研习律、禅。他不仅长期从事诗歌创作和理论研究，为唐代著名诗人、学者，而且也是著名茶人。他与茶圣陆羽结为忘年之交，是历代僧人中写茶诗最多的一位，茶诗内容涉及面很广，诸如采茶、制茶、煎茶、茶会、茶道、茶人等。该诗不仅描写了饮茶之道，还描写了饮茶修道的过程。道不可得，所谓得道即证道、悟道、全真。皎然的“茶道”是“饮茶之道”和“饮茶修道”的统一，通过“饮茶之道”来修道、悟道，从而涤昏寐、清心神、破烦恼、全真得道。作为佛教徒的皎然，却是用道教的思想来解释茶道，这只能理解为，茶道的思想起源于道教，他的“丹丘羽人轻玉食，采茶饮之生羽翼。名藏仙府世莫知，骨化云宫人不识”（《饮茶歌·送郑容》）也表现了同样的思想。我们不清楚皎然此诗作于何年，但皎然逝于唐顺宗永贞初年（805），故“茶道”一词的出现不会晚于公元8世纪末。

与皎然、陆羽同时的封演在其《封氏闻见记》卷六“饮茶”记：“楚人陆鸿渐为茶论，言茶之功效并煎茶炙茶之法，造茶具二十四事，……有常伯熊者，又因鸿渐之论广润色之。于是茶道大行，王公朝士无不饮者。”从封演文中来看，此“茶道”是侧重于煎饮法的“饮茶之道”。封演，天宝（742-756）中举进士，大历（766-779）中为县令，德宗时（780-805）官至朝散大夫、检校尚书、吏部郎中、兼御史中丞。《封氏闻见记》卷六“饮茶”记有“往年回入朝，大驱名马，市茶而归。”按《资治通鉴》，回纥于贞元四年（788）十月呈请将回纥改称回，789年前称回纥，之后称回。由此可知《封氏闻见记》卷六“饮茶”应作于公元789年以后，约在公元八世纪末或九世纪初。

明朝中期的茶人张源在其《茶录》一书中单列“茶道”一条，其记：“造时精，藏时燥，泡时洁，精、燥、洁，茶道尽矣。”张源的“茶道”概念含义较广，包括造茶、藏茶、泡茶之道。晚明时期的文人陈继儒在为周庆叔《岕茶别论》所作序中言：“则岕于国初已受知遇，……第蒸、采、烹、洗，悉与古法不同。而喃喃者犹持陆鸿渐之《经》、蔡君谟之《录》而祖之，以为茶道在是，当不会令庆叔失笑。”明代后期流行散茶瀹泡，湖州长兴岕茶属蒸青绿茶，因当地的环境易染沙尘，故泡茶前必先洗茶，故谓其“蒸、采、烹、洗，悉与古法不同。”陆羽《茶经》倡煎茶，蔡襄《茶录》倡点茶。陈继儒生活的晚明时期，泡茶流行，不但煎茶早已绝迹，点茶也已淘汰。所以陈继儒批评了那些仍固执地坚持认为茶道唯在陆羽《茶经》、蔡襄《茶录》的迂腐观念。陈继儒的“茶道”则包括“蒸、采、烹、洗”，为“制茶、泡茶”之道。

由上可知，中国古代的“茶道”概念，不仅涵盖“饮茶之道”、“饮茶修道”，而且还包括“采茶、制茶、藏茶之道”，涵义较广泛。

见仁见智的茶道观

中华茶道衰于近代，复兴于上世纪末。随着中华茶道的复兴，人们感到有必要对中华茶道的概念予以科学地界定，一些茶人、专家、学者纷纷提出自己的观点。

当代茶圣吴觉农先生认为：“茶道是把茶视为珍贵、高尚的饮料，饮茶是一种精神上的享受，是一种艺术，或是一种修身养性的手段”（《茶经述评》）。吴觉农先生认为茶道是艺术、是修身养性的手段。

一代宗师庄晚芳先生认为：“茶道就是一种通过饮茶的方式，对人们进行礼法教育、道德修养的一种仪式。”（《中国茶史散论》）庄晚芳先生提出茶道是一种通过饮茶而进行礼法教育和道德修养的仪式。

丁文认为：“茶道是一门以饮茶为内容的文化艺能，是茶事与传统文化的完美结合，是社交礼仪、修身养性和道德教化的手段。”（《茶道》）丁文也认为茶道是是社交礼仪、修身养性和

中秋茶话会

敬茶

道德教化的手段。

陈香白认为："中国茶道就是通过茶事过程引导个体在本能和理智的享受中走向完成品德修养以实现全人类和谐安乐之道。"（《"茶道"论释》）陈香白是从茶道的目的和理想来给出茶道定义的。

梁子认为："茶道，是在一定的环境气氛中，以饮茶、制茶、烹茶、点茶为核心，通过一定的语言、身体动作、器具、装饰表达一定思想感情，具有一定时代性和民族性的综合文化活动形式。"（《中国唐宋茶道》）梁子的茶道概念包括"制茶"在内。

余悦认为："作为以吃茶为契机的综合文化体系，茶道是以一定的环境氛围为基础，以品茶、置茶、烹茶、点茶为核心，以语言、动作、器具、装饰为体现，以饮茶过程中的思想和精神追求为内涵的，是品茶约会的整套礼仪和个人修养的全面体现，是有关修身养性、学习礼仪和进行交际的综合文化活动与特有风俗。"（《中国茶韵》）余悦认为茶道是以思想和精神追求为内涵，是一中特有风俗。

周文棠把茶道的概念阐述为"以饮茶活动为形式，通过饮茶活动获得精神感受和思想上的需求满足。"（《茶道》）周文棠也认为茶道是通过饮茶活动获得精神感受和思想上的需求满足。

马守仁："茶人通过品饮而悟道，这种过程就称作茶道。或者简单的讲，品饮者对茶的觉悟，称作茶道。"（《茶道修习心要》）马守仁认为对茶的觉悟是茶道、茶道是品饮而悟道的过程。

台湾的蔡荣章认为："如要强调有形的动作部分，则使用'茶艺'，强调茶引发的思想与美感境界，则使用'茶道'。指导'茶艺'的理念，就是'茶道。"（《现代茶思想集》）蔡荣章先生认为茶道是指导茶艺的理念。

台湾的刘汉介认为："所谓茶道就是指品茗的方法和意境。"（《中国茶艺》）刘汉介先生的茶道概念与茶艺相近。

澳门的罗庆江认为中国茶道："一、是糅合中华传统文化艺术与哲理的、既源于生活又高于生活的一种修身活动。二、是以茶为媒介而进行的一种行为艺术。三、是借助茶事通向彻悟人生的一种途径。""茶道是包罗了视觉艺术、行为艺术甚至音乐艺术于一身的综合艺术。"（《"中国茶道"浅谈》）

罗庆江先生的茶道概念强调了茶道是一种综合艺术，是一种修身活动，是通向彻悟人生的途径。

上述数家关于茶道的定义，都抓住了茶道的一些本质特点，各有千秋。但若作为茶道概念的定义，则各家虽有所得亦有所失。或显得冗坠而不够简明，或虽简洁但未能点睛。

中华茶道概念

茶道，就是藉饮茶而修道。茶道中的饮茶与日常生活中的大众化饮茶不一样，它包含备器、择水、取火、侯汤、习茶的一套程序和技艺。茶道中的饮茶实质是艺术性的饮茶，是一种饮茶艺

武夷水

上海豫园茶博馆

术，这种饮茶艺术用中国传统的说法就是“饮茶之道”。修习茶道的目的在于养生修心，以提高道德素养、审美素养和人生境界，求善、求美、求真，用中国传统的说法就是“饮茶修道”。因此，可以为茶道下个定义：茶道是以养生修心为宗旨的饮茶艺术。简言之，茶道即饮茶修道。

中华茶道是饮茶之道和饮茶修道的统一，饮茶之道和饮茶修道，如车之两轮、鸟之双翼，相辅相成，缺一不可。饮茶修道，其结果在于悟道、证道、得道。悟道、证道、得道后的境界，表现为饮茶即道。饮茶即道是茶道的最高境界，茶人的终极追求。因此，中华茶道涵蕴饮茶之道、饮茶修道、饮茶即道三义。

一、饮茶之道

饮茶之道即饮茶艺术，也就是今天我们所说的茶艺，道在此作方式、方法、技艺。

中国历史上先后形成三类饮茶之道——茶艺，以陆羽《茶经》为代表的煎茶茶艺，以蔡襄《茶录》和赵佶《大观茶论》为代表的点茶茶艺，以张源《茶录》和许次纾《茶疏》为代表的泡茶茶艺。煎茶茶艺萌芽于西晋，形成于盛唐，流行于中晚唐，至南宋而亡；点茶茶艺萌芽于晚唐，形成于五代，流行于两宋，至明朝后期而亡；泡茶茶艺萌芽于南宋，形成于明朝中期，流行于明朝后期至清朝中期，近现代一度衰退，自上世纪80年代起开始复兴。

二、饮茶修道

饮茶修道是借助饮茶活动以修行悟道，此道指道德、规律、真理、本源、生命本体、终极实在等。

壶居士《食忌》：“苦茶，久食羽化”。

南朝梁陶弘景《杂录》：“苦茶轻身换骨，昔丹丘子黄山君服之”的记载。陶弘景（456-536年），秣陵（今江苏宁县）人，道教著名的理论家、医药家，梁时隐居句容茅山修道，曾撰《真诰》、《神农本草经集注》等道书、药书。他从道教修炼的理论角度，提出饮茶能轻身换骨、羽化成仙。

唐释皎然《饮茶歌诮崔石使君》诗云："一饮涤昏寐"，"再饮清我神"，"三饮便得道"，"孰知茶道全尔真，唯有丹丘得如此。"皎然作为中华茶道的倡导者、开拓者之一，认为通过饮茶可以涤昏寐、清心神、得道、全真。

中唐卢仝《走笔谢孟谏议寄新茶》诗脍炙人口，"七碗茶"流传千古，"一碗喉吻润，两碗破孤闷。三碗搜枯肠，唯有文字五千卷。四碗发清汗，平生不平事，尽向毛孔散。五碗肌骨清，六碗通仙灵。七碗吃不得也，唯觉两腋习习清风生。"

卢仝细致地描写了饮茶的身心感受和心灵境界，特别是五碗茶肌骨俱清，六碗茶通仙灵，七碗茶得道成仙、羽化飞升。

中唐钱起《与赵莒茶宴》诗也谓："竹下忘言对紫茶，全胜羽客醉流霞。尘心洗尽兴难尽，一树蝉声片影斜。"竹间品茶，清心涤滤，言忘而道存。

宋徽宗赵佶《大观茶论》序记："至若茶之为物，……祛襟涤滞、致清导和，则非庸人孺子可得而知矣；冲淡闲洁、韵高致静，则非遑遽之时可得而好尚之。""缙绅之士，韦布之流，沐浴膏泽，熏陶德化，盛以雅尚相推，从事茗饮。"茶禀清、和、淡、洁、韵、静之性，饮茶能致清导和、熏陶德化，籍茶而修德。

各式各样的茶具

明代朱权《茶谱》序曰："予故取烹茶之法、末茶之具，崇新改易，自成一家。……乃与客清谈款话，探虚玄而参造化，清心神而出尘表。……卢仝吃七碗，老苏不禁三碗，予以一瓯，足可通仙灵矣。"籍饮茶而探虚玄大道，参天地造化，清心出尘，一瓯通仙，终而得道。

清代袁枚《随园食单》记："壶小如胡桃，杯小如香橼，每斟无一两，上口不忍遽咽，先嗅其香，再试其味，徐徐咀嚼而体贴之，果然清芬扑鼻，舌有余甘。一杯之后，再试一二杯，令人释躁平矜、怡情悦性。"饮茶令人释躁平矜，怡情悦性。

饮茶是养生、修心的津梁，是求道、证道的门径。一言以蔽之，饮茶可资修道，茶道所修之道为何道？可为儒家之道，可为道家、道教之道，也可为禅宗及佛教之道，因人而异。一般说来，茶道中所修之道为综合之道。

三、饮茶即道

饮茶即道意乃饮茶即修道，即茶即道，此道指本源、生命本体、宇宙根本、终极实在等。

老子认为："道法自然"，"道常无为而无不为"。庄子认为："道"普遍地内在于一切物，"在屎溺"、"在瓦砾"，"无所不在"，"无逃乎物"。禅宗有"青青翠竹，尽是法身。郁郁黄花，无非般若"之说，一切现成、触目菩提。马祖道一禅师主张"即心即佛"、"平常心是道"，其弟子庞蕴居士则说："神通并妙用，运水与搬柴"，其另一弟子大珠慧海禅师则认为修道在于"饥来吃饭，困来即眠"。道一的三传弟子、临济宗开山义玄禅师又说："佛法无用功处，只是平常无事。屙屎送尿，著衣吃饭，困来即眠"。道不用修，行住坐卧、应机接物尽是道。道不离于日常生活，修道不必于日用平常之事外用功夫，只须于日常生活中无心而为，顺任自然。自然地生活，自然地作事，不修而修。运水搬柴，著衣吃饭，涤器煮水，煎茶饮茶，道在其中。饮茶即修道，即茶即道。道就寓于饮茶的日常生活之中，吃茶即参禅，吃茶即修道，即境求悟。仰山慧寂禅师有一偈："滔滔不持戒，兀兀不坐禅，酽茶三两碗，意在镢头边。"不须持戒，亦无须坐禅，饮茶、劳作便是修道。赵州从谂禅师有"吃茶去"法语，开"茶禅一味"的先河。赵朴初居士诗曰："空持百千偈，不如吃茶去。"随缘任运，日用是道，道就体现在担水、砍柴、饮茶、种地的平常生活之中。道法自然，平常心是道。大道至简，不修乃修。取火候汤，烧水煎茶，无非是道。顺乎自然，无心而为，于自然的饮茶活动中默契天真、冥合大道。法无定法，不要拘泥于饮茶的程序、礼法、规则，贵在朴素、简单，要饮则饮，从心所欲，自然无为。

饮茶即道，是修道的结果，是悟道后的智慧，是人生的最高境界，是中国茶道的终极追求。

潮州茶俗

中华茶道的构成

中华茶道，就其构成要素来说，有环境、礼法、茶艺、修行四大要素。

曲阜孔林

一、环境

茶道是在一定的环境下所进行的茶事活动。茶道对环境的选择、营造尤其讲究，旨在通过环境来陶冶、净化人的心灵，因而需要一个与茶道活动要求相一致的环境。茶道活动的环境不是任意、随便的，而是经过精心的选择或营造。茶道环境有三类：一是自然环境，如松间竹下，泉边溪侧，林中石上；二是人造环境，如僧寮道院、亭台楼阁、画舫水榭、书房客厅；三是特设环境，即专门用来从事茶道活动的茶室。茶室包括室外环境和室内环境，茶室的室外环境是指茶室的庭院，茶室的庭院往往栽有青松翠竹等常绿植物及花木。室内环境则往往有挂画、插花、盆景、古玩、文房清供等。尤其是挂画、插花，必不可少。总之，茶道的环境要清雅幽静，使人进入到此环境中，忘却俗世，洗尽尘心，熏陶德化。

二、礼法

茶道活动是要遵照一定的礼法进行，礼既礼貌、礼节、礼仪，法即规范、法则。“夫珍鲜馥烈者，其碗数三，次之者，碗数五。若坐客数至五，行三碗。至七，行五碗。若六人已下，不约碗数，但阙一人，而已其隽永补所阙人。”（陆羽《茶经》“五之煮”）此为唐代煎茶道中的行茶规矩。“童子捧献于前，主起举瓯奉客曰：为君以泻清臆。客起接，举瓯曰：非此不足以破孤闷。乃复坐。饮毕，童子接瓯而退。话久情长，礼陈再三。”（朱权《茶谱》序）此为宋明点茶道主、客间的端、接、饮、叙礼仪，颇为谨严。

礼是约定俗成的行为规范，是表示友好和尊敬的仪容、态度、语言、动作。茶道之礼有主人与客人、客人与客人之间的礼仪、礼节、礼貌。茶道之法是整个茶事过程中的一系列规范与法度，涉及到人与人、人与物、物与物之间一些规定，如位置、顺序、动作、语言、姿态、仪表、仪容等。茶道的礼法随着时代的变迁而有所损益，与时偕行。在不同的茶道流派中，礼法有不同，但有些基本的礼法内容却是相对固定不变的。

三、茶艺

茶艺即饮茶艺术，茶艺有备器、择水、取火、侯汤、习茶五大环节，首先以习茶方式划分，古今茶艺可划分为煎茶茶艺、点茶茶艺、泡茶茶艺；其次以主茶具来划分，则可将泡茶茶艺分为壶泡茶艺、工夫茶艺、盖碗泡茶艺、玻璃杯泡茶艺、工夫法茶艺；再次则以所用茶叶来划分。工夫茶艺依发原地又可划分为武夷工夫茶艺、武夷变式工夫茶艺、台湾工夫茶艺、台湾变式工夫茶艺。

茶艺是茶道的基础和载体，是茶道的必要条件。茶道离不开茶艺，茶道依存于茶艺，舍茶艺则无茶道。茶艺的内涵小于茶道，但茶艺的外延大于茶道。茶艺可以独立于茶道而存在，作为一门艺术，也可以进行舞台表演。因此说，表演茶艺或茶艺表演是可以的，但说茶道表演或表演茶道则是不妥的。因为，茶道是供人修行的，不是表演给别人看的，可表演的是茶艺而不是茶道。

四、修行

修行是茶道的根本，是茶道的宗旨，茶人通过茶事活动怡情悦性、陶冶情操、修心悟道。中华茶道的修行为“性命双修”，修性即修心，修命即修身，性命双修亦即身心双修。修命、修身，也谓养生，在于祛病健体、延年益寿；修性、修心在于志道立德、怡情悦性、明心见性。性命双修最终落实于尽性至命。

中华茶道的理想就是养生、怡情、修性、证道。证道是修道的结果，是茶道的理想，是茶人的终极追求，是人生的最高境界。

茶道的宗旨、目的在于修行，环境亦好，礼法亦好，茶艺亦好，都是为着一个目的——修行而设，服务于修行。修行是为了每个参加者自身素质和境界的提高，塑造完美的人格。

茶道的分类

关于茶道的分类，目前中国茶文化界比较混乱。较多的是以

精品茶具

茶器

茶道实践的主体划分为宫廷茶道、文士茶道、宗教茶道、民间茶道，有以茶为主体分划为乌龙茶道、绿茶茶道、红茶茶道、花茶茶道等，有将茶道划分为修行类茶道、茶艺类茶道、风雅类茶道、技进类茶道，还有以地区划分为某地茶艺，还有把茶道分为表演型茶道和非表演型茶道，甚至有人提出“孔子茶道”一说，不一而足。这些划分无疑是片面的、不科学的，甚至可以说是根本错误的。

何为宫廷茶道？唐朝宫廷饮茶不同于宋朝，宋朝宫廷饮茶不同于明朝，唐煎、宋点、明清泡，宫廷茶道所指又为何？文士茶道、宗教茶道、民间茶道亦是同样道理。同是点茶，为何在宋徽宗那里就成了宫廷茶道？而到了苏轼那里又成了文士茶道？到了佛徒、道士那里又成了宗教茶道？到了山民渔夫那里就成了民间茶道？如果是这样，岂不是在商人那里就称为商人茶道，在士兵那里就称为武士茶道。事实上，中国历史上从来就没有形成过宫廷茶道、文士茶道、宗教茶道、民间茶道这些流派，这些流派都是今人的杜撰，毫无根据。不同的茶类、同类的不同种茶可以有相同的习茶法，又岂能以茶来命名茶道？茶道的宗旨在于修心养生，体道悟道，一句话，在于修行，没有舍修行的茶道。茶艺是茶道的载体，亦没有无茶艺的茶道。茶道是风雅艺术，茶艺中无疑包含技术，茶道则理所当然地蕴含了修行、茶艺、风雅、技进，因而提出所谓的修行类茶道、茶艺类茶道、雅类茶道、技进类茶道则是牵强附会。

孔子所处的时代，还没有证据表明茶已成为饮料，更无一条材料表明孔子曾饮过茶，在没有茶的时代创立茶道，实在有丰富的想象力。

茶道如何分类？在茶道的构成四要素中，不同类型的茶道对修行、环境的要求基本是一致的，所不同的是茶艺和礼法。茶道的不同，首先是其茶艺的差异，其次是礼法的差异。因此，茶道分类的第一原则是依茶艺而划分，第二原则是在同一茶道类型中，依礼法和个人风格来划分不同的流派。

笔者曾提出：“考察中国的饮茶历史，饮茶法有煮、煎、点、泡四类，形成茶艺的有煎茶法、点茶法、泡茶法。依茶艺而言，中国茶道先后产生了煎茶道、点茶道、泡茶道三种形式。”（《中国茶道发展史纲要》）茶道的分类原则首先应依据茶艺，中国先后形成了煎茶道、点茶道、泡茶道。

从历史上看，中华茶道则有煎茶道、点茶道、泡茶道三大类别。但中国的煎茶道亡于南宋中期，点茶道亡于明朝后期，唯有形成于明朝中期的泡茶道流传至今。无论是煎茶道，还是点茶道，都未曾形成支派。

明末以来的中华茶道唯以泡茶道的形式流传，中华茶道在当代走上复兴之路，呈现百花齐放的局面，有望在不远的将来形成不同风格、特色的泡茶道流派，但目前毕竟还未形成有一定风格、特色的流派。

（丁以寿）

朱熹的茶理

在一般人的印象中，似乎朱熹是整天板着面孔说教的理学老夫子。实际上，他并非不食人间烟火的圣人，而是很懂生活情趣的智者。在武夷山，流传着他与胡丽娘的一段爱情故事。虽是民间传闻，也能从中反映一些问题。至于说到朱熹与茶，最有意思的恐怕就是他以茶喻理的一段话了。

朱熹从小生活在一个茶风很盛的环境。父亲朱松，长期在闽北为宦，喜欢喝茶。写过一些茶诗，以《董帮则求茶轩诗次韵》最佳。

一轩新筑敞柴荆，北苑飞尘客思清。
更买樵青娱晚景，便应卢老是前生。
千门北阙梦不到，一卷玉杯心处明。
冷看田侯堂上客，醉中谈笑起相烹。

朱松将卒时，将朱熹托付给刘子羽兄弟教养。刘子羽系朱松好友，是当时抗金名将，其弟子翚，不仅是勤勉的理

朱熹铜像

学家，同时也是个知茶者，写过三首《寄题郑尚明煮茶轩》的六言茶诗：

过耳飕飕未歇，装怀愦愦俄空，
他日宁逃水厄，会须一访髯翁。

鼋鼎从渠染指，曲车绝念流涎，
犹有清馋未已，茶瓯日食万钱。

一点春回枯蘖，万家噪动寒墟，
购饼龙团玉食，伤心半入穹庐。

这样的氛围，很大程度上影响到朱熹对茶的态度。所以，他长大后，在钻研理学之余，也成了一个爱茶者，并写过好几首茶诗，其中最著名的要数“茶灶”：

仙翁遗石灶，宛在水中央。
饮罢方舟去，茶烟袅细香。

诗虽短，却有很深很美的意境。朱熹以之为题的茶灶，实际上是一块耸立于武夷山九曲溪中大石头，四四方方，有点像灶台。黄昏时份，乘竹筏经过此石旁，只见碧水环抱，细浪轻溅，石上笼着一股似有似无的烟霞，两岸赤崖绿树映衬着，令人顿生许多遐想。因此，与朱熹同时代的闽籍大史学家袁枢，也有一首同题诗：

摘茗蜕仙岩，汲水潜虬穴。
旋然石上灶，轻泛瓯中雪。
清风已生腋，芳味犹在舌。
何时棹孤舟，来此分余啜。

一般来说，中国的文人骚客，对茶的爱好，并不仅仅是喜欢茶的滋味，更多的是以茶为渲淀情感，交流思想的物质媒体。朱熹也不例外，不过，因为他是个大理学家，对茶的认识也就离不开一个理字。他以茶喻理的原话如此：

物之甘者，吃过而酸，苦者吃过却甘。茶本苦物，吃过却甘。问，此理如何？曰：也是一个道理，如始于忧勤，终于逸乐，理而后和。盖理天下至严，行之各得其分，则至和，又如家人“口高，口高”，悔厉，吉；妇子嘻嘻，终吝，都是此理。

第一层意思是说，茶的物理特性：先苦后甘；第二层意思是由茶性引申到人生求知的过程：先刻苦努力，才有后来的安逸快乐；学习理学也是一样，理学是严谨的，枯燥的，可是如果坚持学习并实践，习惯了，就能运用自如，达到和谐快乐境界。每三层意思是引用易经教子的例子。口高，严酷，意为教育严格，虽然有时觉得太严厉，最后有好处；可是如果整天嘻嘻哈哈，纵容溺爱，最终就会有遗恨。

还有一段话是以茶喻德，以茶喻人，同时也是对各类茶品的审评：

建茶如中庸之为德，江茶如伯夷叔齐。又曰，南轩集云，草茶如草泽高人，腊茶如台阁胜士。似他之说，则俗了建茶，却不如适间之说，两全也。

建茶，宋时建安府属地所产茶（中心在今建瓯东峰凤山，包括武夷山），又称北苑茶。因以腊纸包装，又称腊面茶。宋时在腊纸印上印上精致龙凤图案，故改称龙凤团茶。江茶，疑为浙江一带所产茶，朱熹曾任浙江常平茶盐公事。草茶，贡茶以外的官茶或私茶；腊茶，即腊面茶，龙凤团茶，建茶。朱熹在这里对南轩集中关于草茶和腊茶的比喻，觉得欠妥，因此提出自己的观点，认为建茶之性，就如孔子中庸之德；而江茶，则如伯夷叔齐之德。伯夷、叔齐是两兄弟，商朝一个诸候国的王子，为了互让王位，一起出逃，隐居在首阳山中。商亡后，拒绝接受周文王的做官邀请，以及派人送来的粮食，最后饿死在首阳山中。是孔子称赞的先辈高人。朱熹认为，以伯夷叔齐之德操，比喻未列贡品的江茶，较为妥当。

由此可见，朱熹论茶，带着浓厚的理学色彩。朱熹入仕后，曾在同安、漳州任职，虽说时间不长，却留下许多事迹和和遗墨，其中最重要的就是兴办书院，收徒讲课，在此期间，他亦借地理之便，数次到一山之隔的潮州游学授课。使得理学思想在闽南粤东发扬光大。公事与授课之余，便游山玩水，吟诗品茗。他还常在许多与朋友往来的书信中，署名”茶仙”。可以想见，朱熹的这些雅兴，同样也对泉、漳、潮茶文化的发展，产生了积极的影响。

李贽论茶性

李贽身后留下的，不仅有《焚书》这样黄钟大吕之作，也有《茶夹铭》这样的隽永小品。全文如下：

我老无朋，朝夕唯汝。世间清苦，谁能及子？逐日子饭，不辨几锺。每夕子酌，不问几许。夙兴夜寐，我与子终始。子不姓汤，我不姓李。总之,一味清苦到底。

译成白话的意思是：我老了，没有什么朋友，早晚相伴随的只有你（指茶）。人世间的清苦，谁能比得上你呢？每天把你当饭，也不知道吃了多少，每晚把你当酒，也不问喝了多少。晨起夜睡，整天与你在一起。你不姓汤，我也不姓李，我们两人都是一个味道一样性情，心甘情愿地一辈子清苦到底！

李贽此铭，是在读了唐代一位叫綦毋昱所作《代茶饮序》后所作，綦在文中认为，饮茶虽然可以“释消”，但这只是暂时的好处，有“气耗精”的终身之害。李贽对这种偏见，感到好笑。联想官场上的利欲之争与上层社会的花天酒地，感慨万千，当即反驳说，“气耗精，为害最大的不是茶，而是贪婪与情欲。茶不

听琴品茶

会害人，是人自己害自己啊。这种论调，不过是宽恕自己责备别人之论而已。”

从茶夹铭中，我们可以知道，李贽不仅喜欢饮茶，每天以茶相伴，几乎是一日甚至一餐不可此君。同时，也相当了解茶的特性：清苦。现在我们虽然无从知晓，李贽喜欢的茶是什么茶。但从他生活的时代,家庭以及社会风俗背景来看，一定也包括了乌龙茶。16世纪中叶，乌龙茶已在闽南出现。当时的泉州，已是一个经济发达，文化昌盛的南方开放城市。李贽的父亲，又是一个深受伊斯兰教影响的商人。又因为经商，需要接待各种各样的客人，每天以茶为礼也就在情理之中。这样的社会和家庭氛围，很自然地会对李贽的成长产生相当作用。在这种氛围中长大的李贽，饮茶爱茶也就很自然的了。

李贽作此铭，虽然直接源起于綦的茶害论，实则却不仅是论茶，而是通过茶论来是表白自己一生的志向与操守：绝不追名求利，绝不向传统道学和世俗低头，为了坚持真理，宁愿一生清贫，受尽苦难！

李贽一生，确实也是这样走到底的。李贽从小熟读四书五经，却不象一般读书人一样将之奉若圣明，而是大胆质疑。12岁时，他就写了一篇《老农老圃论》的作文，批评孔子，因此轰动学堂。成年后，身体力行，用行动向世俗挑战。他很年轻时就步入官场，因为看不惯官场陋习，不屑于奉承巴结上司，所以总是官运不通，调来调去，都是担任一些有职无权的小官。直到将近50岁了，才升到云南姚安知府，算是有点职权了。可又因为与上司不合，愤而辞职不干。从此远离官场，一边教书为生，一边著书立说。他教书时也与别的人不一样，不仅收男生，也收女生。因此又得罪了那些道学家，连借来教学的寺庙也被烧了，弄得几乎无处存身。尽管遭到如此迫害，李贽仍然不肯屈服，仍然到处游说。竟被神宗皇帝下旨投入监狱。在狱中，李贽身受种种酷刑，始终坚持自己信念，不肯认罪。最后不堪凌辱，自刎而死。

李贽选择与封建主流社会对抗的叛逆之路，因而一生坎坷，物质生活也相当清苦。尤其是到老年时，几乎是居无定所，四处飘泊。由此推测，他平时常饮的茶，绝不可能如红楼梦贾府主子们那样讲究，无非是有茶即可，多是普通

泉州伊斯兰寺

泉州伊斯兰寺

粗茶。尽管如此，他依然饮的津津有味，而且到了“一日不可无此君”的程度。也正因为长年嗜粗茶，不但习惯了茶的清苦，而且从中悟出了人生的道理。到了这种程度，李贽对茶性的理解，就产生了质的飞跃。他将茶当作了自己的老朋友，成为渲泻情感，激励斗志的对象。

由此联想到今天人们对茶性的理解问题。一些茶友（包括我自己），虽然爱茶，却并不喜欢茶的清苦味道。因此常常耗费许多精力去寻找那些不苦而甘甜的茶。事实上确也有些佳茶相当甘甜。然而，这样的茶既难得到，价钱又贵。对于一般的工薪族来说，能消费起的还是清苦的普通茶。我并不反对尽可能喝好茶，然而，如果我们能有李贽这样的心态，即使很一般的粗茶，也都能喝出品味，喝出乐趣来。这，或许就是李贽《茶夹铭》给人的启示吧！

无我茶会

“无我茶会”是由原台湾地区陆羽茶艺中心总经理，现陆羽茶学研究所所长蔡荣章先生，首先提出并构思创建的一种新的茶会。

1990年6月2日在台湾妙慧佛堂举行了首次佛堂茶会，同年12月18日举办了首届国际无我茶会。其后在香港和武夷山多次举办国际茶会，标志着这一茶会形式日趋成熟。

“无我茶会”的基本形式是：围成一圈、人人泡茶、人人奉茶、人人喝茶；抽签决定座位；依同一方向奉茶；自备茶具、茶叶及开水；事先约定泡茶杯数、次数、奉茶方法，并排定会程；席间不语。

“无我茶会”追求以茶会友，达到“无尊卑之分、无报偿之心、无好恶之心、求精进之心、遵守公共约定、培养默契、体现团体律动之美、无流派与地域之分”的境界，故曰：“无我”。

“无我茶会”是一种大家参与的茶会，以简单、和谐、默契为最高境界。

无我茶会的用茶不拘，故冲泡方法不一，必备的茶具亦各异。各人可根据自己的爱好和巧妙的构思而别出心裁去设计，既要科学泡茶，又要携带方便。

参加无我茶会最好穿中式服装或民族服装，要整洁大方，便于跪坐，以短装长裙为宜；鞋要易脱，不要用手辅助。会场地点的选择：根据茶会人数多少而定，多数选择露天举行。抽签入场一号码定座位，不得任意挑选，要将纸号码放在座位旁，以示正确无误。然后将事先准备好的茶具放在座位前摊开。

人文中国 · 茶香世界茶艺表演

茶会按约定时间开始后，便可按自己的方式泡茶，并相互奉茶。奉茶时要先行礼再奉茶，再次行礼。泡完三泡后，欣赏音乐。欣赏完音乐后，整理茶具，收拾座位，然后相互行礼。结束茶会，合影留念。

日本茶道的由来与发展

中国茶叶约在唐代时，便随着佛教的传播进入到朝鲜半岛和日本列岛。因而最先将茶叶引入日本的，也是日本的僧人。

公元1168年，日本国荣西禅师历尽艰险至中国学习佛教，同时刻苦进行“茶学”研究，也由此对中国茶道产生了浓厚的兴趣。荣西回国时，将大量中国茶种与佛经带回至日本，在佛教中大力推行“供茶”礼仪，并将中国茶籽遍植赠饮。其时他曾用茶叶治好了当时镰仓幕府的将军源实朝的糖尿病，又撰写了《吃茶养生记》，以宣传饮茶之神效，书中称茶为“上天之恩赐”，是“养生之仙药，延年之妙术”。荣西因而历来被尊为日本国的“茶祖”。

随着唐宋时期中国的茶叶与饮茶艺术、饮茶风尚引入日本的佛教寺院后，又逐渐普及到广大民间，使吃茶的习俗进入了日本平民的生活，并日益兴盛。15世纪时，日本著名禅师一休的高足村田珠光首创了“四铺半草庵茶”，而被称为日本“和美茶”（即侘茶）之祖。所谓“侘”，是其茶道的专用术语，意为追求美好的理想境界。珠光认为茶道的根本在于清心，清心是“禅道”的中心。他将茶道从单纯的“享受”转化为“节欲”，体现了修身养性的禅道核心。传说珠光禅师捧茶拟饮，老师一休举铁如意一声断喝，将其手中茶碗打得粉碎，珠光猛然有省。一休再问禅意若何，珠光答谓“柳绿花红”，一休印可。珠光专以茶道保任所得，并最终提出“佛法存于茶汤”的见地。

其后，日本茶道经武野绍鸥的进一步推进而达到“茶中有禅”、“茶禅一体”之意境。而绍鸥的高足、享有茶道天才之称的千利休，又于16世纪时将以禅道为中心的“和美茶”发展而成贯彻“平等互惠”的利休茶道，成为平民化的新茶道，在此基础上归结出以“和、敬、清、寂”为日本茶道的宗旨（“和”以行之;“敬”以为质;“清”以居之;“寂”以养志），至此，日本茶道初步形成。其后千利休改良而普行于民间，认为“佛之教即茶之本意。汲水、拾薪、烧水、点茶、供佛、施人、自啜、插花焚香，皆为习佛修行之行为”。倡导“和敬清寂”的茶道精神，称为千家流，即日本现在的里千家茶道。

日本茶道的精神实质，追求人与人的平等相爱和人与自然的高度和谐，而在生活上恪守清寂、安雅，讲究礼仪，被日本人民视为修身养性、学习礼仪、进行人际交往的一种行之有效的方式。日本茶道发扬并深化了唐宋时“茶宴”、“斗茶”之文化涵养精神，形成了具浓郁民族特色和风格的民族文化，同时也不可避免地显示了有中国传统美德的深层内涵的茶文化之巨大影响。

三访韩国看茶礼

我到过韩国三次，给我印象最深的，不是那些多彩的饮茶形式，而是他们人人行茶的认真、全身心投入的精神和表达茶礼的那些主题意境。

历史上，中国的茶和茶文化很早就传入朝鲜半岛，时间甚至比传到日本还早。但后来朝鲜因受到日本的长期占领，日本茶道的行茶方法又给朝鲜带来巨大的影响。

韩国有许多茶文化社团称“茶礼会”，简称茶礼。现在韩国城乡有500多个茶社团，有500多万国民参加茶活动，平均8个人中就有一个人懂得茶文化。韩国国民的民族自尊心和凝聚力很强，在茶的文化内容上，他们一方面努力摆脱日本茶道的影响，另一方面把重点放在“礼”的表达上。虽然他们也说“禅茶一味”，也有称茶道的组织，但如果对韩国的茶文化稍作深一点了解，就会发现它与日本茶道有着本质上的不同。

日本无论末茶道还是煎茶道，无论是哪一位家元的弟子，行茶的程序形式都大同小异，强调的是禅意和心与茶之间的无声交流，主宾之间很少用语言。而韩国可以在行茶中吟之、诵之、唱之、舞之，他们以茶为媒来讲述故事。已故的釜山女子大学校长、文学博士郑相九就创作了十多种行茶内容，甚至出现了苏东

骆少君接受采访

禅茶茶器

中韩茶道交流

韩国茶道表演

韩国茶道表演

坡访茶和吟诵自己的茶诗场景。在韩国的少儿茶礼中，孩子们还相互朗诵自己的作文。

其中，韩国的“五礼”仪式与日本茶道最为不同。朝鲜历史上的毅宗时期，有位平章事官衔的崔允仪，采用中国宫廷仪式，褒集祖制宪章，杂采唐制，详细制订了礼制，上到皇帝的冕服、轿子、卫队，百官的冠服以及每年的各时祭祀方法等等都一一作了规定，完成了统一的制度序列。再到达民间，一种名为“五礼”的核心就固定了下来，这五礼就是吉、凶、宾、军、嘉五种。

吉：包括对天神、地祇、人鬼、社稷和古代的朝鲜檀君、高丽始祖和司农牧、星宿气象山川诸神的祭祀之礼。

嘉：主要是皇宫里的礼仪，包括上朝、朝贺。皇帝对下和亲万民的活动。其中包括宫内的册封、封赏礼仪。

宾：主要是对外国的使团，使者的迎送娱乐和赠礼、受礼等的仪式。

军：军事上的序列、等级、检阅、比武。其中也包括对出征时对日月的祭祀和驱鬼的傩仪。这种活动后来也在乡村中的集体举行。

凶：殡丧之礼。

这五种属大统之礼。在五礼中，除了行茶之外，还伴以日本茶道中没有的吟唱赞词和舞蹈。直到今天，韩国的农村仍然有不少的茶礼会组织，负责操办以上五礼中的各种礼仪，这五种礼虽源自朝鲜族的古代，但又受汉文化的熏陶，因此仪式中的东南西北中；金木水火土；忠孝节义勇仁等都有表现。

无我茶会合影

有时为了阐明主题，就在行茶中撑出大旗，上书一个“孝”或“勇”字。

2006年12月初，在韩国首尔召开的“21世纪韩国茶文化复兴与未来发展”国际会议上，茶礼中的“五礼”就被作为一个必修课被提了出来，他们提议让幼小的孩子从小就知道茶、知道礼。因为有礼的熏陶，韩国国民的素质得以良好地提升。当韩国200多部电视剧在中国热播之时，让我们知道了礼仪已深深蕴藏在韩国普通的家庭生活里，使人深有感触并向往之。

（寇丹）

茶道二十四品

水可品，茶可品，人更可品。天地万物，道生之，德畜之，生生不息，能入品者亦自可观，故有书品、画品、琴品、箫品、山品、水品、兰品、茶品等。众多品物之中，我推茶品第一。历代以来，能将茶品提升到茶道艺术高度的，亦代不乏人，如唐之陆羽、宋之赵佶、明清之朱权、田艺蘅、许次纾、冒襄等。更有精行俭德之士，勤修苦行之徒，身居市廛，心止高山，茶池盏畔，幽若山林，每以煎水烹茶为清修要务，闲较斗水之轻重，细参一瓯之甘苦，于茶烟水声外，修养心性，直面真我，成为中国茶道艺术的一股清流。故茶不但可以入品，更可以入诗、入画、入禅、入道。唐·司空图论诗有二十四品，冷香斋主人论茶也有二十四品。茶道二十四品分人品、茶品、水品、火品、茶器品及茶室品，每品又细分四品，合计二十四品，现分述如下：

人品：清、雅、简、淡

清：秉自然灵秀之气，形神俱清。

雅：谦恭儒雅，有君子之风。

简：举止豁朗简约，不拘俗礼。

淡：少名利之心，自甘淡泊。

茶品：清、香、甘、淡

清：秉自然灵秀之气，形色俱清。

香：其嗅如兰。

甘：其甘如荠。

淡：淡而有味。

水品：清、活、甘、冽

清：水质澄澈、纯净。

活：水质鲜活，不凝滞。

甘：水味甘香。

冽：水味清寒。

火品：明、活、洁、燥

明：有火光。

活：有火焰。

洁：无异味。

燥：无湿气。

茶器品：质、朴、雅、素

质：质地纯正。

朴：形制古朴。

雅：以秀雅为尚。

素：以素器为尚。

茶室品：简、古、通、幽

简：结构简洁、明快。

古：形制简古、朴素。

通：布局开放、通透。

幽：环境清幽、秀雅。

（马守仁）

第十四章

古今茶人

GU JIN CHA REN

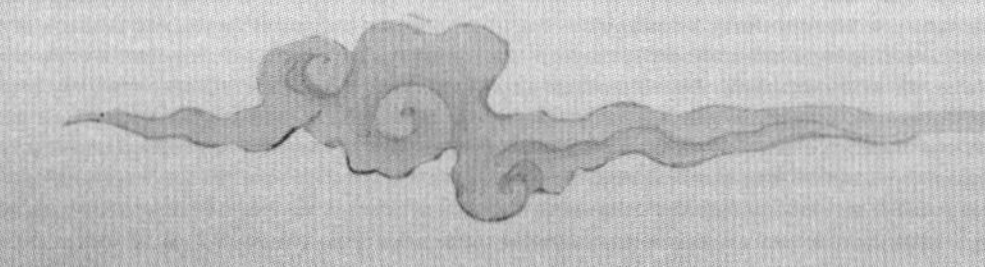

历史人物

茶本一片树叶，如果没有人的作用，就永远只能是一片树叶。中国茶的发展，归根到底，是人在主导。所以，不管如何高度评价人的作用，都不为过份。当然，这里所谓人的作用，并非是某一个个人的作用，而是社会整体意义上的人的作用。只不过，每个人在茶的发展中所起的作用大小不同而已。而在实际上，千千万万对茶的发展有过贡献的普通人，在漫长的岁月中都被遗忘了。能留下姓名的只有极少数的一部分。而这一部分之所以能留名，更多的也许是依赖于他们写下的关于茶的著作文字。

这些著作文章，是前人留下的一笔宝贵财富。其中既有技术层面的东西，也有伦理方面的内容。多亏了这些前人所留下著作文字，使今天的人们得以站在他们的基础上进行新的创造。也许这些历史人物与安溪，与铁观音并没有直接的关系，但是如果没有他们，安溪铁观音就永远只是一片无人知晓的树叶。所以，了解历史人物，其实就是了解自己，就是了解茶叶。

陆　羽

陆羽（773-804年）唐代茶学专家，中国茶学奠基人。字鸿渐，一名疾，又字季疵，自称桑苎翁，又号东岗子、竟陵子、复州竟陵子。复州竟陵（治今湖北天门）人。相传为弃婴，其家世难详。令人费解的是友人称他为陆三，表明他至少有两位兄长或堂兄。其早年经历，见其自传，欧阳修认为未足置信，但《新唐书·陆羽传》关于陆羽前半生的经历全抄自自传，这同样是令人疑信参半的谜。至德（756-758）初年，陆羽过江避乱，经江南来到湖州，与诗僧皎然结为忘年之交，在江南和浙江一带考察茶事，撰写《茶经》，约在公元780年完成。在湖州与颜真卿等名士交往，有诗文唱酬，今《全唐诗》中可考见孟郊、耿、皇甫冉等与陆羽交往

十里诗廊图

诗、联句诗多首。陆羽又先后到江西、湖南、苏南、岭南等地，游历颇广。

陆羽喜文学，工书法，性诙谐，早年寄生寺院，一度飘泊为伶，得到过一些名人的帮助。闭门读书，专心著述，撰有《君臣契》、《源解》、《湖州刺史记》、《吴兴记》、《虎丘山记》、《惠山寺记》、《顾渚山记》等20来种，100余卷。保存下来的只有《茶经》，其余均已散佚。《茶经》是中国茶学的开山之作，几乎涉及茶学各有关学科的知识。陆羽也因此被尊誉为“茶圣”、“茶祖”，祀奉为“茶仙”、“茶神”。正如欧阳修《集古录跋尾》卷九称：“言茶者必本陆鸿渐，盖为茶著书，自其始也。”宋代陈师道《茶经序》云：“夫茶之著书，自羽始；其用于世，亦自羽始。羽诚有功于茶者也！”梅尧臣《次韵和永叔》诗云：“自从陆羽生人间，人间相学事春茶。”《茶经》问世以来，有许多版本，今传最早的乃“百川学海”本，已经窜乱；虽经近代以来许多学者的努力，但仍无可信的善本行世。陆羽的生平中也还存在一些不解之谜，亟待加强对陆羽生平及其《茶经》的科学研究。

陆羽画像

赵 佶

赵佶（1082–1135年）是宋朝第八个皇帝，神宗赵顼第11子，哲宗赵煦弟。元符三年（1100），哲宗病死，因无子嗣，向太后遂立时为端王的赵佶为帝，世称宋徽宗。

赵佶刚即位时，也想有一番作为，但为政持平、清明的局面并没有维持多

宋徽宗画像

千字文
天地元黄宇宙洪荒
日月盈昃辰宿列張
寒來暑往秋收冬藏
閏餘成歲律呂調陽

赵佶书法

夏日
清和節後綠枝稠寂寞
黄梅雨下收畏日正長
凝碧漢薰風微度到丹
樓池荷成蓋閑相倚逕

赵佶书法

久。赵佶排斥了韩忠彦、曾布等正直的大臣、重用蔡京、王黼、童贯；梁师成、李彦、朱勔等佞臣，这些人专断朝政，胡作非为。赵佶则移情道教，嗜好草木花石，专心于书画，穷奢极欲。使北宋政府历年积蓄很快挥霍一空，社会动荡不安。方腊、宋江等农民起义先生爆发。

崇宁二年（1103）至政和五年（1115）这十二年间，先后发生与河湟吐蕃、西夏、卜漏的战争，开支大量军费、加重百姓负担，国力日衰。宣和七年（1125），金军大举南侵，直到汴京，形势十分危急。赵佶宣布退位，传位给其子赵桓，自称道君太上皇帝，匆匆南逃。这以后，金兵再次南下。靖康二年（1127），汴京城破，赵佶与其子钦宗赵桓连同后妃、大臣数千人，被驱赶押送至五国城囚禁，北宋灭亡，史称“靖康之变。”赵佶被囚禁9年后死亡，终年54岁。

在赵佶治国期间，丹青世界百花齐放，楷书界也独创“瘦金体”；美术领域更是开创工笔花鸟新局面，至今其书画作品犹有传世，均堪称珍品，其中就有描画宋代宫廷茶事的“文会图”。在茶文化方面，也有独到建树。《大观茶论》即是宋徽宗赵佶关于茶的论文，成书于大观元年（1107）。全书共二十篇，对北宋时期蒸青团茶的产地、采制、烹试、品质、斗茶风俗等均有详细记述。不仅为我们认识宋代茶道留下了珍贵的文献资料，同时也对后来中国茶文化的发展产生极其深远的影响。

蔡　襄

蔡襄（1012–1067年），字君谟，仙游枫亭（旧属泉州府，今属莆田市）人，母卢氏惠安涂岭（今属泉港区）人。北宋天圣九年（1031）举进士，初授漳州军事判官，后累官至端明殿学士，卒赠吏部侍郎，谥忠惠，是北宋中期著名的政治家。至和、嘉祐年间，他两知泉州，威惠并行，政绩显著，泉人畏而爱之。尤其是亲自主持建造我国第一座海港梁式大石桥——洛阳桥，使洛阳江天堑变通途，对泉州社会经济的发展繁荣起了重要的作用；并首创筏型基础和种蛎基法，为世界桥梁建筑技术的进步做出卓越的贡献。

他博学多才，不仅能文工诗，尤精书法，是王羲之到颜真卿的书法正宗继承者，为宋四大家之一，其所撰文的《万安桥记》（现立于洛阳桥南蔡襄祠内），文、书、刻被誉为“三绝”。他在茶学方面的贡献，一是改进创造了龙凤团茶，二是编著《茶录》，介绍福建茶叶的生产和烹试方法，填补了我国最早茶书

蔡襄雕像

即惠山泉煮茶
此泉何以珍适与真茶遇在物两称
绝于予独得趣鲜香箸下云甘滑

蔡襄雕像

朱熹自画像

《茶经》（唐陆羽著）的缺漏；此外，还编撰《荔枝谱》介绍福建荔枝的品、种植和食用之法，是我国及至世界上现存最早的一部果树栽培学专著。

朱　熹

朱熹（1130-1200年），字元晦、仲晦、号晦庵、晦翁，别号紫阳，祖籍徽州婺源（今属江西），生于福建尤溪，长于建瓯，南宋绍兴十八年（1148）举进士，历官泉州同安县主簿、浙东提举常平茶盐公事、漳州知州、焕章阁待制兼侍讲等。晚年居建阳，泉州是其“过化之区”。

朱熹一生大部分时间从事学术研究和讲学活动，是我国宋代理学的集大成者，为中国哲学史上最主要的唯心主义哲学家之一。其学说被后世称为“朱子学”（亦称“闽学”），是中国封建社会后期地主阶级的正统派思想，对日本、朝鲜的思想文化也有深刻的影响。他的著作极其丰富，主要有《诗集传》、《周易本义》、《楚辞集注》、《四书章句集注》，明清时期的科举考试贵州省以《四书章句集注》为标准。

朱熹在任同安主薄期间，曾到安溪考察政事，停留过数日。并留下两首纪游诗，和若干墨宝。但是朱熹对安溪历史文化产生的影响，主要还是理学思想。他的得意门生之一陈宓就曾在安溪任过知县，在传播朱熹理学方面起了积极的作用。后人为了纪念朱熹，专门建了一座“文公祠”，内塑朱熹像，并以陈宓与安溪人陈澄配祀。至今文公祠犹存，香火犹盛。

朱熹一生爱茶，留下许多茶诗，并有著名的茶理论相传。

李 贽

李贽（1527-1602年），原名载贽，字宏甫，号卓吾、温陵居士，回族，泉州南门人，明嘉靖三十一年（1552）中举人，三十五年出仕河南共城教谕，后累官至云南知府。万历八年（1580），他深感官场黑暗腐败，明王朝统治危机四伏而愤然辞官，专门读书著述，是明朝中叶进步的思想家、文学家、史学家、军事理论家，是中华民族的英杰之一。由于他具有反封建反压迫、反传统的民主启蒙思想，被封建卫道者视为“异端”，屡遭围攻迫害，最终被明神宗以“敢倡乱道，惑世诬民”之罪名逮捕，在河北通州（今北京通县）狱中自刎身亡。其著作很多，主要有《焚书》、《藏书》、《史纲评要》、《孙子参同》、《初潭集》、《四书评》、《九正易因》及《评忠义水浒传》、《批点西厢记》等。

李贽雕像

李贽一生坎坷，为了实现自己的理想矢志不逾。曾写下《茶夹铭》表达自己的志向。

郑 和

郑和（1371-？）小名三宝，云南昆明人。1382年进入燕王府，成为明成祖朱棣的贴身侍卫。朱棣登基后，命他任内宫大太监。在中国历史上，朱棣是个较有雄才大略的皇帝，对开拓海外世界，扩展对外贸易，有着浓厚的兴趣。因此组织了一支数量庞大的远洋舰队.由于当时印度洋沿岸国家大都信仰伊斯兰教，南亚许多国家则信仰佛教，郑和信奉伊斯兰教，懂航海，因此，朱棣命选拔他担任正使，率船队出海。这就是著名的中国历史上称为“郑和下西洋”的伟大创举。

郑和下西洋，比西欧国家的航海家麦哲伦、哥伦布早了将近百年。据史料记载，当时郑和船队总数超过二百艘，

郑和下西洋碑

其中最大宝船的载重量达一千多吨，船队总人数达二万多人。舰队分为四路。一路由他本人率领，另三路分别由周满，周闻，杨广率领。延续时间长达十余年，前后出海七次，航程遍及全世界。明成祖派郑和出洋，主要是为达到弘扬明朝国威的政治目的，船队随带的大量用于“恩赐”的物品，船队所到之处，不仅让海外国家认识了”上邦大国”，传播了中国文化，同时也在客观上带动了中国的对外贸易活动。郑和出使西洋途中，许多国家的国王、使臣等随船队来华朝贡或进行贸易。他们往往是从福州或泉州港上岸，再走驿道进京。为此，福建地方官员在福州修建了柔远驿（即宾馆）专门招待外国宾客，在泉州等地设置船舶市舶司专门负责对外贸易事务。因此促进了泉州城市的发展。使泉州成为一座极为繁荣的世界性港口城市，被西方人称为“光明之城”。今天泉州仍然保留着许多当时遗迹。最为引世人注目的是随处可见的伊斯兰教文化遗留。包括著名的大清真寺与据说是目前发现的最大的一块伊斯兰教公墓。

郑和

在郑和下西洋船队所携带的物品中，有相当一部分是茶叶与陶瓷茶具。近年来的许多沉船考古发现中，有许多实物证据。其中一次还发现了一个瓷罐中装有茶叶，由于密封的极好，其中的茶叶居然还能冲泡饮用。除了将茶叶茶具带到海外，郑和船队还将中国的饮茶习俗及冲泡技艺传播到海外。因为郑和船队的船员中，大部分是福建沿海人及潮汕人。而在明朝时，这一地区茶风极盛，有许多嗜茶之人，而且他们喜爱冲泡的是“工夫茶”。此事充分表明，郑和下西洋，在传播中国茶文化方面，起了相当积极的作用的。

而从另一方面来说，如果追溯亚洲其他国家的茶文化的源头，也或多或少能找到一些郑和影响的痕迹。东南亚如马来西亚、新加坡等国家受汉文化影响较深，习惯冲泡清饮乌龙、普洱、花茶。而乌龙茶、花茶则是明朝时从福建兴起的。南亚的印度、巴基斯坦、孟加拉、斯里兰卡等国家饮红茶。西亚地区的土耳其人，不论大人小孩都喜欢红茶，城乡茶馆普遍，出门饮茶也方便。伊朗和伊拉克人更是餐餐不离红茶。尽管今天这些国家所消费的红茶，已经并非都是中国红茶，然而，众所周知，公认为世界红茶之祖的“正山小种红茶”，就是明初福建武夷山人的一大发现。在郑和船队所带的茶叶中，一部分是乌龙茶，一部分则是红茶。当然，还有一些绿茶。

在阿拉伯国家，茶俗也可追溯到郑和的影响。阿拉伯国家位于非洲。非洲气候干燥、炎热，居民多信奉伊斯兰

茶（山茶科山茶属）

教，不饮酒而饮茶，饮茶已成为日常生活的主要内容。无论是亲朋相聚，还是婚丧嫁娶，乃至宗教活动，均以茶待客。他们多饮绿茶，并习惯在茶里放上新鲜的薄荷叶和白糖，熬煮后饮用。尽管非洲国家饮茶起源更早。据说可以上溯到唐朝。然而，真正形成风俗并成为习惯，则是在宋明以后。郑和下西洋之前，非洲所饮之茶，主要是是沿着中国西部的丝绸之路，经由欧洲地中海国家向南进入并扩散到非洲；而到了郑和的时代，中国茶则有了第二条通道，那就是从称为“海上丝路”自太平洋转向印度洋，再进入非洲大陆。所以，从某种程度上来说，郑和下西洋在阿拉伯国家茶文化的形成和发展过程中，起着不可替代的独特作用。

可惜的是，由于种种原因，郑和七下西洋的有关资料，未能得到妥善保存。明成祖死后不久，明朝采取海禁措施，从此关上了对外的大门。而其后的历代朝廷，大多对郑和下西洋之事违莫如深，甚至极力抹拭他的痕迹。给今天的郑和研究造成许多困难。

释超全

释超全明末清初人，俗姓阮，号梦庵，厦门人。本名吴锡，或旻锡，字畴生，从文忠公曾樱为学，随师助郑成功抗清。顺治八年（1651）清兵攻破厦门时，曾樱自尽殉节，阮旻锡冒死“出其尸”，葬于金门。因抗清无望，遍历山川入居武夷，自称轮山遗衲。著《海上见闻录》二卷、《幔亭游》诗文一卷。其中的《武夷茶歌》《安溪茶歌》等诗文，具有重要的茶史学价值，屡为学者所引用。

释超全在茶文化方面的贡献，不仅在于他的两首茶歌是迄今为止最早纪录乌龙茶制作传播的文字，还在于他在乌龙茶形成与完善中所起的独特作用。释超全在闽南时即已深谙工夫茶冲泡法，明亡后流入武夷山寺庙时，与其它僧人一起，将工夫茶泡法带到武夷山，因此推动了武夷山制茶方法的改变，进一步完善了乌龙茶制法。

袁　枚

袁枚（1716-1798年）清代文学家。字子才，号简斋，钱塘（治今浙江杭州）人。乾隆四年（1739）进士，选庶吉士，改知县，历知溧水、江浦、沭阳，调任江宁，以循吏称。引疾家居，再起，任职陕西，丁父忧归，遂不出；卜筑江宁小仓山，号随园。袁枚性颖异，诗主性灵，士多效其体。与赵翼、蒋士铨并称清诗三大家。枚喜声色，食不厌精，脍不厌细，生活奢华。时人对其平生毁誉参半。工古文，擅骈文，抑扬跌宕，以才调胜，为一代作手。其诗学理论，详其《续诗品》、《随园诗话》。著作颇多，收入《随园全集》者30余种，诗文编为《小仓山房集》。

袁枚的《随园食单》是我国饮食史上的名著，其中有专论茶者，不乏精彩见解，如论泡茶用水："欲治好茶，先藏好水，水求中冷、惠泉。人家中何能置驿而办，然于泉水、雪水力能藏之。水新则味佳，陈则味甘。"不过其最著名者为武夷茶论：余向不喜武夷茶，嫌其浓苦如药。然丙午秋作游武夷到幔亭峰、天游寺诸处，僧道争以茶献。杯小如胡桃，壶小如香橼，斟无一两。上口不忍遽咽，先嗅其香，再试其味，徐徐咀嚼而体贴之。果然清芬扑鼻，舌有余甘。一杯之后再试一、二杯，令人释燥平矜，怡情悦性，如觉龙井虽清而味薄矣；阳羡虽佳而韵逊矣。颇有玉与水晶品格不同之故。……；尝尽天下之茶，以武夷山顶所生冲开白色者为第一，然入贡尚不能多，况民间乎。其次莫如龙

武夷山景

漳州古街

拱斗狮

井，清明前者号莲心，太觉味淡，以多用为妙；雨前最好，一旗一枪，绿如碧玉。”他欣赏的名品还有常州阳羡茶、洞庭君山茶。此外，如颇有名气的名茶“六安银针、毛尖、梅片、安化，概行点落”。

周亮工

周亮工（1612-1672年）清初文学家。字元亮，一字减斋，号栎园，祥符（治今河南开封）人。明崇祯十三年（1640）进士，官潍县知县，迁浙江道御史。入清历任两淮盐法道、扬州兵备道、福建按察使、福建布政使、左副都御史、户部右侍郎等。爱才好士，尤嗜书画篆刻，喜收藏，精鉴赏。其文博学，其诗学杜。撰有《赖古堂记》、《读画录》、《印人传》、《书影》。

亮工长期在福建任职，对闽茶有感性认识，所记多切合实际，且无耳食之讹，其所论皆为茶史上的可贵资料。如《闽小纪·闽茶》记：“武夷、岃嵲、紫帽、龙山，皆产茶。僧拙于焙，既采则先蒸而后焙，故色多紫赤。只堪供宫中浣濯用耳。近有以松萝法制之者，即试之，色香，亦具足，经旬月紫赤如故。”其说谓焙制法于茶的关系甚大。明清尚叶茶，仍用宋代建茶既蒸又焙制法，则时易世移，不可能有好茶。作者也主张要改进制茶法，仿吴越制散茶法而行之。又称：“武夷产茶甚多，黄冠既获茶利，遂遍种之，一时松括樵苏殆尽。及其后，崇安令例致诸贵人，所取不赀，黄冠苦于追呼，尽砍所重武夷真茶。”这可能是清初武夷茶一度衰落的原因之一。另外，他又记述了往访居于桃叶渡的歙人闵汶水，“予往品茶其家，见其水火皆自任，以小酒盏酌客，颇极烹饮态。”其《闽小记》，又载清初闽人就已以粗瓷胆瓶贮茶，后方圆锡茶具出，人争相效之。又记福建延邵方言称制茶人为碧竖，富沙陷后，碧竖尽入绿林。又称“太姥山茶，名绿雪芽。”推誉“鼓山半岩茶，色香风味，当为闽中第一，不让虎丘、龙井也”。这些关于闽茶的独家记载，广为福建方志采择。

郑成功

郑成功（1624-1662年），原名森，字明俨，号大木，南安石井人，生于日本长崎。受南明隆武帝赐国姓朱，易名成功，封御营中军都督、忠孝

郑成功雕像

延平郡王祠

伯、招讨大将军；受永历帝封威远侯、漳国公、延平郡王。他一生的最大业绩是与其父郑芝龙决裂，高举“反清复明”的旗帜，以金门、厦门两岛为根据地，进行抗清，严重打击了清王朝在东南沿海的统治；尤其是在永历十五年三月二十三日（1661年月21日）从金门料罗湾挥师东渡，十二月十三日（1662年2月1日）驱逐侵占台湾达三十八年之久的荷兰殖民者，使神圣宝岛台湾重新回归祖国的怀抱，在中华民族的反侵略史册上谱写出极其光辉的篇章，成为伟大的民族英雄。他又按照大陆封建制度的模式在台湾划分行政区域，建立地方管理机构，并分遣文武官员和召募大陆移民进行屯垦，大力发展经济，促使台湾由原始社会跨进“封建制大门”，开始成为美丽富饶的宝岛，被台湾同胞尊为“开山圣王”，建祠奉祀。卒葬台南州仔尾，清康熙三十九年（1699）钦赐迁葬于南安水头康店覆船山郑氏祖茔。

郑成功与安溪茶的发展，表面上看来没有多大关系。迄今为止也尚未发现有关郑成功与茶的文字或实物资料。然而郑成功所代表的南明政权与文化，却对闽南文化的发展起着相当巨大的作用。这一方面表现在郑成功王府中迎来送往礼节与及日常生活中经常用到茶。另方面郑成功的船队也需要用茶。但更重要的是，郑成功收复台湾后，客观上为福建茶文化的传播创造了条件。

詹敦仁

詹敦仁（914–979年）字君泽，号清隐，安溪开先县令，靖惠侯。五代十国时，詹敦仁的诗，与郑绒的文，林滋的赋被称为“闽中三绝”，詹敦仁一生著述颇丰，有《清隐堂集》《清禅集》等行世。其事迹，可概括为十个方面：即“称绝闽中”、“三辞高官”、“开疆置县”、“勤政爱民”、“劝谕教化”、“发展经贸”、“结庐佛耳”、“诗书挂角”、“致力统一”、“父子封侯”、历史上詹敦仁备受人民敬仰，后周显德年间，安溪士民于县厅东立“生祠”纪念，后于县治东偏改建“清溪县开先令詹公祠”祭祀。一千多年后的今天，又在安溪凤山大石安兴建詹敦仁纪念馆，落成之际，隆重召开“詹敦仁学术研讨会”。詹敦仁诗文传世不多，亦有数首茶诗遗存。从茶诗中可见早在五代时，安溪就已产茶，并有饮茶风气。

陈宓

陈宓字师复，号复斋，生于宋乾道七年（1171），莆田白湖（今荔城区阔口村）人。

陈宓是南宋名相陈俊卿的第四子。陈俊卿晚年曾聘请朱熹到故里讲学，教授子弟，故陈宓少年时在白湖书堂师从朱熹，朱熹十分器重他。陈宓长大后与黄干、潘柄交游，后以父官职荫授南安监税官、主管南外睦宗院，再主管西外，接着任安溪知县。陈宓任安溪知县时，关注民生，发展生产，兴办学校，培养人才，使原本落后的安溪，在经济文化上有了较大发展。得到安溪人民的尊崇。

嘉定七年（1214），陈宓被召入监进奏院，那时政事已非，朝中百官都不敢向皇上慷慨进谏，正逢大旱之年，朝廷向群臣求策，陈宓当即上疏，直言时政，要求朝廷能“交饬内外，一正纪纲”。嘉定九年（1216），他再次上疏，指陈弊政。言辞比前疏更加剀切。宁宗提升他为太府丞，继而出知南康军。适逢大灾之年，他奏请朝廷免除赋税十分之九。没过多久，调任南剑知州，那里的旱情和疫情也相当严重，他又奏请朝廷免除拖欠的旧赋数十万石。宝庆二年（1226），授直秘阁，主管崇禧观。他拜祠命而辞其职。绍定三年（1230），陈宓卒，享年59岁。诏赠陈宓为龙图阁直学士，谥“文贞”。

陈宓天性刚毅，笃信道学，常说：居官必如颜真卿，居家必如陶潜。而他最敬慕的是诸葛亮。他归隐时两袖清风，甚至贫病交加，死后家无余财，库无余帛，郡人都尊称他为“笃行君子”。

陈宓工书法，在南康为官时，曾书杨诚斋诗，刻在庐山上。今莆田绥溪上的延寿桥桥碣即陈宓所书，字极请劲高古，自成一家之法。著有《论语注义问答》、《春秋三传抄》、《读通鉴纲目》、《唐史赘疣》等稿数十卷，惜今已无存。

廖公祠门

李光地故居

李光地

李光地（1642-1718年），字晋卿，号厚庵、榕村，安溪湖头人。

清康熙九年（1670）登进士第五名，官至直隶巡抚、吏部尚书、文渊阁大学士，是清朝杰出的政治家、思想家。他壮宦48年，操守清廉，鄞政恤民，育材举贤，黜墨击贫，保护善类，治绩显著。尤其是在平定福建耿精忠的判乱和台湾明郑政权起了关键性作用，为祖国的统一事业做出积极的贡献；又奉旨整治漳河、子牙河、永定河，平息水患，大兴水利，开创了古代治河的新篇章。他是位理学大师，并竭力向朝廷推荐朱子学，奉旨编纂《朱子全书》、《性理情义》、《周易析中》，成为清初复兴理学的中坚人物。他还十分注重科学技术的研究，在天文、地理、历法、数学、音韵、音乐、兵法、水利等诸多领域都卓有建树，而且在文学、诗歌创作也造诣很高，堪称是清代一位不可多得的大学问家。卒谥文贞，赠太子太傅，被雍正帝褒为“一代之完人”。其著述甚丰，共43种，后人编为《榕村全集》，存38种。

李光地故居

李光地作为安溪历史上屈指可数的仕宦人才，不仅成为安溪人的骄傲，同时也对安溪人才的涌现与安溪文化的发展起着无形的积极影响。据清溪李氏族谱，李氏家族在李光地之后，读书中举入宦为官者有数十人之多。另还有一部分出海经商，其中有一些从事茶业，并取得一定成就。

连 横

号雅堂，祖籍福建漳州龙溪县，清光绪四年（1878年）出生于台湾省台南的一个富商之家。清初其先祖从故乡福建龙溪移居台湾省，到连横时，已历七代200多年。连横自幼受到传统的祖国文化教育，受父亲连永昌的影响尤其喜爱历史。

1897年，连横来到大陆，进上海圣约翰大学求学。不久回台完婚，并被台南一家报纸聘为汉文部主笔。1902年，他再次来到大陆，在厦门创办了一份名为福建日日新报的报纸，以激烈的言论宣传革命排满思想。1908年举家迁徙台中，加盟台湾报界的另一中心——台湾新闻，并开始撰写一生中最重要的一部著作——《台湾通史》。1912年，35岁的连横第四次前往大陆，周游全国各地，于1914年冬回到台湾。再入《台南新报》，并于1918年完成了这部《台湾通史》。因此名声大噪。

连横兄弟与母亲

《台湾通史》为文言纪传体史书，略仿司马迁《史记》之法，凡36卷，为纪4、志24、传60，共88篇，都60万余言（表则附于诸志之末，图则见于各卷之首，这是作者的创举），完整地记载了台湾从隋炀帝大业元年（605）至清光绪二十一年（1895）1290年可以确凿稽考的历史。章太炎读后叹为“必传之作”。除了此书，连横尚有大量诗文遗留。后人将其诗编为《剑花室诗稿》。

连横也是爱茶之人，有数首茶诗传世。但其最大的贡献在于台湾通史中所记的台湾茶业发展历史，可谓是闽台茶史最详细最权威的史料。

1936年春，连横在沪病逝，享年59岁。

〖现代专家〗

吴觉农

吴觉农（1897–1989年），原名荣堂，浙江上虞丰惠镇人。因立志振兴祖国农业而更名为觉农。

1916年，浙江省中等农业技术学校毕业，留校任助教3年。1919年，考取官费留学生，去日本研究茶叶。在日本农林水产省茶业试验场学习期间，撰写了《茶叶原产地考》及《中国茶业改革方针》，引起各方面的重视。1922年回国后，先去安徽芜湖省立第二农业学校任教，后在上海任中国农学会总干事，主编《新农业季刊》。1925年，在上虞岭南乡泰岳寺创办茶叶公司，任经理。1928年，任上海园林试验场场长。1929年，任浙江省建设厅合作事业管理室主任。1931年，任上海商检局技正兼茶业检验处处长，后又兼任浙皖赣等省茶叶改良场场长。1933年，在同乡王佐、胡愈之等协助下集资3000元择上虞岭南乡泰岳寺创办茶场，开上虞大面积植茶先河。同年，与陈翰笙、薛暮桥、孙冶方等发起组织中国农村经济研究会，任常务理事。1934-1935年，由国民政府实业部资助，去印度、锡兰、印度尼西亚、日本、英国和苏联考察访问。回国后成立中国茶叶公司，任总技师。1937年，在绍兴、上虞、嵊县三县交界处创办浙江茶业改良场。不久，去武汉积极从事茶叶的运销工作。1940年，到重庆任贸易委员会茶叶处处长。同年秋，促成复旦大学农学院茶叶系和茶叶专修科的建立，为中国第一个高等院校茶叶专业系科。

1942年，去福建武夷山创办中国第一个茶叶研究所，任所长。抗战胜利后，在上海组织兴华制茶公司，任总经理，经营茶叶出口。1947年，在杭州创办之江制茶厂，任董事长，进行机器制茶试验。新中国成立后，被任命为中央人民政府农业部副部长兼中国茶业公司总经理。并历任中国农学会副理事长、名誉会长，中国茶业学会理事长、名誉理事长。是第五至七届全国政协常委，

单体红山茶（山茶科山茶属）

茶圣像

民主建国会第一至四届常委。

著有《中国茶叶问题》、《中国茶叶复兴计划》、《茶经述评》等书，被陆定一誉为“当代茶圣”。

庄晚芳

1908年农历8月20日出生于福建惠安县山腰村，他是20世纪30年代南京中央大学农学院农艺系的毕业生，终生从事茶学研究及茶学教育，学生遍及海内外，其中不少人已是茶界的名流和中坚，如台湾著名的茶叶专家、台大教授吴振铎便是庄晚芳的学生。是中国茶树栽培学科的主要奠基人之一。对茶史和茶文化的研究亦作出了卓越贡献，其论著涉及茶的栽培、加工、检验、经济、贸易、历史及文化等，一直被茶界引为经典。

十九世纪三、四十年代，庄晚芳先后任过福建省贸易公司泉州办事处主任、福建省茶叶管理局副局长、福建省示范茶厂副厂长兼总技师等职。1941年，他到浙江衢州协助茶学家吴觉农筹办东南茶业改良总场，编辑发行了中国最早的茶叶刊物之一《万川通讯》。后又调往重庆，任中国茶业公司研究课课长，在西北五省考察茶市。1943年，他出任福建省农林公司茶叶部经理，后又升任公司总经理，在职时实施了不少复兴闽茶的举措。1949年，他应复旦大学校长陈望道之请，到复旦任茶学专业教授。还曾到安徽大学农学院和华中农学院任教，1954年始，在浙江农业大学任茶学系教授至退休。

庄晚芳在茶学及茶文化方面成就斐然，有不少为学界尊崇的著作，他于1956年编著的《茶作学》是中国现代茶树栽培学的重要专著。1957年他的《茶树生物学》出版，这是我国第一本系统论述茶树生物学特性的专著。书中率先对茶界长期论争不休的茶树原产地问题作了系统论证。60年代初，关于将中国茶树区分为7个主要类型的意见等等，奠定了他作为一代茶学大家不可动摇的地位。

1989年，81岁高龄的庄晚芳提出了建立“中国茶德”的思想，将中国茶德概括为“廉、美、和、敬”四个字。廉，是推行清廉，勤俭育德，以茶代酒，以茶敬客，减少洋饮料，节约外汇；美，美真康乐。名品为主，共品美味，共尝清香，康乐长寿；和，和诚相处。清茶一杯，德重茶礼，搞好人际关系；敬，敬人爱民，清茶一杯，助人为乐，器净水甘。应用茶艺为茶人修养之道。庄晚芳后还专作《中国茶德颂》诗来推扬中国茶德。

庄晚芳曾多次专文考证过乌龙茶的来龙去脉和相关问题。他对于中国茶文化的推广更是不遗余力，在他的倡导下，杭州、厦门都相继建立了以弘扬茶文化为要旨的“茶人之家”，在海内外都有很好的影响。

陈　椽

茶叶专家。福建惠安人。1934年毕业于北平大学农学院农业化学系。曾任英士大学农学院副教授，复旦大学、安徽大学副教授兼茶叶专修科主任。1950年加入中国农工民主党。1957年后，历任安徽农学院教授、茶叶系主任，安徽省茶叶学会第一、二届理事长。长期从事制茶、茶叶检验、茶叶史的教学与研究。四十年代起进行茶叶分类研究。1979年系统地提出茶叶分类的理论和方法，根据制茶过程中茶叶化学成分的变化，具体阐明了绿、红、青、黄、黑、白六大茶类的品质特性。提出中国云南是茶树原产地的观点，纠正了茶树原产地在印度阿萨姆的说法。撰有《茶树原产地》、《茶叶分类》等论文，主编有《制茶学》、《茶叶检验学》，著有《茶叶通史》等。

张天福

张天福，1910年生，福建省福州市人。上世纪80年代任福建省茶叶研究所顾问、省茶叶学会顾问、并主持乌龙茶做青工艺及机械研究的科研课题，多次担任全国名茶评选会议评比委员会副主任，参加福建花茶研究协作课题的技术指导。

主要论著有：《改良福建茶业与职业教育的实施》（1937年）、《福建茶业复兴计划》（1939年）、《发展西南五省茶业》（1939年）、《大力恢复和发展茶叶生产》（1955年）、《揉捻机棱骨形状和包揉处理对武夷岩茶外形影响的初步研究》（1962年）等。是中国近代茶叶事业的先驱，被尊为“茶界泰斗”。

1935年，张天福在福安县城关和社口乡分别创办“福建省立福安初级农业职业学校”（当时只设茶科，1937年扩建高中部，设农茶两科，改称福建省立福安农业职业学校）和“福建省建设厅福安茶业改良场”，任校长兼场长。从此，福建有了现代茶业教育和科研机构。培养出福建省第一批茶业专业人才。像当今台湾大学教授、原台湾茶叶改良场场长吴振铎教授就是其中一个。1940年，张天福在崇安县（今武夷山市）担任福建示范茶厂厂长时，设计“9·18揉茶机”，结束了中国茶农千百年来用脚揉茶历史。1953年，将“9·18”揉茶机改为“53”，“54式

闽南浔浦女

茶叶

茶树

揉茶机”。极大地提高工效，提升了茶叶的产量和品质。

1982年，已过古稀之年的张天福出任省农科院茶叶研究所顾问，主持开展一项前无古人的研究：人工控制乌龙茶制作的关键工艺——做青的最佳条件，在茶乡福安、安溪安营扎寨8个年头，与十多个科研人员做了几千次实验，掌握了两千多个数据，在世界上首次提示了影响乌龙茶做青工艺各因子作用及其相关性，首先应用人工控制环境条件于做青工艺，实现了制茶机械化、规范化、程控化，有力提高了乌龙茶品质和经济效益。1991年，这一科研成果被省政府授予科技进步二等奖，1993年，张老荣获国务院特殊津贴专家。

现已高龄的张天福，极力推崇我们的祖先创造的宝贵财富——中国茶文化，也高度评价福建茶叶从唐宋以来对发展中国茶文化所作的重要贡献。提出以“俭、清、和、静”为内涵的中国茶礼。不但倡导中国茶礼，而且身体力行。宣传、组织、协办以宣传茶文化为主要内容的“茶人之家”、“茶艺馆”、“茶苑”等等，为人们提供一个安静祥和的空间，张天福精于茶道，更精于茶叶评审。他不计其数地被聘请担任全国、全省各种优质茶、名优茶鉴评会主评。既为他施展特殊专长提供演示机会，又通过这种活动传授技艺、培养年轻一代。

犁　青

香港作家联会副会长，香港作家出版社社长，国际诗人笔会主席。1933年出生。福建安溪县人，1944年开始写作，早慧而富有诗才。出版作品有《山花初放》、《千里风流一路情》、《犁青山水》、《犁青诗文选》等二十多种，部分作品被译为英、德、西班牙、

武夷山晒布岩

塞尔维亚、希伯莱、罗、泰、日、韩、印度等多种语言。读他的诗，犹如走进阳光亮丽的园林，惠风和畅、景物清明、视野开阔。他善于把传统手法提升到现代的高度，并合理吸收和运用了当今西方先进的艺术技巧，取得了令人瞩目的成绩。

兰（兰科兰属）

1957年诗人犁青在赤道线上写下："亲人带来了家乡的喜讯／我的心在家乡的山水间飞翔／啊！我别了十年的故乡／我描述不出你今日的模样……那古老的榕树郁郁青青／树上的喇叭筒在大声喧讲／铁轨将铺过家乡的胸膛／黑铁焕发了家乡的容光／啊！又穷又白的家乡将改变模样／理想在望／但我却不在家乡／我的心在家乡的山水间飞翔／我一手捧着铁观音一手捧起了铁矿石／啊！这是我的家乡／我的希望！

来自安溪茶乡人的《山花初放》等文学作品，是茶乡人"志寄茶韵，笔唤乡情"的一种抒怀。在犁青的《我在家乡山水间飞翔——怀山城安溪》、《茶山情歌》、《香山红叶情思》、《井》等山水诗中，自然成为诗人诗意的情怀，和谐代替了生存的情感和欲望的矛盾冲突，代替了理想和现实的冲突。"茶芽尖尖，茶叶青青／绿丛中晃着笠影／姑娘似蜜蜂扑向花蕊／茶林里

茶管部门

流淌着爱情……离开了茶乡，离开了姑娘／我在椰风蕉雨的翡翠带上流浪、流浪／茶香万里，茶歌情长／而且日日夜夜流在，唱在我的心房”，茶山的美成了诗人情感中的一个品质。诗人幼年在安溪“在艰辛的生活中，他学会了割草、砍柴、放牛，也学会了吟唱茶山情歌。青翠的茶林里闪烁着他稚嫩的新鲜音符。”可见茶乡赋予人的是一种特质。

西彤小秋《中国人、中国心、中国诗》一文中写道：“犁青的诞生，便充满着神奇生命色彩的暗示。他出生于福建安溪一个茶乡，出生于一个飘升着霞光与浓郁茶香的早上。但那一种最初出苦，却在他作为贫农的父母的算度之下，在那种暗淡日子的笼罩之中，无可避免地注人他幼小的生命。然而也许是名茶的余味无穷，才真正地注定他的秉赋和先苦后甘的生活气度。当他稚嫩的声音与遍山的叶子一同生长，一同蕴含着不可窥视出生命颜色，他便学会了用一双无邪的眼睛，去采撷艰辛生活的青绿，去演绎他心中的另一种杀——用心灵泡出来的汁液——诗歌。”

【当代茶人】

茶仙陈水潮

水潮因茶闻名，始于上个世纪八十年代中期。是时，茶·伤农，茶树当柴。水潮任职祥华，费尽气力，于全乡推广种植铁观音，改进制茶技艺举办茶事活动，“祥华铁观音”自此驰名。故，祥华茶农称铁观音茶为“水潮茶”。

水潮嗜茶，如痴如醉。晨起即泡，终日无间。视好茶如至宝，每每外出，包里不忘携带数泡，泡泡精品，饮后齿颊留香，令人垂涎不已。2001年自泉州水产局长任上请调安溪，人皆不解。自谓可三年无鱼，不可一日无茶，且自谦是盲人推车、驼子铺路，适得其所。

水潮泡茶，可谓一绝。茶、水、壶要求甚严，几近苛刻。茶须好茶，水须泉水，瓯须瓷瓯，日事必亲躬。于茶桌上置一天平，茶量以“克”计，视瓯之大小，装六至八克不等。热炉煮水，待泡若“虾目”，即悬壶高冲，状若高山流水，令瓯中茶叶上下翻滚。一遍水即冲即倒，二遍水刮沫扣盖，复往瓯盖上淋水加温，一至二分钟后，始得闻香。闻香时，右手执盖，于近鼻处深吸，双目微合，鼻息匀、细、长，其人若登仙境。而后，张开双眼，随手一甩，瓯盖

吴传家（右）

正好落在茶瓯上，不轻不重，不倚不偏。无须再饮茶汤，优劣已了然于胸。只远距离甩盖一招，有好学者摔破瓯盖数百，亦徒效颦。

水潮评茶，众人皆服。茶汤入口，啧啧有声，自创“美声喝法”，有“似香非香、似酸非酸、香气悠长、舌底回甘，方为观音茶中上品”之妙论。泡饮后推断产地，百说百中。感德、祥华、西坪或县外，甚至主要产茶村落，一概难逃“法眼”；县内数家大型茶店拼配之茶叶，一饮即知。市井斗茶，难解难分、面红耳赤之际，便有人疾呼“请水潮来”；茶店卖茶，若说水潮时常光临本店，则销量大增。

乌龙茶叶界，无人不识君。水潮有“茶管委主任”、“国家高级评茶师”之称，有“茶官”、“茶头”、“茶博士”之誉，尤猛军县长谓之“茶仙”，此谓更具茶乡特色。“仙”，有悟道之意。茶中有道，是为茶道，而谈茶论道，水潮足可称“仙”。

（注：陈水潮同志现任中共安溪县委副书记（正处级）、安溪县茶业管理委员会主任）

爱洒在飘香的土地上

“安溪是个好地方，高山峻岭流水长，青松翠柏映茶园，层层梯田粮满仓。安溪是个好地方，乌龙名茶美名扬，毛蟹本山黄金桂，更有极品铁观音。”一首美妙的歌，让我对茶乡安溪有了无尽的向往，阳光灿烂的五月，我来到了这充满希望的凤凰的故乡。

陈嘉庚雕像

安溪湖景

在这里，我认识了这样的一个团体，他们根植茶乡，情系茶农，奉献茶业；他们在绿色的山野间，放飞希望，追逐梦想；他们兢兢业业、履行职责，成就了安溪茶业一个又一个的辉煌，这就是安溪县农业与茶果局。

听说我要采访蔡局长，办公室的谢萍娟告诉我，蔡局长下乡了。她见我对农业与茶果局这一名称十分好奇，便主动介绍起来。

茶叶是安溪县的主要经济作物，茶产业在安溪国民经济中占有重要的地位。建国初期，县里成立了茶叶技术指导站，后改设茶叶科；1985年与原林业局的果树站合并为安溪县经济作物局；1996年由县经济作物局和茶业委员会合并为安溪县茶果局；2002年，农业局和茶果局合并为现在的安溪县农业与茶果局，这是安溪县执政者们为了凸显安溪茶业特色而另出心裁起的单位名称，这在全国可是唯一的。

目前，安溪县茶园总面积约为3.3333亿平方米（50万亩），约占全国茶园总面积的1／45；年产茶叶5万吨，约占全国年茶叶总产量的1／20，茶农及涉茶人员80多万人。全县农民每人每年单茶叶一项纯收入可达3000多元，茶叶已成为安溪80多万茶农及涉茶人员的“金饭碗”。谢萍娟问我，这样大的事业背后作为行政管理部门的农业与茶果局内设的茶叶技术推广站只有8个人，而女同志却占了一半，你相信吗？看到我惊奇地瞪圆了眼睛，她深情地说，身为技术干部他们没有时间在办公室里呆着，他们长年累月奔走在全县24个乡镇460多个村子的茶园里，不知流了多少的汗水，不知放弃了多少个节假日，为了安溪茶业的兴旺发达，他们付出了太多太多，他们是安溪铁观音成长的历史见证者与参与者。

他是一株精神的茶树

为了找到蔡局长，我们驱车前往剑斗镇。春风雨露千野绿，绿染茶乡万象新。来到了剑斗后山的生态茶园，我立刻被周围的景色迷住了。远看，一垄垄、一层层的绿色梯田，叠上了云，绿

制茶浮雕图

茶园

上了天；近观，一丘丘、一行行的名优茶树，间隔有序，绿意盎然；支干道与步行道纵横交错、四通八达；高大的银合欢、凤凰树像威武的士兵守护着茶园；梯壁间、茶行间的爬地兰、紫云英郁郁葱葱、生机勃勃；园中喷灌设施喷泉式水柱正在有规律地向四周喷水，形成了弧形的水花在阳光映射下，像彩虹一样绚丽！正在这时，迎面走来了一位戴着眼镜，斯文儒雅的中年人，只见他满脸是汗，风尘仆仆，经他自我介绍我才知道，他就是被称为茶坛骄子的蔡建明局长。这位安溪土生土长的高级农艺师、国家一级评茶师，行政技术双肩挑，他不仅是安溪县农业行政主管部门的负责人，还是安溪县优秀拔尖人才、跨世纪学科带头人、日本中国茶协会顾问、中国国际茶文化研究会理事、福建省茶叶学会常务理事、省农作物品种审定委员会茶业专业组成员……

蔡局长热情洋溢地向我介绍起生态茶园。他说，生态茶园也叫立体茶园，是指在同一片茶园上以茶树为主要作物，通过实施立体栽培，园中种树、留草种草，套种绿肥，完善水利设施，建设园间道路，形成“头戴帽，腰系带，脚穿鞋”，梯层整齐，绿化良好的自然生态茶园结构。安溪建设生态茶园始于2005年，是县委、县政府为民办实事的重要项目。两年多来，全县建设生态茶园约为5333万平方米（8万多亩），这是减少病虫害，治理茶园水土流失，保持茶产业和谐健康可持续发展的一项重要举措。

当我问起建设生态茶园有什么困难时，蔡局长沉默了片刻说，这几年安溪茶叶发展迅速，但由于山地的过度开发使茶园生态受到一定的破坏，茶树病虫害逐年加重，影响了茶叶的质量与产量。生态茶园建设启动后，局里立即组织技术人员深入园间山野，勘察分析，分片规划；深入乡镇村组，广泛宣传，开展培训。但在实施过程中，部分茶农担心茶园种树、梯壁留草种草会影响茶叶品质，应付了事，有的甚至存在着人为破坏的现象。有些乡镇后续管理没有跟上，致使苗木成活率低，面对诸多困难，怎么办？这位在茶路上攀登了25个年头，无数次获得省级、市级科技进步奖、优秀成果奖的茶坛才，儒雅外表有一颗坚强不屈的心，为解决实际问题，他经常在茶园里泡着，人黑了、瘦了，回到家里，妻子责怪地说："你还知道回家啊，我看你变成茶树，住到茶园去好了！"蔡局长深知与自己相濡以沫的妻子是担心他的身体，他笑着说："那才好啊，生态茶园建设好啦，风景可是美不胜收啊！"茶农们感慨地说，蔡局长是我们见过最不像官的官，他到茶叶基地与我们同吃同住，就像自家人一样；对茶叶的情感和我们一样深！

蔡局长对我说，他1982年毕业于福建农学院茶叶专业，怀着对茶乡特有的情感，放弃了城市优越的条件，毅然地回到家乡，踏上了事茶的征程。1985年被任命为县茶叶公司副经理，此后，他先后担任过安溪茶厂、县茶叶进出口支公司、经作局、茶业委员会、茶果局分管技术的领导，现任农业与茶果局局长。20年前最好的铁观音500克不过十几元，如今安溪铁观音美名扬天下，成为全国十大名茶之一。20多年来在茶业界的摸爬滚打，让他每每回忆起一路走来的风雨坎坷、成功与荣誉，忍不住感慨万千，如今他可以自豪地说，他和安溪万千茶人一样，都为撑起安溪茶业大厦尽了自己的一份力。

茶树是朴素静默的，与茶打交道几十年，茶品仿佛渗入蔡局长的性格与品德，不喜张扬、宁静淡泊成了他处世的方式，在人生田园里默默无闻地劳作，他成了一株精神的茶树！

我提起这几年安溪县农业与茶果局认真组织实施县委、县政府"茶业富民"的战略，为建设现代山水茶乡做出了许多贡献时，蔡局长深情地说，这些成绩的取得与全局广大干部职工、科技人员的共同努力是分不开的，我们局有许多好同志值得你们大写特写的，我先

茶叶

茶园松树

为你介绍介绍茶叶技术推广站的几位女同志，她们是我们局一道亮丽的风景线。

绿色田野的亮丽的风景线

杨文俪

高级农艺师，农业与茶果局茶叶技术推广站负责人。这位生长在大山深处的农家女子，有着强烈的责任感和吃苦耐劳的品质，在长期茶业工作中，刻苦钻研业务技术，坚持工作在茶叶生产第一线。十几年来，从不考虑自己体质瘦弱，不停地奔波在各个茶区，组织开展技术培训与咨询工作，热心为茶农排忧解难，她的步履踏遍全县各产茶区，全县20多个乡镇的茶叶生产情况、茶季信息她都了如指掌，如数家珍。

乌龙茶是半发酵茶，其制作工艺独特，从鲜叶采摘到晒青凉青，从摇青炒青到包揉烘焙，每一道工序，都需要精湛的技术。全县几十万的茶农，水平素质各不相同，为了提高茶业从业人员的素质，促进茶产业持续健康地发展，安溪县委、县政府决定实实施茶业万人培训工程。

培训工程启动后，她大多数时间要在乡下跑，她先生是县直涉外部门领导，经常不在家，时逢孩子高考，作为母亲，她多么希望能一日三餐为孩子做上可口的饭菜，让孩子顺利打赢人生第一战，可是，成百上千的茶农也在等着她，茶树的长势与收成也牵扯着她的心，她狠狠心，把孩子的生活托付给亲戚照料。这些年，为了工作，欠孩子的实在太多啦！

有一次，孩子问她："妈妈，你为什么不在家陪我？我是不是你亲生的？"她忍着眼泪说："妈妈要给成千上万的茶农上课，妈妈有着世上最大的课堂，你说你要不要支持妈妈？"孩子理解了妈妈的心，他以优异的学习成绩回报了坚强的妈妈。为了做好万人培训工程，她与同事们一道没日没夜地翻阅材料，编写出十几万字通俗易懂的教材。在茶山、在农家，他们不拘形式不拘地点，一年时间里共举办各类培训近两百场次，培训人数达两万多人次，很多茶农通过他们的培训传授与指导，茶叶生产技术明显改进，茶叶质量明显提高，收益也增加许多。茶农们一提起茶叶技术推广站的技术干部都伸出大拇指，赞不绝口。

王美珍

高级农艺师，农业与茶果局植保站副站长。这位从福建农学院毕业的技术型干部，也是一位茶业战线上的巾帼英雄。指导茶农科学防治病虫害，合理使用农药和化肥，做好茶叶“农残”控制工作，提高茶叶品质是局里工作任务之一。1995年，刚从乡镇调到县局植保站，温柔文静的美珍接受了这项工作，原来对菜虫都心里发怵女孩要天天与虫子打交道，着实让她有些害怕，可是一次下乡的经历完全改变了她。那年5月份，她到茶区调查小绿叶蝉发生的情况，小绿叶蝉主要以吸食茶汁为生，严重危害茶叶产量与质量。茶农望着被虫子为害的茶园一筹莫展，有位老人着急地对她说：“姑娘，想办法救救茶园吧，我们一家生活都指望着茶园的收入啊！”回到家后，老茶农挂着眼泪企盼的目光一直在她眼前闪现，她知道茶农以茶为生，茶是他们立命之本，她下决心要与这些病虫斗争，她开始收集有关茶叶病虫害的资料，一有时间就认真研读。

每年茶树害虫高发期，她都要到县茶科所、虎邱、剑斗、湖上、芦田等不同海拔高度的茶园，采集有害虫侵蚀的茶叶，然后一只只地数清每片叶片上害虫的数量。晴天，太阳是火一样地热，长时间在阳光下工作，不一会就汗流浃背，皮肤被烤得红肿脱皮；雨天，被浇成落汤鸡是常有的事。长期接触农药，她的皮肤过敏，红肿、瘙痒难忍，父母心疼地对她说：“找领导说说，换个工作吧？”她说：“大家都不干，茶叶都被虫子吃光了，我们安溪还有好茶么？”她一如即往地坚持在岗位上，定期到观测点跟踪调查病虫害的发生情况，及时将病虫害的发生信息和防治意见发布到各乡镇，指导茶农做好茶树病虫害的防治工作。

安溪县茶园面积大，分布广，线长点多，县植保站实施病虫害直接全面观测已不大可能，她与同事们在各主产茶区建立测报点，建立健全测报网络。同时，经常对县乡两级农技人员开展常规实用技术、植保新技术以及病虫防治操作技能的培训。以

柃叶连蕊茶（山茶科山茶属）

“969155”农业服务热线为载体，认真地为广大农民朋友解答作物病虫的疑难问题，及时印发《病虫情报》，给予科学指导防治，满足了广大农民的需求。

“平生于物原无取，消受山中一杯茶”

安溪茶业近20年令世人瞩目的成就，和农业与茶果局的技术人员重视科技成果在生产中的运用是分不开的。提起技术人员，茶农们禁不住地要夸一夸农茶局分管技术工作的副局长宋建设。

宋建设

一位高大俊雅的中年技术人员，1999年走上领导岗位后，他感到肩上的担子重了，思考的问题更多了。他想，随着安溪茶叶生产和市场经济的发展，人们对茶的质量要求越来越高，市场需求量越来越大，有待于研究的新课题也越来越多。

这些年来，他以茶叶技术推广站、茶叶科学研究所为阵地，带领广大茶叶科技工作者积极开展茶树良种选育繁育，无公害茶叶生产研究，新化肥、新农药引进与试验推广；积极推广生产新技术，如“空调做青技术”、“阴雨天的乌龙茶制作技术”、“低毒低残留农药的应用”等等。为茶业增效、茶农增收服务，有效地促进了茶业富民目标的实现。

回忆安溪茶业发展过程，他感慨地说了两个字：“不易！”接着他谈起空调做青技术推广的一些往事。做青过程是乌龙茶特有品质形成的关键阶段，茶青（叶）内进行的许多重要的生化反应都是在这个阶段完成的。传统制茶方法，这些反应都是在自然状态下进行，往往受到气候条件的制约，要制出高档“珍品”，再高明的制茶高手也很难有十分把握。

茶　叶

福源壶

渔船

在上级领导的支持下，他带领技术人员深入乡村推广“空调做青”技术，刚开始时，他们遇到了推广经费短缺，技术不够成熟等种种困难，他们与茶农吃住在一起，没日没夜地观察试验，人瘦了，头发长了，满脸胡子拉碴，回到家时，家人吓了一跳，妻子心疼地流下泪水。他满不在乎地摸着胡子说：“这才有阳刚之气嘛。”经过多年的努力，目前安溪各产茶乡镇的茶农普及应用空调做青技术，一般采用空调做青后，铁观音售价可提高3-5倍，现在全县利用空调机制茶达2万多台，直接增加茶农收入几亿元。

“平生于物原无取，消受山中一杯茶，”是宋副局长的写照。他用茶修身养性，陶冶情操，有着像茶一样宁静严和的天性，淡于名利，对于事业、人生都有着一颗严常心。

在安溪县农业与茶果局事茶的团队里，还有茶叶技术推广站副站长、高级农艺师廖琼满，高级农艺师许信泉，国家一级评茶师黄淑惠等等，在他们每个人身上都有着许多值得大书特书的闪光点，由于篇幅限制，这里就不再一一叙述了。

在农业与茶果局采访的日子里，我无时无刻不被他们的事迹感动着，多年来他们怀着对这片土地的热爱，呕心沥血，兢兢业业，默默地为安溪茶业的发展奉献着一颗颗赤诚的心，他们是安溪茶农的贴心人，安溪茶业的无名英雄。虽然我的笔墨无法一一把他们记下，但却读懂了他们对茶乡这片土地的热爱之情，如同铁观音的余韵，久久在我的心中萦绕！

（王炜炜）

化一叶为大业

无论做铁观音，还是品铁观音，都是内心修炼、境界提升的过程。一个境界高远的人，即使端起来的是一杯白开水，他也能品出极品茶的韵味。当这种境界被创造性地运用在现代企业时，他缔造了茶业界一个又一个传奇……

王文礼

1970年生，铁观音第13代传人。八马茶业有限公司总经理、安溪茶叶同业公会会长、泉州市总商会副会长、省茶叶协会副会长，2004年当选为“中国茶叶企业十大风云人物”，2005年被授予“中国特产之乡优秀企业家”殊荣。

100多年前，中国茶叶垄断着世界茶叶市场。100年后的今天，中国茶叶在世界上的地位是：面积第一，产量第二，出口第三，创汇第四。由于缺乏全球化经营主体与龙头企业，中国茶业全球竞争力难以提升，难以应对全球化经营挑战与实现我国茶业全球化。中国的茶叶、福建的茶叶，种类多、品质高，却共同面临着品牌少、规模小、竞争力弱的发展困境。近年来，当安溪铁观音以前无古人的气势横扫大江南北、走向全球时，一个享誉海内外、渐具国际品牌规模的茶业企业出现了——王文礼，带着他的团队，开创了八马的茶叶世界：中国第一家在沃尔玛超市开设茶叶专柜的茶叶企业；福建省铁观音原产地首个获“2005年十大中国放心畅销茶品牌”殊荣；2004年，王文礼获“中国十大茶叶风云人物”，当年他是福建省惟一获此荣誉的；2005年，王文礼是福建省惟一被评为中国特产之乡“优秀企业家”的人士；福建省惟一进入2006年中国茶叶行业排行榜十强的茶叶企业；首个获“中国驰名商标”的安溪铁观音茶叶企业；全国惟一乌龙茶GAP（良好农业规范）体系示范单位；2007年安溪铁观音十佳企业、十佳品牌排名双冠。

在八马茶业短短十多年的发展历史中，拥有许多个全省，乃至全国第一。有关王文礼，有的人说他是一位白面书生，因为长得文质彬彬；有人说他是茶业儒将，茶业市场经常可以看到他攻城略地、挥斥方遒的身影；有人说他是贸易高手，在日本实施肯定列表制度后第一个大量出口铁观音；等等。让我们回眸历史，在安溪茶业的发展史中寻找王文礼成功的奥秘：一个成功品牌的掌门人，总是市场的先知先觉者，用超前的创新眼光规划未来，谋定而后动，如诸葛亮未出茅庐已料定天下三分。这一切，不仅源于其先天的传奇家世，也应归功于后天的不懈努力；不但因缘于其内心对茶的不舍真情、对茶人浓厚的亲切感，而且也际会于当年茶界的风云变幻。

王说坊

这个人，因茶而生，为茶执著！

铁观音传人的品牌梦

有些人，是含着金钥匙出世的，有些企业，先天就比别人具有优势。企业创始人的眼界和思路，在某种程度上，就是这家企业发展的金钥匙。

年少时的王文礼几乎是在茶园里“泡”大的。每逢假日，他经常跟父母上茶园玩耍，还参与茶叶的采摘、制作。1988年，他考上福建师范大学历史系，有机会比前辈接触到更多有关茶文化的书籍。《茶经》、《茶道》以及形形色色与茶有关的书籍，成了他阅读最多、研究最深的课外作品。

由于父母和兄长在深圳经营茶庄，1992年，他大学毕业即离开家乡，南下深圳与家人团聚。起初，他进入深圳一家报社当记者。在深圳，他强烈感受到繁华与贫困的巨大反差。当看到在一些高档场所，一杯咖啡的价格竟是茶水的数十倍的时候，他的心感到莫名的疼痛。在外的短暂经历，使王文礼意识到蕴涵深厚文化的茶叶拥有巨大商机，家乡人民可以借此走出贫困。他最终选择放弃舒适生活，回乡创业。他是这样和家人说的：

“我们的第一代先祖王士让发现了铁观音，第十代先祖王滋培创办茶行，现在形势这么好，正是创业的大好时机！我不能听那古老的故事过日子。”一番话打动了家人，家人意识到这位大学生的与众不同。

标准化规模化生产

当清香型安溪铁观音大行其道时，当很多的爱茶人与当地制茶人由刻意追寻韵味而任意改变传统的制茶工艺时，王文礼提出了八马铁观音“不青不酸，传统正味”的品质观念。市场已经证明，传统半发酵型的铁观音不伤胃，发酵较足的铁观音既耐冲泡还可养胃润肠。长期以来，八马的茶叶品质坚持了这一点，因此，它赢得了一大批忠实的消费者。为了这个“传统品质”，历史系毕业的他在茶山、茶厂苦心钻研，不仅学会评茶，而且学会做茶。在1998年上海、1999年北京钓鱼台国宾馆和2005年北京人民大会堂3次茶王大赛上，王文礼获得了铁观音茶王的至高荣誉。

从安溪到泉州、全省乃至全国，有很多的专业茶人，但是面对没有任何评茶经验的消费者，一个成功的品牌该怎么担负起自己的责任？由于信息的不对称，很多消费者喜欢铁观音却不懂如何去鉴别。针对“100元是铁观音，1000元也是铁观音”的模糊铁观音现象，八马采用“标准化生产”的策略。由农产品的茶提升到工厂化、标准化生产的商品茶上来，品质质量由企业来掌控，以品牌包装来区分等级。消费者可以通过包装，甚至八马特定设计的茶号来识别质量。当许多安溪人还守着门前那个茶市卖茶的时候，八马避开了农产品原料产地低价竞销的茶农竞争，开始了标准化、规模化的商品生产。

一个成功的品牌，除了品牌定位的质量外，还需要营销与通路。王文礼心里明白，规模化标准化生产，必须抓好两个重要环节，一是生产基地，二是营销通路。几年来，八马已建立直接掌控的基地茶园5万余亩，并采用国际最先进的良好农业规范GAP管理。八马拥有目前国内最具现代化的乌龙茶铁观音精制加工生产设备，现有西坪和龙门两个加工厂，总建筑面积6万平方米，年加工能力达6000吨，八马具备了生产优质铁观音的一切条件。

从沃尔玛走向世界

拥有民族的世界品牌是已在茶道上摸爬滚打一二十年的王文礼心中的夙愿，也是拥有茶园50万亩、产量5万吨、涉茶产值50

龙湖

亿元，名列全国茶产业、茶文化大县首位的安溪县人民的夙愿！而一张茶品牌的锻造，不是一朝一夕所能见效的。1996年，世界零售商巨鳄沃尔玛中国第一家连锁店在深圳洪湖开张，在严格的审核条件下，八马从众多竞争者中脱颖而出，成为国内第一家在沃尔玛购物广场内开设专柜的茶叶企业。此后，随着八马品牌专卖店连锁计划的推进，八马茶叶优良的质价比赢得了广大消费者的青睐，风靡了整个特区。

当深圳特区这一无数茶商梦寐以求的“山头”被“八马”牢牢占据时，王文礼并不满足于占山为王。随着“名茶进名店”跟进战略的启动，八马的民族品牌之路出发了，短短几年，八马迅速扩张到广东、福建、北京、上海、东北三省等地，进而全面打开巨大的国内市场。心怀天下，当与强者为友，世界知名销售商纷纷与八马结盟。如今，八马茶业与麦德龙、华润万家、天虹商场、岁宝百货、百佳、乐购、Jusco、史泰博等大型零售商业企业均展开合作业务，纷纷设专柜入驻。随后，名茶进名店的“跟进战略”迅速扩张到广东、福建、上海、北京、东三省等地。在铁观音主销区的福建厦门、泉州、漳州等地，目前八马开设了近20家面积均在150平方米以上的旗舰店，其规模和档次在行业中堪称楷模。在全国，八马目前已开设200多家直营店和专柜，而每月8家的开店速度，将使八马在近几年内处于国内茶叶的霸主地位。据统计，日本每年从中国进口乌龙茶约2万吨，八马占据了其中的10%，在铁观音品牌

茶叶

中位居第一。中国出口到日本的乌龙茶，安溪出口量第一，其中50%以上是八马茶业的。对茶叶安全要求极为苛刻的日本之所以如此青睐八马茶叶，就是因为八马提供的是传统正味、非常安全的优质茶叶。可以说，在日本提高门槛后，八马茶叶率先通关，这是水到渠成的结果。

15年来，八马走过了从区域品牌到民族品牌，从民族品牌到世界品牌的品牌之路。2007年5月12日，八马同时名列首届安溪铁观音十佳品牌和十佳企业榜首。铁观音正在改变自己在世界的地位，对王文礼来说，走向国际只是开始，八马要让中国的铁观音真正征服全世界的消费者，让八马成为畅销世界的品牌。

勇立潮头争上游

荣任香港泉州同乡总会和香港安溪同乡会永远名誉会长的林文侨，是香港远太国际发展实业公司董事长、远太集团（福建）有限公司董事长兼总经理。经过十多年来的艰苦创业，勇于拼搏，他取得了令人瞩目的成就，成为香港和内地商界的一位名人。

林文侨先生，1956年4月出生于安溪县魁斗镇凤山村。1974年他从安溪一中高中毕业后应征入伍，先后在国内多所大学攻读并取得毕业资格，已获得厦门大学研究生学历，现又继续攻读博士学位。

1990年林文侨转业回乡，继而入主远太集团，开始了艰苦的

创业之路。17年的军旅生涯练就了他坚强的意志、执着的信念和过人的胆识，林文侨在创业过程中敢立潮头，力争上游，十多年来在省、市的企业界创造了多个第一：建设福建省第一个台商独资成片土地开发区；获得泉州市第一块政府批租土地；成功地建成当年泉州市地面上第一幢高楼——远太大厦；创建了福建省第一家年产超过1亿支圆珠笔并通过ISO9001质量认证的生产企业；1993年独家协办9·8中国投资贸易洽谈会；1996年成为福州国际招商月总赞助商；1993年在全国台资企业中率先成立中共党支部。

今天的远太集团已发展成为一家以房地产开发为龙头、工商贸和文体旅并举的大型企业集团，集团现有员工3000多人，2003年度纳税额达2000多万元，企业连年被评为“福建企业集团100大”、“纳税大户”、“外资企业纳税先进单位”和银行“AAA”信用等级称号。

作为福建省政协委员和泉州市政协常委，他积极参政议政，撰写文章，坦诚进言。他先后撰写了十多篇文章在各级刊物上发表，其中《尊重纳税人》一文被《经济日报》评选为2000年最好的文章之一。《建设高品位泉州，推进海丝申报世遗成功》获《人民论坛》一等奖。

林文侨的家乡——安溪，是全国乌龙茶的主产地、铁观音的故乡。林文侨关心支持家乡发展经济，赞助茶宣传、推广茶文化，多次支持举办茶王赛，为家乡经济作出了突出贡献。1993年，他亲自企划与安溪县政府合办茶王赛，以每斤1万元人民币进行拍卖，获得极大成功，开创安溪铁观音茶王拍卖的先例，使安溪铁观音茶叶的价格一路飙升。1999年，在香港的铁观音茶王拍卖会上，他以100克茶王港币00万元竞买成交，创铁观音茶王历史最高拍卖价。2003年12月，在“第二届茶产业国际合作高峰会”上，为更好地宣传安溪，他出资近300万元，邀请中央电视台“同一首歌”剧组到安溪演出，安溪“铁观音”在中央电视台《灿烂星空》栏目中播出，让安溪茗茶香飘海内外。

1996年，林文侨出资近200万元帮助家乡修公路，建学校，扶持乡亲种植果树。为报答母校的培育之恩，培养家乡建设人才，他捐资近百万元给魁斗中学和安溪一中母校。2003年，林文侨在安溪县城投下巨资，创建中国（安溪）特产城并于2004年底竣工，这将使安溪成为一座闻名全国的特产城。

“取之于社会，用之于社会”，这是林文侨领导下的远太集团投资决策的信念，也是远太集团十多年来发展的实践。公司设立远太希望工程委员会，远太文化用品公司生产的“好得利”圆珠笔也被希望工程领导小组命名为“福建省希望工程之笔”。公司成立远太书画研究会，并多次出资组积“书画展”，举办省运动会书画义卖，将义卖所得全部捐赠省运会组委会。远太集团协办“远太杯”《战士与祖国》一书，在全军上下引起强烈反响。他捐资修筑泉州浮桥公路，捐赠市、区见义勇为基金会、泉州鲤城区慈善总会……

林文侨热爱体育文化，公司出资数万百元捐建泉州远太网球馆及俱乐部，

制茶浮雕图

林文侨

远芳茶厂

并独家赞助国家女子网球队，使泉州市成为其冬训基地，是全国地市级第一家也是唯一获此殊荣的企业；他多次在北京组织“远太杯”网球联谊赛，邀请党和国家领导人参赛，促进网球事业的发展，他个人曾荣获网球体育总会铜牌奖；他参加福建省首届体育金牌拍卖会，以全场最高价83万元成功竞买了乒乓球国手郭跃华在第37届世界锦标赛上获得的男单金牌，泉州市授予其“文化功臣”光荣称号。

十多年来，远太集团共向社会公益事业捐赠3000多万元，福建省人民政府授予其金质奖章、“惠泽桑梓”匾额和荣誉证书。

（陈克振）

进军澳港粤第一人

一泡“铁观音”使安溪香飘四海，同时也让许许多多的安溪人走出了重山，走向了广袤的天地。一个偶然的机会，记者见到了西坪镇茗源茶叶公司王荣科董事长和他的儿子王坤福总经理。他们的客户——澳门茶叶协会、澳门华联茶叶公司一行16人，正兴致勃勃地跟随他们来到安溪铁观音发源地参观九龙岩高山茶叶绿色食品基地。

紧结的茶叶在沸水的冲泡下缓缓舒张，伸展，起舞……这一片茶叶叙述的是一个家族的故事。听着王荣科讲述他奋斗而快乐的人生经历，笔者被深深地感染了。

“茶的深度和广度是无限的，因为钟爱茶，我才开始从事茶业”

王荣科长着一张典型南方汉子的脸，融入人群中，谁也不会注意到这个声名在外的茶老板。20多年前，王荣科就已经是安溪茶叶经销大军中的一员，他刻苦励志脚踏实地的每一步，印证着商海奋斗的艰辛与努力。他本是茶人的后代，自小就接受着茶香的熏陶，看到父辈们悠然自得喝茶的样子很羡慕，于是也开始学着喝茶，感觉虽然有些苦涩，但那种沁人心脾的茶香经年不忘，这只是与茶结缘的发端。“茶的深度和广度是无限的，因为钟爱茶，我才开始从事茶业。”

1978年以前，王荣科一直在西坪茶叶加工公司做业务销售员，几年下来，他几乎跑遍了广东全省，认识结交了许多客户朋友。80年代初，当西坪茶叶加工公司解散时，有着几年茶叶销售经历的王荣科决定只身创业，从自己熟悉的茶业做起。1982年，王荣科创办了西坪茗源茶叶公司。为西坪茶叶加工公司做业务销售员的那段经历，使王荣科的茶叶生意很快打开局面。王荣科认为，作为一个民营企业家，信誉永远是最重要的。有了信誉才有客户，客户来了，才有了经济效益，也才能突破自我，才能发展。澳门最大的茶叶公司——华联茶叶公司即是从那时起与他成为良好的合作伙伴，形成"铁打"的关系。广州生茂泰有限公司自1985年至今也一直与王荣科的茶叶公司保持着良好的合作关系。在广东市场的良好声誉使王荣科1988年开拓香港市场时，几乎不费什么心思，就迅速站稳脚跟，一年就发展20多家的固定客户。

初战告捷缘于王荣科敏锐的市场眼光。王荣科看好南方市场的原因主要有二：一是安溪茶香气浓，非常适合南方人的口味；二是随着安溪茶叶种植面积的扩大，如仅限于省内销售，结果只能是竟相压价自相残杀，导致市场恶性竞争。二十几年来，正是凭着独特的经营理念，灵活有效的经营机制，王荣科父子的茶叶生意越做越大，如今，已发展到拥有一个公司、10个门市部、几千平方米加工场地和600多亩茶叶绿色基地的规模，年销售1.5万担茶叶。茗源茶叶公司选择走中低档茶的营销路线即大众消费，实现薄利多销，公司连锁店已遍及马来西亚、新加坡、美国、香港、澳门等国家和地区，受到了消费者的好评。

"我希望通过各种渠道，降低喝安溪茶的门槛，吸引更多爱喝安溪茶的人。"

为确保茶叶质量，王荣科较早考虑在老家西坪镇建立了九龙岩高山茶叶绿色食品基地。对于基地内的茶农，王荣科在技术上给予指导，基地茶园完全按照公司的要求管理，茶叶按照保护价收购，既保证公司产品的质量，又保护了茶农的利益。

"信誉经商最重要，我是先做人后做生意的"

在广东潮汕一带，光是拥有正式营业执照的茶店就有3万多家，其中经营安溪茶的占85-90%。卖茶的人尽管很多，但王荣科一年仍可卖出1万多担的茶叶，成为汕头茶叶市场最有名望的茶商。

"信誉经商最重要，我是先做人后做生意的。"王荣科对记者讲述了他在开拓市场中经历的两件事。1998年春茶上市时，东莞市一家茶店老板来电急要一宗新茶。王荣科考虑到如果托运，恐因时间延宕影响到客户的销售，于是，当天他就坐长途班车把货送到东莞。东莞的那位老板惊讶地说道："真没想到，你会亲自送货上门，要知道这一件茶叶的利润还不够你往返的车费。"王荣科却不这样认为，他考虑的是长久的合作。所以，一旦与王荣科有过一次生意往来的人，便不会再选择别人作为合作对象。去年，广州市的一家老字号茶叶企业第一次选择了王荣科的茶叶，到年底结帐时，还库存四箱茶，王荣科主动提出退货，待来年再供新茶，对方十分感动，坚决挽留王荣科吃过饭再走。如今，王荣科与这家老字号茶叶企业的私交非常好。商海搏击，各家有各家的成功之道，但像王荣科这样以"人品"为立店之本并

粉红茶花（山茶科山茶属）

在生意场上取得成功的还为数不多。

2003年10月9日，在江苏省举办的“中国第五届特产文化节暨中国特产之乡总结表彰大会”上，中国特产之乡推荐暨宣传活动组织委员会把由全国政协副主席杨汝岱签署的“优秀企业家”荣誉证书授予王荣科，这是全国乌龙茶产区首次获此殊荣。谈到从事茶这一行业的最大收获时，王荣科毫不犹豫地说：“这是一个可以交上知己的行业。买卖凭良心，做茶如做人。要在保证茶品的质量基础上以诚信的态度面对批发商和终极消费者，还要以我国深厚的茶文化底蕴为依托。”

没有在茶山上日晒雨淋过的茶师是成不了合格的茶商的。自小与父亲到汕头一起创业的王坤福对此感受颇深。1999年11月30日，在香港安溪铁观音茶王邀请赛上，王坤福过关斩将，最终在全县5618个茶样中脱颖而出，获得了金奖，并被授予“茶王”称号。随后举行的拍卖会上，王坤福100克铁观音茶王以11万港元成交，创二十世纪铁观音拍卖价最高记录，一度轰动全球。2000年澳门安溪西坪铁观音茶王赛品评会上，王坤福再次力挫群雄，夺取了铁观音茶王桂冠。2002中国（芜湖）国际茶业博览会全国名茶评比中，王坤福选送的茶样凭着形、色、香、味、韵俱佳的优势，以最高分捧得铁观音茶王桂冠。王坤福认为：经营茶业，旨在振兴茶经济、弘扬茶文化，亦即为发展先进文化，这应该成为企业的文化理念。而“以自身良好的人品来保证企业的产品，以自身良好的素质提高企业的质量”乃是企业精神；“以市场为导向，以提高竞争力为目标，以确保产品质量为核心，以使消费者满意为准则”则是企业经营理念。缘于此，王先生的事业得以不断飞跃。

琦泰茶园

琦泰茶厂

“事业是永远做不完的，还要让更多的人生活得更好”

尽管王荣科的事业越做越大，名气也越来越响，但事业的成功并未让王荣科陶醉，他想得更多的是如何回报家乡为社会效力？如何搭起安溪和广东的经济文化联动桥梁？如何促进安溪在粤企业家形成合力？等等。

因为家乡是王荣科魂牵梦萦的地方。“事业是永远做不完的，还要让更多的人生活得更好。我希望能够改变得更多，我的事业、人脉、朋友都在这里。”

1992年，当家乡珠洋至宝山要修水泥路时，王荣科带头捐了15万元。今年初，王荣科发动修建西坪珠洋至龙涓长塔5公里长的水泥路，并再一次慷慨解囊。或许是因为自己过早失学，王荣科对知识和人才的重要性认识更深。1989年，虽然王荣科的事业刚刚起步，但知道家乡小学办学困难后，他一下子拿出4万元捐献给学校，以后，他还多次回到母校，牵挂着母校的发展。

王荣科说，茶有着内在的特质，与人的精神是相通的。对王荣科来说，茶叶不只维系家族事业，或止于个人兴趣，“通过茶叶，我交了很多朋友！”王荣科今年已68岁，目前他是汕头茶叶商会副会长，乐善好施的他每逢汕头老乡们遇到困难，总是伸出援助的双手热心帮助解决。

王荣科还协办过家乡多次大型茶事活动，为安溪提高知名度、为铁观音走向世界做出很多贡献，受到茶业界的好评。从福建安溪到广东汕头，从广东汕头到港澳台，再到东南亚和欧美。看到下一代顺利接棒，王荣科一脸慈祥与幸福！

（资料来源：安溪茶叶协会）

做科技创新的带头人

在安溪县“空调制茶村”——感德镇岐阳村，有这样一位农民，他不惜代价，大胆尝试，利用空调机人为调节气温，解决四季制茶的温差问题。他带动全村、全镇乃至全县广大茶农，走出大热天不能制好茶的困境，使安溪夏暑两季茶叶价格一路攀升。说起他，淳朴的村民们无不竖起大拇指。他，就是县优秀共产党员——王奕荣。

“党员要带领群众致富，我能不能为群众做些什么呢？

王奕荣拉过板车，做过短工，一生与茶打交道，少年时做过木工，中年时在镇办企业工作，对茶很感兴趣，老年

铁观音集团展示厅

时又做茶文章、茶实验。从镇办企业回来，别人都说是该享享清福的时候了，可看到村里的乡亲们一辈子“脸朝黄土背朝天”，手头也没几个钱，日子并不好过，已年过半百的老党员王奕荣心里很难受。他反复思索着：党员要带领群众致富，我能不能为群众做些什么呢？

其实岐阳村地处山区，有丰富的山林资源，只要读好“山经”，不怕无好日子过。王奕荣知道大部分村民粮食只能自给，主要收入还是靠茶叶。但是茶叶只有春秋两季能卖一点钱，夏暑两季的茶叶质量差，有时加工夏暑茶就要亏本，还不够付电费，或者付了电费就不够付采摘茶叶的工资。因此，有的茶农春茶采

铁观音集团正厅

安溪大龙湖

后，索性不除草、不施肥、不管理。有的人做茶十分马虎，甚至用日晒，色泽不好看，茶水苦涩，没有香气，造成了夏暑茶没人采摘，非常浪费。

看着这一切，王奕荣内心很不平静，夏暑茶叶产量占全年的五分之二，可经济收入占不到十分之一，不提高夏暑茶的质量，就无法增加茶农的收入。他决定自己先做试验。经过虚心向制茶能手请教，逐渐掌握了茶叶制作的技术，明确了春秋两季之所以能制出好茶，主要原因在还于气候较好、气温较低。要提高夏暑茶质量，关键在于控制茶青制作过程的温度。刚开始时，王奕荣用一台旧空调机进行实验，但立即遭到家里人反对，认为，空调制茶前所未闻，而且空调机耗电多，农村电费又贵，不划算。但王奕荣不管家里人反对，决心用自家四亩多茶园采摘的茶叶来搞实验。

恰在这时，感德镇党委派王奕荣去冶炼厂任党支部副书记，主持党支部工作。冶炼厂的管理制度严格，一个月要15个夜晚以上在值班，一日要签到四到六次。于是王奕荣除了上班外，下班时间就呆在家里搞试验。俗话说，万事开头难。虽然空调机在晾青房内调低了气温，但要真正制出好茶来还是不容易。许多茶叶因为试验不成功，便成了垃圾。为了探索茶青发酵的规律，王奕荣有时整夜未眠地观察、思考，第二天照样到冶炼厂去上班，累得本来健壮的身体日渐虚弱。这时，家里又是一片反对声，他们说，“不要空调制茶不成，反而把一条老命弄坏去。”对此王奕荣

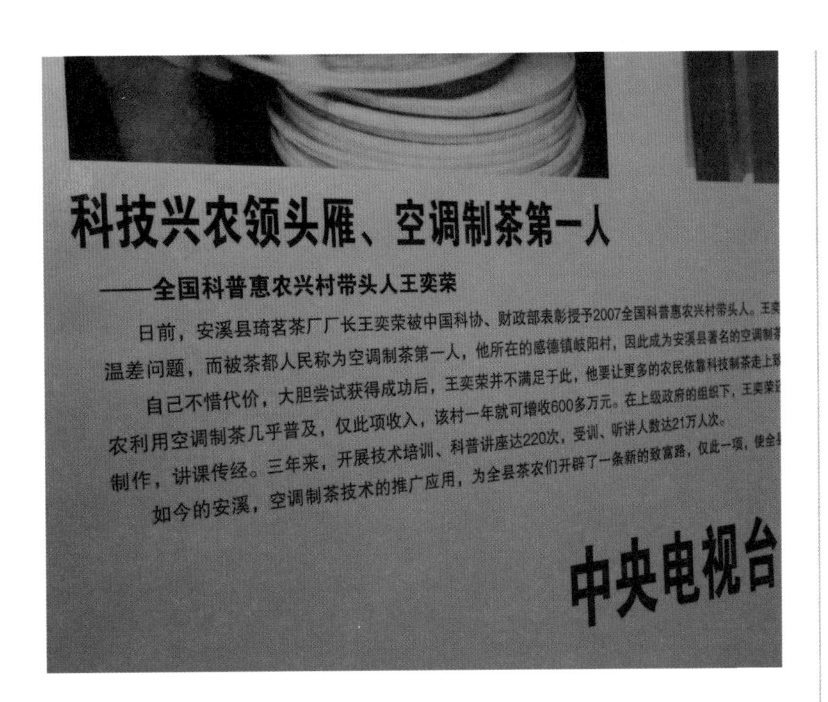

也犹豫过，但身为共产党员的职责又使他坚定了研究制茶技术的决心，只有早一天提高夏暑茶的质量，才能使乡亲们早一天富起来。他重新鼓起勇气，反复比试、论证、总结，但最终还是“无劳用”（白费力气，没有成功）。事后，王奕荣自己说，当时也有点怀疑自己的思路是否对头，但他想，这些年的苦都吃过来了，还怕这一点曲折吗？

“你是个无文化的大粗人，怎么制得成呢？”

1997年的夏季，王奕荣打听到芦田茶场80年代曾经尝试过空调制茶。抱着一线希望，他马上赶到芦田茶场，经打听，当时确实有用空调制茶过，但后来不了了之。回家后，家里人剧烈反对，说“芦田茶场‘大公家’都没有做成功，更何况你又是一个无文化的大粗人，怎么制得成呢？”说也实在，然而一想到半途而废，王奕荣又心有不甘。于是，他不顾家人的反对，再次试验、思考，才发现旧空调机制冷温度不够。立即就去信用社借了3万元，来添置新的空调机，安上了温度计，这才初步掌握了空调机制茶的技术。经过一年多的不断摸索和反复实践，王奕荣终于大体掌握了用空调机制茶的要诀（温度18–25℃，湿度50度以下），攻破了茶叶保鲜、发酵、消青等环节存在的问题。他用空调机制出的茶叶得到消费者的认可，和以往的夏暑茶价格比较，单价提高四五倍，甚至几十倍。王奕荣亲手制作的茶叶，2000年秋季，荣获安溪感德杯（泉州赛区）铁观音茶王铜奖;2001年春季，荣获安溪感德杯（福州赛区）铁观音茶王银奖和铜奖;2002年，荣获安溪县春季茶王赛铁观音铜奖;2003年，荣获第二届中华茶产业国际合作高峰会茶王赛铁观音银奖。

“我把技术传给你，你应把技术传给别人”

利用空调制茶新技术研究成功后，王奕荣经常被产茶乡镇和茶农聘请到现场指导茶叶制作和讲课。对此，他

浮雕柱

家人和一些亲友很不理解，“你历尽千辛万苦才研制出空调茶，现在正是大把赚钱的时候，却要把技术拱手让人，岂不是大傻瓜吗？”对此，王奕荣耐心地对他们说：整个茶叶市场那么广阔，你一个人垄断得了吗？只有大家都提高茶叶质量，互相竞争才会好上加好，也才能形成大规模大效益，才能盘活整个茶叶市场。我是一名共产党员，自己成功不算，还有责任和义务帮助乡亲们提高制茶技术，做好茶卖好价，发家致富。

在王奕荣的耐心说服下，家人思想上的疙瘩解开了，转而支持他进行技术推广。几年来，不仅是本村、周边村，周边乡镇、县的茶农到他家探讨空调制茶技术的不计其数，也有茶农来到他家做工学技术。对此，王奕荣不但给他工资，还把技术传给他。王奕荣总是不厌其烦地对他们讲解，手把手进行指导。不少茶农在他的指导下，制茶技术大大提高，迈上小康之路。这时，王奕荣经常对他们说，“一家富并不是富，大家富才是真正富，咱们应该做到传、帮、带，我把技术传给你，你应把技术传给别人，我帮你做空调茶，你也应帮别人，带领群众走致富之路。”

由于空调茶技术在全县得到普遍推广，夏暑茶茶叶质量不断提高，由1996年每斤三、四元，现在已猛涨到四五十元，有的上百元，有的三、四百元。茶业兴茶农富，广大茶农收入猛增，家乡人富起来，真正实现了富自己也富了别人的梦想。

老骥伏枥，志在千里。对于所取得的成就，王奕荣说，应归功于党的富民好政策。如今，王奕荣的生活也很好过了，但他想到的不是个人的享受，而是怎样奉献社会。他先后为修路和学校等公益事业捐资十万多元。党和政府对王奕荣的工作给予高度肯定和鼓励，1999年他本人被县茶管委评为茶叶制作创新先进个人，2000年被镇党委评为优秀共

凯捷茶厂

俞大猷纪念馆

产党员，2001年被县委评为优秀共产党员，2003年被评为泉州市劳动模范。

（资料来源：安溪茶叶协会）

安溪茶商：北方人离不开我们的安溪茶

与莆田人在木材行业、泉州人在石材行业取得领先地位的经历不同，安溪茶在北京却经历着一种认同过程的煎熬和洗礼。“这是树叶，怎么会是茶？”这是最早北方人对安溪茶的概念，因此，安溪茶在北京要立足，最大的问题是观念和习惯。

而如今，随着知名度的提高，安溪茶在北京已跻身高档茶叶市场，不仅很多北方人开始离不开安溪茶，不少在京的外国人也成了安溪茶的固定客户，而这一切除了归功于宣传的影响外，更为重要的是一批又一批安溪茶商在北京市场开疆拓土，安溪茶也从最早的不被认同，市场份额占不到2%，发展到今天占有北京市场40%左右的份额，特别是在高档茶市场这一块占到了60%左右，标价几千上万元的安溪茶随处可见。回想当初的创业是“不易”两字。

本文以两位安溪人在北京卖茶经历，从中反映安溪茶在北京的发展过程，但求能起抛砖引玉的作用，帮助我们了解安溪铁观音在京“由树叶变成茶”的曲折和艰难。

创业之路

一、柯兴全：流浪京城身无分文到茶叶大亨

柯兴全，28岁，福建安溪长坑人，北京安溪茶叶协会会长，福建安溪茶叶协会常务副会长，北京颐香苑茶叶总公

俞大猷像

魏荫像

司总经理。

柯兴全今年35岁，可在北京的时间却不短，他是1994年到北京的，如今已整整16个年头了。

1. 19岁到北京当学徒

坐在记者面前的柯兴全，头发梳得光光的，一看就是个极其精明的人。回想当初创业，柯兴全唏嘘不已，因为只读到小学二年级的他能成为今天京城安溪茶中的一哥，确实不容易。

1994年，柯兴全19岁，与村里不少同龄人学手艺不同，柯兴全说他的兴趣是做生意，但一没资金，二没文化的他想做生意并不是容易的事，于是，他跑到北京给一开公司的老乡当学徒，混口饭吃。

在老乡的公司里，他先是做茶叶包装，看库房，两年后他得到了自己梦寐以求的差事——当业务员。兴趣是成功的一半，本来就对跑业务感兴趣，再加上他为人机灵精明，待人诚恳，尽管非常辛苦。每天都是踩着三轮车挨家茶叶店地放货，这倒也没什么，最主要的是当时人家根本不认安溪茶，刚开始几乎是90％以上的茶店都不让安溪茶放进去。因为，当时北京人喝的都是花茶，都说安溪茶苦，不好喝。

即便是这样的市场情况，柯兴全还是很快在公司24位业务员中冒出，每个月的业务量都名列前茅，一年下来全公司673万元的业务量，他一人就做了437万元。

2. 转折：不能让朋友失望

应该说，柯兴全当初的运气不好，正当他准备在公司大干一番时，公司却出了问题，经营每况愈下，老板自己也不想做了，到1998年底，公司24位业务员陆陆续续走掉了18位，而他却在撑着，一是自己没有更好的路走，二来老板不让走，可老板的不让走并不是对他进行挽留，而是想出其他办法来控制他。

很快他就跟老板反目，结果身上所有的钱连同手提包都被老板拿去，一夜之间他成了北京街头的流浪汉，无奈之下，向一位相熟的好心阿姨求援，才在她那什么都没有的旧房子里落了脚。在这里，一位好朋友来看他，送了他一箱方便面，成了他一周的食物。一周过后，他的三位好朋友知道他的情况之后，也来看他，三人把身上所有的钱都掏给他，总共有5000多元，用这5000多元他添了棉被，买了米和煮饭的锅，总算安定了下来，此时他发誓，一定要在北京混出人样来，否则无法向几位倾囊相助的好友交代。

3. 起家：5万元和100公斤茶叶

过早的磨难，让柯兴全练就了异常坚强的性格，做事不服输。1998年底，柯兴全在京的遭遇传到了在老家的二哥那里，二哥和一位晋江的蔡先生到北京看他，二哥给他带来了100公斤的茶叶，而蔡先生则当即借给他5万元钱。

很快，他利用这些本钱开始了自己的创业，重新盘活原来自己手头的客户资源，100公斤茶叶不久就卖完，一批又一批的茶叶从老家发过来，经过他的销售网络卖了出去，柯兴全也挣下了创业的第一桶金，不仅还清了向别人借的钱，同时还有了积累。

4. 在大商场站稳脚跟

而在生意上，柯兴全发现要做得成功，必须不断地调整经营手段。尽管在北京的生意慢慢有了起色，但由于北方人喝茶习惯是喝花茶，对于以铁观音主打的安溪茶一点也不认同，很多人都说，这像树叶的东西能喝吗?

“而这主要是生活习惯的原因，必须改变他们的观念。”小柯对自己说，于是他开始调整自己的卖茶策略，除了继续上门推销外，他把重点转向大商场，大商场知名度高，如果能在里面设专柜，结合周末的促销活动和茶艺表演，肯定会很快让消费者接受，于是他就找了一个商场设了一个专柜。这一招一试便灵，刚进入商场20天，他就做了10多万的生意，挣下了5万元，他当初“北京人不大相信茶叶铺，而比较相信大商场”的判断得到了印证。

5. 有机会就不能放弃

与此同时，柯兴全觉得单靠商场还不够，于是他又推出直营店，如今柯兴全旗下的商场专柜多达26个，王府井西单、燕莎等北京高档商场都有他的专柜，而销售店则多达300多家，年销售额达到了3000万元，成为京城安溪茶销量数一数二的大哥级人物。

现在，充满着奋斗精神的柯兴全显然并不满足于当前的茶叶生意，他把自己的茶叶生意交由别人管理，自己则开始做起了包括物业管理、路灯、装修等其他生意。前不久，他刚投资数百万元把茶叶市场附近的一个旧厂房改造成公寓，并出租给外地在此做生意的茶商，当起地主来。柯兴全说，茶叶是他的根本，但他不会把心思只放在茶叶上，对生意人来说，只要有能挣钱的机会，就不能放弃，这是他的原则。

二、苏金国：曾经连房租都出不起的茶叶大户

苏金国，42岁，北京安溪茶叶协会副会长，安溪金丽铁观音总经理。

1. 头一年赔了几万

与柯兴全曲折多磨难的创业经历相比同样不易，苏金国也是在万不得已的情况下到北京来搏一搏。1997年底，苏金国在老家办的厂倒闭了，1998年初，他借了1000元高利贷，留了500元给家里当生活费，自己带了500元和15公斤茶叶，来到北京，开始是挨个茶叶店地放货，推销自己的茶叶，但由于市场的不认同，

魏荫传人魏月德

黄晋江

放在茶叶店里的茶叶基本都是有去无回，心灰意冷的他，转去做食品，帮人家推销麦片，但当时一阵风的麦片生意很快就没有利润。苏金国折腾了一年多，不仅没挣到钱，还赔了几万元进去。

1999年，安溪茶在北京开始被愈来愈多的人接受，苏金国决定重新回来做茶叶，决定自己开店，1999年7月1日，他在北京京闽茶叶市场的店铺开张了。

2. 店租交不起差点关门

然而，市场并没有苏金国想像的那样简单，由于做茶叶生意的时间不长，更主要是没有别人做得早，没有一些固定的熟客，他的店铺当时一个月仅店租就要1000多元，而他在开业后连续28天一单生意都没做成，这可把他吓出一身冷汗，“再没生意做，连店租都交不起，就只有关门的份了。为了交房租，不得已把朋友送作纪念的100元港币卖掉凑数。”至今回想起这一幕，苏金国依然心有余悸。还好，天无绝人之路，到了第29天，店里来了一位韩国客人，在品完茶之后，一口气向他买了1000多元的茶叶，让他总算放下提到嗓子眼的心，此后，生意也就慢慢地上路了。

3. 如今生意做到外国去

如今，苏金国的生意规模也在慢慢地扩大，在北京最大的两个茶叶批发市场——京闽茶叶批发市场和马连道茶叶批发市场各有一家批发店，生意不仅做北京的，而且还做外国人的，尤其是上面提及的那位韩国客人，现在则是苏金国的合作伙伴，苏金国的茶叶，通过这位韩国朋友源源不断进入韩国市场，这位韩国人甚至跑到苏金国老家与他合作建茶厂。

对于未来，苏金国充满希望，他说，对他而言，下一步除了继续扩大自己的市场外，更主要的是开拓韩国市场，通过与合作伙伴的关系，把安溪茶更深地打入韩国市场，并向日本市场进军。

创业心得

做生意要团结，吃苦，勤劳，用心

据安溪商会北京分会的不完全统计，目前常年在北京卖茶叶的安溪人在1000人以上，大部分都已在北京站稳了脚跟，而且不少已在北京买房购车，过起了小康生活。

滇山茶（山茶科山茶属）

谈起这几年在京的创业心得，柯兴全认为团结最主要。他说，5年前安溪茶在北京还很难推广，除了认同上的原因外，安溪人自己互相拆台压价也是主要原因，而现在这一切都成了过去。现在在京做茶生意的安溪人很团结，大家都是好朋友，不会发生互相拆台的事了，有什么事情，大家也会相互照应，大家比的是谁的茶好，谁的门路广，谁的服务好。

其次就是勤劳和用心，在市场的竞争日趋激烈的情况下，做生意需要的是勤劳和用心，短短几年时间，安溪茶能从占市场份额不到2%，发展到现在的40%左右，5年内肯定会超过50%以上，重要的就是安溪人在北京做茶叶生意比任何地方的人都勤劳和用心。当然，安溪人也有一些不足的地方，就是守业上，有一部分人在生意小的时候，经营得还可以，而一旦稍有一点规模有了些钱就渐渐松懈了，这是很不应该的，无论在哪个阶段，都必须兢兢业业，努力拼搏。

（资料来源：海峡都市报）

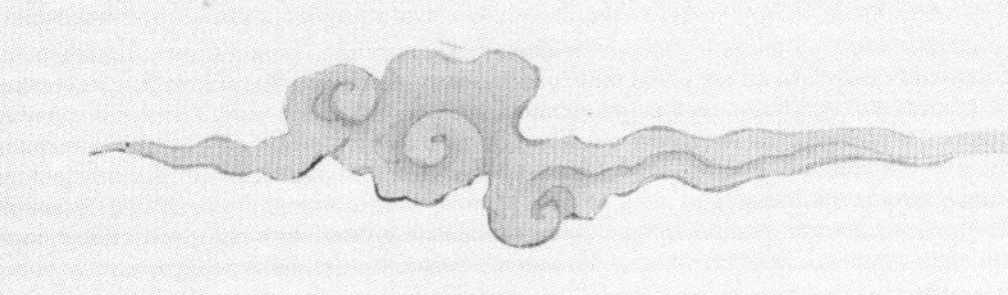

第十五章
艺文论著
YI WEN LEN ZHU

古代茶著择要

《茶经》

自唐代陆羽撰写《茶经》后，有关茶学的专门著作日渐增多，根据不完全的统计，截止民国之前，多达上百种。虽然如此，许多茶著的内容，多为相互重复。真正能够流传下来，并对后来茶学发展产生影响的著作，其实为数不多。而即使在这少数几部有影响的古代茶著中，直接论及乌龙茶以及铁观音茶的，几乎没有一本，更不用说专门论述乌龙茶的了。

这倒不是说前人不关注乌龙茶和铁观音，根本的原因在于乌龙茶和铁观音出现的时间比其它类茶要迟的多，而且流行地区也比绿茶以及普洱茶要小的多。对于许多中国内地的一般茶客来说，根本不知铁观音为何物。但是正如俗话所说的“三十年河东三十年河西”一样，近年来随着中国经济的发展，以铁观音为代表的乌龙茶在极短的时间里风靡全国，而有关的专著也日渐多了起来。但是这并不意味着铁观音茶是在一夜间成长起来的。事实上，铁观音的成长壮大，离不开中国悠久的历史文化的滋养。铁观音的栽培采制品饮以及其中所包涵的茶文化、茶道精神，都可以从先人的茶学专著中找到根源，铁观音正是在吸取了

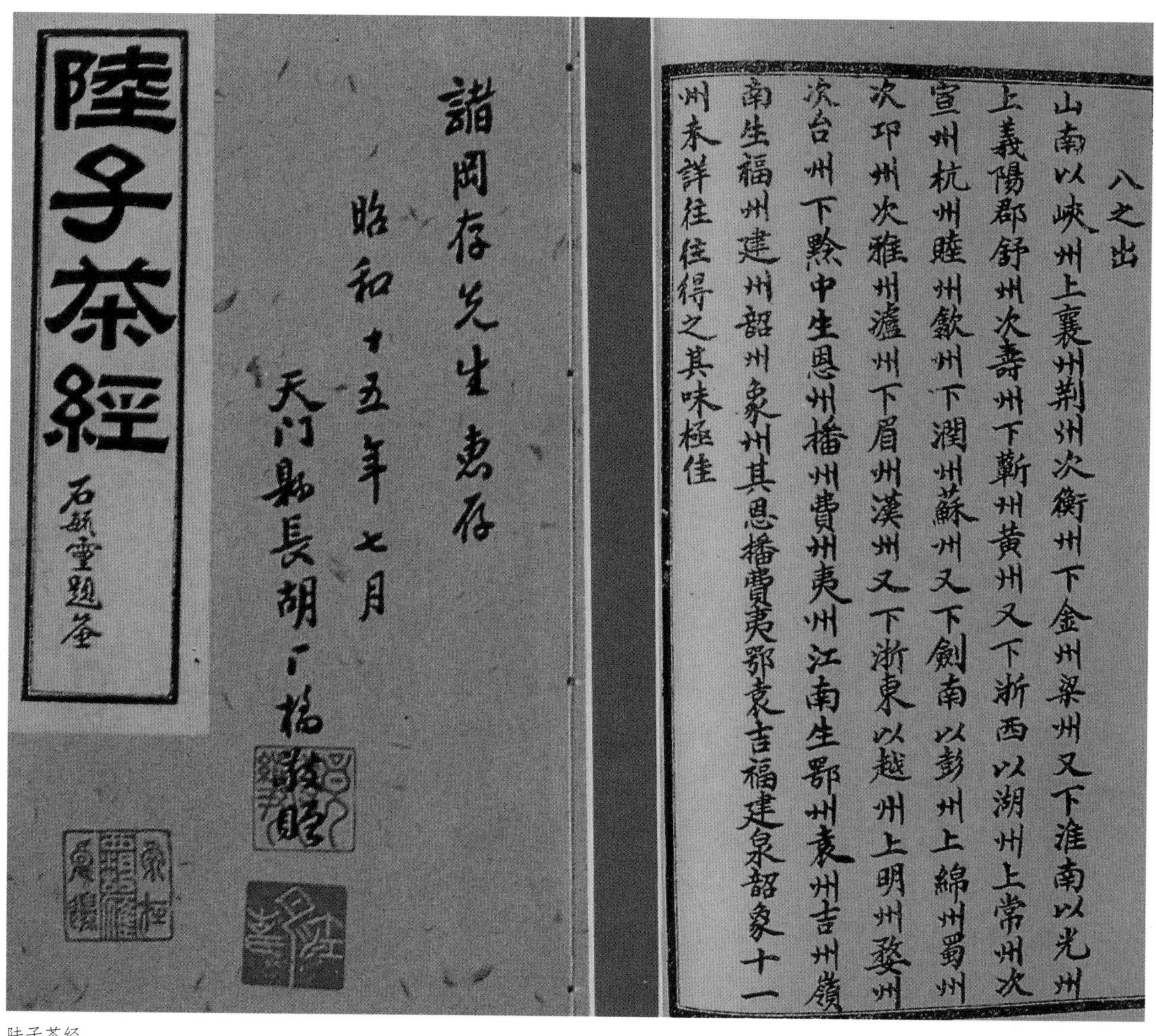
陸子茶經

諸岡存先生惠存
昭和十五年七月

八之出
山南以峽州上襄州荊州次衡州下金州梁州又下淮南以光州上義陽郡舒州次壽州下蘄州黃州又下浙西以湖州上常州次宣州杭州睦州歙州下潤州蘇州又下劍南以彭州上綿州蜀州次邛州次雅州瀘州下眉州漢州又下浙東以越州上明州婺州次台州下黔中生恩州播州費州夷州江南生鄂州袁州吉州嶺南生福州建州韶州象州其恩播費夷鄂袁吉福建泉韶象十一州未詳往往得之其味極佳

陆子茶经

泉州洛江仁公山

先人茶学中的营养后，才有可能从小草长成大树的。正是从这个角度出发，本书择要简介几部古代茶著，以期对铁观音的进一步发展有所启示。

茶经唐代陆羽所撰。中国乃至世界历史上第一部茶书，是中国茶学的奠基之作，被誉为“茶业百科全书”。《茶经》的撰写，可能在乾元二年至上元二年（759-761）年间。

全书分三卷十节。原文约七千余字。卷上三节：一之源，论茶的性状、名称、品质；二之具论采制茶的器具，三之源论茶叶采制方法。卷中一节，四之器论烹饮器具，介绍了28种茶具及其用法。卷下五节：五之煮，论烹饮方法及水的选择标准；六之饮，论茶饮方式和风俗；七之事，杂引古籍中关于茶的典故、史实，有些古籍早已失传，仅见于此。八之出，介绍茶产地及品评其优劣。九之略，论烹饮、采制器具中哪些可以省略。十之图，指前面九部分写在绢帛上，挂起来，并非确有图。

《茶经》最初的流传仅是手写本，据两宋之际陈师道《茶经序》称，宋代已有不少刊本流传，该序云：“陆羽《茶经》：家书一卷，毕氏、王氏书三卷，张氏书四卷；内、外书十有一卷，其文繁简不同。王、毕氏书繁杂，意其旧文；张氏书简明，与家书合而多脱误；家书近古，可考正；自《七之事》其下亡，乃合三书以成之。录为二篇，藏于家。茶之著书，自羽始；其用于世，亦自羽始，羽诚有功于茶者也。”陈师道曾据家传本，以及其它传本，校订整理综合为一本。可惜这些宋本均已佚亡。现存最早为宋咸淳九年刊《百川学海》本。后人万国鼎先生著录的25种版本，其共同祖本均为《百川学海》本。由于校刊过程中的不同，产生了大量异文。

《茶经》在宋代即广为流传，许多当时诗人的诗句可以证实：田锡《暇口偶题》：“帘下孤灯删草奏，窗间叠嶂读《茶经》。”林逋《深居杂兴六首》（之二）：“花月病怀看酒谱，云罗幽信寄《茶经》。”陆游《戏书燕几》：“《水品》、《茶经》常在手，前身疑自竟陵翁。”与此同时，也传到了海外，成为享有国际声誉的名著。如日本有江户时代大典禅师《茶经详说》本，春田永年有《茶经中卷・茶器图解》，诸冈存《茶经详释》2卷，及《茶经评释外篇》等。1935年，美国威廉・乌克斯有《茶叶全书》中的《茶经》英译本，此书又有1949年汉译本。近十余年

八卦井

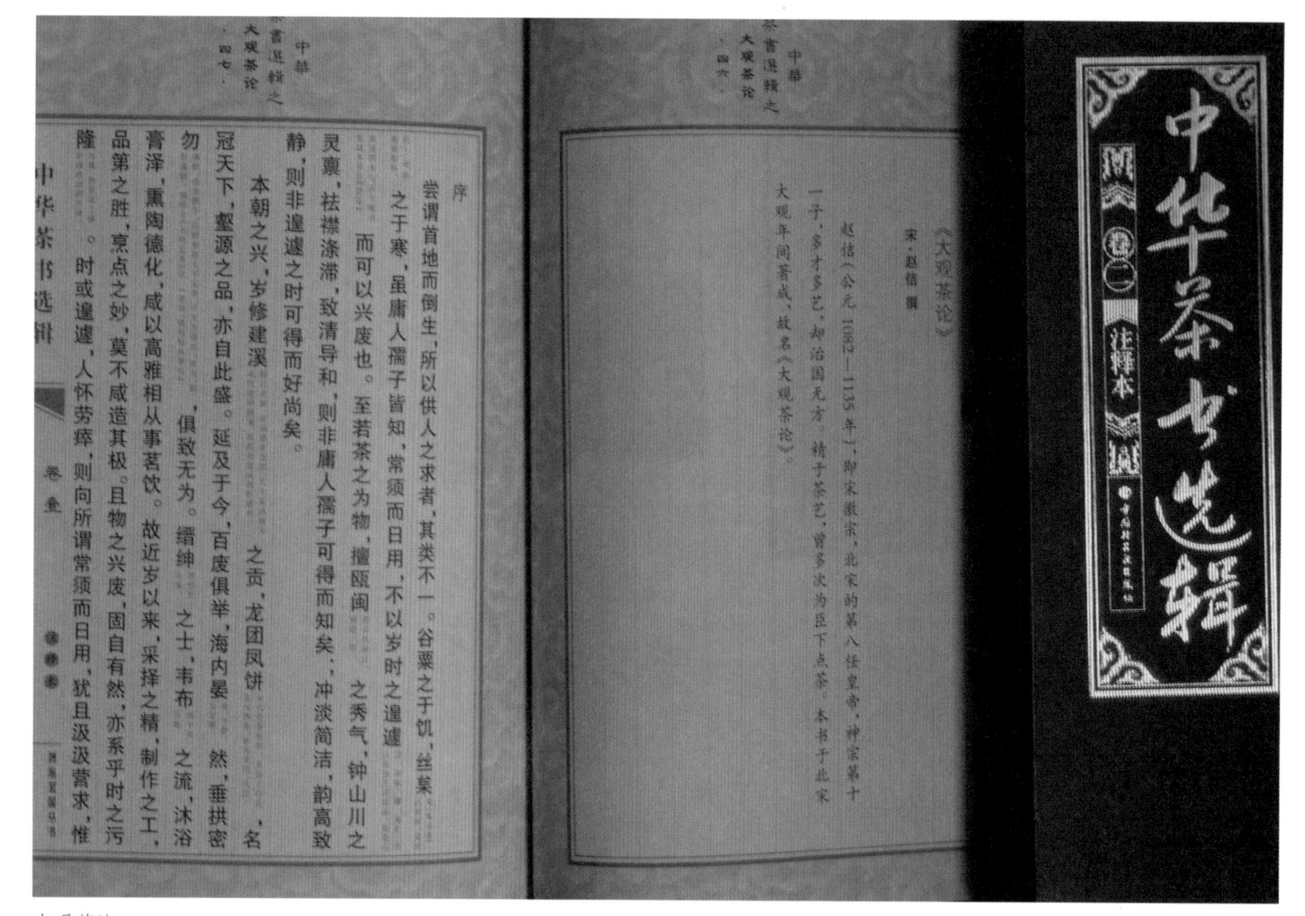

大观茶论

来,海内研究陆羽注家蜂起，先后有云南张芳赐《茶经浅释》、湖北傅树勤等《茶经译注》、湖南周靖民《茶经校注》、吴觉农等《茶经述评》等诸本刊行，尽管各具特色，都存在不少差强人意之处。在版本（底本）选择和他校方面仍有待努力,可以预料，一个最符合《茶经》原貌的合校本或会笺本将在近年内问世。布目朝沨主编的《中国茶书全集》荟萃了《茶经》的现存主要版本。

陆羽《茶经》不仅集中反映了唐代以前中国茶学的发展情况，为后人研究唐以前的中国茶学提供了最为真实可靠的文字依据，而且对后来中国茶学发展产生了极为深远的影响。其中的许多经验和观点，直到今天依然有指导意义。

除陆子《茶经》外，后人亦有以《茶经》为名撰写茶书，根据目前的资料，共有四种。均为明代人所撰。一为著名书画家徐渭；二为江苏张谦德；三为江西人黄钦；四为吴县人过龙；这几本《茶经》现存者仅徐渭与张谦德所撰二种，但均没有什么影响，所以知之者极少。

《大观茶论》

宋徽宗赵佶（1082-1135）撰。赵佶多才多艺，深通茶道。根据自己的亲身体验，撰写了《大观茶论》一书。据宋徽宗自序，原书名《茶论》，初刻本已佚，仅存明末刻本《茶书十三种》（藏山东省图书馆）和《说郛》二本；清代陆延灿《续茶经》亦有大量引文，今通行本根据明刻《说郛》本，书名改题为《大观茶论》，大观为宋徽宗年号之一，因该书于大观年间所作，故名。

全书共二十篇，分地产、天时、采择、蒸压、制造、鉴辨、白茶、罗碾、盏、筅、瓶、杓、水、点、味、香、色、藏焙、品名、外焙等20目，近3000字。内容大致关于茶的生长环境，采制、烹点、茶艺、茶具、鉴辨审评、贮存等方面，多为切实的经验之谈和过人之论。体现了作者有很高的茶学素养，是我国12世纪初集大成的茶学专著。在茶文化史上产生极其重要的影响。其影响不但表现在该书的思想和内容上，更主要是推动了宋代一批的学者文人，撰写出一批的茶学专著，和一大批的茶诗茶词创作，从而带动了整整一个时代的以茶为时尚风气。而以大观茶论为代表的宋代茶学理论，标志着中国古代社会茶业发展已经达到一个巅峰。

《茶录》

茶录宋代蔡襄撰。根据蔡襄《茶录》自序，他写这本书的动机是有感于北苑茶虽“草木之微”，“若处之得地，则能尽其材”。又感于“昔陆羽《茶经》不第建茶之品，丁谓《茶图》独论采造之本，至于烹试曾未有闻”。虽说有一点补缺的意思，因为该书言简意骇，观点精到，很自然的就成了《茶经》之后最著名的茶学专著。

茶录分上下两篇。上篇茶论，重在论述如何冲泡与欣赏北苑茶。先是从色、香、味三个角度论述北苑茶的特点，随后便详细地记录了北苑茶的整个冲泡过程。下篇器论，不仅记录了当时造茶泡茶所需的主要器具，同时也记录了一些焙制方法。如论及茶焙时，“纳火其下，去茶尺许，常温温然”。这种温火焙茶的方法，直到今天仍在乌龙茶制作过程中沿用。还有一点值得注意的是，记录了箬叶在藏茶与焙茶时的作用，认为“茶宜箬叶而畏香药；……。故收藏之家，以箬叶封裹入焙中。”“茶不入焙者，宜密封裹，以箬笼盛之，置高处。除此，茶焙编竹为之，裹以箬叶。”箬叶，即一种竹叶。农家常用以裹棕子，制斗笠，船篷之用。干后有一股淡淡的清香。可惜的是，这种以叶包裹来藏茶及焙茶的方

茶录

蔡襄碑刻像

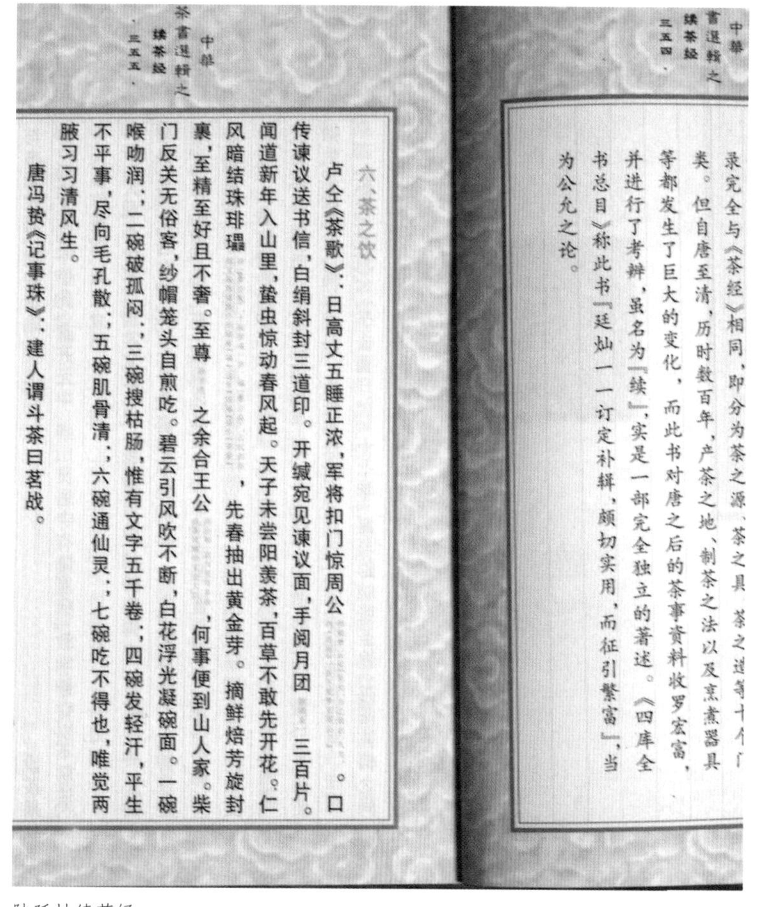

中华茶书选辑之 续茶经 三五四

录完全与《茶经》相同，即分为茶之源、茶之具、茶之造等十个门类。但自唐至清，历时数百年，产茶之地、制茶之法以及烹煮器具等都发生了巨大的变化，而此书对唐之后的茶事资料收罗宏富，并进行了考辨，虽名为『续』，实是一部完全独立的著述。《四库全书总目》称此书『廷灿一一订定补辑，颇切实用，而征引繁富』，当为公允之论。

中华茶书选辑之 续茶经 三五五

六、茶之饮

卢仝《茶歌》：日高文五睡正浓，军将扣门惊周公。口传谏议送书信，白绢斜封三道印。开缄宛见谏议面，手阅月团三百片。闻道新年入山里，蛰虫惊动春风起。天子未尝阳羡茶，百草不敢先开花。仁风暗结珠琲瓃，先春抽出黄金芽。摘鲜焙芳旋封裹，至精至好且不奢。至尊之余合王公，何事便到山人家。柴门反关无俗客，纱帽笼头自煎吃。碧云引风吹不断，白花浮光凝碗面。一碗喉吻润；二碗破孤闷；三碗搜枯肠，惟有文字五千卷；四碗发轻汗，平生不平事，尽向毛孔散；五碗肌骨清；六碗通仙灵；七碗吃不得也，唯觉两腋习习清风生。

唐冯贽《记事珠》：建人谓斗茶曰茗战。

陆廷灿续茶经

法，现已没人使用了。

蔡襄《茶经》中，还有值得注意的重要内容是，有关茶的性质功能的思想。他写作茶录的直接动机是，有感于陆机茶经不第建安之茶，但在茶录篇首说到写作动机时，却是希望皇上于“清闲之宴，或赐观采；”联系前面所说的，茶虽“草木之微，首辱陛下知鉴，若处之得地，则能尽其材。”我们大致可以得知蔡襄其中包含的意思：一、茶并不是如粮食衣服等关乎日常生活的必要事物；二、如果善于处理，可以充分发挥它的性能作用；三、茶是酒醉饭饱之后的休闲饮料，要有闲情逸致才能品赏出滋味。

蔡襄《茶经》问世后，带动了许多好事者纷纷争写茶学专著。甚至于徽宗皇帝都写了一部洋洋洒洒的《大观茶论》。据不完全统计，仅两宋时期，就有二十几部茶学专著流传。

茶谱明代朱权（1378-1448年）撰。权，明太祖十七子，晚号臞仙，又号涵虚子、丹丘先生。洪武二十四年（1391）封宁王，二十六年就藩大宁（今内蒙宁城西），永乐元年（1403），改封南昌。有才略，多智数，好文学、医学，尤精北曲。卒谥献，故又称宁献王。撰有《通博论》、《汉唐秘史》各二卷、《史断》、《诗谱》各一卷、《文谱》八卷及杂注纂述凡数十种。《茶谱》为朱权晚年所撰，之成书在1430-1436年间，全书约2000字，首为约600字的诸论，书内容分为十六则，论及收茶、品茶、点茶、薰香茶法、煎汤法、品水及相关茶具等。明代烹饮法，与唐宋不同，主要用开水冲泡芽茶、散茶，朱权此书正总结这种新冲饮法的体味，正如绪论所言：“取烹茶之法，末茶之具，崇新改易，自成一家。”其书对明代茶饮法的推广有一定作用。

此外，明代亦有数种同名茶书，一为钱椿年撰；二为顾元庆撰；三为程荣撰；繁简不一，但内容均无特别新意。

《续茶经》

清初陆廷灿撰。廷灿字秩昭、号幔亭，上海嘉定人。曾官崇安知县，候补主事。廷灿还撰有《艺菊法》、《南树随笔》等。元明以来，茶品推崇武夷，武夷山即在崇安境,故廷灿官崇安时“习知其说，创为草稿，归田后，订辑成编，冠以陆羽《茶经》原本，而从其原目采摭诸书以续之……而以历代茶法附为末卷，则原目所无，廷灿补之也”。此《四库提要》卷一一五《子部·谱录类》著录是书之说。《提要》又评论此书曰：“陆羽所述，其书虽古，而其法多不可行于今。廷灿一一订定补辑，颇切实用，而征引繁富。”

此书首刊当为家刻本。全书沿用《茶经》体例，分为十节。据廷灿“凡例”称，“原本《茶经》另列卷首”。每节主要是引述前人有关茶书中的相关内容。总字数约7万字，是现存茶书中字数最多的一部。

《续茶经》虽然主要是引述之作，但因其参考书籍极多，加上作者学问渊博，使得此书实际成为一本当时的茶学百科全书。许多引述的原著已经佚失，而赖《续茶经》得以保存部分内容。如该书引述王草堂《茶说》一书中关于武夷茶的制法记录即如此。续茶经的意义不仅在于保存了相当丰富的历史文献，同时也是一部中国上千年茶学发展的历史。该书引述相关茶文，总是追根溯源，从最早的文字记载开始，一直到最近的专著，基本囊括无遗。如武夷茶的制法，从最早的龙凤团茶，到后来的岩茶，其沿袭与发展的记录完整，脉络极为清楚。为我信今天了解乌龙茶的制法和来龙去脉提供了相当可靠的文字依据。

茶具十二先生姓名字号

韦鸿胪	文鼎	景旸	四窗闲叟
木待制	利济	忘机	隔竹居人
金法曹	研古、轹古	元锴、仲铿	雍之旧民、和琴先生
石转运	凿齿	遄行	香屋隐君
胡员外	惟一	宗许	贮月仙翁
罗枢密	若药	传师	思隐寮长
宗从事	子弗	不遗	扫云溪友
漆雕秘阁	承之	易持	古台老人
陶宝文	去越	自厚	兔园上客
汤提点	发新	一鸣	温谷遗老
竺副帅	善调	希点	雪涛公子

茶具图赞

朱熹立像

《茶具图赞》

宋代茶书，旧题审安老人撰，今考定为董真卿撰，1卷，今存。此书记述12种茶具，拟人化封为官爵，宠以字号，附以图，虽为游戏文字，却反映了南宋茶具的历史真实面貌，尤可贵者，附以图。这12种茶具依次为茶炉（焙）、茶臼、茶碾、茶磨、茶瓢、茶罗、茶刷、盏托、茶碗、茶瓶、茶筅、茶巾。确为南宋最常见的点茶、斗茶、分茶器具。其拟人化喻称尽管不伦不类，但均为宋代职官制度中术语，只能出于宋人之手。

〖铁观音茶著简介〗

清代以后，安溪茶逐渐为世人所知。然而，长期以来并无专门著作，只能其它茶书中有所记录。一直到九十年代后期，随着安溪茶的崛起，才开始有了安溪人自己编写的专门茶书，进入二十一世纪，关于安溪茶学的专门著作逐渐多了起来，不下十本；应该说，这些茶书的撰写与出版，对于总结和推广安溪茶学和茶业发展的经验，起到了积极的作用。这也是安溪茶文化与科学进步的一个重要标志。但是就总体上来说，这些茶书比较简略，且良莠不齐。而在安溪茶文化和茶道精神方面，未能充分展开，这不能不说是一种遗憾。

名茶之乡

西坪镇政府一九九九年组织编写，林振枝主编。名虽为乡，主要内容是关于茶。西坪是铁观音的发源地，茶经济发展较早，有比较丰富的茶文化积淀。该书是安溪最早的一本关于专门茶书，编写目的主要是为了帮助农民发展茶业，故在编写时重点在于茶业生产与制作技术，比较通俗易懂。

《安溪茶叶大观》凌文斌、李启厚、王文礼合著，国际华文出版社2002年出版。

《铁观音》林治、蔡建明合著，中国农业出版社2005年出版。

《铁观音》池宗宪编著，国际华文出版2005年出版。

《闽南乌龙茶》王振忠、杨忠耿合著，福建科技出版社2005年出版。

《安溪铁观音制作与品评》李宗垣、凌文斌合著，海潮摄影社2006出版。

《中国乌龙茶》巩志编著，浙江摄影出版社2004年出版。该书是国内最早和最系统论述乌龙茶文化的专门茶著。其中有相当篇幅论及铁观音以及闽南乌龙茶。参考资料比较多，故资料性比

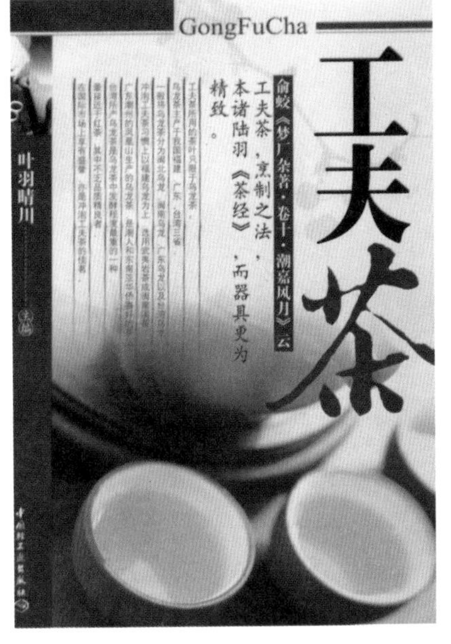

茶书

较强。

《工夫茶》叶羽、晴川合著，中国轻工业出版社2005年出版。该书是近年来第一本系统论述中国工夫茶的专门著作。该书写作目的主要是普及乌龙茶，故重点在于向读者介绍工夫茶的冲泡方法，以及包括铁观音在内的乌龙的各大品类特点，图文并茂，普及性强。

《乌龙茶》南强编著，中国轻工业出版社2006年出版。该书是目前国内最完整系统论述乌龙茶的专著，其中有相当内容是关于铁观音的。该书写作目的是针对都市知识阶层普及乌龙茶，能较好地将茶科技与茶文化相结合起来，文字流畅，配有上百幅彩图。趣味性知识性较强。

《安溪茶叶宝典》中国文学出版社2007年出版。该书在内容上重点突出了安溪茶业发展中的人的主导作用，能较好地将资料性与普及性结合起来。该书的另一大特点是装祯豪华。是第一本关于安溪茶的十六开本专著，有精装本与简精本两种版本，图文并茂，纸质优厚，印刷精美。

《安溪铁观音与和谐健康》陈水潮编著，鹭江出版社2006出版。该书是一本以铁观音为主要内容的论文专集。全书分六篇共收60篇文章。围绕“和谐健康”的主题，从合个角度分别展论述。其中既有高屋建瓴式的茶产业宏观发展战略论述，也有细致严谨的铁观音茶理药理科学分析，犹其值得一读的是其中不少文章都对茶产业以及铁观音的未来发展做了详尽的分析与预测，突出绿色生态和谐健康的发展方向。不失为一本铁观音论文的洋洋大观之书。

〖小　说〗

《女儿茶》故事梗概

中篇小说作者邓晨曦。故事说的是福州“盛源堂”茶庄老板陆天成，为了传说中的“女儿茶”，费尽波折到处寻找，女儿茶没找到，却来到了一个神秘的寺庙，见到一位高僧，知道天成的来意后，慷慨地送了一把泡过女儿茶的僧帽壶给他。等陆天成回到城里后，却发现原来一切全是一场骗局……

廖公事迹石刻

该小说故事几近荒唐，却能较为真实地反映出世态人情，其中关于茶事的一些描写，相当精彩，值得一读。兹节录其中泡铁观音的一段：

萨都了小心翼翼地将陆家的井水舀进"佛肚印"铜墙铁壁壶中，然后癖一把一把的宝圆核送进铜炉，引燃。……神态如入定老僧。银哨响了，他方才起身，净过手后，用银匙从锡罐内舀出些许南岩铁观音。那铁观音，青蛙腿，蜻蜓头，美如观音重如铁。一抖，铁鸡肉音从银匙内溅落一只"道观"壶中，铿锵有声。陆天成想，我泡了半辈子铁观音，怎么就没听过这种美妙的声音呢？

锅炉中，火已来，可是银哨声还有咝咝作响。这就是宝圆核烧水的好处，沸点保持得久。包房内外大为哗然。萨都了不惊不宠，径自将佛印肚铜壶一提，一条瘦细的水龙游入道观壶中。那手若闲云，目如野鹤，将一个个看客惊的目瞪口呆。

头一遍老子跑炉，萨都了将冲入茶杯的水倒掉。第二遍天帅点兵，刹那间一只只广翠冼染的粉彩茶杯上凝着一汪浓醇的茶水，宛如一握握美女粉嫩玉润的秀拳。……

《铁观音》——闽南茶文化的清明上河图

《铁观音》系夏炜长篇小说，以清代乾隆年间为背景，以闽南名茶铁观音的发现、研制、以及朝野之间围绕着茶事、茶道的明争暗斗为主线，向人们展现了一幅生动、新奇的画卷。那个令人神往的闽南千年茶乡安溪的青山绿水，也如茶香一样地浸润着读者的心脾，将人类独有的情感融入这美丽的自然之景。在宏大、曲折的情节中展现出各种人物的精神风貌。以王士琅、魏饮、陈珠露等人为代表，将中国茶人对于生命本体和自然的眷恋与热爱，用短暂的人生在自然中寻求永恒的毅力，以及面对形形色色现实生活的勇敢、无畏与达观，都展现得淋漓尽致，使人犹如读到了一幅浸润着闽南茶文化的"清明上河图"。我认为，可以从以下四个方面来探讨这部作品的价值：

中华茶文化的体现

夏炜对于中国传统的茶文化无疑是经过认真仔细研究的。书中将茶的历史，茶的渊源，茶对于一个民族生存的意义以及精神的滋养，都进行了细致入微的描写。光是中国名茶的茶名，就报出了一长串。一方水土上的茶，就是一个地域的精灵，溶汇着当地的水光山色，风土人情，一次又一次浸入读者的心田，使读者在阅读中感到轻松，愉悦，因为书页里处处都飘出一股茶的清香。

通过细节来反映一部宏大的闽南茶文化，是夏炜这部作品的一大特色。再优秀的文化，离开了细节就无法在小说中反映出来，于细微处见精神，不仅是这部小说在反映茶文化方面的成功之处，也是对小说作者生活与写作功底的考验。如故事开始对冲茶动作的描写，那真是入木三分：

当下，七哥儿就在园中摆开了精致的火铜炉，铜炉上架好一只青碧的“东坡笠”精铜壶，又用一把翠黄的竹勺从铜水桶里舀起清亮碧凝的山泉水，加入铜壶之中。待水沸腾，王士琅从厢房里端出一方黄花梨木的“福禄寿荣”四喜茶盘，取过雕花木夹，开始冲洗一套玲珑白瓷茶杯。七哥儿便在一旁开口唱道：“白鹤沐浴……”洗完杯碗，王士琅再用木茶铲将两泡茶分别落入两只粉彩盖碗，只听得落茶之声“叮叮”作响，庄成不禁赞道：“好茶！果真都是‘重如铁’！”七哥儿撇了撇嘴，又唱：“乌龙入宫……”

紧接着王士琅一步一步的动作，七

哥儿都按泡茶程式一直唱下去："悬壶高冲……春风拂面！关公巡城，韩信点兵！"

这是一段多么精彩的描写，在这里我们不仅看到了闽南人泡茶的细微动作，还感受到了与茶相关的各种色彩——金黄的铜壶，翠黄的竹勺，碧凝的山泉，白瓷的茶杯……同时还能听到茶叶落入茶碗的声音，如果不是一个对于闽南独特的茶文化有着独到研究的人，如何能够写得出来？而七哥儿对于每一次倒水泡茶动作的"唱词"，更是充满着一种古典的中国文化内涵，让人在饮茶之时，便会想起许多中国民间世代流传的故事，一股浓浓的本土文化，便从这字里行间袅袅飘升的茶香中渗透了出来。

作者在作品中对于闽南茶文化的发掘不仅体现在细致入微的民间茶道的研究上，同时还体现在对于与之有关的民间故事和传说方面。除了对于产生铁观音这种名茶的地域风土人情，山水风光进行人文的描写之外，还不时引用了许多流传于民间的生动故事，给闽南的名茶赋予了人格的魄力和美学的价值，使这些无言的茶，一片片都"活"了起来。在第十章里，魏饮在山中草屋里梦见铁观音树的描写，就十分生动而有趣，作者在这里将自己的茶情、茶思、茶恋都浓缩在这一段小小的民间故事里了。这种叙述方法，继承了中国小说的民间传统手法，不仅将茶赋予了一种神的力量，同是也适应了中国读者本身的欣赏习惯与阅读需求，更能为广大读者所接受。

"茶之性，谦谦君子也。"茶来自于草木之间，但却具有君子之气。中国的民间中关于茶的谜语不少，这些与茶有关的谜语，不仅提升了茶的品味，同时也浸入了更深的中国民间文化内涵，也是人们所喜欢的。作者巧妙地将这种中国文化中有关茶的谜语，在故事情节和人物命运的发展中写进了这部厚厚的作品，特别是将一些乡野中的谜语引入了"庙堂"之上，使作品中的茶文化显得更加浓烈。

高山流水，知音难觅，而茶的知音在闽南这块土地上却比比皆是。作者不但将色彩、传说、谜语融入小说，同时还给茶以音乐之声，将中国的古典音乐浸在艳艳的茶水里，让这种使人愉悦的旋律，陶冶人们的性情，使人感受到一种"待客茶当酒，山留

安溪碑廊

泉州芳草园

水也留"的中华文明的传承文化。

茶文化背后的时代溶汇与反映

如果这种茶文化只是在一部作品中反映了它的历史渊源、自然风俗、美术色彩、民间文艺、以及音乐韵律的话，这还只能说是一种平面的文化概念，因为任何的文化都必须通过当时当地的社会来得到体现，通过相关的人物活动得到诠释，才能使其具有一种立体的直感和更深层次的美学价值。本书的作者正是这样，将自己对于茶的情结和茶文化的认识，放在中国历史上著名的"康乾盛世"的大背景中，通过一系列的故事和人物来得到体现，这不能不说是作者的一种巧思。

由于乾隆时期国泰民安，才为茶文化的发展创造了有利的外部条件。作者将自己对时代和人生看法都浓缩在一片小小的茶叶里，在盛赞斗茶、品茶以及进京评选茶王的场景中，展现了波澜壮阔的时代画面，将太平盛世的人间万象，作了充分的反映。在这里，既有魏饮父女那样勤劳质朴的茶农，有王士琅那样为着茶艺的发展甘愿离京弃官的知识分子，也有以茶为手段，为达到个人私利而出卖良知的陈三贵父子，更有以"关系茶"为手段对人民进行剥削压迫的高得进等贪官污吏。围绕着茶，展现在我们眼前的是一幅中国封建社会形形色色人物的百态图，小说为这种文化赋予了厚重的时代感。

更为重要的是，小说深刻地揭露了在中国封建社会里，文化对于封建权力的依附关系。除了那些将自己一身依附于皇权的纪晓岚、和珅、高得进等封建官吏之外，就连小小一座茶馆的兴衰，都与帝王有着直接的关系，茶王赛也得乾隆说了才能算数。谁是茶王，哪怕全国的老百姓说了都不能算数，都得要皇帝的金口说出才能算定论——无论这种说法是否正确，君王下面的臣民都得接受。正因这这样，为了使产于草木之中的茶能够得到帝王的青睐，民间的茶农们不知会付出多少汗水，为了满足朝庭的需要，年年评茶、斗茶、评茶王、选贡茶，贪官们又会从中得到多少

竹林品茗图

“肥水”。而一旦成了贡茶，不但不能使茶农们得到好处，反而会“加重百姓课税”。这种依附关系，正如小说里的茶痴陈魁所说：“好茶只由君王一人评鉴，其实是有些荒谬的。”茶在小说里完全被异化了，升华了，其深刻正在于通过一片小小的茶叶，透视出中国封建社会里，政治、经济、文化对于封建君权的依附关系，揭示生产力与生产关系之间存在着的必然矛盾，并由这种矛盾所产生出来的畸形文化与价值。

曲折的故事与多彩的人物塑造

《铁观音》的成功还在于作者对于中国传统小说表现手法的继承与发扬方面，也可以说，这是对于小说“无情节论”的反叛。中国传统的小说历来讲究故事，讲究情节，讲究人物的刻画与塑造，这适应了中国人的一种审美情趣与阅读习惯，因此才能产生出如此大的影响，才能引起读者的共鸣。一部再深刻的小说，如果没有可读的情节，就会受到读者的排斥，除了作家孤芳自赏之外，还谈得上什么影响呢！

夏炜是一个写故事的高手，在扬扬洒洒的七十多万言里，围绕着闽南茶文化的发展，设置了许多波澜壮阔而又生动曲折的情节，在各种矛盾中层层展开，这里既有乡野茶农之间茶艺的较量，也有朝廷之间权力与利益的争斗，既有书生周旋于官场的机警，也有中日武士之间的斗勇斗智……小说故事跌宕起伏，悬念跌起，引人入胜，载着作者的意图与思想自由驰骋。

人物的成功为故事情节的展开提供了可靠的保证。王士琅是作者刻意塑造的一个主要人物，在这个人物身上，既具有中国传统知识分子的思想，重功名，求仕途，中了探花，被任尚茶正。但他身上同时又具有一种反叛意识，最终放弃了在京为官，而选择了回乡发展闽南名茶，又体现了他内心深处淡泊名利的文化意愿。为了发展闽南名茶，他智斗陈三贵，巧与高得进周旋，在与日本商人龟田等人的斗争中，集中地体现了他身上那种“纯、礼、雅、和”的中华文化内涵和民族气节。特别值得一提的是，小说中对于魏玉萱和陈珠露这两位女性的描写，既有相同的特性，又各具独自的个性，是两个十分成功的人物，读后令人久久难忘，这就是一种艺术的魅力与感染。在当今的小说中，能有几个鲜活的人物让人记住，这本身就是一件十分不易的事情。

小说反映出了作者的社会价值取向

夏炜是一个聪明的作家，他将自己的价值观深深地隐藏在小说的字里行间，茶道的核心是一个“品”字，品茶、品人、品社会。茶如人生，是有品德的，这便是作者本人对于中国茶文化的认识与个人对于这种文化认识的价值观。

正是基于这种认识，作者在小说中对于人物的正与邪，善与恶，美与丑都进行了不同程度的颂扬与鞭挞。小说在对王士琅、魏饮、陈魁、陈珠露、魏玉萱等一大批朝野中诚实善良的人物进行了深刻的描写，特别是他们对于自然与生命的执著追求，从灵魂深处所发掘出来的那种对于真、善、美的行为，反映了作者对于时代的呼唤。这种呼唤带着一种民族意识与文化渊源的追寻，这是一种飘荡着茶叶清香与灵魂呼唤的声音。

夏炜写茶，实际上是写一群围绕着茶这个载体的人，茶在这里早已被异化了。这种异化体现了作者的一种价值取向，折射出作者对现实生活的感知。这种感知如同一把手术刀，剖开了现实生活中某些人心灵里正在丧失的民族良知和道德规范，例如诚信、善良、正直等优秀品质，以及千百年传统文化中“己所不欲，勿施于人”的儒家思想与“天人和一”的道家思想，那是比生命更有价值的东西！面对名利，万万不可失去做人的良知。从而演绎出什么样的人生才是真正有价值的人生，什么样的生活才是真正的生活，什么样的做人准则才是真正品出了中国茶道的滋味——这就是小说背后作者所提倡的价值生活，

当然，对一个年轻的作家来说，《铁观音》作为一部结构宏大的长篇小说，也存在着一些不足，例如对于乾隆、和珅、纪晓

茶事浮雕柱

茶事碑浮雕

岚三个人物，仍没有跳出过去电视剧反映的人物个性，似有雷同之感，由于这三个人物占了一定的篇幅，对小说无形中造成了影响，这不能不说是一道硬伤。

（资料来源：厦门文学沈国凡）

散文·报告文学

《铁观音的王国》

何少川主编，该书以报告文学及散文形式，多方位多侧面地反映了安溪县自改革开放以来，特别是海峡西岸经济区建设中发生的一系列巨大变化，同时以独特的视角，细腻的笔触，挖掘安溪铁观音茶文化的深厚底蕴；书中收录了诸多福建知名作家的作品。构思巧妙，文笔生动。富有情趣。是一本具有相当艺术水准的铁观音专题文学作品集。

《父亲与功夫茶》——何镇邦

父亲是位乡村老中医，据说祖传到他这一代已是第八代了。他从十九岁开始行医，至今已近七十年，仍在给人开药方。父亲一生没什么嗜好，除了专心致志地开药方外，就是一以贯之地喜欢泡制和饮用功夫茶。

喝功夫茶是闽南潮汕一带的乡俗，你到每一家做客，主人便泡起功夫茶来，殷勤地劝饮。我大概从在襁褓之中就开始喝功夫茶的训练，以至成为终生的嗜好。功夫茶是茶叶的一种泡制方法，与北京市井流行的大碗茶，云南白族的三道茶，内蒙新疆牧民喜欢饮用的奶茶，湖南一带流行的擂茶，西北一带流行的三炮台，还有什么宫廷传出的御用八宝茶之类等等，都是茶叶的泡制方法。但是，功夫茶的泡制，要讲究得多。一是茶具讲究。一般用的是细瓷和紫砂两种，除了精致的小茶壶外，还有四只同样精致的小茶杯，如果是细瓷的茶杯，往往薄如蝉翼，有的还有花卉和金色镶边等装饰，其他还有茶漏、闻香杯等辅助茶具。现在闽囱南潮汕一带家庭，饮用功夫茶时还都备有小小的煤气炉具用来烧开水，开水随烧随冲泡，比较方便。二是用的茶叶讲究。在闽南潮汕一带，用来泡制功夫茶的必须是上

泉州东湖公园

十里诗廊

等乌龙茶，常用有武夷茶中的大红袍、小红袍、肉桂、黄旦、小种、水仙、安溪茶中的铁观音、流香、单丛茶中的凤凰单丛、岭头白叶单丛等上等茶叶，近年来又引进台湾产的冻顶乌龙和各种型号的茶王，这些茶叶味醇耐泡，适宜于泡制功夫茶。三是泡制方法讲究。通常的程序是，先用沸水冲洗一遍茶具，然后把茶叶装满茶壶之中，用滚开的开水冲泡，盖上壶盖，又用开水冲浇茶壶；斟茶时，先是分别把四个小杯或所有的杯冲一遍，俗称"关公巡城"，然后再一杯一杯地补点，俗称"韩信点兵"，这样的方法可以使各杯浓淡均匀。而且一般说来，第一遍水的茶是不饮用的，因为茶叶制作中不一定都干净，第一遍水算是冲洗茶叶。

我从童年时代开始就注意观察父亲冲泡功夫茶，发现他在冲泡功夫茶时总是一丝不苟的，从茶具的选购，茶叶的选用到冲泡的每个工序，都一丝不苟，要求甚高。家中的活，什么都可以由别人动手的，唯有冲泡功夫茶这桩活儿，从不允许别人插手，一直到现在已年近九旬，仍然坚持自己动手泡茶。记得在家庭生活中，最愉快最庄严的事是每天晚饭后一家人同在一起喝功夫茶；家里来了客人，最好的招待也是请喝功夫茶。而且老爷子往往边冲泡边介绍茶叶的特色来源和冲泡的程序，很认真地表演他的功夫茶茶艺。虽然他不会讲也不会听普通话，与客人之间的交谈要通过我的翻译，但讲起茶艺来，似乎同客人之间能够自然地沟通。在我看来，功夫茶不仅是一种解渴的饮料，而且是一种文化，一种积淀闽南潮汕文化的文化形态。如果说，北京的大碗茶是一种俗文化的话，那么，故乡的功夫茶就是一种雅文化。而且功夫茶又往往容易引起我思乡之情、思亲之情，于是虽然客居京华，仍备有多种功夫茶具，也常以功夫茶待客和自娱。

最近，有一次同远在故乡的老父通电话，交流茶艺，他还嘱咐我在泡制台湾"九一三茶王"时，别忘了掺进一点武夷"大红袍"，他在电话中说，这样的效果很好，既有茶王的醇香之味，又有大红袍的绵甜之底，相得益彰。听了老父一席经验之谈，反复回味，甚得其乐。大概，父子均臻老境，在长途电话中交流茶艺也是人生一大乐趣吧。

《人间有味是清欢》——楚楚

我要几瓣落花为香茗；

我要一朵百合做杯盏；

我要唐诗里那只红泥小炭炉；

我要入深山拾一裙松针燃火；

再钓一壶人迹未至幽谷中的晨露。

还有三分易安的婉约、三分稼轩的豪放、三分老庄的淡泊，一段放浪于形骸之外的板桥心情，凑成十分的惬意之后，且来品茶！

矿泉水太浅淡，果汁太甜腻，咖啡太香浓。惟有茶若有若无的幽香，是深藏不露的，是恬淡隽永的。那种玄奥的喉韵与舌感，好像低音号或萨克斯管，微微在胸腔中流动，有着玄远而沉实的魅力。

传说菩提达摩在少林寺面壁九年时，求悟心切，夜不合眼。由于过度疲倦，沉重的眼皮撑不开，他毅然把眼皮撕下来，扔在地上，地上立刻长出一株矮树，叶形如眼，边缘锯齿如睫。弟子困顿，便采一叶咀嚼，顿时精神百倍。这便是茶的来源。绿茶是淡雅的，须得淡雅的喝法才能品出它的真味。红茶是深沉的，应该浅斟慢啜，才能渐悟其中一点一滴的蕴蓄。碧螺春于淡泊中有幽远的神韵。荔枝红汁液如血，是红尘中的凡思。茉莉香片只能是十六岁少女初恋的芳醇。乌龙茶以色泽美傲同侪，金黄里带点蜜绿，是其他茶所不及的。普洱茶纯粹是粤港茶楼的情调，人情味浓，又不喧闹恣肆。铁观音自有它的历史感，好像绕了一大圈时空之后才入人腹中，是一种在沧桑中冶炼过的从容风味。明前毛尖最言情，先是清香温热，继而粘口滑润，最后缠绵于心。骤然入口，仿如伸进一个香软而温润的小舌尖，让人有销魂的迷惘。据说，还有一种松子茶，烹茶时加人几粒松子，会浮出淡淡油脂，松香氤氲，使一壶茶顿时生了灵气，有高山流水，云雾缭绕之势。

好茶、好水、好火，还要有好品位、好境界来消受，否则便是暴殄天物了。日本茶道鼻祖绍鸥曾经说过一句很动人的话："放茶具的手，要有和爱人分离的心情。"这种心情在茶道里叫"残心"。就是在品茶的行为上应绵绵密密,即使简单如放茶具的动作，也要有深沉的心思与情感，才算是懂茶的人。不过，不识茶道也无妨。道非道，非常道，最高深玄奥的道行往往就在平常心里。日本茶道大师千利休的一首诗深获我心："先把水烧开，再加进茶叶，然后用适当的方式喝下去，那就是你所需要知道的一切，除此之外茶一无所有。"什么都没说，又什么都说了。茶的最高境界就是一种简单的动作，虽然含有许多知识学问，但在喝的动作上，它却还原到非常单纯的风格，超越了知识与学问。茶道不是一成不变的，随各人的个性和喜好，用自己"适当的方式"才是茶的本质与精神。中国人不叫"茶道"，叫"茶艺"，因而使饮茶成为中国的一种大众文化，可以人不辨品类、不溯渊源、不论技巧。私下以为喝茶的境界可分六个层次：最坏的饮茶是车水马龙、众声喧哗、道人短长；其次是九嘴十舌、喋喋不休、废话连篇；末好的是五言八句、高谈阔论、言不及义；较好的是两语三言、大音稀声、茶逢知己；最好的是两人相对、不置一词、心有灵犀。最佳境界是逼人冷肃的冬夜，坐在自己影子的边缘，一小杯在手，独自品茗，有一口或者无一口，想什么或者不想什么，等待着或者不等待着，悠然自得，渐渐就超越了时空。或香茗一盅，单邀庄子；或清茶两盏，请来东坡，清论高谈。茶至三泡，已是三人对坐，劳冰心传译，和泰戈尔聊一聊《吉檀迦利》和《园丁集》。倏忽四更，谈兴犹浓，若枕边尚有一本《苦茶随笔》未曾掩卷，则周作人就是谈笑风声的密友。这时才算接近了陆羽的《茶经》、黄儒的《品茶要录》、宋徽宗的《大观茶论》中"致情达和"的境界，才算是初初领略了茶中雅趣也便有了八分茶意了。再点一支香，茶禅一味，清一清尘污俗垢的心，暂去尘世之念，暂了虚妄之心，暂生出尘之想，进入神思所能触摸的最阳刚与最阴柔的空间。而手中的那杯茶早已饮尽，空杯在握，还能感觉到茶在杯中的热度，丝丝缕缕渗人心底。茶香、檀香、心香揉成一片，而人已浮在香气之上，这时侯远超越了“雅趣”的境界已是醉茶了。觉得世上万物无不可以饮：山可以饮、风可以饮、夜色可以饮、心情可以饮，万物是茶叶、感赏是水、境界是茶香。

酒属感性，茶属知性；酒是诗，茶近乎哲学；酒是越醉越糊涂，茶是越醉越清醒。只有这种清醒才能够使我们品评苏轼“人间有味是清欢”的精神境界。何谓“清欢？”静品一盏茶，感觉比参加一席喧闹的晚宴更有情趣，是清欢；咀嚼一颗青橄榄，吮吸一朵花尾部的清甜，是清欢；放一只误入居室的蝴蝶回家，是清欢；拾落花枯叶自制圣诞贺卡，感觉比精品屋千人一式的贺卡更有人情味，是清欢；戴一串野果，或一串原木项链，认为比金银珠宝更有品

五年新丛铁观音

天后宫仿古舞

味，也是清欢。清欢之所以好，是它不讲求物质条件，只讲究心灵品味。它的境界很高，既不是“人生得意须尽欢，莫使金樽空对月”的恣情率性；也不是“人生在世不称意，明朝散发弄扁舟”的自我放逐；更不同于“今宵酒醒何处，杨柳岸晓风残月”的悲观沉沦。清欢不是一个名词或形容词，它是动词，配合行动才能体现，正如人们可以告诉我们喝茶的方法、技巧、思想，但别人不能代替我们感觉与品尝。是甜是苦、是冷是暖、是清足浊，全在自己心中。遗憾的是我们清淡的欢愉已日渐失去，追求清欢的心也愈来愈淡薄了。五官要清欢，总遭遇油腻、噪音、污染；心情要清欢，找不到可供散步的绿野田园；有时想找三五知己去饮一盅热茶，可惜心情也有了，朋友也有了，只是有茶的地方，总在都市中心，人声最嗓杂的所在。连假日里走在街上，都很难不碰到人身上。清欢已被拥挤出尘世，人间也就越来越无味，越来越逼人以浊为欢，以清为苦，而忘失生命清明的滋味。

花会谢是我知道的事，人爱美是我知道的事，但在局室开满绢花、纸花、塑料花，在身上堆满假珠宝假首饰，则是我不能理解的事。不理解就不理解吧。清朝大画家盛大士在《鸡山卧游录》中写道：“凡人多熟一分世故，即多一分机智；多一分机智，即少一分高雅。”

《在铁观音的故乡》——黄文山

安溪西坪相传是名茶铁观音的故乡。一道清澈的蓝溪从重山复岭中蜿蜒而出，两岸青山如画，层层叠叠的茶园便从明丽的溪水旁一直铺展到云天深处。正是春茶采摘的季节，汽车沿着溪岸迤逦前行，打开车窗，风吹来阵阵茶香，让人醺然欲醉。

造访西坪，是我们此次茶乡之行的一个重要内容。一走到安溪，扑面而来的就是铁观音茶的浓郁气息。铁观音真是茶中神品，你只要闻一闻碗盖上的香气，再轻轻啜一口茶汤，顿觉回甘悠远、脑怀大畅。关于铁观音茶的起源，历来有两个传说，一是松岩村魏姓老人梦中所觉；一是南岩村仕人王士让偶然发现。然而，两种传说都带有缥缈虚饰的成分，因此，铁观音名字的来历，至今仍是一个谜。

汽车循着盘旋的山路驶上西坪南岩。据说，清乾隆元年（1736年），仕人王士让就是在这里发现茶树异种的。站在南岩上眺望，但见墨绿色的茶园一层摞一层地环绕着南北岩的山坡,午后的阳光给周围的景物蒙上一袭薄薄的雾气，空气里弥散着茶树的淡淡清香。王士让曾在南岩结庐读书。王士让的读书处，已被乡人改建了祠堂。我们走进祠堂，主人热情地请我们落座钦茶。这是刚采制的铁观音新茶，色泽砂绿翠润。随着他熟稔的沏茶动作，顿时，几案上一只只小小的瓯盏里，荡漾起一片琥珀色的茶汤，缕缕清香渐渐弥漫了整个屋子。一段有关铁观音茶的传说，似乎正从醇厚甘鲜的茶味中向我们走来。

“平生于物无所取，消受山中一杯茶。”可以想见，暂脱官宦之身，回家省亲的王士让，与一班好友，在这高敞的南岩上，围壶品茗，吟诗诵文，身心是何等快活、轻松。铁观音的祖树，当是在一次草野间的漫步时无意中被发现的。这株茶树，圆叶红心，墨绿如染，正在草丛中迎风顾盼。王士让如获至宝，小心翼翼地将茶树移植于自家的书轩前，经朝夕管理，精心培育，茶树枝繁叶茂，待采制成品，以沸水冲泡，香气馥郁，沁人心脾。五年后，王士让奉诏进京，将此茶赠予好友礼部侍郎方苞。方苞转献内廷。乾隆皇帝饮后，十分喜欢，观其茶乌润结实，而味香形美，于是赐名“铁观音”。不过，由于缺少文字依据，关于铁观音的这段传说一直受到质疑。

皇帝赐名，应是乡人附会之说，带有夸饰的成分。那么，究竟是不是王士让发现了铁观音呢，抑或是另一位魏姓老人？这其实已不重要。重要的是，铁观音确实诞生于安溪西坪，且成为乌龙茶中的极品。但此茶为何叫“铁观音”，史籍无载。在唐陆羽的《茶经》、宋蔡襄的《茶录》乃至明许次纾的《茶疏》中均觅不到它的丝毫信息。可知“铁观音”问世不长。

唐代陆羽的《茶经》是世界上首部茶叶专著,但由于资料的限制，陆羽对闽茶一无所知，因此《茶经》中看不到福建种茶的记载。到了宋代，建州茶已享誉天下。文学家蔡襄有感于《茶经》“不第建安之品”，为向徽宗皇帝郑重推荐北苑贡茶，特地写下《茶录》。福建茶叶也第一次进入史册。但蔡襄所推崇的只是武夷山的北苑茶。此时，整个安溪的茶山都还寂寂无闻。万历年间修订的《安溪县志》终于有了安溪种茶的记录，但也只是说：“茶名于清水，又名于圣泉。”明末清初，安溪茶农创制发明了风味独特的乌龙茶。乌龙茶首先传入闽北，后又传入台湾。而“铁观音”则大约出现在清雍正、乾隆年间。这茶的名字有特别，因为它完全跳出了茶的本身。就像闽菜中有一道美味菜肴叫“佛跳墙”一样,想像的色彩浓烈。但“铁观音”出生虽晚，成名却快。一经出现，就风靡茶界，很快便跻身全国十大名茶的行列。

茶博会书画展

铁观音的成名，应该得益于闽南民间盛行的斗茶习俗。

斗茶，起源于唐代，至今仍是流行于闽南民间的一件雅事。参加斗茶者，要自带茶品和水，约定时间地点，在案桌上排开战场，生活煮水，冲泡开汤，而后相互品鉴，决出胜负。因为斗茶与宋代贡茶的朝规有关。地方官绅和富豪为了搜罗到优质茶品上贡朝廷，促使了民间斗茶风行。范仲淹在《和章岷从事斗茶歌》中这样写道："北苑将期献天子，林下雄豪先斗美。""胜若登仙不可攀，输同降将无穷耻。"形象地刻画出斗茶者的不同心态。而亦轼的诗中也有："今年斗品充官茶"之句。

在西坪，在袅袅弥散的茶香中，有人向我讲述了这样一个故事。

乾隆年间，闽南一家茶馆，斗茶正酣。只见一位汉子，打开一个小瓷罐，罐里躺着几络呈螺旋状的茶索，看似不起眼，但空气中却闻到了一股幽幽的清香。问茶名，汉子摇头，只说是来自安溪西坪。接着他利索地洗净杯盏，一往盖碗里放入茶叶。此时，茶炊里水叫正欢，汉子提起茶炊，自高处冲入盖碗，顿时，碗里茶索轻轻旋转开来，像是身着缁衣的女子正从波涛中冉冉升起，水汽氤氲中，茶香四溢。围着惊呼："瞧，观音！""铁观音！"铁观音的名字从此叫响了安溪茶叶。

我被这个简朴的故事深深地打动了。

还用得着再去苦苦寻觅铁观音名字的来历么？还用得着再去叩访魏姓老人当年的托梦处么？

离开西坪，我已经心满意足了。一种经过多番鏖斗后脱颖而出的茶品，自然不同寻常。

安溪有一年一度的茶王赛，赛的便是名茶"铁观音"。

《铁观音的梦》——朱谷忠

一

在重重叠叠翠绿的群山里，在清清澈澈流淌的山溪旁，在飘飘浮浮游移的云雾中，有一种凝青绽绿、清婉绝奇的茶叶，总是以一种挥之不去的醇香，缠绕在世人的意绪之中，这种茶叶，就是中外驰名的铁观音。

铁观音，多么清亮、甘美的茶名。每一次听到这个称谓，我就仿佛听到春天里水鸟的鸣叫，一种"鲜、香、韵、锐"的味感，一种"纯、雅、礼、和"的内涵，也会即刻汇聚到心头。现在，仅有三百多年历史的铁观音，这些年来又异军突起，不仅摘下了中国茶界首枚驰名商标，还在茶产业的发展方面创造了自己的独特模式。使中国和世界许多地方的人，都知道了铁观音，并且向往铁观音、迷恋铁观音，而铁观音的名字，也就永远的香嫩在他们的心里。

铁观音的故乡，也有一个好听的名字——安溪。

二

第一次品尝到铁观音，是20多年前一个秋末的夜晚。那时我还在一家刊物任职，在安溪组稿的几天里，认识了一位写诗的女子。那晚，她执意请我到她家里，在一张周边镶有木格花雕的八仙桌上，用一把瓷装了茶叶，再以滚烫的水，沏出了两杯金黄淡绿的茶汤。我刚喝了一口，就觉得有一股馨香沁入心肺。她问我："这茶好吗？"我沉吟一下，说："我不懂茶叶，但觉得这茶好极了，清鲜香醇，且十分的耐人寻味呢。"她笑道："你说对了嘛，这就是我们安溪的铁观音。"

那天晚上，我和她就这样一边品茶，一边谈诗。记得，她拿出一沓有关铁观音茶叶的诗给我看，在一首题为《铁观音的梦》的诗中，开头她就写道："在铁观音欲滴的绿芽上／香嫩着我的安溪；"其中还有几句，我至今依然记得："莫说茶叶是无言的/那壶嘴划出的半弧/那四溢的清香/就是茶的细语茶的梦"。我当时看了，不禁脱口称好。事实上，那时我还完全不谙茶事，对茶文化更是了解甚少，但我想，在安溪这样的山区县城，有一个女子，能如此准确、形象地勾画出故土，勾画出铁观音的梦，确是十分难得的。从此，“铁观音的梦”几个字，也就悄悄地镂刻在我的心里。

20多年过去了。令人遗憾的是，由于当时工作变动，我离开了编辑部，便和那位写诗的女子一直都没有联系。我至今也不知道她是否还在安溪？到如今，她也在我的记忆中消失了很久，以至于那天晚上有关铁观音的梦的深入交谈中，有许多细节都已无从追寻了。

三

说到铁观音的梦，那只是诗人笔下一种美妙的联想。倘若生活中的人一定要问茶叶会不会做梦，我倒想说：这是个未可究诘的问题。然而这些年来，我有了喝铁观音的习惯后，很多时候都会神秘地领会：铁观音确实有梦的。比如闲时在家，掏出一包铁观音，倒出一粒粒别具资质的嫩蕊，以滚水冲泡，就会看到，那杯中嫩蕊张开，颜色渐次转青透绿，最终舒展成一片片娇嫩的绿叶，茶汤的颜色自然也幻化为金黄溢绿；待清香逸出，捧杯轻啜慢呷，肺腑里尽是珠绿和流云的恩惠；小饮半杯，恍恍然像吸纳了青山绿水的精华，真是心旷神怡，思绪飞越。此时细观茶叶，在杯中沉浮，似脱俗精灵，天生丽质，醇香悠远，韵味无穷，一丝一缕的梦境，便由此飘逸而出了。不过事后细细想来，任谁也会顿然悟觉：原来铁观音的梦：正是通过人的载体得以挥逸出来的。所谓饮茶如入禅、品茗乃韵事，也许说得也是这个道理。由此，再想到“从来佳茗似佳人”的诗句，更会领略

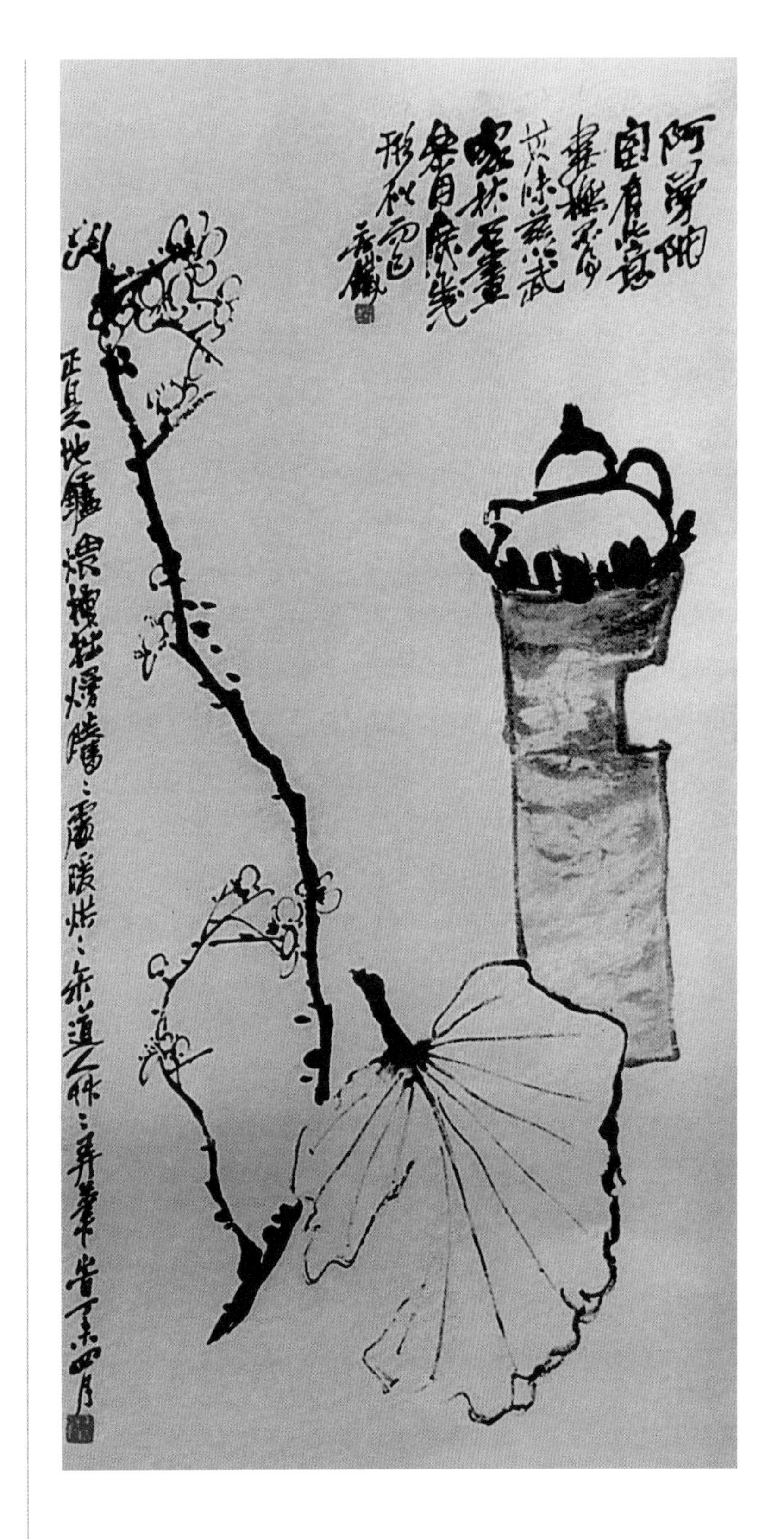

其譬喻之妙了。

四

安溪灵山秀水，乃铁观音佳茗之源。这次重访，深感天翻地覆，变化万千；特别是名茶铁观音屡有创新之举，硕果累累，令人振奋。我观察到，数日里，无论在茶山、茶园、茶厂，都会听到

茶农、茶商、茶人介绍说，安溪的铁观音，之所以能跻身为乌龙茶极品，其品质特征，除了独特的地理环境、气候、土壤、水质等因素，也有赖于优良纯正的茶树品种栽培以及精湛的采制技术。一位技术人员对我说："实际上，任何一种茶叶的出产，都要经过许多辛勤的劳动、认真的伺候、繁复的工序才得以实现的，许多人的辛劳和梦想，从一开始就孕育在茶叶之中，铁观音犹其如此。"听了技术人员的话，联想到近年安溪县提出的"安溪铁观音·和谐健康新生活"的兴茶理念，我突然悟到，以茶为伴的安溪人培育出名茶铁观音，造就安溪人自强不息、开拓进取的精神，也成了百万安溪人富裕之梦的承载；铁观音的梦，原来就是安溪人的梦啊！

五

在盛产名茶铁观音的安溪四坪，在一片一片的茶园里，我看到铁观音茶树总是以翠绿招引阳光，同时看到一群群身着各色衣裳的女人，或手挎竹篮，身背竹筐，缓缓穿行在茶树间。她们像水一样缓缓漫过一丛丛茶树，也让晶莹的汗水从她们脸上、身上细细流下。她们略显粗糙的双手，犹轻犹重地从绿叶上掠过。采和摘这两个动词，让我真正近距离地认识了其中包含的辛劳和希冀。我也俯身摘下一片茶叶，把它捧在手中，看着翠润的色泽，闻着馥郁的微香，想起铁观音充满神奇色彩的梦的暗示，想起20多年前那个写诗的女子用自己的语言去勾画铁观音,演绎铁观音，我的心中不禁充满了一种莫名的想像。只是相隔的季节，不能一同出现,秀美的茶山，也容不下两个时间。也许，她早已离开了安溪；也许，她还在安溪的某地，和所有的安溪人一样，以她的聪慧和禀赋，让更多的人领略铁观音的芳醇，演绎铁观音凝聚的世代茶人的梦。甚至也许，在某年某月的某一天，我和她竟然又会在安溪相遇，在一支好听的闽南茶歌里，相互劝茶，言笑晏晏。

而安溪的铁观音，也会在走动的时间里，继续延绵和展示着永无止境的梦想。

《母性的茶乡》——张冬青

童年记忆里深刻的一件物事就是关于茶的。

老家在闽北山区，少年的我体弱多病，小山村又缺医少药，每逢头疼脑热浑身乏力之时，母亲总是在我脚前的火笼里煨上炭火，扶我俯身桌沿，然后找来满把茶叶掺和细盐粒撒在火笼里。母亲把她身上已经旧成土灰色的士林蓝布围身裙解下来，严严实实地裹罩在我的头顶。一瞬间，整个世界都安静了下来，只听得脚底下火笼里的盐粒和炭火哗剥作响；茶叶熏烧起来的清香和着母亲的汗味洗涤我的全身，不一会儿就浑身轻松通体舒泰。我们老家把这土方叫着"熏盐茶"，且屡试屡爽。因此，我感谢茶叶，她是我的护身符，伴我度过贫寒的少年。

这么些年来，我离家漂泊在外，先是插队，偶然的一个机会考上省城的一所大专院校，然后留在福州的一家文化单位工作。如今看病有医保卡，偶有小恙，便到就近的医院去抓药；间或休闲。也和朋友们一起喝喝茶，却是再也没用过"熏盐茶"，但我时常忆起乡间那种混合着泥土和茶香的疗病法。我总以为，茶该是母性的；她是记忆里茶叶和着盐粒在火笼里哗剥作响的温暖，是母亲那件旧成土灰色的士林蓝布围身裙,是无处不在的母爱和呵护。真正体会母性的博爱和温馨，是在闻名遐迩的闽南茶乡安溪。

今年清明时节我随福建作家"走进安溪——铁观音的王国"采风团造访安溪；我和采风团的成员无一不被这里的满山茶林和氤氲的茶香所吸引。一进安溪境内车行所到之处，满眼是罩眼的新绿；一座座山头，一道道坡坎，一条条整齐有序的茶畦，从山腰到山顶盘旋直上，就像年轻的母亲那青葱庄重的发髻；春风吹过，嫩芽初上的新叶妩媚摇曳，有如母亲一片拂动的发丝，风情万种。主人在一旁忙着介绍，这边种的是铁观音、毛蟹，这边是本山、黄金桂。我们大都没能分辨出来，只觉得满山满坡阳光照耀下的茶林翻银涌绿，还有那些腰缠竹篓，身材婀娜，手疾眼快的采茶女；只觉得养眼养心，内心有说下出的清新自在；勤劳的安溪茶农把绿色的无边织锦织到了天上。安溪县委书记尤猛军介绍说：安溪是铁观音的故乡，境内耸立着115座千米高山，属于亚热带季风气候，雨量充沛，全年大部分时间云雾缭绕，为茶树生长提供了得天独厚的自然条件。这些年来，安溪县委县政府把安溪铁观音作为立县品牌，茶农钱袋子工程来抓，创下了全国产茶县诸多第一。安溪的母亲山应该骄傲，是她养育滋润了自己的子民，还把这份温馨传遍神州，泽被四海。

建在城区中心的“中国茶都”，规模宏大，配套齐全，品位高雅、风格独具，是集茶叶贸易、信息交流，茶文化研究与传播，茶叶科研和茶文化旅游为一体的现代茶业新都市，是国家农业部定点市场，全国重点茶市，年交易额超10亿元。

正是春茶上市时节，交易大厅里熙熙攘攘，人头攒动，满厅馨香，但却听不到那种喧嚣的市声；人们坐在茶桌旁边品茶边谈生意，轻声细语，握手言笑间就有生意谈成。每个茶铺前都有三两村姑或中年妇女或眼力好的老阿婆在斜照的春阳下，专心致志地围着簸箕在挑拣新茶，偶有方言轻声交谈，几乎不出声气；一双双巧手在竹簸箕上划动发出的沙沙声就像是春雨敲窗，银蚕吐丝，金茧破壳；恍惚置身于一个美好的梦境，让人情不自禁地放慢放轻了脚步。

宽敞雅致的茶艺表演大厅里，随着琵琶南曲声声悠扬，一队喝着安溪水长大，身穿粉色旗袍，端庄秀丽，婀娜多姿的本土茶艺小姐，款款走向台前，依次坐下；表演分为洗杯、下茶、冲茶、刮沫、倒茶、点茶、闻香，整套程式则提升为诗化的意境，曰：白鹤沐浴，观音入宫，悬壶高冲，春风拂面，关公巡城，韩信点兵等。一招一式从容典雅，回眸颔首灵韵尽现。当美丽的茶艺小姐用牙白的瓷盘托着泡好的茶盅向你一步三摇走来，你就不由自主地起身，拱手接过温热的茶盅，就像是见到了自家待嫁的妹妹或邻居出阁的新娘，恍若观音再世，玉女下凡；轻轻呷一口杯中玉黄色的茶汁，顿觉馨香满口，整片味蕾都欢畅起来。

茶艺厅再往里行不远，就是万壶馆，狭长的壶馆展厅里，错落有致地摆满了数万只材质造型、色彩各异的茶壶,有紫檀木的玻璃的金属的，更多则是宜兴紫砂的，有方的圆的扁的六角瓜状船型的，有小如核桃大如提桶的，有明代制壶大师时大彬的神钟壶，当代工艺大师顾景舟的仿清汉扁壶，还有几百年前由海上丝绸之路传入的波斯罗马等国的金属名壶，仅祖居安溪的著名印尼华侨唐裕先生捐赠的各类珍贵名壶就有两万多只，真似个万国茶壶博览会。我一个人走在采风团的最后，目不暇接，流连忘返。一时间，我觉得展馆里那些中空凸起的茶壶就像一个个身怀六甲的秀美孕妇；壶底下有微火漾动，壶盖在扑扑作响，仿佛她们在窃窃私语，交流着孕育新生命的喜悦；展馆内暗香浮动，每只壶嘴里都随时可能流溢出金黄清香的汤汁。

我还想在这里说一下，那个姓名三

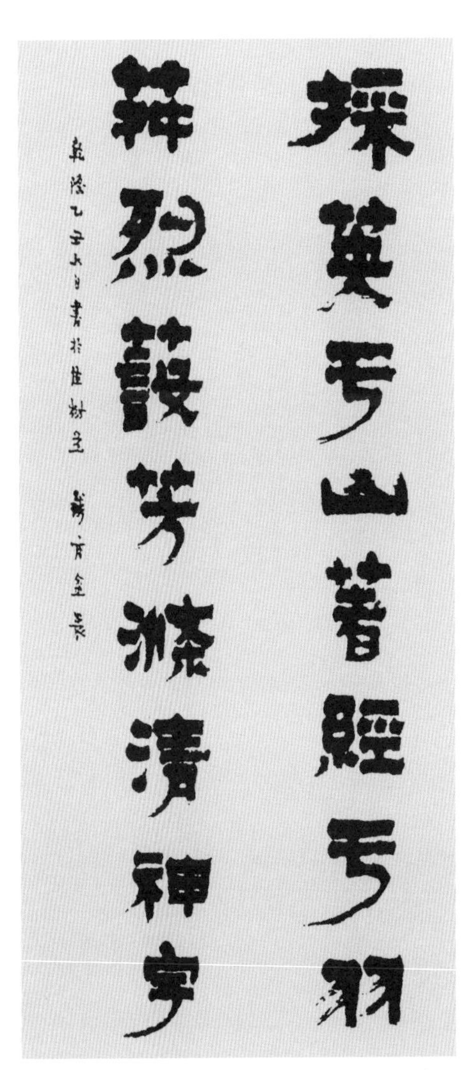

安溪茶联

个字里有两个带水，年过半百人称“茶痴”的安溪县委副书记陈水潮，这么一个给人感觉亲切随和的闽南汉子，硬是放着泉州市水产局局长第一把手的位子不坐，要求组织给予调回安溪老家，继续从事他的茶叶研究事业，这个陈水潮书记好生了得，站着和客人喝酒打通关，五十多度的白酒一杯接一杯地干，目光炯炯面不改色，当坐下来议起茶俗茶经茶道，却又娓娓道来如数家珍，目光温柔明净的能拧出水来；真想像不出他当年西装革履地在联合国会议上作“铁观音茶文化”演讲时，在外国人眼中是个什么形象，是彬彬有礼的东方绅士，抑或就是普度众生的“观音”？

我在那位集企业家美术家书法家于一身的安溪铁观音集团董事长林文侨先生的安溪茶厂里，又找回了童年时母亲为我“熏盐茶”的感觉。厂房里几十个一字儿排开两米多高的茶灶，深深的灶膛内明火漾动，金红飞舞；砖灶内焙烤出的茶香一阵阵飘荡，弥漫整个厂房，让人心地澄明，神清气爽，有如梦中飞翔。这种感觉就像评论家在议到北村小说时所描述的那样：这是上帝的国，一片受了礼的土地，在这里，圣灵荡涤了肉身的污浊，友爱和歌声带来了福音；宛如“刘浪听着均匀的水声，似乎有一只手在摸着他的心，他感到舒服极了，好像当年躺在母亲陈氏的怀里，用不着思想，有着绝对的安全感”。而我似乎就是那个名叫刘浪的男人。

安溪，母性的茶乡，温柔而又美丽的茶乡，我要用心为您歌唱。

《铁观音铁哥们》——南强

前不久，突然接到一位久违朋友L君的电话，说他近来也爱上了茶，并在湖东路开了一家专售铁观音的小茶庄，请我到福州时一定来坐坐。

这让我有点吃惊，勾起了许多往事。20多年前，我们在一个文学讲习班上认识。其时他在企业搞推销，我在中学当教师。没有职位，也没有钱，只有满脑子的文学梦想。凭心而论，我们，还有讲习班的许多同学，都在做这个梦。一半因为兴趣，一半也因为想改变自己的命运。而在那时，文学也确实能改变人的命运。我们以刘心武，史铁生，苏婷等人为样榜，几近狂热地谈论着文学。同时也狂热地尝试着创作。或许是有同样的爱好与追求吧，从此我们常来常往，除了创作上相互支持，生活中也相互帮助，成了很好的朋友。用后来的的流行话说就是“铁哥们”。而细细一想，这在实质上就是一种至为珍贵的团队精神。

我们的交往延续了将近10年，之后慢慢淡了下来。主要原因，是各人的工作和生活都发生了很大变化。或许忙于各种各样的俗事吧，没有放弃创作，却已不再做梦。随着日子一天天过去，文学在脑子里越来越模糊，交情却越来越清晰。虽然平时很少联系，但在心目中，我却始终记住，曾有过他这样的一个“铁哥们”。

如今，我已从纷纷扰扰的名利场上淡出，有许多时间去做自己感兴趣的事情了。其中很重要的一件事就是研究茶文化。中国茶文化，具有悠久的历史和精深的内容。福建又是中国茶文化的重要基地。犹其是乌龙茶，占据着一个特别的位置。无论是大红袍还是铁观音，都有着令人着迷的韵味。在品尝茶韵的同时，我也交了许多茶友。而根据我的观察，大凡真正爱茶之人，心性平和者居多，大都信奉“君子之交淡如水”的古训。然而一旦交往多了，更易成为“铁哥们”，在许多方面给予你真诚的支持与帮助。

这一点，我在铁观音的发源地和流行区，感受更深。铁观音由来已久，真正崛起而誉满天下，则是近20年的事。而这一历程，与闽南的经济发展几乎同步。据有关部门统计，2005年仅安溪一县的铁观音产值已达40个亿，在中国茶产业中的比重据第二位。只要有卖茶的地方必定有铁观音，只要喝茶的人必定知道铁观音。在某些特定地域，铁观音几乎已成了身份的象征，时尚的代名。铁观音能在短短时间内取得如此巨大影响，与安溪人的团队精神有很大关系。换一句话说，安溪人是都是“铁哥们”。正是凭借着百折不挠，坚定不移的这种精神，成千上万个铁哥们抱成团，才打造出了铁观音的铿锵品牌，改变了许许多多人的命运！

如今L君仍在职位上，心情却已日趋平淡；工作之余，喜欢品茶犹其是品铁观音，以至于开起茶庄来。“这个茶庄其实赚不了钱，但就喜欢这样玩玩。一闻到铁观音的香气，我的心情就特别舒畅；而另一方面，常来这茶庄的，不仅是爱茶之人，还有许多‘铁哥们’。一边品铁观音，一边谈天说地，真是惬意极了。”这话，又让我生出许多感慨。联想到近年来时常看到一些对国民劣根性的批评。其中相当一部分是指责中国人缺乏团队精神，喜欢门里斗。从这个角度看，如果每一个中国人，都能站在统一的立场上，有这种“铁哥们”精神，那还有什么事情办不成？什么事情不快乐呢？

人生需要铁观音，也需要铁哥们，而当这两者一旦结合，你的生活便上升到了一个新的境界。妙哉，妙哉！

《且到寒斋吃苦茶》——周梦佳

我喜欢喝茶，始于三十岁以后。那时，少年的激情已被岁月渐渐磨去了菱角，经历的不断坎坷，看着茫茫红尘太多的无奈，借茶来品味人生。屈指数来，也近十个年头了。喝茶喝到如今，竟也喝出一点味来。

年初，好友家设一茶室，供家人奔波忙碌一天之后，聊作休闲之用。茶室设计的古朴典雅，颇合茶道之境。主人嘱我写几个字为其补壁，这使我有些为难。我非茶人，亦非书家，然朋友之命难违，思索再三，信笔写下“且坐吃茶”篆书一幅。字虽平平，可内容却很自得。朋友见之，以为俗了一点，我笑而不答。茶原是寻常之物，无须把她看得高深莫测，世间万事万物，何必要苦苦去追求一个自以为圆满的结果呢，不如坐下来，喝一杯茶。能悟到这一点道理，那是茶人晓茗兄的点拨。

记得一年前，几个朋友来寒斋赏石。晓茗兄带来西坪铁观音相邀品之，席间，晓茗兄问大家，此茗何香？有答如兰、如檀、如玫瑰，晓茗兄微笑而不作点评。这使我十分纳闷，多少个夜深人静时独自沉思。近日，我才恍然大悟，佛就是心，心就是佛，此茗之香就在你心中。由此，我联想到赵州从谂大和尚的“吃茶去”之名言。大师把世间一切事物以“吃茶去”来解答，不就是启发学僧到生活里去体验禅吗。而我们为什么不能从生活里去品茶悟道呢？这就是我对茶的认识，也就是我写这四字的涵义。

其实，茶这个东西，可谓仁者见仁，智者见智。茶原本是生活中的寻常之物，一旦文人的介入，就提升为道，其内涵也就无限地延伸了。打个比方来说，茶如同一部百科全书式的《红楼梦》，每个人均可以从不同角度和需求出发，来寻出各自不同的内容和答案。故中国茶道与佛教、道家、儒学结下了不解之缘，在品茶的过程中，达到物我皆忘，天我为一的境界。我以为，品茶最好是雨天在窗前一人独品，思过去，想未来，以平常心审时度势，把握自己未来的命脉。但我更喜欢邀三二好友，或吟诗、或谈艺、或赏石、或品曲，其乐融融，暂时抛却生活中的一切烦恼。如果有朋友和我有同样心情的话，且到寒斋吃苦茶。

〖安溪茶诗〗

与道人介庵游历佛耳，煮茶待月而归

五代·詹敦仁

活火新烹涧底泉，与君竟日款谈玄。

酒须迳醉方成饮，茶不容烹却足禅。

闲扫白云眠石上，待随明月过山前。

夜深归去衣衫冷，道服纶巾羽扇便。

安溪茶歌

清·释超全

安溪之山郁嵯峨，其阴长湿生丛茶。

居人清明采嫩叶，为价甚贱供万家。

迩来武夷漳人制，紫白二毫粟粒芽。

西洋番舶岁来买，王钱不论凭官牙。

溪茶遂仿岩茶样，先炒后焙不争差。

真伪混杂人难辨，世道如此良可嗟。

吾衰肺病日增加，蔗浆茗饮当餐霞。

仙山道人久不至，井坑香涧路途赊。

江天极目浮云遮，且向落庭扫落花。

无暇为君辨正邪。

雪水烹茶

清·官献瑶

其一

雪水胜如活水烹，未须着口已心清。

汤看蟹眼初开鼎，叶煮莲须细入瓶。

满颊生香知腊味，一时高唱起春声。

思家不寂寻常惯，共对瑶华听鹤更。

其二

雨前茶向雪中烹，雪碧茶香澈底清。

疑有春风生兽炭，胜邀明月倒银瓶。

黑甜迟入梅花梦，白战交霏玉屑声。

猛省年华真逝水，地炉夜夜煮三更。

茶清

清末·连横

安溪竞说铁观音，露叶疑传紫竹林。

一种清芬忘不得，参禅同证木犀心。

清末·林鹤年茶诗

莲洞茶歌

采茶莫采莲，茶甘莲苦口。

采莲复采茶，甘苦侬相守。

山茶

千里贱栽花，千村学种茶。

根难除蔓草，地本厚桑麻。

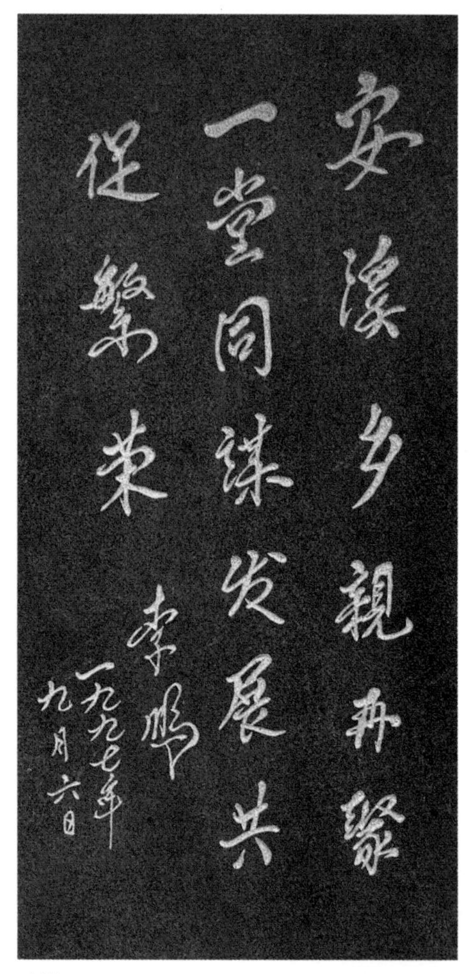

碑刻

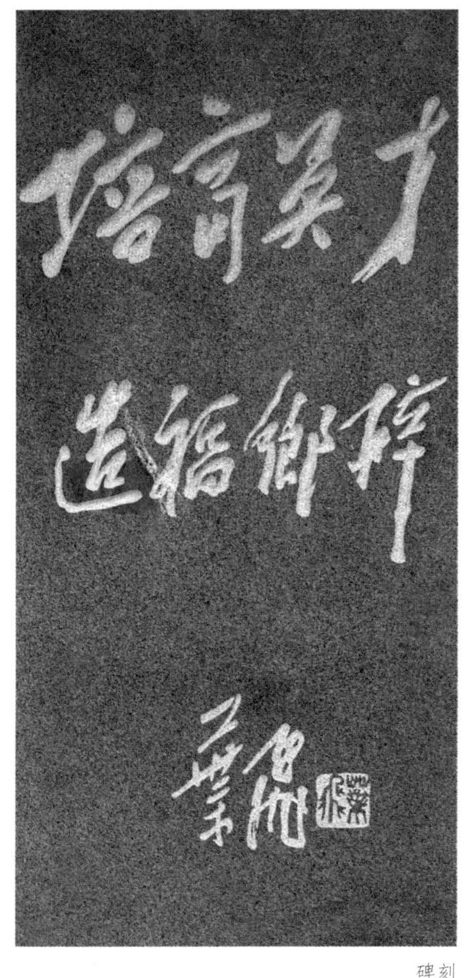

碑刻

谷雨抽香萩，花风绽玉芽。

如何龙凤碾，出自相公家？

山楼雨望酬文田叔

坐看微云起，雨从西北来。

溪痕长频藻，石气润莓苔。

泼墨浓如画，焚香净不埃。

群儿驱犊返，小婢报花开。

斜日淡蓑影，凉风入酒杯。

偶逢诸父老，闲与话蒿莱。

生意动林际，杉茶遍户栽。

涉　园

涉园成趣静相宜，偷得闲身补旧诗。

茶熟山妻长对品，花开小婢惯先知。

方塘雨过鱼偏活，野槛云移鸟自嬉。

十二明窗临水遍，捲帘风试薄绵时。

一樽聊为故人开，短彴长廊扫绿苔。

戏掷诗牌同斗草，纠参觞政陋猜梅。

桃寻源里评花甲，李拨炉边忆芋魁。

到底山中多岁月，神仙当贵付深杯。

携粤厦眷属避乱还安溪

杜陵兄妹滞天涯，此日团圆聚一家。

到底故山风物好，隔篱花雨课春茶。

万山风雪掩柴门，世外朱陈别有村。

始信桑麻成福地，人间何处不桃源。

王泽农茶诗

一

安溪芳茗铁观音，益寿延年六根清。

新选名茶黄金桂，堪称妙药保丹心。

久服千朝姿容美，能疗百病体态轻。

茶叶奇功说不尽，闽南风味故人亲。

二

安溪金桂铁观音，齿隙留香味悠悠。

碧叶镶缘红朴朴，质重如铁金汤稠。

潮汕烘炉玉书碾，孟臣罐酌若琛瓯。

瓯瓯好茶联侨谊，健神健骨暖心胸。

童颜鹤发百岁翁，明眸皓齿丽姿容。

窈窕腰身随风舞，怀珍脱颖经典穷。

外洋环流家乡水，闽南奇茗具奇功。

庄晚芳茶诗

安溪奇茗铁观音，敬饮一杯情意深；

心性修身养俭德，侨乡茶地结良缘。

乌龙品色比优美，珍贵名种齐振兴；

莫忘传经植艺者，神香禅味留人间。

虞愚茶诗

舌根功德助讴吟，碧乳浮香底处寻。
尽有茶经夸博物，何如同享铁观音。

安溪人茶诗

其一

云蒸蝉翼已轻扬，飘入庄园溢馥芳。
雅座高吟逢胜友，清茶细品揽春光。
流香雀舌延诗梦，烹雪龙涎洗俗肠。
浪漫情怀常涌动，甘霖汩汩化新章。

其二

烹来勺水浅杯斟，尽不余香舌本寻。
七碗漫夸能畅饮，可曾品过铁观音？

其三

一瓯雀舌碧盈盈，两腋清风习习生。
诗韵何曾回味尽，惹人怀念故乡情。

其四

款款有致入仙境，纤纤玉手沏香茗。
为君寻得观音韵，色香味形有神功。

〖安溪茶联〗

1、白茶特产推无价；石笋孤峰别有天。（安溪现存最早的茶联）

2、清泉尚流远；溪景品茶香。

3、似诗似画安溪县；如露如泉铁观音。

4、人游仙苑防茶醉；水出清溪带酒香。

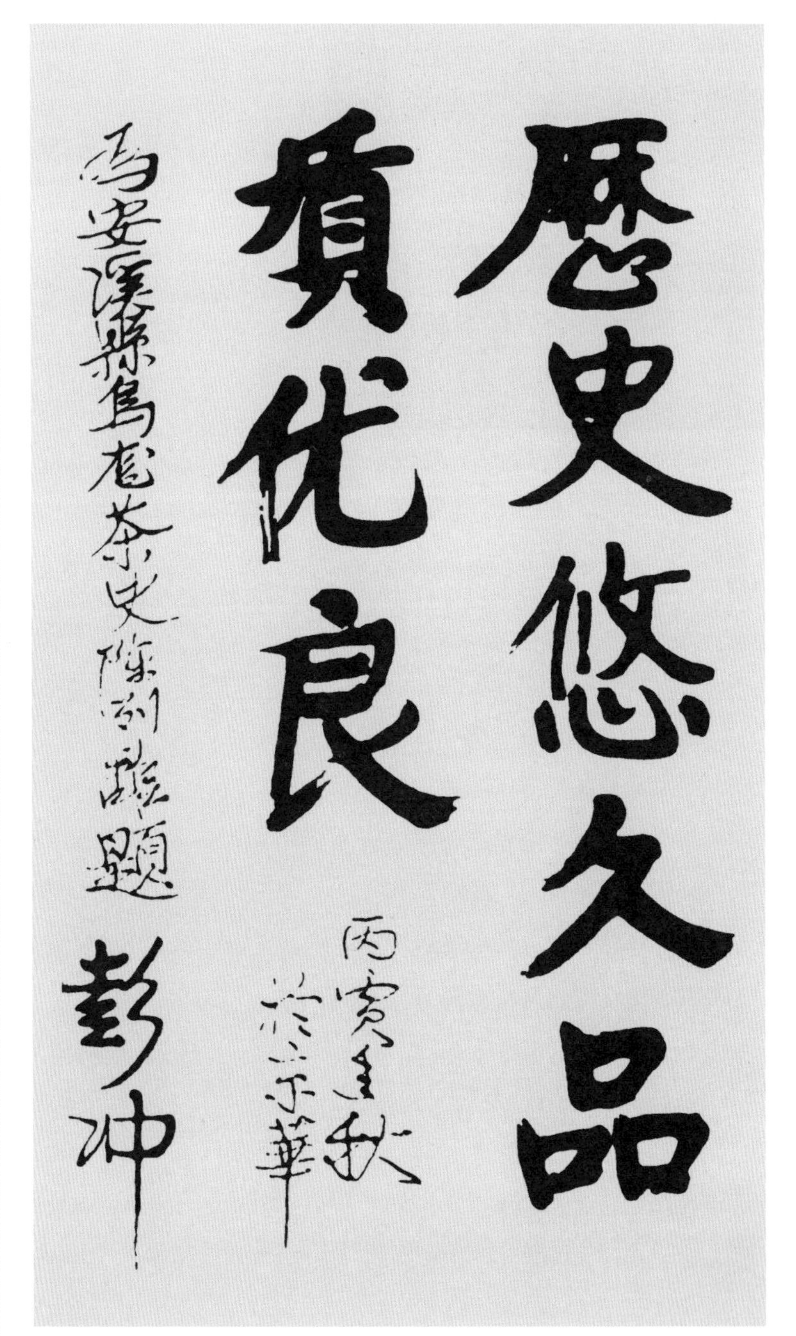

安溪茶联

5、汉史唐诗书满成云洞；陶瓯瓷壶茶香打石坑。

（“成云洞”，是安溪著名的名胜古迹，清初又名李文贞公读书处，位于安溪县湖头镇龙贵山麓。“打石坑”即传说中名茶铁观音“魏说”发源处。）

6、梦境成真，数载亲情金不换；蓬莱话旧，一杯浓意铁观音。

（“蓬莱”是安溪著名的侨乡，位于蓬莱山上的古刹——清水岩，是闽台各处群众信仰的佛教圣地，宋初就以盛产清水“岩茶”而闻名。）

7、水汲安溪，香色长凝云雾质；经传陆羽，风流独揽铁观音。

8、千年孔圣庙，名闻遐迩冠八闽；一泡铁观音，香醉海天誉五洲。

9、安邑从来多俊彦，有詹开先重教、李相国政绩、张读首登金榜、启元名列前茅，勋名显赫传千古；溪山自古产好茶，看铁观音过海、水仙种飘洋、黄旦美称佳茗、本山誉驰东南，韵味清香著迩遐。

10、安栏远眺，歌山川灵秀，千秋史册溢芳芬，遥思周朴赋诗、敦仁重道、张读题榜、朱熹弄墨、尚书光地勋名著，栋梁辈出无穷尽；溪水长滋，喜改革振兴，百里城乡争焕发，伫看潘田献宝、剑斗生辉、凤华驰誉、福德裁云、香茗乌龙玉乳凝，儿女风流正可期。

〖安溪茶歌〗

安溪茶乡人民千百年来种茶、品茶、唱茶，处处茶香处处歌。每逢采茶季节，茶园里的采茶姑娘与忙碌在田间的英俊小伙子边劳动边对唱茶歌，茶山成了对歌台。清初同安诗人阮曼锡就作有《安溪茶歌》，为清乾隆《泉州府志》所收录。古老的安溪茶歌以闽南方言及安溪歌调演唱，语言通俗，曲调优美，内容丰富，形象鲜明。这些茶歌或表述茶乡的生活感触，或体现爱情生活中的悲欢离合，或反映茶乡今昔的巨大变化，特别是反映爱情生活为主题的茶歌，从初识、盘问、赞慕、相思、规劝、结婚、离别等环节的唱词含蓄隽永、感人肺腑。安溪茶歌世代相传，妇孺能唱，在全县主要产茶区广泛流传，不少茶歌被录为音乐资料片，现已收集整理《种茶歌》、《茶山情歌》、《日头歌》、《满山茶叶满山香》、《请茶歌》等民间茶歌50多首，收录在《中国歌谣集成·福建卷》（安溪县分卷）中，其中《茶乡组歌》还荣获福建省第三届“武夷之春”音乐会创作奖。

1988年，安溪县举办“铁观音杯”全国征歌大奖赛，由时任中国音协主席李焕之担任大赛评委会主任，征得现代茶歌2054首，并由海峡文艺出版社出版《飘香的歌》选集。1988年10月，“飘香的歌”大型演唱会在安溪举行，著名歌唱家关牧村、姜家锵等同台演出，其中由石祥、胡强、张丕基等著名词曲作家创作的《想念乌龙茶》、《南音与铁观音》、《安溪人待客茶当酒》、《人到安溪不想走》、《敬你三杯铁观音》、《观音韵》等佳作名曲在茶乡大地广为传唱。近年来，安溪县委、县政府邀请国内名家、专家深入安溪采风，组织本县文化工作者深入基层，体会生活，创作了大量的现代茶歌。谨录部分如下：

我从安溪茶乡来

林耀邦　词

一

我到安溪茶乡去，
采集了一路茶香。
走过茶园的芳香路，

茶　舞

茶艺表演

歇过担青的绿茶岗。

抿一口茶哥的铁观音，

余香悠长情悠长。

噢，我的朋友，我的朋友。

那摇青的长笼，那揉茶的圆盘。

香醉了香醉了，我的心房。

啦啦啦啦……

二

我从安溪茶乡来，

带给你满身茶香。

泥香沾满你的小台阶，

香雾抖落你镜台旁。

学一段阿妹的采茶舞，

香韵甩到你花裙上。

噢，我的朋友我的朋友，

我呼吸的气息，

我描摹的风情，

薰香了薰香了，

你的门窗。

啦啦啦啦……

想念乌龙茶

刘薇　词

思念故乡树，想起乌龙茶。

也许想茶意味着想妈妈。

每当我惆怅的时刻，

想着它想着它。

就像和妈妈一起品名茶。

想念故乡花，想起乌龙茶。

茶艺表演

采茶舞

“铁观音杯”全国征歌大奖现场

也许想茶意味着想起她。
每当我失意的时刻，
想着它想着它。
就像和恋人漫步在茶林下。
思念故乡人，想起乌龙茶。
也许想茶意味着想回家。
每当我孤独的时刻，
饮着它饮着它。
就像和亲朋一起制名茶。
我没忘啊我没忘，
安溪家家出名茶。
芳香遍九州，芳名满天涯。
喔喔喔……

寄给你一包观音茶

步春、泉星　词

一包观音茶寄给你，
寄给你一片清香。
你会想起安溪茶林的鸟语和月光。
一包观音茶寄给你，
寄给你一片遐想。
你会想起安溪茶林茶歌在飞扬。
一包观音茶寄给你，
寄给你一片思量。
你会想起安溪茶林曾为你唱歌的姑娘。
一包观音茶寄给你，
寄给你一个故乡。

茶舞表演

茶舞表演

连同妈妈深情的祝福都寄给你珍藏。

南音与铁观音

石祥　词

一

饮一杯铁观音，唱一曲南音。

歌声里有茶香，茶水中有歌韵。

哎，南音铁观音，铁观音南音。

味儿一样浓，情呵一样深。

歌与茶，同是闽南二件宝。

茶与歌，同出闽南一条根。

二

饮一杯铁观音，听一曲南音。

闽歌逢知已，品茶倍思亲。

哎，南音铁观音，铁观音南音。

饱含多少情呵，温暖多少心呵。

歌与茶，海阔天空比飞。

茶与歌，品不够哟唱不尽。

铁观音

阎肃　词

一缕醇香捧与君，

甜了友谊醉了心。

借问茶香来何处，

安溪乌龙铁观音。

安溪乌龙铁观音，

千年茶都育芳魂。

倾倒天下闻香客，

纯雅礼和结知音。

结知音，伴着关公巡城，

陪着韩信点兵，滴滴送温馨。

送温馨，伴着清风香露，

陪着明月瑶琴，杯杯都是情。

【安溪茶舞】

20世纪90年代以来，随着茶文化的发展和舞台表演的需要，安溪县文艺工作者创排了大量群众喜闻乐见、文艺质量高的茶文艺节目，比较突出的有舞蹈

茶舞表演

《乌龙茶的传说》、《采茶扑蝶》、《欢乐的制茶姑娘》、《品茶王》，《斗茶》，《迎茶王》，《茶乡情韵》，《凤凰山，出观音》以及南音作品等，其中不少茶舞多次参加北京和福建省大型文艺活动演出，在泉州、安溪多次参加大型的广场文艺表演和踩街活动，深受广大观众的好评。

闽南高甲戏

安溪茶戏剧

安溪民间高甲戏的演出活动，最早见于清末民初的湖头清溪宫子坑头“新春兴”戏班。民国中期，演戏逐步成为社会上一种营生之道，班主竟相开业，蓬莱、西坪、长坑、官桥、虎邱等各地纷纷建立戏剧团。1955年，安溪成立高甲戏剧团，创作演出一

提线木偶戏

南戏

南音演奏

批杰出的代表戏，并以其通俗化和各种“丑”的“特技”表演及丰富的内容扬名剧坛内外。1985年，该团创作的高甲戏《凤冠梦》晋京演出获全国“优秀剧本奖”。1995年又创作高甲戏《玉珠串》再次晋京演出，获中宣部“五个一工程奖”、文化部“文华新剧目奖”、“文华剧作奖”、“文华导演奖”、

提线木偶

“文华表演奖”、中国文联“曹禺戏剧文学奖”。1996年以来，剧团《老鼠嫁女》、《送珠》、《群丑献艺》、《相马》等戏曲歌舞先后10次参加中央电视台春节联欢晚会、戏曲联欢晚会等演出。并多次应邀到新加坡、香港等地演出。

主要有《詹典嫂告御状》、《茶乡曲》、《茶花情》等10多部。

【茶影视】

茶影视有《乌龙茶的传说》、《茶韵》、《乌龙茶香飘钓鱼台》、《安溪斗茶》、《安溪“寻茶”》、《中国茶都巡礼》等。2003年，由安溪县人民政府投资拍摄，著名导演郭宝昌执导，著名演员范冰冰主演的20集电视连续剧《婀娜公主》，该剧充分展示安溪茶文化的深厚底蕴和神奇魅力。安溪县人民政府还先后制作数十部茶文化专题片在中央和省、市电视台播出，如中央电视台“中国旅游”、“天涯共此时”等栏目，并从不同视角宣传报道安溪的茶文化。

《铁观音传奇》——三十集古装电视连续剧

《铁观音传奇》以厦门作家夏炜长篇小说《铁观音》为蓝本，以中国名茶铁观音的由来为主线，将民间广为流传的关于铁观音起源的两种传说巧妙结合，以“和谐”为主旨，将中国茶文化的“纯、雅、礼、和”融入剧中，在挖掘中华茶文化历史传奇的同时，展示了人与人之间以茶会友共建和谐社会的高尚品格。

清乾隆年间，福建安溪才子王士琅在安溪贡茶甄选大赛上以一泡无意中从一高人手中得来的奇茶，一举击败众茶商，获得安溪焙茗状元，并获得将此茶进贡给乾隆皇帝的机会。同时，王士琅还于贡茶大赛上遇到了自己的意中人，安溪举足轻重的大茶商李三成的女儿李

剧组宣传现场泡茶

铁观音传奇剧照

导演李力安

霁云，却不想，他的手足兄弟，从小一起长大的、全安溪最大的茶商陈相贵之子陈鸿逵也对李家小姐一见钟情。自此，为两人日后的明争暗斗埋下了火种！不日之后，王士琅携带奇茶与陈鸿逵一道进京赶考。出人意料的是，与王士琅青梅竹马，一直暗恋王士琅的陈鸿逵之妹陈玉萱也女扮男妆，尾随两位兄长进京赶考，期间闹出一连串笑话……

该剧为香港名导李力安导演，诸多明星联袂出演。

《婀娜公主》——20集电视连续剧

婀娜公主宣传海报

北宋末年，徽宗小女儿婀娜公主自己到翰林院选了年轻大学士谭义进宫为师并爱上了他，不料谭义刺杀奸臣蔡京未遂亡命天涯。徽宗令婀娜远嫁西夏，婀娜却让贴身婢女紫竹替代自己，不料前来相亲的西夏王子却对“假婀娜”一见钟情。婀娜抗旨出宫，带着紫竹，直赴闽南安溪寻找自己心爱的谭公子。西夏王子欲一睹婀娜深爱之人的面目，一路跟踪“假婀娜”，也来到闽南安溪。蔡京派杀手千里跟随婀娜，设下重重陷阱捕杀谭义，婀娜拼死相救。怎奈谭义在家乡已有指腹为婚却未过门的茶女——花溪女，三人在官府的追杀中躲避进深山一座小木屋，婀娜和溪女谁都不肯退出情场。为诱谭义露面，蔡京命人将谭义父母尽数杀害，溪女不顾生死，与形似谭义的提线傀儡拜堂成亲并以谭家媳妇的身份送葬。婀娜为溪女义举震憾，忍痛将谭义托负给溪女，自己欲循入空门。闽南斗茶大会，为刺杀蔡京，谭义中计陷蔡京之手，存亡之际，婀娜以公主身份救下谭义。蔡京派人毒杀谭义，溪女为救谭义中毒，临终前复将谭义托负给婀娜，婀娜却无语而去。……蔡京终于在天怨人怒中下野，谭义亦孤身离开京城，来到闽南安溪茶乡做一县令。一年后，他在深山的小木屋里惊讶地看到一个茶女坐在窗前，当那茶女转过脸时，他没想到的是……

《婀娜公主》由香港影商投资，郭昌宝执导，范冰冰饰婀娜公主，斯琴高娃，李解等出演主要角色。该剧是反映安溪茶文化的一部电视连续剧，它的主要情节都是虚构的，人物只有蔡京和宋徽宗等少数几个人是真实的，但这部电剧并非戏说，而是一部真实反映人物情感的古装剧。

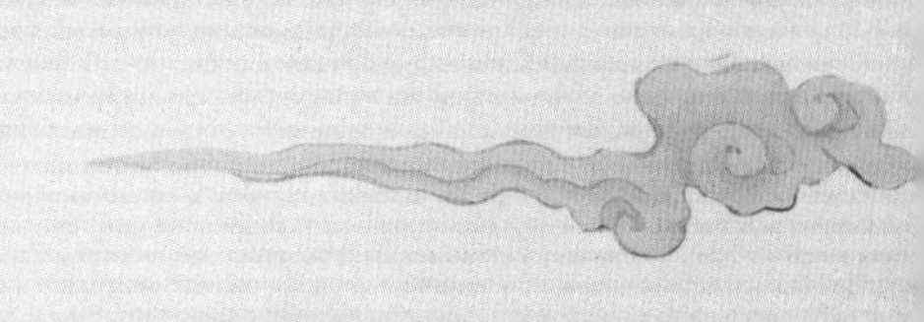

第十六章
附　录
FU　LU

安溪铁观音证明商标使用管理规则

第一章　总则

第一条　为维护安溪铁观音名茶在国内外市场的信誉，保护生产者和消费者的合法权益，促进这一世界名茶、国优名牌产品健康发展，根据《中华人民共和国商标法》，制定本规则。

第二条　安溪铁观音证明商标是经国家工商行政管理局商标局注册的证明商标，用以证明具备安溪铁观音特定品质的标志；安溪县茶叶总公司是该证明商标的注册人，享有该证明商标的专用权。

第三条　安溪县茶业总公司是经安溪县人民政府批准成立的全民事业单位，负责管理全县的茶叶生产、加工、销售、质量、科研等。具有独立法人资格。地址：福建省安溪县中国茶都E栋二楼，法定代表人：刘青洲电话：0595—23227399，23227389。

第四条　使用安溪铁观音证明商标，须经本规则规定的条件、程序提出申请，由安溪县茶业总公司审核批准后方能使用，否则，任何单位和个人均无权使用。

第二章　申请使用证明商标的条件和程序

第五条　凡从事生产、经营安溪铁观音的单位和个人，并具备下列条件者，均可申请使用安溪铁观音证明商标：

一、品种产地：品种系1984年11月全国茶树良种审定委员会审定的正从安溪铁观音：产地在安溪县境内的西坪、虎邱、大坪、芦田、龙涓、祥华、长坑、蓝田、感德、剑斗、湖上、金谷、凤城、城厢、官桥乡龙门、魁斗、参

黄金海岸妈祖像

茶摄影展

茶摄影展

内、湖头、福田、桃舟、尚卿、蓬莱、白濑等24个乡（镇）。

二、采制方法：采摘标准为“小开面”和“大开面”；做青程度为半发酵；初、精制方法按福建省地方标准《乌龙茶标准综合体》（DB35/T1031-2000）中《乌龙茶采摘技术》、《乌龙茶初制技术》和《乌龙茶精制技术》的要求制作；

三、品质特征：成茶外形条索紧结、肥壮、沉重、匀整；色泽油润、红点明显、带砂绿色；内质香气浓郁持久，具有天然花香味（似桂花、兰花、栀子花香）；汤色金黄明亮；滋味醇厚鲜爽、“观音韵”（品种独特的风韵）明显，回甘性强；叶底软亮、匀整、红边明显。具体必须符合福建省地方标准《乌龙茶标准合体》中《乌龙茶成品茶》的有关规定。

第六条申请使用安溪铁观音证明商标按下列程序：

一、申请单位或个人向安溪县茶业总公司递交《安溪铁观音证前商标使用申请书》一式两份；

二、安溪县茶业总公司派员对申请单位或个人进行实地综合考察，并对铁观音产品当场抽样带回检测；

三、检测和综合审查合格后，与其签订《安溪铁观音证明商标许可使用合同书》，并报国家商标局备案，然后，颁发《安溪铁观音证明商标准用证书》。

第三章　使用证明商标的权利义务及违规责任

第七条　使用安溪铁观音证明商标的权利和义务：

一、准用安溪铁观音证明商标的单位和个人，凭“准用证”和每批安溪铁观音产品检验合格报告单，向注册人领贴防伪“安溪铁观音”证明商标；

二、使用安溪铁观音证明商标的单位和个人，其产品应接受安溪县茶业总公司下设的安溪县乌龙茶量检测中心站的不定期抽检；

三、使用安溪铁观音证明商标按规定向注册人交纳管理费，根据其产品的销量二年一次性交纳：50吨以下1000元，50-100吨2000元，100-300吨6000元，300-500吨10000元，500吨以上20000元。

四、安溪铁观音证明商标准用证书有效期为二年，要求继续使用者，应在有效期满前90天内重新签订《合同书》和更换《准用证》。

五、安溪铁观音证明商标使用权不可擅自转让给其他单位和个人使用（含变相行为）。违者，一经发现，查实，处以1万元以上，5万元以下的罚款；情节严重的报请有关执法机关处理。

泉州洛阳桥

六、未获准或取消安溪铁观音证明商标使用权的单位和个人，可在接到批复后15天内向当地工商行政管理部门提出申诉，注册人应尊重工商行政管理部门的意见。

第八条　使用安溪铁观音证明商标违规应承担的责任

一、如发现超出规定使用范围或产品的特定品质不合格，要及时整改，情节严重的，报请有关执法机关依法查处；

二、凡违反本规则而引起的经济责任，由商标使用者无条件承担；

三、凡违反本规则第二章第五条规定的，由安溪县茶业总公司撤销其使用权，收回《准用证》，造成损失的，由其赔偿；

第九条　自动放弃安溪铁观音证明商标使用权或使用权被撤销的，由安溪县茶业总公司公告于众。

第四章　对证明商标的管理

第十条　安溪县茶业总公司是该证明商标的日常管理工作机构，负责本规则的具体实施；负责对该证明商标的产品全方位跟踪管理；协调有关执法部门做好该产品质量的监测工作，依法打击违法违规行为；联合加工企业及有关单位，做好安溪铁观音的宣传、保护工作，严防在安溪铁观音种植区域内，钻安溪铁观音的习惯简称——“铁观音”的空子，以“铁观音”为品名进行包装物印刷和产品营销的侵权行为。

第十一条　安溪铁观音证明商标受到侵害时，安溪县茶业总公司有权根据有关法律法规，请求工商行政管理部门处理或向人民法院提起诉讼。

第十二条　安溪铁观音证明商标的产品特定品质由安溪县茶业总公司下设的安溪县乌龙茶质量检测中心站检测。

第十三条　安溪铁观音证明商标管理费实行专款专用，主要用于申报产品的考察、检测、评审、监督，受理商标案件的投诉和查处，做好商标的宣传、公告等。

第五章　附则

第十四条　本规则由商标注册人负责解释。

第十五条　本规则经国家工商行政管理局商标局批准公告之日起生效。

安溪县茶叶行业自律公约

为增强我县茶叶行业的诚信守法经营观念，加强行业自律管理，提升安溪茶叶在市场上的竞争力和形象，推动“现代山水茶乡”建设，根据国家有关法律、法规之规定，制定本公约。

第一条　本公约所称茶行业是指从事茶叶种植、加工、包装、销售、科研等活动的行业总称。

第二条　茶叶行业自律公约的基本原则是诚信、守法、公平、规范。

第三条　凡安溪县茶叶协会会员和会员单位将视为自动加入本公约。倡议全行业从业者自觉遵守本公约，共同推进安溪茶业经济新发展。

第四条茶叶行业应自觉遵守《产品质量法》、《食品卫生法》、《商标法》、《集体商标、证明商标注册和使用管理办法》等法律、法规，认真贯彻执行安溪县委、县政府提出的“茶业富民”战略和“绿色、品牌、诚信、文化”茶叶发展策略，树立诚信守法经营意识，不断加强行业内部经营管理制度建设和职业道德规范建设。

第五条　遵守执行《产品质量法》、《商标法》、《广告法》、《预包装食品标签通则》（GB7718-2004）、《原产地域产品安溪铁观音》（GB19598-2004）、《食品中污染物限量》（GB2762-2005）、《食品中农药最大残留限量》（GB2763-2005）等法律法规之规定。

一、保证所生产销售的茶叶质量符合食品卫生安全标准及安溪铁观音国家强制性标准，不生产销售假冒伪劣、掺杂使假、以次充好、以假乱真、过期变质等不合格茶叶。

二、规范使用茶叶外包装。茶叶外包装上应标示以下内容：品种、品名；质量等级（清香型或浓香型）；生产日期；产品标准（安溪铁观音产品标准为GB19598-2004）；卫生标准（GB2762-2005和GB2763-2005）；厂名、厂址；保质期；净含

德化瀑布

德化青花茶具

量等。做到不使用“茶王”、“观音王”、“极品”等不规范用语的茶叶外包装。

第七条　树立品牌经营意识，积极申请商标注册，加强注册商标的使用管理，积极争创知、著、驰名商标。

第八条　鼓励符合条件的茶叶企业积极申请使用“安溪铁观音”证明商标，扩大安溪铁观音茶叶的影响力。未经安溪县茶业总公司许可，不得擅自使用“安溪铁观言”证明商标。

第九条　自觉维护“安溪铁观音”驰名商标品牌的形象和声誉。获准使用“安溪铁观音”证明商标的茶叶企业必须认真执行《“安溪铁观音”证明商标使用管理规则》、《安溪铁观音产品确认制度》、《安溪铁观音生产经营管理制度》等有关规定。

第十条　自觉维护消费者的合法权益。保证不欺骗、不误导消费者，不损害消费者利益。遇有消费纠纷，应及时、主动进行协商解决或积极配合有关部门的调解工作。

第十一条　遵守市场规则、鼓励、支持开展合法、公平、有序的行业竞争，在行业内提倡比质量、比服务、比诚信、比文明的经营风气，反对不正当竞争。积枳主动向工商行政管理部门检举、投诉侵犯“安溪铁观音”证明商标专用权的违法行为。

第十二条　不断提高行业自律经营管理意识和水平，并落实建立“两帐两票”、“一卡一书”等茶叶商品流通自律经营管理制度。

第十三条　加强本行业相关单位之间在经营管理、技术进步、人才培训等方面的交流与沟通，互通信息，团结协作，取长补短，共同发展。

第十四条　自觉接受社会各界对本行业的监督和批评。积极配合工商、卫生、质监、农业等相关职能部门的监督管理工作。

第十五条　安溪县茶叶协会作为本公约的执行机构，应充分发挥协会的“自我教育、自我管理、自我服务、自我规范、自我发展”的作用。加强对会员和会员单位的培训与教育，及时向政府主管部门反映会员、会员单位的意愿和要求，并对公约成员单位遵守本公约的情况进行督促检查。

第十六条　公约成员单位违反本公约，造成不良影响的，由公约执行机构视其情节给予内部批评、通报、取消成员资格或者媒体曝光等处理；构成违法的，提请有关政府执法部门依法处理。

第十七条　本公约由安溪县茶叶协会负责解释。

第十八条　本公约自公布之日起施行。

安溪县茶叶协会

二〇〇六年三月十五日

铁观音质量国家标准

2004年11月4日发布，2005年1月1日开始实施的《中华人民共和国国家标准——原产地域产品，安溪铁观音》GB19598-2004对铁观音的质量做了强制性规定。

安溪铁观音的定义

在原产地域保护范围内的自然生态环境条件下，选用铁观音茶树品种进行扦插繁育栽培和采摘，按照独特的传统加工工艺制作而成，具有铁观音品质特征和品质特点的乌龙茶。其成品茶分为清香型与浓香型。

理化指标

安溪铁观音理化指标应符合以下规定：水分不大于7.5%；碎茶不超过16%；粉末不大于1.3%；总灰分不超过6.5%。

感官指标

产品应品质正常，无异味、无霉变、无劣变；应洁净、不着色，不添加任何添加剂，不得夹杂非茶类物质。

铁观音评审分标准：

外形：条形、紧结度、匀整度共20%，色泽10%、内质、香气25%，汤色5%，滋味25%，叶底15%。`

山猴

茶叶

清香型安溪铁观音感官指标

执行标准：GB19598-2004《地理标志产品安溪铁观音》

项目	级别	特 级	一 级	二 级	三 级
外形	条索	肥壮、圆结、重实	壮实、紧结	卷曲、结实	卷曲尚结实
	色泽	翠绿润、砂绿明显	绿油润、砂绿明	绿油润、有砂绿	乌绿、稍带黄
	整碎	匀整	匀整	尚匀整	尚匀整
	净度	洁净	净	尚净、稍有细嫩梗	尚净、稍有细嫩梗
内质	香气	高香、持久	高香、持久	清香	清纯
	滋味	鲜醇高爽、音韵明显	清醇甘鲜、音韵明显	尚鲜醇爽口、音韵明显	醇和回甘、音韵稍轻
	汤色	金黄明亮	金黄明亮	金黄	金黄
	叶底	肥厚软亮、匀整、余香高长	软亮、尚匀整、有余香	尚软亮、尚匀整、稍有余香	尚软亮、尚匀整、稍有余香

浓香型安溪铁观音感官指标

执行标准：GB19598—2004《地理标志产品安溪铁观音》

项目	级别	特 级	一 级	二 级	三 级	四 级
外形	条索	肥壮、圆结、重实	较肥壮结实	稍肥壮略结实	卷曲尚结实	卷曲略粗松
	色泽	翠绿、乌润砂绿明	乌润、砂绿较明	乌润、有砂绿	乌绿稍带褐红点	暗绿、带褐红色
	整碎	匀整	匀整	尚匀整	尚匀整	欠匀整
	净度	洁净	净	尚净略夹幼嫩梗	稍净有幼嫩梗	欠净、有梗片
内质	香气	浓郁、持久	清高、持久	尚清高	清纯平正	平淡、稍粗飘
	滋味	醇厚、鲜爽回甘、音韵明显	醇厚、尚鲜爽、音韵明	醇和鲜爽、音韵稍明	醇和、音韵轻微	稍粗味
	汤色	金黄清澈	深金黄清澈	橙黄、深黄	深橙黄、清黄	橙红、清红
	叶底	肥厚、软亮匀整、红边、有余香	尚软亮、匀整、有红边稍有余香	稍软亮、略匀整	稍匀整、带褐红色	欠匀整、有粗叶、褐红叶

和谐共荣生生不息——论“安溪铁观音·和谐健康新生活”兴茶理念

茶叶是安溪最重要的民生产业、支柱产业，无论是在推动经济发展上，还是在促进农民增收上，都具有举足轻重的作用。改革开放以来，历届安溪县委、县政府始终把茶产业发展摆在重中之重的位置，举全县之力，集全县智慧，深入实施“茶业富民”发展战略，茶产业的发展达到了前所未有的高度。至2005年，全县茶园面积达到40万亩，年产茶叶4.2万吨，涉茶行业总产值45.2亿元。进入“十一五”，安溪茶业的发展站在了一个新的起点，来到了一个新的拐点。如何在持续中实现新的突破，迫切需要一个全新的发展理念来引导。因此，我们在全面总结安溪茶产业发展历程的基础上，根据新形势、新任务的要求，提出了“安溪铁观音·和谐健康新生活”的发展理念，作为安溪新一轮兴茶方略。

理念的提出背景

“安溪铁观音·和谐健康新生活”这一理念的形成，是对安溪千年产茶历史的概括和展望，是安溪茶产业创新突破的一个重大举措。它的提出，主要基于三大背景。

首先，提出这一理念，是落实科学发展观、构建和谐社会的应有之义。社会和谐是中国特色社会主义的本质属性。其目标指向是自然、社会与人的和谐发展，具体包含了人与人的和谐、人与自然的和谐、人与社会的和谐三个方面。落实科学发展观、构建和谐社会，要求我们在县域经济发展中，要转变经济增长方式，以生态生产力取代工业文明生产力，实现自然、人与社会的和谐协调、共生共荣。为此，我们跳出茶业看茶业，把“安溪铁观音·和谐健康新生活”作为新一轮兴茶方略，从宏观上引领安溪茶业向着自然、健康、和谐的方向发展，力求使茶业这一民生产业的增长方式从量的扩张向质的提升转变，从而在新的高度上实现突破跃升、永续发展。

摊晾

其次，提出这一理念，是安溪茶业实现持续发展的现实抉择。改革开放以来，在各级各部门的关心重视下，安溪茶产业飞速发展，创下了县级茶园总面积、茶叶总产量、茶业总产值、茶业受益人口、茶农平均收入，茶产业配套程度等多项全国茶界第一，“安溪铁观音”荣获全国茶业界首枚“中国驰名商标”，茶叶成为惠及万民的生命之树、幸福之源。但是，随着新农村建设的逐步推进，各地茶业竞相发展，对安溪茶业产生了强烈的冲击。有效应对这种挑战和冲击，要求安溪茶产业不管是量的扩张，质的提高，还是市场的拓展、品牌的保护等方面，都必须有一个全面的提升和突破。在安溪茶业发展的重要关键时刻，提出“安溪铁观音·和谐健康新生活”的新理念，对于安溪茶业在未来竞争中赢得主动，保持国内茶业界的

溪泉

龙头地位，具有十分重要的现实意义。

第三，提出这一理念，是对接世界消费潮流的客观要求。当今世界，随着世界经济一体化进程的加快，各国文化在合作交流中互相撞击，相互融合，逐渐形成了多元共存的世界消费新时尚。茶叶作为一种和咖啡、可可并称的世界性饮料。人们对其质量、口感的要求，也逐渐实现多样化，尤其是对健康、卫生安全等万面更加关注。这样的背景下，提出“安溪铁观音·和谐健康新生活”这一理念，为的就是使安溪茶叶更好地融入世界消费潮流，顺应消费市场趋势，最终实现引领消费时尚的目标。

理念的基本内涵

安溪茶产业新一轮发展方略的基本要义是“和谐健康新生活”，体现的是天、地、人、茶的有机统一，历史与现实的交相辉映，社会与自然的和谐共融。“绿色”，是这一理念的本质要求。安溪铁观音对生长环境要求十分严格，只有生长在安溪特有的蓝天、青山、碧水之中，才能保持安溪铁观音茶叶的纯正品种、天然花香和独特“音韵”，这是其他茶类和其他地方的铁观音茶叶所无法比拟的。安溪茶叶的制作对气候条件、立地环境和茶农制作技术也非常讲究，一泡好茶犹如一件艺术品，是天、地、人、种各要素密切配合的天然结晶，以它的可遇不可求和不相互雷同、不可重复而充满魅力。因此，构建平衡协调的生态体系，诉求人与自然、茶与万物共生共荣，保持安溪铁观音的独特天然品质，是这一理念的本质内涵。

“健康”，是这一理念的核心内容。据科学考证，安溪铁观音富含人体所需的蛋白质、氨基酸、多种维生素及多种矿物质，对促进人体健康有特殊的功效。安溪铁观音顺应“茶为国饮”的时代潮流，关注生命健康，极具推广价值。因此，构建保健养生的品质体系，诉求科学时尚、引领潮流，是这一理念的核心内容。

“和谐”，是这一理念的追求目标。安溪铁观音无论从种植、加工，或者是品饮、赏艺，都传承着中华“和”文化的精髓，体现的是人与人、人与自然、人与社会的和谐。弘扬安溪铁观音的和谐文化，沟建平和平静的茶文化体系，诉求和睦共处、平等博爱，促进社会和谐，是这一理念始终不渝的追求目标。

“新生活”，是这一理念的发展方向。安溪铁观音普遍被认为是保健康乐、社会联谊、净化心灵、传播文明的纽带。品饮安溪铁观音是极好的生活享受、文明的生活时尚，是人们追求“科学、休闲、文明”现代生活的一个重要载体。因此，构建永续发展的产业体系，诉求生生不息、互惠互利、惠及万民，是安溪茶业不断发展的总方向。

总之，这四个方面是一个统一的整体，互为条件，缺一不可。准确把握“安溪铁观音·和谐健康新生活”理念的内涵，必须立足安溪茶业面临的种种挑战和任务，用系统的观点、发展的高度、世界的眼光，全面领会这四个方面的内容。

实施理念的总体设想

今天的安溪茶业，锁定了新的目标，找到了新的方向，现在的关键，就是要抓实施、促落实、见行动。当前及今后一个时期，我们将认真按照科学发展观和构建和谐社会的要求，牢牢把握建设海峡西岸经济区这一难得的创业平台和发展良机，以“安溪铁观音·和谐健康新生活”理念为统领，以“和合、健康、文化、规范、惠民“为主线，实施“生态、健康、文化、品牌、素质”五大工程，实现茶业业态与当今民生潮流相融合，推动安溪茶业新一轮发展跃升。

一、生态工程

保护安溪茶叶特有的生态环境，是实现安溪茶产业可持续发展的前提条件，也是贯彻落实新理念的基础工程。当务之急，必须认真组织实施生态茶园建设五年规划，确保至2009年完成20万亩生态茶园建设任务。尽快制定出台控制滥开滥垦茶园的有效措施，逐步实行“退茶还林”计划，保护生态，保护环境。坚决有效地抓好茶叶农残控制工作，全面提高茶农的质量卫生意识，自觉抵制、拒绝使用高毒高残留农药，从源头上控制茶叶农残。大力推广使用生物农药、生物肥料，指导茶农科学用药施肥，减少茶园土壤污染。

二、健康工程

安溪铁观音作为乌龙茶中的极品。不仅以其香高味醇、音韵独特饮誉海内外，更以其养生保健，延年益寿的药用功能倍受广大消费者的尊宠。健康是安溪茶叶的价值所在，也是安溪茶业发展的追求目标之一。在今后的发展中，必须突出宣传安溪铁观音养生养性、健康保健的特殊功效，凸显铁观音的核心价值和社会功能，向世人展示安溪铁观音全新的形象和全新的竞争力。注重茶叶保健功能的研究开发，加强与国内外茶叶专业研究机构合作，借助茶叶专家力量，积极推出一批新的研究成果。重视茶叶的综合开发和深度加工，鼓励发展茶叶生物科技项目，扩大茶叶在医疗、保健、美容、食品、饮料等领域的应用。

三、文化工程

经济是一个地方的肌肤，文化是一个地方的灵魂，文化与经济的融合，将迸发出巨大的创造力，对经济和社会生活的各个方面都产生广泛而深刻的影响。实施文化工程，弘扬安溪茶文化，必须以申报“中国茶文化艺术之乡”为契机，站在更高起点对安溪茶文化进行整合创新，不断赋予新的内涵，提高茶文化品味。抓紧成立安溪铁观音茶文化研究会，深入挖掘安溪茶文化特色，创作更多茶文艺精品，进一步丰富和发展茶文化，努力把安溪打造成为中华茶文化的研究传播中心。加强茶文化旅游基地建设，开发茶乡民俗旅游项目，发展壮大茶文化旅游业。创新茶事活动形式，深入开展以“安溪铁观音·和谐健康新生活”为主题的系列宣传活动，通过“文化搭台、经贸唱戏”等有效途径，推动茶文化和茶经济互动共荣。

四、品牌工程

当今世界商品消费已进入品牌消费阶段，品牌的多少、品牌经济的发展水平，已成为一个地方经济综合实力的象征。“十一五”期间，“安溪铁观音”先后荣获证明商标、地理标志保护产品、中国驰名商标等称号，大大提高了安溪铁观音品牌的形象，扩大了茶叶市场的份额。但同时，市场上假冒伪劣，以次充好，损害安溪铁观音声誉的现象也越来越多。加强铁观音品牌的自我保护，显得尤为重要。为此，必须抓紧出台安溪铁观音经营许可和产品产地确认两项制度，充分运用证明商标、地理标志产品保护、驰名商标的法律效力，加大品牌保护力度，规范茶叶市场秩序。继续实施“茶叶推荐品牌”制度，推动茶叶企业开展各项认证工作，力争经过五年努力，培育3个中国驰名商标、8个省级著名商标、10个市级知名商标。建立和完善“安溪铁观音”打假维权网络，积极开展打假维权活动，维护铁观音良好声誉和消费者权益。

五、素质工程

建设高素质的涉茶人员队伍，提升茶叶企业的发展层次，是确保安溪茶业永续发展的关键所在。为此，必须继续深入实施“茶业万人培训工程”，增强广大茶农、茶商的质量意识、营销策略、大局观念，从根本上提高涉茶人员素质。继续扩大茶叶初制技术、审评技术和拼配技术大赛的范围，挖掘一批优质的茶叶乡土人才，促进茶农之间、企业之间的技术交流与合作。加强茶叶机械设备的研究和开发，普及推广新设备、新技术，改进提高制茶工艺。加大茶叶龙头企业的扶持力度，鼓励企业实行强强联合，优势互补，提高自主创新能力，力争“十一五”期间培育50家产值超千万元的茶叶企业，带动整个茶产业的优化升级。

（尤猛军）

茶厅

论安溪茶产业的可持续发展

安溪县地处福建省东南部，是我国著名的乌龙茶主产区，名茶铁观音、黄金桂的发源地。安溪产茶历史悠久，自古就有“闽南茶都”、“茶树良种的宝库”、“茶师的摇篮”的美誉。改革开放以来，安溪县委、县政府立足得天独厚的资源优势，围绕农业增效、农民增收和农村稳定的目标，制定了“茶业富民”基本策略，积极推进茶业产业化经营，走出了一条极富特色的茶业发展道路。

历史和现状

安溪产茶始于唐末，茶业是安溪传统的支柱产业。据《安溪县志》记载，250多年前，安溪人就开始在东南亚形成了初具规模并较为完整的茶叶加工销售体系。改革开放以来，在各级党委、政府的积极推动下，安溪茶产业更是获得了蓬勃发展。1995年3月，安溪被国家农业部授予“中国乌龙茶（名茶）之

茶摄影展

乡”，2000年9月，被中国特产之乡推荐暨宣传活动组委会授予“中国铁观音发源地”。目前，全县拥有的茶树品种达44种，铁观音、黄金桂、本山、毛蟹为四大当家茶种。全县现有茶园面积40万亩，年产茶叶4.2万吨，约占全国乌龙茶总产量二分之一，整个涉茶产业年创产值45.2亿元，全县有近80万人从茶叶生产、加工、销售或与茶相关的行业中直接获益。特别是近年来，全县上下紧紧围绕建设“现代山水茶乡”的目标定位，牢牢把握“工业强县，茶业富民”发展策略，安溪不仅甩掉了贫困帽子，而且连续9年进入福建省经济发展十佳县，并先后两次跻身全国县域经济基本竞争力百强行列。可以说，茶是安溪最大的民生企业，是百万安溪人的的生存之源，发展之基。

措施和成效

一、基地建设方面，力求“无公害、原生态”

绿色、天然、优质农产品是当前消费者的普遍要求，也是抓好茶业生产工作的主要诉求。为了达到这一诉求，规划建设了一批无公害茶叶生产基地、绿色食品基地、生态茶园基地等。对各基地茶叶生产，在化肥、农药的使用，生态环境的保护等方面，都建立起了一系列制度，进行严格管理，不仅确保了品质，而且促进了农民思想观念的更新。如生态茶园建设，以前，农民是把园中的树砍掉、梯壁的草除掉，而今，在茶园里种乔木、植绿肥、梯壁留草，“茶—林—草”三位一体，形成“头戴帽—腰系带—脚穿鞋”的和谐景观，并进行无公害管理，极大地改善了茶园的生态环境，提升了茶叶原料品质。现在，农民积极性很高，纷纷主动要求把自家的茶园纳入生态茶园建设示范片。可见，“无公害、原生态”的茶业生产理念已探深扎根于农民的心田。

二、技术创新方面，推广“新工艺、新科技”。

茶叶产品只有顺应民生时尚，不断

革新优化。提高自身内在品质，才能占有市场、主导市场。为此，重点从三方面进行实践和探索。一是在保持传统半发酵“熟韵型”的基础上，发展轻发酵的“清香型”，使铁观音产品结构更加丰富合理，更好地适应了市场消费需求；二是发展“空调做青”技术，夏暑茶基本使用“空调调温调湿”制作方式，摆脱了制茶“靠天吃饭”的状况，确保一年四季安溪都能有好茶；三是通过举办万人茶业培训工程，集中培训一批制茶能手、营销专家、管理能人，细化各项上作分工，提高市场专业人才的知识含量。举办茶王赛、制作大赛、拼配技术大赛等活动促进茶农之间的技术交流、互动，提升制作水平，改进技艺，创新品质。

三、产品加工方面，推行“标准化、系列化”

这是提升质量、效益的最重要途径。为了实现标准化生产，一方面积极引办加工企业，先后引办了八马、龙馨、郁泉等茶叶加工企业；另一方面，建立了规范的质量标准，如安溪铁观音质量等级标准以及安溪铁观音许可经营、产地确认两个制度，并督促企业严格实施，确保茶叶加工的规范化、标准化。再者，按照“外接市场、内连基地、带动农户”的要求，大力引导经济实力较强的茶叶加工、销售企业与广大茶农结成利益共享、风险共担的经济利益共同体，创建“市场+公司+农户”或“市场+公司+基地”等较好的发展模式。为了实现系列化开发，大力支持企业对农产品进行深度加工、综合利用。延长产业链。不仅生产条型茶，而且生产袋泡茶、速溶茶、罐装茶、果味茶、保健茶等系列饮品。

四、市场开拓方面，积极“创名牌、搭平台”

开辟好一个市场就能带动一个产业，活跃一方经济。为了构筑多元化市场销售，格局，几年来，先后采取了一系列措施：①制定出台《安溪县茶叶重点龙头企业认定和扶持奖励暂行办法》，从资金、信贷、技改、用地、用水、用电等方面大力扶持茶叶龙头企业，及时帮助协调解决生产经营中的各种困难和问题，使龙头企业真正成为引领市场的“龙头”。②积极争创名牌。安溪铁观音先后荣获国家证明商标、原产地域产品保护、中国驰名商标三块牌子，成为全国茶叶界的佼佼者。其中“凤山”、“祥华”牌铁观音分别被钓鱼台国宾馆、国谊宾馆定为接待专用茶。“凤山牌”已连续20多年保持全国金质奖。③建设茶叶市场。中国茶都自2000年春投建以来，通过市场运作，高起点规划，高速度建设，先后投资5亿多元。建筑面积从一期工程4.5万平方米，发展到现在18万平方米，现建1800间商铺、两个交易大厅、3000多个交易摊位。客运站、物流中心、酒店、茶文化博览馆、精品展厅、茶文化研究中心、文化广场等配套服务设施齐全，成为农业部定点企业和福建省十佳龙头企业。几年来，中国茶都的市场空间不断扩展，市场交易额由2001年的2.7亿元上升到2005年的10.3亿元。茶叶市场的发展与繁荣，不仅直接带动本县及周边地区20多万农户，还拉动了建材和茶叶机械、包装印刷、交通运输和服务行业的发展。④实施“请进来”和“走出去”战略。“请进来”方面，组织开展了“海峡两岸茶文化交流会”、“中华茶产业国际合作高峰会”等大型茶事活动，邀请有关领导、专家、茶商，几度相聚“铁观音故乡”，共谋茶产业发展大计，“安溪铁观音”随之芳名远播。“走出去”方面。开展“安溪铁观音神州行”活动，到北京、西安、广州、深圳等地举办茶事活动，几十家新闻媒体记者，和我们一起搞调研、做宣传。⑤完善农业信息网络建设。建立茶叶网、农业信息网、969155信息咨询等信息平台，及时收集掌握市场需求、销售价格等信息，并在第一时间向农民发布。

五、茶业组织方面，倡导“联合型、集团式”

先后成立“安溪县珍田茶业合作社”和“安溪县西坪镇内山茶业合作社”；安溪县茶叶协会也相继在北京、山东、湖南、西安等地区和县内长坑、桃舟、金谷等地成立分会。这些茶业合作组织的成立，有效提高了农业组织化程度。比如长坑乡珍田茶业合作社，2006年初成立后，联合农民，集团作战，实现茶业生产“五个统一”（统一购买农贸、统一喷洒农药、统一品牌经营、统一技术培训、统一质量检测），有效地促进了茶叶生产，增强了抗风险能力。提升了茶产业效益。目前，全村有85%的农民加入合作社，2006年上半年该村的茶叶农残抽检100%达标，茶叶质量明显提高，春茶铁观音的价格平均每斤30元，比去年同期增长了25%。

六、文化内涵方面，坚持“特色化，个性化”

茶叶是一种物化的精神食粮，茶文化是推动茶产业可持续发展的“软实力”。多年来，始终注重“特色”，体现“个性”，大力发展铁观音文化。一方面，组织文艺工作者整理、创作了一系列的茶诗、茶歌、茶舞、茶联，成就了靓丽的铁观音茶文化体系，特别是安溪铁观音茶艺表演，多次应邀到国内外大城市演出，引起了较大反响。另一方面，着力培育茶文化特色旅游这一新兴产业，把安溪独特的茶文化和丰富的自然景观、人文景观结合起来，大力建设县城“大龙湖”水面旅游、茶叶大观园、茶叶公园、凤山森林公园等，形成茶文化旅游体系；开展茶乡生态观光、生活体验游、农家乐，把纯天然的文化韵味与现代都市生活融合为一体，丰富茶文化内涵。安溪茶文化之旅已成为中国三大茶文化旅游黄金线之一，茶文化旅游成为安溪茶产业的一个重要组成部分。

问题和方向

目前，安溪茶产业发展形势良好，但“辉煌底下有隐忧”，应保持清醒头脑，认识发展中存在的问题和困难。

一、个别茶园地力衰退，产出功能降低，影响茶叶品质，茶园生态环境有待进一步改善。

二、茶叶质量检测体系需要进一步完善，检测人员、技术手段有待加强。

三、知名品牌的企业较少，缺乏“航母”级企业引导市场升级、客户消费。

四、外来茶冲击严重，产品包装标识还比较混乱，市场秩序

清任薰《灯下沉思图》

有待进一步规范。

五、茶农组织化程度依然较低，生产、加工、销售仍以分散性为主、个体为主，不利于生产的统一规划和管理，也不利于新科技的大面积推广。今后，茶产业要围绕“安溪铁观音·和谐健康新生活”茶业发展新理念，落实“五个强化”，推动可持续发展。

1. 强化生态观念谋发展优势

生态化是关系茶产业持续发展的重要价值取向。安溪茶叶生产必须从资源优势向生态优势转换，这是保持长效发展后劲的需要。一方面要大力推进生态茶园建设，依计划、依步骤，逐年推进，逐步加强。建设生态茶园的前提和基础是茶园生态环境的改造和建设，它是一个系统工程，牵涉面广，技术性强，要用长远的计划，分类指导，强化长效机制；另一方面要实施茶园“改造”工程。为了保护植物多样性，要从安溪实际出发，目前必须全面禁止新茶园开垦。同时，提高茶园产出，引导茶农把人力、物力、财力放在中低产茶园的改造上，打造“生态茶”，营造发展新优势。

2. 强化标准化建设推进基地发展

标准化生产是实现茶业跨越式发展的需要，是提升产业级别的一个重要模式。通过改造、整合、集中的扩张只是生产规模化进程中量的增加过程，只有通过标准化的实施，才是生产规模化进程中质的跃升。为此，必须加强无公害茶叶生产基地、绿色食品茶叶生产基地、有机茶生产基地的区划研究，依照相应的各类标准要求组织生产、加工、销售，真正实现标准化运作，促进可持续发展。

3. 强化质量检测确保茶叶品质

茶叶质量安全是安溪茶产业发展的生命线。要积极有效应对日本、欧盟等国实施绿色技术贸易壁垒和我国茶叶新国家卫生标准的贯彻实施，除了加强宣传、培训、引导等常规手段外，更重要的是在在质量监测体系的完善上下功夫。要对安溪县乌龙茶质

泉州东西塔

量检测中心站、中国茶都茶业质量检验站和福建省安溪乌龙茶标准化监测检验中心3家检测机构进行整合，建设“国家茶叶质量监督检验中心”，配套先进的检测技术，杜绝质量卫生不合格产品进入市场。依托24个乡镇农业服务中心，进一步完善检测体系，通过统一检测、随机抽检等方式，扩大检测面。组织技术专家，研究简易检测方法、技术，提高检测效率，降低检测成本。

4. 强化技术革新推动产业升级

安溪乌龙茶制茶技艺是安溪劳动人民历经300多年辛勤创造积淀的结晶，这一特种技术，不但要传承，还要创新提升，目的是发挥安溪乌龙茶在制作技术研发方面的优势，创造品质的最优化、利润的最大化。安溪近几年引领一场茶叶制作创新革命，对此，茶产业界曾作过一番剖析，各有其说，各有其爱，最终是让安溪茶叶更显诱人魅力。随着消费者的成熟、竞争的加剧、市场的演变，我们不但要保持和发展安溪茶传统的风格。还要以更宽的视野着力提升，关注市场变化，加快推动技术创新、工艺创新，提高产品与市场的相适应性，提高产品与大众消费者的亲和性，才能傲视市场，演绎出更多精彩，在激烈的竞争中保持强劲竞争力。

5. 强化品牌建设树立高端品位

多年来，通过实施“优质、精品、名牌”茶叶发展战略，在这一战略的实施进程中，“安溪铁观音”，“中国茶都”，“安溪茶文化”可谓是“旗手”和“号角”，不但完成了原始积累，还筑成了有价值、有文化、有个性、

茶叶

有很强渗透力的品牌文化。要通过这些品牌文化的融合与提升，来推进安溪茶产业不断地向广度和深度发展，不断提高安溪茶产业的综合竞争力和市场占有率。“安溪铁观音”有了证明商标、原产地域产品保护、中国驰名商标三件法律保护武器，如何保护、经营好这一品牌关键在于依法规范，出台相应的保护措施，提高保护措施的技术含量和功能，才能真正维护其品牌形象。“中国茶都”是中国茶叶流通领域的一大品牌，必须围绕销售队伍建设、市容市貌整治、优质服务、诚信经营等方面，创建“绿色茶都”，提升品牌效应，以保持茶叶市场不竭的动力、潜力和活力。“安溪茶文化”与安溪茶经济的互动紧密相关，已成为安溪茶经济发展的催化剂，要创新思维，在更高的层次上挖掘茶王赛、茶艺表演等文化产品的内涵，谋划精品，提高品位，促动茶文化品牌的进一步发展。

（陈灿辉）

以新理念引领安溪茶产业新一轮发展

面对茶产业发展的新平台、新形势、新情况，安溪县委、县政府立足新的站位，确立新的高度，提出了“安溪铁观音·和谐健康新生活”新理念，统领了安溪茶产业的新一轮发展。这一理

念，是安溪茶业今后发展的总方略和总焦点，体现了天、地、人、茶的有机统一，体现了历史与现实的交相辉映，体现了自然与社会的和谐共融。新理念的提出，关键在于付诸实践，关键在于贯彻实施。力求通过实现“五大转变”，全力推动安溪茶产业的新跨越。

提高茶业质量，努力实现从量的扩张向质的提升转变

茶叶质量是茶产业发展的生命线，在国内外茶叶市场供大于求的大背景下，坚持以质为先、以质取胜，更应成为安溪茶业全部工作的出发点和着力点。为此，要结合科学发展观的贯彻落实，深入实施“生态工程”，每年建设4万亩以上生态茶园，确保至2009年，全县完成20万亩生态茶园建设任务。严禁未经批

观音井

福源壶

茶叶

准滥开茶园，逐步实行“退茶还林”计划，改善茶园生态外境。加大茶叶卫生质量达标宣传，规范农资市场秩序，科学防治茶树病虫害，增强全民的茶叶卫生安全意识，使茶业质量达标工作成为茶农的自觉行动。举办茶叶初制技术、审评技术和拼配技术大赛等活动，加强茶叶加工机械设备研究，改进、提高夏暑茶空调做青技术，加大试验推广力度，逐步实现茶叶初制过程的机械化、程控化和适度规模化，提高茶叶制优率。实施“茶业万人培训工程”，广泛开展以茶树栽培，茶叶加工、品评、拼配、销售、宣传、管理等为主要内容的培训活动，每年培训1.5万名以上茶叶从业人员，通过全面提高涉茶人员素质，促进茶叶质量的不断提升。

发展合作组织，努力实现从单打独斗向规模经营转变

长期以来，安溪茶叶以一家一户分散生产、家庭小作坊加工为主。这种生产模式，导致难以适度规模生产，难以达到品质稳定，难以联系市场，难以应对竞争。为破解这一难题，必须创新茶叶组织管理模式，引导茶农加强合作，加强联系，推动茶产业向生产规模化、

加工标准化，经营品牌化，服务市场化方向发展。在全县茶叶主产乡镇、村组建茶叶协会分会，协助政府做好茶叶生产管理、市场策划、销售联系，保证质量等工作，引导茶农自我服务、自我约束、自我管理，推动茶叶行业整体发展。总结提高“珍田茶业合作社”模式，引导、提倡茶叶主产区组建茶业合作社，按照“进出自由、民主管理、方式多样、互利共赢”的原则，把茶农、茶商、茶企业、农资经营者组成利益共同体，实行统一栽培管理，统一生产加工，统一经营销售，达到降低成本、提高品质、对接市场、规模生产、应对竞争的目的。建立健全社会化服务体系，以涉茶部门为依托，以社会中介机构和茶农自愿组织的法人实体为骨干，加强县、乡、村三级茶业科技服务队伍建设，及时收集和发布国内外市场供求信息、科技动态信息和政策法规信息，做好新农药和新肥料出试验推广，在全县范围内建立健全科技推广、信息咨询、物资保障等服务体系，搞好茶业的产前、产中、产后服务，促进茶业健康有序发展。

茶园古道

规范市场管理，努力实现从品牌培育向全面保护转变

市场的竞争从某种意义上讲，就是产品品牌的竞争。加强监管，规范市场，保护品牌，已成为安溪茶业保持健康持续发展态势的迫切要求。要加快与国家质量技术监督局合作的国家级茶叶质量检测中心建设进度，把检测中心建设成为全国茶叶产品质量检测的权威机构，适时开展国内市场茶叶质量监督仲裁检验工作，直接为安溪茶叶质量监管服务。积极引导茶业企业开展ISO9000、ISO14000、OHSA18000、SA8000、HACCP等体系认证，逐步与国际通行标准接轨。严格执行国家强制性标准，通过举办规范标准宣传会、培训会或专题讲座，邀请有关专家对茶叶企业进行标准化培训，全面推行《安溪铁观音》国家强制性标准和安溪乌龙茶地方标准，扩大标准实施的普及面，规范企业的茶叶质量和包装物。酝酿出台《安溪铁观音许可经营制度》、《安溪铁观音产品产地确认制度》，建立和完善“安溪铁观音”打假维权网络，发挥证明商标、地理标志产品保护、驰名商标的法律效力，开展高密度市场巡查，规范茶叶产品包装标识、包装物和明码标价等工作，及时查处侵犯消费者权益的各种不法行为，依法维护“安溪铁观音”专用权和消费者利益。

弘扬展示茶文化，努力实现从扩大宣传向丰富内涵转变

茶虽然是一种饮料，一旦有了文化的溶汇和渗透，就能形最独特的产品，就会有无穷的价值和巨大的生命力。在

港口

保持茶产业健康持续发展的同时，必须注重文化的注入和展示，进一步丰富安溪茶文化的内涵。举办“中华茶文化安溪铁观音和谐健康高峰论坛”、“安溪铁观音神州行·中部行”系列活动等重大茶事活动，把“安溪铁观音·和谐健康新生活”这一主线贯穿到整个活动的始终，到上海、武汉、成都等茶叶主销区开展考察交流采风活动，传播介绍“安溪铁观音·和谐健康新生活”的内涵和思路。以申报“中国茶文化艺术之乡”、“安溪铁观音传统制作技艺”申报国家非物质文化遗产名录为契机，成立安溪铁观音茶文化研究会，组织人员收集整理有关安溪饮观音的由来、生产、销售、品饮、茶王赛、养生保健、茶艺、茶歌、茶舞等相关资料，出版发行《中国安溪茶叶宝典》，结集发行《安溪铁观音与和谐健康》论文集，进一步弘扬宣传安溪茶文化。

外国人品茶

延伸产业链条，努力实现从初级加工向深度加工转变

茶业是一项惠及万民、造福百姓的产业，茶业的发展渗透到茶叶生产、加工、包装、销售、运输、旅游等各个行业，如何促进茶产业链的再延伸，发展上下游配套产业，已经成为摆在安溪面前的一大课题。医学界、科技界早已研究揭示安溪铁观音富含人体健康必需的蛋白质、氨基酸、多种维生素以及各种特有矿物质，不仅可以促进人体健康，还具有延年益寿、预防疾病、美容养颜等诸多功效。为此，要加强与相关高等院校研究所的合作，从茶业食品、保健、医疗、饮料等功能的研究开发和技术应用人手，发展茶叶的药用产品、医用产品、保健养生产品等茶叶相关配套产业，延伸茶叶产业链。加快铁观音高科技园、安溪茶叶生物科技有限公司“茶叶生物酶解高效分离提取及深加工”等项目建设，推进茶叶深度加工，扩大茶叶产品的再利用、再增值，提高产品附加值，增加茶业经济效益。

安溪的茶业，站在了新的高度，找到了新的方向。“安溪铁观音·和谐健康新生活”全新理念，阐述了安溪的新一轮兴茶方略，定能引导整个茶产业再上新台阶，实现与现代主流生活方式的紧密结合、与全球民生潮流的和谐共融，开创安溪茶业经济新纪元。

（陈水潮）

十佳茶品牌与企业名单

由福建省茶叶协会、安溪县政府、《海峡茶道》杂志、《第一茶叶网》等部门与媒体联合主、协办的“2006年度安溪铁观音十佳品牌暨十佳企业”评选活动，经过了严格的投票、甄选、评判后，结果如下：

“十佳品牌”

八马、凤山、华福、魏氏、祥华、琦泰、冠和、华祥苑、茗山茶、感德龙馨。

“十佳企业”

八马茶业、安溪茶厂、兴溪茶厂、天龙农业、颖昌茶厂、普瑞历山、品鲜茶业、溪香茶业、新美茶叶、鹏程茶业。

茶山

主要参考书目及资料来源

《中国茶事大典》 徐海荣主编
《中国茶经》 陈宗懋主编
《茶百科》 徐传宏主编
《评茶员》 全国供销总社职业技能鉴定指导中心
《福建茶叶》 中国福建茶叶公司编
《中华茶书选辑》 叶羽晴川主编
《安溪铁观音与和谐健康》 鹭江出版社
《铁观音的王国》 何少川主编
《安溪茶叶宝典》 林永传主编

特别鸣谢

安溪县茶叶管理委员会 安溪县农业茶果局 安溪茶网 福建茶产业研究会
《海峡茶道》杂志 《茶缘》杂志 厦门晚报 泉州晚报
福州天籁品香茶人会所 晋江远芳茶叶公司 厦门丛中笑茶业公司 晚甘园茶业
上海德生缘茶业 三醉斋茶文化网